科学出版社“十三五”普通高等教育本科规划教材

生态地学

Ecological Geosciences

主　编　周启星
副主编　鲍艳宇　刘维涛

科学出版社
北京

内 容 简 介

本书比较全面地论述了生态地学的学科归属、基本概念、基础理论与研究方法，比较系统地阐明了生态地学的基本原理，并对生态地学今后的研究进行了展望。全书的主要内容有：生态地学的形成与发展、学科定义、基本概念、研究方法与手段；陆地圈及其生态过程，水圈及其生态过程，大气圈与气候变化，生物圈与生态地球化学；地球上的自然灾害及其地表生态效应，人类活动所致的地表生态效应；地圈生态疾病与地医学问题，全球性生态地学问题；地表生态修复与调控等。

本书论据充分、内容丰富、材料翔实、深入浅出，是国内外迄今为止第一本生态地学著作，也是迄今为止最为系统论述生态地学原理与方法的一本教学、研究参考书，可供地学、生态、资源、环保科技工作者与管理人员参考，也可供灾害防治、城建、工农业生产决策者，以及医学研究人员和卫生部门有关人员参考，并可作为高等院校地学、资源科学、环境科学与工程、生态学、医学、药学、安全工程、食品卫生和农学等专业本科生、研究生的教材，以及环保、防灾治灾人员培训的参考用书。

图书在版编目（CIP）数据

生态地学/周启星主编. —北京：科学出版社，2017.2

科学出版社“十三五”普通高等教育本科规划教材

ISBN 978-7-03-051628-2

Ⅰ. ①生…　Ⅱ. ①周…　Ⅲ. ①生态学—高等学校—教材②地球科学—高等学校—教材　Ⅳ. ①Q14②P

中国版本图书馆 CIP 数据核字（2017）第 006812 号

责任编辑：席　慧　刘　晶/责任校对：刘亚琦

责任印制：赵　博/封面设计：金舵手

科学出版社出版

北京东黄城根北街 16 号

邮政编码：100717

http://www.sciencep.com

北京凌奇印刷有限责任公司印刷

科学出版社发行　各地新华书店经销

*

2017 年 2 月第　一　版　　开本：787×1092　1/16

2025 年 1 月第七次印刷　　印张：24 1/2

字数：627 000

定价：89.00 元

（如有印装质量问题，我社负责调换）

《生态地学》编委会名单

前　言

随着地学和生态学的相互渗透，二者交叉所产生的领域得到迅速发展，进而诞生了一门新兴的学科，即生态地学。可以说，生态地学是顺应人类解决重大生态、资源和环境问题，以及应对各种地球灾难和重大疾病而产生的，是在人类希冀摆脱这些困境却举步维艰的情况下形成的，是地学与生态学相互交叉的边缘学科。因此，它既是地学领域新兴的分支学科之一，也是生态学的重要组成部分。它必将在今后解决人类面临的重大生态、资源和环境问题，以及应对各种地球灾难和重大疾病中发挥日益重要甚至是不可替代的作用。

生态地学是研究生态系统特别是地球各圈层水平上受自然和人为影响的过程，陆地或土壤圈、水圈、大气圈、岩石圈与生物圈相互作用机制及其产生的各种效应与退化，以及预防、修复与调控的科学。本书作者将这些生态学与地学交叉的重大问题系统地结合在一起，进而从理论上、概念上甚至内涵方面给予系统阐述，特别是从更高的视野和不同角度对地球上发生的自然和人为因素影响生态系统的过程，以及地球各圈层之间相互关系给予了重点关注，并探寻解决问题有效的方法、手段和措施，从而为地学、生态学、环境科学甚至医学等相关学科的进一步发展找到了方向，为解决重大生态、资源和环境问题及应对各种地球灾难和重大疾病开阔了研究思路，具有重要的理论价值和鲜明的实践意义。本书用了整整五个年头进行提炼和完善，其提出的思想认识和理论体系新颖，内容较为完整、系统，对于今后生态学和地学两大学科及其交叉领域的深入研究必将产生积极的影响和全新的理论指导。

本书是国内外迄今为止第一本生态地学著作，共分 10 章。第一章介绍了生态地学的形成与发展以及相关理论、基本概念和研究方法与手段，阐述了该学科的定义、研究范畴，以及与相邻学科的关系和区别；第二章至第五章较为系统地论述了陆地圈、水圈、大气圈和生物圈等地球表层不同圈层的概念、内涵和相互关系，及其生态过程、循环、演变和效应；第六章至第九章从地学的角度分别阐述了地球上自然和人为两类灾害及其所导致的地表生态效应和全球性生态地学问题，还对地圈内所发生的重大疾病与地医学问题进行了论述；第十章从生态地学的角度提出了地表生态修复的方法和调控措施。各章作者分别为：第一章，周启星；第二章，鲍艳宇；第三章，刘维涛；第四章，佟玲；第五章，何康信、张彤、周启星；第六章，吴启美、滕涌、周启星；第七章，刘家女；第八章，滕涌、胡献刚、周启星；第九章，鲍艳宇；第十章，安婧、陈翠红、王鑫。本书主编周启星教授对全书的理论设计、结构框架、统一编排、文字校对、图表创意和内容增删，以及最后定稿等做了大量工作。此外，本书还特别邀请了美国莱斯大学李琪琳老师和德州农工大学奚为民老师对相关章节进行了审阅。

最后，我们殷切希望广大读者和有关专家对本书提出批评指正，愿本书成为有关人员的良师益友，从而共同推动相关学科领域的向前发展，并付诸实践。

编　者

2016 年教师节于天津

目　录

第一章 绪论

第一节　地学及其学科体系

一、地学学科定义与研究范畴

20 世纪以来，人类面临许多日益严峻的挑战，包括地震、火山爆发、森林火灾、泥石流、台风和海啸等自然灾害，矿产与油气资源的开采与耗竭、森林的大规模砍伐和乡村城市化与超大规模城市群的发展等人为效应，以及生态失衡、生物多样性锐减等全球性问题。特别是 20 世纪 60 年代以来，地球科学获得了前所未有的迅速发展。20 世纪 80 年代，由于各种问题日益突出，地球科学开始采用一种系统的理念来开展研究，地球系统科学成为地球科学的前沿领域，从而使地球科学研究进入一个新的发展阶段。21 世纪，地球科学广泛采用观测、探测和遥测等先进技术手段，使得地球科学研究有了新的研究平台，不断取得新进展。

地学即地球科学的简称，是对以我们所生活的地球为研究对象的学科的统称，通常有地理学、地质学、海洋学、大气、地震与地球物理、地球化学、古生物学和现代环境科学等学科。地球具有大气圈、水圈、陆地圈和生物圈等多个圈层，而且各个圈层之间不断进行着物质循环、能量流动和信息传递，各个圈层内部也时刻发生着相互作用，包括物理、化学、生物和生态四大基本过程，圈层之间及各圈层内部时刻发生着相互联系、相互制约和相互作用。因此，地球不是各个子系统的简单加合，而是一个非常复杂的耦合体系。地球表层作为人类的家园，是人类赖以生存和发展的基础。地球的状况直接关系到人类的生存和发展问题。为了最大限度地保护地球环境和开发地球系统的各项资源，以便于更好地为人类的生存和发展服务，需要不断地加深对地球系统的各种规律及其资源与生态条件等的认识，研究解决人类所面临的重大问题。随着人们对地球科学的重视程度不断提高，对地球科学的认识不断深入，并且加强对各种新技术和新方法的应用，地学也随之得到不断发展。

“地球系统过程与资源、环境和灾害效应”是《国家中长期科学和技术发展规划纲要（2006—2020）》所提出的前沿问题之一，并且指出其主要研究方向包括：地球系统各圈层（包括大气圈、水圈、生物圈、地壳、地幔和地核）的相互作用，地球系统中的物理、化学、生物和生态学过程及其资源、环境与灾害效应，海陆相成藏理论，地基、海基、空基和天基地球观测与探测系统及地球模拟系统，地球系统科学理论等。总体来看，地球科学是以地球为研究对象，其研究内容包括地球系统整体及其圈层。此外，地球科学还研究解决人类生存和发展的一些重大问题，如生态保全、环境保护、防灾减灾和资源可持续利用等。目前有几种不同的圈层划分方法，有的方法划分为水圈、大气圈、陆地圈和生物圈四大圈层；有的方法在此基础上加入了人类圈或智慧圈；更细的分为水圈、大气圈、土壤圈、岩石圈、生物圈和人类圈等六大圈层。本书主要以水圈、大气圈、陆地圈和生物圈作为主要研究和论述的圈层。具体来说，研究内容涉及系统整体及各圈层的特征、形成、发展与变化等的基本规律及其相互作用等，包括物质循环、能量流动和信息传递等动态过程，以及物理、化学、生物和生态学等基本过程；此外，还涉及地图、钻探和遥感遥测等技术手段在地球科学研究中的应用，以及解决一些人类生存和发展问题的科学方法与途径等。

地球科学的研究，在国际上，正在朝着“宏观与微观、行星地球和地外宇宙空间乃至太阳系、从单学科深入与学科交叉和系统集成研究相结合等”方向转变；在国内，总体上呈现出“具有地域和地方特色，紧密结合各时期国家和地方需求，学科交叉和综合，观测、遥感、勘探和分析等实验技术推动，加强国际合作研究”等特点。

地学是一个十分庞大的学科体系，其研究内容涵盖的时空尺度很大，因此，有众多的一级和（或）二级分支学科（图 1-1）。然而，值得一提的是，虽然它们统属于地学的范畴，但它们又具有各自的研究内容和任务分工，是比较独立的分支学科，因此各学科之间既相互联系又有所区别。为了较全面地了解地球，解决其复杂的重大地学问题，还需要各门独立学科在充分发挥各自优势的同时，不断加强学科间的交叉和整合来共同应对地球科学所面临的各种挑战。也就是说，地球科学不是孤立的学科，不仅需要物理、化学和数学等基础学科，还需要应用各种工程技术手段，通过各学科间的交融和配合，才能得到不断提升和发展。

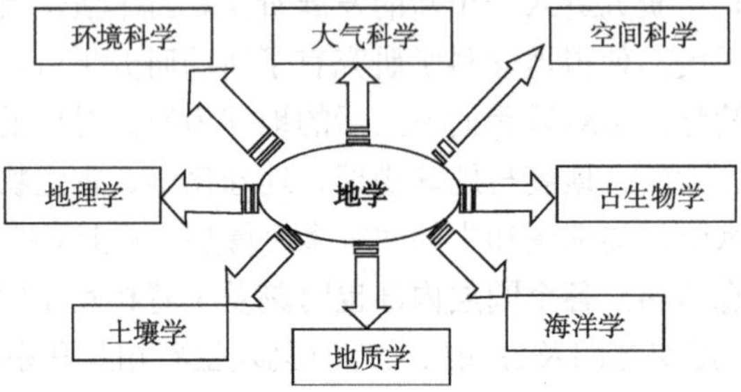

图 1-1　地学的分支学科

二、地学分支学科

（一）地理学

地理学（geography）是研究地球表面自然现象和人文现象，以及自然要素与人文要素之间相互作用及其形成演化的特征、结构、格局、过程、地域分异和人-地关系的学科。简单地说，就是研究人与地理环境关系的学科。地球表层及其人-地系统是地理学的研究对象，它主要包括三个方面的研究内容：①各种自然现象和人文现象，如气候变化、水文特征、水分循环、土地污染、聚落分布、产业集聚和地域经济模式等；②地球表层的自然景观和人文景观及其组成要素，如大气、水体、土壤、庙宇、民族和宗教等；③现象与要素的空间结构、格局及其形成与演化的特征等是地理学要探究的问题。整体性和人地性是地理学研究要遵循的两条基本原理。由于现象、要素和关系等研究内容的分工，地理学也具有多个分支学科（图 1-2）。

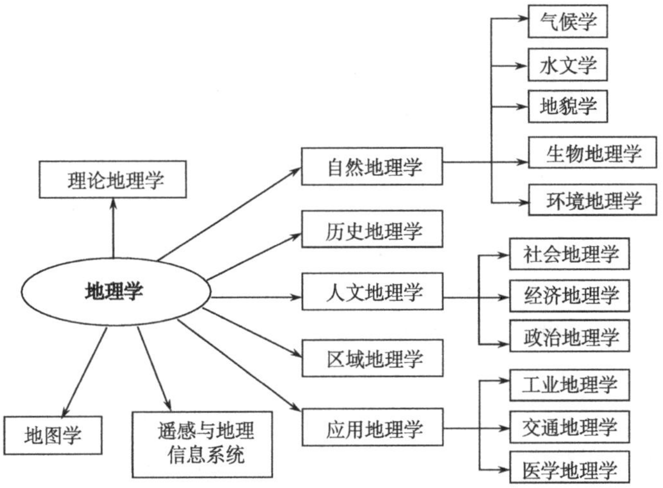

图 1-2　地理学分支学科

理论地理学是研究各种地理现象、地理事件、地理结构、地理过程在力求统一基础上所遵循的总体规律的学科。其研究内容涉及：地理有序性，地理系统的结构、功能和动态特征，地理过程的节律性与地理过程变化的预测，地理现象的组合规律及作用与影响，地理的时空耦合，空间行为理论，地理哲学与地理学方法。它遵循地理系统的整体性、地理要素在功能上的最小限制、地理成分互相作用的自组织、地理现象在空间上的连续过渡、地理相似性与差异性、地理环境演变的趋稳性、地理过程的震荡节律等 7 条原则。理论地理学以地理环境中自然因素和人文因素相互作用为前提，既承认研究对象的客观性、又承认“人-地系统”的协调性，以物质、能量和信息在地理系统中的运动和行为作为地理学哲学内涵及研究方法论探讨的脉络。

自然地理学是综合研究自然地理环境的各种组成要素及其相互联系的学科，以阐明自然地理环境各组成要素及其之间的结构、功能、物质迁移、能量转换、动态演变及地域分异规律。其研究对象为自然地理环境，包括未受到人类影响的天然环境和受到人类影响后的人为环境。自然地理学又包括气候学、水文学、地貌学、生物地理学和环境地理学等。其中，气候学是研究气候的特征、形成和演变及其与人类活动相互关系的学科，研究内容包括一般性原理，以及气候特征的时空分布、演变及其分类等；水文学是研究存在于大气层中、地球表面和地壳内部各种形态水在水量和水质上的运动、变化与分布，以及与环境和人类活动相互关系的学科，其研究内容涉及地球上水的起源、存在、分布、循环与运动等变化规律及其运用以达到为人类服务的目的；地貌学是研究地球表面的形态特征、成因和分布及其演变规律的学科，又称地形学，它对工程建设、农业生产、矿产勘查、军事、自然灾害防治和环境保护等多个方面都有比较实际的意义；生物地理学则是研究生物（包括动物、植物和微生物等）在时空上分布的学科，即生物群落及其组成成分在地球表面的分布情况和形成原因；环境地理学则是以人-地系统为对象，研究其发生与发展、组织与结构、调节与控制、改造与利用的科学，着重研究各种人类活动与地理环境之间的相互作用和相互影响，涉及：环境质量的区域差异，环境的历史发展、演化与预测，环境污染物质的发生、分布、迁移、转化和自净规律，自然资源的合理利用和保护等。

历史地理学是历史学和地理学交叉产生的一门新兴学科，也是现代地理学的一个重要组成部分。它主要研究在历史时期由于人类活动而产生或影响的一切地理变化。这些变化，依旧是按照自然规律进行的，但不因人类活动而发生变化，应该属于自然地理学的研究范畴，具体来说，涉及历史时期自然人文地理现象及人-地关系发展演进规律。因此，按其研究对象不同，历史地理学可分为历史自然地理学和历史人文地理学。在中国，历史地理学研究有着悠久的历史传统，其发展经历了以沿革地理学为主体的传统中国历史地理学、“地理化”逐步加强的近代中国历史地理学及研究历史时期地理环境变化的现代中国历史地理学三个主要阶段，但只是到了20世纪50年代初才得以确立。因此，历史地理学是较年轻的学科。

人文地理学是研究人类活动和地理环境相互关系的地域体系的形成过程、结构、特点和发展规律的学科。它包括社会地理学、经济地理学和政治地理学。其中，社会地理学是从地理学的观点研究各种人类社会现象、社会特征和社会集团区域分布及差异，并比较各种社会集团类型形成过程与空间结构的学科。传统社会地理学由于涉及社会生活中人口、聚落、经济、交通乃至政治文化问题，因而研究内容较为广泛。经济地理学则是研究经济活动区位、空间组织及其与地理环境相互关系的学科，其研究内容包括经济活动的内容、区位、空间组织及与环境的关系等。政治地理学是研究人类社会政治现象的空间分布与地理环境关系及其发展变化规律预测的学科，其研究内容涉及：政治疆界、政治区域的形成与演变，政治地区类型的划分及其相似性与差异性，国际关系和政治集团的形成、发展和变化，以及其对当代世界政治趋势与国际关系的影响等。

区域地理学是研究各地理要素在区域内的组合及其相互联系和相互作用关系的学科。在地理学发展进程中，区域地理学曾是最古老的核心部分，但是其科学理论和体系的形成却是处在近代地理学发展的时期。区域地理学所要研究的区域是具有一定地理位置和可度量的实体，各要素之间具有本质的联系和相似的外部形态特征，因此是地理学的区域性研究。区域地理学对揭示地理区域规律、建立地理学基础、表征地理学特点和确立地理学在现代科学体系中的地位具有不可替代的作用和极为重要的意义。

应用地理学是根据地理学的概念、理论、原则和方法，在基础地理资料的支持下，为直接或整体解决地域实体的发展目标和具体问题提供可行的手段和途径，要求最终获取可以估算、比较、重复、检验的效果或评价的学科。它主要研究如何消除特定空间的地理区域的对立、维持平衡、协调关系和调控系统等。其又细分为工业地理学、农业地理学、交通地理学、军事地理学和医学地理学等。其中，工业地理学是研究工业活动空间分布规律的学科，它的理论基础是工业区位理论，传统的工业地理学以研究工业区位的因素、工业地域的形成和发展为主要内容，它关心企业的区位决策，研究各种不同的工业区位因素对各类不同工厂影响程度的差异，从而探求选取最优工业区位的方法。现代地理学不仅关心物质流，而且注意信息流，不仅要研究工厂的生产区位，而且要注意研究与开发活动有关的区位。在实践上，工业地理学可以为乡镇企业的布局和区域发展提供决策依据。交通地理学是研究交通运输在生产力地域组合中的作用、客货流形成和变化的经济地理基础，以及交通网和枢纽的地域结构的学科，在飞机的最佳飞行路线、高速公路布局及高铁走向等现代交通的规划与建设中起着重要的指导作用。医学地理学则是研究一定地理区域内的各种自然因素、社会经济条件以及地区生活习惯与人类健康关系的科学，它的主要研究对象是地理环境和患者，研究内容包括人群疾病和健康的地理分布与地理环境的关系等。

在遥感（RS）与地理信息系统（GIS）中， RS 是 1960 年发展起来的，是应用探测仪器，不与探测目标相接触，从远处把区域目标的电磁波特性记录下来，通过分析，提示出物体的特征、性质及其变化的综合性探测技术。在实践中，电磁波是主要的探测与研究对象。RS 研究内容包括被测目标的信息特征、信息获取、信息传输与记录、信息处理与信息应用 5 个部分。GIS 是在计算机软、硬件系统支持下，对整个或部分地球表层的有关地理分布数据进行采集、储存、管理、运算、分析、显示和描述的技术系统。GIS 处理、管理的对象是多种地理实体、地理现象数据及其空间关系数据，包括空间定位数据、图形数据、遥感图像数据和属性数据等，用于分析和处理在一定地理区域内分布的地理实体、现象及过程，解决复杂的规划、决策和管理问题。总体来说，GIS 的核心是空间分析，地理学是其分析的理论基础，RS 是 GIS 数据更新的可靠和快速的数据源。RS 和 GIS 相互联系，为地理学研究提供了强有力的技术支持。

地图学是研究地理信息的表达、处理和传输的理论与方法，以地理信息可视化为核心，探讨地图制作技术和使用方法的学科。它分为两个发展阶段：前一阶段是研究制作地图的“地图制图学”；后一阶段是在 20 世纪 70 年代以后形成了完整的地图学概念。总之，地理环境是地图表示的对象，而制图人员又是基于地理学自然和人文地理规律的知识制图。因此，地图学也是地理学研究的重要工具。

（二）地质学与地球化学

传统上，地质学（geology）和地球化学（geochemistry）都是研究岩石及其矿物的科学，两者相互联系。其中，地质学是关于地球物质组成、内部构造、外部特征及各圈层之间相互作用与演变历史的学科，它的主要研究对象是地球系统的岩石圈，具体来说，主要分为 4 个方面的研究内容：①岩石圈中的物质组分及其形成、分布和变化的规律，基于此，地质学又可细分为矿物学、岩石学、矿床学和地球化学等；②岩石圈的结构、构造和地表形态的变化特征及发展规律，因此，也包括构造地质学、大地构造学、地质力学、地貌学和动力地质学等分支学科；③岩石圈的形成历史、发展规律及其中古生物的演化特征，故还可分为地史学、古生物学和地层学等；④前三个方面是对岩石圈的自身特点进行科学了解和掌握，但为了开发利用其相关资源，更好地服务于人类的生存与发展，还涉及矿产资源的调查及勘探的理论与方法等方面的研究，包括地质矿产调查勘探、地球物理探矿、控矿工程、遥感地质、水文及工程地质等。

总体来看，地质学的分支学科（图 1-3）主要包括矿物学、岩石学、地球物理、地球化学、工程地质学、动力地质学、构造地质学和地史学等。其中，矿物学是关于地球和部分宇宙天体物质形态及运动形式的基础学科，它以矿物和准矿物为主要研究对象，也研究人工合成和部分工业产物中成分及结构上与矿物或准矿物相似的物质。岩石学是研究地壳及上地幔各种岩石的分布、产状、成分、结构、构造、分类、命名、成因、演化及相关矿产等问题的科学。岩石学是地质学科领域的基础学科之一，同时也是理论性和实践性都很强的一门学科。地球物理学是利用物理学的原理、方法研究地球的观测及应用理论的学科，它是应用地球物理观测仪器，观测各种地球物理场，采用地球物理正演和反演技术，以揭示地球内部介质的物理性质和物理参数，具体包括重力场、磁场、电场、地震波场、热场、放射性场和行星际物理等物理场，涉及海洋、大陆和空间等方面的学科内容，它的主体是固体地球物理学。

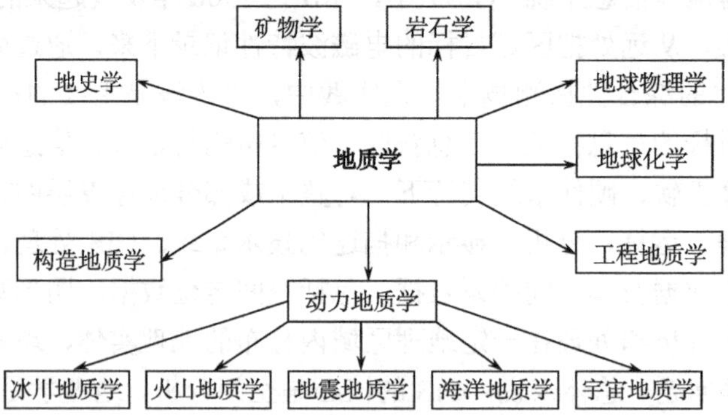

图 1-3　地质学分支学科

工程地质学是研究桥梁、机场和道路等与人类工程建设活动有关的地质问题的学科，主要研究内容包括：建设地区和建筑场地中的岩体、土体的空间分布规律和工程地质性质；控制这些性质的岩石和土壤的成分、结构；这些性质在自然条件和工程作用下的变化趋势；确定岩石和土壤的工程地质分类等。

动力地质学是研究地表及地球内部发生的各种动力地质作用的科学，着重研究引起地壳的物质组成和结构形成与变化的地质作用的一般原理和基本规律，探讨其发生原因、发生条件及其相互关系，具体包括：各种动力改造地表与物质循环等规律，地球各种动力类型和来源，各种动力是如何驱使地球不断运动、它的运动过程和产生条件又是什么等。动力地质学又可分为冰川地质学、火山地质学、地震地质学、海洋地质学、海啸地质学、台风地质学和宇宙地质学等。其中，冰川地质学是以鉴定古代冰川遗迹为基础，研究古冰川的发育规律和特征、冰期与间冰期的气候变迁及其起源，进而了解它的地质作用与影响的科学；火山地质学是研究地球历史上由火山作用形成的地质体的学科，主要是运用地质学和火山学的原理与方法，来研究地球历史上早已形成的古火山岩及有关地质现象；地震地质学是一门查明地震发生的地质构造背景，探讨地震活动规律，寻求未来可能发生地震的地区、地带和地点的学科，它运用的是地质学的理论与方法来研究地震的成因和地震的活动规律；海洋地质学是研究全球地壳被海水淹没部分所发生的各种地质作用的学科，这些地质作用包括海岸和海底地形的动力学、海底沉积作用、海底火山活动、海底地质构造、大洋地质历史和海底矿产资源等；海啸地质学是一门查明海啸发生的地质构造并从地质学的角度研究海啸的成因及其活动规律的学科；宇宙地质学是研究太阳系各天体的物质组成、地质构造、内部结构和地质演化历史的学科，又称空间地质学，它的研究内容包括行星地质、卫星地质、小行星地质、陨石、宇宙矿物和宇宙年代等。

构造地质学是研究岩石圈内地质体的形成、形态和变形构造作用的成因机制及其相互影响、时空分布与演化规律的学科，它的研究对象主要是岩石圈的地质构造，研究内容包括由内力地质作用所形成的诸如褶皱、断层和节理等各种地质构造的形态、产状、规模、形成条件、成因机制、分布规律与演化历史。

地史学也称历史地质学，是研究地球发展历史与发展规律的科学，其研究对象为地史时期形成的地层（包括沉积岩地层、火山岩地层和变质岩地层），研究内容涉及地球的形成、生命的起源、生物的演化、古地理的变迁、板块的离合，以及地球不同圈层的相互作用等。它可进一步细分为三个方面：一是研究地层的形成顺序和时代、划分地层单位、建立地层系统和进行地层时空对比；二是根据地层的沉积组分、沉积相及其时空分布特征研究地层形成的古环境、古地理及其演化；三是根据地层的沉积组合、沉积古地理、古生物地理、古气候、古地磁及其他构造标志恢复地层形成的古构造背景、古板块分布格局及其离合史。

地球化学（geochemistry）是研究地球的化学组成、化学作用和化学过程及其制约因素、化学演化及其成因与机理的科学，它是地质学与化学相结合而产生和发展起来的边缘交叉学科。地球化学主要研究地球乃至宇宙的化学组成、化学演化，以及运用现代物质科学的理论与方法研究元素和同位素的分布、迁移、富集与分异演化规律。也就是说，地球化学是用化学和地质学的理论与方法来认识自然作用形成的产物、过程及其演化，其研究对象仍然是整个地球及其圈层与分室。因此，它属于地球科学的范畴，也是与化学相交叉的一门新兴学科。与地质学等传统学科相比，从原来的定性描述向定量化研究的转变是地球化学的一个显著特点。特别是，随着地球化学的发展与研究的拓展，其本身也具有多个分支学科，如元素地球化学、天体化学、生物地球化学、环境地球化学、生态地球化学、应用地球化学、矿产地球化学、有机地球化学等，见图 1-4。

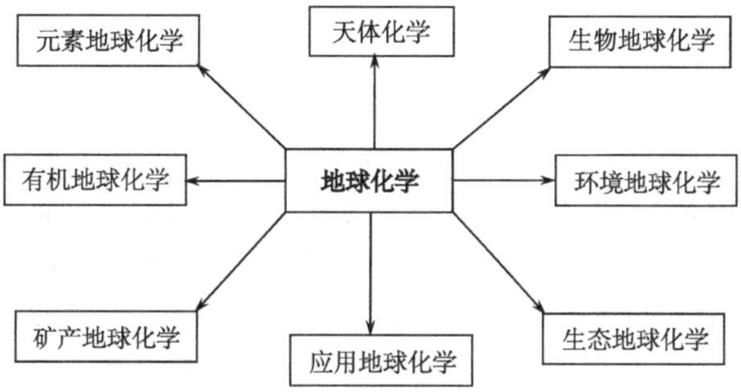

图 1-4 地球化学分支学科

元素地球化学是研究自然界元素的组成及其运动规律的科学。它是地球化学领域最古老的分支学科，早期的地球化学就是元素地球化学。元素地球化学的研究内容包括：元素的物理、化学和晶体化学性质，元素在宇宙、星体、陨石、月球和地球各圈层的分布与分配，元素在各种地质体分布量差异，元素的赋存状态、生物有效性及迁移形式，元素的演化和循环历史，元素的富集规律及主要矿床类型，元素在环境中的运移与转化规律以及与人类的关系，不同区域元素的稀缺情况与人体健康的关系等。

天体化学是研究天体和其他宇宙物质的化学组成及化学过程的学科，属于地球化学的分支学科。其研究的介质与地球化学的一般研究对象有所不同，地球化学是研究地球的化学成分、变异和演化的学科，而天体化学则是研究天体化学成分、变异和演化的学科。此外，天体学也是一门独立的学科，它研究各层次天体化学成分与化学演化规律，是地学、天文学和空间科学交叉的产物。

生物地球化学以研究地球表面生物参与下的化学过程为主，包括大气层、地表水及海洋、土壤和地壳内各种矿物，以及有机体所发生的各种化学反应、过程及其机理。其中，生物地球化学循环是生物地球化学的主要研究内容。具体来说，即要研究化学元素和化学物质在大气、海洋与陆地之间，以及它们内部各层次之间的生物地球化学循环过程，以此来明确生命系统在进化过程中对地球化学环境的影响，并且预测未来会对土壤、地表水及海洋与大气的组成成分、陆地生物圈的物质循环和全球环境产生何种影响等。

环境地球化学是地球化学与环境科学相互渗透而产生的一门新兴边缘学科，是研究化学元素和微量物质在人类环境中的含量、分布和迁移，以及与人类健康关系的科学。环境地球化学的主要任务是研究人类活动与地球化学环境的相互作用及其机制。它基于地球环境的整体性和相互依存性理念，在地球科学的基础上，综合研究化学元素在地-水-气-人（生）环境系统中的地球化学行为，揭示出受人为活动干扰的区域与全球环境系统的变化规律，从而达到合理开发利用资源、有效控制环境质量及维护人类健康的目的。

生态地球化学是一门研究地球化学元素及外来有害物质在地球各圈层循环与迁移转化规律、不同生态因子的作用与影响、所产生的生态效应及其调控的一门新兴的边缘学科，是生态学与地球化学相互交叉的结果。它的理论基础是元素地球化学循环原理、生态学物质循环与能量流动及信息传递原理，研究对象是地球表层系统或地球各圈层及区域生态系统，研究方法包括地球化学调查/勘查方法、多目标区域地球化学填图法、同位素示踪法、数学模型法、地球化学预测方法、生态学整体方法等，其技术路线是以土壤圈为中心评价地球系统，即它着重研究不同生态系统中地球化学元素及外来有害物质的空间分布、循环规律和影响范围，研究尺度包括全球、区域和局部水平。其在地球化学问题的发现、主要元素成因与来源、迁移转化、生态效应、变化趋势全过程，以及污染环境的修复等方面的研究具有极其重要的指导意义。它的应用领域涉及生态保护、污染防治、土地利用、农业生产和城市建设等。

应用地球化学是地球化学的实践应用，是运用地球化学基本理论、方法与技术来研究地球物质成分及其分布、分配与人类的利害关系，以及通过调控来解决地球上的生态环境问题，并能产生一定的经济效益和社会效益的学科。其研究对象为地球表层系统的物质组成。研究内容涉及：成矿元素及其伴生元素的空间分布规律与矿产的联系，以及利用此规律探明埋藏于地下的矿产资源；人类生存与发展、对人类健康有影响的化学元素的分布、分配及其存在形态与生物有效性；对作物生长有益或必需元素在土壤中的丰缺程度，以及有毒、有害元素在土壤及地下水中的富集程度；污染土壤和地下水的生物修复、化学修复及其强化；一切化学元素及其化合物在地球表层系统中的分布分配、活动演化可能给人类生存带来的直接或间接影响等方面的研究。

矿产地球化学是基于现代地球化学理论和技术方法，研究地质矿产资源的形成与演化过程的学科，涉及成矿物质源区、成矿过程中成矿元素的迁移富集规律、矿床形成机制、成矿时代等方面的研究，并且针对不同类型矿床的特征，研究矿床形成过程，创建矿床成因理论和矿床地球化学勘查模型，预测新的矿产勘查靶区，指导找矿勘探实践。

有机地球化学主要研究地球有机圈和其他宇宙体中有机物质形成、演化和聚集规律，以及它们在理论上和实践上应用的科学。其研究内容包括：地质体内有机质的成因和演化规律，有机物与无机物之间相互作用的实质和聚集条件，各种生物标准化合物对沉积环境、有机质母源和成岩成矿条件等方面的指示作用，地球古老岩石、陨石及其他宇宙体中有机化合物的产生条件，天然的和合成的有机污染物的运移规律及其引起地球表层的环境质量变化等方面。

地质学相关学科还包括海洋地质学、地震地质学、深部地质学和环境地质学等。多年来，有把地理学与地质学相互混淆的现象。为了了解两者之间的区别与联系，需要首先弄清地理环境和地质环境所定义的空间范围。其中，地理环境是指岩石圈表层到对流层顶之间的范围，厚度为 10～20 km，位于岩石圈、水圈、大气圈、土壤圈和生物圈等的交错带上，而地质环境主要指地表下的岩石圈。

（三）大气科学

大气科学（atmospheric science）是研究大气特性、结构、组成、物理现象、化学反应和运动规律及有关问题的学科。大气科学研究的主要特点是通过观测、理论分析、数值模拟和实验室模拟等手段来认识大气中的各种物理、化学、生物学、生态学过程的基本规律及其与环境的相互作用机理，发展新的探测和实验手段，为天气、气候与环境的预报和控制提供理论和方法，涉及大气探测（包括地面气象观测、高空气象观测、大气遥感、气象雷达和气象卫星等）、天气学、应用气象学、大气物理学、大气化学和全球变化等。其中，大气物理学还包括云和降水物理学、动力气象学、大气电学、大气声学、大气辐射学和大气光学等（图 1-5）。

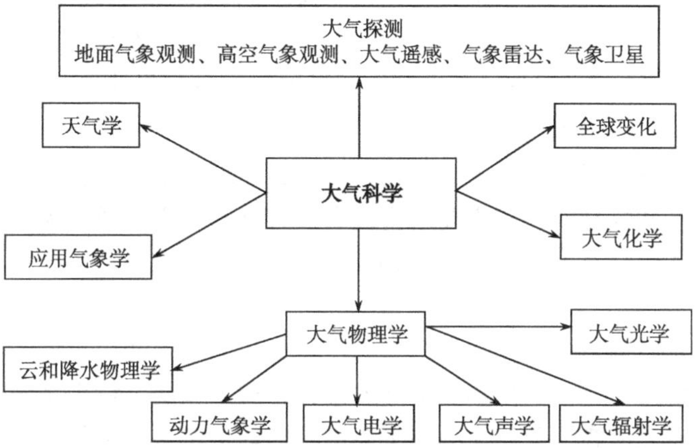

图 1-5 大气科学分支学科

大气探测是研究和观察地球大气的物理特性及大气现象的方法与手段的一门学科，包括地面气象观测、高空气象观测、大气遥感、气象雷达和气象卫星等。大气探测利用各种仪器与装备，对地球大气各个高度上的物理状态、化学性质和物理现象的发生、发展与演变进行观察和测定。大气探测是大气科学研究的基础，同时也可应用于天气分析和预报的实时准备、气候调研、与局地天气有关的业务技术、水文、农业气象和气候学的研究。

天气学是研究天气变化规律和天气分析与预报方法的科学。具体来说，即是研究天气现象和天气过程的物理本质及规律，并用以制作天气预报的学科，是大气科学的一个重要分支。其研究对象是整个地球大气，研究内容包括大气中发生的各种天气现象及其演变规律。然而，在实际工作中，天气学并未研究所有的大气物理过程，而只是研究对天气演变起重要作用的那些天气现象和天气过程。

应用气象学是将气象学的原理、方法和成果应用于农业、建筑、水文、航海、航空、军事和医疗等方面，同各个专业学科交叉渗透的学科，也是充分开发利用气候资源的重要领域。应用气象学是大气科学研究和服务国民经济建设的重要组成部分。

大气物理学是研究大气中各种物理现象、物理过程及其演变规律的学科。它主要研究大气中的声象、光象、电象、辐射过程、云和降水物理、近地面层大气物理、平流层和中层大气物理，是大气科学的基础理论部分。可进一步分为云和降水物理学、动力气象学、大气电学、大气声学、大气辐射学和大气光学等分支学科。其中，云和降水物理学以自然界中云与降水的生成、发展与消散过程为其研究对象，包括两部分研究内容：①以流体力学和热力学为基础的云动力学，研究整个云体演变的热力学与动力学过程；②以热力学和物理化学为基础的云微物理学，研究单个云粒与降水粒子生成的各种物理过程。动力气象学是应用物理学原理和数学模拟方法来研究大气运动的动力学过程、热力学过程及其相互关系，并从理论上探讨与天气和气候变化紧密关联的大气运动演变规律的学科。大气电学是研究电离层以下大气中发生的各种电学现象及其生成和相互作用的物理过程的学科，主要由晴天电学和扰动天气电学两部分构成。大气声学是研究大气声波的产生机制和各种声源的声波在大气中传播规律的学科，它把声学方法也作为探测大气的一种手段。大气辐射学是研究辐射能在地球大气内的传输与转换过程的学科。太阳辐射是大气运动的能源，辐射过程是地-气系统中能量交换的主要形式。因此，大气辐射学是天气学、气候学、动力气象学、应用气象学和大气遥感等学科的理论基础之一。大气光学是研究光通过大气时的相互作用和由此产生的各种低层大气光学现象的一门学科，主要研究：大气折射、散射等的基本规律，大气散射引起的光现象，以及大粒子对光的折射等引起的光现象等。

大气化学研究地球大气的组成及其变化，以及引起这些变化的物理化学过程的学科。大气化学的基础是化学和物理学，它主要研究：自然大气的化学组成，大气中的气体、液体和固体粒子间的相互作用，与地球表面、生物圈的作用，以及人类活动如何改变大气的物理、化学特征等内容。

全球变化科学是以地球系统作为研究对象，将大气圈、水圈、土壤圈和生物圈等圈层作为一个整体，研究物理、化学、生物三大基本过程的相互作用，特别是研究人类与大自然的相互关系的科学。研究内容涉及处于动态平衡中的地球生态系统中的各种快速变化过程可能造成的后果、全球或区域尺度的子系统对上述变化的适应能力、反馈机理，以及人类社会需要采取的应对策略与措施。其中，全球变化不是指全球气候变化，它广泛地指人类生存的地球环境正在发生的那些重大变化，其中包括气候、水循环、生物多样性、矿产资源开发等变化。

（四）海洋学

海洋学（oceanology）是研究海洋的自然现象、性质及其变化规律、开发利用与调控的学科，包括海洋气象学、海洋物理学、海洋生物学、海洋化学、海洋地理学、海洋地质学、河口海洋带动力学、海洋开发与利用、军事海洋学、海洋资源学和海洋生态学等，见图 1-6。

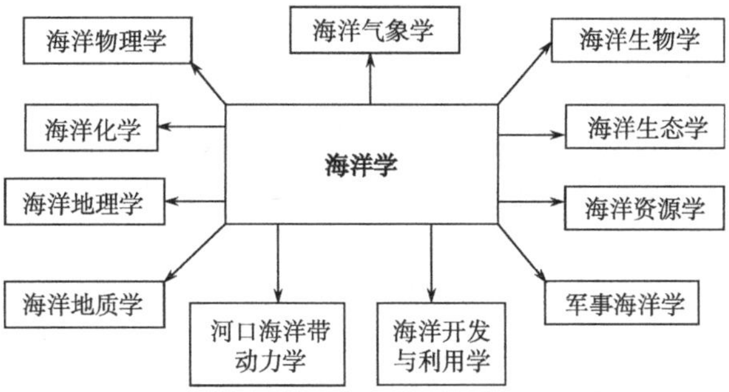

图 1-6 海洋学分支学科

海洋气象学是研究海上大气的物理信息，以及海洋与大气相互作用规律的学科，其研究内容包括：①海洋气象的观测和试验，这又涉及海洋气象观测方法、观测仪器和装置、局部或大范围海域的海洋气象的调查研究；②海洋天气分析和预报，主要研究海上的天气和天气系统及与其密切相关的海洋现象，包括其相关机理分析与预报方法；③海洋和大气的相互作用，主要是海洋和大气之间各种物理量，包括热量、动量（或动能）、水分、气体和电荷等的输送与交换过程及其时空变异，海-气边界层的观测和理论，以及大尺度海-气相互作用。

海洋物理学以物理学的理论、技术和方法研究海洋中的物理现象及其变化规律，并研究海洋水体与大气圈、土壤圈、岩石圈和生物圈相互作用的科学，主要涉及：海水各类运动和海洋与大气及岩石圈相互作用的规律，海洋中的声、光、电现象和过程，海洋探测的各种物理学方法等。海洋物理学在海洋运输、资源开发、环境保护、军事活动、海岸设施和海底工程等方面都有重要的应用。

海洋生物学是研究海洋中生命现象、过程及其进化规律的科学，主要包括海洋有机体的功能、海洋生物多样性和海洋生态三个方面的内容。具体来说，其研究内容涉及：海洋中生命有机体的起源、分布、形态与结构、进化与演替的特征和生物生命过程的活动规律，海洋生物之间和生物与其所处的海洋环境之间的相互作用和相互影响。

海洋化学是研究海洋各部分的化学组成、物质分布、化学性质和化学过程，并研究海洋化学资源在开发利用中所涉及的化学问题的科学，是海洋科学的一个重要分支，主要包括海水化学、海水生物化学、海洋沉积物化学、活体海洋生物化学与生理学、海洋界物理化学及与界面物相互作用的化学共 5 个方面，具体来讲，主要研究海洋中有机物和无机物的组成，包括其基本特性、来源、构造模式，还有在海洋地质、生物、物理、气象等领域中的特殊作用。

海洋地理学研究包括：海洋各种自然要素特性、形成、运动和变化规律，海洋与人类活动及其环境的关系，海洋资源形成、分布和开发利用，以及海洋地域差异。海洋地理学的研究对象是海洋，包括海岸与海底，涉及气、水、生物、土壤和岩石圈。

海洋地质学是研究全球地壳被海水淹没部分所发生的各种地质作用的学科，这些地质作用包括海岩和海底地形的动力学、海底沉积作用、海底火山活动、海底地质构造、大洋地质历史和海底矿产资源等。

河口海洋带动力学是指主要研究河口地带和海岸地带中海水的各种运动规律，河口海岸带地形地貌的变化及产生这些变化的动力因素的科学。这些研究对海岸防护、港口建筑等都有密切的关系。

海洋开发与利用是指人类对海洋资源的开发和对海洋及其空间综合利用的一门科学。随着生产力的发展和对海洋研究的深入，自20世纪70年代以来，海洋科学已经发展到了开始对海洋的开发利用阶段，人类现在正在开发利用海洋这一巨大资源宝库以便于更好地为人类的生存和发展服务。

军事海洋学是研究和利用海洋自然规律进而为海上军事行动提供科学依据以及实施海洋保障的科学。它属于海洋科学的重要应用学科分支，又是军事科学的重要组成部分。

海洋资源学是研究海洋自然资源的各种概念、属性、形成、分布与变化规律，开发和使用的影响，及其管理方法和相关技术应用等的科学。其研究内容包括：海洋资源的各种概念、属性、形成、分布与变化的规律，海洋资源的主要特征和消长规律，海洋资源影响因素及其调控，海洋资源开发和可持续利用及其相关技术，海洋资源管理的法律、政策和其他方法等。

海洋生态学是研究海洋环境系统与生物系统相互联系、相互作用的各种生态过程的学科。从生物种群生态学向海洋生态系统生态学发展是现代海洋生态学研究的方向，主要研究海洋生态系统结构、功能、各种生态动力学过程及其相互作用，更加强调海洋物理、化学环境对海洋生物系统以至生物圈的作用及其机制。

（五）土壤学

土壤学（pedology）是以地球表面能够生长绿色植物的疏松层为对象，研究其中的物质运动规律及其与环境间相互关系的学科。它包括土壤气象学、土壤物理学、土壤生物学、土壤化学、土壤地理学、土壤矿物学、土壤调查与评价、土壤改良与利用、环境土壤学、土地资源学和土壤生态学等，见图1-7。

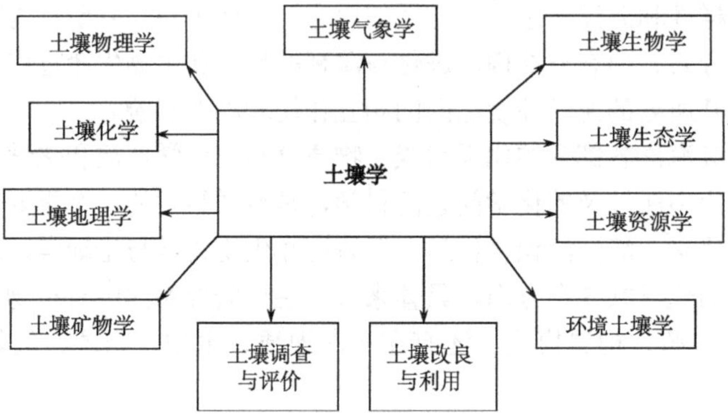

图1-7 土壤学分支学科

土壤气象学（soil meteorology）是土壤学与气象学的交叉学科，主要研究土壤与气象之间相互作用关系，具体涉及4个方面：①把大气当成是研究的物质客体来探讨其对土壤特性和状态的影响及其机理，如大气的组成、范围、结构、温度、湿度、压强和密度对土壤形成过程与其特性的影响及其机理；②研究不同土壤类型及其区域分异导致大气现象发生、发展的能量来源、性质及其转化；③研究大气现象的土壤学本质，从而能解释大气-土壤交互作用现象，寻求控制其发生、发展和变化的规律；④探讨如何应用这些规律，通过一定的土壤学措施，为预测和改善大气环境服务（如通过改变土壤学过程影响天气、人工降水对土壤特性的影响等），使之能更适合于人类的生活和生产的需要。近年来，随着大气污染的日益严重和复杂化，大气污染对土壤特性的影响，以及土壤环境影响大气污染物迁移转化及其机制成为土壤气象学的研究前沿和重点。

土壤物理学（soil physics）是以研究土壤的物理性质及土壤中的物理现象、过程和能量转换为主要任务，同时兼顾与土壤中的化学、生物学与生态学过程相耦合的学科。其中，土壤的物理性质和土壤中的物理现象主要包括：土壤颗粒、结构，土壤中的水分、溶质及有关热学、电磁学性质和放射性等。土壤物理学的核心内容是土壤中的水、热、气和溶质等物质运动和能量转换及其机制。

土壤生物学（soil biology）是一门研究土壤中各类生物的生命现象、相互关系，以及它们和土壤之间相互作用的科学，主要研究栖居于土壤中的动物和微生物等有机体的活动及其与土壤中物质转化与循环的关系，是土壤学和生物学之间的一门交叉学科。其内容包括：土壤中动物（如蚯蚓、蚂蚁、鼹鼠、变形虫、轮虫、线虫、壁虱、蜘蛛、潮虫和千足虫等）和微生物的数量、组成及分布规律，碳、氮、磷、硫等大量营养元素的生物循环和生物有效性，铜、锌、硒和碘等微量营养元素的生物循环和生物有效性，生物固氮作用、有机质的分解和腐殖质的形成及其对土壤肥力的影响，修复植物根系及其分泌物对土壤理化性状的影响及其机理等。

土壤化学（soil chemistry）是主要研究土壤中的物质组成、组分之间和固液相之间的化学反应与化学过程，以及离子（或分子）在固液相界面上所发生的化学现象的学科，涉及土壤物理化学、土壤腐殖质化学、土壤胶体化学、土壤表面化学、土壤电化学、土壤溶液化学、土壤养分化学、土壤污染化学等。研究内容包括：土壤矿物（原生矿物和次生矿物）及其吸附特性，化学风化和成土过程对土壤化学组分的影响，土壤有机质及其保水保肥性能，土壤胶体、土壤固体颗粒的表面化学性质及阳离子交换，土壤电荷性质，土壤溶液及土壤的酸碱性，土壤氧化-还原性，土壤缓冲性能等。

土壤地理学（soil geography）是一门研究土壤与地理环境之间相互关系的科学，即把土壤与其环境作为整体，阐明土壤在地球表面上的生成、发育、演变和分布规律，并进行科学分类与管理，为评价、改良、利用和保护土壤资源，发展农、林、牧业生产提供科学依据。其研究内容主要包括：土壤的形成过程、发生分类和地理分布规律，土壤调查、制图及区划，土地资源评价与科学管理等。19 世纪后期至 20 世纪初期是土壤地理学的创建时期，其代表人物是俄国的道库恰耶夫。他于 1883 年出版的《俄国黑钙土》一书，首先提出了土壤形成因素学说和土壤地带学说。他认为，土壤是在母岩、气候、生物、地形和时间五大成土因素共同作用下形成的历史自然体，土壤的形成过程及其空间分布都具有明显的地带性。他还提出了土壤调查、制图及以土壤剖面性状作为土壤分类的依据等研究方法。从而创立了以发生学观点来研究土壤的发生学派，为土壤地理学奠定了理论基础，使之成为一门独立的学科。

发生土壤学（pedology）是主要研究土壤的发生、形成、演化、特性与分布，以及科学分类和利用潜力的土壤学。土壤发生学也称土壤形成因素学，是著名土壤地理学家道库恰耶夫提出来的。他认为，土壤是一个独立的历史自然体，它不是孤立存在的，而是与自然地理条件及其历史的发展紧密联系着的。成土因素的发展和变化制约着土壤的形成和演化，土壤是随着成土因素的变化而变化的。由于成土因素，特别是气候和植被，具有地理分布的规律性，因而土壤的分布也表现出地理分布的规律性。

土壤矿物学（soil mineralogy）是主要研究土壤矿物结构、组成、性质和化学反应的学科，其研究内容包括：黏土矿物和氧化物的数量、组成及相互之间的反应，土壤中各种元素的迁移状况，黏粒与有机质之间的相互作用，矿物的形成与转变，矿物鉴定等。

土壤调查与评价（soil survey and assessment）是土壤学的一个重要组成，是野外研究土壤的一项重要手段。就是调查一特定地区的土壤，研究其各种土壤类型、生成发育、分布规律、理化现状、生产性能、土地利用现状，以及与生态、环境和农业生产的关系，测绘土壤类型图等，并在此基础上对土壤资源进行评价，编制评级图，制定合理的开发利用与改良实施方案等。

土壤改良与利用（soil reclamation and utilization）是一门研究土壤肥力的构成实质及其演变规律、分析土壤的退化过程及其机理与原因以及调控的科学，也称“土壤改良学”。它主要针对土壤障碍因素，采取相应的物理或化学措施，改善土壤性状，提高土壤肥力，增加作物产量，以及改善人类生存的土壤环境，进而维护和促进土壤的高效和永续利用的应用基础科学。

土壤肥力与植物营养（soil fertility and plant nutrition）主要研究土壤供应矿质养分的能力及其影响因子与植物营养的关系，其研究内容涉及：土壤肥力的实质及其指标，土壤养分的强度因素和容量因素，土壤和植物的营养诊断，主要作物对土壤肥力的要求等。

环境土壤学（environmental pedology）是研究土壤环境质量变化规律、影响因素及修复与调控的一门学科，主要研究自然因素或人为条件下引起的土壤环境质量变化，以及这种变化对土壤-植物-动物-人类这一系统的影响，具体包括：土壤环境的物质组成，环境结构和土壤环境中的物理、化学和生物过程及生态功能，土壤环境质量的现状及其演变，污染物质在土壤-植物-动物（微生物）-人类系统中的迁移、转化、毒性、归宿及其影响因素，土壤环境与人体健康，人类活动对土壤环境的影响、对策与修复及生态调控研究等。

土地资源学（soil resources science）狭义上来说，是研究具有农、林、牧业生产力的各种类型土壤的总和的学科；广义上来说，是研究自然界中所有土壤的学科。它主要由土壤分类与分布、土壤类型、土壤资源三部分构成。

土壤生态学（soil ecology）是以土壤生物为中心，研究土壤生物之间、土壤生物与土壤非生命环境之间的相互作用的学科。其研究内容主要包括：土壤生态系统的结构与功能以及科学分类，土壤环境与生物间相互关系，土壤生态平衡与演变规律，人类活动对土壤生态系统的影响及过程。近年来，土壤生态学研究出现了新的发展趋势，土壤生物区系、土壤生物多样性研究已成为土壤生态学研究的热点。土壤生态学的应用研究是可持续农业的核心课题，涉及土壤生物与土壤肥力、土壤生物与土壤结构、土壤生物与营养循环、土壤生物与农业生产力、土壤生物与农业害虫生物防治等相关问题。

农业土壤学（edaphology），又称耕作土壤学，是一门研究农业土壤的培育及适宜性的学科，对于农业生产和国民经济发展具有极其重要的实践意义。它有三层基本涵义：①按照不同的土壤类型安排不同的作物，即不同作物有其相应的不同土壤类型；②应该按照一个地区内的不同土地类型来全面安排农、牧、林、渔各项生产；③重视农业的地区性，根据地区的特点安排人民的生产与生活。

土壤管理学（soil management）主要研究人工措施对土壤和作物生产的影响，其研究内容包括耕作、施肥、灌溉、排水及其他改良和保护措施对土壤肥力、生产力和作物产量的影响及其机理。

（六）古生物学

古生物学（palaeontology）研究地史时期中的生物及其演化，阐明生物界的发展历史，确定地层层序和时代，推断古地理、古气候环境的演变等的学科。它的研究内容包括生物学与地质学两大方面：①生物体的形态、结构、构造、分类、个体发育和系统发生、生物演变和环境适应，乃至生物的生理和生物化学等，是其研究的生物学方面的内容；②古生物的地质时间含义、古生物的兴衰与迁移、古生物地理以及古生物与能源、矿产等是其地质学方面的研究内容。总体来看，古生物学有化石岩石学、古病理学、古生物化学、古植物学、生物矿物学、古动物学、古仿生学、微体古生物学、生物地层学、古生物地理学、数理古生物学、分子古生物学等多种分支学科（图1-8）。

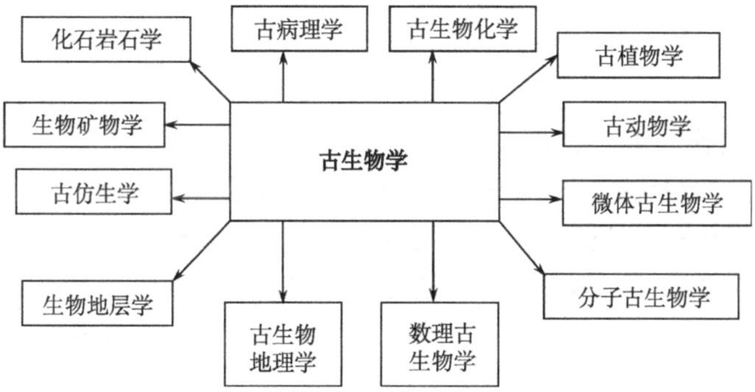

图1-8　古生物学分支学科

化石岩石学（fossils petrography）是指用岩石学的方法研究岩石中生物化石的科学。它所研究的内容包括以下几个方面：生物化石的物质成分、显微结构、构造及其演化规律；生物化石的成岩变化，如转化作用、交代作用和重结晶作用等；生物化石的搬运、沉积、埋藏、保存条件，以及化石组合与环境的关系。

古病理学（paleopathology）是指根据古生物遗体论证其病变的科学。如果动物受伤后能继续生存，则会存在病变现象，如骨瘤、脊椎变形和病变等。古病理状态主要在恐龙、哺乳动物化石等中可见，在植物化石、无脊椎动物化石中也有记载。在进行古人类病理研究的时候，有两种类型的记录：骨骼病变和骨骼损伤。头骨人工变形和功能压力分析也属于古病理学的研究范畴。对某种疾病的发展历史进行研究，将有助于现代人类对这种疾病进行预防和治疗。因此，对于某种疾病在古代的发展情况进行研究是古病理学的一项主要任务。

古生物化学（paleobiochemistry）是一门应用生物化学的手段研究古生物的学科，其主要研究内容包括生命的起源、钙化的机理以及分子水平上的进化等问题，此外还包括地层中某时期对化学化石（古生物的有机物）变化的影响及其机理。目前，已知的化学化石有卟啉、氨基酸、酚、有机酸、糖、胡萝卜素、碳化氢、脂肪酸、甲壳质、角质、肽、蛋白质和多糖等。

古植物学（paleobotany）是研究地史时期植物界的科学，其研究对象是保存于地质记录中的植物遗体及其印痕，即植物化石。按其体积一般分为大植物化石（如器官等）和微古植物（如花粉等）。研究内容包括：植物化石的采集与馆藏工作，建立植物起源与演化的基本事实体系；化石植物生物学研究，包括化石植物的形态解剖学、系统分类学和生殖生物学等研究；用生物学思想与方法探讨化石植物所反映的古环境；利用植物化石开展地层学研究，为生产实际服务。

生物矿物学是研究生物矿物及其集合体的物质组成、内部结构、外部形态、物理和化学性质、生理功能，以及形成条件、矿化过程和演化历史的学科。其研究对象是生物矿物及其集合体，即生物矿物体。研究内容包括：生物矿物的化学组成、晶体结构、结晶形态、物理和化学性质、生理功能和产状，生物矿物体物质组成、结构构造、形态、生态和演化，生物矿化作用机理、条件和过程。

古动物学是研究地层中动物的种类、形态、构造、分布与演化关系的科学。根据研究的对象，可分为古无脊椎动物学和古脊椎动物学。古动物学的研究，对于解决地质勘探中的地层问题具有重要意义，并且与现代动物的发生、发展和系统分类等也有密切关系。

古仿生学是探索模拟古代生物的生理结构优点，为现代工艺设计提供有益借鉴的学科。例如，根据栉龙类重叠牙序列已设计出一种二重钻头；根据鸭嘴龙类交错排列的多排牙齿（达400～500颗）不断替换，用于研磨、破碎装备的设计等。

微体古生物学总体来说是研究微体化石的学科，但微体古生物学不是按生物系统分类建立的学科，只是因为化石个体微小这个共同特点，对其研究要求一套特殊的方法、技术和共同的特殊工具，从而形成了微体古生物学这门独立的学科。微体古生物学研究的内容包括各类微体化石的形态、构造、化学成分、生物学和生态学特征、系统发生、系统分类、地质历程与地理分布等以及某些特殊问题的探讨。

生物地层学是一门研究生物化石的时空分布、地层形成发育规律和确定地层相对时代的学科，也称为地层古生物学或化石层位学。生物地层学这一术语是由比利时学者 L. Dollo 于1904 年首次提出的，并且指出生物地层学是应用古生物学方法研究的地层学。生物从低级至高级、从简单到复杂、从不完善至完善的过程，是一个前进性的发展。生物化石在不同的地质年代中显示着各不相同的特定面貌，而在同一地质年代的化石却有着大致相同的面貌。这一种生物阶段性的发展与地质历史的阶段性是密切结合在一起的，所以就有可能用生物发展面貌命名大的地质年代，如古生代与中生代和新生代等。生物地层学方法是解决地球上出现生物以来的地层划分、对比的主要手段。随着电子显微镜等先进技术的采用，它在解决前寒武纪后期的地层问题中显得越来越重要。

古生物地理学是一门研究地史中生物分布及其演变史的科学，它主要包括：古生物的地理及其形成因素，古生物的地理起源、迁移与扩散、孑遗与绝灭等。它是由古生物学与生物地理学相结合而发展起来的一门新兴学科。古生物学向它提供古生物在空间和时间上分布的实际资料，生物地理学则向它提供了研究区系、起源、迁移、扩散的概念与方法、原因与后果。

数理古生物学即数理方法在古生物学中的应用，具体研究内容有：应用数理方法和计算机进行化石鉴定、描述和统计，应用数理方法如单变量、双变量分析及相应坐标图进行居群变异、居群动态研究，数值分类法，定量古生态学等。

分子古生物学是 20 世纪 90 年代兴起的一个多学科交叉领域，它涉及古生物学、分子进化与分子系统学、地质学、地球化学等学科分支的理论与方法。分子古生物学研究内容包括：分子古生物研究的基本概念、技术、方法、理论和原理以及国外的主要研究方向和进展，分子进化理论、分子数据的处理与分析方法，古 DNA，古氨基酸，分子标记物，分子系统学，古生物与现代生物分子数据的综合研究等方面。分子古生物学研究方向就是将现代生物学新理论和技术方法应用于古生物学研究的过程，同时也充分反映了当代古生物学从分子水平上探索古生物进化、遗传及化学成分等研究的特点和目标。

三、地球系统科学

随着现代科学和技术的迅猛发展，面对一系列威胁人类生存与发展复杂的全球性问题，20 世纪 80 年代以来，开始出现以一种系统的观念把地球作为一个整体来研究地球系统及其各圈层的相互作用和关系，以及所发生的物理、化学和生物学的基本过程，即地球系统科学应运而生。

1983 年，美国国家航空与宇航管理局（NASA）顾问委员会任命的地球系统科学委员会（ESSC）首先提出了“地球系统科学”一词，把地球科学作为各部分相互作用的一个系统，把地球系统随时间的演化作为其最终目标；1985 年召开了专门讨论地球系统科学的会议；1988 年出版了《地球系统科学》报告，系统地阐述了地球系统和地球系统科学的观点，强调了要从整体出发，将地球的大气圈、水圈（含冰雪圈）、生物圈和岩石圈看成是一个有机联系的地球系统来研究，并且认为发生在该系统中的各种时间尺度的全球变化是地球系统各子系统（圈层）的物理、化学和生物学三大基本过程相互作用的结果，首次提出了将人类活动作为与太阳和地核并列的、能引发地球系统变化的第三驱动因素。国际环境与发展研究所和世界资源研究所在它们联合编撰的《世界资源报告》（1987）一书中也写道：“我们正在目睹一门内容广泛的新学科的诞生。这门学科能够大大加深对有几十亿人居住的我们这个行星结构和代谢功能的认识。这个学科集地质学、海洋学、生态学、气象学、化学和其他学科传统训练之大成。它有各种各样的名称：地球系统科学、全球变化学或生物地球化学等”。

我国国家自然科学基金委员会地球科学部于 2003 年 7 月也成立了地球系统科学战略调研组来探讨我国地球系统研究的科学战略，并且一年半后完成了《地球系统科学战略研究》报告，系统地分析了地球系统科学产生的背景与发展过程，以及国际相关战略研究与科学计划，指出了我国地球系统科学的发展所面临的机遇与挑战，并且提出了我国地球系统科学研究发展战略的基本思路、战略重点和相应的措施建议。

总体来说，地球系统是由水圈、大气圈、土壤圈和岩石圈等各圈层，以及与其相关的行星系统等所构成的动力学系统。地球系统科学用一种整体的、系统的思维，即把地球看成是一种大尺度、相互联系的、耦合的非线性系统，来研究地球各子系统之间的相互作用过程及其与地球整体系统演化过程的关系和动力学，从而了解地球系统的过去和现在，预测未来的演化趋势。地球系统科学的方法建立要强调其不同时空尺度（从毫秒到数十亿年的时间尺度和从微米到行星轨道的空间尺度）的一些过程，包括其相应的化学、物理和生物学三大基本过程及其相互作用的动力学过程。但是，地球系统科学仍是以传统地球科学作为基础，只是其重点在地球各部分之间的相互作用和相互关系方面。

第二节 生态学及其学科体系

一、生态学学科定义与研究范畴

希腊语“oikos”是“住所”或“生活所在地”的意思，“logos”是科学的意思，生态学一词就是由此衍生而来。因此，生态学从字面上可理解为研究生物与其住所的科学。1866年，德国生物学家Ernst Haeckel（恩斯特·海克尔）提出了生态学（ecology）的概念，并且将生态学定义为研究生物体与其周围环境（包括非生物环境和生物环境）相互关系的科学。英国生态学家Charles Elton（查尔斯·埃尔顿）在《动物生态学》一书中认为，生态学是研究“科学的自然历史”，即生物（包括动物和植物）怎样生活和它们为什么按照自己的生活方式生活的科学。1953年，美国生态学家E. P. Odum（奥德姆）认为，生态学是研究生态系统结构与功能的科学，后又在1997年强调，生态学是综合研究有机体、物理环境与人类社会的科学。1972年，加拿大生态学家C. J. Krebs（克雷布斯）则认为，生态学是“研究生物有机体分布与多度及其相互作用关系的科学”。我国著名生态学家马世骏将生态学称为“研究生命系统与环境系统之间相互作用规律及其机理的科学”。总体来看，生态学经历了一个从个体向种群、群落和生态系统生态学宏观转移，以及向细胞、基因和分子生态学微观转移的过程。随着国内外学者对生态学研究的不断深入，其内涵不断得到丰富和发展。总之，生态学是研究生物与其环境（生物环境与非生物环境）相互作用关系的科学。其中，生物环境是指生物物种之间和物种内部各个体之间的关系，非生物环境则包括土壤、岩石、水、沉积物、空气、温度和湿度等自然环境要素。美国生态学家R. L. Lindeman在*Trophic-dynamic Aspect of Ecology*中提出了生态金字塔能量转换的“十分之一定律”，生态学研究逐渐进入了定量研究的时代。随着研究不断取得新突破、新进展，生态学已逐渐成为一门比较完整和独立的学科。

过去生态学主要研究个体以上层次，被认为是宏观生物学。但近年来除继续向宏观方向发展外，同时还向个体以下微观层次渗透。20世纪90年代初出现了“分子生态学”，并于1992年创办了*Molecular Ecology*杂志。可见，从分子到生物圈都是生态学研究的对象。生态学涉及的环境也非常复杂，从无机环境（岩石圈、大气圈、水圈和土壤圈）、生物环境（植物、动物和微生物）到人与人类社会，以及由人类活动导致的环境问题。因此，生态学研究范围异常广泛。

近年来，生态学已经创立了自己独立研究的理论主体，即从生物个体与环境直接影响的小环境到生态系统不同层级的有机体与环境关系的理论。它们的研究方法经过描述—实验—物质定量三个过程。系统论、控制论、信息论的概念和方法的引入，促进了生态学理论的进一步发展。

一般来说，现代生命科学的研究对象正在向微观和宏观两个方面发展，微观方面向分子生物学方向发展；生态学是向宏观研究方向发展的分支，是以生物个体、种群、群落、景观、生态系统直到整个生物圈作为它的研究对象。生态学也是一门综合性的学科，需要利用地质学、地理学、气象学、土壤学、数学、化学和物理学等各方面的研究方法及知识，将生物群落和其生活的环境作为一个互相之间不断进行物质循环和能量流动的整体来研究。生态学也有自己的分支，依照研究对象分为：个体生态学（研究一个生物个体或一种生物多个个体与环境之间的关系）、种群生态学（研究一种或亲缘关系较近的几种生物种群与环境之间的关系）、群落生态学（研究生活在同一环境中的所有生物与环境之间的关系）、景观生态学（研究由不同生物所组成的地理单元或某一地域的自然或人造景色与其环境之间的关系）和生态系统生态学（研究不同生态系统与环境之间的关系）。而生态学在自然学科的基础之上，又把其研究方法与领域扩展到社会科学之中，形成了文化生态学（研究文化的集群和竞争的环境对于文化进程的影响与推动作用）等分支学科。

二、生态学基本原理

（一）生态系统的概念

在生态学中，“生态系统”是一个非常重要的概念。1935 年英国植物生态学家 A. G. Tansley 最早提出了生态系统（ecosystem）的重要概念。他认为，生态系统的基本概念是物理学上使用的“系统”整体，这个系统不仅包括有机复合体，而且包括形成环境的整个物理因素复合体。因此，生态系统可定义为“在任何规模的时空单位内由物理—化学—生物学活动所组成的一个系统”。到了 20 世纪 50 年代，生态系统的概念得到了较为广泛的传播。60 年代后，逐渐成为生态学研究的中心。总体来说，生态系统是指自然界中生物体与其生存环境相互联系和相互作用，不断地进行物质循环和能量流动所组成的一个自组织的统一体。

生态系统不是一个分类单位，而是一种包含了物质循环、能量流动和信息传递等多种过程的功能单位。在生态系统内，生物组成之间、生物与非生物环境之间、非生物环境之间的这些过程都是时刻进行着的，一直处于动态变化之中，具有形成、发展和演化等动态变化特征。因此，它是一种动态的功能系统。任何一个生态系统都会经历着不断发展、进化和演变的过程。并且，在不同的阶段，其结构和功能也有所不同，各具特点。

此外，特定生态系统包含的是特定时空内的生物与其周围环境。因此，它不仅以生物为主体，还与生物所处的时空环境相联系，这使得生态系统也具有一定的区域特征。生命系统与非生物环境系统的相互作用以及生物对非生物环境的长期适应结果，使得生态系统的结构和功能反映了一定的地区特性。

自然界中绝大多数生态系统都是多要素、多变量的开放系统，既有物质、能量和信息等的输入，也有一定的输出，输出会随着输入的变化而变化。例如，生产者转化光能，消费者以植物为食，分解者分解动植物残体及代谢物，使得复杂有机物中的矿质元素又归还到环境中，重新供植物利用。此外，生态系统的开放性也表现在熵的交换上，生态系统不断地摄入能量，并将代谢过程中所产生的熵排向环境。在这样一种不断地协调输入和输出的过程中，生态系统不断经历着“无序—有序—新无序—新有序”的动态变化，生态系统总是倾向于维持一种稳定、有序的状态。生态系统功能连续的自我维持基础就是它所具有的代谢机能，这种代谢机能是通过系统内的生产者、消费者、分解者三个不同营养水平的生物类群完成的，它们是生态系统“自维持”的结构基础。由于生态系统的历史性特点，按照其发展过程也可分为幼年期、成长期和成熟期三大阶段，任何一个比较完整和强大的生态系统都是经过长期的发展历程。总之，生态系统越大、越复杂，所需要的物质和能量也越多，这种动态变化过程也越明显，但发展阶段越高，生态系统越复杂，其自持能力也越强。

在受到外来的干扰时，生态系统还具有一定的抵抗性和恢复性的自动调节功能。对同种生物进行种群密度的调节，对异种生物种群进行数量调节，对生物与环境之间进行相互适应调节。生态系统的这种自动调节功能主要是依靠正负反馈过程完成的。正反馈起促进和加强输入的作用，使系统偏离原来的平衡状态，而负反馈则具有削弱和降低的作用。因此，负反馈是生态系统自我调节的主要作用。但有时，正负反馈也可以相互转化和相互作用，从而共同维持系统的稳定。值得一提的是，生态系统具有一定的“生态阈值”。因此，其自我调节能力也是有限的。对于局部的、小范围的破坏或扰动可以进行调节和补偿，不会影响整体的稳定，但超过了“生态阈值”，则会使系统受到不可逆的破坏，甚至使整个系统面临崩溃的危险。系统越成熟，“阈值”越高，调节能力也相对于欠成熟的系统强。一旦超过了“阈值”，也最不容易恢复，甚至是毁灭性的。

总体来看，生态系统包括三个方面的内涵：①由于具有生物和非生物环境两大组成部分，组成要素不仅种类和数量很多，而且还具有多种层次，包括生产者、消费者、分解者和非生物环境；②它是一种功能单位，具有能量流动、物质循环和信息传递等功能，各组分之间不是简单的线性组合，而是极其复杂的耦合关系；③具有时空特点，具有一定的区域特征，会随时间发生演变，时刻处于发展变化之中，但同时也是一种开放的“自持系统”，还具有一定的自动调节功能，使系统趋向维持自身的稳定状态。

20 世纪 60 年代以来，由于出现了人口、环境和资源等各种挑战，生态系统研究与管理已经成为生态系统生态学研究的主流。

（二）生态学基本原理

整体优化、循环再生、区域分异是生态学遵循的三大基本原理。其中，整体优化原理，即必须把生态系统看成是一个整体，对这些基本过程进行优化。具体来说，生态系统作为生态学研究中的一个很重要的功能单位，它包含着生命系统和非生物环境两大部分。在生命系统中，包含有生产者、消费者和分解者，涉及植物、动物和微生物等多种生物类群；非生物环境包括温度、光、水、氧气、二氧化碳及各种矿物质等营养物质，又包括大气、水、土壤和岩石等多种介质。它不是整体中所含的各个组成部分的简单加和，而是各种组分之间相互联系、相互作用共同组成的一个有机整体。从功能上来看，整体要大于各部分功能的总和；从时间上来看，它具有生命周期，所发生的各种过程具有一定的因果联系，需在生态管理实践中处理好当前与长远效应的关系。因此，在生态学的研究中，整体性或者系统性是要考虑的一大特点。此外，生态系统内不断地进行着物质循环、能量流动和信息传递的过程，生态系统中的任何组分，都是直接或间接地发生着相互联系，系统中的一种组分的改变，必然会引起另一种组分的改变。有时，还会发生一系列的连锁反应或生态效应。因此，各组成部分之间相互影响、相互制约，“牵一发而动全身”，故还要协调好生态系统内部各组分的联系，进行优化调整和控制，使生态系统的各种过程正常高效地运转。例如，在污染生态学研究中，把地球看成是一个复杂的整体，即生物圈，它是由许许多多的生态系统所组成。其中，每个生态系统中包含着物质、信息和运动三部分。在污染的生态系统中，既有大气、水和土壤等介质，还有化学污染物质。而化学污染物质的运动，构成了污染生态系统中主要循环模式，这使得生态系统各分室之间存在着“千丝万缕”的联系。因此，对污染生态系统进行改造和修复，要具有整体优化的观念。实践也表明，整体优化原理完全符合系统论总体设计的思想，在环境保护和生态建设中显示了强大的生命力，尤其在指导生态系统污染控制、改造和修复方面，更是赋予了其现实的意义。

循环再生原理是指生态系统通过生物成分，一方面利用非生物成分不断地合成新物质，另一方面又使得合成物质降解为原来的简单物质，并归还到非生物组分中。例如，植物和动物赖以生存和发展所需的各种有机和无机的营养成分取之于土壤，最后又在一些微生物的分解作用下，以物质成分的形式回归土壤，然后又被其他生命体利用，开始新一轮的生命周期。如此循环往复，进行着不停顿的新陈代谢作用。这种内在的"生态工艺流程"使得生态系统能够长期生存和不断发展，极大地促进系统的进化和生命的活力；同时，也实现了"源"与"汇"、"因"和"果"、"资源"和"废物"的相互转化，如水的循环与再生，为生态系统中化学物质和能量交换提供了基础，有利于水资源的保护和可持续利用，而且还起到了调节气候、清洗大气和净化环境的作用。生态系统就是通过这些机制不断进行着物质和能量的循环与再生过程。总之，从广义上来说，自然资源和生态环境保护的目的，就是使生态系统中的非循环过程成为可循环的过程，使化学物质的循环和再生速度能够得以维持或加大。因此，"循环"和"再生"是生态系统的两大特点，也是生态学研究必须要遵循的基本原理之一，在生态学的研究中要把握好"循环再生"的原理，从而更好地实现生态学的保护目的。

区域分异原理则是指不同的地理区域，甚至同一地理区域的不同地段，由于气温、地质条件、土壤类型、水文过程，以及植物、动物和微生物种群差异很大，导致物质的迁移、转化和降解等生态行为具有明显的区域分异，必须区别对待。换句话说，生态系统在其生物学和非生物学（物理和化学）特征上是存在经度和纬度的地域差异的，因此物质在生态系统中的迁移转化和生态行为也是具区域分异的。例如，在污染生态系统中，污染物质的这种区域分异不但表现在空间位置上，而且也体现在其毒性、循环通量、作用时间、积累或降解等生态行为中。显然，污染的森林生态系统和污染的农田生态系统是有明显差异的。除了生态系统经纬度的地域差异，区域分异还包括时间上的分异。如在同一城镇生态系统中，春季的污染生态问题与秋季有本质的差异，甚至同一天，早、中、晚的污染生态问题也存在着较大的差异。此外，生态系统还有一定的地理范围和边界，如当一个适宜于在非洲生长的物种，突然被移植到欧洲或亚洲，它则不一定适应当地的生态条件。同样的，一个适宜于在欧洲生长的物种，也不一定适合在中国或者美洲种植。这些都是生态系统变异性起了作用。

三、生态学分支学科

生态学总体上分为基础生态学（basic ecology）和应用生态学（applied ecology）两大部分。基础生态学研究的是生态学的基本过程和基本规律，包括系统生态学、数学生态学、能流生态学、化学生态学、陆地生态学、海洋生态学、草原生态学和环境生态学等分支学科；相应地，应用生态学探索的是生态学的应用或应用生态学原理与方法于工农业生产、资源可持续利用与环境保护，因而，应用生态学也可细分为工业生态学、农事生态学、林业生态学、渔业生态学、牧业生态学、资源管理生态学和污染控制生态学等。

1963 年，英国生态学会创办了 *Journal of Applied Ecology*。1976 年，美国学者 Hinckley 发表了 *Applied Ecology* 的著作。1978 年，另一美国学者 Santo 也发表了 *Concepts of Applied Ecology* 的著作。这些工作标志着应用生态学的诞生。21 世纪，人类进入了应用生态学时代。从其发展历程来看，应用生态学把解决资源可持续利用问题、生态破坏问题和环境污染问题作为其重点研究内容。与基础生态学相比，应用生态学具有以下 5 个方面的特点。①更注重其应用性。随着应用生态学的发展，应用生态研究更注重它的应用性，因此，许多适应人类生活及工农业生产发展需要的分支学科普遍受到重视，发展很快。②强调与工程学的相互交叉。自 1971 年美国学者 H. T. Odum 提出“生态工程”的思想和 1979 年马世骏院士提出“生态工程”的生态学概念以来，生态学与工程学的相互交叉和不断结合日益深入。③特别注意与基础生态学的衔接性。在早期的应用生态学研究中，由于主要是试图采用基础生态学的原理去解决资源与环境管理中的实际问题，在这个时期，或许可以认为应用生态学是纯生态学的一个“附属”，两者是从属关系，生态学应用应该就是应用生态学，随着应用生态学的发展，由于形成了逐渐独立的应用生态学学科分支体系，特别是具有明确的研究对象，许多基础生态学的基本原理不再适合指导应用生态学的研究和实践，应用生态学还产生了一整套适合自己学科发展特点和具有实践指导作用的基本原理，从而成为一个独立的体系，不再是纯生态学的一个“附属”，也不是完全应用纯生态学的方法去解决实际问题，而是两者并行发展。特别是，生态过程的研究是当前基础生态学的核心问题，也是应用生态学与基础生态学紧密联系的枢纽和桥梁。基础生态学理论的深化和在实际中的应用，需要对生态过程进行动力学研究和微观机理的认识。应用生态学为了从根本上解决生态环境与资源问题，常常依赖对生态过程的研究成果。二者通过物质过程（包括污染物质和营养物质的生态过程）、能量过程、生态破坏过程、生态系统对人为破坏的响应过程、人类对生态系统破坏的控制与治理过程等生态过程的研究而相互衔接。其衔接特性见表 1-1。④全方位采用新方法与新技术。应用生态学之所以发展迅速，最为根本的就是全方位采用新方法与新技术以实现该学科研究方法的不断改善。这就是说，随着应用生态学在学科上的逐渐独立，应用生态学不再仅仅是采用基础生态学的基本原理和研究方法来解决应用生态学研究中的问题，最能说明这一转变、体现这一质的飞跃的是，2000 年以来，在英国出版的 *Journal of Applied Ecology* 这一学术期刊中，还专门开辟了“应用生态学技术进展”的新专栏。值得一提的是，生态学研究中由于采用了分子生物学方法与技术，产生了分子生态学这一生态学新的分支，由于生态学

表 1-1　基础生态学与应用生态学通过生态过程研究的相互衔接特性

生态过程基本内涵	基础生态学	应用生态学
物质过程，包括污染物质和营养物质的生态过程	更注重对营养物质生态过程进行研究，看重于大尺度、跨流域的工作，通常用动力学模型进行描述	更注重于对外来污染物质特别是人工合成化学品的生态过程进行研究，深入到分子水平
能量过程	偏重于太阳能与生物质能的利用，基本反对化石能的开发利用	强调各种形式能源的结合使用
生态破坏过程	退化生态过程，如土壤侵蚀、食物链缩短、营养损失、营养物质循环效率降低等	污染生态过程，着重于对胁迫效应产生过程进行分析，包括遗传反应过程、种群反应过程、生态系统反应过程，表现为慢性毒害、新基因型、生物丰度或活度的变化、死亡、种组成变化、系统水平参数变化和生物多样性降低等
生态系统对人为破坏的响应过程	演替发展过程、自我恢复过程	耐受过程、适应过程和进化过程
人类对生态系统破坏的控制与治理过程	生态调控过程、生态恢复过程	污染物降解、固定与失活过程、污染控制过程、污染环境的修复过程

研究和从实际出发的需要，最近 10 年来，分子生态学研究受到高度重视，分子生态学的发展极为迅速。⑤微观机理与宏观调控并行发展。应用生态学也有宏观和微观两极，一个是关于大尺度的应用生态学研究问题，另一个就是应用生态学中关于基因或分子机制的研究。在宏观的一极，主要指从个体、种群、群落、生态系统、景观、区域到全球水平的应用生态学研究；从种、个体、部件、形态、细胞到分子或基因水平，即前述的所谓分子应用生态学研究，是微观的一极。

系统生态学是一门运用系统理论、系统分析和模拟手段，从能学的角度开展生物与其环境之间相互关系研究的一门生态学分支学科。它是建立在贝塔朗菲的生物系统开放理论基础上的生态学研究。系统生态学的研究可以追溯到 Odum 的著作 *Systems Ecology*，他把种群、群落、生态系统等概念中的生物，看成是完整的统一体，并对其动态系统应用系统理论、系统分析（systems analysis）和模拟手段，从能学的角度，为生态系统的理论和应用赋予了新的内容，并且创建了一套系统生态学语言，用生态系统不同层次的例子来阐明系统的结构、库与流、自催化、交互作用、能质、能等级，以及能分配、信息、序等功能特征和过程；对于系统的整体性、复合性、空间格局、多样性与演替提出了新观点，其所指的系统包括各种类型的自然生态系统和有人类活动参与的城市、地区、国家及世界范畴的自然社会经济模型。

数学生态学是一门用数学方法定量研究生物与其环境特别是生态系统变化过程的学科。早在 20 世纪 40 年代，就有人应用数学概念和技术整理了生态实验及观察的经验数据，如在物种散布和生态位填充、岛屿地理学和地生态学，以及在营养动态和食物链研究等方面做出了贡献。例如，随机分布、均匀分布、聚集分布、多元分析、随机化区组、黑箱模型、白箱模型、还原性模型、整体性模型、猎物-捕食者模型和自由体模型等都是数学生态学中常用的重要术语。

化学生态学是研究生物间的化学联系及其机理，并在实际中加以应用的一门学科。化学信息及其感受机理、昆虫信息素、动物（主要是昆虫）和植物的关系、寄主-寄生物-天敌三级营养关系、植物化感作用、植物诱导抗性、高等动物及人的化学感受、化学生态学应用，以及化学生态学的试验技术是化学生态学的重点研究内容。

陆地生态学是研究陆地生物与其环境之间相互关系的学科，换言之，即研究陆地生态系统的学科，又可进一步分为森林生态学、荒漠生态学、农田生态学和草原生态学等分支学科。其中，森林生态学是研究森林植物与其生存环境及其他生物之间相互作用和相互依存关系的学科，其研究内容包括森林环境（水文、气候、土壤、地表岩石和生物因子等）、森林生物群落（植物、动物和微生物等）和森林生态系统，目的是阐明森林的结构、功能及其调节和控制的原理，为不断扩大森林资源、提高其生物产量，充分发挥森林的多种效能和维护自然界的生态平衡提供理论基础。森林生态学还可细分为树木生态学、森林种群生态学、森林群落生态学和森林生态系统学。一般而言，树木生态学主要研究森林树种的生态学特性、适应能力（抗性）、生长发育规律、形态解剖特征及其与环境条件的关系；森林种群生态学主要研究森林生物（主要是树木）的种群结构（年龄、数量、大小）、发生、发展、分布规律（格局）、季节变化、环境条件、繁殖更新和消长动能等；森林群落生态学主要研究森林的地理分布、区系组成、结构特征、类型划分、生境变化、发展演替及开发利用等；森林生态系统学是系统论和生态学的结合，把森林看成是一个巨大的生态系统，研究其中各个系统的组成排序、整体结构、发展演替、动态变化、物能流动、信息传递规律和系统的潜在生产力，并通过计算模拟提出最优结构和高效功能的模型，以期充分发挥森林生态系统的最大经济效益、生态效益和社会效益。荒漠生态学是一门研究栖息于特殊干旱环境下的生物（主要是荒漠植物和荒漠植被，包括矮乔木荒漠植被、灌木荒漠植被、矮半乔木荒漠植被、小半灌木荒漠植被和垫形小半灌木荒漠植被等）适应机制及其与环境相互关系的学科，以荒漠生态系统（即研究地球上最耐旱的以超旱生的小乔木、灌木和半灌木占优势的生物群落与其周围环境所组成的综合体）为研究对象，系统中的水分循环调节和促进有机质循环是其关键，主要目的是为沙漠治理提供科学依据。农田生态学是研究农田作物与其生存环境之间相互作用和相互依存关系的学科，它以农田生态系统为研究对象，其目的是为了达到农业增产和增收，并提高和改善农产品品质，即在遵循能量多级别利用与物质循环再生原理、各种生物之间相互依存与相互制约原理的基础上，通过实施生态农业，结合结构协调、合理种养，达到农业资源高效利用和农业生产稳定持续发展。草原生态学是一门运用系统的观点来研究草原生态系统的原理及应用的科学，是草地学和生态学之间相互交叉的产物，其研究对象是草地生态系统（或可以说是草地生态经济系统），学科任务的核心是研究并阐明草地生态系统的结构、功能及各个亚系统（生产者、消费者、分解者与无机环境）之间的生态关系和调控途径，为充分发挥草原资源的生产潜力和建立优化生产体系提供依据。

海洋生态学是研究海洋环境系统与生物系统相互联系、相互作用的各种生态过程，是海洋科学体系的重要组成部分。现代海洋生态学研究更加强调海洋物理、化学环境对海洋生物系统以至生物圈的作用，这种发展趋势反映了海洋科学本身就是各相关学科相互交叉的综合性学科体系；同时，海洋生态学又是一门应用性很强的学科，其理论在实践上的应用与人类的生活有非常密切的关系，因而也就成为一门发展很快的前沿学科。

环境生态学是一门运用生态学理论研究人为干扰条件下生态系统内在变化及其机制、规律和对人类的反效应，寻求受损生态系统恢复、重建和保护对策的科学。也就是说，环境生态学是研究生物与受人类干预的环境相互之间的关系及其规律性的一门科学，即运用生态学理论，按照生态学的学术视野研究和解决环境问题，阐明人与环境间的相互作用及解决环境问题的生态途径。它是生态学的新分支，是伴随环境问题的出现而产生和发展的综合性学科。它以生态学的基本原理为理论基础，结合系统科学、物理学、化学、仪器分析和环境科学等学科的研究成果，侧重于研究人类干扰条件下环境破坏所产生的影响及生态系统自身的一系列变化。其研究内容包括：①人为干扰条件下生态系统内在变化机制和规律；②生态系统受损程度及危害性的判断；③生态系统退化的机理及其修复；④各类生态系统的功能及其保护措施的研究；⑤解决环境问题的生态学对策研究。从学科发展上看，环境生态学的理论基础是生态学，它由生态学分支而来，但同时又不同于生态学。

工业生态学是一门新兴的综合型交叉学科，是生态、环境、能源、经济、信息技术、系统工程等多学科交叉融合而形成的。作为生态工业的基础学科，工业生态学研究的是工业系统与自然环境之间的相互作用及相互联系，为工业系统与自然环境间的协调发展提供全新的理论框架及具体、可供操作的方法。目前，也有把“industry ecology”翻译成“产业生态学”。其研究内容包括：产业系统与自然生态系统之间的关系，产业系统代谢过程模拟与改进，生态效率，产品生命周期评价与面向环境的设计，产业生态系统管理与政策，产业生态学应用与实践等方面。

农事生态学（farming ecology）是一门研究生态学原理在农业生产活动和农事操作过程

中应用的科学，是生态学在农业上的应用与分支，通常称为农业生态学（agricultural ecology，或 agroecology），即用生态学和系统论的原理及方法，将农业生物与其自然环境作为一个整体，研究其中的相互作用、协同演变，以及社会经济环境对其调节控制规律，促进农业全面可持续发展的学科。林业生态学（forestry ecology）是一门研究生态学原理在林业生产活动中的应用以及进行科学管理森林生态系统的科学，是生态学在林业上的应用与分支。与林业生态学不同，前已述及，森林生态学（forest ecology）是研究组成森林的不同生物种类之间及生物与外界环境之间相互关系的科学。

渔业生态学是以水生生物资源作为主体，并与人类的渔业活动相联系的生态学。其研究内容主要包括：渔业生境和群落对资源生物的形态、生理及行为的作用，种群的形成、特征、洄游分布、数量变动，对渔业生态系统的研究，如食物网络和物质与能量及转换等。牧业生态学（pasture ecology）是一门研究草地放牧、草地恢复、草地界面、草地健康诊断及其价值评估的学科，它主要探索牧业生产与其环境之间的相互关系，有时也称为草地生态学（grassland ecology）。

资源管理生态学（ecology for resources management）是一门研究生态学原理在资源科学管理中应用的科学，通常称为生态系统管理（ecosystem management 或 eco-management）。它于 20 世纪 70 年代起源于美国，90 年代成为研究和实践的热门。但由于自身的复杂性，生态系统管理无论是作为理论还是实践至今仍处于发展中。生态系统管理的理论基础非常广泛，它跨越了生态学、生物学、经济学、管理学、社会学、环境科学、资源科学和系统论等学科领域。

污染控制生态学（ecology for pollution control）是一门研究生态学原理在污染控制中的应用，以及对污染生态系统进行治理与修复的科学，通常称为污染生态学（pollution ecology），即研究生物系统与被污染的环境系统之间的相互作用规律及采用生态学原理和方法对污染环境进行控制和修复的科学。它包括两个方面的基本内涵：生态系统中污染物的输入及其对生物系统的作用过程和对污染物的反应性及适应性，即污染生态过程；人类有意识地对污染生态系统进行控制、改造和修复的过程，即污染控制与污染修复生态工程。

由于研究的角度和侧重点不同，生态学分支学科还有其他不同的划分方法，致使生态学拥有数量庞大、种类丰富的多级多类分支学科。如按照所研究的生物类别，可分为微生物生态学、植物生态学、动物生态学和人类生态学等；按生物系统的结构层次，则可分为个体生态学、种群生态学、群落生态学和生态系统生态学等；按生物栖居的环境类别划分，有陆地生态学和水域生态学，前者又可进一步分为森林生态学、草原生态学、荒漠生态学和土壤生态学等，后者可分为海洋生态学、湖沼生态学和流域生态学等，还有更细划分，如植物根际生态学、肠道生态学等；按生态学与非生命科学相结合，可分为数学生态学、化学生态学、物理生态学、地理生态学、经济生态学、生态经济学、森林生态会计等；若与生命科学其他分支相结合，则有生理生态学、行为生态学、遗传生态学、进化生态学和古生态学等；按应用性划分，可分为农业生态学、医学生态学、工业资源生态学、环境保护生态学、环境生态学、生态保育、生态信息学、城市生态学、生态系统服务和景观生态学等。

第三节　生态地学的形成与其发展

一、生态地学形成的学科基础

生态地学是生态学与地学交叉的新兴边缘学科。从生态学和地学的学科体系内容来看，生态地学也是生态学与地学交叉学科的统称。但由于其又具有自身的研究内容和研究方法，因此，它同时也是一门独立的交叉学科。直至目前，还没有相关的学术著作出版，更没有出现相关的教材。

随着生态学原理与方法在地学中的应用，出现了生态地理学、生态地质学、生态地球化学和生态地层学等多种新兴交叉学科。但就地学的分支学科而言，地理学、地质学、地球化学和地层学等都属于地学的一级或二级学科。因此，以上都可以归为生态地学的分支学科。鉴于生态地学的系统性和独立性双重特点，可以从以下两个方面来了解其形成和发展的历程。

（1）生态地学是生态学和地学相结合、相交叉的产物。生态学和地学都是比较庞大的学科体系，所包含的分支学科众多，作为生态地学的二级分支学科，如生态地质学、生态地理学、生态地球化学和生态地层学等，不仅是生态学的分支学科，而且还是地学的分支学科。

（2）随着地学的不断发展，生态学原理和方法在地学中的运用越来越广泛，相关研究越来越深入，带动了生态学与地学的交叉，从而形成了一门新型的综合性学科体系，即生态地学。

生态地学的形成和发展，除了上述分子生态学、污染生态学、地球化学、地质学、地理学等不同层次学科理论与方法的贡献外，还应该包括毒理学、数学、物理学及计算机科学等学科的作用，生态地学是这些学科结合人类需求进行应用研究的结果。

此外，由于生态地学具有基础研究和应用基础研究双重特色，因此，在解决实际资源环境问题时必将发挥越来越重要的作用。

二、生态地学的形成过程与其发展

生态地学和其他任何一门独立学科一样，也主要经历了成型、成长和发展三个阶段（图 1-9）。

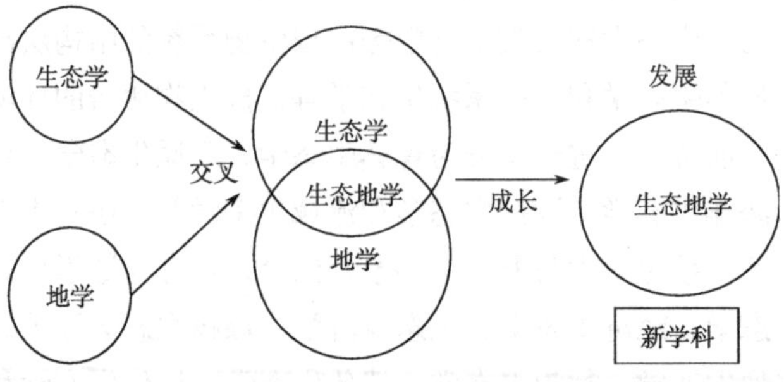

图 1-9　生态地学的成型、成长和发展阶段

在 20 世纪初，地球科学主要以定性方法来描述地球现象。但是，随着数学、物理、化学等基础科学的发展，以及声、光、电探测技术在地球科学中的应用，大约从 20 世纪 30 年代开始，地学开始向定量的方向发展，产生了许多与数学、物理、化学交叉的分支学科。80 年代后，随着各种观测和探测技术、计算机技术、信息处理和传递技术、系统科学等学科的发展，以及研究解决一系列威胁人类生存和发展的全球环境问题的需要，产生了地球系统科学。随着生态学的发展并渗入地学领域，地球科学进入了一个新的发展阶段。随着“整体”和“系统”理念的不断深入，各种分支学科的交叉与融合成为必然。生态学在 17 世纪后作为一门科学开始成长起来，在 19 世纪至 20 世纪 50 年代得到迅速发展，并不断成熟和巩固。到了 50～60 年代，又开始向现代生态学过渡。60 年代至今，已经进入了现代生态学时期。特别是在宏观方向，已经扩展到生态系统、景观与全球研究，并且充分利用当前计算机和信息技术等先进技术手段，而且研究范围还扩展到自然-经济-社会复合系统的研究。一方面，生态学的发展使得生态学理论和方法在地学研究中的适用性不断增强，生态学的原理在地球科学分析地球系统和解决各种问题中发挥越来越重要的作用；另一方面，生态学研究的时空尺度不断增大，在研究的过程中也要结合甚至应用地球科学的相关理论与方法。正是由于学科的这种发展需要，生态学与地球科学的学科不断交叉渗透，如 1994 年，俄罗斯学者 V. T. Trofimov 提出了“生态地质学”的概念，指出其主要研究岩石圈生态功能，包括资源生态学、生态地质动力学、生态地球化学和生态物理学。因此，伴随着生态学与地学的交叉深入，生态地学开始成型。

随着生态学研究的深入发展，以及地球科学尤其是地球系统科学不断取得新发展、新突破，生态学与地球科学的联系不断加深，生态地学不断成长。至今，生态地学已经形成了具有自己特色的理论体系和研究的方法论。由于生态地学尤其注重采用生态学原理和方法与地球科学的研究相结合，在资源可持续利用、环境保护、生态建设和解决人类面临的一些重大问题中显示出了其自身的优势，具有蓬勃的生命力和良好的发展前景。总之，社会的需要和学科体系完善的需求，使得生态地学不断发展起来。

第四节　生态地学的学科定义与基本概念

一、生态地学的学科定义与研究范畴

生态地学是研究生态系统特别是各圈层水平上地球受自然和人为影响的过程，及其产生的各种效应与退化，以及预防、修复与调控的科学，是生态学与地学之间的新兴边缘科学。其涉及的主要研究内容包括各圈层及其生态过程、自然灾害与人为活动产生的生态效应、全球性生态问题、生态退化与疾病、生态修复与调控等，具体来说，包括：陆地圈及其生态过程，水圈及其生态过程，大气圈与气候变化，生物圈与生态地球化学，这四大圈层内涵及其生态过程的研究，以及地震与海啸、火山活动、气象灾害、山地地质灾害、地面变形这几种典型的地球上的自然灾害及其生态效应或对生态系统影响的研究。此外，研究内容还包括矿产资源开发、能源开发、城市化、大中型水库建设、环境污染几大人类活动及其生态效应或对生态系统影响的研究，还涉及植被破坏与土地荒漠化、淡水与海洋的生物污染、生物多样性锐减与生态耗竭等全球性生态问题的研究，生态退化、生态疾病及其致病机理的研究，以及退化环境和污染环境的生态修复与地理环境的生态调控研究。

（一）各圈层及其生态过程

地球是一个耦合的非线性系统，各圈层之间相互联系、相互作用。当今地球上所面临的一系列威胁人类生存和发展的问题，是与人类活动密切相关的，从本质上来说，也是地球系统各圈层相互作用的体现。随着人口数量的快速增长及工农业生产的迅速发展，人们对化石燃料的需求量越来越大，各种能源开采利用活动也越来越频繁，向大气中排放的CO_2等温室气体的量也随之增加，对碳、氮、硫、磷等元素的生物地球化学循环的自然模式的干扰增强。同时，由于森林植被被大量砍伐，使得森林植被对大气的调节功能被削弱，从而加剧了大气圈的变化。最终，大气中CO_2等浓度明显上升，影响了大气圈本身的一些生态过程，从而干扰了其自动调节的功能，导致全球气候发生变化。连续30年的测量表明，大气中CO_2的含量在以每年 0.4%的速率增加，按现有的绝大多数气候模型估计，在不太远的将来可能使全球平均温度上升2℃。由于大气圈与水圈、土壤圈、生物圈是相互联系、相互作用的，全球气候的变化也会对水环境、土壤环境、生物环境等产生重要影响，如引起全球陆地植被类型和海洋生物物种的分布发生显著的改变，甚至对于一些适应性较差的生物，还有从地球上消失的可能，也可能使得极地冰雪融化，导致海平面的上升，从而危及一些沿海城市或岛屿上部分生物的生存，还会引起世界降雨量重新分配，可能导致干旱地区用水更加紧张，降雨量较大的地区则发生洪灾等。再如人类活动向近海、湖泊和河流等水体中排放工业、生活和农业污染物，导致水域系统发生污染，干扰了水圈的正常生态过程，使水质变差，尤其是对于水资源利用本来就很紧张的国家或地区造成水荒；同时，也会对水生生物也产生了毒害效应，使得生物种类和数量发生变化，破坏了原有的生态平衡，改变了其原来的生态功能。

此外，人类的活动对陆地圈和生物圈产生的多种干扰致使其生态过程也发生了改变，引发了一系列的生态问题，如植被破坏、土壤污染、生境破坏、生物多样性减少等，这些对人类的生存和发展都是极为不利的。因此，需要深入了解各圈层及其生态过程，找到当前所面临问题产生的根源，用系统、整体的思维和眼界来应对当前人类所面临的各种问题的严峻挑战。

（二）地球上的自然灾害及其生态效应

地球在各种内力和外力的共同作用下会发生许多变化，从而导致一些自然灾害的产生，如地震、海啸、火山活动、气象灾害、山地地质灾害、滑坡及地面变形等。

已有资料显示，世界上地震主要分布在4个地震带。第一条地震带是差不多环绕了整个北太平洋沿岸的环太平洋地震带，全球约80%的浅源地震、90%的中源地震和几乎全部的深源地震都发生在此带；第二条地震带是沿着欧亚大陆南部展布的地中海-喜马拉雅地震带，地震次数占第二位；第三条地震带是沿着中脊展布的洋中脊地震带，主要分布在大西洋中脊和印度洋中脊上；第四条地震带是主要发生在裂谷的裂谷地震带。地震会引起地裂缝、建筑物倒塌，使人群生命受到威胁等，引起的人员伤亡和经济损失都是十分巨大的。据相关资料显示，在2008年的汶川大地震中，大约有6.9万人遇难、3.7万人受伤和1.8万人失踪，并且造成的直接经济损失达约8000多亿元。

火山爆发也是一种比较典型的自然灾害。全世界约有死火山2000座、活火山516座。

火山分布也不均匀，与年轻的山脉、海沟、海岛和地震带分布相吻合，主要分布在环太平洋火山带、阿尔卑斯-喜马拉雅火山带和大西洋海岭火山带三个带，还有约 10%的活火山则分布在太平洋、印度洋、南极洲和东非大裂谷（有活火山 7 座）。其产生的各种危害也是十分严重的，如喷出的高温熔岩会使生物和建筑物化为灰烬，碎屑物质或熔岩会改变地形地貌，有的会堵塞河流，使航行受阻、河水泛滥成灾，还会产生污染大气的气体和火山灰等，造成大量的人员伤亡和财产损失。

滑坡、崩塌也是比较常见的山地地质灾害。安徽、湖南、云南、重庆、福建和四川等省（直辖市）是多发带。据《中国滑坡崩塌类型及分布图》所示，我国有 13 个滑坡、崩塌灾害分区。此外，还有龙卷风等气象灾害、地面沉降等地面变形等。

总之，地球上所发生的这些自然灾害，都会引发一系列的生态效应。需要深入研究，采取一定的防范措施，将可能带来的各种损失降到最低限度。

（三）人类活动的生态效应

随着人类社会的不断发展，人类改造自然的能力不断增强。人类各项活动，如矿产资源的开发、能源开发、城市化、大中型水库建设、环境污染等，对地球系统的影响程度不断加深，所带来的各种负面效应也越来越突出，对生态系统乃至人类本身都会产生许多直接的和间接的危害。人口的增长和经济的发展，激增了各种矿产资源和能源的需求量，导致地球资源储存量日益缩减，尤其是对于一些不可再生资源，则面临着资源枯竭的可能性、环境功能不断退化，以及生物多样性减少等一系列生态效应，同时也在一定程度上制约了人类社会与经济的可持续发展。例如，在东北地区煤矿的开采过程中，会引起地下水位下降，排放大量未经处理含有煤粉、岩粉和其他污染物的矿井水，以及来自矿井排风、煤层瓦斯、煤矿矸石山自然产生的废气，并且导致土地资源和森林植被资源的破坏。在矿物加工过程中，也会排放出大量煤泥水、洗矸、煤尘和有害气体。在装运过程中，则会产生煤尘飞扬。在长期储放和长距离运输过程中，还会不断释放出多环芳烃、甲基汞和 CO 等有毒气体。在燃烧使用过程中，导致煤烟型大气污染等。例如，辽宁省铁岭柴河 Pb-Zn 矿区的土壤 Cd、Pb、Zn 元素含量大大超过了当地背景含量水平，而且当地农产品玉米籽实中 Pb 元素严重超标。

当然，我们还需要极为关注城市化的问题。众所周知，工业革命的突起引起了生产力和生产关系的极大变革，城市化步伐不断加快。在我国，新中国成立以来，随着工商业的发展，我国也迅速开始了城市化过程，尤其是 20 世纪 80 年代以来，在市场机制激励下，城市化、工业化以前所未有的速度迅速发展。但是，随着城市人口的迅速增加、城市规模的不断扩大，也引发了一系列的生态问题，直接或间接地对生态系统和人体健康产生诸多不利的影响。城市大气、水、土壤会产生不同程度的污染，如机动车辆、工业生产，以及其他各种人类活动产生了大量的 SO_2、NO_x 和颗粒物等，引起大气环境污染问题日益突出；下垫面变成了人工铺砌的道路，阻碍了下垫面的各种物质流量交换，加上产生的大量人为热，会产生城市“热岛效应”，影响了城市局部气候；还会导致水资源供给量和住房紧张；车辆数多而造成交通混乱、车祸频发、噪声污染严重等。这些都会使人体健康受到直接或间接的威胁。研究发现，由于有害物浓度和输入能量的增加，癌症和高血压等“文明病”的发病率在逐年上升。总之，城市化的快速发展使得城市发展陷入了生态困境，反过来又制约了城市化的进一步发展。

水库建设也是人类一项大的工程活动。我国是世界上水库最多的国家，目前已建有大、中、小型水库约 86 800 多座，总库容约 4169 亿 m^3，另外还有库容在 10 万 m^3 以下的塘坝 630 多万个。水库在防洪、灌溉、发电和航运等方面发挥着重要的调节作用；同时，水库改变了原来河流的水文规律，使河流失去了原有的平衡和自我调节能力，还会产生泥沙淤积问题，并且导致的一些水文现象的改变还会加剧资源的供需矛盾等。

其他人类活动，如大量施用农药，造成土壤有机污染，农产品安全也成了问题；固体废弃物堆积，土壤渗滤液对地下水产生污染；海上溢油事故导致海洋受到污染，海洋生物受到危害；含磷生活污水、农田径流等引起河流和湖泊发生富营养化、海湾和近海海域产生赤潮；汽车尾气、工业烟囱烟气排放，使得空气中 SO_2 和颗粒物等的含量增加，还可能导致光化学烟雾、酸雨等问题。

总之，人类的许多活动都会带来或大或小的生态效应，我们务必要充分重视。只有协调好人类与环境、经济发展与环境保护之间的关系，才能真正地实现可持续发展。

（四）全球性生态问题

人类所面临的一系列问题，已经超出了一个国家或地区的范围，成为全球普遍关注的问题，如植被破坏与土地荒漠化、淡水与海洋的生物污染、生物多样性锐减与生态耗竭等。事实上，人类对地球系统及其各圈层的作用及其内部的相互作用，产生的这种地球系统整体效应，是一切全球性问题的根源。

相关资料显示，20 世纪 90 年代，全球每年采伐森林 1460 万 hm^2，重新造林 520 万 hm^2，其间森林面积净减 9400 万 hm^2，相当于全部森林面积的 2.4%。每年也有近 4%的森林受到了各种灾害的影响，如全球每年平均有 1.04 亿 hm^2 的森林受到林火、有害生物（包括病虫害），以及干旱、风雪、冰和洪水等的影响。

由于超载放牧及草原管理不善等问题，草地植被也被大量破坏。而植被的破坏又是土地荒漠化发生的原因之一。据相关报道，从 1984 年到 1991 年，全球荒漠化土地从 34.75 亿 hm^2 增加到 35.92 亿 hm^2，其中包括草场的退化、旱作农地土壤肥力下降和灌溉农地的退化等。我国荒漠地主要分布在北部，尤其是在西北部，而且沙漠、干旱半干旱地区、山地、沼泽地和某些沿海地区所占的面积越来越大。土地荒漠化改变了地表特征，破坏地表辐射收支平衡，诱发气候和环境变化等，最直接的后果即导致沙尘暴的发生。

淡水与海洋污染是另一值得关注的重要问题。据世界水委员会报道，全球有一多半的主要河流被污染，这些退化和有毒的水域生态系统日益威胁着人类的生存与发展，而且还会对其他生物产生毒害作用，改变生物的种类和数量，从而打破了水域生态系统原有的结构和功能，进一步影响人类的健康，降低淡水和海洋资源的可利用性，不利于经济和社会的可持续发展。尤其是海湾赤潮和湖泊的富营养化这类生物污染一直是全球关注的热点。工农业的迅速发展及城市化进程的加快，向河流、湖泊和海洋排放了大量含氮含磷的工业废水、农田径流和生活污水，引起这些水体发生了不同程度的富营养化状态。根据《2012 年中国海洋环境状况公报》，2012 年经由全国 72 条主要河流入海的污染物量，化学需氧量（COD_{Cr}）为 1388 万 t，氨氮（以氮计）为 32.8 万 t，硝酸盐氮（以氮计）为 228 万 t，亚硝酸盐氮（以氮计）为 6.2 万 t，总磷（以磷计）为 35.9 万 t。其中，与 2011 年相比，COD_{Cr} 降低了 14%，而硝酸盐氮、总磷却分别增加了 38%和 47%。2012 年全海域共发现赤潮 73 次，累计面积 7971 km^2。其中，东海发现赤潮次数最多，为 38 次；渤海赤潮累计面积最大，为 3869 km^2。

赤潮高发期集中在5～6月。2012年赤潮发现次数为2008年以来最多，但累计面积较五年平均值减少2585 km^2。此外，在我国湖泊总量中，约1/3是淡水湖泊，并且主要分布在长江中下游地区，但这些湖泊中的绝大部分也已处于中营养或富营养水平，引发了水域中蓝藻等大量生长，生态系统结构和功能发生了衰退。因此，淡水与海洋生物性污染的防治是当前的一大任务。

据UNEP-WCMC可知，全球已知生物有175万种，包括未知的物种可能有1400万种。其中，细菌4000种，原生物（藻类和原生动物等）8万种，脊椎动物5.2万种，无脊椎动物127.2万种，真菌7.2万种，植物27万种。随着人类改造自然的能力越来越强，人们对生物的影响力也越来越大，由于基础设施建设、不合理地开采资源、污染和破坏环境、引入外来入侵种等各种人类活动，生物多样性受到了巨大的威胁。据相关报道，自1970年以来，世界海草丧失了20%，脊椎动物种群平均减少了30%；1980年以来红树林丧失了20%、珊瑚礁减少了38%，部分地区湿地丧失率达95%，并且有些自然栖息地已减少了20%。在我国高等植物中，濒危或接近濒危的物种占物种总数的15%～20%，高于世界10%～15%的平均水平。据有关资料估计，近代物种的丧失速度比自然灭绝速度加快了近1000倍，比形成速度加快了近100万倍，特种的灭绝速度由大致每天1种加快到了每小时1种。这些无不说明，当前世界生物多样性锐减和生态耗竭问题严峻，需要大量开展相关的对策研究，实施有效措施来加以保护。同时，面对这些全球性问题，需要进一步加强国际间的交流与合作，共同致力于这些问题的解决，为保护我们共同的家园努力。

（五）生态退化与生态疾病

由于人类不合理地开发利用自然资源，对生态系统产生了许多“不可磨灭”的影响，如过度放牧、大量砍伐森林、随意改变生物栖息地、大量排放各种形式的污染物等，由此导致了许多生态退化现象的发生，如土地沙漠化、森林和草地植被破坏、生物多样性锐减、濒危物种灭绝，以及海洋、河流和湖泊受到污染等，进而产生许多不利影响，如森林破坏、水资源短缺、全球气候变化等。

据相关报道，全国90.0%可利用的天然草原存在不同程度的退化，每年以200万 hm^2 的速度递增。据UNEP统计，在20世纪末的30年里，全球大约20亿 hm^2 的土地（占陆地面积的15%）是因为人类活动而退化的。其中，35%由于过牧、30%由于毁林、27%由于农业活动、7%由于过度樵采、1%由于工业活动。2006年，草畜平衡监测结果也表明，全国天然草原平均载牲畜34.0%左右。在全国266个牧区、半农半牧区县（旗）中，204县（旗）处于超载状态，其中牧区县平均超载28.%，半农半牧区县平均超载42.0%。由于过度垦殖、过度樵采毁林、过度放牧、经济林过度开发和开发建设使得我国水土流失、生态退化严重。2000年公布的普查结果表明，全国水土流失面积达356万 km^2，占国土面积的38%。然而，生态系统一旦遭到破坏，就会导致生态平衡失调，恢复的时间会比较长，而且还需要投入大量的资金，甚至有些破坏是不可逆转的。特别是近些年来，由于人口数量的激增，经济发展步伐不断加快，再加上资源开发不尽合理，这些都导致了西部地区的生态退化问题越来越突出。这不仅影响了西部地区本身的可持续发展，而且也会对中、东部地区的发展起到制约作用。

当前，西部地区的生态退化问题主要是水土流失、荒漠化与草地退化以及生物多样性减少等。全国80.00%的水土流失面积、81.43%的沙化面积和93.27%的草原“三化”面积分布在西部地区（含内蒙古）。在《全国生态环境建设规划》中，我国有8个生态环境建设的重点地区，西部地区就占了5个，包括黄河上中游地区、长江上中游地区、“三北”风沙综合防治区、青藏高原冻融区和草原区。其中，黄河上中游地区（总面积为64万km^2）与长江上中游地区（175万km^2）水土流失面积分别达44.8万km^2和55万km^2，“三北”风沙综合防治区（169 km^2）荒漠化面积达31 km^2，青藏高原冻融区（176万km^2）水力风力侵蚀面积为22万km^2，草原区（400万km^2）“三化”面积为135万km^2。

生态环境是人类赖以生存和发展的基础。人类不合理的利用自然资源，对生态环境产生污染和破坏，会引起“生态疾病”的发生。相关研究表明，只有极少数特殊类型的癌症与遗传因素有关，而大多数癌症可看成是“生态疾病”的一类，与环境密不可分，而且化学因子是大多数类型癌症的致病原因。也有相关报道指出，随着各种化学农药（杀虫剂、除草剂和杀真菌剂等）、工业排放污染物、生活废料、汽车废气及其他污染物水平的增加，阿尔茨海默症、帕金森病及各种中枢神经疾病等各种脑病患病率激增。比较典型的如20世纪30～60年代震惊世界的“八大公害”事件。其中，比利时马斯河谷烟雾事件、美国洛杉矶烟雾事件、美国多诺拉事件、英国伦敦烟雾事件、日本四日市哮喘病事件都是由于人类活动产生的大气污染所致的人类危害，日本水俣病事件则是由于含汞污水污染了海湾导致近万人甲基汞中毒，日本富山痛痛病事件也是因为镉污染了土壤而食用含镉大米造成的，而日本爱知县米糠油事件也归于人类管理不善导致。这一系列都是由于生态环境遭到破坏而使人体健康产生危害的典型例子。

生态问题一方面会对人类的生存和发展产生不利影响，引发许多“生态疾病”；另一方面，生态系统本身也会遭受巨大的创伤。例如，1972～1992年，世界著名的“十大事件”就是最好的证明。由于美国和加拿大二氧化硫的排放，产生的酸雨使得湖泊酸化，大量鱼类等水生生物死亡。又如，德国大量森林也因为酸雨问题染上枯死病，该区儿童每年有数万人感染特殊的喉炎症；卡迪兹号油轮触礁引起了海上溢油，导致牡蛎、海鸟等大量死亡，墨西哥湾井喷事件则使海洋受到严重污染；海湾战争油污染事件，使数万只海鸟丧命，毁灭了波斯湾一带大部分海洋生物；印度博帕尔杀虫剂厂毒气泄漏，大量人群受害；瑞士剧毒农药流入莱茵河，生态系统受到严重破坏；切尔诺贝利核泄漏事件，使多个国家居民和生态受到其害；工业废气、废水等污染使库巴唐变成“死亡谷”，雅典二氧化碳、一氧化碳浓度很高，政府宣布进入“紧急状态”并且许多市民出现中毒症状等。这些事件，无一不说明，人类与生态的健康或疾病，都与环境有着密切的联系；同时，大部分原因则又是由于人类活动所产生的。

（六）生态修复与生态调控

随着工农业生产的迅速发展，水、沉积物、土壤和大气等环境介质都受到了不同程度和一定范围的污染，进行相关的修复和治理是极其迫切的任务，具有十分重大的实践意义。目前，理论和技术上可行的污染环境修复技术主要有物理修复、化学修复、物理化学修复、生物修复（包括微生物修复、植物修复、酶学修复和动物修复等）、生态修复、农艺修复，以及物理-生物、化学-生物化学-化学、生物-生物等各种联合方式的修复。经过广泛的研究和实践，近年来，很多修复技术已经进入现场应用阶段并取得了较好的治理效果。

植物修复通过植物积累、植物稳定、植物降解、植物挥发、植物根际降解等机制来去除或降低土壤或水体中重金属和有机污染物，具有投资少、不破坏场地结构、不引起二次污染等特点，是一种很有前景的绿色修复技术。正由于如此，重金属超积累植物的筛选和应用研究得到了重视，相继发现了天蓝遏蓝菜（*Thlaspi caerulescens*）对 Zn 和 Cd 有超积累作用，蜈蚣草（*Pteris vittata* L.）对 As 具有超积累效果，龙葵（*Solanum nigrum*）、球果蔊菜（*Rorippa globosa*）、紫茉莉（*Mirabilis jalapa*）、孔雀草（*Tagetes patula*）、缨绒花（*Emilia javanica*）和三叶鬼针草（*Bidentis pilosae*）等为 Cd 超积累植物，蒲公英对 Cd 单一及 Cd-Pb-Cu-Zn 复合污染的耐性较强，Cd 超富集植物球果蔊菜对 Cd-As 复合污染也有很强的忍耐力和一定的修复潜力，肥料添加剂能增强 Cd 超积累植物球果蔊菜对 Cd 的植物提取能力，使用化学添加剂 EDTA、半胱氨酸、水杨酸和吐温 80 可以提高 Cd 超积累植物龙葵对 Cd 的提取效果，并可增强多环芳烃（PAH）的生物降解。

近年来，在石油污染土壤花卉植物修复方面取得了突破性进展。从 30 种花卉植物中筛选出了 3 种对石油烃污染具有强耐受力且能促进总石油烃降解的修复植物，分别为紫茉莉、凤仙花（*Impatiens balsamina*）和牵牛花（*Pharbitis nil*）。此后，研究还发现天人菊、松果菊、高羊茅、火凤凰以及紫花苜蓿可以用来对石油污染土壤进行植物修复。研究表明，花卉植物修复石油污染土壤的机制主要有：①植物对污染物的直接吸收；②根部释放分泌物和酶促进污染物的降解作用；③植物强化根际微生物的降解作用。

然而，无论是化学修复、物理修复，还是植物修复、微生物修复，在修复工作中都发挥了各自的优势，但同时也存在多方面的局限性。为了克服各种单一技术的缺陷，生态修复或其他联合修复技术得到了重视和推广。生态修复是指在生态学原理指导下，以生物修复为基础，结合各种物理修复、化学修复及工程技术措施，通过优化组合和技术再造，使之达到最佳效果和最低耗费的一种综合的修复污染环境的方法。可见，生态修复是各种修复技术的综合与最优化，是一种理想的修复方式。

土壤由于具有隐蔽性、滞后性、累积性和长期性等特点，其控制、治理和修复的广度与研究深度又远远不及污染大气和水体的治理与修复。但事实上，土壤作为环境系统的核心介质，是沟通大气和水体的枢纽，也是生物体和人类社会的基本载体，土壤污染得不到有效解决，大气和水体的污染也解决不了。因此，污染土壤修复也是环境修复领域的重中之重。

有关调控的概念，最早可追溯到 Norbert Weiner 于 1948 年出版的《控制论》一书。至今，控制论一直围绕着生命系统与环境的关系开展研究，经历了生物控制论、智能控制论、经济控制论和社会控制论等几个发展阶段，并且逐渐发展成对人为中心的社会-经济-自然复合生态系统调控规律研究的生态控制论。王如松院士曾指出，生态调控主要遵循循环再生、协调共生和持续自生三大原则，这三原则分别从自然、经济、社会三个不同层次去调整资源利用效率，改善生态关系，拓宽生态位，增强复合系统的活力，三者互相依存，缺一不可；高效（即高的经济效益和发展速度）与和谐（即和谐的社会关系和生态稳定性）是可持续发展包含的两个相辅相成的生态经济目标，而生态调控的任务就是要运用再生、共生和自生原理去利用机会，提高效率，减少风险和改善功能，使社会、经济和环境得到协调发展。例如，针对由于现代生活方式所导致的居室污染，可以加强室外绿化与生态建设，在良好的室外绿化区，绿色植物会对扩散进入室外大气中的污染物具有吸收和净化作用，从而促进室内污染物向外转移与扩散。因此，在城市建设规划过程中，我们必须注意在城市各建设物之间布置一定面积的公共绿化区；也可以积极推行室内养花种草，这不仅能陶冶人的情操，而且也能起到美化居室的效果，其中的花卉、草类植物还能吸收室内产生的一些污染物；也可以在室内安置自然和机械通风装置，不良的通气状况容易导致 CO 和 PAH 等大气污染物的形成，需要适当开窗加强空气流通，特别要注意改善厨房的通风条件以减少油烟污染；还可以在居室墙上有意识地布置一些滤料或多孔介质，这也应该作为现代居室装修的一个重要组成部分，以吸收和“消化”室内空气中的污染物。此外，还可以多方发展居室大气污染控制技术，如发展建筑环境密闭隔绝技术、新式住宅布局技术、室内空气更新技术，以及开发对人体无害或无污染的绿色建筑材料等，从而杜绝室外大气污染向室内扩展和蔓延，使居室中的污染物限制在一定的水平范围内。

二、生态地学涉及的几个重要概念

（一）水圈

水圈是指环绕地球表层的海洋、河流、湖泊、沼泽、地下水、冰川和大气水分等共同构成的一种不连续的圈层，但不包括各种矿物中的化合水、结合水，以及被深层岩石所封存的液态水。其中，海洋约占水圈总量的 96.50%，是水圈中最大的连续水体；陆地水、大气水和生物水仅占水圈的 3.50%，其中 77.44%为两极地区的冰川固态水，约 22.01%为地下水，余下的 0.55%为江河、湖、土壤和大气圈中的水。大气圈、岩石圈中均含有水分，生物圈与水圈也是密不可分的。总之，水圈是地球环境系统的重要组成要素之一，也是一切生命生存、繁衍的基本物质之一。在人类社会发展的历程中，人类不合理地利用水资源，以及大强度地干扰水圈的正常生态过程，都会导致区域经济和社会发展的用水需求与水圈的水资源供给矛盾日益突出。也正因为此，许多国家出现了不同程度的水资源短缺。因此，需要加强水污染防治和水资源管理的力度，改善水质环境，维持水域系统的正常功能，合理利用水资源，使水圈保持健康运转状态。

（二）土壤圈与陆地圈

土壤圈是地球环境系统的组成部分，是覆盖于地球表面的一种连续体或覆盖层，它处于大气圈、水圈、生物圈、岩石圈和智慧圈相互作用的交叉带上（图 1-10），犹如地球的地膜，与其他圈层之间不断进行着物质和能量的交换。土壤圈概念的发展，旨在从地球系统圈层的角度来研究土壤的结构、成因和演化规律。随着全球人口的不断增长，以及人类经济-社会与生活水平的不断提高，人类对环境的影响能力和程度也越来越大。特别是，人类活动所导致的环境污染问题也随之越来越突出，土壤质量退化问题也日益威胁着人类的生存与发展。

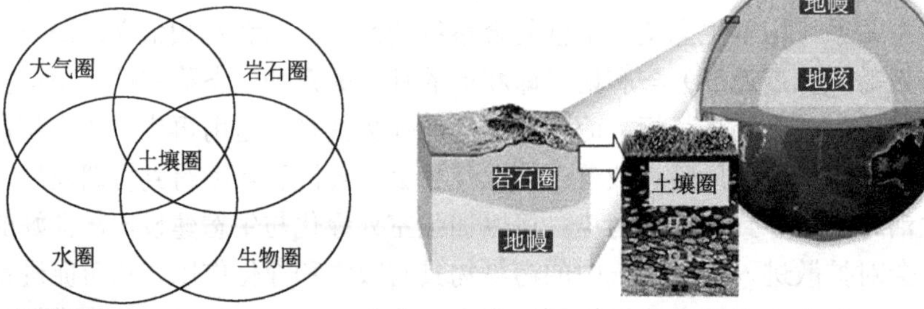

图 1-10　土壤圈在地球系统各圈层中的位置（扫码见彩图）

目前，很多地区的土壤已经受到了不同程度的污染，急需开展污染土壤修复与治理的相关工作，以恢复土壤圈的生态功能。而对于生态环境脆弱区的土壤，则需要加强保护，防止土壤生态系统受到破坏。

当前，对于陆地圈的界定，主要有四种描述。①陆地圈是由岩石和土壤构成的。在土壤中兼有有机物和无机物，生命体与非生命体共存，而且不断地进行着化学的、物理的、生物的和地质的多种多样的运动和变化。②包括土壤和植被系统，即土壤-植被系统构成了陆地圈。③陆地圈也称岩石圈，为地球表面的大陆部分，包括地表的山脉、岩石、土壤、沙漠，以及江、河、湖泊地表水等，其总面积约 14 900 万 km^2，占地球总面积的 29.2%。地球陆地面积、位置和高度的变化十分缓慢，在季节、年际以至百年的气候变化中可以忽略不计，而在千年乃至万年的历史长河中，以及地质历史时期气候变化中的作用是很大的。④大陆上的山脉、岩石、土壤、江湖和地表水等。陆地表面具有不同海拔高度的地形、岩石、沉积物和土壤，它们也是气候系统中容易变化的部分；陆地位置、高度和地形发生变化的时间尺度，在气候系统的所有组成部分中是最长的。可见，陆地圈的范围比土壤圈广，它包括整个陆地生态系统。基于此，陆地圈的生态过程要比土壤圈更加复杂；但同时，土壤圈也是陆地圈中的一个重要组成部分，在陆地圈的相关研究过程中，土壤圈及其生态过程也是一个需要重点考虑的对象。

（三）大气圈

大气圈是指连续包围地球外围的空气层。大气圈的总质量约为 5.3×10^{15} t，其中 98.2%的空气集中在 30 km 以下的近地层。大气是由多种气体及杂质组成的混合物。大气中除去固态和液态杂质及水汽后的混合气体称为干洁空气，其中 N_2 占 78.09%，O_2 占 20.94%，Ar 占 0.93%，这三者气体共计占 99.9%以上，是主要气体成分，其他气体仅占 0.03%。此外，整个大气圈随高度不同表现出不同的特点，高度越高，空气密度越小，空气越稀薄。

大气是地球上生命物质的源泉，不仅为生物提供所需的必要元素，还可以阻挡太阳紫外线大量进入地表，保护地球上的生命，同时还保持一定的地表温度使之适于人类和生物生存。因此，大气圈对人类的生产、生活与健康具有重要的影响。然而，随着工农业生产的迅速发展，人类活动对大气圈产生了许多不良影响，如化石燃料的燃烧，产生了大量的温室气体，导致全球气候变化，氟氯烃化合物的使用与排放导致臭氧层的破坏等，使生态系统和人类健康受到威胁。因此，加强大气污染防治也是当前的一大重点和难点。

（四）生物圈与生态圈

生物圈是地表有机体（动物、植物和微生物）及其生存环境的总称（图 1-11），包括岩石圈表层（主要为风化层）、土壤圈、水圈和大气圈的对流层，但生物圈的核心部分是其接触带，其厚度约为 20 km。地质学家爱德华·苏

图 1-11　生物圈示意图（扫码见彩图）

威斯（Eduard Suess）于 1875 年最早使用生物圈这个词，并且指出它是地球上的全部生物和一切适合于生物栖息的场所，它包括岩石圈的上层、水圈的全部和大气圈的下层。前苏联地球化学家维尔纳茨基（1986）把生物圈视为由生命控制的、地球表层的、完整的动态系统，其范围包括岩石圈（地壳部分）、水圈和气圈相互交汇的地球表层。

生态圈则是生物圈和其生命支持系统的统一整体，它是地球上全部生物与其环境的总和。其中，生命支持系统是指地球上生命系统生存所需要的某些必要条件，主要包括大气圈下层、水圈、土壤圈、岩石圈上层和能量。生态圈具有物质流动的封闭性，是因为生态圈内的各类生命在功能上具有互补性，具有自我调节和控制能力，因为它是一种自持系统，还具有优化演进方向的能力，这使得整个演化过程趋于生态圈本身的稳定性和多样性的增加。现代人类的生产力能够强烈影响生物及其生存环境，在开发利用生物资源的同时，可能会改变生物的栖息环境，甚至还可能导致许多有价值的天然物种灭绝，使得生物多样性不断减少。因此，需要进一步采取相关保护措施，以保护生物圈和生态圈的物种多样性、结构和功能的完整性等。

（五）生态效应

人们往往把一些不利于生态系统进化的现象，或者对生物圈和生态圈产生负面影响的现象，统称为“生态效应”。事实上，按照生态学原理，生态效应应该包括两个方面的涵义。其一，是指有利于生态系统中生物体生存和发展的变化。例如，缺 Zn 环境中加入了 Zn、缺 P 环境中补回 P 素，无疑都能使生物体的生物产量有回升的趋势；或者当两种化学污染物质共存时，由于它们之间的拮抗作用，导致生态系统中生物体中毒的程度减弱。其二，是指不利于生态系统中生物体的生存和发展的变化，包括诸如致畸、致突变、生物产量下降、生理的不适甚至死亡等。生态效应既可用于生物监测来指示当前的环境质量状况，也可以用来预测变化的趋势以进行生物学评价，这对于污染防治和环境保护都是具有极其重要的指导意义的。此外，在人类的生产和生活过程中，难免会对环境产生各种干扰，尤其是向环境中排放废水、废气和废渣等污染物所造成的环境污染，必然会引起一系列不良的生态效应，应该得到广泛的关注，不断开展更加全面和系统的研究。

（六）生态退化

生态退化是生态系统的一种逆向演替过程，是在一定的时空背景下生态要素和生态系统所发生的不利于人类和生物生存的量变和质变的过程或结果。此时，生态系统处于一种不稳定或者失衡的状态。它是生态基质、内在的动能因素和外在干扰共同作用的结果，即自然因素，如区域地质地貌、气候和水文等的异常变化，以及人为干扰，如人口增长、农业活动、工业化与城市化、政治与战争、贫困、文化与旅游等，是生态系统退化的两大驱动力。生态退化主要包括陆地生态系统（农田、森林和草地等）和水域生态系统（近海、河流和湖泊等）两大类型（表 1-2）。其主要体现为生产力下降、对自然或人为干扰的抗性较低、生态服务功能下降等，具体地说，包括土地荒漠化、水土流失、森林草原植被破坏、物种濒危和绝灭、淡水短缺和渔业资源枯竭等。

表 1-2 生态退化类型及其表现形式

生态系统类型	主要退化类型	表现形式或导致的主要原因
陆地生态系统	次生裸地	人为干扰造成的原有土地植被系统消失殆尽的地域
	森林采伐迹地	人为干扰对森林造成的破坏进而改变了原有的水土与气候条件，导致水土流失、气候失调、风沙肆虐、旱涝成灾、生物多样性锐减，造成大规模的生态退化
	矿山废弃地	一是剥离表土，开采的废石及低品位矿石堆积形成的废石堆废弃地；二是随着矿物开采形成的大量采空区域及塌陷区，即开采坑废弃地；三是利用各种分选方法分选出精矿物后的剩余物排放形成的尾矿废弃地；四是采矿作业面、机械设施、矿山辅助建筑物和道路交通等占用后废弃的土地
	荒漠地	包括气候变异和人类活动在内的种种因素造成的干旱、半干旱和亚湿润干旱地区的土地退化，在我国分为风蚀荒漠化、水蚀荒漠化、冻融荒漠化和土壤盐渍化 4 种类型
湿地生态系统	退化湿地，主要有沼泽、滩涂和稻田等	直接原因有基础设施建设、土地开垦、引水、富营养化、污染、过度捕捞、过度利用、外来物种的引入等，以及人口增长和经济发展加速等间接原因。我国湿地退化最主要的原因可归结为：造田耕地、点面源污染及法律和管理缺陷
水域生态系统	流水生态系统退化，包括江河、溪流和沟渠等	点源污染超过河流生态系统的环境受力引起生态系统结构破坏
	静水生态系统，包括湖泊、池塘和水库等	气候变化、地壳运动、过多的营养物及有机质的输入、过度养殖、水文及相关的物理条件变化、外来物种入侵引起水生植物群落退化、生物多样性降低、农业、采矿、林地破坏导致水土流失加剧引起湖泊淤塞等
	近海生态系统退化	其生态退化的根源主要还是人类活动的干扰带来的污染问题，其中最突出的问题则是在近海区域的过度捕捞，致使生态系统失衡、生物多样性锐减，有害赤潮和水母灾害也非常严重

当今，资源短缺和生态退化是世界面临的两大重大问题。在我国，随着生态退化问题日趋严重，人们开始深刻反思我国当前的农业发展思路，也对相关政策做了一些重大调整，如制止了毁林开荒、围湖造田、开垦草地等农业发展行为，转向保护天然林、退耕还林（草）、退田还湖来恢复农业生产力。为了充分利用生态资源和保护生态环境，必须在对生态退化进行深入研究的基础上系统开展生态环境的恢复和重建工作，以实现人口、资源、环境、经济的可持续发展。

（七）生态修复

按照前述，生态修复是指在生态学原理指导下，以生物修复为基础，结合各种物理修复、化学修复及工程技术措施，通过优化组合，使之达到最佳效果和最低耗费的一种综合的修复污染环境的方法。换句话说，生态修复是指根据生态学原理，利用包括特异生物在内的各种生物对污染物的吸收、代谢过程，并借助物理修复、化学修复及工程技术措施加以强化或条件优化，使污染环境得以修复。

也有的学者认为，生态修复不仅包括污染环境的治理修复，还应包括非污染环境的生态恢复，即通过生态系统的系统自组织和自调节能力来对破坏了的环境进行“修复”。因此，因开发建设项目振动和破坏了的生态系统，因农林牧业生产活动破坏了的森林和草地生态系统，因不同规模人类活动或完全由于自然原因（森林火灾、海岸延伸和雪线上升等）造成的退化生态系统的恢复与重建等属于恢复生态学、生态工程学等范畴的，也属于生态修复。例如，有关报道就曾指出：关于水土流失生态修复的部分原理与技术已被广泛采用；一些地区因地制宜地实施了种植牧草、改良牲畜、圈养牲畜等各项生态修复辅助措施；由于水土保持生态修复试点工程的实施，自然植被被有效恢复，人为水土流失得到一定程度上的遏制。在此，非污染环境生态修复强调了在通过工程措施恢复被破坏生态系统功能的过程中，依据生态学原理，充分发挥生态系统本身的恢复功能，最终达到人与自然和谐相处，达成人口、资源和环境协调发展的战略目标。这些内容的更确切的提法应该属于“生态恢复”，而不是真正意义上的生态修复。

生态修复的顺利施行，需要生态学、物理学、化学、植物学、微生物学、分子生物学、栽培学和环境工程等多学科的参与。因此，生态修复也具有多学科交叉的特点。根据作用原理的不同，生态修复又可以有微生物-物理修复、微生物-化学修复、微生物-物理-化学修复、植物-物理修复、植物-化学修复、植物-物理-化学修复、植物-微生物修复、植物-微生物-化学修复、植物-微生物-物理修复等多种形式的最优化组合。

第五节 生态地学的相关学科与其区别

一、环境地学

环境地学既是环境科学的分支学科，也是地学的分支学科。它以人-地系统为对象，研究其组成和结构、发展变化、人-地系统的相互作用，以及对其调节和控制、改造与利用的规律。其主要研究内容包括：①全球环境变化；②物质、能量和信息的迁移、转化和交换过程；③环境质量及其演变规律；④以地表环境系统为主，向地球内部圈层延伸并向日地空间系统扩展；⑤环境地学理论体系。

环境地学是环境科学与地学的交叉学科，主要基于地球系统科学思想，应用环境科学和地学的基本理论、技术与方法。而生态地学是生态学与地学的交叉，因此，更加侧重生态学和地学的理论与方法的结合，其研究对象与地学相似，主要是针对地球系统整体，而环境地学则主要侧重于人-地系统的部分性质，主要研究人类活动对地球环境的影响及其反馈作用。

二、生态地理学

生态地理学是研究各类生态系统的空间分布、结构、功能、演替及其与地理环境之间的协调平衡机制的学科，是生态学与地理学之间的新兴边缘科学。生态地理学研究内容主要集中在地理环境中诸要素的整体效应对生态系统的作用和意义，以及生态系统内在结构中生产、消费、分解等功能的发挥和同环境之间的物质、能量交换等方面。环境中不同自然带的生态系统的发生与起源、适应与演化规律，生态平衡的维护和新的生态平衡的建立等则是地理学当前重点研究的科学问题。因此，生态系统与地理环境关系密切，一旦生态系统发生恶性循环，地理环境也会相继恶化。

地理学的生态观点首先由美国地理学者 H. H. Barrows（巴罗斯）于 1924 年阐述人文地理学研究对象时提出，他提出“人类生态学”方向主张，地理学的目的不在于考虑环境本身的特征与客观存在的自然现象，而是要研究人类与自然和生物环境间的相互影响，从这些作用过程、机制的探讨到环境政策的制定和环境的整治。20 世纪 70 年代生物地理学中的生物地理布局方向，如 C. B. Cox（科克斯）认为生态地理学是生物地理的 3 条主线之一，生态地理学研究“生物在今日所在之处如何一起生活”，主要反映了生态学和植物地理学的观点。近年来，生态地理学着重研究地理环境中诸要素的整体效应对生态系统的作用和意义。

与生态地学相比，生态地理学与生态地学二者具有某些相似性。从广义上来说，二者都属于生态地学的研究范畴，都应用了生态学和地学相关的理论与方法。但从狭义方面来考虑，生态地理学是生态学与地理学的交叉，而生态地学则是生态学与地学的交叉，因此从研究的地域范围来看，生态地学的研究范围要比生态地理学的更广阔些，因为生态地学不仅包括生态地理学的地球表层系统，还向下延伸至地质学的深度，向上扩展到大气圈上限等。

三、生态环境地理学

生态环境地理学是一门揭示宇宙中气场流量对人类和生命物质生存发展产生影响及其机理以及调控的科学。它首先属于自然科学的范畴，又与社会科学紧密联系，并有效地服务人类社会。由于它深刻的科学性、有效的实用性，其核心思想现已被世界各国广泛接受。

生态环境地理学由于强调了生态、环境与地理两个方面，也分别属于生态学、环境科学与地学的研究范围；同时，与生态地学的区别也主要体现在研究的范畴上。生态地学比生态环境地理学包含的内容更加丰富，因此研究外延也更大。但是，基于这两门学科的应用特点，生态地学则是基于地球系统、应用生态学与地学的相关理论和方法，进行比较宏观的战略性指导研究，以及对微观机理开展深入探索；而生态环境地理学则主要针对特定场景给出针对性的建议。

四、污染气象学

污染气象学是研究大气运动和大气中污染物相互作用的学科。它主要研究近地层大气运动引起的污染物扩散、输送、迁移和转化过程，以及大气污染对天气和气象变化的影响，具体地说，包括：大气运动对污染物扩散的影响，即研究各种原因形成的大气湍流运动所引起的污染物的稀释和再分配；气象因素对污染物分解和化合作用，即研究污染物在大气环境诸因素的作用下发生的复杂化学反应；大气污染对局部气候的影响；大气污染的全球效应等。其涉及的应用面较广，包括平原、城市和复杂地形上的空气污染浓度计算、规划设计、环境影响分析和空气污染预报等方面；大气湍流、大气扩散理论及微气象学的原理则是它的理论基础。

污染气象学可以为进一步防治空气污染和改善大气环境提供科学依据。污染气象学是气象学一个分支，也属于地球科学的研究范畴，但也强调人类活动产生的污染物，因此也是环境地学的一个重要组成部分。生态地学同时具有生态学与地学的特点，二者交叉渗透，从生态地学所具有的地学学科特点而言，污染气象学与生态地学具有相似性；同样的，生态地学在研究污染气象时，更多地考虑了一些生态学的理论与方法。

五、环境海洋学

环境海洋学是研究污染物在海洋中的分布、迁移和转化的规律，污染物对海洋环境以及通过海洋环境对人体的影响及其保护措施的科学。它是20世纪50年代以来随着海洋环境问题的发展而逐渐形成的一门新兴学科。近年来，环境海洋学主要研究海洋环境中物质通量，污染物进入海洋环境后的迁移、分布和转化规律，海洋污染的生物学效应及所引起的海洋环境问题，海洋环境质量现状及其演变规律与机制，海洋环境容量和资源承载力，海洋污染防治措施的研究等。

环境海洋学主要运用的是环境科学与海洋学的相关理论与方法，考虑人-海洋的相互作用，它的研究介质主要为海洋环境，是环境地学的一门分支学科，也统属于地球科学的研究范畴。主要区别也在于所采用的理论、方法及研究的侧重点不同，生态地学除了地学相关方面，还有强调生态学方面的相关应用，而且偏重于地球系统各圈层，环境海洋学则侧重于基于人-地系统中的海洋介质，研究内容仅限于针对海洋环境问题。

六、环境土壤学

环境土壤学是土壤学与环境科学的交叉学科。它主要研究人类活动和自然因素引起的土壤环境质量变化，以及这种变化对人体健康、社会经济、生态系统结构和功能的影响，探索调节、控制和改善土壤环境质量的途径与方法。环境土壤学的研究对象是土壤-植物系统、土壤-动物系统和土壤-微生物系统，由土壤无机部分、土壤有机部分、植物、土壤动物和土壤微生物5个亚系统组成。其主要研究内容包括：土壤初始状况，包括土壤环境背景值和土壤环境容量等的研究；土壤污染现状的评价和趋势预测；污染物的迁移、转化和分布规律即生态足迹；人为污染因素对土壤特性的影响及其微观机理与宏观生态效应；土壤-植物系统对主要污染物的净化功能和作用机理、反应动力学及其环境条件；土壤退化的类型、形成过程及其整治、恢复的途径和方法；污染土壤修复的理论与方法；土壤环境基准与标准的制定及应用等。

环境土壤学属于环境地学的一个分支学科，是土壤学与环境科学交叉的学科，主要运用的是环境科学与土壤学的理论和方法，研究介质主要针对土壤，也属于地学科学的研究范畴。但生态地学作为生态学与地球科学的交叉学科，综合借鉴了生态学与地球科学的理论和方法；同时，更加强调生态学与地球科学各自方法与理论的相互应用、交叉渗透，而且研究介质除了土壤外，还涵盖大气圈、水圈等的研究尺度。

第六节　生态地学研究方法与手段

一、概述

纵观地学、生态学各分支学科的发展历程，都要依靠一定的研究方法和手段来实现学科的发展。只有采用正确的研究方法，才能使学科的发展少走弯路，才能尽快获得丰硕的研究成果和取得突破性进展，才能更好地应对国家和地方需求并解决其关键科学问题。

正如俄国化学家门捷列夫所说，“观察和实验是科学的躯体，概念、学说、假说和理论是科学的灵魂”。只有把握住灵魂，才能引导躯体的正确前行。大量的科学研究表明，缺乏研究方法或者方法不正确是开始从事一门学科研究最大的阻碍和大忌。

生态地学的研究方法与手段，与其起源的学科有着密切的关系，主要借鉴生态学、地学和其他相似学科的研究方法。

二、生态学方法

生态学是研究生物与环境之间相互关系的学科，是一门多源和多分支的学科，具有研究范围广、分支学科多和综合性强等特点，研究方法经过了描述—实验—物质定量三个过程。伴随着生态学科的发展，研究方法也在不断更新发展。

1. 野外调查与室内模拟相结合

（1）野外调查：为了认识生态学基本发展的客观规律，需要进行野外调查研究。野外调查是对自然现象进行搜集、描述记载，以此获得大量的感性材料，将这些材料进行甄别，去伪存真地整理和分析，综合归纳并提出相关理论规律，进而提高到理性认识，然后用这些理论规律去指导生产实践，并在实践中检验、补充、丰富和发展这些理论，这样就能得出更为深刻、正确、完全的反映客观事物本质的结论。在调查中除了要应用生物学、化学、物理学、地学、气象学等方面的知识和手段外，时常还需要现代化的调查工具，如调查船、飞机甚至人造卫星等，采用先进的技术和仪器，如示踪元素、无线电追踪、遥感与信息技术等。在当今科技相对发达的今天，野外调查仍是人们研究生态学的一种基本手段。

（2）室内模拟：针对研究目的，使用科学仪器和设备，有意识地控制自然条件或过程，模拟自然现象与发展演变规律，并在模拟过程中避免次要因素，突出主要因素，在特定的条件下探索客观规律，认识客观世界，这种方法就是室内模拟。除了一般生物学、生态学、医学及毒理学等研究方法外，还要结合化学、物理和数学方法，尤其是分析化学、仪器分析、放射性同位素测定等方法。

2. 宏观与微观相结合　生态学的研究包括从分子水平、细胞和基因等微观层次，到器官、有机体、种群直至生态系统、景观和生物圈等宏观层次。宏观和微观的研究是相辅相成的，宏观研究是微观研究的出发点和归宿，微观研究是宏观研究的基础。生态学研究各个层次系统与环境的关系，虽然每一生命层次都有各自的结构和功能特征，但是高等级层次的结构、功能和过程是由构成它的低级层次发展而来的，对宏观现象的研究必须了解低级层次的结构、功能及运动规律，对微观层次的运动来说，只有以宏观层次为背景，才能看得更为清晰。宏观研究主要用野外调查、遥感和全球定位系统等方法，建立各种模型，进行评价、规划与管理的工作。微观研究主要是在室内分析研究的方法，在原子、分子、细胞和基因水平上进行实验、鉴定和分析，应用基因组学、蛋白质组学和代谢组学的方法，为宏观研究提供基本的数据与资料。

3. 区域与全球相结合　生态学根据研究对象的不同，可以划分为不同的层次。划分的依据多样，有根据研究地域面积大小划分的，有根据研究对象分布范围划分的，这些划分使得各层次具有了等级性，每一个高层次都具有其下级层次所不具备的某些整体特征，这些特征不是低级层次系统特征的简单叠加，而是低级层次系统以特定方式组建在一起所产生的新特性。整体论要求始终把不同层次的研究对象作为一个生态整体来对待，注意其整体的生态特征。例如，对全球大气升温的研究，不能局限于某一区域的研究，亦不能局限于某一影响因素的研究。同样，下级层次又具有高层次所不具备的细节特点。因此，只有把握好全球这个整体，才能通过区域的观测和解析，在新的层次水平上达到在全球这个整体上的统一。

4. 分析与综合相结合　科学的分工越细，研究得越深入。要解决重大的理论问题或实际问题，就要求高度的科学综合。在研究的全过程中，必须要有一个整体规划和严密的组织。在综合时，要借助于数理统计的研究方法。在生态学研究中，观察、实验获得的第一手资料，首先需要比较分类，并进一步通过归纳、演绎和分析，进行逻辑思维与抽象，表达各种变量之间存在的种种相互关系，反映客观生态规律性。当然，生态学是一门处理复杂问题的学问，任何一个生态过程都不仅仅是某一个或者几个因子的作用，而是多个因素的共同结果。所以，在考虑解决关键科学问题的时候，要用综合的观点，对观测指标进行多元数理统计及各种数学模型来分析问题中各因素的联系，特别是定量关系。

三、地学方法

（一）地理学研究方法

地理学是人们在研究地球表面的各种过程中逐渐形成的。随着时间和科技的不断进步，其理论、方法和手段也在不断完善。多种要素相互作用的地球表面决定了地理学研究的综合性，各要素之间的相互作用、相互制约，以及地表综合体的特征和时空变化规律是其研究的重点。不同层次的研究决定了研究的复杂性不同；地球表面因位置的不同，自然现象和人文现象亦分布不均匀，不同的地区存在不同的自然现象和人文现象，这使得地理学研究又有区域性特点。

地理学研究方法具有多样性，这是由地球表面的复杂性决定的。现代地理学研究主要采用野外调查、定位观测与室内实验、模拟相结合的研究方法。地理学的研究对象是地球表面，即关于地球表面的属性和特征，大部分数据和第一手资料主要来自野外调查、定位观测。随着现代技术如航空遥感技术、气象卫星、地球资源卫星、航天技术等广泛应用于地理学，提高了野外调查、定位观测的速度和精度。地理学定位研究、室内实验分析和地理数据的计算机处理、各种地理现象的实验室模拟（包括物理模型模拟和计算机模拟）等迅速开展起来，不仅大大提高了工作效率，还取得大量过去所没有的资料和数据，促进了地理学的发展。

（二）地质学研究方法

地质学研究必须通过一定比例的野外实际调查，配合相应的室内研究。野外调查和室内研究，构成一次观察、记录（包括制图）、采样、初步综合、试验分析、总结提高以至复查验证的完整的地质学研究过程。地质学研究在实质上都是对其研究对象的一次综合性调查研究过程。

随着生产和科技的发展，20世纪中叶以来地质学的研究中引入了大量的新技术、新方法，如不同的地球物理勘探方法、地球化学勘察方法、科学深钻技术、同位素地质方法、航空及遥感地质方法、现代电子计算机技术、高温高压模拟试验等的采用。物理、化学等基础科学新成就的引用，地球物理、地球化学、数学地质、宇宙地质学等地质科学中边缘学科的进一步发展，推动了地质学的发展，同时使地质学的研究方法不断革新。

地质学研究的方法主要是在实践的基础上进行推理论证，主要有以下几种方法。①野外调查。为了认识地壳发展的客观规律，了解一个地区的地质构造和矿产分布情况，除了搜集和研究前人资料外，必须进行野外调查研究，积累大量感性资料，分析对比，归纳分类，进而得出反映客观事物本质的结论。②室内试验和模拟实验。在野外采集的各种样品，都要带回室内进行实验、分析和鉴定，如岩矿鉴定、岩石定量分析、化石鉴定、同位素年龄测定等。③历史比较法。研究地球的历史，重塑地质时代的古地理环境，这种方法具有借鉴作用。

（三）大气科学研究方法

大气科学是研究大气的各种现象、这些现象的演变规律，以及如何利用这些规律为人类服务的一门学科。随着现代科学技术在气象学中的应用，大气科学研究范畴日益扩展，研究进展亦有了突飞猛进的发展。

近年来，不断采用新的探测技术，使大气科学进入了“宏观越宏、微观越微”的新阶段。采用气象卫星、气象火箭、激光、微波、红外等遥感探测手段，增强了观测能力，扩展了观测空间。气象卫星在大气层外探测大气，不仅加大了观测范围，而且极大地丰富了观测内容，如广阔洋面的温度、云的微观结构、大气辐射平衡等，气象卫星已成为现代大气科学发展的支柱之一。

电子计算机的使用，特别是气候数值模拟（the weather number imitate）的实现，使大气科学研究进入了定量实验研究的新阶段。大气中各类过程的相互影响，以及大气现象中的跃变形式（如飑线），都存在非常复杂的非线性问题。大型高速电子计算机的问世，为解非线性方程提供了条件。要了解几星期、几个月甚至一年以后的大气可能出现的状态，也需依靠高速计算机获取和处理全球资料，以全球模式进行天气预报和气候预测。电子计算机是现代大气科学发展的另一个支柱。

随着世界气候计划及其他专项计划的执行，在常规观测系统的基础上，将更多地运用气象卫星、海洋观测卫星、多普勒雷达和各种特殊装备的飞机等多种探测手段，以及新的大气化学观测和分析方法，进行各种特殊项目的观测，如海面高度、太阳常数、云和辐射的反馈、近海面风力、土壤熵和湿度、水分循环、碳循环和磷循环等。

（四）海洋研究方法及其特点

海洋科学的研究领域十分广泛，其主要内容包括：对海洋的物理、化学、生物、生态和地质过程的基础研究，海洋资源开发利用，以及海上军事活动等的应用研究。

海洋科学具有明显的区域特征，即使是同一区域，海洋、水文、化学要素及生物分布也是互相各异、多层次性的。因此，很难在实验室里对各类海洋现象和过程，以及它们之间的相互作用进行精细的实验与计算，也不能只靠数学分析和数学模拟来进行研究，而是要充分利用科学设备在自然条件下进行观察研究。

直接的观察研究，既为实验室研究和数学研究的模式提供了确切可靠的资料，又可以验证实验室和数学方法研究结论的可靠性。因此，在自然条件下进行长期的、周密的、系统的海洋考察是海洋科学研究的基本方法。

海洋观测仪器和技术设备起着重要作用，有时甚至是决定性的作用。海水深而广，具有大密度和流动性，给人们的直接观测带来极大困难。从海面向下大约每增加 10 m，压力就增加 1 个大气压，在万米深处，人类很难在此深处活动。即使在海洋上层，海水处于不断的流动和波动状态，依靠一个点上的观测资料，也很难说明面上的情况。

20 世纪 60 年代以来，海洋科学的发展表明，几乎所有主要的重大进展都与新的观察实验仪器、装备的建造，新技术的发明和应用，观察实验的精度，以及数据处理能力的提高有紧密关系。因此，大力发展海洋观测仪器和技术设备，才能取得所需要的大量海洋资料，以推动海洋科学的不断发展。

海洋科学的观察主要是在自然条件下进行的，因而受到自然条件的限制。各种海洋现象和过程，有的“时过境迁”，有的“浩瀚无际”，有的因时间尺度太长，短时间的观测资料不足以揭示其历史演变规律。加之其中各种作用相互交叉、随机起伏，因此在自然条件下的观察只能获得关于海况的一些片段的、局部的信息。即使获得某一海区近百年的海况和海洋生物种群动态的观测序列，那也只是整个海洋生态环境和生物种群动态总体中的一个小小的样本。

所以，在海洋科学研究中比较着重于从信息论、控制论和系统论的观点，研究海洋现象和过程的行为与动态，并根据已有的信息，通过系统功能模拟模型进行研究，对未来海况和环境演变作出正确的预测。

（五）土壤学基本研究方法

土壤学经历了近代百余年的发展，已经形成了一套较为完整的研究方法。①定位研究。在田间选定某一土壤或某一地区，对土壤的质量或动态过程进行长期、系统的观察测定，以研究其动态变化和发展趋势及其对土壤质量或肥力的影响。最常用的方法是田间生物试验法和排水采集器法。②野外调查。土壤学经历了近代 150 余年的发展，已形成了一套较为完整的研究方法，主要有野外调查法，即在野外或田间通过对土壤形成因素和剖面形态的观察，并结合对周围自然地理、环境和土壤利用情况的综合分析来掌握土壤的基本特征，这是研究土壤的形成、分类、分布和肥力特征，以及进行土壤制图的最基本的传统方法之一。③实验室模拟。在实验室内借助各种仪器设备和温室设施等，对土壤的物理、化学、物理化学和生物学性质等进行定量或定性的测定，或对土壤肥力水平和环境质量状况进行生物学试验（水培、砂培或土培）和模拟试验。

（六）古生物学研究方法

标本采集与测量是古生物学的基本研究方法。古生物学的研究对象是化石。对化石的研究包括野外和室内两个阶段。野外主要是采集标本和收集观察资料。采集和观察总的要求是量多质好，具体要求随研究任务而定，如进行生物地层的研究，就要求选择良好的剖面，逐层寻找和采集化石，同时进行测量，逐层观察并记录岩石和化石产出情况，同时对岩石、化石标本进行编录包装。如开展古生态的研究，除一般生物地层工作外，还要着重观察收集古生物的分布、埋葬、群落结构等资料，往往要在野外进行定量的采集和观察，并多画素描和照相。

古生物学室内阶段包括对化石的鉴定描述和专题研究。其中，鉴定描述包括磨制、修理、鉴定、照相和描述等一系列程序，所使用的分类法和描述程序与生物学相同，命名法（二名法、优先律等）也遵循“国际动（植）物命名法规”的规定。在此基础上，再进行某一学科方向的专题研究。

在生物地层学方法中，历史最久的是标准化石法。标准化石必须具备如下条件：存在的地质年代短，以便精确地确定地层年代；地理分布广泛，以便易于找到并可做大范围的对比。例如，白羊石在欧亚各地古地中海区都能找到，是赛诺曼阶的标准化石。在使用标准化石法时，应注意任何化石都有在时间上发生、繁盛、稀少、绝灭的过程和在空间上起源、迁移、散布的过程。前人及文献中所规定的时代及地理分布需要根据具体情况而修改，不能生搬硬套。还要注意一个生物群中的各类化石都有不同程度的地层意义，不能忽视整个生物群面貌，而仅根据少数标准化石来判断地层年代。

除了标准化石法外，百分统计法、数值分类法、对比法和数量（或图解）对比法等也得到了较为广泛的应用，特别是近年来应用数理方法和电子计算机进行化石鉴定、描述和统计，以及应用数理方法如单变量、双变量分析及相应的坐标图进行居群变异、居群动态的研究。

四、相似学科方法

（一）生态毒理学方法

（1）常规毒性试验：包括急性、亚慢性、慢性和蓄积毒性试验，研究化学物质或污染物对微生物、植物、水生动物、陆生哺乳动物染毒所引起的毒性试验；确定化学物质或污染物的毒性程度及剂量-反应关系，并确定其相对毒性。

（2）微宇宙毒性试验：微宇宙法是研究化学物质或污染物在生物种群、群落、景观、生态系统和生物圈水平上生物效应的一种方法。微宇宙包括生产者、消费者和分解者三类生物，具备生态系统的结构和功能，规模较小，便于重复和控制，主要用于生态系统水平上效应与其机理的研究，具体涉及水生微宇宙试验和土壤微宇宙毒性试验。

（3）分子及细胞生态毒理方法：在分子和细胞水平上测定的指标具有周期短、灵敏的特征。因此，可以对化学品或污染物的筛选及可能造成的环境影响作出更为准确的预测。随着分子生物学理论和技术的发展，给生态毒理学研究提供了新的思维和研究工具，主要包括PCR-SSCP技术、荧光原位杂交技术、DNA损伤实验和基因芯片技术。

（4）生物致突变效应检测：遗传毒理学试验的目的，是检测某种外来化合物产生细胞遗传物质损伤，导致可遗传性改变的能力，进而预测环境污染物对生物细胞的致突变性和致癌性。毒理学试验是直接检测原发性的遗传学终点，或检测导致某一终点的DNA损伤过程所伴随的现象，主要有体外基因突变试验、细胞遗传学试验和体内基因突变试验。

（二）分子生态学方法

分子生态学是应用分子生物学的原理和方法研究生命系统与环境系统相互作用的机制及其分子机制的科学。其特点是强调生态学研究中宏观与微观的紧密结合，优势在于对生态现象的研究不仅注意外界的作用条件，而且需要注意分析内部的作用机制。分子生态学的研究定位于等位酶电泳、限制性片段长度多态性、小卫星DNA指纹、聚合酶链反应、基于PCR的分子标记、DNA测序等。

现阶段分子生态学结构和功能研究主要基于核酸技术，有的直接基于基因的表达产物-蛋白质技术。基于核酸的技术主要有两种：①基因表达顺序分析法，即首先分离出细胞的信使RNA（mRNA），再逆转录成互补DNA（cDNA），经标记和酶切，再用聚合酶链反应（PCR）复制扩增，通过对这些基因片段的序列分析来研究基因的活动规律；②微阵列法，主要是利用标记cDNA和mRNA的杂交，在一种微体系中进行排列，使其在较大规模上来研究基因表达的模式和规律。这两种技术都可用于检测在不同条件下基因的表达情况。

然而，细胞内的mRNA的信息还不能代表基因产物最终功能形成蛋白质的信息，mRNA的丰富度并不一定与最终表达产物蛋白质有直接关系，所以最终还是要用蛋白质研究来进行补充核酸分析数据。相对于基因组研究的发展速度，蛋白质组的研究也不断发展。目前最现实、最有效的技术是双向凝胶电泳分离纯化蛋白质，结合计算机定量分析图谱进一步用质谱对分离得到的蛋白质进行鉴定，并运用现代生物信息学的知识和技术对所得到的天文数字的数据进行处理。对蛋白质组的研究可分为两个阶段：第一阶段，建立一个细胞或一个组织或一个机体在“正常”条件下的蛋白质二维凝胶图谱，或称参考图谱，即所谓的“组成蛋白质组”；第二阶段，研究在各种条件下的蛋白质组的变化，从中总结出生命活动的规律，可以称为“功能蛋白质组”。

目前，分子生态学主要的技术手段是VNTR技术、PCR技术、核酸测序和序列分析技术及等位酶技术。虽然基因组测序研究已经取得了突破性进展，但成功破译基因组序列的物种或种群仍很少，生物与环境相互作用的分子机制研究期待着对每一物种及种群基因组序列的研究，很显然，这需要经历较长的发展历程。蛋白质组测序的开展使分子生态学的研究又展现出新的曙光，使得人们能够更容易地在微观层面，更真实、更直接地了解生物与环境之间的相互联系和差异。我们提取基因组序列和蛋白质序列的信息，并对生物信息进行收集、存储、管理、分析和提供，主要目的是为了使生物信息学迅速发展，从而使得分子生态学的研究进入一个阐明生态现象的分子机制的快速发展阶段。

思考练习题

1. 地学与地球系统科学二者的内涵及其区别与联系是什么？

2. 地学主要有哪些分支学科，其中的地理学与地质学研究内容和分工又有什么区别？

3. 生物地球化学、生态地球化学、环境生物地球化学、环境地球化学各自的研究内容及其相互关系是什么？

4. 生态学的研究内容及其基本原理是什么？它在生态地学这一分支学科中具有哪些作用？

5. 应用生态学有哪些特点？其与基础生态学有哪些区别与联系？

6. 生态地学的内涵及其研究内容有哪些？

7. 生态地学作为一个学科是如何形成和发展的？它分几个阶段？

8. 土壤圈与陆地圈、生物圈与生态圈的区别和联系是什么？

9. 生态效应的内涵是什么？请以监测与评价两个方面的一些研究实例简要说明其研究意义。

10. 生态修复的内涵是什么？请分别以生态修复和生态恢复的实例研究来简要阐述其主要区别。

11. 环境地学与地学、生态地学的区别是什么？

12. 生态地学的主要研究方法有哪些？

13. 生态地学应如何发展该学科特有的研究方法与手段？请举例说明。

第二章 陆地圈及其生态过程

第一节　陆地圈及其与其他圈层的关系

一、陆地圈概述

（一）陆地圈的概念

地圈是指地球的圈层，如图 2-1 所示，传统的地圈结构划分为外部圈层（大气圈、水圈、生物圈、土壤圈、岩石圈）和内部圈层（地壳、地幔、地核）。关于地球表面的圈层还有不同的划分方法，如有机圈和无机圈，有机圈包括广义生物圈（包括人类圈），以及狭义生物圈和有机质分散系；无机圈是指与生命无关的组成物质，即岩石圈、土壤圈、大气圈、水圈。另外，可将地表圈层划分为固体圈、气体圈和液体圈，其中，地球表面上下的固体圈是指岩石圈和土壤圈，气体圈是指大气圈，液体圈是指水圈。

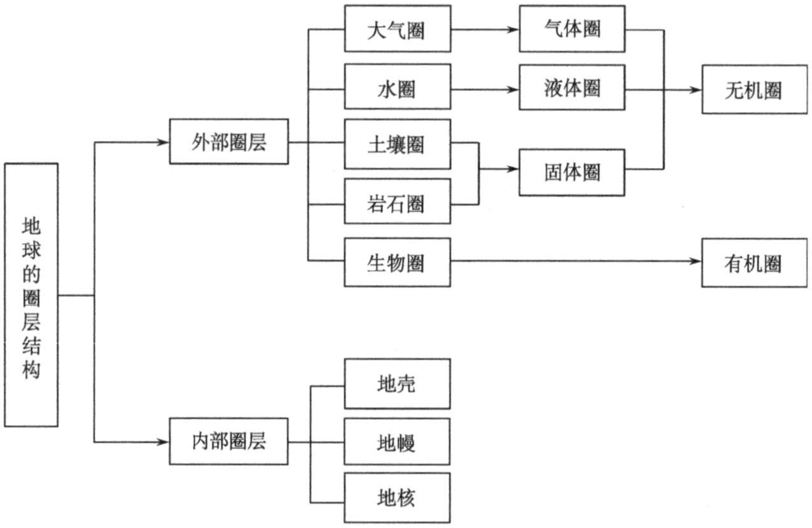

图 2-1　传统的地球圈层结构划分

陆地是指地球表面未被水淹没的部分，即地球表面除去海洋的部分，包括大陆和岛屿，总面积 1.489 亿 km^2，占地球表面积的 29.2%。面积广大的陆地称大陆，全球有亚欧大陆、非洲大陆、北美洲大陆、南美洲大陆、澳大利亚大陆和南极洲大陆 6 块，总面积为 1.391 亿 km^2，约占陆地总面积的93%；四周被海水包围的小块陆地称岛屿，总面积为980万km^2，约占陆地总面积的7%。陆地大部分分布于北半球，岛屿多分布于大陆的东岸。陆地表面起伏不平，有山脉、高原、平原、盆地等。

按照地理地带性可以将地球表面划分为海洋和陆地两个部分，相应地，在地球表面形成陆地圈和海洋圈两个圈层。陆地圈概念不同于传统的对地球表面圈层结构的划分，陆地圈主要包括陆地岩石圈、土壤圈、部分水圈和部分生物圈。实际上，陆地圈是多个传统意义上的圈层相互渗透、彼此交织在一起的特殊圈层。陆地圈的提出是针对陆地生态系统而言的，与其形成相互对应的关系。对于陆地圈概念的提出，李佩成（1984）在讨论干旱问题时提出了陆地圈对气候变化影响的重要作用。然而，文中并未对陆地圈的概念，包括研究范畴、含义和意义等做出详细的阐述。

（二）陆地圈的形成和发展

陆地圈的形成经历了大致三个不同的发展阶段，各个阶段都有其特点。

第一个阶段是大陆的出现。地球上海洋受到月球引力的影响，产生了潮汐运动。而在此同时，海洋中的水分也一直保持蒸发的状态，从而最终导致陆地的出现；陆地一旦出现，就出现了大陆板块挤压现象，于是一些被挤压的平原逐渐变成了断层，从而成为丘陵、山峦。

第二个阶段是陆生生物的出现。Yuan等（2005）认为，地衣是海洋生命进军陆地的先遣部队。6亿年前，地球表面很可能像现在的火星表面一样，一望无际、毫无生机。在浅海中繁衍的地衣逐渐登上陆地，它们产生的地衣酸腐蚀了岩石中的矿物质，为高等植物在陆地的生长提供了土壤。因此，地衣是改造陆地表面的先驱者，使陆地变成能够适合其他高等植物生长的环境，继而后续形成了陆生生物。目前，在中国发现的6亿年前的地衣化石成为已知最早的原始陆生生物。

第三个阶段是土壤的形成。土壤是在气候、母质、植被（生物）、地形、时间综合作用下的产物。而母质是指岩石的风化碎屑物质。土壤的本质属性是具有肥力特征，因此为植物生长提供了必要的养分等，同时在有植物覆盖的岩石或土壤表面，在植物等的作用下形成土层更厚的土壤。

（三）陆地圈的物质组成

陆地圈与海洋圈共同构成地球表面的圈层。实际上，陆地圈包括了多种传统意义上的部分圈层结构，主要包含了整个土壤圈、陆地岩石圈、部分的水圈、生物圈，仅仅包含少量的大气成分。其物质组成主要是土壤、岩石、地表以下的生物、陆地水等。

1. 陆地圈的土壤　由于土壤圈是指陆地表层的所有土体，因此陆地圈涵盖了整个土壤圈。土壤作为陆地圈的基本介质，是由岩石圈系统外部界面层中有机界和无机界相互作用，结果形成了一个独特的土壤层。土壤可看成是产生和保持植物养分的地方，它成为陆地圈中生命层的核心地带。通常按重量所占百分比，土壤固相占土壤的95%，主要包括矿物质、有机质和一些活的土壤生物。其中，矿物质占到固相部分（土壤干重）的90%～95%或更多，有机质占1%～10%，可见土壤成分以矿物质为主。土壤本质属性是具有肥力，而土壤肥力的实质则是土壤系统能量和物质转移与转化过程及土壤全部性质的综合反映。土壤的形成和发展过程，是岩石圈外部界面层中的一个重要过程。广义上来说，湿地及河流湖泊的底泥也均属于陆地圈的土壤。湿地为陆地生态系统和水域生态系统之间过渡的地带，由于湿地和底泥被周期性、持续性淹水或浸润，其基质主要是发育水成或半水成土壤，具有明显的潜育化过程，其物理、化学和生物学特征与非水成土壤具有本质区别。

2. 陆地圈的岩石　除了海洋中的岩石外，均属于陆地圈的岩石组分，即包含了岩石圈的表层中未被海洋覆盖的所有部分。岩石圈作为地球表层，薄而坚硬，由地幔和地壳组成。岩石圈呈不连续性，由许多板块组成。岩石圈厚度并不均一，平均厚度约为 100 km，其中大陆岩石圈的厚度 40～200 km；其上部的 30～50 km 是大陆地壳。

岩石作为岩石圈的主要组分，是在各种地质作用下，按一定方式结合而成的矿物质。岩石结构是指岩石中矿物的结晶程度、颗粒大小和形状，以及颗粒间相互关系的特征。岩石构造是指岩石中矿物的组合形状、大小和空间上相互关系和配合方式。结构和构造是识别岩石的重要特征之一。岩石按成因可分为火成岩、沉积岩和变质岩。根据变质母岩性质可以把变质岩归属为沉积岩和火成岩，在整个地壳的岩石组成中，火成岩和沉积岩分别占 95%和 5%，但沉积岩却覆盖了整个地球表面的 75%，火成岩只覆盖了地球表面的 25%。因此，陆地圈表面大部分被沉积岩覆盖。

3. 陆地圈的生物　陆地生物是指陆生生物，泛指在陆地上生活的生物，包括陆生植物、陆生动物和陆地微生物。陆生植物包括湿生、中生、旱生植物三大类，为苔藓植物、蕨类植物和种子植物的总称，其中大部分为茎叶植物，是约 4 亿年前在志留利亚纪末期从水中迁徙于陆地上所形成的绿色植物的一群，即从绿藻类进化而来。从生活型来分，有与水生植物相对应的陆生植物，这是与系统分类无关的划分，在水生植物中有莲、大叶藻等种子植物，以及水韭、槐叶萍等蕨类植物。通常陆地植物一词多是从生态角度来定义的。陆生动物指在陆地生活的动物。其中几乎都是呼吸空气的动物；地下动物中，有些是靠呼吸孔隙水中的溶解氧而生存的微小动物，亦属陆生动物。陆生动物包括哺乳类、鸟类、爬行类和两栖动物类。陆生微生物指广泛地存在于陆地圈中的微生物，其中土壤是主要的载体，因为土壤中存在着各种微生物所需要的营养、水分、空气、适宜的 pH、温度、渗透压等，成为微生物最为丰富的环境介质。

4. 陆地圈中的水分　陆地水是陆地圈水分的组成部分之一。陆地水是陆地上水体的总称，是指陆地上各种可以利用的淡水资源，一般指大气降水为主要补给来源的地表水（河流水、湖泊水、冰川水、沼泽水等）、地下水、土壤水、岩隙水。地球上的陆地水有 4797 万 km^3，约占地球表面总水量的 3.46%。陆地上的地表水分布在河流、湖泊、冰川、沼泽等。陆地表面水中的 89%是以固态冰川的水体形式分布在南极大陆，其余地表水的总量仅占全球地表水的 11%，而这 11%中有 10.16%还是冰川水体。因此除南极洲以外，陆地表面总水量中，冰川占 92.84%，湖泊占 6.65%，沼泽占 0.43%，而河槽蓄水仅占 0.08%。

地下水是组成陆地圈水分的重要组分。其是指存在于松散堆积物中、岩层裂缝中和洞穴中的水。地下水广泛埋藏于地表以下，处于各种状态。根据地下埋藏条件的不同，地下水可分为上层滞水、潜水和自流水三大类。根据地下水储存与出露状况，可分为潜水、承压水、裂隙水和岩溶水四类，以前两者为主。地下水主要来源于大气降水，因此地下水量多少、地下水位高低变化主要与大气降水量及其变化有重要联系。我国西部内陆干旱地区山前地带也埋藏有地下水，这是由于附近高山冰川积雪夏季融化，潜入地下形成的。地下水形成的基本条件是：首先，地表岩石或松散堆积物要有空隙、裂隙或洞穴，以利于降水下渗；其次，应有相应的地质构造（如向斜构造）和地貌条件（如盆地），它决定了地下水的储存与出露状况；第三，气候条件（降水多少）、含水层厚度与面积决定着地下水储量。

土壤水是处于土壤孔隙中和土壤颗粒吸附的水分，也是构成陆地圈水分的重要组分。土壤水是植物生长和生存的物质基础，它不仅影响林木、大田作物、蔬菜、果树的产量，还影响陆地表面植物的分布。是土壤学研究的重点。

岩隙水是指储存于岩石空隙中的水，也是陆地圈的水分组成。岩隙水在岩隙中存储，并且通过岩隙转移运动。空隙的大小、多少及其分布规律，决定着岩隙水分布与运动的特点。在陆地水体的补给中，河流单一补给的很少，往往多种水源补给。而大气降水是河流和其他陆地水体最主要的补给。冰川对河流和其他陆地水体的补给主要是单向补给，即以冰川融水补给河流及陆地其他水体。江河水、湖泊水和地下水之间，依据水位、流量的动态变化具有水资源互补给关系。

5. 陆地圈中的空气 陆地圈气体属于大气圈层的一部分，主要是指存在于土壤、陆地水体、岩石缝隙及地下的气体，尽管在数量上非常微小，但是对陆地圈的生物起到重要的作用。通常条件下，近陆地表面与大气成分相类似，主要由 78%氮气、21%氧气、0.94%稀有气体、0.03%二氧化碳、0.03%其他气体共同组成，密度为 1.293 g/L。然而，陆地圈中空气的组成受到以下因素的影响。首先，陆地圈组成成分中能够产生挥发性气体的矿物或有机物质。通常含硫等矿物的矿化分解产生大量的含硫气体，如 SO_2、SO、H_2S 等气体，以及有机物质在微生物的作用下发生厌氧或好氧反应，能够产生 CO_2、CO、CH_4、H_2S 等气体，均能改变陆地圈中各种气体组成成分。其次，由于微生物和植物根系的作用导致陆地圈空气中二氧化碳含量比大气中含量高，尤其是在土壤环境中。第三，由于生物的消耗作用导致土壤中氧气含量比大气低。第四，陆地圈空气中水分含量较高，通常受生物因子、地下水及地表水等影响进而造成其含水量远远高于大气圈水分含量。值得说明的是，土壤中的气体作为陆地气体的最主要组成部分，对土壤生物具有重要的意义和作用。

二、陆地圈与其他各圈层之间的相关关系

（一）地球表面的圈层结构

地球圈层分为地球外圈（地球表面的圈层）和地球内圈两大部分。地球外圈可进一步分为 5 个基本圈层，即大气圈、水圈、生物圈、岩石圈和土壤圈；地球内圈可进一步分为 3 个基本圈层，即地壳、地幔和地核。这样，整个地球总共包括 8 个圈层，其中岩石圈和地球内圈一起构成所谓的固体地球。对于地球外圈中的大气圈、水圈、土壤圈和生物圈，以及岩石圈的表面，一般用直接观测和测量的方法进行研究。而地球内圈，目前主要用地球物理的方法，如地震学、重力学和高精度现代空间测地技术观测的反演等进行研究。

由于地球表层系统的重要性，钱学森教授于 1983 年倡议建立“地球表层学”。所谓地球表层，是指地表和近地表各圈层相互作用，尤其是有机圈与无机圈相互作用的地球部分，是地球表面上下多态（包括固态、液态、气态和生物态等）物质互相渗透、交织的结合部，是地球生物的生存环境和地球所特有的生态系统发生、发展与演化的基础。根据这一定义，将“地球表层”的范围界定为：包括地球表面上下的固体圈（岩石圈+土壤圈）、气液圈（水圈+大气圈）、有机圈（广义生物圈-人类圈+狭义生物圈和有机质分散系）、地球表面能量

场（圈）及其相互作用和关联的地球表面部分。地球表层的下界是软流圈（可能包括部分软流圈，至少是以软流圈为过渡层），上界为大气圈最外层，至少应包括磁层。由大气圈、水圈、岩石圈、生物圈和土壤圈这五大圈构成的巨大的地球表层系统，是人类生存与发展的环境总体。

需要说明的是，地球表层是一个具有内部统一性的“有机整体”，其内各圈层（大系统、系统或子系统）都是相关系统。其中任何一个圈层（或系统）都不能脱离其他圈层（或系统）而存在，尤其是以生态系统为核心的有机圈，它是一个渗透和交织于其他圈层之中，以非有机圈为存在基础并与之相互作用和进行物质转化而发展的大系统。因此，我们在研究或讨论生态系统的演变或地球表层物质运动的生态效应时就不能将一个圈层或系统割裂开来，否则将会破坏地球表层作为地表生态系统存在和发展的基础的完整性与系统性。

（二）地球各圈层之间的相关关系

大气圈、水圈、岩石圈、生物圈和土壤圈作为地球表层系统的组成部分，具有各自的形态、结构、物质组成和功能特征。但是，它们又不是完全孤立的，而是相互联系、互相渗透、互相作用、相互依存、相互协调与发展，并使得地球表层系统具有复杂多样的特殊整体性能。尤其是多圈层相互渗透彼此交织在一起的特殊圈层，这部分就被称为地球表层，是与人类生存关系最为密切的地球部分。

由不同圈层组成的地球表层系统是一个开放系统，它与外界有着物质和能量的交换。在系统内，各层圈相互作用、相互渗透，通过地质大循环中的生物小循环将岩石圈、大气圈、水圈、土壤圈和生物圈紧密地联系在一起。其中，以生物圈表现最为显著，其次是水圈。

1. 地球各圈层分布之间的相互渗透与重叠 地球各圈层在地球内部及表面之上呈平行分布，而地球表面各圈层，即大气圈、水圈、岩石圈、土壤圈和生物圈则呈现相互渗透、相互重叠的关系，以生物圈最为显著，其次是水圈。由于水广泛地渗透和作用于大气、岩石、土壤、生物中，因此，水是联系各圈层的一个中心环节。而且，水、土壤和岩石共同作用于大气，岩石、土壤、大气和生物又反作用于水。

空气和水作为流体介质，能在地表各种孔隙中运移。岩石和土壤中的孔隙被空气和水所填充。地下水在土壤和岩石空隙间不断运移，可溶解和富集各种离子、胶体及气体物质，这些物质成了地下水的化学组成成分。大气和水对岩石圈及土壤圈的这种渗透，使得其界面具有复杂性、不规则性、渐变性的特点，对于大气、水、土壤和岩石要素间物质与能量交换及传递具有重要作用。

土壤圈处于大气圈、水圈、岩石圈和生物圈相互交叉地带，是其他圈层长期作用的产物。土壤中到处渗透着空气和水，含有丰富的矿物质和有机质，这就成为植物赖以生存的物质基础，进而成为人类从事农业生产的场所。土壤圈作为地球表层系统的核心部分，各种物质和能量的转化均在此圈层中进行，影响和控制着其他圈层的运动及发展。

整个生物圈都渗透在大气圈、水圈、土壤圈、岩石圈中。生物圈与大气圈、水圈和岩石圈各要素间进行着物质和能量的交换作用。生物体主要组分——水来自于水圈，生物体中的矿物质主要来源于土壤或岩石圈，植物呼吸作用利用的碳素来源于大气圈中的二氧化碳。生物活动而产生的生物地质作用改造了岩石圈。微生物对有机和无机物质进行分解，将生物残体中的矿物质归还于大气圈、水圈、土壤圈。

2. 各圈层在形成过程中的相互影响和作用　大气圈、水圈和岩石圈通过相互渗透及相互作用使得地球表面出现了具有矿物、空气和水分的地带。此地带在适当温度下适合于生物生存，从而在地球的长期演化过程中孕育了生命，出现了生物。大气、水和生物作为地质动力，对岩石圈起作用而形成了多种地质作用。地质作用造成养分在陆地表面的剥蚀和淋失，生物作用造成养分的聚集和保存。二者同时存在，决定了地球上另一历史自然体——土壤的形成。成土过程中，地质循环提供了成土母质，而生物循环则产生了土壤的重要属性——土壤肥力。最终形成了地球表层的土壤圈，从而在岩石圈上部、大气圈下部，以及整个水圈和土壤圈，构成了生物圈。生物圈是太阳系所有行星中仅在地球上存在的现象。

3. 各圈层之间的动态平衡　各圈层或环境系统相互渗透与交织、相互联系与作用，构成人类生存与发展的环境总体，其中，地质环境更构成了水圈及生物圈环境的载体。地球各圈层始终处于动态平衡状态，各个圈层中任意一个圈层的变异均将造成总体环境平衡状态的破坏，从而导致总体环境的变化，乃至恶化，不同程度地威胁着人类的生存与发展。

第二节　土壤圈与地表生态系统

一、土壤圈概述

（一）土壤圈的概念

土壤圈是指覆盖于地球陆地表面和浅水域底部的土壤所构成的一种连续体或覆盖层，犹如地球的地膜，通过它与其他地表圈层之间进行物质和能量交换。土壤圈是构成自然环境的五大圈（大气圈、水圈、岩石圈、土壤圈、生物圈）之一，是岩石圈最外面一层疏松的部分，其表面或里面有生物栖息。其最显著的特征为：第一，它能够提供植物生长所需的营养条件（水分和养分）和环境条件（温度和透气）；第二，其内部有生物栖息。由于具备这些特征，土壤圈表现出其他环境系统不可替代的功能：联系有机界和无机界的中心环节（通过植物的光合作用），同化外界输入的其他物质（有机化合物），是整个生物圈极为重要的组成部分。土壤圈是与人类关系最密切的环境要素之一，同时也是人类社会赖以生存的重要自然资源。土壤圈的平均厚度为 5 m，面积约为 1.3×10^{8} km^{2}，相当于陆地总面积减去高山、冰川和地面水所占有的面积。

瑞典学者 S. Matson 于 1938 年首次提出了土壤圈的概念。随着对土壤圈研究的发展和深入，其概念逐步完善。土壤圈概念的提出旨在从地球系统圈层的角度研究其结构、成因和演化规律，以达到了解土壤圈的内在功能，在地球表层系统中的地位和作用及其对人类和社会的影响的目的。

土壤圈的内涵包括以下几个方面。①永恒的物质与能量交换。土壤圈与其他地圈圈层间进行着永恒的物质与能量交换过程。②最活跃与最富生命力的圈层。伴随着矿物质和养分在生物与非生物之间的循环利用，成为生物与非生物间最活跃的相互作用界面，它对各种物质循环与物质流起着维持、调节和控制作用。③“记忆块”的功能。土壤性质是土壤母质及成土过程中受大气、水、生物和岩石圈影响的“记忆块”，通过这些记忆信息，有助于了解土壤成土过程，并对“土壤圈”未来发展变化进行预测。④时空限制特征。土壤圈的形成与时间密切相关，主要表现在土壤形成过程、演变与机理的变化上，成土过程非常缓慢，通常 10^{3}～

10^6 年。⑤仅部分为可再生资源。土壤圈并非完全为可再生产资源，超过其自身缓冲能力将彻底破坏土壤资源。应重视对其利用与保护，实现可持续利用。

土壤圈作为大气圈、水圈和生物圈与岩石圈相互影响及作用的结果，具有以下特征：①太阳辐射集中，多相物质并存，物质与能量的转化无时无处不在，是地球系统中的各种外动力地质作用和过程都集中发生的圈层；②具有较大的表面能，经常处于极不稳定状态中；③是外动力与内动力共同作用的结果；④是无机界与有机界相互作用、相互转化的场所。由于能量来源——太阳辐射、液态水和成分比较稳定的大气等为生物生存奠定基础和条件，成为无机物质和生物交互作用的场所。

（二）土壤圈的物质组成

土壤圈的基本组成物质是土壤，其物质的组成代表了土壤圈的物质组成。土壤是由固相、液相和气相三相物质组成的。按重量所占百分比，固相为 95%，液相和气相为 5%，随着环境条件的改变，其组成成分经常处于彼此消长的状态。根据土壤类型及环境条件的不同，上述各种组分的配比存在很大的差异性。固相包括矿物质、有机质和一些活的土壤生物，按重量计，矿物质占固相部分（土壤干重）的 90%～95%或更多，有机质占 1%～10%，可见土壤成分以矿物质为主。液相是指土壤溶液，它是土壤水分及其所含的溶解物质和悬浮物质的总称。土壤溶液是植物和微生物从土壤中吸收营养物的媒介，也是污染物在土壤中迁移的主要途径。而气相是指土壤中的空气，为好氧微生物等提供了可供利用的气体。

（1）土壤矿物质是土壤的主要组成物质，其主要组成元素由地壳中已知的 90 多种元素构成。土壤矿物质基本上来自成土母质，按成因可以分为原生矿物质和次生矿物质。原生矿物质是指在风化过程中未改变化学组成的原始成岩物质，其原有的化学组成和晶体结构均未改变。土壤中的粗粒如砂粒及石砾主要由原生矿物石英组成；而粉粒主要由石英及原生硅酸盐类矿物组成。除此之外，钾长石（$KAlSi_3O_8$）、钠长石（$NaAlSi_3O_8$）、钙长石（$CaAl_2Si_2O_8$）、云母、角闪石、辉石等均属于原生矿物。次生矿物质是由原生矿物质经过风化作用后重新形成的新矿物，是组成土壤黏粒的最主要组分。土壤中的黏粒矿物分为晶态和非晶态。晶态的次生矿物主要有铝硅酸盐，包括高岭石、蒙脱石、伊利石、蛭石等，以及结晶态含水氧化铁、氧化铝，如三水铝石（$Al_2O_3·3H_2O$）、水铝石（$Al_2O_3·H_2O$）、针铁矿（$Fe_2O_3·H_2O$）、褐铁矿（$2Fe_2O_3·3H_2O$）等。非晶态的次生矿物主要呈胶膜状态，包裹在土粒的表面，也有少量为粒状凝胶，成为极细的土粒。胶膜状的如含水氧化铁、铝（$R_2O_3·xH_2O$）及硅胶（$SiO_2·yH_2O$）等，粒状凝胶态的如水铝英石（$xR_2O_3·ySiO_2·zH_2O$）等。

（2）土壤有机质是指土壤中各种动植物残体、微生物体及其分解和生成的有机物质。土壤有机质的化学组成包括碳水化合物、含氮化合物、木质素、含硫含磷化合物。实际上，土壤中的有机质处于动态的转化过程中，即在土壤中的细菌、放线菌、真菌、藻类和原生动物等作用下，土壤中的有机质进行矿化和腐殖化过程。主要作用为：①提供作物所需养分；②增强土壤的保肥性能；③促进土壤团聚体的形成，改善土壤物理性质；④有机质是土壤微生物所需能量的来源；⑤有机质主要组分，即腐殖质有助于缓解重金属、有机污染物的毒害作用；⑥有机质中的腐殖酸组分能够促进微生物和植物的生理活性。

（3）土壤生物是指土壤中活的有机体，包括土壤中的微生物、动物和植物等。土壤微生物包括细菌、放线菌、真菌等；土壤动物主要为无脊椎动物，包括环节动物、节肢动物、软体动物、线性动物和原生动物。而土壤植物指生长在土壤中的植物体。土壤生物的主要作用为：①分解有机物质，参与物质循环；②参与腐殖质的合成和分解；③固定空气中氮、溶解土壤中难溶性磷和分解含钾矿物等能力，从而改善植物的氮、磷、钾的营养状况；④其分泌物质，如生长激素和维生素等能促进植物的生长；⑤参与土壤中氧化还原过程。

（4）土壤溶液是土壤中水分及其所含溶质的总称，主要包括溶解性气体、无机盐类、有机化合物类、无机胶体类、络合物类及悬浊颗粒态物质等。土壤溶液是土壤中化学、物理、生物学、生物化学等反应过程的介质条件。土壤溶液使土壤具有缓冲性特点。土壤溶液中养分是生物吸收利用的主要物质。

（5）土壤空气也是土壤的重要组成之一，主要来自于大气，其组成成分与大气基本相似，质和量上与大气有所不同。首先，由于土壤微生物和植物根系的作用导致土壤中二氧化碳比大气中含量高；其次，由于生物的消耗作用导致土壤中氧气含量比大气低；第三，土壤空气中的水汽大于 70%，大气中小于 4%，相差甚远；第四，土壤空气中有时含有少量的还原性气体，这是由于当土壤通气受阻时，微生物活动产生还原性气体。

（6）土壤胶体是指土壤中高度分散粒径为 1～100 mm 的物质。土壤胶体包括无机胶体、有机胶体及有机-无机复合胶体。无机胶体主要是次生的黏粒矿物，包括次生硅酸盐、简单的铁或铝氧化物、二氧化硅等。有机胶体是指腐殖质有机酸蛋白质及其衍生物等大分子有机化合物。土壤中胶体多以有机-无机复合胶体的形态存在，即矿物黏粒与有机物质通过各种键（桥）力结合在一起。土壤胶体主要特性为：①巨大的比表面积和表面能；②具有带电性；③具有凝聚作用和分散作用。

（三）土壤质地

土粒的大小被称为粒级。各国采用的粒级划分标准并不一致，我国采用的是苏联制，而目前多数国家采用的是美国制和国际制。在不同的标准中，粒级基本上分为 4 个级别，即石砾、砂粒、粉粒和黏粒。大于 1 mm 的称为石砾，1～0.01 mm 的称为“物理性砂粒”，小于 0.01 mm 的称为“物理性黏粒”。之所以以 0.01 mm 作为物理性黏粒和砂粒的分界点，是由于大于 0.01 mm 的粒级，一般无可塑性和胀缩性，但有一定的透水性，其吸湿力、保肥力和黏结力等都很微弱。而小于 0.01 mm 的土粒，则具有明显的可塑性和胀缩性，但无透水性，其吸湿力、保肥力和黏结力等也都有突出的增加。

不同粒级具有不同的特征，石砾及砂粒是岩石母质的风化碎屑，所含矿物成分与母质基本一致，是非疏松体、无通透性和蓄水性，更不能提供更多的有效养分。黏粒颗粒细小，其所含矿物成分与原来母质有所不同，属于次生矿物一类。具有以下特点：①颗粒细小，表面吸湿性强，黏粒间孔隙很小，有显著的毛管作用；②黏粒具有很强的黏结力，经常以土团和土块的形态存在；③具有巨大的比表面积，有胶体的特征。粉（砂）粒的颗粒大小介于黏粒和砂粒之间，是土壤养分供应的潜在源。

土壤质地又被称为土壤机械组成，是指组成土壤的大小不同的土粒按不同比例混合在一起表现出来的土壤粗细状况。土壤质地分类是以土壤中各粒级含量的相对百分比作为标准的，根据土壤的机械组成可对土壤进行分类。我国的土壤质地分类为砂土、壤土和黏土三个级别。

（四）土壤的肥力属性

土壤的本质属性是具有肥力。土壤肥力是指土壤为植物生长不断地供应和协调水分、养分、空气和热量的能力。土壤中水分、养分、空气、热量四大肥力因素不是孤立的，而是相互联系和制约的，总和起来就构成土壤肥力。土壤肥力大小取决于水、肥、气、热的协调及土壤能否提供植物生物发育的条件。

二、土壤圈的形成

土壤作为土壤圈的基本组成物质，其成土过程代表了土壤圈层的形成过程。母质岩石发育为土壤的过程中使土壤具有了肥力属性。通常，成土母质经过物理、化学和生物化学风化过程而形成。物理风化将岩石物理分解成小块碎屑物质；化学风化改变了岩石的化学组成和矿物面貌，以水和大气中氧气、二氧化碳的作用最为显著。

（一）土壤的形成因素

俄国土壤学家道库恰耶夫（V.V. Dokuchaiev）提出土壤是在气候、生物、地形、母质和时间等成土因素综合作用下形成的。五种成土因素具有同等重要性和相互不可替代性。

1. 母质因素　土壤母质是指岩石经过风化作用破碎，理化性质改变，形成结构疏松的风化壳。土壤母质分为残积母质和运积母质两类，残积母质为风化壳保留在原地形成的残积物，运积母质为在外力作用下风化物质发生迁移形成崩积物、冲积物等。母质代表土壤的初始状态，随着时间的延长逐渐转变为土壤，因此母质影响土壤理化性质。

2. 气候因素　水分和温度直接影响母质岩石的风化过程和地质淋溶等地球化学过程，并且控制着植物和微生物的生命活动，影响土壤有机质的积累和分解。由于气候因子决定了植被类型，进而对土壤类型产生影响。

3. 生物因素　土壤形成过程中，以生物因子最为活跃。植物光合作用将太阳能储存于生物体内，而植物以有机残落物的形式将能量返还于土壤中。同时，植物吸收利用矿物质养分，使无机和有机养分累积在土壤环境中，形成了土壤的本质属性即肥力特性，促进了土壤的形成发育。如图 2-2 所示，在合适的水分和光照条件下苔藓类生物开始生长，其分泌物对岩石产生生物化学风化作用，促进岩石碎屑产生；随着苔藓类的大量繁殖，形成了土壤和岩石的混合物。伴随着其他类型植物的生长将形成土壤层，使得整个土体在纵向上产生明显剖面层次。

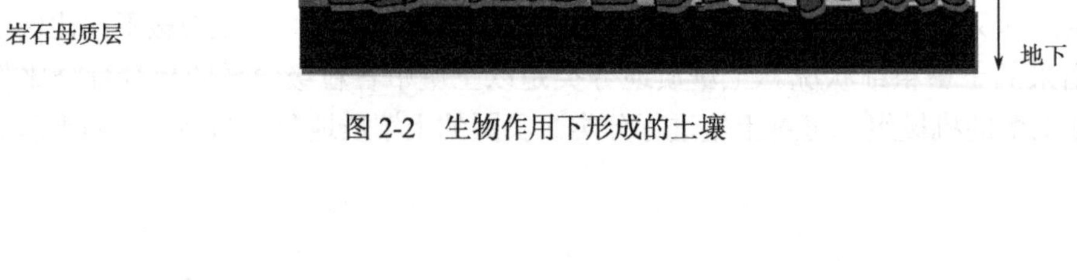

图 2-2　生物作用下形成的土壤

4. 地形因素 地形通过引起物质、能量的再分配而影响土壤的形成。地形使土壤及母质在接受光、热条件方面发生差异，以及接受降水或潜水在土体的重新分配方面的差异。这些差异直接导致土壤性质、土壤肥力和土壤类型的差异。在山区，由于温度、降水和湿度随着地势升高的垂直变化，形成不同的气候和植被带，导致土壤的组成成分和理化性质均发生显著的垂直地带分化。坡度和坡向也可改变水、热条件和植被状况，从而影响土壤的发育。在陡峭的山坡上，由于重力作用和地表径流的侵蚀力往往加速疏松地表物质的迁移，所以很难发育成深厚的土壤；而在平坦的地形部位，地表疏松物质的侵蚀速率较慢，使成土母质得以在较稳定的气候、生物条件下逐渐发育成深厚的土壤。阳坡由于接受太阳辐射能多于阴坡，温度状况比阴坡好，但水分状况比阴坡差，植被的覆盖度一般是阳坡低于阴坡，从而导致土壤中物理、化学和生物过程的差异。

5. 时间因素 时间因素是土壤形成的强度因素，随着时间的延长，母质、气候、生物、地形对土壤的影响增强。土壤发育时间的长短称为土壤年龄。从土壤开始形成时起直到目前为止的年数称为绝对年龄。由土壤的发育阶段和发育程度所决定的土壤年龄称为相对年龄。

6. 人为因素 在五大自然成土因素之外，人类生产活动对土壤形成的影响亦不容忽视，主要表现在通过改变成土因素作用于土壤的形成与演化。其中以改变地表生物状况的影响最为突出，典型例子是农业生产，最终将自然土壤改造成各种耕作土壤。人类活动对土壤的积极影响是培育出肥沃、高产的耕作土壤，如水稻土等；同时由于违反自然成土过程的规律，人类活动也造成了土壤退化，如肥力下降、水土流失、盐渍化、沼泽化、荒漠化和土壤污染等消极影响。

（二）土壤形成的基本规律

土壤是地质大循环与生物小循环相互作用的结果。地质大循环是指矿物质养分在陆地和海洋之间循环变化的过程。陆地上岩石经风化作用产生的风化产物，通过淋溶、剥蚀和搬运等外力作用，最终沉积在低洼的湖泊和海洋中，并经过固结成岩形成各种沉积岩；经过漫长的地质年代，这些湖泊、海洋底层的沉积岩随着地壳运动重新隆起成为陆地岩石，再次经受风化作用。这种物质循环的周期为 10^6～10^8 年。其中，以岩石的风化过程和风化产物的淋溶过程与土壤形成的关系最为密切。生物小循环又称为养分循环，是指营养元素在生物体和土壤之间循环变化的过程。植物从母质和土壤中选择吸收所需的可溶性养分，通过光合作用合成有机体；植物被动物食用后变成动物有机体；植物、动物有机体死亡后归还土壤，经微生物分解与合成转化为植物可吸收的可溶性养分和腐殖质，腐殖质经缓慢的矿质化，也为植物提供养分。这种物质循环的周期较短，一般为 1～10^2 年。其中，有机质的累积、分解和腐殖质的合成促进了植物营养元素在土壤表层的集中和积累，成为土壤肥力形成与发展的关键。

由于生物的出现较晚，所以生物小循环是在地质大循环基础上建立的。地质大循环造成土壤系统养分的淋溶分散，而生物小循环是使流失中的物质保存和集中在地表，并不断在土壤与生物之间循环利用。通常，风化作用和有机质的累积、分解与腐殖质合成作用较强而淋溶作用较弱时，土壤中养分保存多，肥力水平将逐渐提高；反之，肥力水平将逐渐降低。

（三）土壤主要形成过程

1. 原始土壤形成过程 从裸露岩石表面及其风化物上低等植物生存到高等植物定居

之前形成土壤的过程是原始土壤形成过程，包括藻类的“岩漆”阶段、地衣阶段和苔藓阶段。岩石碎屑物逐渐发展为更细颗粒的土壤，且有机质含量不断增多。

2. 盐渍化形成过程 地表季节性的积盐和脱盐过程。通常发生在干旱、半干旱地区和滨海地区，可分为盐化和碱化两种过程。盐化过程是指地表水、地下水和母质中的易溶性盐分，在强烈的蒸发作用下，通过土体中毛管水的垂直和水平移动，逐渐向地表积聚的过程；碱化过程是交换性钠不断进入土壤胶体的过程，其前提是土壤溶液中钠离子的浓度较高，它使土壤呈强碱性反应，并形成碱化层。

3. 钙积过程 干旱、半干旱地区土壤碳酸盐发生移动和积累的过程为钙积过程。淋溶将易溶性盐类从土体中淋失，部分钙、镁被淋失，部分仍残留在土壤中。因此，土壤胶体表面和土壤溶液中被钙或镁所饱和，在雨季向下移动的钙淀积在剖面的中部或下部，形成钙积层。

4. 黏化过程 土壤剖面中黏粒形成和积累的过程，主要发生在温暖、湿润的暖温带和北亚热带气候条件下。由于那里化学风化作用盛行，使原生矿物强烈分解，次生黏土矿物大量形成，表层的黏土矿物向下淋溶和淀积，形成淀积黏化土层。

5. 白浆化过程 季节性还原淋溶条件下，黏粒与铁、锰淋溶淀积的过程，主要发生在冷湿的气候条件下。在地下水季节性浸润的土壤表层，铁、锰与黏粒随水流失或向下移动，在腐殖质层（或耕层）下形成粉砂量高而铁、锰贫乏的白色淋溶层；剖面中、下部则形成铁、锰和黏粒富集的淀积层。

6. 富铝化过程 土体中脱硅、富铝铁的过程。在热带、亚热带高温多雨的气候条件下，风化产物和土体中的硅酸盐类矿物被强烈水解，释放出盐基物质，产生弱碱性条件，可溶性盐类、碱金属和碱土金属盐基及硅酸大量流失，而铁、铝等元素却在碱性溶液中沉淀，形成土体中铁、铝氧化物的富集，使土体呈红色。

7. 有机质积累过程 在木本或草本植被覆盖下土体上部进行的有机质积累过程。它是自然土壤形成中最为普遍的一个成土过程。根据地表植被类型的不同，包括漠土有机质积累过程、草原土有机质积累过程、草甸土有机质积累过程、林下有机质积累过程、高寒草甸有机质积累过程和湿生植被的泥炭积累过程等。

8. 潜育化过程 土体中发生的还原过程。在长期渍水的条件下，空气缺乏。有机质在嫌气分解过程中产生还原物质，高价铁、锰转化为亚铁和亚锰，形成一个蓝灰色或青灰色的还原层次，称为潜育层。

9. 灰化过程 土体表层 SiO_2 残留，Al_2O_3 和 Fe_2O_3 淋溶、淀积的过程。在寒带或寒温带针叶林植被下，由于凋落物富含单宁和树脂类物质，在真菌作用下生成有机酸，它使原生矿物和次生矿物强烈分解。伴随着有机酸溶液下渗，土体上部的碱金属和碱土金属淋失，难溶的 Al_2O_3 和 Fe_2O_3 也从表层下移，淀积于下部，只有极耐酸的 SiO_2 残留在土体上部，形成一个强酸性的灰白色淋溶层，称为灰化层。

10. 土壤熟化过程 在耕作条件下，通过耕耘、培肥和改良，促进水、肥、气、热诸因素不断协调，使土壤向有利于作物高产方面转化的过程。通常把种植旱作条件下的定向培肥土壤过程称为旱耕熟化过程；把淹水耕作、在氧化还原交替条件下的定向培肥土壤过程称为水耕熟化过程。

三、地表生态系统概述

（一）地表生态系统分类

地球表面的生态系统多种多样，根据能量和物质运动状况及生物、非生物成分，生态系统可分成多种类型。例如，按生态系统形成的原动力和影响力，可分为自然生态系统和人工生态系统。自然生态系统主要有海洋生态系统、森林生态系统、草原生态系统等；而人工生态系统主要有农田生态系统、城市生态系统等。

在实际中，经常采用的划分方式是按照生态系统的非生物成分和特征，从宏观上可把生态系统分为陆地生态系统（terrestrial ecosystem）和水域生态系统（aquatic ecosystem）。陆地生态系统主要根据其组成成分、植被特点等作进一步划分；而水域生态系统主要根据地理和物理状态的情况再进一步划分。陆地生态系统根据纬度地带和光照、水分、热量等环境因素，分为森林、草原、荒漠和冻原等生态系统以及人工生态系统如农田、城市生态系统等。水生生态系统占地球表面的 2/3，地球上的水域包括陆地上的地表水域和海洋水域。地表水主要包括湖泊和河流两种水体，还有冰川和沼泽湿地。冰川是“天然固体水库”，也是河流的重要补给水源。沼泽湿地是最富生物多样性和生态功能的生态系统。海洋是面积最大的水域，广阔的海洋蕴藏丰富。水域生态系统可分为淡水生态系统和海洋生态系统两大类。淡水生态系统包括静水生态系统、流水生态系统和湿地生态系统三种类型。海洋生态系统可进一步分为河口区、沿岸浅海区、沿岸上升流区和大洋区生态系统等类型。

（二）陆地生态系统

陆地生态系统是指地球陆地表面由陆生生物与其所处环境相互作用构成的统一体。尽管地球陆地的总面积只占地球总表面积的 1/3，但它为人类提供了居住环境及食物和衣着的主体，因此陆地生态系统成为地球上最重要的生态系统类型，是包罗整个地球陆地表层的“大系统”。陆地的生态环境复杂多变，从气候炎热的赤道到气候严寒的两极、从气候湿润的近海地区到大陆腹地的干旱荒漠，形成了多种多样的陆地生态系统。

不同的陆地生态系统中的生物群落组成、结构、初级生产、能量流动和物质循环等生态过程与功能，均存在较大的差异。根据植物群落的性质和结构可以将陆地生态系统划分为森林生态系统（包括温带针叶林生态系统、温带落叶林生态系统、热带森林生态系统）、草原生态系统（包括干草原生态系统、湿草原生态系统、稀树干草原生态系统）、荒漠生态系统、冻原生态系统（包括极地冻原生态系统、高山冻原生态系统）等。另外，由于人类的强烈影响，陆地生态系统中还有某些人工生态系统类型，如农田生态系统、城市生态系统等。

四、土壤圈在地表生态系统中的作用

（一）土壤圈在地表圈层中的作用

土壤圈位于生物圈、大气圈、水圈和岩石圈之间的界面上，属于不同圈层交叉地带，因此是地球各圈层中最活跃、最富生命力的圈层之一。土壤圈与其他圈层之间进行着各种元素的迁移与物质交换过程，进而对地球系统中其他圈层产生影响。反之，在其他圈层作用下形成了土壤圈的不同土壤类型，其特征与性质是对过去和现在大气、岩石，水和生物圈相互作用的记录与反映，它们对研究土壤圈在自然与人为作用影响下的变化和发展具有重要意义。

由于土壤圈连接了无机界和有机界，又通过物质和能量交换作用成为地球上生物与非生物发生强烈交互作用的基地，因此土壤圈在陆地圈中的地位比较特殊，对陆地圈的形成具有极为重要的作用。同时，土壤又是地理环境统一体中一个组成要素，因此对地理环境也有重要的影响作用。

1. 土壤圈与生物圈 土壤是植物生长必需的基质和养分来源，而生物圈中的动物不仅以植物为食物，并且以土壤圈为栖息地，土壤也是支撑植物生长的基质，因此整个生物圈是以土壤圈为基础而建立的。土壤圈对生物圈的影响主要为：支持和调节生物的生长及发育过程；提供植物生长的养分、水分与适宜的理化条件；决定自然植被的分布。

2. 土壤圈与大气圈 土壤圈与大气圈进行气体交换。通过光合作用、固氮作用及大气沉降，使大气圈中气体、颗粒物及元素物质向土壤迁移；同时，土壤圈中，通过有机质分解过程和C、N、S 等转化过程，使含C、N、S气体向大气释放。另外，在合适的风力等条件下，颗粒物质将向大气中释放。伴随着土壤吸收氧气，释放CO_2、CH_4、H_2S、氮氧化合物和氨气，将影响全球气候变化。

3. 土壤圈与水圈 土壤圈与水圈进行水分平衡与循环，影响降水在陆地和水体的重新分配；影响元素的表生地球化学迁移过程及水平分布；也影响水圈的化学组成。例如，土壤圈与水圈物质循环是通过水分对土壤圈元素的迁移表现的，大陆年径流量为370×10^{14} L，每年从陆地流失的化合物为4000×10^{8} t，从而将土壤圈中的元素迁移到了水圈中。

4. 土壤圈与岩石圈 土壤是地球表层岩石风化后再经过各种成土作用而形成的，岩石是土壤形成的母质成分。土壤形成开始于有机体生长的陆地表面岩石圈上的风化壳，这些有机体在生命活动中进一步分解了岩石，并从中吸收和集中必需的矿质养料，同时使陆地表层富有植物营养元素和岩石所没有的含氮有机化合物，所以使得土壤与岩石具有本质的区别。反过来，土壤圈是覆盖在地球陆地表面，作为地球的“保护层”，对岩石圈具有一定的保护作用，以减少其遭受各种外营力的破坏。同时，土壤圈与岩石圈进行着金属元素和微量元素的循环。土壤圈与岩石圈主要通过不同母质发育土壤的元素迁移和物质循环影响成土过程与基本特征。

（二）土壤在地表生态系统中的作用

土壤不仅对生物产生影响，同时对环境因子也产生影响，因此土壤在地表生态系统中发挥着重要的作用。同时，土壤是地表生态系统中最活跃的生命层，土壤物质与能量迁移转化，特别是土壤地球化学过程，直接影响着陆地生态系统。

1. 土壤与生物群落之间的相互作用 土壤与生物之间存在着密切的关系。土壤是岩石、大气、水分、生物相互作用的自然综合体，在成土过程中以生物的作用最为重要。反过来，土壤是陆生植物生活的基质和陆生动物生活的基底。土壤为植物提供必需的营养和水分，是土壤动物赖以生存的栖息场所。土壤和植物之间始终进行物质和能量的交换，土壤的特性影响着植物的生长和生产。此外，土壤常成为动物的隐蔽所，以躲避高温、干燥、大风和阳光直射。

土壤还是陆地生态系统的基础，其中的生物活动影响着土壤本身，也影响着土壤之上的生物群落。生态系统中的很多重要过程，特别是分解和固定过程都在土壤中进行。生物遗体通过分解过程转化为腐殖质和矿化为可被植物再利用的营养物质，而固氮过程则是土壤氮肥的主要来源。这两个过程都是整个生物圈物质循环所不可缺少的过程，通过有机物质的分解把有机化合物转化成为无机营养物。土壤中的无脊椎动物以各种复杂的新鲜有机物为食，但它们在排泄物中却是经过部分分解的产物。微生物将把这些产物进一步降解为水氮化合物和碳水化合物。生物腐殖质最终将被矿化为无机化合物。植物的生长可减弱土壤的侵蚀与流失并影响土壤中营养物的含量。

2. 土壤是生态系统的重要组成部分 每个生态系统均是由独特的生物组合及其无机环境组成，而土壤是重要的无机环境要素之一，也是生态系统的重要组成部分之一，成为它们连接的纽带，构成了组合无机界和有机界即生命和非生命联系的中心环境。土壤与水、大气、生物一起构成完整的地表自然环境，各自发挥重要作用但又相互联系。在一个地区的自然环境中，生物和土壤均为生态系统中重要的组成部分，一个地区的土壤情况又与构成该区的生态系统的各种因素相互联系、互相制约。

美国土壤学会前主席 Wilding 在 1995 年指出，土壤的生态环境功能包括以下 5 个方面：①土壤肥力，即土壤有保持生物活性、多样性和生产性方面的功能；②土壤有调节水体和溶质流动的能力；③土壤有过滤、缓冲、降解、固定并解毒无机和有机化合物的能力；④土壤能够储存并循环生物圈及地表中的养分和其他元素；⑤土壤还具有支撑社会经济构架并保护人类文明遗产的能力。

3. 土壤在生态系统中的作用 土壤作为最活跃的生命层，已经成为一个相对独立的子系统。土壤在陆地生态系统中的作用包括：①保持生物活性、多样性和生产性；②对水体和溶质流动起调节作用；③对有机、无机污染物具有过滤、缓冲、降解、固定和解毒作用；④具有储存并循环生物圈及地表的养分和其他元素的功能。

4. 土壤是人类农业的生产基地 农业生态系统中，土壤不仅是植物生产的基础，而且也是动物生产的基础。如果没有植物的生产，就不可能有农业中畜牧业的高度发展。因此，土壤是农业生产的基本生产资料，主要作用为：①营养库的作用。除 CO_2 外，植物所需的矿物质养分主要来自于土壤；②养分转化和循环作用。通过土壤实现营养元素与生物之间的物质循环；③水分涵养作用。土壤保持高的水分含量，能够防止水土流失；④生物的支撑作用。植物、土壤微生物和土壤动物生活的栖息地；⑤稳定和缓冲环境变化的作用。土壤具有抗外界温度、湿度、酸碱、氧化还原变化的缓冲能力，对进入土壤的污染物起到净化作用。

（三）土壤在陆地生态过程中的作用

土壤是陆地生态系统的基础和核心，当土壤所具有的功能降低或丧失，必将导致陆地生态系统的退化甚至崩溃。生态系统中的分解、固定等过程均是在土壤中进行的。

1. 土壤是陆地生物所需水分的主要来源 陆地生物通过吸收土壤水分而得以生存和生长。土壤中所含的水量非常少，但却维系了土壤中众多生物的生命活动。

2. 土壤是能流的转化器 土壤参与碳素循环，影响绿色植物的光合作用合成能量及数量。从植物系统固定空气中的二氧化碳形成生物物质，供植物食用，动植物残体的一部分被土壤动物与微生物消耗，一部分进入土壤形成腐殖质，储藏于土壤库中，当土壤进入呼吸时一部分二氧化碳又进入大气，这种周而复始的循环体现了土壤进行能量转化作用。

3. 土壤是生物养分库 植物生长发育所需养分主要来源于土壤中的矿质元素。物质循环使营养元素在土壤中富集。生物残体通过分解过程转化为腐殖质并矿化为可被植物再利用的营养物质，而固氮过程则是土壤氮肥的主要来源。这两个过程都是整个生物圈物质循环所不可缺少的过程。通过有机物质的分解把有机化合物转化成为无机营养物。土壤中的无脊椎动物以各种复杂的新鲜有机物为食，但它们在排泄物中却是经过部分分解的产物。微生物将把这些产物进一步降解为水氮化合物和碳水化合物。生物腐殖质最终将被矿化为无机化合物。植物的生长可减弱土壤的侵蚀与流失并造成土壤中营养物的累积。

4. 土壤是消毒净化器 土壤具有一定的降解或固定污染物能力，即自净能力。某些重金属、有机污染物等最终将进入土壤环境，土壤中的这些污染物可以通过生物与物理化学过程逐步降解或钝化固定，由于植物残体与动物的死亡肢体一般都是通过土壤中的生物腐解作用而被净化，所以说土壤对污染物具有净化和消毒作用。

（四）土壤生态系统

土壤生态系统是指土壤生物与其周围环境相互联系和相互作用的统一体，即土壤中生物与非生物环境的相互作用通过能量转换和物质循环构成的整体。在陆地生态系统中，土壤作为最活跃的生命层，形成相对独立的子生态系统。

1. 结构组成 土壤生态系统是陆地生态系统的一个亚系统，主要由生产者、消费者和分解者、无机环境组成，在能量获得和物质循环中，它们各自起着不可代替的独特作用，而且相互影响、互为依存，通过复杂的物质循环和能量流动紧密联系成一个整体，构成土壤生态系统的功能单位。

1）生产者 生产者主要包括高等植物根系、藻类和化能营养细菌，通过光合作用，把太阳能转化为有机形态的储藏潜能；同时又从环境中吸收养分、水分和二氧化碳，合成并转化为有机形态的储存物质。

2）消费者 消费者是指土壤中的各类动物及某些腐生或寄生的菌类。其中，动物分为草食动物、肉食动物和杂食性动物。有学者也按个体大小将其分为微型动物（<0.2 mm）、中型动物（0.2～4 mm）、大型动物（4～80 mm）和巨型动物（>1 cm）。

3）分解者 分解者主要是指细菌、真菌、放线菌、食腐动物，以及低等动物和鞭毛虫、纤毛虫等。它们以绿色植物与动物的残留有机体为食料从中吸取养分和能量，并将它们分解为无机化合物或转化成土壤腐殖质，从而归还土壤。

4）无机环境 无机环境主要包括参与物质循环的无机物质、有机物质，以及土壤内部水、气、固体物质等环境因子。

近些年来，土壤生物对陆地生态系统影响的研究越来越受到重视，Bardgett 和 van der Putten（2014）发现，土壤地下生物多样性控制了陆地生态系统的结构和功能，因此对其更为关注。

2. 土壤生物的生态功能

（1）有机质的分解。90%的土壤有机质是由微生物所分解的。土壤动物能够破碎有机残体，并传播分解微生物，加速有机质分解。

（2）养分循环。土壤中的植物根系吸收利用土壤中矿质养分元素，土壤微生物对有机残体中的有机养分物质进行矿化分解，将矿物质养分物质归还于土壤，从而实现了养分的循环利用。

（3）生物扰动。作物的根系、土壤动物等活动产生的通道、细孔及其形成的团聚体和堆积物提高了土壤的通气性与土壤质量，有利于分解土壤中的有机污染物，缓冲其毒性效应。

3. 土壤生态系统的主要特征 土壤性质决定了土壤生态系统的特点：①层次性。由于土壤的垂直剖面特征，决定了土壤生态系统在纵向上的异质层次结构。②复杂性。土壤生态系统是组成成分比较复杂，即生物群体种类繁杂、数量繁多，且性质多变的无机环境。③开放性。土壤生态系统是以生物为中心，与环境进行着活跃的能量流动和物质转换。

稳定的土壤生态系统具有以下结构特征：①垂直结构。最上层为生物群体层，是植物进行光合作用的主要场所，所占空间的高度依植物种类而异；中间层是生物地被层，包括地面的生物群体及植物根系所及的土层，以土壤动物和土壤微生物最为丰富，生物物质的累积、分解、转化，矿质元素的淋溶、淀积，以及水分蒸发蒸腾的活跃场所；最下层是土壤底层和岩石风化层，生物有机体少，是土壤矿质养分元素与水分补给的基地。②水平结构，包括三种格局：均匀分布，生物种群的分布是均匀的，在二维空间上各占有一定的面积；簇生分布，生物种群在空间上间断地成群分布；随机分布，土壤生态系统中多数生物种的分布都呈随机分布。

4. 土壤生态系统的功能

1）土壤生态系统的能量流动 土壤生态系统中的绿色植物利用太阳辐射能进行光合作用，制造有机物质，提供给消费者需要。这种能量通过食物链转移给草食动物，进而又转移给肉食动物。动植物死亡后其有机残体被分解者分解，将复杂的有机物转变为简单的无机物质，其分解过程又将有机物质储存的能量返回环境中。同时，生产者、消费者和分解者的呼吸作用又消耗部分能量，并返回于环境之中。土壤生态系统中的植物通过光合作用构成新的有机物，每年约能累积能量 0.5×10^{15} kW/h。地球上每年以燃料、食物和饲料的形式消耗这种能量约为 7×10^{12} kW/h。人类燃烧由过去地质年代的植物转化成的矿物燃料所利用的能量约为 16.2×10^{12} kW/h，而其他形式的能量，如水能、风能、核能等，至今利用不多。可见，在今后相当长的一段时期内，土壤生态系统在环境系统中仍然是太阳能的主要累积和传递者之一。

2）土壤生态系统的物质循环 土壤生态系统中的生命活动依赖于物质循环和能量流动，二者密切相关、不可分割地构成一个统一的生态系统功能单位。但物质流动总是构成一个循环的通道，各种有机质最终的结果都是经还原者分解返回环境，进行再循环；而能量流则伴随物质流最终以热能的形式而消散于外界，因而是单方向的，不能构成再循环。土壤生态系统中的物质，主要是指生物体生命活动所需要的各种化学元素，至少有 30～40 种之多。这些元素大体可分为两大类：①常量元素：主要包括构成生物体的基本元素，如碳、氢、氧、氮等，它们占生物体的 90%～95%；还包括生物体大量需要的元素，如磷、钾、钠、硫、镁等，它们占生物体的 5%～10%；②微量元素：主要有铜、锌、锰、钼、钴、铁、硼、铝、铬、硒、硅、锶、钛等，生物对其需要量极微，但却又是生命活动不可少的元素。

生态系统中的物质循环，就其范围和广度来说包括生物（营养）循环和生物地球化学循环。前者是生态系统中物质循环的重要环节，使地球上各种生命活动和生态系统得以存在和发展；后者则是生态系统物质循环的源头和归宿，从而是陆地生态系统物质循环的基础，两者具有不可分割的密切关系。

物质的生物循环是指土壤生态系统中，通过生物有机物质不断地合成和分解的作用，进行土壤与动、植物之间矿质元素的周期性循环。生物循环不是封闭式的、可逆性的循环。

物质的生物循环由以下三个过程来完成：吸收（主要是根）；存留（生物量一年的增长）；归还或者损失（落叶、有机残体、地被物被雨水淋失）。

第三节 陆地生态过程

一、陆地生态过程的概念

（一）概述

陆地生态过程可以广泛地理解为陆地中发生的一切与生物（包括人）有关的过程，主要是指生态系统中维持生命的物质循环和能量转换的过程等，从全球现象到局部现象都包括在内。生态过程的研究是阐明生态系统的功能、结构、演化、生物多样性等的基础。

陆地生态过程与生态系统中的物质生产和能量流动是同时进行的。绿色植物所制造的有机物质和固定的能量即为初级生产量，或第一性生产量，是生态系统中的第一次也是最基本的能量固定。动物靠消耗植物制造的有机物质和固定的能量制造自己的有机物质及固定能量，而不是直接依靠太阳能，因此，动物和其他异养生物的生产量为次级生产量，或第二性生产量。在初级生产量中一部分是被植物自己的呼吸过程消耗掉了，这一部分在植物体中体现不出来。生态系统内部依靠食物链保持物质和能量的平衡和流动。非生物环境中的能量和物质，参与到群落内部的循环中，又返回环境，这种能量流动和物质循环构成了生态系统的典型行为过程。

（二）主要内涵

陆地生态过程主要包括：土壤-生物-大气中的水循环和水平衡，养分循环，能流，微量气体产生、输送和转化，有机物、金属元素的分解、积累、传输等微观过程。随着人类活动产生的大量污染物质进入陆地生态系统中，污染物质的分解、转化、传输等过程也属于陆地生态过程的范畴。而且，生态过程还包括生态系统中的种群动态、种子或生物体的传播、捕食者和猎物的相互作用、群落演替和干扰等方面。生态过程可能是大的地质循环，如营养元素碳、氮的循环；也可以是一个小的生态过程，如昆虫的授粉、种子被鸟类的散布。

陆地生态系统过程还涉及物理过程、化学过程、生物过程和人文过程等方面，其研究将朝微观深化和宏观综合两个方向发展，其关键在于系统中界面过程的综合研究。傅伯杰等（2006）认为，地理生态过程的研究内涵主要包括水文循环过程与水量转化、流域系统中物质迁移过程、土壤侵蚀过程、土地系统演变过程、土壤-植物-大气连续系统过程、环境生物地球化学过程、生物多样性变化过程、人文与文化过程等方面。

二、陆地生态系统中的物质循环

各种化学元素，包括生命有机体所必需的营养物质，在不同层次、不同大小的生态系统内，乃至生物圈里，沿着特定的途径从环境到生物体、从生物体再到环境，不断地进行着流动和循环，就构成了生物地球化学循环，即生态系统的物质循环。那些生命必需元素的循环通常称为营养物质循环。

生物地球化学循环包括了地质大循环和生物小循环的内容，它们是密切联系、相辅相成的。地质大循环是指物质或元素经生物体的吸收作用，从环境进入生物有机体内，然后生物有机体以死体、残体或排泄物形式将物质或元素返回环境，进入大气、水、岩石、土壤和生物五大自然圈层的循环。地质大循环的时间长、范围广，是闭合式的循环。生物小循环是指环境中元素经生物体吸收，在生态系统中被多层次利用，然后经过分解者的作用，再被生产者吸收利用。生物小循环时间短、范围小，是开放式的循环。

营养元素的物质循环是陆地生态系统中物质循环的主要方式。大多数生物需 20 多种生命活动所必需的元素，另外还有大约 10 种元素，只需要很少量就足够，但却是某些生物所不可缺少的。在营养物质的循环中，生物从环境中吸收利用各种营养物质和元素，而这些物质和元素借助于再循环及生物分解而重返环境，被生物再次利用。各种物质和元素经过环境—生物—环境即为物质循环。

随着人类活动产生的大量污染物进入到生态系统中，污染物的陆地生态过程也成为重要的物质循环过程。

陆地物质循环包括水循环（是一种化合物的循环）、气体型循环（包括氧、碳、氮、氯、溴、氟及其主要化合物以气体状态参加循环）、沉积型循环（包括磷、硫、钙、钾、钠、镁、铁、锰、碘、铜、硅等元素及其主要化合物以固体状态参与循环）、污染物循环[包括重金属、有机污染物、药品及个人护理用品类污染物（PPCPs）等新型污染物参加的循环]。

（一）陆地生态系统中的水循环

陆地水循环属于全球水循环的一部分，由于陆地生物尤其是陆地植物的参与，使得陆地水循环比海洋水循环更为复杂。地球陆地表面的各种水体，通过蒸发、水气运移、降水、地表径流和下渗等水文过程紧密联系、相互转换，构成了陆地水循环。其循环的动力是太阳能和重力的结合，具体的过程如下：①在太阳能的驱动下，陆地上水分的蒸发和植被蒸腾作用不断地向大气供应水分，在大气环流运动作用下，大气中的水汽在全球范围内重新分配，然后以雨、雪、雾等形式又重新返回到海洋或陆地。这一过程称为全球尺度水循环过程。②降至陆地而没有蒸发的水分，通过河流、湖泊或地下水运动及冰川、冰山的崩解又返回到海洋中去。这样，在水分上升（环）和下降（环）的共同作用下，水分川流不息，形成了水的全球循环。

大气水分凝结的云和以雨、雪为主要形式的大气降水是陆地水循环的主要输入部分。

陆地植被对水循环有很大的影响，可以影响降雨、气候及水的再分配。水分的蒸发对于植物的生长、发育也至关重要。生产 1 g 初级生产量差不多要蒸腾 500 g 水。因此，陆地植被每年蒸腾大约 55×10^{12} m^3 的水，几乎相当于陆地蒸发、蒸腾的总量。这就增加了空气中的水分，促进了水的循环。

（二）陆地生态系统中的碳循环

碳是构成生命有机物质的主要组分。大气碳库、海洋碳库、陆地生态系统碳库和岩石圈碳库构成了地球上的四大碳库。碳元素在大气、陆地和海洋等各大碳库之间不断地循环变化。大气中的碳主要以CO_2和CH_4等气体形式存在，水中以碳酸根和重碳酸根离子存在，岩石圈中以碳酸盐类岩石和沉积物存在，陆地生态系统中则以各种有机物或无机物的形式存在于植被和土壤中。陆地生态系统碳库主要由植被和土壤两个分碳库组成，其内部组成和各种反馈机制最为复杂，是受人类活动影响最大的碳库。

陆地生态系统碳循环过程是指植物通过光合作用吸收CO_2，将碳储存在植物体内，固定为有机化合物，形成总初级生产量，同时，又通过在不同时间尺度上进行的各种呼吸途径或扰动将CO_2返回大气，其中，一部分有机物通过植物自身的呼吸作用（自养呼吸）和土壤及枯枝落叶层中有机质的腐烂（异养呼吸）返回大气，未完全腐烂的有机质经过漫长的地质过程形成化石燃料储藏地下，一部分则通过各种（包括人为和自然的）扰动释放CO_2，形成大气—植被—土壤—岩石—大气的碳库之间的往复循环过程。陆地生态系统碳循环因其复杂性和不确定性，在全球碳循环过程中占有重要地位。其研究关系到全球气候变化及人类可能的应对措施，是全球碳循环研究的核心。近年来，碳循环问题日益成为全球变化和地球科学研究领域的前沿与热点问题，其中陆地生态系统碳循环又是全球碳循环中最复杂、受人类活动影响最大的部分。

1. 地球上碳库的储蓄　岩石圈和化石燃料是地球上最大的两个碳库，其含碳量约占地球上碳总量的 99.9%，是储存库。地球上大气库、陆地和海洋，由于其在生物和无机环境之间迅速交换，容量小而活跃，是交换库。岩石圈中的碳主要以碳酸盐岩石和沉积物的形式存在，总量约2.7×10^{16} t；大气中的碳主要以CO_2、CO和CH_4等气体形式存在，在水中主要为碳酸根离子，在陆地生态系统中则以各种有机物或无机物的形式存在于植被和土壤中。

1）大气碳库　大气碳库的大小约为 720 Gt C（$1\ \text{Gt} = 1\times10^{15}\text{g}$）左右，碳库容量最小，却是联系海洋与陆地生态系统碳库的纽带和桥梁，大气中的碳含量多少直接影响整个地球系统的物质循环和能量流动。大气中，二氧化碳是含碳的主要气体，也是碳参与物质循环的主要形式。

2）海洋碳库　海洋具有储存和吸收大气中CO_2的能力，其可溶性无机碳含量约为 37 400 Gt，是大气中含碳量的 50 多倍，在全球碳循环中的作用十分重要。

3）陆地碳库　主要包括植被碳库和土壤碳库。陆地碳库通常受以下 4 个因素的影响：①扰动对碳库随时间的变化；②改变干扰体系；③全球变化直接影响碳输入和存留时间；④扰动和全球变化引起碳循环变化。碳库的不稳定区域主要分布在亚马孙森林和非洲热带森林。亚马孙森林是目前地球上最大的热带雨林，影响整个大陆和半球的大气环流。其森林包含了 86～140 Pg C（$1\ \text{Pg}=1\times10^{15}\text{g}$），等量的碳也存在于土壤碳库中。气候变化可能会改变湿对流，尤其是在对流和非对流区域之间的边界，导致亚马孙的各个部分旱季的降雨量减少，触发正反馈，导致碳储量的变化。非洲热带森林分布在赤道附近，远离稀树草原和沙漠。植被性质（如根系深度和叶面积指数）或类型（如森林、草原和沙漠）的变化改变了从海洋内陆的大气边界层的水分梯度，导致正或负反馈，对其碳储量产生影响。

2. 陆地碳库的储蓄　陆地生态系统蓄积碳量约为 2000 Gt。其中，土壤有机碳库蓄积碳量约是植被碳库的2倍（从热带森林的1∶1 到北部森林的5∶1 不等），表2-1列出了植被碳库和土壤有机碳库的估算值，无论是对植被碳库还是土壤碳库，不同研究者对其估算值均存在很大的差异性。首先，不同的区域尺度（全球、国家、地区等）上进行模拟或监测而得到的数据不同。其次，不同估算方法之间的差异性，如数据源、选择样品量大小、假设条件、各类参数取值、测定的土壤深度、调查的土壤类型和植被类型等，以及估算中的各种不确定性造成的差异。Wieder（2014）发现多种因素影响陆地碳库的实际储蓄量，目前气候变化条件下，土壤微生物、土壤物理性质和植被直接决定了陆地生态系统中碳的沉降储蓄量。

表2-1 陆地生态系统中的碳库

碳库	容量/Gt C	参考文献	碳库	容量/Gt C	参考文献
植被	827	Woodwell（1978）	土壤	1456	Schlesinger（1977）
碳库	748	Prentice and Fung（1990）	碳库	1143	Prentice and Fung（1990）
	550	Siegenthaler and Sarmiento（1993）		1500	Siegenthaler and Sarmiento（1993）
	640	Cao and Woodward（1998）		1358	Cao and Woodward（1998）
	466～654	DeFries et al.（1999）		1260	Todd-Brown et al.（2013）
	471.9～537	Badawy et al.（2016）		1351～1445	Badawy et al.（2016）

Pan 等（2011）认为，从全球不同植被类型的碳蓄积情况来看，陆地生态系统碳蓄积主要发生在森林地区。一是以生物量（即树干、树枝、树叶和树根等）的形式储存，二是以土壤有机碳的形式储存。这与森林高的生物量和生物多样性存在密切的相关性，据 Lange 等（2015）报道，丰富的生物多样性能够提高土壤微生物活性，进而增加土壤碳库的储蓄量，约80%的地上碳蓄积和约40 %的地下碳蓄积发生在森林生态系统。

气候和地球化学因素是影响碳储蓄量的主要控制因子。碳蓄积主要集中在热带地区，全球50%以上的植被碳和近1/4的土壤有机碳储存在于热带森林和热带草原生态系统，另外约15%的植被碳和近18%的土壤有机碳储存在温带森林和草地。因此，全球不同生态系统中，以森林生态系统的碳循环储存量最高，Ma 等（2015）发现全球每年森林的初级生产量高达53.71±4.83 Pg C/年。植被碳库和土壤有机碳库中还包含不同的子碳库，其周转时间或长或短，这就形成了所谓的“暂时性碳汇”（temporary sink）。例如，CO_2浓度升高使树木生长加快从而形成碳汇，这些树木一般要存活几十年到上百年，然后腐烂分解，通过异养呼吸返回到大气中。因此，自然生态系统的碳蓄积和碳释放在较长时间尺度上是基本平衡的，除非陆地生态系统碳库的强度加大，否则任何一个碳汇最终会被碳源所平衡。

目前，陆地生态系统的碳库储蓄量在减少，其主要原因如下：①大量的陆地生态系统的碳流入陆地河流，最终流入海洋，因此陆地生态系统中的碳储蓄量在下降。自工业革命以来，由于人类活动改造成陆地生态系统流入内陆水域的碳为1.0 Pg C/年，主要是从土壤中流失。目前，陆地生态系统的碳储蓄量为0.9 Pg C/年，远低于之前估计的1.5 Pg C/年，这是由于之前的估算忽略了陆地生态系统的碳流失量。②土地利用方式改变影响了土壤碳储蓄量和周转量。据IPCC（2007）报道，陆地生态系统中大于40%的碳储存在森林土壤中。随着自然森林生态系统转变为农田土壤导致了土壤碳的矿化分解，从而降低了碳储蓄量，其中土壤碳库下降为温带地区（52%）>热带地区（41%）>北方地区（31%）。在土地利用方式转变过程中，气候和土壤性质是影响土壤碳库储蓄量的主要因素。③人类活动造成的C/P和N/P比例失衡，即陆地生态系统中过多的碳氮元素而有限的、缺乏的磷元素，因此降低了自然生态系统中碳的储蓄。④气候变暖能够导致北方陆地生态系统中的碳库储蓄量下降。

3. 陆地碳循环的基本过程　植物通过光合作用吸收大气中的 CO_2，将碳储存植物体内，固定为有机化合物。其中，一部分有机物通过植物自身的呼吸作用（自养呼吸）和土壤及枯枝落叶层中有机质的腐烂（异养呼吸）返回大气。这样就形成了大气-陆地植被-土壤-大气整个陆地生态系统的碳循环。陆地生态系统的碳循环受到多种因素的影响，尤其对温度最为敏感。据 Carvalhais 等（2014）研究表明，全球陆地生态系统碳循环的平均周转时间为 23^{+7}_{-4} 年，而在赤道附近和北纬 75°的碳循环周转时间分别为 15 年和 255 年。由于土地利用方式变化、气候变化、废弃地和砍伐森林的再生、CO_2 的施肥效应、火灾、虫灾等扰动的发生频率及氮沉积等均能改变陆地碳蓄积量，进而对陆地生态系统碳循环产生影响；而且陆地生态系统具有复杂性和多样性的特点，其在植被、土壤和气候均存在空间和时间上的极大差异，不同陆地生态系统类型的反应速度、分解速度和碳蓄积能力也存在较大差异，均对陆地生态系统碳循环产生影响。

4. 陆地碳循环与气候变化　自然生态系统中，碳循环处于一种相对平衡状态。陆地生态系统作为大气中 CO_2 重要的源和汇，它的碳循环成为全球碳循环和全球气候变化中极其重要的一个环节。陆地-大气之间的碳交换是由多时间尺度变化条件下复杂的非线性生物地球化学过程决定的。生态系统与大气之间净 CO_2 交换速率主要取决于光合作用、呼吸作用和土壤微生物分解等之间的平衡。其中，温度、光照、水分等条件因子对光合作用影响显著。生态系统碳储量及其与大气 CO_2 交换速率的微小变化就能导致大气 CO_2 浓度的明显波动，如北半球大气 CO_2 浓度的季节变化显示了生态系统的周期控制作用。鉴于陆地生态系统在全球碳循环中所起到的重要作用，因此，对于全球气候变化系统，最关键的就是要理解和量化生物地球化学过程及相应的驱动力。

人类活动对碳循环具有重要影响作用，进而在很短的时间内打破了陆地碳循环的这种平衡。例如，人类对煤、石油和天然气等含碳能源的大量开采利用，致使更多的 CO_2 被排入大气。据大量的观测研究，大气中 CO_2 浓度正在呈指数上升。CO_2 吸收地表的红外辐射，导致地表温度上升，冰盖面积缩小，地球局部极端气候增多，进而引发一系列全球变化的恶性循环。反过来，Cao 等（1998）发现气候变化也会影响到陆地碳循环，通常认为，随着全球温度的增加，碳循环的周转时间将加快。Xia 等（2014）研究显示，温度增加对陆地生态系统中碳循环的影响因地理位置和时间不同而不同。例如，春季在北纬 30°～90°能够加快碳循环，而在其他地区的影响与之相反。据 Reichstein 等（2013）研究显示，气候变化导致了干旱和暴风雪，进而降低了某些陆地生态系统的碳储蓄量。除此之外，由于碳循环与其他营养元素循环的耦合性，Heimann 和 Reichstein（2008）认为，定量预测陆地生态系统碳循环与气候变化之间的关系是非常困难的。到目前为止，陆地生态系统是如何响应和适应全球变化、如何准确评估各种全球变化因素对陆地生态系统固碳速率和潜力的影响、如何降低全球和区域碳收支评估的不确定性等研究仍面临重大挑战。

（三）陆地生态系统中的氮循环

氮是生命体中氨基酸、蛋白质和核酸的重要成分，是构成一切生命体的重要元素之一。对于陆地生态系统中的氮，植被占总量的 1%～2%，动物和微生物占总氮量小于 0.1%，土壤表层碎屑物中占 0.2%，矿物形态土壤氮占 1%～14%，土壤有机含氮化合物占 7%～84%。对于矿物形态土壤氮，1%～5%是以硝酸盐、亚硝酸盐、铵盐和氨形态存在。上述含氮化合物可被植物根系统和微生物同化进入生物体内。通常，土壤中有机氮化合物占总量的 95%～99%，作为复杂的有机态氮，不能被高等植物直接吸收利用。

1. 陆地生态系统中氮的主要来源　对陆地生态系统而言，可利用氮的主要来源有自然来源和人为来源。自然来源包括高能固氮和生物固氮。高能固氮是通过闪电、宇宙线、陨星、火山活动等的固氮，其结果是形成氨或硝酸盐后随着降水到地球表面。据估计，高能固氮每年固氮 8.9 kg/hm^2，其中 2/3 包含在氨中，1/3 在硝酸盐中。生物固氮每年可达 100～200 kg/hm^2，约占地球上每年固氮量的 90%。对于陆地生态系统，因闪电而固定的氮为 3～5.4 Tg N/年（$1\ Tg=1\times10^{12}g$），尽管这个数量与陆地生态系统中的生物固氮作用相比很小，但是对于没有其他氮素来源的生态系统却是相当重要。固氮生物包括自生固氮生物和共生固氮生物。在农业生态系统中固氮植物约有 200 种，非农业的植物、细菌、蓝绿藻等能固氮的约有 12 000 种。少数高等植物如赤杨、杨梅等也有固氮能力。固氮生物广泛分布于自然界中，甚至海藻和地衣中也有共生的固氮菌。自然生态系统生物固氮可达到 100～290 Tg N/年。人为来源主要是指氮肥的施用。因为氮素往往是植物生长的限制因子，因此施入氮肥能够明显提高作物产量，如铵态氮肥、硝态氮肥、硝铵态氮肥和尿素等。

2. 陆地生态系统中的氮循环过程　生物有机氮的合成、氨化作用、硝化作用、反硝化作用和固氮作用构成了陆地生态系统氮循环的主要环节。植物吸收土壤中的铵盐和硝酸盐，进而将这些无机氮转化成植物体内的氨基酸，合成蛋白质，从而形成了各种形态的有机氮。动物直接或间接以植物为食物，一部分蛋白质分解为含氮的排泄物（尿酸、尿素），再经细菌的作用，分解释放出氮；另一部分植物体内的有机氮被同化成动物体内的有机氮，动植物死后体内的有机态氮经微生物的分解作用，转化为无机态氮，形成硝酸盐。硝酸盐可重新被植物所利用，继续参与循环，也可经反硝化作用形成 N_2，返回到大气中。由此可见，由于微生物的活动，土壤已成为氮循环中最活跃的区域。

氮循环中的 4 种基本生物化学过程为：①固氮作用，是指固氮生物（或高能）对大气中的氮的固定；②氨化作用，是指将有机含氮化合物转变成氨和氨化合物的过程，由氨化细菌、真菌和放线菌完成；③硝化作用，是指将氨化物和氨转变成亚硝酸盐、硝酸盐的过程；④反硝化作用，又称脱氮作用，是指反硝化细菌将硝酸盐还原为 N_2、N_2O 或 NO，回到大气的过程。

3. 人类活动对陆地生态系统氮循环的影响　人类主要通过矿物氮肥的生产和使用影响氮循环，每年约 90 Mt N 被输入到陆地生态系统中，但其生物利用率不超过 50%，仅仅 2%～5%被累积在土壤中。在含氮肥料的转化过程中，高达 25%的氮以气态化合物的形式挥发，高达 20%被淋洗到水体环境中，增强温室效应和恶化水环境。含氮矿质燃料的燃烧、工业企业的排放和交通排放导致每年 40～60 Mt N 被释放进入大气。

4. 氮对陆地生态系统中碳循环的影响　陆地生态系统中的氮主要通过影响植物的光

合作用、有机碳的分解、同化产物在植物器官中分配等来影响碳循环过程。

1）氮对光合作用的影响　陆地生态系统的净初级生产量被氮素可生物利用性所限制。添加氮肥后，植物生长增加。这是由于植物光合作用与氮的供应状况和叶片氮含量密切相关。氮是叶片光合能力的一个关键因素，即最大羧化速率（V_{max}）与叶片的氮含量有很强的相关关系，也有研究认为，V_{max}与R_{ubisco}（核酮糖二磷酸羧化酶）的氮含量有关。因此叶片氮能够作为一个可供选择的方案用来描述V_{max}。但是，在任何给定的叶片中，氮并不是一个固定的数量，而是随整个土壤和植物的氮循环过程发生变化，这些循环过程反过来与不同的气候要素（如温度和降雨等）有密切相关关系。添加氮素后促进植物生长的程度因植被类型、营养状况、水分条件等不同而具有差异性。

2）氮对土壤碳库储蓄量的影响　由于氮素增加了地上植被生物量，随着植物转为凋落物回归于土壤，进而增加了土壤碳库储蓄量，尤其是木质素含量高的凋落物的影响更为显著。氮沉降也能够通过影响微生物对有机物质的分解而影响土壤碳库。土壤微生物对氮素的响应包括酶活性变化、养分基质改变、微生物群落及数量变化。添加氮素能够促进含有低量木质素凋落物的分解；然而，由于添加氮素降低了酚氧化酶活性，减缓了高含量木质素凋落物的分解。另外，氮沉降影响了水溶性有机碳的输出，通常，随着添加氮素含量增加水溶性有机碳的输出增加，降低了土壤碳库储蓄量。然而，到目前为止，具体影响机制尚不清楚。

3）氮对有机碳分解的影响　土壤中有机碳的分解受土壤微生物的碳氮平衡影响，因此土壤的碳氮比（C/N）在很大程度上影响其分解速率。原因是微生物对有机质正常分解的C/N 约为25∶1，C/N 高的有机物分解矿化较困难或速度很慢。如果C/N过高，微生物的分解作用就慢，而且要消耗土壤中的有效态氮素。研究发现，土壤呼吸与C/N成正相关，与全氮成负相关。在陆地生态系统中，碳-氮代谢一个微小的变化都会对碳储量和碳通量产生深远影响。Rastetter 等研究表明，由于北半球温带阔叶林和寒带苔原生态系统中植被及土壤C/N不同，植被从土壤同样吸收1 g氮，导致的阔叶林生态系统的净碳储藏是苔原生态系统的3倍。

4）氮对碳分配的影响　植物碳氮分配的变化在生态系统对环境变化的适应过程中起到关键作用，它影响植物碳同化、呼吸和土壤有机质分解等一系列过程。在资源饱和的环境中，植物通过调整其分配方式以达到最大的生长。但在自然环境中，外界压力总是迫使植物为了获得地下的养分、水分等而使一部分光合产物分配到根系，同时为了获得充足的光照，使一部分光合产物分配到茎秆。因此，分配在植物对多种压力的综合反应中起到重要作用。植物在氮的分配中，最优先考虑的是满足叶片和根系生长需要。当叶片碳同化小于甚至等于呼吸损失时，叶片就会枯萎脱落。当实际C/N比大于最适C/N比时，更多的碳将被分配给根系。增施氮肥能改变碳水化合物在细根和地上各部分的分配，由于氮缺乏，每年从净初级生产力分配到细根的碳比例可能从25%增加到大约60%。如果吸收的总氮量能满足植物碳同化的需要，那么氮就不会影响碳在植物器官中的分配，碳在器官中的分配是由生物物理异速生长和新产物的C/N比共同确定的。但在大气CO_2浓度升高的条件下，叶片中较低的氮就能维持一定的光合能力。大田的观测已证实，可通过升高大气中CO_2浓度提高根冠比。

（四）陆地生态系统中的磷循环

磷在陆地生态系统各库之间及其内部进行转化，以微生物-植物-土壤亚系统内的迁移转化最为关键，因此，陆地生态系统磷素循环主要是系统内部的生物化学循环为主。

对于自然或半自然的陆地生态系统，由于土壤中可利用态磷容易被转化为无效态，且随着植物对可利用态磷的不断吸收利用，因此造成土壤磷素耗竭，目前在中国 74%的土壤缺磷，而土壤中 95%以上的磷以不可利用态存在而不能够被作物吸收利用。自 20 世纪以来，随着氮沉降量的增加，土壤中 C/P 比、N/P 比例失衡，加重了土壤磷有效性降低，造成了磷素养分成为很多陆地生态系统生态过程的限制因子。而对于人为影响的生态系统，如发达的农业生态系统或农牧业生态系统，因为施用大量的磷肥，造成土壤中磷累积量过高，随着地表径流导致磷的流失进而导致邻近水体磷的富营养化。磷是不可再生资源，世界上廉价的磷资源已将近耗竭，因此必须加强对陆地生态系统磷循环过程及其影响因素的理解以实现磷资源的可持续利用。

1. 陆地生态系统磷素循环的过程和特点　磷循环属于沉积型循环。磷主要来源于含磷矿物岩石（如钙磷灰石和氟磷灰石）的风化作用。然而，生物可利用态磷在土壤中容易被固定，具有难溶性，因此其循环周期比较长。磷在全球尺度上的周转时间长达 10^7～10^8 年，而陆地、水体有机磷的周转时间为 10^{-2}～10^0 年。陆地生态系统磷素循环是指磷以各种途径输入、输出生态系统，以及磷在系统内部植物-土壤之间、各营养级生物之间、生物体内和土壤内部的迁移转化（图 2-3）。

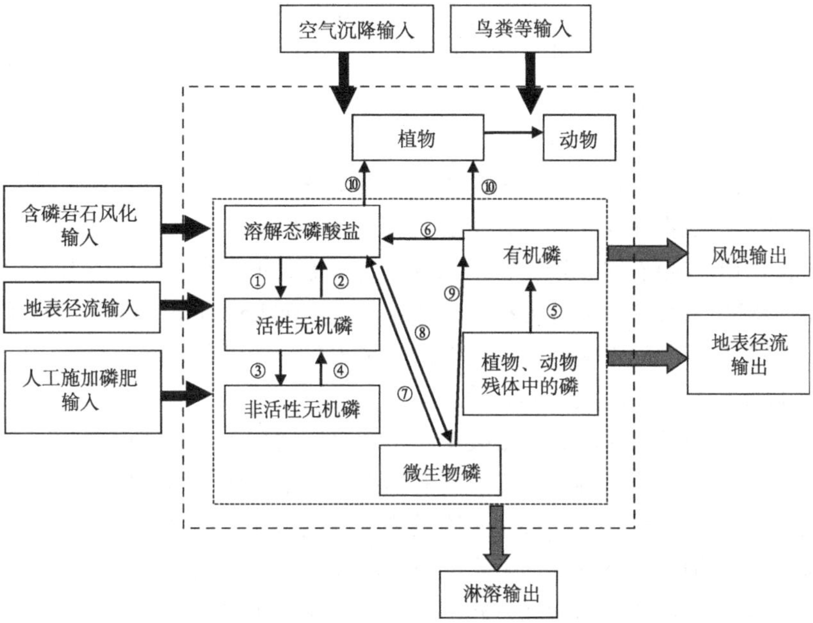

图 2-3　陆地生态系统中的磷循环（修改自赵琼和曾德慧, 2005）

① 吸附、固定；②解吸、溶解释放；③固定、沉淀；④释放；⑤分解；⑥矿化；⑦微生物分解释放；⑧微生物吸收利用；⑨微生物释放；⑩吸收利用

土壤中磷的价态（+5 价）很稳定，以有机磷和无机磷酸盐形态存在，其中以无机磷所占比例较大。土壤溶液中可溶性磷酸盐易于被土壤颗粒、有机质和其他矿物吸附、络合、形成沉淀及被土壤微生物吸收固定，因此 95%～99%磷是以难溶态存在，参与生物循环的磷仅是

土壤全磷的很小部分。

土壤中的无机磷按其被植物吸收的难易程度分为三级。最容易被植物吸收的部分为土壤溶液中的 PO_4^{3-}、HPO_4^{2-}、$H_2PO_4^-$；其次为能被酸碱盐、螯合剂等溶解，并与土壤溶液中的磷酸盐通过吸附与解吸附、沉淀与溶解过程存在着缓慢的、平衡的活性磷酸盐，主要是吸附在 Fe_2O_3、Al_2O_3 表面，为硅酸盐类晶体所束缚的磷酸盐，以及 $CaHPO_4$、$AlPO_4$、$FePO_4$ 等。植物难以利用的磷酸盐通常称之为非活性磷酸盐。

土壤中的有机磷不仅有化合态的磷酸肌醇、磷脂、核苷酸、磷蛋白、磷酸糖，还有吸附在有机物表面和与有机物络合的磷酸盐。Bowman 和 Cole 根据有机磷对植物的有效性大小将其分为活性有机磷、中活性有机磷、中稳性有机磷和高稳性有机磷 4 种组分，目前此方法被广泛用于土壤及沉积物中有机磷分组检测。

土壤有效磷是生态系统磷素研究的关键，它是指能够被植物吸收利用的那部分土壤磷，包括土壤溶液中的磷酸盐、能向土壤溶液中释放磷酸盐的各种形态的有机和无机磷，其含量由土壤内一系列的生物和理化因素共同调节。

2. 陆地生态系统中磷素的输入和输出过程及其影响因素　磷输入的途径有含磷岩石矿物的风化、空气沉降（降水、大气中土壤颗粒、花粉，植物、煤、石油等燃烧产生的烟雾）和地表径流输入。在人工生态系统中，施肥是磷素输入最主要的途径。含磷岩石矿物风化是一缓慢的过程，据估计，通过岩石风化进入生态系统中的磷为 0.05～1.0 kg /（hm^2 · 年）。另外，空气沉降也被认为是一个重要来源。通过空气沉降进入系统中的磷为 0.07～1.7 kg /（hm^2 · 年）。因此，影响岩石风化与空气沉降的气候、地形、土壤发生阶段、植被覆盖状况、物候、周围环境条件等因素都对生态系统的磷输入有影响。

自然生态系统磷输出的途径有地表径流、沿着土壤剖面的淋溶作用和风蚀。在存在人为干扰的生态系统中，植物体及其种子果实的收获是系统磷输出的最主要途径。系统输出的磷酸盐多以颗粒物的形式随着地表径流带出系统，进入地表水。在森林生态系统中，随着地表径流和地下渗流输出系统的可溶性无机磷一般不超过 0.05 kg /（hm^2 · 年），然而在农牧生态系统中，由于磷肥、粪肥的大量施用，土壤磷大量流失，并进入地表水导致富营养化。系统流失的磷主要以正磷酸盐、磷酸双酯和磷酸单酯为主。

土壤磷含量、植被覆盖状况、土壤类型、土壤母岩性质、土壤理化性质、土壤微生物状况、降雨的时间和强度、地形等均能影响磷的输出。在不同条件下主导因子不同，例如，在干旱荒漠地区，植被覆盖状况和土壤微生物是影响系统磷流失的最主要因素。

在大多数自然陆地生态系统中，磷素的输入和输出量都很低，并且输出量大于输入量。近年来，人为活动如土地利用和管理方式的改变（皆伐、耕作、过量施肥等）大大增加了系统的输入、输出量。

3. 磷在陆地生态系统内循环及其影响因素　陆地系统内循环主要由植物自身的遗传特性和土壤内的生物化学过程共同控制。土壤中各种生物与化学因素的相对作用强度也因生态系统类型、土壤风化程度、发育阶段、土壤剖面层次而异。即使在同一生态系统中，由于环境因子的季节变化导致植物的物候变化和植被土壤特性的季节变化，生物与物理化学控制的相对强度也呈现出有规律的变化。在不同的时空尺度上，生态系统磷素循环的控制因素也有很大差异，主要受到植物自身的遗传特性、土壤有效磷的供应能力，以及植物与土壤间的相互作用三个主要方面的影响。

（五）人类对陆地生态系统中物质循环的影响

当前，人类的活动已强烈地干扰了生态系统的物质循环，人类影响物质循环的能力已达到全球规模，并随之带来了一系列复杂的生态环境问题。在过去100多年中，人类活动已经显著地干扰了陆地生态系统碳、氮、磷、硫等物质的生物地球化学循环。例如，全球CO_2平衡的破坏，将导致全球气候的变化和生物多样性的丧失；SO_2的过量释放已造成严重国际公害“酸雨”；人类对氮、磷循环的影响，则产生了水体富营养化的结果等。人类主要通过以下方式进行影响。

1. 土地利用方式的改变 土地利用方式变化过程中，陆地生态系统的结构（物种组成、生物量、生物多样性等）将发生改变，进而对各种物质的循环产生影响。Guo等（2016）和Yu等（2013）研究发现，土地利用方式极大地影响土壤微生物群落组成，以细菌和真菌的影响最为显著。由于微生物在有机物的矿化中起到决定作用，因此进而对物质循环产生影响。以对碳循环的影响为例，土地利用方式的改变可以直接影响土壤有机碳的含量和分布，也可以间接影响与土壤有机碳形成转化有关的因子而影响上述行为。土地利用方式的改变，显著影响了陆地生态系统各部分（比如地上部分、土壤、根系、凋落物等）的碳分配状况。通常，通过土地利用方式的改变和持续性的土地利用两种方式对物质循环产生影响。将森林、草原转变为农田、牧场、城市生态系统的过程中，不仅导致土壤碳以CO_2形式直接向大气中排放，地上部分的碳将会大量减少；而且地下部分碳含量（根系和土壤）也会逐渐降低，且由于植物木质生物量和粗木碎片的减少，长期对土壤碳库的干扰缩短了碳在土壤中的停留时间，最终造成碳在生态系统中的分配发生变化。到目前为止，人类已经使用了地球陆地表面的近50%碳，已经利用了净初级生产力的农业和畜牧业的23%。1850～2000年，土地利用方式的转变导致其净碳排放占全球人为总排放量的35%。目前，人类土地利用活动导致每年1～2 Pg C释放进入大气。

2. 农业生产活动 农业生产活动通常采用施肥的方式增加土壤肥力，然而施用能够对土壤碳、氮等养分的矿化量，以及微生物活性产生影响，进而影响其物质循环过程。通常长期施用有机肥能显著提高土壤碳库含量，而施用各种无机肥料除了能直接提高其养分库含量外，还能通过改变微生物及植物的活性来改变其他的物质循环。Riggs等（2016）研究发现施用氮肥能够降低微生物量，进而对各种物质循环产生影响。另外，撂荒、轮耕和免耕等农业措施通过对陆地生态系统结构和功能的改变，进而对其物质循环产生影响。

3. 化石燃料燃烧 石油、天然气和煤等是最主要的化石燃料种类。石油的主要组分为C（83%～87%）、H（11%～14%），以及少量的S（0.06%～8%）、N（0.02%～1.7%）、O（0.08%～1.8%）等；天然气的主要成分是甲烷；煤的主要组分为结构复杂的碳原子环，以环相互稠合或环键合成长链形态存在，另外还含有H、O、N和S等元素。因此，化石燃料燃烧主要造成大气中CO_2含量增加，进而对陆地生态系统碳循环产生影响。人类活动释放的30%CO_2来源于化石燃料的燃烧，由化石燃料燃烧释放的CO_2从每年2.4 Pg C（1960年统计）上升至8.7 Pg C（2008年统计）。随着人类对化石燃料需求量的增加，化石燃料燃烧过程中释放的其他物质是否对相应物质的循环产生影响，到目前为止还鲜有研究报道，因此需要关注和探讨。

三、根际微生态过程

（一）根际的概念

根际（rhizosphere）的概念是 1904 年德国科学家 Hiltner 首次提出的，是指植物根系与土壤相互作用构成的根-土界面，其范围仅在几毫米以内。根际微环境中存在大量的微生物、无脊椎动物，生物数量与种类均比本土土壤环境更为丰富。Philippot 等（2013）发现根际微界面作为土壤养分、水分等物质从土壤进入植物系统的必经途径，其碳等养分循环周转比较快。植物同化大气 CO_2，将部分光合产物转运至地下，促进根系生长、根系分泌物增加，激发根际土壤微生物的生长和新陈代谢，有利于土壤中养分转化，对植物高效利用土壤养分有着重要影响。随着根际范围物质转化的进行，能量的交换作用也在进行，因此，根际是物质和能量交换的结点。这也使得根际具有微域性、复杂性和动态性的特点。

根系能够分泌低分子质量有机酸、氨基酸、糖类等物质，同时在根系周转/根细胞脱落及根际微生物的活动等作用，使得其与非根际土壤的物理、化学和生物学性质差异性较大。根系分泌物是指植物根系通过各种方式向根际环境释放的各种有机物和无机物，其在促进微生物生长和养分物质循环等方面发挥着重要的作用。例如，植物根部释放的有机和无机根系分泌物对根际矿物营养的有效性有很大的影响，使得生长在石灰性土壤或碱性土壤中的植物经常处于矿物营养缺乏状态，而酸性土壤中生长的作物又经常处于铝毒害状态。Yuan 等（2015）发现，随着根系分泌物的释放，通过趋化作用和生物膜的形成进而促进了根际微生物的生长。同时，由于根分泌物能为微生物提供能源，因此根际微生物的数量可比原土体高出 5～50 倍。一方面，根际微生物可以通过改善根际营养状况来促进植物的生长发育。例如，豆科植物-根瘤菌共生体和菌根植物共生体就是其中典型的例子。另一方面，微生物可以通过释放生长调节物质、铁载体（siderophore）和毒素影响植物的生长，从而间接地影响根际各种物质的生物有效性。

（二）根际微生态过程

随着根际概念的提出及根际研究技术的不断提高，根际的研究范畴和研究内涵不断得以丰富及发展。现在有关根际研究的内容已远远超出当初的范围，更重要的是根际的研究已经不再局限于某一孤立因素，而是从系统角度研究由植物-土壤-微生物组成的根际微生态系统中不同单元间的相互作用、相互依赖的内在规律性。因此，根际微生态系统作为陆地生态系统的子系统而产生了，相应地，根际生态过程在陆地生态系统中发挥的重要作用也越来越受到重视。陆地生态系统中的根际生态过程是关键的地下生态过程。因为根际微生态系统是联结植物、土壤和微生物的纽带，是有机地联系大气圈、生物圈、土壤圈中各种物质循环的核心区域，是全球各种物质循环中最活跃的部分。Sulman 等（2014）认为，目前，对于根际微生态过程中影响陆地生态系统（主要为土壤碳循环）不确定性的研究不够深入。例如，根际微环境中根系-微生物作用如何加速碳损失，以及如何间接地通过与矿物颗粒的作用促进土壤有机碳的蓄积，都需要加以研究才能弄清楚。因此，根际微生态过程的研究应该受到重点关注，进而有利于完善和深入陆地生态系统生态过程的研究。

根系是植物重要的功能器官，是连接植物和土壤的关键通道，是根际微生态过程中的生物量，表征了物质和能量的转化能力。在陆地生态系统中，植物细根（直径<2 mm）具有比表面积大的特点，其中木质纤维含量少，但薄壁细胞较多，造成其抗逆性低、寿命短。尽管其生物量仅占总生物量的 5%左右，但细根不断地进行生长、衰老、死亡和分解的动态过程需要大量能量来维持，因此消耗相当大净初级生产力（NPP）。有人估算，细根周转（fine root turnover）过程可消耗陆地生态系统 NPP 的 33%，其中一些森林生态系统消耗的 NPP 更高（50%～75%）。另外，每年由细根周转输入土壤的 C 占土壤 C 库的 25%～80%，所提供的 N 占土壤 N 库 10%～80%。在森林生态系统中，由于细根周转而转移到土壤中的 C 和养分超过地上凋落物的归还。因此，细根周转是地下生态系统物质循环和能量流动研究中的核心，决定着植物转移到土壤中的 C 和养分通量的多少。

（三）根际微生态过程的影响因素

鉴于细根形态结构决定了细根的功能，因此能够改变细根形态结构的因子将直接影响到根际微生态过程。首先，环境因子，如土壤温度、水分、氮沉降、氮有效性和生长季长度等能影响根际微生态过程。目前，随着全球气候变暖正在继续和扩大，陆地生态系统细根发生、死亡过程可能对气候变化作出敏感反应。例如，土壤温度增加可能直接加速植物细根的周转速率；土壤温度升高引发的土壤氮素有效性、生长季长度及土壤水分的变化可能间接地对陆地生态系统细根周转产生难以估量的影响。近些年来，由于化石燃料燃烧、森林砍伐及氮肥的大量施用，使得大气中氮浓度增加，相应地促进了氮沉降现象。通常，在氮贫瘠土壤中，植物会将光合作用固定的碳更多地分配给细根生长，只有细根更长，探寻氮养分的能力才会更强，才能给植物光合作用提供更多的养分。随着氮沉降量增加，土壤含有过多的氮素时，为了保持细根吸收养分的速率，植物将加快细根的周转速率。其次，根际微生物作用也影响了细根生态过程。例如，细根上菌根侵染量也是影响细根吸收功能的重要部分，菌根增加了细根吸收面积，促进细根对养分和水分吸收。

由于细根周转和陆地生态系统碳循环密切相关，细根周转过程对气候变化的响应可能对目前由大气 CO_2 升高引起的全球变暖造成正/负反馈，这对于准确预测未来气候变化趋势和程度有着巨大的意义。

（四）根际微生态过程中的碳循环

1. 根际微生态系统中碳的输入 大气中 CO_2 的光合固定作用是根际微生态系统中碳的输入来源。光合同化物主要通过韧皮部运输，其中草本植物以蔗糖形式从地上部转移到根系，而另外一些植物包括树木，还可以半乳糖、密三糖、水苏糖或毛蕊糖等形式运输。研究表明，植物通过光合作用固定的同化物有 20%～50%运送到地下。当 CO_2 浓度升高，将给根际微生物带来更多的底物，从而提高土壤微生物活性及凋落物分解速率，加速养分的矿化过程，改善植物养分状况。Luxmoore 也认为，当碳输入增加时，根际微生物转化的养分增加，因而可利用的养分也就增加，其中菌根菌及固氮菌在这种条件下的作用尤为重要。Averill 等（2014）研究显示，菌根真菌与陆地碳库固定储存之间的密切关系控制了陆地生态系统的碳循环。

2. 根际微生态系统中碳的消耗分配和去向 根中碳的消耗能显著影响植株地上部的生长，这与养分在根冠间的分配密切相关。当某一种植物具有稳定的相对生长率和稳定的养分含量时，分配到地上部的生物量与植物养分浓度呈显著正相关。地上部良好的生长势可促进根系的生长，地上部可将固定的碳输入到根系，而根系吸收的水分和养分反过来又促进了地上部的生长。根冠间这种“功能平衡”是植物正常生长的基本原则。当植物受到养分胁迫时，或者当环境条件限制植物生长时，植物必须将大量的碳水化合物分配到根系，从而降低了植物的相对生长率，这反映了根的资源消耗与收益间的分配平衡。

根系本身代表了很可观的碳消耗。从地上部输入到根中的碳大致可以分为三种去向：根的建成消耗、离子吸收呼吸和维持呼吸。三种途径消耗碳的比例随环境条件的变化而有所差异。通过这三种途径计算出的碳消耗量在评价根效率和根际的碳循环方面具有重要意义。

根的建成消耗是指根中碳含量与生长呼吸消耗碳量的总和。离子吸收呼吸消耗是根的总呼吸消耗的重要来源，通常离子吸收消耗大约占根的总碳消耗的14%。维持呼吸是与根的生长呼吸和离子吸收呼吸无关的碳消耗。由于根的总呼吸与根生长率之间存在函数关系，当根的生长率为零时，此时的根呼吸为维持呼吸。根分泌物是植物在生长过程中通过根的不同部位向生长基质中释放的一组种类繁多的物质，根分泌物的释放是根损失碳的一个重要途径。菌根是真菌与植物根系形成的共生体。菌根可使植物根系对碳的消耗增加10%～20%。

3. 根际微生态过程研究现状与展望 近年来，尽管根际微生态过程的研究受到了研究者们的广泛关注，但是，由于根际微生态系统的复杂性，到目前为止，仍然有很多问题尚不清楚。

（1）根际微生态系统碳循环：其研究仍处于起步阶段，主要集中于根际微生态系统某一组成成分的碳固定及消耗研究，缺少系统性研究。根际微生态系统中碳的输入-输出关系、系统内碳素的分配与去向将是未来研究的重点。尤其是，根际碳沉积连接着植物、土壤和微生物，不仅对植物碳素平衡、根际微生物的生长代谢至关重要，而且作为根际微生态系统中的物质流、能量流和信息流也具有十分重要的作用。因此，其在碳循环中所发挥的重要作用需进行关注。

（2）植物细根周转：作为根际微生态的重要组成部分，研究者们逐渐意识到植物细根周转在陆地生态系统碳循环中具有重要意义。近年来国际生态学界逐渐开始关注陆地生态系统细根周转过程与碳循环之间的相互作用。很遗憾的是，小尺度生态系统控制实验的研究仍鲜见报道。由于地下生态系统的复杂性、研究标准的不统一性，以及研究技术的滞后性，使得根际微生态过程研究在陆地生态系统物质流动研究中面临巨大的挑战。细根周转速率在空间和时间上具有高度可变性，与地上生态系统相比，其定量研究比较困难，目前所采用的多种研究方法直接导致了细根周转速率估算值差异性较大。因此，在研究技术、手段和方法上需要进一步深入研究和探讨。

（3）根系分泌物：根系分泌物是植物在生长过程中通过根的不同部位向生长基质中释放的一组种类繁多的物质，根分泌物的释放是根损失碳的一个重要途径。由于根系分泌物是根际微生物的主要碳源，因此根系分泌物直接影响了根际微生物活性及其数量，因此，根系分泌物与根际微生物相互作用对根际微生态过程的影响是未来研究的重点。

（4）根际微生态系统中碳周转的调控机制：对于根际微生态系统中碳循环过程及机理的研究，其最终目的是如何调控其碳周转，优化根际微生态系统的发展方向。因此，此研究课题也将是未来本领域的研究重点。

（5）污染物质的根际微生态过程：目前，对于碳、氮、磷、硫等养分物质在根际微生态过程中的研究还处于不断发展过程中，在植物营养领域已经开展营养物质的根际微生态过程研究，然而对于环境领域所关注的各种污染物的根际微生态过程研究还处于初始研究状态，因此在未来研究中需要进一步加强。

四、陆地生态系统中的能量流动

地球上一切生命活动的能量来自于太阳，能量作为一切生命活动的能源基础，所有生命活动都伴随着能量的转化。能量流动是生态系统的基本功能之一，也是生态系统的动力，生态系统中生命系统与环境系统在相互作用过程始终伴随着能量的流动与转化。

（一）陆地生态系统能量流动的基本原理

1. 生态系统中的能量流动严格遵循热力学定律　生态系统中能量的传递和转化都遵循热力学定律。热力学第一定律指出，自然界能量可以从一种形式转化为另一种形式，在转化过程中按严格的当量比例进行。能量既不能消灭，也不能凭空创造。热力学第二定律指出，生态系统的能量从一种形式转化为另一种形式时，总有一部分能量转化为不能利用的热能而耗散。

2. 生态系统中的能量流动是单向流　能量以光能的状态进入生态系统后，就不能再以光的形式存在，而是以热的形式不断地逸散于环境中。就总的能流途径而言，能量只是一次性流经生态系统，是不可逆的。因此，能量在生态系统中的流动是单向的，不能返回，只能称能量流动。后面要介绍的物质则不同，它是可以循环的，这就是两者的主要不同之处。食物链和食物网是生态系统能量流动的渠道，能量以物质作为载体，同时又推动着物质的运动。能量流与物质流是不能截然分开的。

3. 能量在生态系统中流动的过程就是能量不断递减的过程　从太阳辐射能到被生产者固定，再经草食动物到肉食动物再到大型肉食动物，能量是逐步递减的。这是因为：①各营养级消费者不可能百分之百地利用前一营养级的生物量；②各营养级的同化作用也不是百分之百的，总有一部分不被同化；③生物在维持生命过程中进行新陈代谢，总要消耗一部分能量，这部分能量变成热能而耗散掉。因此，生态系统要维持正常的功能，就必须有永恒不断的太阳能输入，用以平衡各营养级生物维持生命活动的消耗。只要这个输入中断，生态系统就会丧失其功能。

由于能量每经过食物链的一个环节，都有不同程度的损耗，所以食物链就不可能很长，生态系统的营养级一般只有4～5级，很少有超过6级的。

4. 能量在流动中质量逐渐提高　能量在生态系统流动中，是把较多的低质量能转化为另一种较少的高质量能。从太阳辐射能输入生态系统的能量流动过程中，能的质量是逐步提高而浓集的。能量呈单向流动、逐级递减（传递效率：10%～20% ），质量不断提高。

5. 能量流动速率不同　生态系统中能量流动速率与生态系统类型、生物类型及地区有密切关系。对于玉米田和荒地，植物的呼吸消耗占总初级生产量的15%～24%，但在温带森林中，呼吸消耗占总初级生产量的50%～60%；在热带森林中，呼吸消耗可占总初级生产量的70%～75%。在自然条件下，总初级生产效率很难超过3%，一般来说，在富饶肥沃的地区总初级生产效率可以达到1%～2%；而在贫瘠荒凉的地区大约只有0.1%。

（二）陆地生态系统能量流动的影响因子

与海洋等水域生态系统相比，陆地生态系统的能量流动更为复杂，且所受影响因素较多。例如，陆地生产力的季节波动很大，夏季比冬季净初级生产力平均高60%，且初级生产量随群落的演替而变化。陆地生态系统中，光、CO_2、水和营养物质是初级生产量的基本资源，温度是影响光合效率的主要因素；捕食者与捕食量比值决定了生态系统的能量流动。

1. 光照　一般情况下植物有充分的可利用光辐射，但并不是说不会成为限制因素。例如，冠层下的叶片接受光辐射可能不足，白天中有时光辐射低于最适光合强度，对 C4 植物可能达不到光辐射的饱和强度。

2. 水分　水对光辐射利用最易成为限制因子，各地区降水量与初级生产量有最密切的关系。在干旱地区，植物的净初级生产量几乎与降水量有线性关系。

3. 温度　温度与初级生产量的关系比较复杂：温度上升，总光合速率升高，但超过最适温度总光合速率则下降；而呼吸率随温度上升呈指数上升；其结果是净生产量与温度呈驼峰曲线。

4. 捕食者与捕食量比值　Cebrian（2015）发现，随着捕食量的增加，捕食者与捕食量比值降低。但是，目前的研究主要集中在水生生态系统，已有的研究还存在很多矛盾的结论，因此，对于更为复杂的陆地生态系统中捕食者与捕食量关系的研究还缺乏深入探讨。Lafferty 等（2015）提出综合模型代替经典模型来描述描述消费和资源种群之间的关系。经典的消费-资源模型是从综合模型得出的基本假设，缺少必要元素和复合参数。食物网动态主要由捕食、寄生-宿主、草食动物-植物的相互作用而产生。这种相互作用模式包括三类消费活动状态即寻找、攻击、消耗，以及多达四个资源响应状态（敏感、暴露、食入、抗性）。综合模型很好地将上述状态进行解剖、比较，从而导出模型。

（三）陆地生态系统能量流动研究现状及展望

1. 研究方法上存在的问题和难点　通常模拟研究采用的方法为小范围内进行，很难准确描述大范围内实际复杂陆地生态系统的能量流动。这是由于小尺度上获得的能量流动数据在大尺度上不一定存在，在小尺度上占主导的因素在大尺度上不一定占主导地位。首先，能量流动研究过程中速率变量等需要现场迅速测定，目前比较常用小尺度研究，其能量流动规律很难上推至整个生态系统。其次，陆地生态系统中，每种生物及其群体都有其独特的生存尺度范围，生物多样性越丰富，尺度范围也越广，因此，小尺度模拟研究很难模拟实际生物种群的复杂能量流动关系。

2. 地下生态系统中的能量流动　已有的陆地生态系统能量流动研究主要集中在地上部分，地下生态系统的营养关系中各种生物组成是整个陆地生态系统能量流动的重要载体，然而却很少受到关注。首先，细根周转除了对碳循环具有重要意义外，也是能量流动的关键环节，调节着陆地生态系统各营养级之间的相互作用，控制着从植物到土壤的主要碳流通，对陆地生态系统能量流动具有重要意义。其次，土壤中动物和微生物种类丰富，如何在整个能量流动过程中产生影响值得探讨。目前，研究者们对土壤微生物如何分解有机物质进行了大量研究，然而土壤动物具有个体小、食性复杂、栖息环境隐蔽等特点，因此其在能量流动过程中的研究面临各种困难，如研究方法、研究尺度选择等。

五、污染物的陆地生态过程

随着工农业生产的发展和乡村的城市化，大量的污染物以各种形式排放到陆地生态系统中。在污染生态学中，污染生态过程是指生态系统中污染物的输入及其对生物系统的作用过程和对污染物的反应及适应性。相应地，污染物的陆地生态过程主要研究内容有：①污染物在土壤等陆地环境介质中的迁移转化行为，如吸附、解吸、固定、释放、老化、降解、合成、氧化、还原、螯合、解络、挥发、溶解、沉淀等过程，以及污染物在相邻界面的传输过程，如土壤-水界面、根际微界面、土壤-植物界面、土壤-动物界面等；②污染物向生物体内的迁移转化过程及机制等；③污染物胁迫条件下生物的生态毒理效应。

（一）陆地生态系统中污染物的特征

1. 污染物的种类不断增加　陆地生态系统中存在的污染物种类繁多，除了传统污染物如重金属、农药等有机污染物、放射性污染物外，近年来，新型的有机污染物不断进入陆地生态环境，受到了研究者们的关注。OECD 在 2012 年指出，新型污染物主要包括兽药、激素和工程纳米材料。然而，全球污染物种类随时间延长正在呈指数增加，每年来自于工业制造或工业废弃物的约 80 000 种化学物质被释放到环境介质中。Naidu 等（2016）指出，已知的新型污染物主要包括农药、药品、生活类及个人防护品、工业添加剂及副产品、食品添加剂、水处理副产物、火焰/阻燃剂/抑制剂、纳米材料、性激素、离子液体、朊病毒等。Noguera-Oviedo 和 Aga（2016）将毒品和抗生素耐药基因也列入其内，充分体现出了目前所涉及的新型污染物种类的多样性，随着人类生产出更多种类的合成物质，将在环境中出现更多的新型污染物。

2. 污染物的浓度增加　随着污染物不断地向陆地环境进行排放，许多污染物的污染浓度将增加，造成其在生态系统中具有累积效应。通常，在生态系统中随着时间的延长重金属类污染物污染浓度增加，如镉、铅、铬、砷、汞等。在我国，污灌区农田土壤中重金属累积含量在逐年增加，齐雁冰等（2015）发现重金属具有表聚现象，主要聚集在土壤表层 0～10 cm 范围内，这将对农产品质量和人类健康安全产生直接影响。而有机污染物中的持久性有机污染物（POP），因其具有环境持久性、难降解等特点，因此也容易随着时间的延长导致其污染浓度增加。例如，氯贝酸需要几年的时间才能在环境介质中降解，随着污染源不断地排放，其在陆地环境介质中的污染浓度将增加。

3. 污染物的赋存形态日益复杂　无论是无机污染物重金属还是各种有机污染物，其在土壤中均以不同的形态存在，环境条件的不同影响其赋存形态及生物有效性，进而影响其生态过程。重金属类传统污染物的形态分级方法为 Tessier 连续提取法，即采用不同提取液将土壤中重金属的存在形态分为可交换态、碳酸盐结合态、铁锰氧化态、有机结合态和残渣态。上述赋存形态的重金属生物有效性依次减小，此方法是最为经典的重金属分级方法，已经被广泛采用。土壤中的有机污染物也以不同的形态存在，简单地可分为水溶态、结合态和固定态，不同形态的移动性和生物有效性依次降低。尽管固定态有机污染物的生物有效性较低，但固定态有机污染物能够长期存在于土壤中，在适当的外界条件下可以被重新释放进入土壤溶液而被生物利用，也可以直接以土壤颗粒吸附态通过扩散作用进入生物膜而被生物体利用，其生物有效性具有长效性，因此，固定态有机污染物的生态过程具有潜伏性和长效性。例如，在研究土霉素的吸附-解吸过程中，发现一部分被吸附的土霉素被固定在黏粒矿物的层间结构中，很难被解吸下来，表明固定态土霉素的存在，然而其生态过程如何还未引起研究者们普遍关注。随着陆地环境介质条件的变化，赋存形态将发生动态变化，尤其对于有机污染物，存在降解转化效应，通过降解其赋存形态，数量上可能降低，但是当产生代谢物时，由于代谢产物与母体的差异性，进而造成其赋存形态的变化将变得更为复杂，这将对后续的生态过程产生更为复杂的影响，值得研究者们深入探讨。

4. 污染的范围在扩展　污染物进入陆地环境后将发生扩散等迁移转化过程，随着污染物的长距离传输，往往由局域性污染引发区域性污染甚至全球性污染。某些污染物，尤其是亲水性污染物，将在横向和纵向土壤中扩散污染，进而对周边范围内的环境产生污染和影响，使其污染的范围扩大。迁移规律与污染强度、淋滤量等因素有关，即淋滤量越大，污染物越容易发生迁移；污染强度越高，迁移深度越大。另外，污染物亲水性、土壤组成性质（黏粒、有机质、水溶性有机物、微生物等）等多因素能够进行影响。纵向迁移过程中，随着土壤深度的增加，污染物浓度降低，且随着迁移深度的增加，污染浓度减小。横向迁移过程中，污染物浓度越高、水分条件越充沛，横向迁移转化的距离越远。研究者们通常采用各种数学模型（如运动模型等）来拟合污染物的运移规律，进而预测污染物的迁移转化特征。随着陆地生态系统中污染物纵向及横向污染的不断扩散，最终将对陆地相邻生态系统产生影响，如地下水、地表水、水岸带等生态系统。土壤长期淹水条件下，其所含污染物不断释放到邻近水生态系统中；而随着污染物向地下纵向上的迁移，最终淋溶运移至地下水中。除此之外，对于挥发性的污染物，随着气候条件（风俗、干湿交替等）变化，将从陆地生态系统挥发进入大气中，进而造成其污染。

5. 污染的时间在延长　由于重金属类无机污染物和持久性有机污染物在陆地环境中具有高毒性、持久性、生物累积性、远距离迁移性等特点，因此使其具有在环境中污染时间延长的特性，这将造成其长久的生物累积性和潜在的生物毒理效应。例如，卤代有机污染物具有高毒性、难降解、长距离迁移等特点。典型的卤代有机污染物中多氯联苯和多氯联苯醚是电子垃圾的主要成分。随着堆放场地中电子垃圾的不断排放，不仅多氯联苯和多氯联苯醚污染浓度在增加，其污染的时间也在延长。而且，随着环境中污染物种类增加、其交互作用的产生，环境中持久性复合污染物的存在时间在不断延长，更加使其生态过程复杂化。

6. 不同污染物之间的复杂交互作用　污染物多具伴生性和综合性，即多种污染物形成的复合污染。王新和周启星（2004）认为，与单一污染物的污染相比，复合污染更容易发生。而且，与水环境相比，陆地生态环境如土壤等组成成分更为复杂，污染物在其中的迁移转化过程也更趋于复杂化，而复合污染的存在，更加剧了污染物生态过程的复杂性。通常，复合污染存在重金属-重金属、有机物-有机物及有机物-重金属类型。相互之间的交互作用因复合污染物种类、污染浓度、生物种类、环境条件等而存在差异性。通常独立作用、加和作用、协同作用、竞争作用、屏蔽作用等为主要交互作用模式。以有机污染物和重金属在土壤中的交互作用为例，主要包括竞争吸附行为的交互作用、化学作用过程的交互作用，以及微生物过程的交互作用。实际上，污染物间的联合交互作用是一个相当复杂的过程，对污染物在环境介质中的迁移、转化及生态化学过程产生影响。

（二）污染物的陆地生态循环过程

当营养物质作为植物必需养分被植物吸收利用而参与到陆地生态系统中的物质循环过程中，陆地环境介质中因人类活动产生而排放的污染物也同样参与到陆地生态系统的生态循环过程之中。

1. 污染物在陆地介质-土壤中的界面传输　污染物进入土壤后，必然涉及污染物在水-土界面、气-土界面和根-土界面（根际微环境）迁移转化等微界面过程。理解这些微界面过程对于明确污染物的陆地生态循环过程具有重要的意义。

污染物在水-土微界面传输过程主要包括吸附-解吸、降解-积累、沉淀/固定-溶解等。在过去的研究中，报道较多集中在重金属、农药等污染物上。近年来，随着PPCP等新型污染物逐渐进入土壤环境，出现了与传统污染物相叠加的现象，有关这些新型污染物的水-土微界面过程也日益受到关注。尤其是对于复杂的复合污染水-土微界面过程研究将与实际污染环境更为接近，因此也越来越受到重视。例如，对抗生素与重金属复合污染物的水土界面传输的研究表明，四环素的存在能够通过剑桥结构增加重金属Cd在土壤上的吸附；同样的原理，Cd的存在也增强了四环素在土壤上的吸附作用。因此，在关注单一污染物的介质-土壤界面传输的基础上，应该对与实际环境污染相符合的复合污染物的界面传输进行重点关注和研究。

气-土微界面过程决定着污染物在区域和全球尺度上的迁移、传输、归趋及重新分配，主要包括从大气向陆地的干/湿沉降和从陆地向大气的挥发过程。干沉降包括颗粒态干沉降和气态沉降。颗粒态干沉降是指吸附到颗粒上的金属类或有机类污染物在重力作用下或与地表物体碰撞而沉降到陆地生态系统的过程。此过程受到污染物性质、颗粒物性质、下垫面性质，以及环境因子空气湿度、温度等影响。通常，污染物会分布在较细的颗粒物上，随着风速的增大，其沉降速率增加。气态沉降是指气态的污染物扩散迁移到地表后被土壤等固相组分吸附而发生的沉降。此过程受污染物性质、土壤表面性质，以及环境因子如风速等影响。湿沉降可分为降雨沉降和降雪沉降。通常颗粒态吸附的污染物比气态的污染物更容易发生沉降，沉降过程均受到污染物在气固分配上的影响。颗粒物的粒径大小、浓度、化学表面性质、降雨/雪强度、雨滴/雪花直径和碰撞效率均影响了污染物的气固分配。降雨更容易对小分子化合物产生沉降，而降雪对大分子非极性有机化合物的沉降更有效。由于雪花的表面积大、极性弱，因此对有机污染物的沉降比降雨更有效。从陆地向大气的挥发通常是吸附在纳米级或微米级固体颗粒物上重金属类污染物在风力作用下向大气中扩散。而有机污染物的挥发是通过气态化合物迁移到大气-土壤微界面，然后通过分子扩散迁移到大气环境中。污染物的挥发过程主要受气象条件（风向、风速、湿度、温度）、污染物类型、土壤性质、土壤扰动等影响。值得注意的是，气-土微界面的交换过程是由大气和土壤之间的浓度梯度驱动，而土-气分配主要受污染物性质、环境温度、环境湿度、土壤性质（有机质、水分含量等）等影响。气-土交换方向受温度影响，呈现出土壤夏季为源、冬季为汇的季节性变化特点。

根-土微界面是污染物进入植物的必经通道，污染物在根际微环境中环境效应的改变直接决定了污染物向根系的吸收累积。由于植物根系生长发育和生理代谢活动改变了根际土壤的物理、化学和生物学性质（如水分、土壤团聚结构、pH、氧化还原电位（Eh）、阳离子交换量（CEC）、水溶性有机质、腐殖酸、微生物群落结构、酶活性等），形成了一个不同于非根际土壤的微生态系统，影响到污染物环境化学行为，从而决定了污染物向植物根系的运输、吸收及转运。根际微环境对污染物的作用机制主要为：①水分含量、pH、Eh、CEC、水溶性有机质、腐殖质等的改变，以及在根分泌物中大量有机酸（柠檬酸、草酸等）、氨基酸（谷氨酸等）等化合物的作用下，污染物在土壤上发生吸附固定、解吸释放效应，从而影响植物根系对污染物的吸收；②在根系分泌物、酶及微生物的作用下，重金属类污染物可能被固定化，而有机污染物可能被降解，从而降低了向植物体内可能被传输的污染物总量。

2. 污染物在食物链上的浓缩 植物是陆地环境介质中各种污染物的储存体，同时也是各种污染物进入陆地食物链的重要途径。进入陆地生态系统的污染物能够参与物质循环过程，其中性质稳定、具有持久性、生物累积性和毒性的化学物质容易被生物吸收并随着食物链逐渐被富集浓缩。食物链的浓缩作用（生物学放大作用）是指污染物沿食物链各营养级传递时，在生物体内的残留浓度不断升高，越是高的营养级别，生物体内污染物的残留浓度越高的现象。浓缩作用不是用来描述短期内化学物质浓度在生物体内的波动，而是表征化学物质在生物组织中长期平均累积的可能性，以及在食物网中各营养级水平上的生物放大现象；该现象还可以间接反映生态系统中的生物要素和非生物要素对污染物的食物链浓缩的影响。已有研究显示，陆地生态系统中一些污染物如重金属、持久性和容易生物累积性的有机污染物等可以在不同的生物体内经吸收后逐级传递，不断积聚浓缩；或者某些污染物在环境中的起始浓度不很高，通过食物链的逐级传递，使浓度逐步提高，最后形成了生物放大作用。生物放大作用可使环境中低浓度污染物通过食物链作用最终在食物链顶端浓缩为原来的几十倍甚至成千上万倍，进而对生态系统甚至人类产生生态风险和健康风险。20 世纪 60 年代，英国雀鹰遭受了较大程度的毁灭，部分原因是由于 DDT 的生物放大作用。由于使母鸟吃了富集 DDT 的小虫和其他食物，产下卵壳太薄的卵，卵在孵出小鸟之前就很容易破碎，造成雀鹰繁殖受损甚至灭绝。

通常采用生物放大系数和营养级放大系数度量来表征污染物在食物链上的浓缩。生物放大系数是指某一捕食者体内的浓度和一个特定的被捕食者体内浓度的比值，而营养级放大系数是指化学物质在食物网中从低营养级到高营养级的平均放大系数。污染物在食物链上的浓缩受到污染物理化性质、环境介质及生物体的影响。污染物的溶解性及辛醇-水分配系数影响最为显著。通常，如果某化学物质在生物体内不发生代谢，其辛醇-水分配系数越大，在生物体内生物富集可能性越高。环境介质中污染物浓度及其生物有效性直接影响到生物可利用态污染物含量，进而影响其在食物链上的传递。生物体的脂肪含量与组成、体内代谢转化、组织和血液之间的分配作用、生长稀释等作用也影响了其食物链浓缩作用。脂肪含量是疏水性化学物质生物富集的主导因素，生物体内脂肪含量越大，生物富集的可能性越高；脂肪含量越低，越有利于化学物质在生物体内的消除。对于在生物体内难降解污染物，其更易被食物链浓缩。有些情况下，污染物在组织和血液之间的分配是决定其食物链浓缩过程的关键，如多溴联苯醚，尽管其生物有效性很低，但是容易随着食物链进行传递，因此其生物放大作用明显。生长稀释作用是指随着生物的成长，其生物量增加，因此表观体现出生物体内的污染物浓度在降低，这是一种“伪消除”现象。

3. 污染物对陆地生态系统的影响 轻度和重度的污染能够对陆地生态系统中的生物和环境产生影响，然而当污染加重到一定程度的时候可能会导致整个生态系统的生态平衡，甚至导致生态系统的崩溃。

1）*污染物对陆地生物的影响* 污染物对陆地生物的不利影响：对生物的生长发育和繁殖具有十分不利的影响，污染严重时，生物在形态特征、生存数量等方面都会发生明显的变化，甚至通过食物链将污染物传递给人类，对人类的健康产生危害。生态系统的各级生物学水平包括生物分子、细胞器、细胞、组织、器官、器官系统、个体、种群、群落、生态系统。污染物对不同生物学水平的影响是从微不可见到显而易见的发展过程，主要通过生态毒理效应来评价其影响程度。

（1）对生物分子影响：污染物与核酸、蛋白质、脂质等结合后，产生生物学效应，直接引起蛋白质的化学损伤，或诱导机体生成功能蛋白（金属硫蛋白等）防御污染物，导致碱基置换、丢失、链断裂等 DNA 结构改变，或导致光修复、切除修复、SOS 修复等 DNA 损伤修复。造成脂质的过氧化，如细胞器破裂等细胞膜及亚细胞膜受损。

（2）对细胞膜影响：脂膜过氧化导致细胞膜的损伤，进而影响其通透性。

（3）对细胞器影响：造成线粒体结构和功能发生变化，导致内质网结构破坏及核糖体脱落，产生溶酶体导致细胞自溶。

（4）对器官影响：污染物直接作用于靶器官，在效应器官上表现出中毒症状，在蓄积器官中进行累积。

（5）对生物组织影响：对植物的影响表现为叶面出现点、片伤害斑，造成叶、蕾、花、果实等脱落。对动物的影响表现在神经系统、造血系统、内脏系统等病变。

（6）对生物个体水平影响：植物表现为生长缓慢、发育受阻、失绿黄化、早衰等；动物表现为死亡、行为改变、繁殖能力下降、生长和发育抑制、疾病敏感性增加、代谢率变化等。

（7）对生物种群影响：增加/降低种群密度；改变种群的年龄结构、种群大小甚至产生性逆转；在进化过程中通过改变基因频率来适应污染环境，最终导致遗传结构的改变；改变种群的竞争关系。

（8）对生物群落影响：改变群落组成和结构，如耐污染品种成为优势种，敏感品种逐渐消失；有可能狭污性种群被广污性种群取代。由于敏感种群的降低，直接导致生物多样性下降。

污染物进入生物体后能够导致生物化学变化如防护性生化反应和非防护性生化反应。对于防护性生化反应，如诱导生成的混合功能氧化酶将加快新陈代谢，生成水溶性代谢物，加速污染物的代谢和排出。污染胁迫下生成金属硫蛋白能够增加对重金属类污染物的束缚，进而降低其生物可利用性。对于非防护性生化反应，如污染物对乙酰胆碱酯酶的抑制作用，以及对 DNA 加合物的生成的损害，可能导致基因突变。污染物与生物体的相互作用分为三个过程：污染物的急性暴露、污染物的生物转运与转化、生物反应与毒性效应。毒性效应的微观反应机理有对生物膜系统的损坏、对细胞内钙稳态的影响、对生物大分子的氧化损伤、与细胞内生物大分子的共价结合。

目前，对于生态毒理效应的研究在微观水平上已经发展到了分子生态毒理水平，因而能够从机理上明确污染物对生物的影响机制。

2）*污染物对陆地环境的影响* 污染物对陆地环境的影响因污染物种类、数量及环境条件的不同而具有显著差异性，总体表现在以下两个方面。①直接污染土壤、水等介质。长期污染条件下导致土壤理化性质不良，农田土壤质量下降，水体环境恶化，对相邻环境介质产生污染。例如，在长期农药污染的土壤里，土壤明显呈酸性化。土壤养分（氮、磷、钾等）随污染程度加重而减少；土壤孔隙度变小，从而造成土壤结构板结。还可能产生其他环境化学效应，如酸雨、光化学烟雾等。另外，环境污染也可导致环境物理因素发生改变，如热岛效应、温室效应、颗粒物的污染等。②陆地环境介质如土壤是一个开放系统，与周围环境因子形成密切的联系，土壤受到污染物污染必然会引起环境污染的连锁变化。如土壤农药污染会因降雨形成的径（渗）流而污染水体，导致水生生物罹难；或以挥（蒸）发形式弥漫于大气中，使陆生生物受害。而陆地环境中微生物、植物、动物的改变将会间接地对陆地环境产生影响。例如，污染导致陆地生态系统生物多样性下降，能够导致土壤有机质含量下降、微生物数量减少、养分含量降低等，短期内造成土壤质量下降，长期污染条件下可能造成水土流失、荒漠化、盐渍化等问题。

六、陆地生态系统动态模型

（一）陆地生态系统模型的发展

相比于海洋生态系统，尽管陆地生态系统范围较小，但是其吸收和释放大量碳，对水循环，以及陆地与大气之间的能量交换影响巨大。一直以来，全球碳计划（GCP）、全球水系统计划（GWSP）、全球环境变化与食物系统（GECAFS）、全球环境变化与人类健康（GECHH）四大国际组织对驱动陆地生态系统过程和功能的关键过程即碳、氮、水循环进行了重点关注，并深入探讨了其与全球气候变化之间的关系。相应地，陆地生态系统模型被广泛用于模拟生态系统动力学和实际框架范围内的各种观测数据的整合。目前，各种陆地生态系统模型在利用生理生态过程的知识来模拟陆地生态系统的碳水平衡，以及与环境条件变化之间的相互作用中得到了广泛的应用。

模型的发展起源于 20 世纪 50 年代系统生态学的发展。1969 年奥德姆采用条块分割模型从生物能学角度、概念化能量和物质流方面来研究生态系统生产和增长之间的关系。在早期阶段，由于数学模型具有支持理论分析和较低的计算成本等优势，因此被广泛应用到陆地生态系统模型的拟合中。然而，这些模型不能准确评估各种环境因子对生态系统动力学的交互作用影响。随着全球环境变化对陆地生态系统的影响，生态系统模型应该面向过程。首先，简单的数学模型不能评价不稳定环境因子的影响，由于大气中二氧化碳含量增加，地球上的气候变化无处不在，因此，陆地生态系统模型需要对关键环境变量变化作出反应。其次，陆地生态系统模型必须能够模拟由于环境干扰和人为干扰而导致的生态系统非稳定状态。特别是，模型必须模拟生态系统的瞬态响应，如目前环境中二氧化碳增加的全球气候变化。到目前为止，科学家们已经建立了诸多陆地生态系统各个界面碳、氮、水循环模型，包括各种经验模型、过程模型和混合模型。经验模型在早期的模型中被广泛采用，其优点为简单、建模需要因子较少、资料易于获得，适用于有长时间历史序列资料的大范围的物质循环模拟；不足之处在于经验性较强，难以推广，理论基础差，物理意义不明确，不具有对未来的预测能力。过程模型是在生态学理论和观察研究得出的实证证据基础上发展而来的。根据陆地生态系统的光合作用、呼吸作用及营养元素的循环等生态过程，探讨各种环境、生物、气候因素对其循环过程的影响。特别是，大量的组织良好的数据集对于研究人员构建复杂的生态系统模型具有重要的价值。经过几十年的发展，机理性的生态系统模型已被广泛应用于全球变化研究，包括地球系统模型气候预估。过程模型优点在于机理性强、综合程度高和外延性好，因此被广泛用于碳、氮、水循环研究的辅助工具；缺点在于建模所需输入参数较多，具体使用时具有区域性限制，在进一步广泛应用时需要进一步检验和修正。而混合模型具有很好的应用前景，将经验模型和过程模型很好地结合在一起，克服了两种模型的缺点，发挥了它们的优点，使混合模型的应用更为广泛。为了降低模型的不确定性，在模型的使用过程中，需要对其进行修正，如 Medlyn 等（2015）认为能够结合具体的生态学实验进行修正。

（二）陆地生态系统动态模型

植物地理学或生物地理学模型预测了生物群落的空间分布，但不能解释碳、水和营养物质的生物地球化学循环，也不能明确热、能量和动量之间的生物物理相互作用。此外，植物生物地理学模型被假定为静态的，且与气候平衡，因此，其模型不能预测植物分布与气候、生物群落之间的动态变化。与陆地生物地球化学模型不同，植被动力学模型不总是保持生态系统的物质或能量平衡。此模型被用于描述碳、水营养物质的生物地球化学循环。生物地球化学模型能够提供释放到大气中物质的通量，但是没有提供来自于大气中对此通量的限制，也没有给出在任何给定时间步骤中的未耦联生物地球化学模型变化对大气中随后时间步骤的任何影响。生物物理模型在陆面模型（land surface model，LSM）、地表方案、耦合气候和大气环流模型（general circulation model，GCM）基础上形成了土壤-植被-大气传输模型（soil-vegetation-atmosphere transfer，SVAT）。在 20 世纪 80 年代末，将已有的生物地理学模型、植被动力学模型、生物地球化学模型和生物物理学模型进行融合与合并，形成了动态全球植被模型（dynamic global vegetation model, DGVM），以及更为广泛应用的陆地生物圈模型（terrestrial biosphere model, TBM），后者包括 DGVM 的部分或全部。

Fisher 等（2014）提出了构建陆地生物圈模型（TBM）的 25 个关键过程，涵盖了碳、水的生物物理和生物地球化学循环过程、养分储蓄、通量、转换，以及动态和相关生态过程。其参数从微细菌和树叶毛孔跨越至景观尺度，强调每个过程的特点，分为 4 类过程因子，即叶尺度、冠层尺度、植物尺度和生态系统尺度。

1）叶尺度

（1）气孔导度。气孔导度是指气孔张开的程度，对植物光合作用、呼吸作用及蒸腾作用产生重要影响。由于气孔不是一直开放的，因此给建模带来挑战。通常，气孔的过多开放能够使植物吸收更多的 CO_2，释放更多的水分；而气孔开放太少，则与上述相反。气孔的开放与关闭受根区水分消耗、大气水分状况、株龄和株高等影响。

（2）光合作用和总初级生产力。TBM 将光合作用分为生化过程、光利用率和碳同化过程。生化过程，也被称为酶动力学，受到 C3 和 C4 植物种类的影响，同时受阳光照射和叶片遮盖率、温度、土壤湿度等影响。由于光合作用对光的高效利用，因此能够利用卫星遥感仪器在全球范围内持续、合理、准确地进行测量。光利用效率对光衰减非常敏感，通过树冠及叶性质差异对其均产生影响。碳同化过程受环境条件如光照、温度、CO_2、氮和水等影响。

（3）蒸腾作用。气孔导度、光辐射、空气干燥程度、空气温度、叶性质、土壤湿度和风速（包括空气动力学和边界层阻力）等影响蒸腾作用。蒸腾作用甚至能够发生在晚上，当植物气孔组织并未完全关闭的状态下以及在干燥的空气条件下。因此，建模过程中需要注意不能高估也不能低估蒸腾作用。

2）冠层尺度

（1）冠层尺度。在描述单个叶片的基础上，如何将其推广到整个树冠的叶片生态过程将是一个难点。这是因为整个树冠的叶是不均匀的，受角度、尺寸、年龄、氮含量及光暴露程度的影响。

（2）冠层温度。冠层温度是指有多少来自于辐射扩散的能量被转换为增加整个冠层温度。在 TBM 模型建立过程中，需要强调的是，通过全球遥感测量的表面温度中有多少是属于冠层温度。

（3）拦截作用。降雨或雾的拦截作用是非常重要的。首先，这是由于湿叶片通过降低 CO_2 转移而具有最小的光合作用。其次，由于高辐射和较少的障碍作用，水分能够快速地返还进入大气。最后，水分不能到达地表，因此不能为地下生态过程提供足够的水分。

（4）空气动力学。通过改变叶与空气之间的扩散率而影响植物蒸腾作用和 CO_2 的吸收。

（5）物候。由于物候和落叶是碳转化的主要途径，因此是建立 TBM 模型的关键过程。准确的物候对于落叶生物群落是尤为重要的，这是因为它控制着随季节和时间变化有多少碳从生物圈释放进入大气中。太早的萌芽或过晚的衰老均意味 TBM 过高估计了碳吸收，反之亦然。类似地，落叶是主要的碳向土壤中返还的方式，因此冠层中树叶和落叶之间必须保持平衡，以便不在任何时候对冠层树叶量产生影响。温度是最主要的物候因子，在 TBM 建模过程中，与温度相关的参数包括阈值、累积，以及一些组合模式参数，如预定的叶发病/失调的日期、日长度/光周期等。热带主要受湿度和辐射影响，因为温度在热带地区的不同季节相对稳定。

（6）植物功能型。在冠层尺度上，植物功能型是最重要的影响因子。大多数 TBM 模型中至少选择 5 类植被，即阔叶常绿乔木、阔叶落叶乔木、针叶落叶乔木、草和灌木。还可进行进一步的细化区分，如 C3 和 C4 草类、作物及气候限制植被类型。

3）植物尺度

（1）自养呼吸。自养呼吸包括维持呼吸和生长呼吸。由于植物的根、茎、叶自养呼吸的差异性，在建模过程中需要详细考虑。

（2）净初级生产力及其分配。大多数 TBM 模型将净初级生产力仅仅分配到木材、根和叶中，近年来的模型将其也分配到不同的植物储存库中，但是由于其他因素的影响，因此仍需进行优化。

（3）净降水量和树干径流。已有模型很少考虑净降水量和树干径流的影响，通常条件下，它们对生态系统功能的影响很小，但是在侵蚀的和营养物富集生态系统中的影响是不可忽略的。

4）生态系统尺度

（1）土壤层/库。土壤层/库的深度/大小能够显著影响碳、水和养分物质的储蓄与循环过程，已有的 TBM 模型中选择的土壤层/库的深度和大小并不一致，因此，在建模过程中，需要对土壤层/库进行新的参数化。

（2）氮和磷的吸收。由于全球大部分植物的生长受到氮和磷营养元素缺乏的限制。不考虑氮循环条件下，通常会过高估计生物圈对 CO_2 的吸收量。

（3）分解作用和异氧呼吸。有机残落物的分解是一个过程，有多种微生物参与分解过程。而 TBM 模型不能模拟所有这些生物的分解过程，仅仅能模拟最终产物即 CO_2 的量。另外，比较困惑的问题是，将根呼吸作用归为土壤还是植物呼吸的一部分，目前在已有的模型中有不同的归类，因此很难进行下一步比较研究。因此，需要建立统一化的建模标准。

（4）净生态系统交换量。在全球变化背景下，净生态系统交换量（NEE）可能是 TBM 模型中最重要的输出。

（5）融雪和冻土解冻。融雪及相关霜冻和永久冻土解冻过程很难在建模的过程中进行模拟，此过程涉及通过多层能量转移进行不均匀包裹、着色和暴露在冷冻水中。融雪和冻土解冻过程的模拟关键在于建模过程中融与冻之间转换的设置，以及来自于溶解水的水文模拟。

（6）渗透。渗透起到了平衡水分配的作用，决定了多少水分在植物根区是可利用的，多少水分从开放水体中流出，多少水分补给含水层进而有助于河流基流。

（7）蒸散作用。蒸散作用是指冠层蒸腾、土壤蒸发和截留蒸发的总和。蒸散作用作为 TBM 模型的重要参数，与水循环、能量循环和碳循环密切相关。蒸散作用能够调节净辐射量。

（8）径流、路由和水平衡。河流路由方案也是很关键的模拟因子，需要在径流基础上进行关注。

（9）竞争。在不同植物功能类型之间或同一植物类型内，为了利用光、水、营养物质而产生的竞争作用也是建模的关键过程因子。

（10）其他因子。一个关键的动态特征是建立或植物如何占领新的空间。植物死亡也是重要的生态过程因子，尤其是大批量植株死亡。另外，扰动及微量气体和气溶胶也是建模需要进行考虑的因素。

（三）陆地生态系统动态模型的发展展望

尽管陆地生态系统各种模型得到了极大的发展，但是已有的陆地生态系统模型还不完善，存在很多不足之处，如陆地生态系统碳循环模型还不能准确地模拟陆地-大气碳交换通量，不能准确预测对全球气候的影响。陆地生态系统模型主要存在的问题包括以下几点。

（1）缺少模拟复杂生态反应过程的模型；

（2）已有动态模型对生物地球化学循环的植被动态变化的反馈机制缺少考虑；

（3）陆地生态系统与气候系统是相互作用动态平衡系统，然而缺少准确模拟陆地生态系统与气候系统耦合机制的生态模型；

（4）已有陆地生态系统与气候系统的耦合模型缺乏陆地生态系统与水生生态系统的相互作用的考虑，且对物质和能量交换的考虑不足，影响了预测模型的准确性。

对于研究者们普遍认同的陆地生态系统动态模型，尽管众多研究者们已经建立了一些有效的模型类型，但是目前此类模型仍存在很大的不确定性，其发展还不够完善和成熟，主要存在以下问题。

（1）在过去的研究中，为了研究和操作的简便，通常独立研究每个循环的过程和机理。然而，Fay 等（2015）发现，实际生态环境中碳、氮、水循环及其他营养元素循环之间相互联系、相互影响显著，之间存在复杂的物理、化学和生物的耦合作用关系，因此将其结合起来进行研究更为合理，目前，碳-氮-水耦合循环的研究正逐渐成为陆地生态系统科学研究前沿。然而，由于不同物质循环的动态性、复杂性，加之影响因素的复杂性，均给建模带来了困难，目前陆地生态系统的动态混合模型已经成为生态学领域研究的重点和难点问题。

（2）陆地生态系统动态模型需要考虑自然和人为因素等因子的影响。多种变量、因素及影响因子的复合作用使得生态系统模型的结构变得非常复杂。如何建立稳定、完善、高效的模型是拟解决的关键问题之一。

（3）需要加强生态过程及机制的研究，在此基础上建立的模型才能准确估算和预测各种环境及人类活动因子对生态系统的影响。包括地上与地下过程的相互作用和反馈；食物链及捕食过程对植物光合产物形成、分配的影响；陆地与水生生态系统的耦合；施肥、灌水、耕作、采伐等复杂人类管理措施对草场、农田和森林系统的生产力、碳平衡的影响；极端气候事件对生态系统过程和机理的影响；生态模型与气候模型的完全耦合等。

（4）陆地生态系统模型同时也正在从诊断模型向预测模型发展。未来的地球环境变化充满了不确定性，如何减少不确定性，更为实际地预测陆地生态系统的未来变化及其对气候变化的响应和适应也是需要解决的关键问题之一。

思考练习题

1. 什么是地球表层系统？它对人类的经济与社会发展有哪些重要影响？
2. 试论地球表面的各圈层之间的相互关系。
3. 什么是陆地圈？试论陆地圈的基本组成物质。
4. 什么是土壤圈？它与陆地圈之间有什么联系和不同？
5. 土壤主要的物质组成是什么？土壤的本质属性是什么？
6. 生物如何影响土壤的形成？
7. 土壤的系统学分类方法是指什么？
8. 什么是陆地生态系统？试论主要的陆地生态系统类型。
9. 简述土壤圈在地表圈层中的作用。
10. 什么是土壤生态系统？土壤生态系统的结构组成是什么？
11. 陆地圈和陆地生态系统有什么联系与区别？
12. 陆地生态过程中的物质循环包括哪些？其主要驱动力是什么？
13. 陆地生态系统的碳库如何变化？
14. 什么是根际生态过程？
15. 如何建立陆地生态系统动态模型？

第三章
水圈及其生态过程

第一节　水圈与水生态系统

一、水圈概述

（一）水圈的概念

水圈是地球表面或近地球表面的各种形态水的总称，包括海洋水、河流（运河）水、湖泊（水库）水、沼泽水、冰川、积雪、地下水和大气圈中的水等。水圈同大气圈、岩石层和生物圈共同组成地球外壳最基本的自然圈层。水圈中的水，上界可达大气对流层顶部，下界至深层地下水的下限。水圈是外动力地质作用的主要介质，是塑造地球表面最重要的角色。

（二）水圈的组成

水在地球上各类水体的分配如表 3-1 所示，水圈中全部水体的总体积约为 13.86 亿 km^3，其中咸水约占 96.54%，淡水仅占 2.53%。淡水中约 68.7%以冰雪的形式储存在两极和高山冰川中，约有 30%蓄于地下含水层和潜水中，湖泊、河流和沼泽储存的水量约为 19 万 km^3，仅占地球上全部水量的 0.014%，却与人类的生存和发展息息相关。大气总水量约为 1.29 万 km^3，占地球总水量的 0.001%，虽然所占比例很小，但循环和更新快，是地球上可更新淡水资源的主要来源。

表 3-1　水在地球上各类水体的分配（引自芮孝芳, 2004）

水体种类	总水量`		咸水		淡水	
	10^{12} m^3	%	10^{12} m^3	%	10^{12} m^3	%
海水	1 338 000	96.538	1 338 000	99.041		
冰川与永久积雪	24 064.1	1.7362			24 064.1	68.6973
地下水	23 400	1.6883	12 870	0.9527	10 530	30.0606
永冻层中冰	300	0.0216			300	0.8564
湖泊水	176.4	0.0127	85.4	0.0063	91	0.2598
土壤水	16.5	0.0012			16.5	0.0471

续表

水体种类	总水量		咸水		淡水	
	10^{12} m^3	%	10^{12} m^3	%	10^{12} m^3	%
大气水	12.9	0.0009			12.9	0.0368
沼泽水	11.47	0.0008			11.47	0.0327
河流水	2.12	0.0002			2.12	0.0061
生物水	1.12	0.0001			1.12	0.0032
合计	13 85 984.61	100	1 350 955.4	100	35 029.21	100

水圈中水的分类，如按照水的存在形式可分为气态水、液态水和固态水；按照水中的含盐量又可分为咸水、半咸水和淡水；按天然水所处的环境可分为海水、大气水和陆地水。

1. 海水

1）*海水组成*　海水中水约占 96.5%，其他物质（溶解固体、悬浮固体和气体等）占3.5%。构成海水盐类的主要化学元素有氯、钠、镁、硫、钙、钾、碳、锶、硼等，约占海水总盐分的99%以上。海水中还含有微量的碘、硅等化学元素，以及溶解于海水中的氧气和二氧化碳等。海水中溶解的盐类物质以氯化物为最多，约占总盐类的 90%。

2）*海水盐度*　海水盐度是指海水中溶解的全部盐类物质与海水重量之比，以千分率（‰）表示。海水中的盐度为 33‰～37‰，通常以 35‰代表海水标准盐度。明显高于 35‰的海洋称咸化海，如红海的盐度大于 40‰；低于 35‰的称淡化海，如波的尼亚湾，盐度最低时只有 3‰左右。

世界海洋表层海水的盐度分布规律为：从南北半球的副热带海区，分别向两侧的高纬和低纬递减，呈马鞍形分布。海洋表层海水盐度的分布和变化主要受蒸发量和降水量的制约，其次受陆地径流、结冰和融冰、洋流等因素的影响。一般来说，降水量大于蒸发量的海区盐度偏低；反之，盐度偏高。

3）*海水温度*　海水的温度取决于海水的热量收支状况。海水热量主要来源于太阳辐射，海洋表层海水接收太阳辐射后，通过热传导和海水运动向深层传播。海水的温度常随纬度和水深的变化而变化，低纬度地区的海水温度较高；深部的海水温度较稳定，常为−1～4℃，而表层的海水温度变化较大。海水温度在垂直方向的变化规律是随着深度的增加呈不均匀递减，上层温度变化快，越向深处温度变化越小，水温越趋均匀。

4）*海水密度*　海水密度的分布因温度、盐度、压力的不同而有差异。表层海水由于其压力可视为零，因而其密度主要取决于海水的温度和盐度。赤道地区，表层水温高、盐度低、密度小；越向两极，水温越低，密度越大。在垂直方向，由于海水温度随深度增加而下降，因而，其密度则随深度增加而增大。海水具有稳定的层结性，越往下层，海水密度越大。

5）*海水运动*　在风、日、月（天体）引力，以及地震、火山爆发、太阳能等因素的影响下，海水处于不停的运动之中。海水的运动有波浪、潮汐和海流（洋流）等几种形式。其中，波浪是海水最基本的运动形式。地震和火山喷发可释放出巨大的能量，使海水强烈运动，产生汹涌的海浪，浪高可达几十米，这种海浪称海啸。潮汐是由于月球和太阳的引力引起的地球海水面的周期性升降运动。引潮力主要包括太阳-地球间的引潮力和地球-月球间的引潮力两部分。在一些水深逐渐变浅、海岸陡峭的喇叭形河口湾，涨潮时水宛如一堵水墙咆哮前进，这种现象称为涌潮。中国钱塘江涌潮，水高势急，浪花四溅，涛声如雷，为闻名中外之奇观。

洋流是指大洋中的海水常年比较稳定地沿着一定方向进行大规模、有规律的流动。洋流可分表层洋流和深层洋流。表层洋流主要由信风及海水密度差引起，方向以水平运动为主；深层洋流主要由海水温度和盐度差异引起，方向有水平的和垂直的运动。洋流分布有以下特点：①以南、北回归线的副热带高压为中心形成的反气旋型大洋环流；②以北半球中高纬海上低压区为中心形成的气旋型大洋环流；③南半球中高纬度为西风漂流；④在南极大陆形成绕极环流；⑤北印度洋形成季风环流。

2. 陆地水

1）*河流水* 大气降水或地下涌出地表的水，汇集在地表低洼处，在重力作用下经常性或周期性地沿流水本身造成的洼地流动，就形成了河流。河水是陆地表层唯一畅流的液态水，起着上接大气水、下承地下水，最后连接海水的主干作用。

2）*湖泊水* 湖泊水是指陆地上洼地积水形成的、水域比较宽广、流动缓慢的水体。陆地表面湖泊总面积约为 $2.7\times10^6\ km^2$，占全球陆地面积 1.8%左右，是仅次于冰川的陆地表面第二大类蓄水体。由于泥沙淤积和人类过度围垦，湖泊可能会产生沼泽化、萎缩和消亡。据不完全统计，新中国成立以来，长江中下游地区有 1/3 以上的湖泊面积被围垦，围垦总面积达 13 000 km^2 以上，因围垦而消亡的湖泊达 1000 余个。

3）*沼泽水* 沼泽水是积于沼泽表面或含于沼泽草根层和泥炭层中，以自由水（也称重力水）和黏着水（包括毛管水、薄膜水、渗透水和化合水）两种形式存在的水体，是沼泽中以不同形式存在的水的总称，包括重力水、毛管水、薄膜水、渗透水和化合水。沼泽水是地表水和地下水之间的过渡类型。

4）*冰川水* 冰川水是地表上长期存在并能自行运动的天然冰体，由大气固体降水经多年积累而成，是地表重要的淡水资源。地球上的冰川蕴藏了所有淡水资源的 97.8%。

5）*地下水* 存在于地表以下岩（土）层空隙中的各种不同形式的水，统称为地下水。地下水的来源主要有大气降水渗入补给、地表水补给、凝结水补给、来自其他含水层与人工补给等。地下水的存在形式有吸着水、薄膜水、毛细水、重力水，前两者吸附在岩石的表面，一般不运动。毛细水充填于毛细管中，水受表面张力作用逆重力方向运动。重力水在重力的影响下做垂直向下或水平运动。

按照运动特征和埋藏条件不同，地下水分为上层滞水、潜水和承压地下水三类。上层滞水是指存在于包气带中局部隔水层之上的重力水。潜水是指埋藏在地表以下、第一稳定隔水层之上具有自由水面的重力水。潜水和河水间一般具有互补关系。承压地下水是指埋藏在上下两个隔水层之间的地下水。承压水水位高于上部隔水层，在地形条件适宜时，其天然露头或经人工凿井喷出地表形成自流井。

3.大气水 大气水是指存在于大气圈中的水，以气态形式存在。据估算，大气中水的总量约 $1.3\times10^{13}\ m^3$，而绝大多数分布于大气圈的对流层中，通常用湿度来表示大气中水的含量。大气的湿度可分为相对湿度和绝对湿度。相对湿度是指空气实际水汽压与当时同温度下饱和水汽压的百分比，而绝对湿度是指一定量空气中的水汽质量与该定量空气的体积之比（g/m^3）。

由于现代人口的剧增、工业的快速发展及地表生态系统严重破坏，大气水中的粉尘、有毒和有害气体的含量也不断增加，以至影响人们的正常生活。大气水中的粉尘主要有烟尘、矿物微粒、金属微粒等，有害气体主要为SO_2、NO_2、HCl、H_2S等。这些气体被大气水所吸收可形成汽溶胶或酸雨，严重危害人体健康和动植物的正常生长。

大气水对地球的温度能起到“温室效应”，使地球的表面温度保持恒定。水汽与CO_2一样，能吸收大量来自地面的长波热辐射，把太阳辐射的能量截留住，使大气升温。据研究，如果大气圈的水分含量降低50%，气温将降低5℃左右。

（三）水圈的结构特征

1. 水圈的水平结构特征　水圈的水平结构具有连续性和不均匀性。所谓的连续性是指地球表面的任何一个地方都有水的分布，水在地球表层的分布是连续的。所谓的不均匀性是指水在地球表面的分布是不均匀的，具体表现在：①水圈的厚度各处不一；②水圈中各处分布的水量不同。例如，与陆地地区相比，海洋地区的水圈厚度大，水量更多；与北半球相比，南半球拥有的海洋面积更大，水量更多。我国水资源的分布总趋势为由东南沿海地区向西北内陆地区递减。

2. 水圈的垂直结构特征　在垂直方向上，水圈具有近地面集中分布、垂直分层和相态分异的特征。

近地面集中分布特征是指水主要集中分布在地面附近，随着离地面距离的增大，水越来越少。例如，海洋、河流、湖泊、沼泽、冰川都集中分布在地球表面。海洋水占水圈总量的96.54%，海洋水分布面积具有随深度增加而减少的趋势。

垂直分层特征是指水圈在垂直方向上具有一定的分层现象。例如，通常情况下，对“大气水、地表水和地下水”的分类描述，就在一定程度上反映了水圈的垂直分层现象。而且，海洋水也具有明显的分层现象——表层水、中层水和深层水，它们的温度、盐度和运动特征均有显著的区别。

相态分异特征是指水的相态在垂直方向上有规律变化的现象。例如，固态水集中分布在地球表面的极地高纬度地区和高山地区，向地下变为以液态水为主（含少量气态水），向空中变为以气态水为主。

（四）水量平衡

水量平衡是指地球上任何一个区域在任何一时段内，水的收入与支出的差额等于该地区的储水变化量。水量平衡原理是水文、水资源研究的基本原理，借助水量平衡原理可以对水循环现象进行定量研究，并可以建立各水文要素间的定量关系，在已知某些要素的条件下可以推求其他水文要素，具有重要的理论意义和实用价值。

水量平衡方程可用下式表示：

$$I-Q=\Delta W \tag{3.1}$$

式中，I 为输入区域的水量；Q 为输出区域的水量；ΔW 为研究时段内区域储水量的变化。

尽管对于全球海洋陆地的蒸发量、降水量与径流量的估算值还不完全相同，但有一点是共同的，就是全球的水量是平衡的。全球水量平衡方程如下式：

$$P_C+P_O=E_C+E_O \tag{3.2}$$

式中，P_C为大陆降水量；P_O为海洋降水量；E_C为大陆蒸发量；E_O为海洋蒸发量。

二、水循环

（一）水循环的概念

水循环通常也被称为“水分循环”或“水文循环”，是指地球上各种形态的水在太阳辐射、重力等作用下，通过蒸发、水汽输送、凝结降水、下渗及径流等环节，不断地发生相态转换和周而复始运动的过程。水循环是联系大气水、地表水、地下水和生态水的纽带，其变化深刻地影响着全球水资源系统和生态环境系统的结构与演变，影响着人类社会的发展和生产活动。

（二）水循环的机理与过程

水循环的内因是水的物理性质，它在不同的温度条件下具有三种存在形式：气态、液态和固态，从而为水循环奠定了物质基础。循环的外因或动力是太阳辐射和地球引力，水分在太阳辐射的作用下离开水体上升到空中并向各地运动，又在重力的作用下回到地面并流向海洋。从全球看，水循环是一个闭合系统；但从局部地区看，水循环却是开放系统。地球上的水在循环过程中，总携带一些物质共同运动，但这些物质并不像水一样构成完整的循环，因此，通常讲的水文循环，仅指水分的循环，简称水循环。

水循环过程通常由 4 个阶段组成（图 3-1）：①蒸发，指太阳辐射使水分从海洋和陆地表面蒸发，从植物表面散发变成水汽，成为大气组成的一部分；②水汽输送，指水汽随着气流从一个地区被输送到另一地区，或由低空被输送到高空；③凝结降水，指进入大气中的水汽在适当条件下凝结，并在重力作用下以雨、雪和雹等形态降落；④径流，指降水在下落过

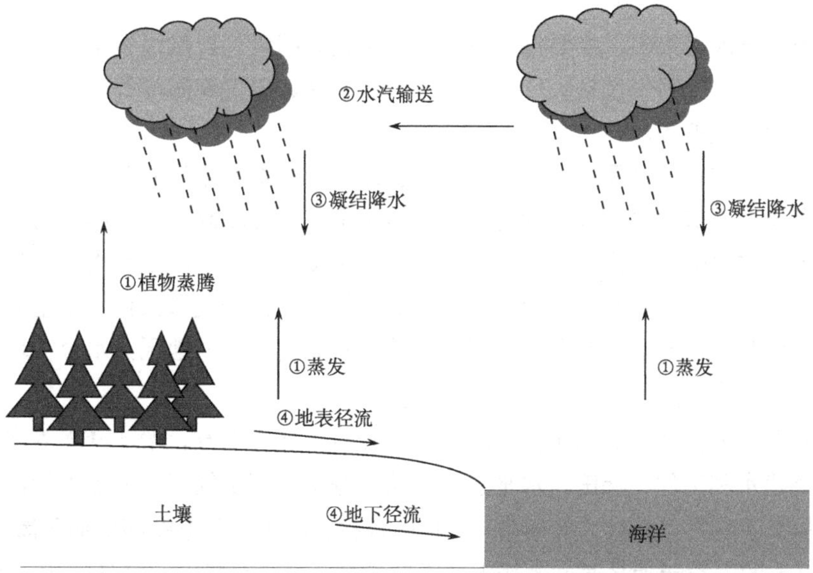

图 3-1　水循环示意图

程中，除一部分蒸发返回大气外，另一部分经植物截留、下渗、填洼及地面滞留水，并通过不同途径形成地面径流、表层流和地下径流，汇入江河，流入湖海。

（三）水循环的类型

根据水循环的过程，水循环类型可分为大循环和小循环两类。①水分大循环，即海陆间循环。海洋蒸发的水汽，被气流带到大陆上空，凝结后以降水形式降落到地表。其中一部分渗入地下转化为地下水；一部分又被蒸发进入天空；余下的水分则沿地表流动形成江河而注入海洋。②水分小循环，即海洋或大陆上的降水与蒸发之间的垂向交换过程，包括海洋小循环（海上内循环）和陆地小循环（内陆循环）两个局部水循环过程。

（四）水循环周期

水循环周期是研究水资源的一个很重要的参数。水循环追踪常用的方法有稳定同位素追踪法。对于某一水体，它的更新速度快、更新周期短，那这种水资源的利用率就高。

通常水循环周期可用下式表示：

$$T=W/\Delta w \tag{3.3}$$

式中，T 为水循环周期（年、月、日、时）；W 为水体储量；Δw 为每年参与水循环的活动量。

各种水体更新周期存在着较大的差异，海水全部更新一次至少需要 2650 年，永久积雪需要 9700 年，地下水更新一次得需要 1400 年，大气水的平均循环周期只有 8 天，河水平均 16 天就可更换一次。

（五）水循环的影响因素

水循环的影响因素很多，主要包括自然因素和人为因素。自然因素主要有气象因素和下垫面因素。其中，气象因素包括大气环流、风向、风速、温度和湿度等，下垫面因素包括地形、地质、土壤和植被等。

气象因素是影响水分循环的主要因素。在水分循环的 4 个环节（蒸发、水汽输送、降水、径流）中，有 3 个环节取决于气象状况。一般情况下，温度越高，蒸发越旺盛，水分循环越快；风速越大，水汽输送越快，水分循环越活跃；湿度越高，降水量越大。另外，气象条件还能间接影响径流，径流量的大小和径流的形成过程都受控于气象条件。下垫面因素对水分循环的影响主要是通过影响蒸发和径流起作用的。有利于蒸发的地区，水分循环活跃；而有利于径流的地区，水分循环不活跃。

人为因素对水分循环的影响主要表现在调节径流、加大蒸发、增加降水等水分循环的环节上。人类修建水利工程、梯田、水平条、鱼鳞坑等都能减少径流，增加入渗，增加土壤含水量，从而加大了蒸发，影响了水分循环。封山育林、造林种草也能够增加入渗、调节径流、影响蒸发。以上的人类活动是通过改变下垫面的性质、形状来影响水循环过程，而人工降雨、人工消雹和人工消雾等活动则直接影响水汽的运移途径及降水过程，是通过改变局部水循环来达到防灾、抗灾目的的有效措施。

（六）水循环的作用与意义

水循环对全球气候的作用主要表现在：首先，水循环是大气系统能量的主要传输、储存和转化者；其次，水循环通过对地表太阳辐射能的重新再分配，使不同纬度热量收支不平衡矛盾得到缓解；再次，水循环的强弱及其路径还会直接影响到各地的天气过程，甚至可以决定地区的气候基本特征。

水循环的地理意义表现为：①水在水循环这个庞大的系统中不断运动、转化，使水资源不断更新；②水循环维护全球水的动态平衡；③水循环进行能量交换和物质转移，陆地径流向海洋源源不断地输送泥沙、有机物和盐类，对地表太阳辐射吸收、转化、传输，缓解不同纬度间热量收支不平衡的矛盾；④造成侵蚀、搬运、堆积等外力作用，不断塑造地表形态；⑤水循环可以对土壤产生影响。

三、水生态系统

（一）水生态系统的概念和分类

水生态系统是由水生生物群落与水环境共同构成的具有特定结构和功能的动态平衡系统，是地球表面各类水域生态系统的总称。水生生态系统中栖息着自养生物（藻类、水草等）、异养生物（各种无脊椎和脊椎动物）和分解者生物（各种微生物）群落。按水中的含盐量高低，水生态系统可分为淡水生态系统和海洋生态系统。

（二）水生态系统的功能

水生态系统的功能主要包括：①供给功能。水生态系统的供给功能主要指水资源的供给、水产品（如鱼类等产品）的供给。②支撑功能。水生生态系统的服务功能主要指提供栖息地，以及对生物多样性的保护作用。③调节功能。水生态系统的调节功能主要指促进营养元素循环、水质净化、补充地下水和控制荒漠化等。④美学功能。水生态系统独特的生境特征、外貌特征及生物多样性特征等，使其具有与陆地生态系统风格迥异的美学功能。

（三）水生态系统的影响因素

1. 自然因素　洪水泛滥是自然水循环的一部分，对水生态系统具有重要影响。泛滥平原和河流的水文连通性通过洪水泛滥维持。洪水不仅为泛滥平原带来丰富的营养物质，还可为泛滥平原中的湖泊和水塘补给水分，提升地下水位。一些底栖无脊椎动物如海狸，通过筑坝和捕食行为改变了水生态系统的结构及动力学特征，对于水生态系统具有重要影响。

2. 人为因素　人为因素对水生态系统的影响主要是通过改变其自然属性和过程。随着经济社会的发展，在河流上筑坝拦截水量用于发电、灌溉、控制洪水等使河流生态环境受到人为影响。人类活动行为的污染物进入水生态系统后，可在水生生物体内累积，并通过食物链的传递，形成生物放大效应。其中，内分泌干扰物（EDS）可影响水生生物的生长、繁殖和整体发展。

人类活动排放的大气污染物如 NO_2、SO_2 和 Hg 等，可经过大气的长距离迁移，通过干湿沉降（如酸雨和 Hg 化合物）引起水体污染，影响水生生物的生存和繁殖。此外，人为因素引起的河岸带植被的退化及外来物种的入侵也可显著影响水生态系统。

（四）水生态系统健康评价

1. 生物学评价

1）*指示生物类群评价* 该评价法比较适用于一些自然生态系统的健康评价。自然情况下，指示物种与生态系统趋于和谐的稳定发展状态。当生态系统受到外界胁迫后，生态系统的结构和功能受到影响，指示物种的适宜生境受到胁迫（或破坏），指示物种结构功能指标将产生明显变化，通过指示物种的数量、生物量、生产力、结构指标、功能指标及其一些生理生态指标的变化程度来描述生态系统的健康状况。

2）*多样性指数评价* Shannon-Wiener 多样性指数（H'）是评价生态系统健康状况重要的可度量指标，描述的是水体中生物细胞密度和种群结构的变化，指数值越高，该群落结构越复杂，生态系统稳定性就越大。而当水体受到污染时，敏感型种类消失，多样性指数减小，群落结构趋于简单，稳定性变差。计算公式为：

$$H' = -\sum (N_i / N) \ln (N_i / N) \tag{3.4}$$

式中，H'为 Shannon-Wiener 多样性指数；N 为样品中的个体总数；N_i 为第 i 种的个体数。

3）*群落学指标评价* 近年来，基于对海洋等生态系统健康的研究，一些学者提出一个客观评价生态系统健康的度量指标——多样性-丰度关系。健康的生态系统中，多样性-丰度关系可以用对数正态分布表征。这种分布里中等丰度的物种最多，常见的和稀有的物种都较少，对数正态分布是抽样的统计特征，且具有生态学的有效性。在恶劣条件下，多样性-丰度格局常常变化且不再表现为对数正态分布。一个群落的多样性和丰度分布偏离对数正态分布越远，群落或其所在的生态系统就越不健康。

4）*生物完整性指数法评价* 生物完整性的内涵是支持和维护一个与地区性自然生境相对等的生物集合群的物种组成、多样性和功能等的稳定能力，是生物适应外界环境的长期进化结果。简言之，生物完整性指数（IBI）即可定量描述人类干扰与生物特性之间的关系，且对干扰反应敏感的一组生物指数。

生物完整性指数是用多个生物参数综合反映水体的生物学状况，从而评价河流乃至整个流域的健康。每个生物参数都对一类或几类干扰反应敏感，但各参数反映水体受干扰后的敏感程度及范围不同，单独一个生物参数并不能准确和完全地反映水体健康状况及受干扰的强度。因此，若同时用两个以上参数共同评价水体健康时，就可以比较准确地反映干扰强度与水体健康的关系。

5）*污染耐受指数评价* 污染耐受指数（PTI）用来描述水生底栖动物对污染的耐受程度，其值越大表示水体污染越厉害，水生态系统遭受破坏越严重。计算式为：

$$\text{PTI} = \sum (n_i \times t_i) / N \tag{3.5}$$

式中，t_i 为第 i 种类生物的污染耐受值；N 为样品中的个体总数；n_i 为第 i 种类生物的个体数。

6）*均匀度指数评价* Pielou 均匀度指数（J）反映的是水体中各类生物是否比较均匀，优势种是否存在。均匀度指数值越高，物种的空间分布越均匀，生态系统稳定性就越大。计算式为：

$$J = H / \ln S \tag{3.6}$$

式中，S 为群落中的总物种数；H 为实际观察的物种多样性指数。

7）*King 指数与 Goodnight 修正指数评价*　King 指数（KI）与 Goodnight 修正指数（GBI）的研究对象分别是水生昆虫和寡毛类，其中 KI 反映的是湿生物的比重，二者所得值越大，表示水体受污染越轻，生态系统稳定性也大。计算式分别为：

$$\text{KI}=\text{水生昆虫类的湿重/寡毛类湿重} \tag{3.7}$$

$$\text{GBI}=(N-N_{\text{oil}})/N \tag{3.8}$$

式中，N_{oil} 为样品中寡毛类个体数；N 为样品中底栖动物个体总数。

8）*底栖动物群落恢复指数评价*　底栖动物群落恢复指数（I_{ZR}）是结合 Chandler 指数和科级生物指数的特点，在污染评价均值法的基础上进行的修正和扩展。与其他生物指数相比，I_{ZR} 指数使用简单，所涉及种类为常见种，容易辨认，如辨认技术要求较高的水生昆虫只需辨认到科，而且放大了少数敏感种的指示效果。此外，该指数能明确反映底栖生物群落的结构状况，其值越大，表示水体的自净恢复能力越强，水生态系统越好。计算式为：

$$I_{ZR}=\sum[(P_i/N)\times I_{ci}] \tag{3.9}$$

式中，P_i 是第 i 种类个体数，ind/m^2，若 $P_i/N<5\%$，按 5%计算；I_{ci} 为每个种类对应的清洁指数，清洁指数权值的衡量标准参考科级生物指数，根据当地底栖动物群落结构情况进行调整。

2. 熵权综合健康指数评价　在选择湖泊生态系统健康评价指标和评价方法时，应综合考虑自然因素和社会因素，宏观与微观相结合，熵权综合健康指数法即是为满足这一要求提出的，它的计算公式为：

$$\text{EHI}_\text{C}=\sum_{i=1}^{n}(I_i\times w_i) \tag{3.10}$$

式中，EHI_C 为湖泊生态系统综合健康指数；I_i 为第 i 个指标的归一化值，$0\leqslant I_i\leqslant 1$；$w_i$ 为第 i 个指标的权重，可由熵值法确定。熵权综合健康指数法分为以下几个基本步骤：建立评价指标体系；计算各指标的归一化值；确定各指标的熵权；计算湖泊生态系统熵权综合健康指数。

3. 灰色关联评价　灰色评价法是用灰色系统的方法来评价河流水体状况。水域可以看成是一个灰色系统，即部分信息已知，部分信息未知或不确切，可以用灰色系统的原理来进行综合评价。灰色关联评价方法是以断面水体中各因子的实测浓度组成实际序列，各因子的标准浓度组成理想序列，不同标准级别组成的不同理想序列，使用灰色关联度分析法计算实际序列与各理想序列的关联度，最后按照关联度的大小确定综合水质的级别。

4. 模糊评价　应用模糊数学进行水生态系统评价时，对一个断面只需要一个由 P 项因子指标组成的实测样本，由实测值建立各因子指标对各级标准的隶属度集。例如，标准级别为 Q 级，则构成 P×Q 的隶属度矩阵，再把因子的权重集与隶属度矩阵进行模糊积，获得一个综合判集，表明断面水体对各级标准水体的隶属程度，反映了综合水生态健康状况的模糊性。由于在模糊综合评价中，一般采用线性加权平均模型得到评判集，使评判结果易出现失真失效、均化、跳跃等现象，存在水质类别判断不准确或结果不可比的问题，而且评价过程复杂，可操作性差。因此，在应用模糊理论进行水生态系统健康评价方面还需解决权重合理分配和可比性的问题。

四、生态区划、水生态分区和水生态功能分区

（一）生态区划

生态区划是指在对生态系统客观认识和充分研究的基础上，应用生态学原理和方法，揭示自然生态区域的相似性/差异性规律，以及人类活动对生态系统干扰的规律，从而进行整合和分区，划分生态环境的区域单元。虽然生态区划是在各自然区划的基础上发展起来的，但它与自然区划不同。生态区划既考虑了自然环境的特征和过程，也考虑了人类活动的影响，是特征区划和功能区划的相互统一。

不同的生态分区目的，决定不同的生态分区框架和分区方法。目前世界上最具影响的生态分区框架主要是以 Bailey 为代表的美国林务局开展的生态分区体系、以 Omernik 为代表的美国 EPA 开展的生态分区体系，以及世界自然基金（WWF）对北美地区开展的生态分区框架。对比中国生态功能分区与上述 3 个分区方法（表 3-2），区别主要有 3 个方面。

表 3-2 国内外典型生态分区框架体系分析比较（引自孙小银等，2010）

项目	Bailey 生态区划	Omernik 生态区划	世界自然基金会生态区划	中国生态功能区划
开展机构	美国林务局	美国环境保护署	世界自然基金会	中国环境保护部
分区目标	优化美国的森林/牧场和土地管理和利用	实施有效的水质管理和水资源保护	促进全球重点生物多样性的生态过程保护	确定不同地区的生态环境承载力和主导生态功能，对重点生态功能保护区分期、分批展开保护与建设
分区体系	一级分区为地域:控制因素为气候，参照柯本气候类型划分法，基于降水和气温指标，全球划分为 4 个区域，4 个区域在美国皆有存在；二级分区为区:控制因素为气候，基于确定植被类型草原或是森林，并考虑到土壤分带性；三级分区为省：控制因素为演替顶级植物群系，地形也是重要划分因子；四级分区为地段:参考 Kuchler 全美潜在自然植被分区法，指标为植被类型	基于植被、地形、土壤、气候、水质和人类活动等影响因素，根据专家判断和各种影响因子的权重，划分生态区，分为 4 级	根据生态系统的生态特征和保护地位，确定不同等级的生态分区，为生物地理带、主要生境类型、生态复合体、生态分区 4 级；判断生物特征因子有生物多样性、地方特有物种等，判断保护地位的因子主要有人类活动干扰、物种稀有程度等	生态功能一级区：根据生态系统的自然属性和所具有的主导服务功能类型，将全国划分为生态调节、产品提供与人居保障 3 类，31 个区；生态功能二级区：依据生态功能重要性划分，有 9 类 67 个；生态功能三级区：依据生态系统与生态功能的空间分异特征、地形差异、土地利用的组合来划分，全国划分为 216 个
分区方法	控制因素法	证据权重法和专家判断法	专家判断法	专家判断法和定量分析法
应用	用于资源规划法案和政府绩效结果法案的国家评价与报道；区域多尺度森林分析与评价；基于国家森林管理法案的森林水平分析与规划	发展水质生物基准；确定水质管理目标；州水质评价等	全球生物多样性保护	规定国家重点生态功能保护区以进行保护；分析各重要生态功能区的主要生态问题，分别提出生态保护主要方向；指导区域生态保护与生态建设/产业布局/资源利用和经济社会发展规划

续表

项目	Bailey 生态区划	Omernik 生态区划	世界自然基金会生态区划	中国生态功能区划
特征	采用影响每一等级区域的控制因素划分生态区，未考虑人类活动	综合所有影响因素，确定在各个等级生态区影响因素的权重，以此来分区	从生态特征和保护地位，综合所有因素，并按照证据权重法划分区域	根据生态系统提供的服务功能类型不同，划分不同的区域；突出人类活动的影响

1）分区单元的生态内涵不同　　中国生态功能分区属于生态分区，但是与美国的生态分区的内涵还是有较大差别。对于生态分区的基本单元生态区的定义，尽管 Bailey、Omernik 和 WWF 各自有着不同的观点，但是都同样是指生态过程和地理特征同质的区域。生态功能区是指区域生态系统提供的服务功能相似的区域，仍然属于生态区范畴，只是突出了区域生态过程所表现出的生态服务功能。中国系统根据各生态系统表现出的生态服务功能类型分区，而美国系统则是综合生态系统的组成、结构及影响因素分区，其重点在生态系统的生物多样性和生物特征。

2）分区侧重点不同　　美国林务局、EPA 和自然基金会的分区工作基本属于自然生态区划，以自然生态系统为中心，强调系统的自然属性，其目的是资源和环境的管理及保护；而中国分区工作则基本属于一种功能区划，强调系统的人为属性，突出自然生态系统对人工生态系统的响应，其宗旨是提升自然生态系统对人类的服务功能。

3）分区角度不同　　尽管美国林务局、EPA 的生态分区体系在分区方法上不同，但是都反对将陆地生态系统和淡水生态系统隔离开来单独进行分区，强调将陆地和淡水生态系统综合在一个生态分区框架之下，认为分开进行分区并不是真正意义上从生态系统的角度开展分区。世界自然基金会从陆地生态分区、淡水生态分区和海洋生态分区 3 个部分开展生态分区，根据物种组成类型的不同，以此确定各生态区保护的重要性程度，但其在大尺度水平上分区指标仍是最基本的自然要素，即气候和陆地植被方面的综合因素。而目前中国生态功能分区更加侧重于陆地生态系统。

（二）水生态分区

水生态区划最早由美国环保署（USEPA）于 20 世纪 70 年代提出。水生态区划所划定的每个分区可看成是离散的系统，能够反映地貌、地形、土壤、植被、气候、水文及人类影响因子的作用关系。这些因素在不同尺度上相互作用，共同决定着其境内河流的水文、河道形态、基质类型等物理及水化学特征，从而进一步影响水生生物群落的分布和结构，最终导致水生态系统的类型差异。

20 世纪 80 年代后期，USEPA 着手开展全美生态分区，首次提出针对河流、湖泊等淡水水体的生态分区方案。目前，USEPA 的水生态区划方案已发展到 5 级体系。澳大利亚将全国分成不同类型的生态区，以反映水生态系统的自然差异性。区划主要是考虑 3 个基本因素：气候（降水量大小及其季节性）、地文（海拔和地形）、植被类型（结构和组成），将其划分为 17 个水生态区。此外，欧盟、南非、新西兰和世界自然基金会（WWF）等相继开展了水生态区划的工作（表 3-3）。

表 3-3 世界主要水生态区划方案基本特征比较（引自唐涛和蔡庆华，2010）

国家/地区	主导机构	区划目标	主要指标体系	区划结果/进展
美国	环保署（USEPA）	水质管理与水资源保护	地表地貌、土壤类型、潜在自然植被、土地利用	15 个Ⅰ级区、52 个Ⅱ级区、84 个Ⅲ级区，正在各州尺度上进行Ⅳ～Ⅴ级区划
澳大利亚	澳大利亚及新西兰环境保护委员会（ANZECC）	水生生物多样性及水资源管理	气候、地文、前欧洲时期植被	将维多利亚州分成 17 个生态区
新西兰	环境保护部（DC）	溪流保护及管理	新西兰气候区、降雨、地形、植被、土壤、地质	将全国分成 25 个生态区
荷兰	房屋、地方规划及环境部（MHPPEM）	为国家环境管理提供统一的规划方案	地质、地貌、地下水、地表水、土壤、植被、动物区系	6 个生态区（ecoregion：4 个陆生型、2 个水生型）；37 个生态小区（ecodistrict：26 个陆生型、11 个水生型）
欧盟	欧洲水框架指令（WFD）	河流生态特征评估	System A（指定类型）：海拔、流域面积、地质；System B：必选参数有海拔、地质、地理坐标可选参数有地形、水文、气候	System A 将欧洲分成 25 个河流湖泊生态区。法国用 System B 构建了 22 个Ⅰ级、54 个Ⅱ级水文生态区（hydro-ecoregions）
南非	水务及森林部（DWAF）	河流生态保护	地文、气候、地质与土壤、潜在植被覆盖	18 个一级区
全球	世界自然基金会（WWF） 美国大自然保护协会（TNC）	淡水生物多样性保护	淡水鱼类资源的组成及分布差异	将全球分成 426 个淡水生态区

根据中国当前河流、湖泊等水体生态与环境现状及管理情况并结合中国水生态系统的层次结构特点，孟伟等（2007）提出设想，首先在我国建立三级的水生态区划体系。其中，一级区是水生态系统的地势与水文影响特征因素的分类，反映的是大尺度的地势、水热要素对水生态系统的宏观影响，可以选择水热要素和地形地势作为区划指标，如径流深度、地形格局等；二级区划是从区域本身的特点出发，反映的是区域尺度的地形、地貌及植被对河流栖息地环境条件的影响，可选择性地选取特征影响因子，如地貌类型、海拔高度、土壤类型、植被类型等指标，同时还考虑到河、湖分布及水库节点对水生态栖息地环境的影响，从而划分出相应的水生态区；在二级分区的基础上，以各省为层次开展三级区划的研究，同时将人类影响因素结合进来，综合分析人类对水生态系统的干扰过程及水生态系统所表现出来的敏感性，综合细分出更小尺度的水生态单元，从而为水生态系统的保护和恢复提供科学依据。

结合国际主要的水生态分区研究，孙小银和周启星（2010）确定中国水生态分区范围应为河流、大型湖泊和水库，并尝试提出了在宏观尺度、中等尺度和小尺度上构建中国水生态分区指标体系（表 3-4）。

表 3-4　中国水生态分区指标体系（引自孙小银和周启星，2010）

分区尺度	分区目标	分区指标	指标特征	指标意义
宏观尺度	划分出主要的生态气候区域	气候因子（年平均降水量、水温）、地形因子（海拔高度）	定性	体现大尺度的水生态系统地域空间分布特征
中等尺度	识别出生态系统的空间分布格局，以及各水生态的生态系统结构和特征，如鱼类分区区系等水生生物分布特征	生物种群结构（鱼类种群结构、种群密度、地方特征有种数量等生物多样性特征）	定量、主要指标	体现中等尺度水生生物种群分布特征
		河流特征（多年平均径流量、深度）	定量、主要指标	体现河流生境特征
		人类活动因子（水环境化学指标，如 COD、DO、TP、TN、pH、废水排放量）、	定量、参考指标	对水生生态系统的干扰因子
		气候地形特征（年平均降水量、流域地形坡度等）	定量、参考指标	体现局部区域气候、地形影响
小尺度	识别出人类活动对局部区域即水生态亚区的影响，进而识别出生态受损程度，确定主要环境胁迫因子，确定优先保护或者恢复的水生态区	水生生物种群结构（包括藻类、底栖大型无脊椎动物种、鱼类生物完整性指标等）	定量、主要指标	体现小尺度水生生物中对环境压力的敏感程度、通过生物完整性指标实现不同水生态分区对淡水水体的监控
		水生态系统敏感性因子（包括区域城市化水平、土地覆盖类型变化、流域内水土流失、流域地球化学特征、水环境化学特征）	定量、主要指标	人类活动因子，识别出三级水生态分区的主要生态环境问题
		河流特征（流速、流量、水深）	定量、主要指标	河流物理特征、水生生境变化
		地形（坡度、海拔）	定量、参考	小尺度局部区域、地形影响

（三）水生态功能分区

水生态功能分区是基于对流域水生态系统的区域差异的研究，流域内不同类型区域生物区系、群落结构和水体理化环境异同的比较，以及流域水生态系统的空间格局和尺度效应的分析而提出的一种分区方法。水生态功能分区是以生态学理论为指导，在流域尺度上开展的区划工作。水生态功能分区克服了以往区划中割裂水-陆联系、重水质轻生态、重人类需求轻自然系统需求等问题，强调水-陆统一性和流域完整性，是对现有各类水生态区划工作的发展与完善。

水生态功能分区的基本特点包括：①基于流域单元进行划分；②以水生态系统等级结构为主线；③区域区划和类型区划相统一；④陆地与水体保持一致性；⑤反映自然环境要素与人类活动对生态系统的共同影响。

现行分区方法是将定性分区和定量分区相结合来进行分区划界，一级分区体现流域水生

续表

湿地系统	湿地类	湿地型	公约指定代码	说明
内陆湿地		淡水泉	Y	淡水泉及绿洲
		地热湿地	Zg	温泉
		内陆岩溶洞穴水系	Zk（b）	地下溶洞水系
人工湿地		鱼虾养殖塘	1	鱼虾养殖池塘
		水塘	2	农用池塘、储水池塘，面积小于 8 hm^2
		灌溉地	3	灌溉渠系与稻田
		农用洪泛湿地	4	季节性泛滥农用地，包括集管护和放牧的草地
		盐田	5	采盐场
		蓄水区	6	水库、拦河坝、堤坝形成的大于 8 hm^2 的储水区
		采掘区	7	积水取土坑、采矿地
		污水处理厂	8	污水厂、处理池和氧化塘等
		运河、排水渠	9	输水渠系
		地下输出系统	Zk（c）	人工管护的岩溶洞穴水系等

从 20 世纪 60 年代起，我国主要对沼泽湿地进行研究，先后提出一些区域性沼泽分类体系。20 世纪末，国家林业局为了全国湿地考察需要，并且试图与《湿地公约》分类接轨，通过综合已有的研究成果，将我国湿地分为滨海湿地、河流湿地、湖泊湿地、沼泽湿地和库塘湿地 5 大类 28 型。1995～2003 年，国家林业局（林业部）组织开展了第一次大规模的全国湿地资源调查。这次调查重点是对湿地类型、面积与分布及存在趋势进行调查分析。中国湿地资源调查中的湿地分类体系见表 3-7。

表 3-7　中国湿地资源调查中的湿地分类体系（引自唐小平和黄桂林，2003）

Ⅰ 近海及海岸湿地	Ⅱ 河流湿地	Ⅲ 湖泊湿地	Ⅳ 沼泽及沼泽化湿地	Ⅴ 库塘
Ⅰ1 浅海水域	Ⅱ1 永久性河流	Ⅲ1 永久性淡水湖	Ⅳ1 藓类沼泽	Ⅴ1 库塘
Ⅰ2 潮下水生层	Ⅱ2 季节性或间歇性	Ⅲ2 季节性淡水湖	Ⅳ2 草本沼泽	
Ⅰ3 珊瑚礁	Ⅱ3 河流泛滥平原湿地	Ⅲ3 永久性盐水湖	Ⅳ3 沼泽化草甸	
Ⅰ4 岩石性海岸		Ⅲ4 季节性盐水湖	Ⅳ4 灌类沼泽	
Ⅰ5 潮间砂石海滩			Ⅳ5 森林沼泽	
Ⅰ6 潮间淤泥海滩			Ⅳ6 内陆盐沼	
Ⅰ7 潮间水沼泽			Ⅳ7 地热湿地	
Ⅰ8 红树林沼泽			Ⅳ8 淡水泉或绿洲湿地	
Ⅰ9 海岸性碱水湖				
Ⅰ10 海岸性淡水湖				
Ⅰ11 河口水域				
Ⅰ12 三角洲湿地				

（三）湿地的功能

湿地的功能是指湿地提供能够维持人类生活需要的条件和过程，即湿地的各种物理、化学和生物过程，从而为人类提供的各项服务的功能。湿地在调节气候、涵养水源、抵御洪水、促淤造陆、降解污染物和保护生物多样性等方面有着其他生态系统无法替代的作用，被誉为“地球之肾”。此外，湿地作为生态系统中最重要的碳库之一，在陆地以及全球碳循环中发挥着重要作用。按照世界自然基金会（WWF）2004 年的报告，湿地的功能可概括为调节功能、承载功能、生产功能和信息功能（表 3-8）。

表 3-8　湿地的主要功能（引自 WWF,2004）

湿地的功能	功能描述
调节功能	固碳、水土保持
	盐度调节、净化水体
	稳定气候变化
	天然防洪与径流调节
	地下水补给与排泄
	营养物质的存储与循环
	有机废物的存储与循环
	人类排泄物的存储与循环
	保持迁移、繁育和栖息地
	保持生态系统的稳定性
	保持其他生态系统的完整性
	保持生物多样性和基因多样性
承载功能	发电、运输、畜牧业、农业，灌溉
	野生动物资源、旅游休闲
	人类栖息地和居住地
	植物和动物栖息地和繁育地
生产功能	水、食物和薪材
	药物资源和基因库
	建筑和工业用的原材料
信息功能	科研、教育和监测
	唯一性、稀缺性或自然性和在文化遗产中的地位

二、湿地生态系统

湿地生态系统是湿生、沼生和水生植物、动物、微生物与环境要素之间密切联系、相互作用，通过物质交换、能量转换和信息传递所构成的占据一定空间、具有一定结构、执行一定功能的动态平衡整体。湿地生态系统具有陆地生态学和水域生态学所无法涵盖的特征和特性，其独特性在于它特殊的水文状况、陆地和水域生态系统交错带作用，以及由此而产生的特殊的生态系统功能。

（一）湿地生态系统的组成

湿地生态系统包括非生物环境、生产者、消费者和分解者四个基本成分。其中，非生物环境包括水、土壤和气候等因素。湿地由于滞水或周期性淹水，容易引起氧化还原过程。在淹水或水分饱和条件下，土壤供氧量一般较低，以还原态为主的物质在湿地土壤中占据了主导地位，表现出较为强烈的还原环境。湿地土壤类型多样，因湿地土壤所处环境条件的差异，其氧化还原电位（Eh）值也有较大差别，Eh 值越小表明还原性能越强。同时，湿地土壤的有机质含量较高，养分丰富也是湿地土壤的重要特征。

湿地的生产者主要为湿地植物，包括草本植物、乔木、灌木、泥炭藓和浮游植物等。湿地生态系统的消费者主要为湿地动物，常见的湿地动物包括湿地鸟类、鱼类、底栖类、两栖类、无脊椎甲壳类动物。湿地微生物包括细菌和真菌，它们作为湿地生态系统的分解者，不仅推动了湿地生态系统的物质循环和能量流动，还制约着沼泽湿地类型的分异和演替，影响湿地生物多样性和生态平衡，在污染物降解及影响温室气体释放的过程中发挥重要作用。

（二）湿地生态系统的主要特征

1. 多样性　湿地生态系统的多样性特点不仅体现在生态系统类型的多样性上，也体现在湿地生境类型的多样性和生物群落的多样性。湿地生态系统所处的独特的水文、土壤、气候等环境条件所形成的独特生态位为丰富多彩的植物群落提供了复杂而完备的特殊生境，形成了其他任何单一生态系统都无法比拟的天然基因库，它对于保护物种、维持生物多样性具有重要的生态价值。

2. 脆弱性　湿地生态系统处于水-陆交界的生态脆弱带，因而易受自然及人为活动的干扰，生态平衡极易受到破坏，受到破坏的湿地很难得到恢复。湿地水文、土壤、气候相互作用，形成了湿地生态系统环境主要要素。每一因素的改变，都或多或少地导致生态系统的变化，特别是水文因素，当它受到自然或人为活动干扰时，生态系统稳定性受到一定程度破坏，进而影响生物群落结构，改变湿地生态系统。

3. 高生产力　湿地生态系统由于其特殊的水、光、热、营养物质等条件使其成为地球上最富有生产力的生态系统之一。湿地多样的动植物群落是其高生产力的基础。一般而言，湿地对水文流动的开放程度是其潜在初级生产力最重要的决定因素。其基本规律为：流动水湿地生产力>缓流水湿地生产力>静水湿地生产力。

4. 过渡性　湿地既具有陆生生态系统的地带性分布特点，又具有水生生态系统的地带性分布特点，表现出水陆相兼的过渡性分布规律。

5. 易变性　易变性是湿地生态系统脆弱性表现的特殊形态之一。当水量减少以至干涸时，湿地生态系统演替为陆地生态系统；当水量增加时，该系统又演化为湿地生态系统，水文条件决定了湿地生态系统的状态。

三、湿地生态系统生态过程

湿地生态系统生态过程包括生物过程（有机物的生产）、能量流动和物质循环过程，以及生态水文过程。

（一）生物过程

生物过程是生态系统生态过程的基础，而生产者处于主导地位。初级生产是初级生产者进行有机物质生产的过程，是形成生物量的基础。任何植物群落（或种群）的生物量都是其初级生产者存留部分的生物量增量累积形成的，生物量是初级生产者最为重要的状态指标之一，而初级生产力则是初级生产者生产的速度。

（二）能量流动和物质循环过程

湿地是水体和陆地之间的过渡型自然综合体，和自然界其他生态系统一样，湿地生态系统也是一个物质循环和能量流动系统。湿地植物通过光合作用，将太阳能转化为化学能，将无机物转化为有机物，并储存在植物体内，然后沿着食物链将物质和能量从湿地植物移至昆虫、软体动物、小鱼、小虾等食草动物，通过食物链到顶部的食肉动物，最后由微生物将部分有机残体分解成无机物，并释放热量，分散返回到环境中去；而另一部分有机残体则经过一系列物理和化学作用，转变成泥炭或潜育土或淤泥。湿地植物的生长发育和繁殖需消耗大量能量，因而湿地生态系统的能量流也是随着营养级的升高而逐渐减少。

湿地碳循环主要包括两个基本过程：①植物通过绿色叶片的光合作用固定大气 CO_2 并形成总初级生产力，此过程主要受太阳辐射、气温、水分和养分供应等因子的驱动。此过程中植物需要消耗部分光合产物为其自身生命活动提供能量，同时释放 CO_2。②植物死亡后其残体在微生物作用下分解转化，一部分转化成颗粒有机碳（POC）和简单的可溶性有机碳（DOC），在水介质中经过微生物作用或直接氧化为 CO_2（HCO_3^-）；一部分形成泥炭，逐年堆积上层泥炭及仍未完全分解的植物残体，继续参与以上分解转化。颗粒有机碳和可溶性有机碳是开放或半开放湿地生态系统与外界之间通过水体进行碳交换的两个重要组分，是湿地生态系统与其他非开放生态系统之间的重要区别之一。

湿地生态系统氮循环过程是氮素在湿地生态系统中由不同作用机制共同驱动的一系列物质与能量迁移转化的过程，是湿地水体、沉积物与生物体间共同作用的产物。氮循环主要过程为通过生物固氮作用，在酶催化下将分子氮直接还原为氨进入氮循环过程。湿地系统中的有机氮经过以微生物为主导的矿化作用转变为以 NH_4^+-N 为主的无机氮，经硝化作用形成 NO_3^--N，一部分被植物吸收利用将可溶性无机氮合成为有机氮并被动植物转移。缺氧条件下，部分 NO_3^--N 异化还原为 NH_4^+-N，或经过反硝化过程氮素以 N_2 或 NO_x 气态损失。植物残体等有机质部分在湿地沉积物中被固定或被微生物分解为无机氮重新释放到水体循环。

（三）湿地的生态水文过程

生态水文过程是指水文过程与生物动力过程之间的功能关系，是揭示生态格局和生态过程变化的生态水文机理的关键。根据水分行为，湿地生态水文过程包括湿地生态水文物理过程、湿地生态水文化学过程及其生态效应。

1. 湿地生态水文物理过程　湿地生态水文物理过程包括湿地植被降水截留、蒸发散、径流和地下水等水文过程。其中，植被降水截留过程和湿地蒸发散过程是生态水文过程研究的重要内容，也是生态过程与水文过程耦合的关键。

1）湿地植被降水截留过程　大气降水进入生态系统，首先到达植被冠层，降落到冠层上的降水在向地面下移的过程中被重新分配，分配过程的每个环节都伴随着液态水的损失和气态水的生成与发散。湿地植被对降水的重新分配过程表现在通过植被截留形成树干径流和穿透降雨，截留的水分一部分通过植被表面蒸发再回归到大气中。植被降水截留模型是生态过程与水文过程的耦合点之一。对植被降水截留量经常采用经验公式进行估算。

Shuttleworth 和 Wallace（1985）提出植被截留降水量公式

$$E_{\mathrm{I}} = A + BP \tag{3.11}$$

式中，E_{I} 为植被截留降水量（mm）；A、B 为唯象系数；P 为降水量（mm）。后续研究发现，该公式因过高地估计截留量而与实测值不符。

Mintz 和 Walker （1993）认为，植被截留降水量应为降水量（P）和潜在蒸散量（E^*）二者之间最小值，表达式为

$$E_{\mathrm{I}} = \min（P, E^*） \tag{3.12}$$

式（3.11）和式（3.12）中都存在唯象性和不确定性，并且仅仅能反映一次或几次降水截留量的多少，不能反映降水截留的动态过程。

仪垂祥等（1996）建立了一个不包含唯象性质的植被截留降水量计算公式，从而减少了植被降水量人为估算或一些参数化关系中的不确定性。

$$E_{\mathrm{I}} = \begin{cases} \sigma \cdot P, & P \leqslant P^* \\ E_{\mathrm{I}}^*, & P > P^* \end{cases} \tag{3.13}$$

$$E_{\mathrm{I}}^* = \alpha \cdot \mathrm{veg} \cdot \mathrm{LAI} \tag{3.14}$$

$$\sigma = \mathrm{veg} \tag{3.15}$$

$$P^* = \alpha \cdot \mathrm{LAI} \tag{3.16}$$

式中，E_{I} 为植被截留降水量（mm）；σ 为最大截留系数，它等于植被盖度；P 为降水量（mm）；P^*为植被达到最大截留量的临界降水量（mm）；E_{I}^*为最大截留量；α 为叶面上平均最大持水深度（mm）；LAI 为叶面积指数；veg 为植物盖度。

何东进和洪伟（1999）对仪垂祥（1996）等提出的植被截留降水量公式进行了改进：

$$E_{\mathrm{I}} = \begin{cases} [1-(\mathrm{veg}/\mathrm{LAI})^*] \cdot P, P \leqslant P^* \\ E_{\mathrm{I}}^*,\ P > P^* \end{cases} \tag{3.17}$$

式中，veg/LAI 表示的是样地植物的垂直投影与叶面积的比，是样地植被枝叶茂密程度的标志。比较式（3.13）和式（3.17）可以看出，式（3.17）的计算结果与实际植被种类、生长状况等因素密切相关。以上公式主要适用于森林各类植被，在研究湿地植被截留降雨过程时，需要针对不同的植被进行模型验证，并结合植被类型修正模型中的参数。

2）*湿地蒸发散过程*　　水分从有植被覆盖的地表传输到大气的全部过程统称为蒸发散（ET）。湿地蒸发散包括湿地水-土壤-植被表面的蒸发过程和湿地植被的蒸腾过程，其中湿地植被表面的蒸发过程是湿地植被截流过程的延续。湿地蒸发散是湿地水分损失的主要途径，植被对水文过程的影响主要表现在湿地蒸发散过程上。蒸发散作为湿地生态系统的重要水文特征直接影响着其物质和能量循环。

目前，计算蒸发量的方法很多，各类公式具体内容见表 3-9。国际上公认的精度最高的方法是 Penman 和 Penman-Monteith 等综合方法，但由于需要的数据太多，在条件较差情况下

表 3-9　湿地植被蒸发散计算公式（引自王育礼等, 2008）

公式名称	模型表达式	参数解释	模型特点
Dalton 公式	$\mathrm{ET}=f(u)(e_{sat}-e_{act})$ $f(u)=a+bu$	ET 为蒸发量（mm）；$f(u)$ 为风速函数; e_{sat} 为某温度下水汽压（kPa）；e_{act} 为实际水汽压（kPa）;u 为某一高处的风速（m/s）; a、b 为经验常数	综合了空气温度、湿度、风速对蒸发的影响
Priestley-Taylor 公式	$\mathrm{ET}=\frac{1}{\lambda}\alpha\frac{\Delta}{\Delta+\gamma}(\mathrm{Rn}-G)$	α 为常数, 通常取 1.26; λ 为水的汽化潜热（MJ/g）; γ 为湿度计常数（kPa/℃）; Δ为饱和水汽压曲线斜率（kPa/℃）; Rn为净辐射[MJ/(m²·d)]; G 为土壤热通量密度[MJ/(m²·d)]	以空气动力学阻力（风速、冠层特征和大气稳定性）和冠层阻力（植物蒸腾的气孔阻力）为理论基础，假设空气饱和，经验系数“α”用来解释空气的不饱和状况，适合湿润地区
Harrgreaves-Samani 公式	$\mathrm{ET}=R_a\left(\frac{T_x+T_n}{2}+17.8\right)\sqrt{T_x-T_n}$	T_x 为日最低温度（℃）;R_a 为大气顶层太阳辐射[MJ/(m²·d)];T_n 为日最低温度（℃）	以气温为自变量，通过温度反映辐射的影响，对缺乏辐射资料的地区有很好的利用价值
Blaney-Criddle 公式	$\mathrm{ET}=(0.242\bar{t}+1.095)(\bar{t}+27.8)Kd_{am}$	ET 为月可能蒸发量（cm）; $\bar{t}$ 为月平均气温（℃）; K 为反映作物影响的经验因子; d_{am} 为月白天小时数占全年的比例	以月平均温度、白天比例数为自变量，同时考虑了不同植被的特征
Penman-Monteith 公式	$\mathrm{ET}=\dfrac{\Delta H+\dfrac{\rho c_p(e_{sat}-e_{act})}{r_{sfc}}}{\lambda\left\{\Delta+\dfrac{\gamma(r_{sfc}+r_{aero})}{r_{aero}}\right\}}$	ET 为蒸散发率（mm/d）; r_{sfc} 为表层阻力; r_{aero} 空气动力粗糙系数; c_p 为水的比热; e_{sat} 为某温度下水汽压（kPa）; e_{act} 为实际水汽压（kPa）; λ 为汽化潜热（J/g）; Δ为饱和水汽压曲线斜率（kPa/℃）; ΔH 为海拔高度; ρ为空气密度常数; γ 为干湿表常数	引入了表面阻力的概念，以能量平衡和水汽扩散理论为基础
Perunan 公式	$\mathrm{ET}=\dfrac{\frac{P_0}{P}\cdot\frac{\Delta}{\gamma}\cdot\mathrm{Rn}+\mathrm{Ea}}{\frac{P_0}{P}\cdot\frac{\Delta}{\gamma}+10}=\dfrac{\frac{P_0}{P}\cdot\frac{\Delta}{\gamma}\mathrm{Rn}}{\frac{P_0}{P}\cdot\frac{\Delta}{\gamma}+10}+\dfrac{0.26(e_s-e_a)(1+CU_2)}{\frac{P_0}{P}\cdot\frac{\Delta}{\gamma}+10}$	P_0 为海平面平均气压（kPa）; P 为计算点平均气压（kPa）; Δ为饱和水汽压-温度曲线的斜率（Pa/℃）; γ 为干湿常数（mbar/℃）; Rn 为净辐射 [MJ/(m²·d)]; Ea 为空气动力学项（mm/d）; e_s 为饱和水汽压（kPa）; e_a 为实际水汽压（kPa）; U_2 为 2 m 高处风速（m/s）; C 为与最高气温和最低气温有关的风速修正系数。式中前者为辐射项，后者为空气动力学项	1948 年提出无水平水汽输送情况下计算水面、裸地和牧草蒸发的公式，1953 年提出单个叶片气孔蒸腾的计算模式，1979 年联合国粮农组织（FAO）提出修正式。实用性较强，已被广泛采用

续表

公式名称	模型表达式	参数解释	模型特点
Wright 公式	$ET=k_c ET_0$ $ET=(k_{cb}+k_e)ET_0$	ET 为作物蒸散量（mm）；ET_0 为参考作物蒸散量（mm）；k_c 为综合作物系数，与作物种类、品种、生育期和作物的群体叶面积指数等因素有关，是作物自身生物学特性的反映；k_{cb} 为基础作物系数，是表层土壤干燥而根区平均含水量不构成土壤水分胁迫条件下 ET 与 ET_0 的比值，侧重反映了作物潜在蒸腾的影响作用；k_e 为土面蒸发系数，反映灌溉或降雨后因表土湿润致使土面蒸发强度短期内增加而对 ET 产生的影响	Wright 于 1982 年提出了单作物系数法，将植物蒸腾和土壤蒸发统一考虑。FAO 在此基础上进行了修正，提出了计算作物蒸散量的双作物系数法，把作物系数分为基础作物系数和土壤蒸发系数两部分考虑，基础作物系数说明蒸腾作用，而土壤蒸发系数则描述土壤蒸发部分，适用于自然植被非完全覆盖的、植被面积在几公顷以上的地区

收集资料有一定的困难，而其他公式如 Harrgreaves-Samani 和 Priestl-Tailor 等对数据要求较低，但这些公式多针对特定气候，具有较强的地域性。FAO 推荐 Penman-Monteith 公式作为计算参考作物潜在蒸散量的唯一标准方法，该方法亦适合我国的实际情况，特别是在大范围、地形变化复杂的区域内计算潜在蒸散效果最好。

2. 湿地生态水文化学过程 生态水文化学过程不同于生态过程中的化学过程，它主要是指水文行为的化学方面，也就是水质性研究。研究湿地生态水文化学过程有助于揭示湿地生态系统水文化学特征及其变化规律，为湿地环境保护与生态建设、水资源保护与利用提供科学依据。

近年来，研究者主要采用生态水文化学过程模拟模型研究湿地生态水文化学过程。生态水文化学过程模拟模型的研究目标是将生物因素、非生物因素之间的联系，以及它们在水中的沉积物质、营养物质和污染物质运输、转化中的作用定量化。当前，研究成果主要包括人工湿地去污模型和 WETLANDS 模型（多维水流和溶质迁移数值模型）。典型的人工湿地去污模型可分为衰减模型、一级动力学模型和生态动力学模型三类。WETLANDS 模型是将蒸发作用和多种植被的根区相结合，描述淹水区的季节性动态水位变化和地表水、土壤水、地下水之间的水文动力学联系的多维水流和溶质迁移的数学模型。

3. 湿地水文过程的生态效应 湿地水文过程的生态效应主要是指湿地水文过程对植被生长和分布的影响。湿地水文过程控制着生态系统内营养物、污染物、矿物质和有机质等的运移和转化；水质的恶化、水位变化和水化学特征及其变化影响着植物的群落结构、动态、分布和演替。湿地水位的波动、淹水周期和淹水频率控制着湿地植被类型、分布与生物生产量。湿地水文具有显著的周期特征，不同高程植被带的淹水频率、淹水历时和淹水周期都有明显差异，由此控制着湿地植被分布呈现显著的带状特征。湿地水文过程的非正常波动能够对湿地生物的行为产生多种影响。然而，也有研究认为水文过程的陡涨陡落导致的湿地水生生物被冲刷或搁浅能够为一些湿地动物提供食物来源，短期内或者周期性的水文涨落有利于湿地生态系统的稳定。

4. 湿地生物对水文过程的影响和响应 湿地生物通过各种生理生化活动影响湿地环

境的水文和化学变化过程。特别是微生物能够促进湿地土壤的化学变化，影响植物对营养物的利用，甚至化合物如硫化物的形成。湿地植物通过沉淀物的堆积、营养物的贮留、水的覆盖和蒸发等过程而引起湿地物理环境的变化，沉积的沉淀物和有机物阻碍水流而最终减少湿地的淹没程度和洪水频率。湿地动物对湿地水文的改变具有显著影响。例如，鼢鼠、旱獭的挖穴钻土行为改变了湿地水流形态，减弱了湿地蓄水功能，对湿地生态系统的退化起到一定的推动作用。

生长在淹水环境中的湿地植物由于长期适应缺氧环境，其根、茎、叶形成连贯的通气组织，以保证植物体各部分对氧气的需求。浮水植物由于长期漂浮在水面之上，一般长有气囊组织，能够随着水流运动迁徙到其他地方。而湿生植物多生长在湿生环境或短期淹水地带，是湿地植物中耐旱能力较强的种类。湿地动物通过其行为和生理上的变化来适应各种湿地水文过程，与湿地植物的相比，湿地动物能通过迁移等多种行为途径来主动避开不良环境。

5. 全球气候变化对湿地生态水文的影响 气候变化对湿地水文水资源的影响具体表现在以下两个方面：一方面，气候变化将加速大气环流和水文循环过程，通过降水变化以及更频繁和更高强度的扰动事件（如干旱、暴风雨、洪水）对湿地能量和水分收支平衡产生影响，进而影响湿地水循环过程和水文条件；另一方面，气候变化将会增加经济社会用水和农业用水，可能更多挤占湿地生态用水，使湿地水资源短缺状况更加严重。气候变化通过降水事件对湿地水文水资源的影响不仅表现在降水总量上，更重要的是降水强度和频率，以及降水量时空分布不均。同时，气温升高导致蒸散量增加将加剧湿地水文水资源对气候变化响应的脆弱性。

四、湿地生态系统健康

（一）湿地生态系统健康定义

Costanza 等（1992）认为生态系统健康的概念包含：①健康是生态内稳定现象；②健康是没有疾病；③健康是多样性或复杂性；④健康是稳定性或可恢复性；⑤健康是有活力或增长的空间；⑥健康是系统要素间的平衡。在此基础上，国际生态系统健康学会将湿地生态系统健康定义为湿地生态系统没有疾病反应、稳定且可持续发展，即生态系统随着时间的进程有活力并且能维持其组织及自主性，在外界胁迫下容易恢复。崔保山和杨志峰（2003）认为湿地生态系统健康是指系统内的关键生态组分和有机组织保存完整且缺乏疾病，在一定的时空尺度内对各种扰动能保持着弹性和稳定性，整体功能表现出多样性、复杂性、活力和相应的生产率；既可以自我持续发展，又具有提供特殊功能的能力；健康的湿地生态系统应表现出功能整合性。

（二）湿地生态系统健康的影响因素

1. 自然因素 各种自然灾害如地震、泥石流、洪水、河流改道、病虫害暴发、海平面上升等，均可引起湿地生态系统功能的削弱甚至消失。自然力量引起的生态系统的退化如河流、湖泊和土壤生态系统的退化等，也可直接导致湿地生态系统功能的减弱。

2. 人为因素 过度开发湿地资源如泥炭、鱼类产品、矿物等，造成湿地生态系统失衡、湿地功能减弱甚至消失。城市化、工业化、农业开发等过程导致湿地被大量围垦和排干，湿地数量和面积缩小，湿地类型减少。随着经济及社会的高速发展，各项重大建设工程陆续施工，这些大规模、高强度的人类干扰将对湿地景观格局造成显著影响。人类活动产生的污染物进入湿地生态系统，致使湿地的净化功能减弱或完全丧失，同时造成湿地生物多样性减少，环境质量恶化。

3. 湿地生态系统健康研究的尺度　在研究或管理湿地生态系统过程时，对尺度的选择或着眼点非常重要。生态系统在小尺度上常表现出非平衡特征或“瞬变态特征”，但在更大尺度上则可能表现为极强的稳定性和可持续性，更能表征湿地的发生、发展规律，体现自然与社会的相互作用和联系（表 3-10）。在湿地的长期定位监测中，常常以湿地斑块作为研究对象，即把生态系统作为一个小尺度（10～100 m）的均质体来考虑，研究其生态系统的生产力、生物地球化学上的元素循环、系统结构和功能、敏感性和脆弱性等。

表 3-10　湿地生态系统健康研究的尺度比较（引自崔保山和杨志峰，2001）

健康研究尺度	健康描述	研究内容
生态系统	生态系统健康或生态健康	系统内部组成要素动态特征；生态系统生产力；物质循环和能量流动；结构和功能；物种多样性
景观	景观健康	系统对环境背景值的影响与响应；景观的结构、功能和变化；嵌块的动态变化和空间格局；社会、经济和自然复合系统的整合性
流域	流域健康	景观格局；上、中和下游湿地系统的联结性；生态系统之间的信息、能流和物质循环；社会、经济和自然复合系统的整合性

4. 湿地生态系统健康的评价指标和方法　生态系统健康评价指标必须达到 3 个目标：①指标体系能完整准确地反映生态系统健康状况，能够提供现状的代表性图案；②对各类生态系统的生物物理状况和人类胁迫进行监测，寻求自然、人为压力与生态系统健康变化之间的联系，并探求生态系统健康衰退的原因；③定期地为政府决策、科研及公众要求等提供生态系统健康现状、变化及趋势的统计总结和解释报告。为此，筛选指标应该遵循以下原则：①整体性原则。任何生态环境问题都不是孤立存在的，必须从生物、物理、社会经济和人类健康等方面综合考虑。②空间尺度原则。空间尺度涉及特定考虑下地区或生态系统的空间大小，评价指标应该定向于合适的空间尺度。③指标范畴或类型原则。人类活动的压力或胁迫，环境和自然资源的质量或状况对压力或环境忧虑的反应所采取的措施整体性评价，应该考虑胁迫/压力和状态/状况两个方面，强调生物物理和文化变量。④简明性和可操作性原则。指标概念明确，易测易得。评价指标的选择要考虑我国的经济发展水平，无论从方法学和人力、物力上，均要符合我国现有生产力水平，同时还要考虑各个技术部门的技术能力。⑤规范化原则。所采用的指标的内容和方法必须做到统一和规范，不仅能对某一个生态系统进行评价，而且要适合于不同地域生态系统间的比较，确保其具有一定的科学性。

在遵循遴选指标原则的基础上，从生态特征、功能作用和社会经济影响等方面选择了 30 项评价湿地生态系统健康的指标（表 3-11），对湿地生态环境各要素所处现状与人类生产活动有关的环境动态、生产能力及功能效应进行全面调查与评价，判断湿地生态系统健康程度，为维持区域生态环境持续发展服务。

表 3-11 湿地生态系统健康评估指标（引自汪朝辉等, 2003）

生态系统指标	功能作用指标	社会经济影响指标
生物量	栖息地	管理水平
水质状况	侵蚀状况	人口健康情况
湿地面积	洪水调蓄	工业污水状况
生物多样性	休闲娱乐	物质生活状况
水源稳定状况	供水变化率	湿地保护意识
湿地受威胁程度	对局部气候的影响	周边的生活和人口素质
湿地及其边缘植被种类数量	农、林、牧、渔收入和比例	农业使用强度和利用率
动物的数量和尺度规格	提供原材料的食品生产量	化肥使用强度和利用率
河道、湖泊或海岸冲刷淤积	污染物的净化和处理状况	人类保护强度相关保护政策及其执行情况
植物个体的数量和规格	富营养化和水生植物状况	

目前的湿地生态健康的评价方法主要包括指示物种法、质量指数法和生态系统健康指数法。指示物种法通过研究单个物种或物种指示类群来反映湿地生态系统的健康状况。质量指数法通过实测、估算和调查获得的各项指标的数值，与标准值或参照值比较换算为质量指数，然后用加权和叠加法计算出整个系统的总指数值，根据总指数的分级数值范围确定湿地生态系统健康的等级，其计算公式如下：

$$I_{\mathrm{T}} = \sum_{j=1}^{n} I_j \cdot W_j \tag{3.18}$$

式中，I_{T} 为整个系统的健康状况值；n 为系统评估指标个数；I_j 为各指标和标准值比较后的比值。用来参照和比较的标准值可采用国家环保总局的环境保护标准或者国外有关标准，也可采用当地的平均值或本底值。W_j 权重的求法应用德尔菲（专家打分）法。

生态系统健康评价指标体系一般包括三个层次，即目标层、中间层和基层（方案层）。目标层即生态系统健康指数，中间层一般包括生态指标、生物物理指标、社会经济指标及人类健康指标等，基层则是用以表达中间层的各个具体的评价指标。Costanza 根据这三个指标提出了生态系统健康指数（HI）法，其计算公式如下：

$$\mathrm{HI} = V \times R \times O \tag{3.19}$$

式中，V 为系统活力；R 为恢复力指标；O 为系统组织多样性和连接性指标。这一健康指数得到了生态系统健康学界广泛的认可。

五、湿地生态系统退化与恢复

（一）湿地生态系统退化

湿地退化是由于自然干扰和人为干扰导致的湿地生态系统结构和功能破坏的过程。为了更为准确、方便地研究湿地退化的过程，通常采用空间分布替代时间序列的方法，根据水位变化特征、植被类型、土壤剖面结构及人为干扰的方式、强弱程度，将湿地退化研究样带依次划分为：未退化湿地—轻度退化湿地—中度退化湿地—重度退化湿地—已垦湿地（农田）。

沼泽湿地生态系统不同退化阶段的特征表述如表 3-12 所示。其中，中度退化沼泽湿地（MW-S）是退化研究样带上生物多样性发生变化的转折点，在空间上属于两个不同的生物多样性生态系统的过渡地带。未退化湿地（NW-S）和已退耕还湿样地（RW-S）可以作为研究对照样地。

表 3-12 沼泽湿地生态系统不同退化阶段的特征表述（引自廖玉静和宋长春，2009）

类型	缩略词	地表水状况	基本环境特征土壤状况	植被特征	主要扰动方式
未退化湿地	NW-S	常年积水，积水较深，为 15～25 cm	草根层、泥炭层	漂筏薹草、毛薹草、芦苇为群落建群种	无人为扰动
轻度退化湿地	LW-S	季节性积水，积水深度为 5～20 cm	草根层、泥炭层	毛薹草、乌拉薹草为群落建群种	受轻度人为活动的扰动
中度退化湿地	MW-S	地表湿润，一般无积水特征	草根层、薄层泥炭层	毛薹草、小叶樟为群落建群种	人为地排水疏干、割草等
重度退化湿地	SW-S	无积水特征，但在强雨季出现洼地积水	薄层草根层、薄层泥炭层无	小叶樟为主要见群种	农田排水、割草、烧荒等的干扰
已垦湿地（农田）	CW-S	开垦前为季节性积水的沼泽湿地	草根层和泥炭层，为犁耕层所代替	主要为旱田和水田，主要种植大豆、水稻和玉米	受到围垦，不断耕种，大量施用农药和化肥的影响
已退耕还湿样地（恢复中）	RW-S	退耕前为农田，种植作物为大豆	草根层正在逐步恢复中	小叶樟为主要建群种	基本无人为的扰动

湿地生态系统退化的驱动力可以分为自然环境变化和人类活动干扰两个方面。区域气候趋于变暖是导致湿地发生退化的重要因素。人类不合理的开发利用是造成湿地大面积退化的主要因素。孟伟庆等（2013）分析了湿地生态系统的退化机制并构建驱动力模型，通过分析天津地区湿地退化过程发现，湿地水文过程的破坏和湿地水质环境恶化是天津地区湿地生态系统退化的起因，认为天津湿地退化的驱动力因子主要有生境丧失、上游水量减少、水质污染和湿地生境结构。

（二）湿地生态系统恢复

1. 生态恢复与湿地生态系统恢复概念 生态恢复的思想最早可追溯到 1935 年 Leppold 等在美国威斯康星州麦迪逊边缘一块 24 hm^2 废弃农场上进行的牧草生态恢复实验。Leppold 等认为好的生态系统应该保持系统的整体性、稳定性和生物群体的完美性，如今这块草地已成为威斯康星大学具有美学和生态学双重意义的植物园。

湿地生态系统恢复是指通过生态技术或生态工程对退化或消失的湿地进行修复或重建，再现退化前的结构和功能，以及相关的物理、化学和生物学特性，使其发挥应有的作用。湿地生态系统恢复可以从狭义和广义两个层面来理解。狭义的湿地生态系统恢复是对湿地生态系统结构（水文水质、生境和动植物群落等）、状态和功能（如生物多样性、污染物降解等）的恢复；广义上的湿地生态系统恢复是通过任何有利于湿地生态系统结构、过程和功能改善的技术，维持湿地生态系统正常的生态功能。

2. 湿地生态系统恢复的基础理论

1）生态限制因子理论　生态因子限制作用主要是指生态系统中的生态因子存在量的

变化，大于或小于生物所能忍受的限度，并超过因子间的补偿调节作用时，就会影响生物的生长和分布，严重时甚至导致死亡。利比希最小因子定律和谢尔福德耐受定律均强调了合适的耐受范围对于生物有机体正常生长、发育和繁殖的重要性（图3-2）。湿地生态系统恢复应考虑系统要素对各种生态因子的耐受限度。受生物赖以生存的各种环境资源有限性的限制，生物种群数量通常都有一个大致的上限。

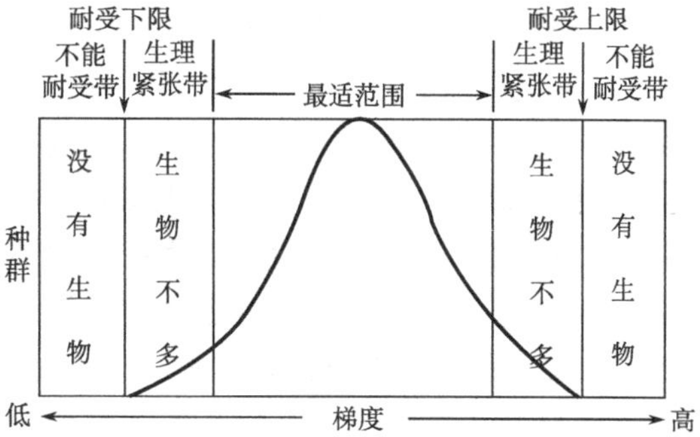

图 3-2　耐受性定律与生物分布的关系（引自 Shelford, 1931）

2）*生态位理论*　对于湿地生态系统而言，生态位又称湿地小生境，是一个物种所处的湿地环境及其自身生活习性的总称。每个物种都有自己独特的生态位，各种环境因子（温度、食物、地表湿度等）的综合作用构成了该物种特定的生态位空间。

湿地生态系统生态位包括基本生态位和现实生态位两个层次。基本生态位是实验室条件下理想化的生态位，物种间不存在捕食或竞争等相互关系，其生态位空间变化主要取决于内部物种的变异和适应能力；现实生态位是自然界中真实存在的生态位，其内部生物要素之间及其与外界环境因子之间的相互作用对于湿地生态系统结构和功能的自我维持具有重要意义。

3）*中度干扰假说*　干扰通过对资源的有效性产生作用，影响不同生活史物种对资源的竞争或分享，从而引起群落的非平衡特性。湿地生态系统受到一次干扰后，少数先锋种入侵断层，如果干扰频繁，则先锋种不能发展到演替中期，生物多样性较低；如果干扰间隔期很长，演替过程可能发展到顶级期，生物多样性也不高；只有中等程度的干扰能够使多样性维持在较高水平，并且允许有更多的物种入侵和定居。在中度干扰的地方物种丰富度较高，这与中度干扰有助于形成斑块景观，从而有利于动植物的生长和物种的进化有关。

4）*生态系统演替理论*　生态系统处于不断发展和演替中。随着时间推移，生态系统类型会按照一定的顺序发生替代。湿地生态系统演替存在初级和次级等多种模式。初级演替是在最初没有生命的地区发生的演替，如果在从来没生长过任何植物的裸地、裸岩或沙丘上开始的演替。如果该地区已有生物群落存在，后来由于某些原因，原有生物群落消亡或受严重破坏，在这些地区发生的演替称之为次级演替，如在发生过火灾的芦苇沼泽地或过量砍伐后的红树林湿地、弃耕的水稻田上开始的演替。在湿地恢复时，应按照湿地演替方向、速度和阶段来合理设计恢复方案。

5）*自我设计与设计理论*　1999 年，Middleton 提出将自我设计原理用于湿地恢复中，强调湿地生态系统内部组成要素之间的相互协调及系统整体功能的发挥，并且认为只要有充足的时间，湿地生态系统将随时间推移，根据所处的环境条件合理组织自我，并最终改变其内部组分。例如，对于某个退化湿地生态系统，湿地植物的存活及其分布位置取决于外界环境，与湿地植物本身的关系不大。而设计理论则认为，通过恢复工程和湿地植物重建可直接恢复湿地生态系统，即把湿地物种的生活史作为湿地植被恢复的重要因子，通过干扰物种生活史的方法可加快湿地植被的恢复，强调了外界因素对湿地生态系统恢复过程的影响。

6）*系统整体性和最优化理论*　生态系统具有整体性特征。整体性特征是湿地生态系统维持区域各生态因子之间的相互关系，并使之达到最佳状态的自然特性。系统最优化理论强调系统内部各要素之间的有机结合，并通过不同要素之间的相互协调和制约，优化系统内部结构，从而实现其生态功能。湿地生态系统内部各要素之间是相互关联的，不同要素特定状态的最佳组合秩序构成了湿地生态系统的整体最优化，其中任何一个要素的变化都会以不同方式和不同程度影响到其他要素甚至整个湿地生态系统的生态过程。

3. 湿地生态系统恢复的基本原则

1）*可行性原则*　湿地生态系统恢复工程项目实施时，首先必须考虑湿地生态系统恢复的可行性，它主要包括两个方面，即环境的可行性和技术的可操作性。全面评价可行性是湿地恢复成功的保障。

2）*优先性和稀缺性原则*　尽管任何一个恢复项目的目的都是恢复湿地生态系统的动态平衡，并阻止其退化过程，但湿地恢复的优先性并不一样，在实施湿地生态系统恢复前必须明确恢复工作的轻重缓急，即所要恢复的湿地生态系统的优先性。稀缺性是指在恢复过程中，要优先考虑针对一些濒临灭绝的动植物种、种群或稀有群落的恢复。

3）*整体性原则*　湿地生态系统恢复设计既要考虑将湿地生态系统各个组成成分作为一个整体，同时也要将湿地生态系统与相邻的生态系统作为一个整体进行统筹考虑，如整个湿地生态系统区域甚至整个流域，而非仅仅退化区域，应充分考虑集流域内影响工程项目区湿地生态系统的因子，系统规划设计湿地恢复工程项目的建设目标和建设内容。

4）*美学原则*　湿地具有多种功能和价值，不但表现在生态环境功能和湿地产品的用途上，而且具有美学、旅游和科研价值。因此，在湿地恢复过程中，应注重对美学的追求。美学原则主要包括最大绿色原则和健康原则，体现在湿地的清洁性、独特性、愉悦性、景观协调性、可观赏性等许多方面。

4. 湿地生态系统恢复的基本策略和技术　由于湿地生态系统类型的不同，湿地生态系统恢复的策略也有所差异。合理地恢复或重建退化的湿地生态系统，需要根据湿地生态系统的具体类型进行科学的策略和合理的生态设计，国内外进行湿地生态系统恢复的基本策略见表 3-13。

根据湿地的构成和生态系统特征，湿地生态系统恢复可概括为湿地生境恢复、湿地生物恢复和湿地生态系统结构与功能恢复三部分。相应地，湿地的生态恢复技术也可划分为三类。①湿地生境恢复技术。湿地生境恢复的目标是通过采取各类技术措施，提高生境的异质性和稳定性。湿地生境恢复包括湿地基地恢复、湿地水状况恢复和湿地土壤恢复等。②湿地生物恢复技术，主要包括物种选育和培植技术、物种引入技术、物种保护技术、种群动态调控技术、种群行为控制技术、群落结构优化配置与组建技术、群落演替控制与恢复技术等。③湿地生态系统结构与功能恢复技术，主要包括生态系统总体设计技术、生态系统构建与集成技术等。湿地生态恢复技术研究是湿地生态恢复研究中的重点和难点。目前，亟须针对不同类型退化湿地生态系统，进行其结构与功能的恢复，采用湿地生态系统结构与功能的优化配置与重构及其调控技术、物种与生物多样性的恢复与维持技术等进行生态恢复。

表 3-13　湿地生态系统类型及其恢复策略（引自王亮，2008）

湿地类型	恢复的表观指标	恢复策略
低位沼泽	水文（水深、水温、水周期）	减小营养物输入
	营养物（N、P）	恢复高地下水位
	植被（盖度、优势种）	草皮迁移
	动物（珍稀及濒危动物）	割草及清除灌丛
	生物量	恢复对富含 Ca、Fe 地下水的排泄
湖泊	富营养化	增加湖泊的深度和广度
	溶解氧	减少电源、非电源污染
	水质	迁移富营养沉积物
	沉积物毒性	清除过多草类
	鱼体化学含量	生物调控
	外来物种	
河流，河缘湿地	河水水质	疏浚河道
	混浊度	切断污染源
	鱼类毒性	增加非点源污染净化带
	沉积物	河漫滩湿地的自然化
	河漫滩及洪积平原	防治侵蚀沉积
红树林湿地	溶解氧	禁止矿物开采
	潮汐度	严禁滥伐
	生物量	控制不合理建设
	碎屑	减少废物堆积

5. 湿地生态系统恢复的监测与评价及基本流程　湿地生态系统恢复应对恢复前、恢复过程中以及恢复完成后的生态特征、生态过程等进行跟踪监测，观察湿地恢复的状态和过程变化，为科学恢复湿地、管理湿地及客观评价湿地恢复效果等工作提供基础数据。监测应涉及多方面要素，如水文、水环境、土壤、气象、湿地生物等。

湿地恢复工程实施后，应每隔一定时间进行恢复效果评价，以确定其是否达到了预期目标，检验退化湿地是否已恢复到退化前或接近于退化前的自然状态。评价的内容包括湿地生物及群落、湿地水土理化性质、湿地生态功能与价值、湿地景观格局 4 个方面。对湿地恢复效果的评价应全面考虑工程技术及经济、社会、生态等多种效益，根据恢复区具体情况建立一套多指标、多层次的综合评价体系。

实施湿地生态系统恢复的基本流程为：①对湿地生态系统退化状况的调查及评价，明确造成该湿地退化的原因、恢复潜力等；②确定湿地生态系统恢复区域，选择最佳的恢复区域，需要考虑以下 4 个因素：水文条件、地形地貌条件、土壤条件、生物因素；③湿地生态系统恢复区域的本底调查和评估，以便了解该区域过去和现在的状况，确定导致湿地生态系统退化或者丧失的主要因素；④根据预期的恢复效果，确定湿地生态系统恢复的目标；⑤使用参照地点，即在该区域中能代表恢复湿地类型的受干扰最小的湿地，以此来替代恢复区域退化之前的湿地状态；⑥选择湿地生态系统恢复方法，尽可能采用破坏性最小、最为生态的方法；

⑦实施湿地生态系统恢复工作；⑧湿地恢复的监测；⑨湿地恢复的长期管理；⑩湿地恢复的综合评价。

第三节　海洋生态过程

一、海洋生态系统概述

海洋生态系统是海洋中由生物群落及其环境相互作用所构成的多样化的自然系统。海洋面积占到地球表面的71%。海洋生态系统是地球水域生态系统中最大的一个组成部分，其中包含许多不同等级的次级生态系。

（一）海洋生态系统组成

海洋生态系统由生物成分和非生物成分两大部分组成，每一部分又包括有众多的要素。生物成分是执行生态系统功能的主体；非生物成分是生态系统的生命支持系统，它提供生态系统中各种生物生活的栖息场所和生物赖以生存的必需物质条件，也是生物能量的源泉。

海洋生物成分中的生态类群主要有浮游生物、游泳生物和底栖生物。其中，浮游生物是在水层中进行浮游生活的生物，包括浮游植物和浮游动物。海洋中常见的浮游生物有硅藻、甲藻、金藻、原生动物、各种水母和小型甲壳类（桡足类），还有许多动物的幼虫、幼体和藻类的孢子。游泳生物是在水层中生活的运动能力较强的一些动物，它们的个体一般都比较大。海洋中常见的游泳动物有各种鱼类、一些爬行动物（如海龟、海蛇）、一些哺乳动物（鲸、鳍足类）和一些无脊椎动物（甲壳类、软体类）。底栖生物是在底部生活的生物，有植物，也有动物。底栖生物在海洋生物群落食物关系中有重要意义。

海洋生态系统的非生物成分包括：①无机物质，包括处于物质循环中的各种无机物，如氧、氮、二氧化碳、水和各种无机盐等；②有机化合物，包括蛋白质、糖类、脂类和腐殖质等；③气候因素，包括太阳辐射能、气温、湿度、风和降雨等；④海洋特定环境因素，如水温、盐度、海水深度（静压力、光照深度）、潮汐、水团和不同海底底质类型等。这些环境因子不仅提供基本能量和物质，而且决定着植物和动物生活在某一特定海区。

（二）海洋生态系统类型

海洋生物群落之间的相互依赖性和流动性很大，缺乏明显的分界线，因此划分较为困难。按照海洋海底的深度和形态特点，可将海洋生态系统划分为以下类型。

1）浅海生态系统　　水深6～200 m的大陆架范围。陆架区的许多海洋现象都具有显著的季节性变化，潮汐、波浪、海流的作用都比较强烈。海水中含有大量的溶解氧和各种营养盐类，所以陆架区特别是河口地带是渔业和养殖业的重要场所。由于陆架区有着丰富的有机质，特别是繁殖极快、数量极大和很快死亡的微生物残骸，它们长期埋藏在陆架区沉积盆地泥沙中，在缺氧的环境下，受到一定的温度、压力和细菌的分解作用，形成巨大的海底油气田，目前世界上许多国家在大陆架上开采或正在计划开发利用这个天然的海底宝藏。

2）深海生态系统　　深海带水深2000～6000 m环境条件稳定，无光、温度在0～4℃左右，海水化学组成比较稳定，底土是软相黏泥，压力很大，因为深海中没有进行光合作用的植物，食物条件苛刻，全靠上层的食物颗粒下沉，而深海动物视觉器官多退化，或者具发光的器官，没有坚固骨骼和有力肌肉，有薄而透明的皮肤以适应高压的特征。

3）**大洋生态系统**　从深海带到开阔大洋，深于日光能透入的最深界线。大洋面积很大，但水环境相当一致，唯有水温变化，尤其是暖流与寒流的分布。由于大洋缺乏动物隐蔽场所，所以大洋动物一般有明显的保护色。

4）**火山口生态系统**　1977 年，科学家在东太平洋的加拉帕戈斯群岛附近深海的中央海嵴火山口周围，发现了一种极为特殊的生物群落（如 0.33 m 长的蛤蜊和 3 m 长的蠕虫等），也称深海热泉生物群落。这些生物群落生活在一个高温（热泉喷口附近的温度达到 300℃以上）、高压、缺氧、偏酸和无光的环境中。首先是这些化能自养型细菌利用热泉喷出的硫化物（如 H_2S）所得到的能量去还原 CO_2 而制造有机物，然后其他动物以这些细菌为食物而维持生活。迄今科学家已发现数十个这样的深海热泉生态系统，它们一般位于地球两个板块结合处形成的水下洋嵴附近。

5）**河口生态系统**　河口湾是大陆水系进入海洋的特殊生态系统，由于许多河口湾是人类海陆交通要地，受人类活动干扰甚深，也易于出现赤潮。一般来说，河口区生物种类组成较为复杂，多样性指数较高。

二、海洋生态系统服务

（一）海洋生态系统服务概念和内涵

海洋生态系统服务目前尚没有统一的定义。陈尚等（2006）基于 Daily 关于生态系统服务的定义，将海洋生态系统服务阐述为：由海洋生态系统及其生态过程所提供的、人类赖以生存的自然环境条件及其效用。王其翔和唐学玺（2010）从海洋生态系统服务的对象、物质基础、产生过程和实现途径 4 个方面来阐述海洋生态系统服务。海洋生态系统服务是以人类作为服务对象、以海洋生态系统自身为服务产生的物质基础，由生物组分、系统本身、系统功能产生，通过海洋生态系统和海洋生态经济系统实现的人类所能获得的各种惠益。海洋生态系统服务包括人们已经获得的服务和系统潜在提供的服务。

（二）海洋生态系统服务的分类与特点

（1）供给服务是指人类从海洋生态系统中获取的各种产品，包括食品生产服务、原料供给服务和提供基因资源服务。

（2）调节服务是指人类从发生在海洋生态系统内的各种生理生态过程和系统功能的调节作用中获取的各种惠益，包括气候调节、气体调节、废弃物处理、生物控制和干扰调节 5 项服务。

（3）文化服务是指人类通过认识、开发、利用海洋生态系统，调整人与海洋关系的各种实践，改变自身的观念、思想、意识、心态，形成特有的生活方式、宗教文化、知识体系、艺术等形态。这一类包括休闲娱乐、精神文化、教育科研 3 项服务。

（4）支持服务是指生产其他生态系统服务所必需的基础服务，初级生产服务、营养元素循环服务、物种多样性维持服务和提供生境服务均是这类服务，较其他类服务，支持服务对人类的影响要么是通过间接方式，要么是发生在一个很长的时间。

（三）海洋生态系统服务生态过程产生过程与机理

海洋生态系统服务的产生主要经过两种途径：一是生物组分和（或）系统整体能直接对人类的休闲娱乐、精神文化、教育科研和生境等提供服务；二是通过系统内生物组分自身及其和周围环境之间相互的生理生态过程产生海洋生态系统的功能，由这些系统功能产生出相应的服务，系统内的各种生理生态过程不直接产生服务。

（四）海洋生态系统服务的实现途径及丧失的后果

海洋生态系统服务的实现途径有两条：海洋生态系统和海洋生态经济系统。这两个系统不是互相独立的。海洋生态经济系统是包含海洋生态系统和人类社会经济系统的复合系统。具体采用哪一种实现途径，每种服务都不完全相同。气候调节服务、气体调节服务、生物控制服务、干扰调节服务、初级生产服务、营养元素循环服务、物种多样性维持服务和提供生境服务的实现主要取决于海洋生态系统自身的结构与功能。这 8 项服务的实现不依赖于人类的社会经济活动，它们属于海洋生态系统自身的功能和效用。而其余 7 种服务的实现必须要有人类的社会经济活动参与。

对海洋生态系统服务的过度利用，将使得海洋生态系统的服务不能得以维持和持续供应。对人类而言，海洋生态系统服务丧失所造成的最为显著的后果有两个：一是自然灾害发生频率增加，二是海洋环境恶化。如果海洋生态系统中的某些生物组分或生态学过程发生变化，那么海洋生态系统的这些服务也会发生相应的变化（减弱或加强）。一项服务的丧失可能会影响生态系统的整体服务，进而直接或间接地影响到人类的生存质量和生活质量，以及赖以维持的经济社会。

三、海洋生态过程

海洋生态过程是海洋生态系统中维持生命的物质循环和能量转换过程。海洋生态过程是阐明海洋生态系统的功能、结构、演化、生物多样性等的基础。

（一）海洋生态系统食物链（网）与能量流动

1. 海洋牧食食物链和碎屑食物链 在海洋生态系统中，从植物、细菌或有机物开始，经植食性动物至各级肉食性动物，依次形成摄食者与被食者的营养关系称为食物链，也称为营养链。食物网是食物链的扩大与复杂化，它表示在各种生物的营养层次多变情况下形成的错综复杂的网络状营养关系（图 3-3）。

海洋生态系统食物链有两种基本类型：一种类型是牧食食物链或称植食食物链，是以绿色植物为起点的食物链；另一种类型是碎屑食物链，它是以死亡的生物有机体分解过程中产生的有机碎屑（包括海水中溶解有机物形成的聚集物）为起点的食物链。这两类食物链在能流的某个阶段可以交叉并以相似的环节结束。

由于受能量传递效率的限制，食物链的长度不可能太长。一般食物链的长短与各海域的理化环境、生物群落结构、食物链中各级生物的营养动力学及潜在渔业产量等有着密切关系。Ryther（1969）把世界海洋食物链分成三个基本类型，即大洋、大陆架和上升流食物链（图 3-4）。

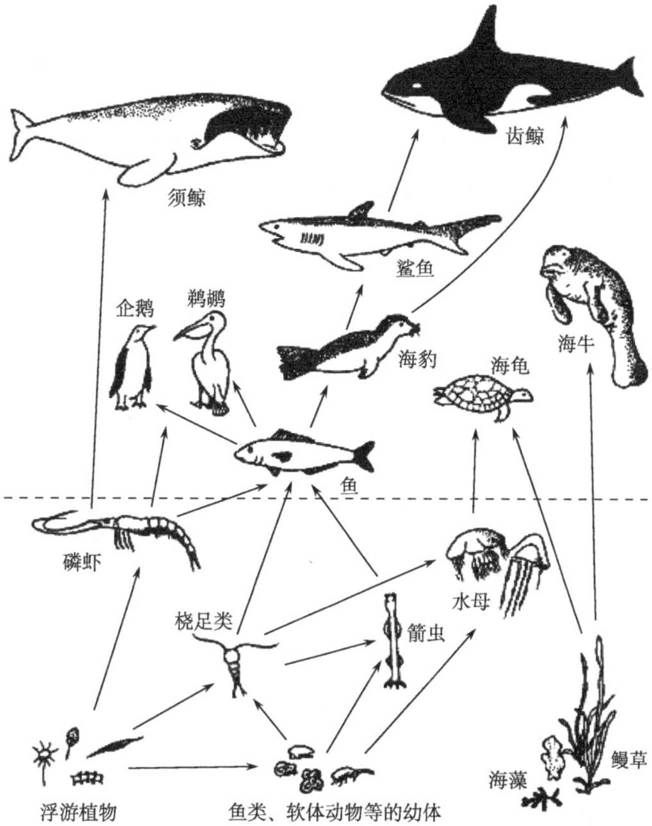

图 3-3　海洋食物网示意图（引自邵广昭, 1998）

由以上三类食物链可以看出，海洋食物链环节数与初级生产者的粒径大小呈相反关系。此外，关于上升流区的营养层次问题，目前尚存在一些争论。

在海洋生态系统中，除了上述以浮游植物和底栖植物为起点的植食物链之外，还有一类是以死生物或碎屑为起点的碎屑食物链。在海洋中存在大量碎屑物质，除无生命的有机物质（死亡动植物残体、动物粪便等）以碎屑形式存在外，还有大量的溶解有机物，其数量比碎屑有机物还要多好几倍，它们在一定条件下通过细菌或原生动物等富集，可逐渐形成聚集物，成为较大的碎屑颗粒物，从而快速向底层降落，这种现象又称为“海雪花”。Teal 在 1962 年研究了佐治亚州盐沼河口湾的碎屑食物链，如图 3-5 所示。

碎屑在海洋生态系统的物质循环和能量流动的作用比在陆地生态系统中更为重要。这些碎屑颗粒含有较高的有机质，成为底栖动物的重要食物来源，支持了底栖系统中的高营养级生物生产。海洋碎屑的大量存在，加强了海洋系统的多样性和稳定性。此外，在中纬度海区夏季初级生产力衰退时，异养生物的营养也有一部分需要依靠春季水华时期形成的碎屑来维持。

海洋食物链和食物网有如下几个特点：①海洋食物链较长，特别是大洋区食物链经常达到 4～5 级，而陆生食物链通常仅有 2～3 级，很少达到 4～5 级；②海洋食物链的许多环节是可逆的、多分支的，加上碎屑食物链、植食性食物链和腐食性食物链相互交错，网络状的营养关系比陆地的更多样、更复杂，因此，在海洋中用食物网更能确切表达海洋生物之间的营养关系；③食物链只表示有机物质和能量从一种生物传递到另一种生物中的转移与流动方向，

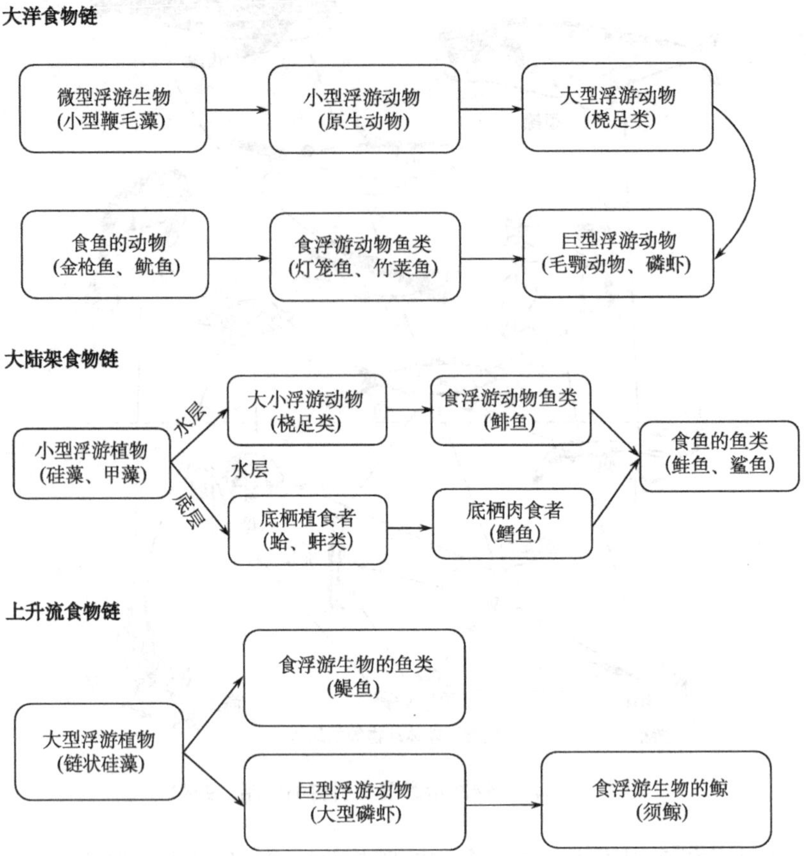

图 3-4　世界海洋食物链的基本类型

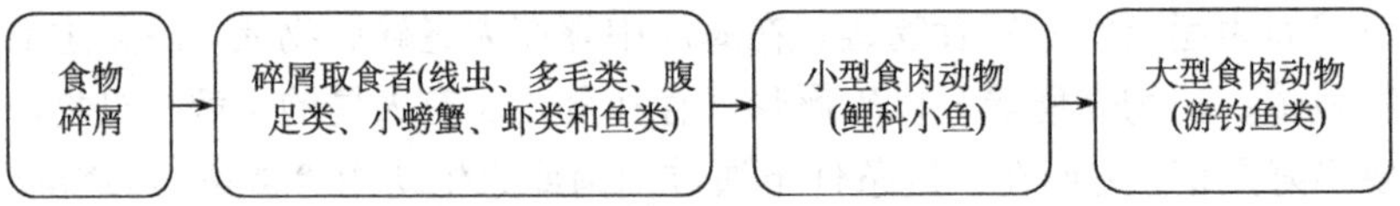

图 3-5　佐治亚州盐沼河口湾的碎屑食物链

而不表示每一营养层所需的有机物和能量的数量（即生物量和热量）；④食物链每升高一个层次，有机物质和能量就要有很大的损失，食物链的层次越多，总体效率越低，因此，从初级生产者浮游植物、底栖植物或碎屑算起，处于食物链层次越高的动物，其相对数量越少，相反，处于食物链层次越低的动物，其相对个体数量越多，储存在生产者体内的能量沿着食物链传递时会大量消耗，能流越来越细，营养级间的能量转移效率平均只有 10%～15%，这便构成了生物量金字塔和能量金字塔；⑤食物网的结构是可变的，根据食物网的定义，一种生物往往摄食多种生物，而其本身也为多种生物所食，因而，每种生物在一个海域中是处于不同食物链的不同环节，或者说处于不同的营养层次之中，这样，整个海域各种生物彼此之间的食物关系，就成了一个错综复杂的网络结构，同一种鱼依其发育生长阶段、季节和所在海域的不同，其饵料也各异，所以食物网的结构是会改变的。

2. 微型生物食物网 由于采样方法和观测技术的限制，过去人们一直认为水层食物链模式是“网采浮游植物→桡足类→鱼类”，即所谓经典食物链。自 20 世纪 80 年代以来，随着采样和观测技术，特别是微生物实验技术的发展，研究者发现海洋中数量巨大的异养浮游细菌可摄取大量溶解有机质（DOM）而使其种群生物量获得增长，即所谓异养浮游细菌的二次生产。1983 年，Azam 等将溶解有机质通过细菌二次生产后形成异养浮游细菌→原生动物→桡足类的摄食关系称为微型生物食物环。

由于海洋中存在与异养浮游细菌大小相似的微型自养浮游生物，也可被微微型生物食物环中摄食异养浮游细菌的同类原生生物和微型后生动物所消耗。以上两种途径仅初始阶段不同（异养细菌或微微型生物），后续阶段均相同，因此，Sherr 和 Sherr（1988）提出最好用“微型生物食物网”这一概念来涵盖异养细菌和微微型浮游植物为起点的营养结构。在实际应用中，通常将微型生物食物环和微型生物食物网视为同一概念，用来表示海洋生态系统中小于 200 μm 生物之间的营养关系。微型生物食物环的结构及其与经典食物链的关系如图 3-6 所示。

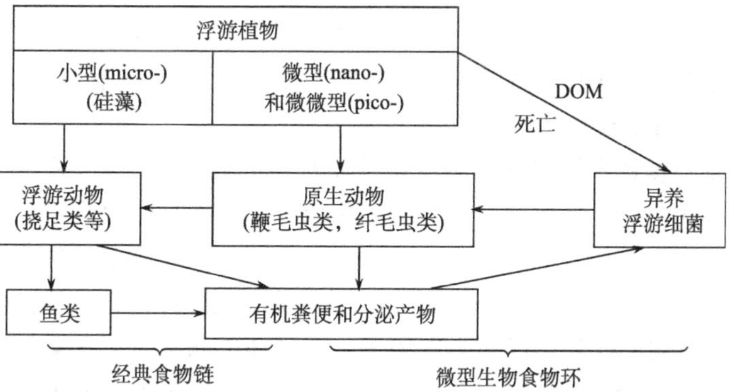

图 3-6 微型生物食物环结构与经典食物链关系（引自李冠国和范振刚, 2003）

根据生物的大小，可将微型生物划分为三类：超微型浮游生物，大小为 0.2～2.0 μm；微型浮游生物，大小为 2～20 μm；小型浮游生物，大小为 20～200 μm。从表 3-14 可见，微型生物既包括自养型植物，又包括异养型动物，还有起各种分解作用的细菌，它们分布在各个层次的空间，占据着各自的生态位，彼此之间有着复杂的关系，并构成一个特定的群落，称之为微型生物群落。

表 3-14 微型生物三种类群的大小和组成特征（引自 Porter et al., 1985）

类型	大小/μm	自养者	异养者
超微型浮游生物	0.2～2.0	自养菌（光合菌）、蓝细菌（蓝藻）、真核藻类	异养菌、小型鞭毛虫
微型浮游生物	2～20	植鞭毛藻、无鞭毛藻（硅藻）	动鞭毛藻、肉足虫、纤毛虫
小型浮游生物	20～200	植鞭毛藻、无鞭毛藻（硅藻）	动鞭毛虫、轮虫、肉足虫、浮游幼虫或幼体，纤毛虫及其他后生动物

在海洋生态系统中，微型生物食物环中摄食者和被摄食者的个体大小是有一定比例的。通常摄食者只能摄取大约为自身大小 1/10 的生物。微型生物食物网的营养层次和摄食关系如图 3-7 所示。

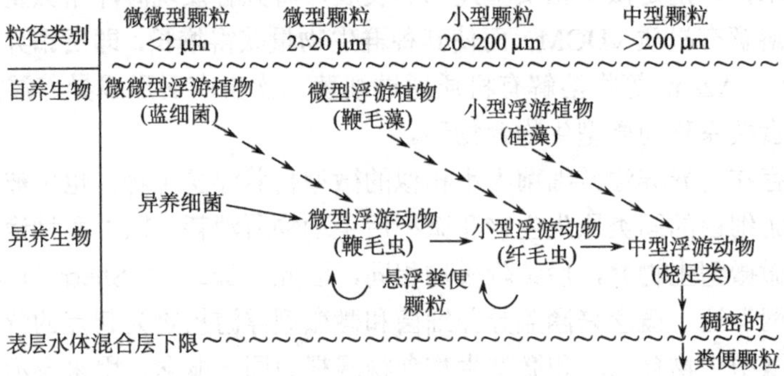

图 3-7　微型生物食物网营养层次和摄食关系（引自宁修仁, 1997）

微型生物食物网与经典食物链共同构成完整的海洋生态系统能流结构，微型生物食物网能流量在海洋生态系统能流量基础环节中占有很高的比例，并且异养微生物和超微型自养生物的生产力总和构成大部分海洋生态系统能流的主要基础环节，因此，微型生物食物网在海洋生态系统能流中具有重要作用。

3. 粒径谱和生物量谱在海洋生态系统能流研究中的应用　如果把海洋中的生物，从微生物和单细胞浮游植物到浮游动物、直至鱼类和哺乳类，都视为“颗粒”，并以统一的相应球型直径（ESD）表示其大小，那么某一特定生态系统各粒度级上的生物量分布将遵循一定的规律，即顺营养层次向上总生物量略有下降。如果将粒度级按照一定的对数级数进行排序，这种生物量在对数级数上的分布就称为粒级谱。在平衡的状态下，这条谱线是一条斜率较低的直线。以 10 为底的对数级数表示南大洋（高生产力区）和赤道太平洋（低生产力区）食物链中不同粒径生物的平均生物流变化，如图 3-8 所示。

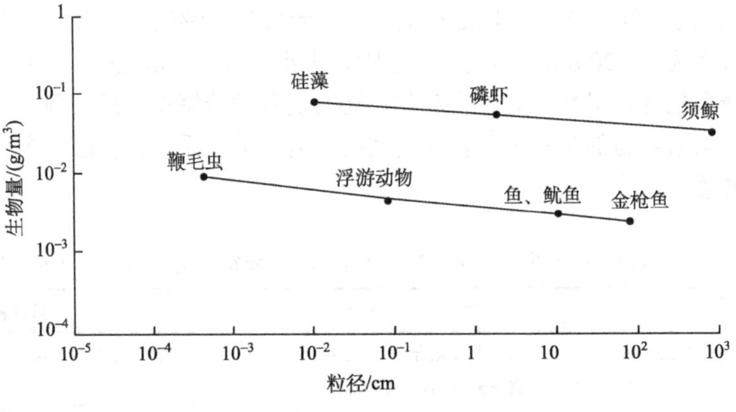

图 3-8　海洋食物链中不同个体大小的平均生物量（引自 Lalli and Parsons, 1997）

相同 ESD 的颗粒（生物），其含能量差别很大。以生物量谱代替粒径谱能更准确反映不同粒级成员能量的关系，其实质是生物量谱。生物量谱几乎适用于所有的水域生态系统，因此，可利用已有的海洋生态系统的资料对其生物量谱进行“编辑”。1992 年，Boudreau 和 Dichie 利用北大西洋佐治亚滩丰富的资料编辑得到了该海域系统各月的生物量谱（图 3-9）。

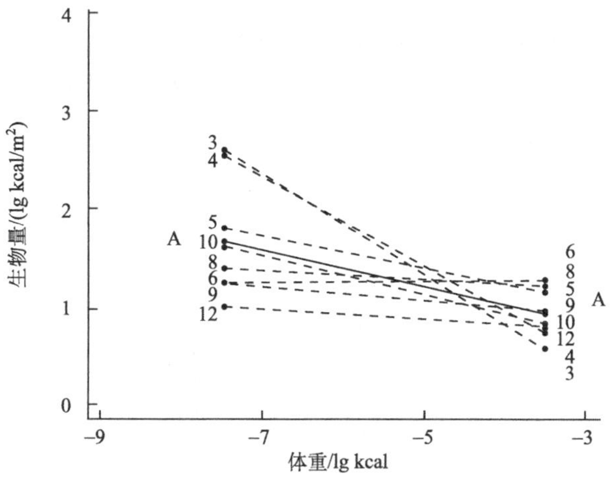

图 3-9　佐治亚滩各月的生物量谱（引自 Boudreau and Dichie, 1992）

图中数字代表月份；A 代表年平均值

4. 营养级和生态效率　为了便于生态系统内物质和能量流动的研究，林德曼于 1942 年在食物链和食物网的基础上提出了营养级这一概念。食物链上按能量消费等级划分的各个环节称为营养级或营养阶层。林德曼将自然群落中的食性关系分为 5 个阶层：Λ_1 代表生产者（光合性植物），Λ_2 代表初级消费者（草食动物），Λ_3 代表次级消费者（肉食动物），Λ_4 代表食腐者（异养细菌），Λ_5 代表化能自养菌（转化者）。每一阶层均依赖于其前一阶层作为能量来源，Λ_1 则以太阳辐射为能量来源。林德曼的经典生态系统的营养动态如图 3-10 所示。图 3-10 中 λ_n 为从 λ_{n-1} 到 λ_n 正的能量流速率；λ'_n 为 λ_n 到 λ_{n+1} 负的能量损耗速率；R_n 为各营养阶层生物的呼吸速率。

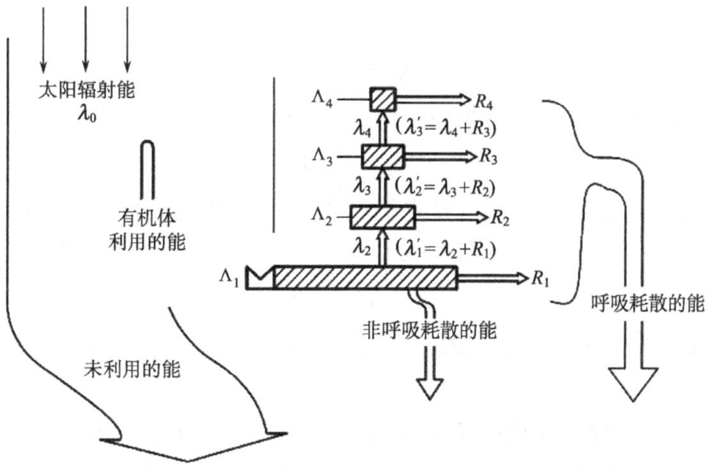

图 3-10　经典的生态系统营养动态（引自李冠国和范振刚, 2003）

各营养级的生产量可以用能量的转换表示，如下式所示：

$$\frac{d\lambda_n}{dt} = \lambda_n + \lambda_n' \tag{3.20}$$

邓景耀等（1988）研究了浅海食物网中的各个营养级关系（图 3-11），海洋植物处于第一营养级（图中为 0 级），植食性动物处于第二营养级（图中 1.0～1.3 级），而第四营养级为高级肉食性动物（图中 3.5～4.0 级）。

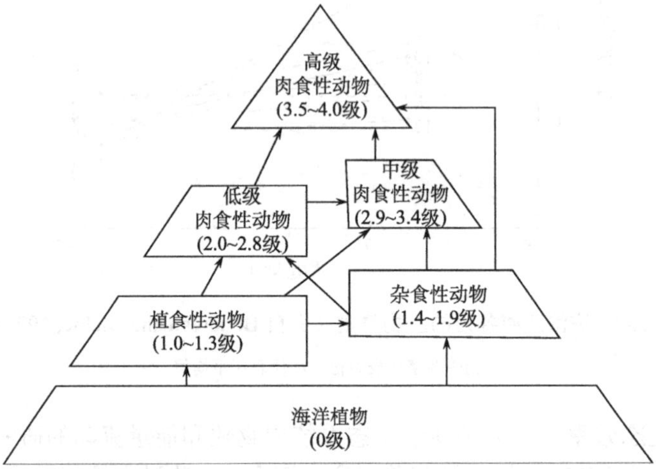

图 3-11　浅海食物网中的各个营养级关系（引自邓景耀等, 1988）

能流过程中，各个不同点上的能量比值称为传递效率，也有学者称为生态效率，但通常将营养级之间的传递效率称为生态效率。

同一营养级同化的能量（A）与其食物能量（C）的比值，称为同化效率（A_e），见下式：

$$A_e = A / C \tag{3.21}$$

在同一营养级内，消费者的净产量（P）占其摄食量（C）的比值，称为总生长效率（K_1），见下式：

$$K_1 = P / C \tag{3.22}$$

而将消费者的净产量（P）与食物同化量（A）的比值称之为净生长效率（K_2），见下式：

$$K_2 = P / A \tag{3.23}$$

前一营养级的产量通常无法被取食它们的营养级种群全部利用。营养级间的消费效率（E_c）也称利用效率，指 n+1 营养级消费的能量占 n 营养级净产量的比值：

$$E_c = C_{n+1} / P_n \tag{3.24}$$

营养级间的生态效率也称林德曼效率（L_e），是指 n+1 营养级所获得的能量与 n 营养级所获得的能量的比值：

$$L_e = C_{n+1} / C_n = (A_n / C_n) \cdot (P_n / A_n) \cdot (C_{n+1} / P_n) \tag{3.25}$$

总体而言，海洋生态系统中植食性动物的生态效率在 20%左右，而在较高营养级之间，生态效率可能在 10%～15%范围。与陆地植食性动物对植物的消耗和利用相比，海洋浮游动物对浮游植物的利用效率和总生长效率都较高。大洋群落食物链的平均生态效率比沿岸上升流区的低。海洋生态系统的平均生态效率通常比陆地生态系统的高。

能量在生态系统中沿着食物链流动和传递，各个营养级的次级产量可以用下式表示：

$$P_{n+1} = P_1 \cdot E^n \qquad (3.26)$$

式中，P_{n+1} 是 n+1 营养级的产量；P_1 是初级产量；E 是生态效率，n 是营养级传递的数目。

在一个生态系统中，营养级级次越高，产量就越少，如果生态效率按 10%计算的话，假定浮游植物的产量是 100 个单位，则第二级营养级产量为 10 个单位，第三级营养级产量为 1 个单位。因此，从生态系统能流的观点出发，限定动物种群产量的最主要因素是其所处的营养级所在的级次。通常情况下，生态效率是把具有相同食性的几类动物作为一个级别处理，但现实情况中，食物链不是一条简单的食物链，还存在食物链的分支，从而形成食物网，这些分支的存在降低了一个营养级之内的能量输出（图 3-12）。

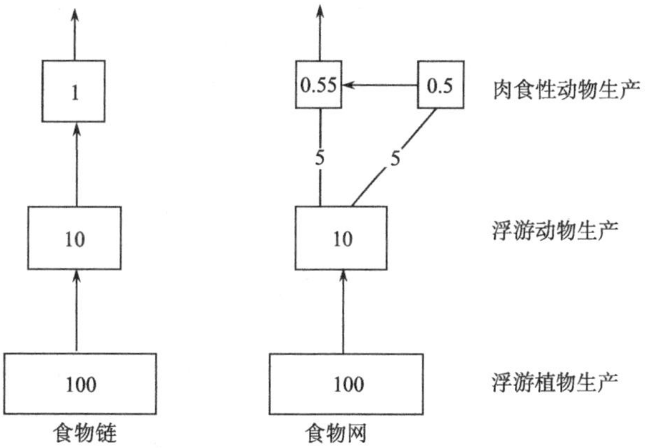

图 3-12　食物链存在分支造成能量输出减少（假定生态效率 10%）（引自 Steele, 1974）

5. 海洋生态系统能流分析　生态系统的能流分析应包括生产者吸收的太阳能（输入生态系统的能量），以及这些能量在各个营养级之间的输入和输出量值的分析。根据热力学定律，各营养级的能量收支与整个生态系统的能量收支是平衡的，即生产者固定的能量与生产者和消费者呼吸消耗的能量是相等的。对海洋生态系统的能流，迄今国内外已开展了一些调查研究，其中较为经典的是 Tait 在 1981 年对英吉利海峡西部沿岸的能流调查和分析（表 3-15）。

表 3-15　英吉利海峡西部沿岸能流分析（引自沈国英等, 2010）

能量收入/[kcal/(m²·年)]		能量支出/[kcal/(m²·年)]	
1.浮游植物总产量	1500	1.各营养级呼吸消耗的能量	
2.底栖大型植物与陆源有机物	20	浮游植物	300
		水层食植者	672
		水层捕食者	136
		细菌	213
		底层食植者	150
		底栖鱼类	21
		底层捕食者	24
		2.沉积于海底和无机氧化	2
		3.渔获物	2
总计	1520		1520

（二）海洋生态系统中的生物地球化学循环

1. 海洋生态系统中的分解过程　生态系统中的有机质（生物残体及排泄物等）在分解者的作用下逐渐降解，最终转变成无机物质，并且伴随着能量以热的形式逐渐散失，这一过程就是生态系统的分解作用。在分解过程中，初始结合在有机物中的无机营养元素（N、P等）逐渐被释放出来的过程，称为矿化作用。

分解作用与光合作用相反，是一个释放能量的过程，其反应式可表示为：

$$C_6H_{12}O_6+6O_2 \xrightarrow{\text{酶}} 6CO_2+6H_2O+\text{能量} \tag{3.27}$$

研究表明，有机碎屑的分解过程与碎屑食物链紧密联系，包括颗粒物有机物（POM）和可溶有机物（DOM）的反复再循环过程（图 3-13），POM 和 DOM 是以能否通过 0.2～0.45 μm 孔径为依据人为划分的。不同来源的碎屑有机物的分解过程亦有区别，大型藻类和维管束植物来源的有机质的主要分解过程包括淋滤阶段、分解阶段和耐蚀阶段。

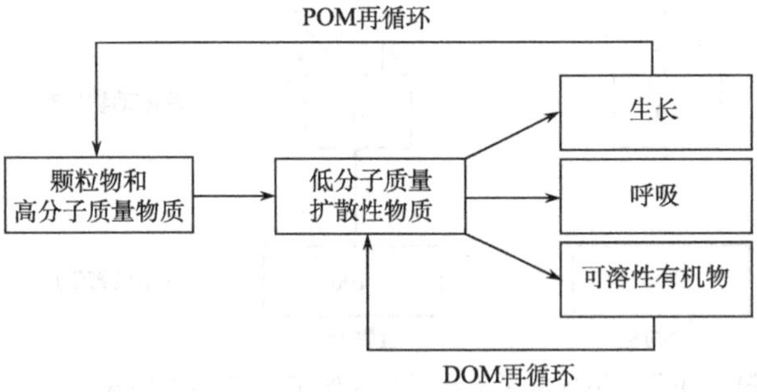

图 3-13　颗粒有机物和溶解有机物在食物链中的再循环（引自 Kaiser et al., 2005）

（1）**淋滤阶段**：可溶性物质从碎屑中转移出来的一种形式，有机体一旦死亡，就很快地淋滤出可溶的或水解的物质，淋滤不一定需要微生物的参与。

（2）**分解阶段**：有机物的分解主要通过微生物（细菌、真菌或其他微型生态系统）的降解作用来实现。在此阶段中，有机物中的某些化合物（糖类、脂肪酸和一些氨基酸等）易被微生物利用，而另一些物质（纤维素、蜡和木质素等）则很难被微生物分解。

（3）**耐蚀阶段**：分解阶段尚未分解的有机物必须经过一定时间（几周甚至几年时间）的降解，剩余物为难以分解的、以腐殖酸为主的有机聚合物或复合物，最终形成海洋腐殖土。

海洋生态系统中，微生物和原生动物是主要的分解者，并且分解者间的协同作用提高了分解效率。分解作用的主要意义在于：①促使营养物质循环，维持海洋生态系统生产和分解的平衡；②维持大气氧气与二氧化碳浓度比例；③分解过程中产生的有机颗粒物为食碎屑的各种生物提供食物来源，对维持生态系统物种多样性有重要意义，也提高了有机物的分解效率；④提高沉积物的有机质含量和改善底质的理化性状，使沉积物具有吸附和降低外来污染物危害的作用。

2. 海洋生态系统碳循环　碳循环是碳的生物地球化学循环，主要涉及大气圈、陆地生物圈、水圈和岩石圈，碳循环是生物圈健康发展的重要标志。海洋碳循环是全球碳循环的重要组成部分，是影响全球变化的关键控制环节。海洋环流和二氧化碳在海水中的溶解模型表明，每年来自矿物燃料的二氧化碳中约 40% ,即约 2×10^{15} g C 被海洋吸收进入到海洋中。海洋从大气中吸收的 CO_2（107×10^{15} g C）稍大于从海洋返回大气中的二氧化碳（105×10^{15} g C），因此海洋被认为是最大的 CO_2 汇。

海洋是一个非常巨大的碳库，包括无机碳和有机碳两大类。海洋中无机碳主要是溶解态的 CO_2 和 H_2O 形成的复杂平衡体系（CO_2、H_2CO_3、HCO_3^- 和 CO_3^{2-} 等组分的电离平衡体系），有机碳库为可溶有机碳（DOC）和颗粒有机碳（POC）。据统计，海洋中生物群的碳贮量约 3 Gt，溶解有机碳贮量约 1000 Gt，溶解无机碳贮量为 37 400 Gt。

20 世纪 90 年代以来，随着国际地圈与生物圈计划（IGBP） 核心计划全球海洋通量联合研究（JGOFS）、全球海洋生态系统动力学（GLOBEC）、陆海相互作用（LOCIZ）及上层海洋与低层大气研究（SOLAS）等重大国际合作计划的开展，海洋碳循环研究取得了前所未有的进展，这些研究主要集中在海洋生态系统碳循环的几个关键过程：海-气界面 CO_2 通量过程、碳在海水中迁移和转化过程（溶解度泵、碳酸盐泵生物泵过程，以及河口碳的生物地球化学过程）。

1）*海-气界面 CO_2 通量过程*　　海-气界面 CO_2 通量指的是单位时间、单位面积上 CO_2 在大气和海洋界面的净交换量，是海洋碳循环中与人类影响直接相关的重要一环。海-气界面 CO_2 通量是评估海洋在全球变化中作用的前提和基础。

海-气界面 CO_2 通量在很大程度上由海-气界面的扰动程度决定，而风速是影响扰动度的一个关键参量。此外，边界层的稳定性、表面活性剂和气泡的生成对海-气界面 CO_2 通量都有重要影响，这些参数与风速并无直接的关系，但相对风速而言它们对海-气界面扰动的影响较小，主要以风速和海-气 CO_2 的分压差为主要参数来估算获得海-气界面 CO_2 通量，并建立了许多数学模型。目前基本常用的是 Liss 在 1973 年提出的模型：

$$F = KS\Delta\rho_{CO_2} \tag{3.28}$$

式中，F 是海-气界面 CO_2 通量；K 是 CO_2 传递常数（或称传输速率）；S 是 CO_2 在海水中的溶解度；$\Delta\rho_{CO_2}$ 是 CO_2 在海-气界面的分压差（即 $\rho_{海}-\rho_{气}$）。

$$K_{20} = 0.17\,u_{10} \quad (0 < u_{10} < 3.6\text{ m/s}) \tag{3.29}$$

$$K_{20} = 2.85\,u_{10} - 9.65 \quad (3.6 < u_{10} < 13\text{ m/s}) \tag{3.30}$$

$$K_{20} = 5.9\,u_{10} - 49.3 \quad (u_{10} > 13\text{ m/s}) \tag{3.31}$$

式中，K_{20} 是 20℃时的 K 值；u_{10} 是距海平面 10 m 处的风速。上述式（3.28）至式（3.31）建立了 CO_2 通量 F、CO_2 传递系数 K 与风速 u 之间的计量关系，是计算海-气界面 CO_2 通量的理论基础。

Wanninkhof 对 Liss 的方程进行了补充和修正，使之适应了各种不同的温度条件：

$$K_t = 70.24\,K_{20}\,(\mathrm{Sc}_t)^{-2/3} \quad (0 < u_{10} < 3.6\text{ m/s}) \tag{3.32}$$

$$K_t = 24.39\,K_{20}\,(\mathrm{Sc}_t)^{-1/2} \quad (3.6 < u_{10} < 13\text{ m/s}) \tag{3.33}$$

式中，K_t 是 t℃时的传递速率值；Sc_t 是 t℃时的斯密特数，其数值可由下式获得：

$$\mathrm{Sc}_t = 2073.1 - 125.62\,t + 3.6276\,t^2 - 0.034219\,t^3 \tag{3.34}$$

CO_2 海-气交换的一个重要控制因子是海-气间 CO_2 压力差即 $\Delta\rho_{CO_2}$，而海水 $\Delta\rho_{CO_2}$ 大小

受到植物光合作用、洋流涌升、温度、盐度和 pH 等众多因素影响，并且具有明显的海域（经纬度）差异和时间（季节、日夜）差异特征。

2）*碳在海水中迁移和转化过程*　溶于水后的 CO_2 在海洋各种物理、化学和生物过程作用下，逐渐形成其存在形式和分布状况，其中一部分碳转移到中深层水或者海底，而另一部分碳重新回到大气中。CO_2 在海洋中物理、化学和生物过程包括：浮游植物光合作用，有机物从表层至深水的垂直搬运，有机物在垂直输送中经降解作用产生 CO_2 及其由深水区上涌水带至表层的过程。为了研究海洋中碳的浓度梯度的建立和维持机制，Volk 等（1985）引入了溶解度泵、碳酸盐泵和软组织泵（生物泵）三个概念来描述上述三种过程。这三种泵在海洋碳循环中起着非常重要的作用。溶解度泵主要是因为 CO_2 溶解度是由温度决定的，它与海洋环流密切相关，其原理是在高纬度，低温海水将大气中 CO_2 溶解并带入深海中。碳酸盐泵主要是一些微型生物如颗石藻、有孔虫以碳酸钙（镁）为骨架或细胞壁，将大气中 CO_2 气体转化为海水中的碳酸盐，但该过程并不能直接导致大气 CO_2 浓度的降低，因碳酸盐生成时总碱度也降低，结果导致表层水的 ρ_{CO_2} 升高。海洋浮游植物光合作用吸收的 CO_2 一部分合成有机质通过各级消费者（牧食食物链）依次传递和消耗，一部分以颗粒有机碳（POD）的形式离开真光层下沉到深海层或海底，另一部分以可溶有机碳（DOC）形式释放到海水中。各级动物的消费、排泄和浮游动植物的死亡、分解等会产生大量的碎屑、粪团、蜕皮和聚集体以非生命的颗粒态有机碳形式发生沉降; 海洋生物的垂直洄游也构成了一部分有机物的向下转移。这种由有机物生产、消费、传递、沉降和分解一系列生物过程构成了碳由表层向深层的转移称之为“生物泵”（图 3-14）。

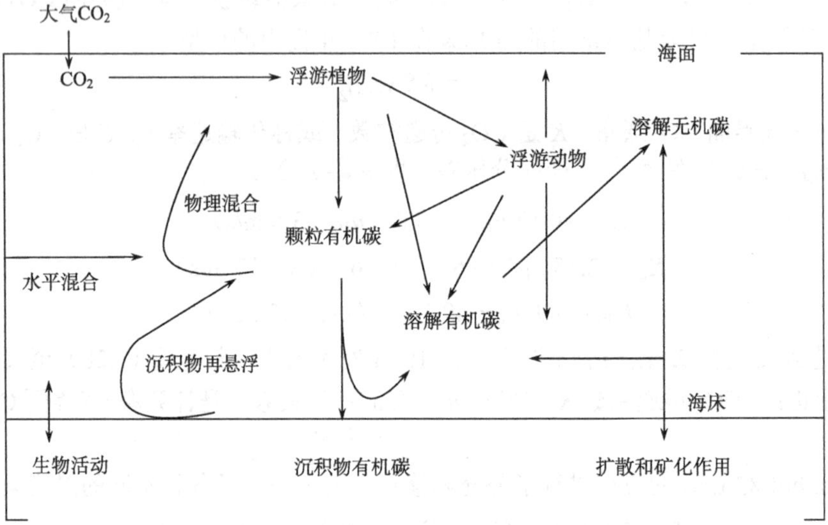

图 3-14　碳在海洋中的垂直迁移和转化（引自殷建平等, 2006）

传统生物泵理论认为，生物泵在海洋碳循环中的作用主要是通过浮游植物的光合作用实现的。近年来的研究又发现浮游动物在海水中的垂直分布和昼夜间的垂直迁移，在很大程度上改变了有机碳和无机碳在海水中的垂直通量。

3）*海洋生态系统动力学及有关的碳循环模式*　海洋生态系统动力学是海洋科学和渔业科学交叉发展起来的新学科，其研究核心是物理过程和生物过程相互作用和耦合，是全球变化研究的一个重要部分。

海洋生态系统动力学（碳循环）模型主要包括物理、化学和生物三大过程，因此有时也称物理-生物-化学耦合模型，一般可用以下的方程表示：

$$\frac{\partial C}{\partial t}+\text{Adv}(C)=\text{Diff}(C)+\text{Bio}(C)+S \tag{3.35}$$

式中，C 表示海洋生态模型（或碳循环模型）的一个状态变量；Adv 和 Diff 分别表示物理过程中平流和扩散，扩散项中还包括了对流调整；Bio 表示因生化过程对 C 的影响；S 表示额外的源汇项。例如，对于营养盐，S 可包括河流输入、大气沉降和水底界面的物质交换等过程。若该方程中 C 代表 DIC、Bio 项为零，该模型就成为了无机碳循环模型。

由于海洋观测很难覆盖整个研究区域的空间，在时间上也不可能做到长期观测，因此研究海洋碳循环除了在海洋上直接观测外，常采用数值模拟方法，即碳循环模式，两者互相补充。海洋碳循环模式结果需要观测资料检验，可以预报未来碳循环的变化趋势。海洋碳循环模式的研究已有了 50 多年历史了，近年来模式研究又有了新的发展，主要包括箱室模式、环流碳循环模式、含显式生态系统的碳循环模式等。

4）*气候变化对海洋碳循环的影响及其响应*　由于人类活动使大气中二氧化碳浓度增加，温室效应导致全球变暖，全球气候变化对海洋碳的吸收有负效应，甚至会导致 CO_2 吸收的减弱。大气中二氧化碳增加，有效辐射相对就会减少，海水表面的温度会随之增高，海水的稳定度加大，从而海洋吸收二氧化碳的能力就会减少，大气中二氧化碳的含量会相应增加，这是一种正反馈的机制。长期来说，全球气候变化对海洋中的生物有重要的影响。大气中二氧化碳浓度的增高会造成海洋中的硅藻光合作用增强，以及浮游植物的呼吸作用下降。

海洋中的无机碳经过化学变化使沉积物溶解，产生正反馈的作用。这是由于海洋混合"瓶颈"所决定的。在理想的、较暖的气候里，海洋环流循环和阳离子密度的增加将导致碳、碱、营养盐以及人为 CO_2 海洋表面海水的补给降低，这些人为 CO_2 通过狭窄"瓶颈"进入海洋，将对大气温室气体的浓度有正反馈作用。

3. 海洋生态系统氮循环　氮是海洋环境中主要的营养元素之一，并被认为是大部分海区的限制营养元素。价态较多的氮相对于磷、硅来讲，其在海洋中的形态也较多，除溶解的无机态（NO_3^-、NO_2^-、NH_4^+）和有机态（PON、DON），还存在着气态的 N_2、N_2O 和 NH_3，因此氮在海洋环境中的循环相对磷、硅复杂。

1）*氮的物理输入*　对于某一自然的海域，N 的输入可主要通过以下三种途径。①垂直混合。在较深的海区随着温跃层的消失和被破坏，富含 N 的水通过对流扩散上升至真光层，成为这些地区浮游植物的营养盐主要来源之一，并影响着浮游生物的季节变化。②水平输运。在沿岸、河口及陆架区域，河流输入、沿岸的污水排放占 N 输入的绝大部分，并通过潮汐、风、对流扩散等作用影响其分布。③大气沉降。主要包括雨、雪、大气沉降，以及火山活动引发的颗粒物随大气沉降，相对以上两种来源，其对 N 的贡献要小得多，但在某些沿岸排放较少、降水量较多的海区或者火山喷发海域，大气沉降比例则可能较大。

2）*氮的生物利用*　在海洋生态系统中，浮游植物是初级生产者，其进行光合作用利用的含氮营养盐主要是硝酸氮和氨基氮，对于一些微藻和细菌溶解有机氮也是主要的可利用营养盐之一。亚硝酸氮在海洋中的浓度非常低，它主要作为硝化–反硝化过程及植物体内被摄取的硝酸在硝化酶的作用下转化为氨及氨基酸过程的中间产物。

Dugdale 和 Goering（1967）首次采用如下方程式来描述浮游植物对硝酸和氨氮的吸收：

$$\mu = \mu_{max}[N]/Ks + [N] \tag{3.36}$$

式中，μ_{max} 为对某种营养盐的最大吸收速率；Ks 为半饱和常数；[N]为水体中某营养盐的浓度。但是 Droop（1983）在对细胞生长的研究中发现，浮游植物对营养盐的吸收不能简单地由周围环境中的营养盐浓度决定，而与植物细胞内的营养盐含量有关。当细胞内营养盐储藏含量低于饱和值时，则可由米氏方程式表示：

$$\mu = \mu_{max} Q/A + Q \tag{3.37}$$

式中，Q 为营养盐吸收速率/细胞生长速率，反映了细胞中营养盐水平；A 与 Ks 类似。硝酸氮的吸收过程极可能分为两步进行：第一步是营养盐被细胞吸收，这时与周围营养盐的浓度有关；第二步随着细胞中营养盐浓度的增加，细胞对营养盐的进一步利用则受细胞内营养盐的控制。

相关研究表明，植物细胞对硝酸氮的吸收和对氨氮的吸收并不相同。海水中的无机氮化合物被同化为植物细胞中的氨基酸，要经历如下的生物化学过程：

$$\begin{aligned} & NO_3^-(\text{海水}) \xrightarrow{\text{透性膜}} NO_3^-(\text{细胞内}) \xrightarrow{\text{硝酸还原酶}} NO_2^- \\ & \xrightarrow{\text{亚硝酸还原酶}} NO_4^+ \xrightarrow{\text{谷氨酸脱氢酶}} \text{氨基酸} \end{aligned} \tag{3.38}$$

由上式可见，NH_4^+ 无需改变氮的价态即在酶的作用下合称为氨基酸，因此，通常认为在硝酸盐和氨同时存在的条件下，氨优先被浮游植物所吸收。氨氮的存在对于浮游植物吸收硝酸氮具有抑制作用，而且硝酸氮的吸收速率要小于氨氮。

在整个海洋生态系统中，生物固氮是海洋氮素的主要来源，也是限制海洋水生生物群落生长的重要因子。因其可利用性影响到海洋 CO_2 的吸收与平衡，所以生物固氮作用的强弱不仅可以预测海洋初级生产力水平的高低，同时也可作为寻求寡营养盐环境中维持海洋生物高生产力水平的途径。另外，固氮微生物也是海洋生态环境变化的重要指示生物。

3）*氮的再生作用*　氮的再生是指结合在有机物中的氮被重新转变为可被生产者利用的无机氮的过程。该过程主要包括：①浮游植物胞外溶出。在河口和沿岸区域，大约 30%的净初级生产力被浮游植物溶出，而约 20%的被浮游动物捕食，由此可见，由浮游植物胞外溶出产生的有机物是不可忽视的；②浮游动物及鱼类的溶出和排泄。氨氮是浮游动物溶出产物的主要形式，其中还包括脲、氨基酸、蛋白质等；③有机碎屑。动物新陈代谢后的排泄物和死亡的浮游生物的个体、组织等是海洋有机碎屑库的主要来源，这些颗粒物在沉降和随水团运动的过程中，一部分被浮游动物滤食，另一部分则被细菌降解成为氨和小分子溶解有机氮。

4）*海洋氮循环的基本过程*　在海水–大气界面，固氮微生物通过固氮作用将海水中的 N_2 转变为生物学可利用的 N，从而使这些新 N 进入海洋生态系统中生物学循环总氮池。在生物代谢或有机物矿化作用中，蛋白质被降解为氨基酸，氨基酸中的 C 被氧化从而释放出 NH_4^+ 可被浮游植物或细菌再重新利用。未被生物利用的 NH_4^+ 可被亚硝化细菌和硝化细菌转变为亚硝酸和硝酸，称为硝化作用。海洋中的硝化作用在整个氮循环中是不可缺少的一环，但硝化作用所产生亚硝酸盐或硝酸盐的过度积累，却是导致海水富营养化、诱发赤潮、破坏海洋生态平衡的主要原因之一。反硝化作用（或脱氮作用）是海洋氮循环中的一个重要生物过程，是固定氮素重返大气层的主要环节，故在整个氮循环中占有重要地位。海洋反硝化过程受到温度、盐度、pH、营养盐、碳氮比等许多环境因素的影响与制约。反硝化作用的实质是硝酸盐的生物还原过程，它包括同化性硝酸盐还原作用（将 NO_3^-、NO_2^- 还原为 NH_4^+）和异化性硝酸盐还原作用（将 NO_3^-、NO_2^- 还原为 NO、N_2O 和 N_2）。而在沉积物-海水界面，浮游植物死亡、细胞物质、动物尸体及其排泄物等通过沉降或扩散运输到达海底形成表层沉积物，而这些沉积物中的氮通过一系列的生物地球化学过程，如水解、细胞自溶、微生物分解或降解等，其中大部分有机氮可被还原成可被生产者利用的无机氮形式（DON）重新进入海水中参与海洋生态系统氮循环；另一小部分则随成岩作用埋藏于海底，短期内不再参与氮循环（图 3-15）。

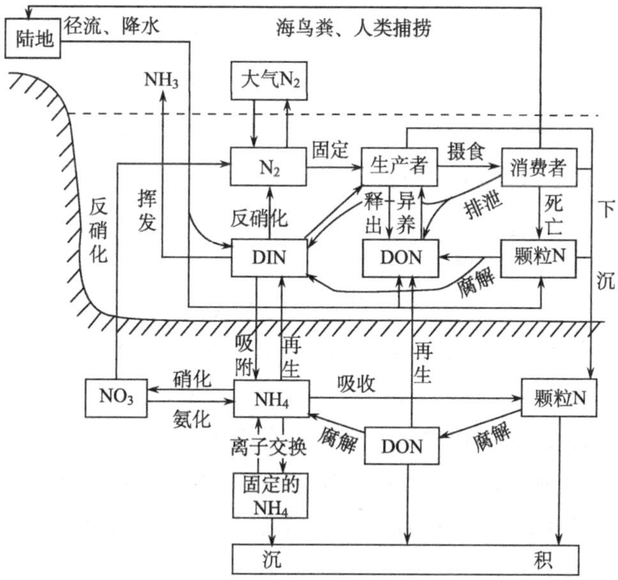

图 3-15　海洋生态系统的氮循环（引自沈国英等, 2010）

5）*人类活动对海洋生态系统氮循环的影响*　人类工农业活动经常大量使用各种含氮物质于塑料生产、农作物肥料等，其基本原料是氮的化合物 NH_3；所合成的 NH_3 有少部分直接用作农作物肥料，其余大量的被进一步合成为更易运输和保存的尿素，还有部分合成的 NH_3 与磷酸、硫酸或硝酸进一步合成为其他含氮肥料或用于塑料生产。人类合成的各种含氮组分最终会以各种途径进入海洋，从而对海洋氮循环产生明显影响。

值得关注的是，海洋中的氮循环可能通过影响海洋中 CO_2 气体的排放而间接作用影响全球气候变化。氮是许多海域初级生产力和碳输出的主要控制因子，因而与大气 CO_2 浓度的变化乃至全球气候变化有密切联系。冰期-间冰期海洋氮储库的变化可能是导致冰期—间冰期海洋生物生产力和大气 CO_2 浓度发生变化的重要原因。

4. 海洋生态系统磷循环

1）*海洋生态系统中的磷*　磷是所有生物进行能量传输和生长所必需的营养盐，海水中的总磷（TP）可分为颗粒磷（PP）和总溶解磷（TDP），即 TP = PP + TDP，在大多数开阔海洋环境中，TDP 储库一般远远超过 PP 储库。颗粒磷和总溶解磷均包括无机和有机的磷组分。

无机磷形态包括正磷酸盐（$H_2PO_4^-$、HPO_4^{2-}、PO_4^{3-}）、焦磷酸盐（$P_2O_7^{4-}$），以及其他一些缩聚的环状（偏磷酸盐）和线状（多聚磷酸盐）聚合物。多聚磷酸盐仅占海水总磷含量的一小部分，它们能和多种金属阳离子形成溶解态络合物。无机聚合物存在于海洋溶解态、胶体态和颗粒物中，而正磷酸盐和焦磷酸盐主要存在于真溶解态和细胞内物质中。

水溶液中溶解无机磷酸盐（DIP）存在如下电离平衡：

$$H_3PO_4 \xrightarrow{K_1} H^+ + H_2PO_4^- \xrightarrow{K_2} H^+ + HPO_4^{2-} \xrightarrow{K_3} H^+ + PO_4^{3-} \tag{3.39}$$

$$K_1 = [H^+][H_2PO_4^-]/[H_3PO_4] \tag{3.40}$$

$$K_2 = [H^+][HPO_4^{2-}]/[H_2PO_4^-] \tag{3.41}$$

$$K_3 = [H^+][PO_4^{3-}]/[H_2PO_4^-] \tag{3.42}$$

溶解无机磷各种存在形式的份额取决于海水的 pH 和海水的组成。根据解离平衡常数，可计算各种形态的份额。在海水（pH8, S=33, t=20℃）中，约 87%的 DIP 以 HPO_4^{2-} 形式存在，其次为 PO_4^{3-}(12%)。H_3PO_4 和 $H_2PO_4^-$ 所占的比例很低。

海洋中颗粒态无机磷酸盐（PIP）主要以磷酸盐矿物存在于海水悬浮物和海洋沉积物中。其中丰度最大的是磷灰石，约占地壳总磷量的 95%以上，磷灰石是包括人在内的各种生物体的牙齿、骨骼、鳞片等器官的主要成分。磷灰石的通式为 $Ca_{10}(PO_4)_6X_2$，其中 $X=F^-$，OH^-，Cl^-。分子中 Ca 的可能取代物为 Na^+、K^+、Ag^+、Sr^{2+}、Mn^{2+}、Mg^{2+} 、Zn^{2+}、Cd^{2+}、Ba^{2+}、Sc^{2+}、Y^{3+}等，PO_4^{3-} 的可能取代物为 CO_3^{2-}、SO_4^{2-}、CrO_4^{2-}、AsO_4^{3-}、VO_4^{3-}、F^-、OH^-、SiO_3^{2-} 等。

海洋中颗粒有机磷化合物（POP）是指生物有机体内、有机碎屑中所含的磷。前者主要存在于海洋生物细胞原生质，如遗传物质核酸（DNA、RNA）、高能化合物三磷酸腺苷（ATP）、细胞膜的磷脂等。所有生物细胞中都含有有机磷化合物，所以，磷是生物生长不可替代的必需元素。在海洋生物体中，C/P 原子比为（105～125）∶1，而陆地植物由于没有含磷的结构部分，C/P 原子比高得多，约为 800∶1。海水中还存在溶解有机磷化合物（DOP）。在真光层内，DOP 含量可能超过 DIP。研究发现，某些不稳定的溶解有机磷化合物是海洋循环中十分活跃的组分。

2）*海洋生态系统中的限制论*　　磷是所有生物进行能量传输和生长所必需的营养盐，但是，有关磷在全球海洋浮游生物分布及其生产力中所起的作用了解得并不多。长期以来，有关海洋生物生产力的主要限制性营养盐问题一直存在争议。

地球化学家的观点：磷限制。当 NO_3^- 相对 PO_4^{3-} 稀少的时候，固氮生物可从大气获取用之不绝的 N_2，当这些藻类被摄食或降解时，以 NH_4^+ 等形式将氮释放到水体中，从而增加 N∶P 比。但大气并没有磷储库，也就是说，一旦水体中的磷被消耗完，则没有可替代的来源。从这点看，硝酸盐浓度应追随磷酸盐浓度的变化而变化，海洋中磷的动力学控制着海洋的生物生产力。

生物学家的观点：氮限制。大量实测数据表明，海水中的 NO_3^- 通常比 PO_4^{3-} 稍早耗完，营养盐缺乏的水体通常仍包含少量残余的 PO_4^{3-}，而 NO_3^- 探测不到。生物学家同时也发现，往贫营养的水体中加入 NO_3^- 可激发浮游植物的生长，但加入 PO_4^{3-} 则不起作用。因此，海洋中氮的循环调控着海洋的生物生产力。

Tyrrell（1999）利用地球化学与生物学模型的研究指出，海洋中的 NO_3^- 是潜在的限制性营养盐，而 PO_4^{3-} 是最终的限制性营养盐。上述理解导致有关磷的研究主要集中在确定海洋中磷来源与迁出的收支平衡上，对于磷在海洋各种转换过程的研究相对比较匮乏。

磷可能是目前部分海域浮游植物生产力的限制性因子。有关氮是唯一限制性营养盐的看法存在明显的缺陷，其中最重要的一点是忽略了有机营养盐和痕量金属元素在浮游生物生长中的潜在作用。有关磷在短时间尺度上对于限制浮游植物生长并不重要的说法源自 Redfield 等（1963）的研究，他们发现，颗粒有机物中的 C∶N∶P 比非常独特地恒定在 106∶16∶1（Redfield 比值），因此，推测浮游植物生长所需要的这些元素的比值也是如此。自此，Redfield 比值被广泛用于评估各种海洋环境的营养盐限制情况。海洋浮游植物对碳、氮和磷的吸收反应通式如下：

$$106CO_2+122H_2O+16HNO_3+H_3PO_4 \rightleftharpoons (CH_2O)_{106}(NH_3)_{16}H_3PO_4+138O_2 \quad (3.43)$$

3）*海洋生态系统中磷的输入与迁出* 海洋生态系统中磷的输入主要有以下三种途径：①陆地径流输入。磷进入海洋主要通过河流输入，陆地岩石、土壤风化的产物是河流磷的主要来源，由于河流输送的总磷大多以颗粒态存在，绝大多数颗粒物在近岸海区通过沉降快速地迁出，因此，真正进入海洋磷循环的主要是溶解态磷；②大气沉降输入。有关磷大气输送方面的研究比河流输送的研究要少得多，由于气溶胶中磷的溶解度与其来源、颗粒大小、海表面气象条件、生物学状况等有关，仅有部分的磷真正进入到海洋磷循环中；③火山活动输入。火山的喷发是区域性的，它仅在有限的时空尺度上产生影响。少量研究结果显示，对于区域海洋，火山活动输入的溶解无机磷可能要远高于大气沉降输入的量。

海洋生态系统中磷的迁出主要途径有：①有机质的埋藏。磷从上层水体输送进入沉积物的最重要途径是通过生物吸收，结合进入到沉降颗粒有机物中，最终埋藏于沉积物；②磷在黏土、铁水合氧化物上的吸附与沉淀。磷结合进入 $CaCO_3$ 壳体是磷迁出海洋的途径之一，此外，磷也可以通过铁水合氧化物涂敷于贝壳表面时被吸附到贝壳上；③磷灰石的埋藏。磷灰石的埋藏一直被视为磷从海洋迁出的重要途径之一，但其迁出通量有多大则一直是难以确定的问题，进入海底的颗粒磷有 90%被再矿化并释放至间隙水中，所释放的部分磷随后沉淀形成自生的磷灰石，过去一直认为自生磷矿物仅能在特定的海域或特定的地质时期形成，如上升流区，但最近的证据表明，自生磷矿物在沿岸、非上升流区、开阔大洋均有发现，因此通过此途径迁出的磷通量愈显重要；④热液作用。Froelich 等（1982）推测热液活动是海洋磷的净迁出而非净输入源。热液流体包含有大量还原性的铁，它们会很快地被氧化并形成水合氧化物，而这些氧化物对于清除海水中的溶解磷是非常有效的。

4）*海洋生态系统中磷循环* 海洋生态系统中磷的生物地化循环是不完全的循环。同时，磷循环也没有像碳、氮、硫等元素等气态成分参与循环。在上层海洋，浮游植物通过光合作用吸收海水中的 PO_4^{3-}，含磷有机组分如 ATP 在光合作用和其他过程中起关键的作用。当海水中生物可利用磷浓度高于 0.3 μmol/L 时，浮游植物的生长一般与磷浓度无关，当生物可利用磷浓度低于 0.3 μmol/L 时，细胞的分裂受到抑制，并产生磷缺乏的细胞。

当浮游植物死亡后，有机磷快速地转化为 PO_4^{3-}，许多浮游植物被浮游动物所摄食，从而为浮游动物提供了 P。没有被吸收的物质以粪粒形式迁出，其中含有一定数量的有机磷。当浮游植物丰富的时候，浮游动物排泄的磷较少，而当浮游植物少的时候，浮游动物排泄的磷最多。在中深层水体，颗粒磷被矿化、降解为无机磷酸盐，导致无机磷酸盐浓度在开阔大洋 1000 m 左右存在极大值。

海洋生态系统中磷循环以及源与汇通量如图 3-16 所示。

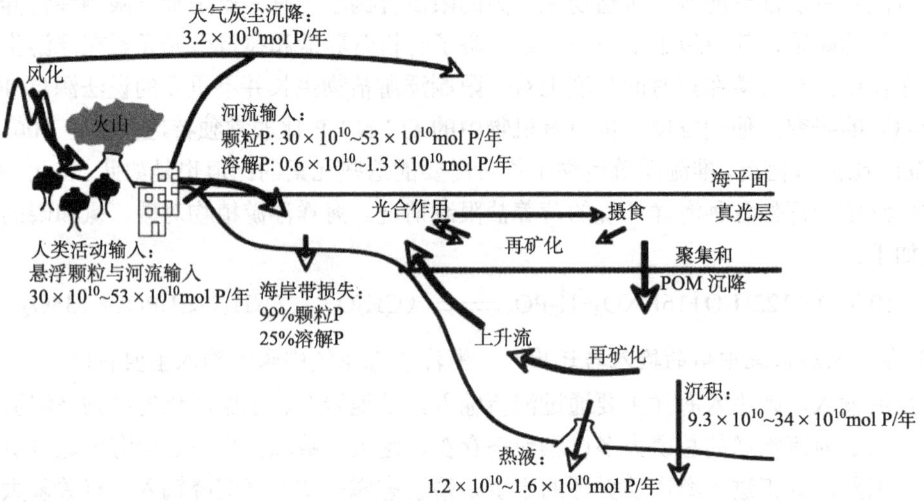

图 3-16　海洋生态系统中磷循环以及源与汇通量（引自 Paytan and MacLaughlin, 2007）

5. 海洋生态系统硫循环　自然界硫循环的基本过程是：陆地和海洋中的硫通过生物分解、火山爆发等进入大气；大气中的硫通过降水和沉降、表面吸收等作用，回到陆地和海洋；地表径流又带着硫进入河流，输往海洋，并沉积于海底。因此，硫循环既属于沉积型，也属于气体型（图 3-17）。

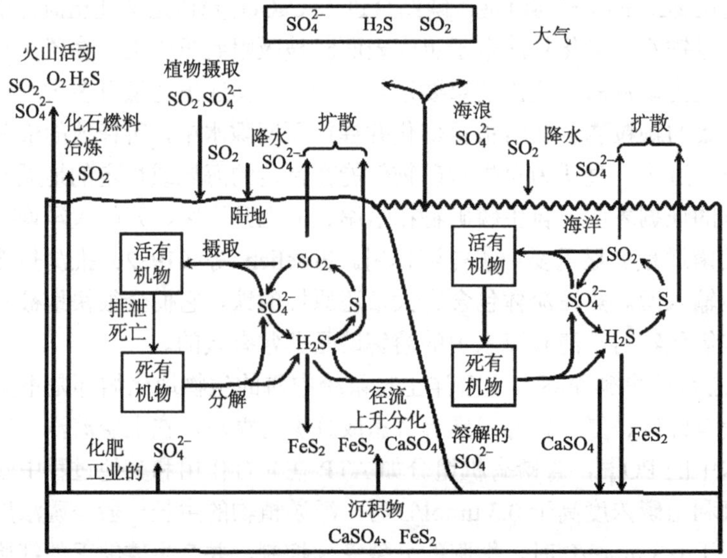

图 3-17　硫元素的全球循环（引自蔡晓明, 2000）

海水中的溶解态硫主要以 SO_4^{2-} 的形式被浮游植物所吸收和利用，转变为某些氨基酸（半胱氨酸、胱氨酸和甲硫氨酸）等含硫蛋白质成分，再通过食物链传递，依次转移到各级消费者。动植物死亡后，这些含硫蛋白质在有氧条件下被微生物分解和氧化成 SO_4^{2-}，从而进入再循环供生产者再次利用；或者在缺氧的情况下，分解形成 H_2S。在海底的有氧-缺氧沉积层中，H_2S 可与 Fe 和 Ca 元素的离子结合生成 FeS_2 和 $CaSO_4$ 沉积。

事实上，实际的海洋生态系统硫循环非常复杂，海洋硫循环过程中产生的二甲基硫（DMS）被认为与全球变化有关。DMS 的来源与归宿以及在海洋生态系统中的动态变化过程，近年来引起了人们的广泛关注。

海水中的 DMS 主要来源于海洋藻类。其基本过程为：海藻摄取海洋中的硫合成半胱氨酸、胱氨酸或直接合成高半胱氨酸；经高半胱氨酸进一步合成甲硫氨酸。甲硫氨酸经脱氨和甲基化作用形成二甲基硫丙酸（DMSP），为 DMS 的前提。DMSP 再经酶（或紫外线辐射）分解就产生 DMS 和丙烯酸，具体如下所示：

$$\underset{\text{(DMSP)}}{(H_3C)_2S^+\text{—}CH_2\text{—}CH_2\text{—}COO^-} \xrightarrow[\text{紫外}]{OH^-\text{酶}} \underset{\text{(DMS)}}{H_3C\text{—}S\text{—}CH_3} + CH_2\text{=}CH\text{—}COOH \tag{3.44}$$

DMS 广泛分布于海洋水体中，主要分布在海水真空层，真空层下方的含量极其少。在海水中，DMS 的变化途径和去向主要包括：经光化学氧化形成 SO_4^{2-}，向大气排放和被微生物降解（图 3-18）。

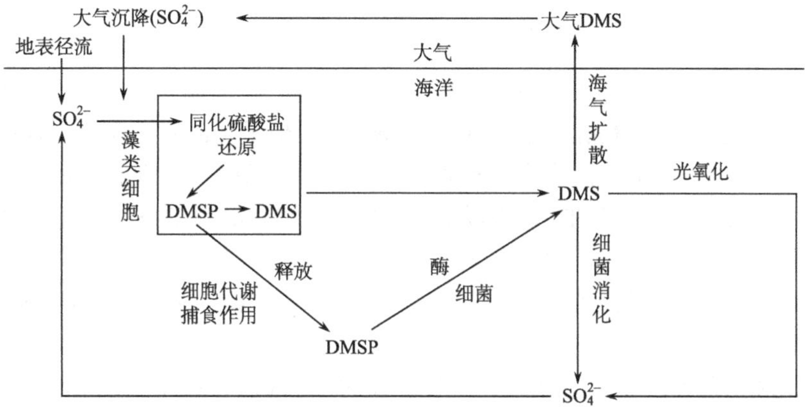

图 3-18　海水总 DMS 的生产和降解过程（引自沈国英等, 2010）

DMS 是参与全球硫循环的最主要的海洋生源硫化物，其在大气中的氧化产物会对全球气候变化和酸雨的形成产生重要影响。海洋浮游植物释放的 DMS 在海水中会形成一个巨大的 DMS 海水库，其中一部分 DMS 进入大气后，会被氢氧自由基氧化形成非海盐硫酸盐（NSS-SO_4^{2-}）和甲基硫酸盐（MSA）。这些化合物极容易吸收大气中的水分，从而可以充当云的凝结核（CCN）。由于 CCN 在云层形成过程中的关键作用，海洋 DMS 大量进入大气中会直接增加 CCN 的密度从而形成更多的云层，增加了其对太阳辐射的云反射，并且可以吸收更多的太阳辐射能，使地球表面的稳定性下降，这与 CO_2 的温室效应是相反的过程。海洋生物产生的 DMS 具有控制或调节气候的作用，通常被称为 DMS 气候链（图 3-19）。

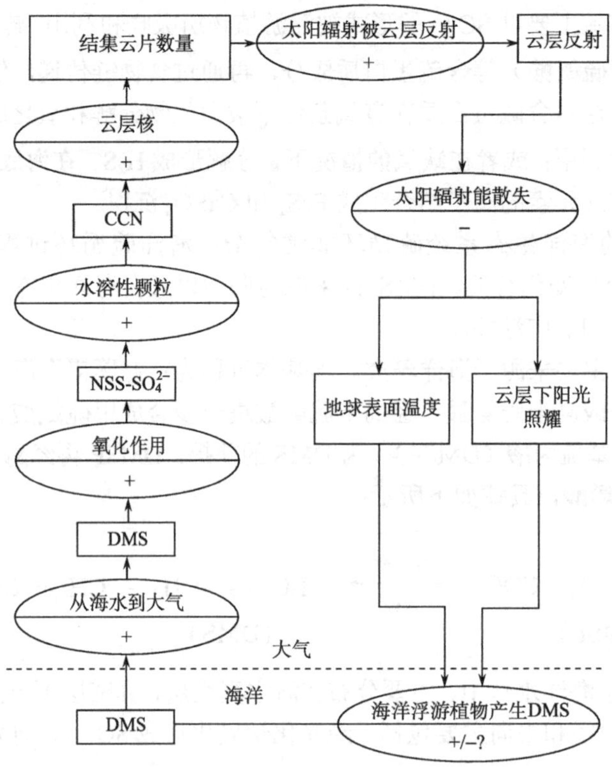

图 3-19　浮游植物-云层气候反馈模型（引自沈国英等, 2010）

图中方框代表可定量检测，卵圆形框代表生态过程，+或－分别代表正或负作用

DMS 能够提供一种反馈机制限制全球变暖，即全球变暖增加了浮游生物的生产力，海洋 DMS 的释放可能也会相应增加，从而有助于地球降温。但最新的研究表明，随着更多的二氧化碳进入大气，一些气体会在海水中溶解并形成碳酸，从而降低海洋的 pH，pH 较低的海水会产生较少的 DMS。在全球范围内，因海洋酸化导致的 DMS 排放下降将对气候产生巨大影响，并形成了一个正反馈回路，加强全球变暖。但也有研究者认为，与海洋酸化相比，DMS 释放可能更多地受到温度升高的影响。温度更高的海水往往会产生更多的 DMS，因此会在未来增加其整体水平。

6. 海洋生态系统硅循环　海水中硅主要以溶解硅酸盐和悬浮二氧化硅两种形式存在。海水中溶解硅主要是以单分子硅酸 H_4SiO_4（>95%）形式存在，硅酸在海水中有一级和二级解离平衡：

$$H_4SiO_4 \rightleftharpoons H_3SiO_4^- + H^+ \quad (3.45)$$

$$H_3SiO_4^- \rightleftharpoons H_2SiO_4^{2-} + H^+ \quad (3.46)$$

硅酸脱水之后转化成为十分稳定的硅石（silica, SiO_2）：

$$H_4SiO_4 \longrightarrow SiO_2 + 2H_2O \quad (3.47)$$

海洋中的生源硅（生物硅）由隶属浮游植物的硅藻和硅质鞭毛虫，以及隶属原生动物的放射虫产生。另外，一些海绵动物也会形成硅质骨针，但仅对海洋生源硅有很小的贡献。其中，硅藻是海洋浮游植物的主要类群，也是海洋生态系统中的主要初级生产者，其种类数和生物量在沿海水域浮游植物中一般都占80%以上，其盛衰直接或间接地影响着整个海洋生态系统的生产力，在海洋生态系统的物质循环和能量流动中起着极其重要的作用。

海洋中的生物过程与非生物过程均可通过硅酸盐分子的聚合产生无定形的固体，称为蛋白石。有关硅藻如何吸收 SiO_2 并产生蛋白石的机制了解得很少，有研究显示，蛋白质参与了细胞原生质膜对 Si 的吸附。生物死亡后，硅质外壳与其他生源颗粒一起向下沉降，其中绝大多数在深海中被再矿化。与碳酸钙不同，所有的海水对于蛋白石来说都是不饱和的，因此，所有的硅质外壳在沉降至海底期间都倾向于溶解。但是，最终仍有一部分被埋藏于沉积物中。沉积物生源硅的高浓度出现在赤道与亚极地上升流海域。在相同纬度海区溶解硅酸的季节变化与溶解无机磷、氮化物相似。硅循环过程与磷、氮不同——氮和磷的再生必须在细菌的作用下分解释放，而硅质残骸主要是靠海水对它的溶解作用。

四、海洋生态系统富营养化和赤潮

（一）富营养化

水体富营养化（eutrophication）是指在人类活动的影响下，生物所需的氮、磷等营养物质大量进入湖泊、河口、海湾等缓流水体，引起藻类及其他浮游生物迅速繁殖，水体溶解氧量下降，水质恶化，鱼类及其他生物大量死亡的现象。海水中的主要营养物质包括氮、磷、碳等物质，其中磷的主要影响是在叶绿素的光合作用中体现出来，氮和碳主要通过一些化学反应影响海水质量。海水富营养化的主要影响因素包括：营养盐类、有机物质及淤泥的污染；湖盆形态的影响；生物群落的作用。

对湖泊水体富营养化的调查表明，磷和氮是湖泊富营养化的主要限制因素，其中磷的限制作用尤为突出。不同富营养化程度的水体总磷及无机氮含量不同，见表3-16中水体富营养化程度分级情况。海水富营养化的评价指标大致分物理、化学和生物学三类，包括显在能力的评价指标和潜在能力的评价指标，见表3-17。

表 3-16　水体富营养化程度划分

富营养化程度	总磷/(mg/m^3)	总氮/(mg/m^3)
极贫	<5	<200
贫中	5～10	200～400
中	10～30	300～650
中-富	30～100	500～1500
富	>100	>1500

海水富营养化的评价方法主要有以下4种。

（1）单项指标法，包括物理参数法（透明度、水色和照度等）、化学参数法（溶解氧、N、P和COD等）和生物学参数法（藻类现存量或叶绿素、浮游植物种数、多样性指数和藻类增殖能力 AGP 等）。采用富营养化阈值进行评价，主要特征参数的临界值为 COD=1～3 mg/L，DIP= 0.045 mg/L，DIN=0.2～0.3 mg/L。叶绿素 a（1～10 mg/L）、初级生产力[1～10 mg/（$dm^3 \cdot h$）]等也可作为评价指标。

表 3-17 富营养化指标（引自张正斌, 2004）

区分		指标
显在能力的评价指标	藻类现存量的测定	COD、TOC、TOD、N、P、叶绿素 a、SS、微生物种等
	由于藻类增殖而使水质变化量的测定	pH、碱度、CO、DO、透明度、色度等
潜在能力的评价指标	藻类所必需的物质量的测定	P、N、TOC、T-C 微量金属等
	藻类所必需的物理量的测定	气温、水温、照度、辐射量、停留时间等
	包括潜在能力的测定	AGP、DI 等

（2）综合指标法（营养状态指数法）。根据公式：

$$E = (\mathrm{COD} \times \mathrm{DIN} \times \mathrm{DIP} \times 10^6)/4500 \tag{3.48}$$

式中，各要素单位均为 mg/dm^3。其中，$E \geqslant 1$ 为富营养化，$1 \leqslant E \leqslant 3$ 为轻度富营养化，$3 < E \leqslant 9$ 为中度富营养化，$E > 9$ 为重度富营养化。此方法在我国近海的富营养化评价中应用最为广泛，也是中国国家海洋局采用的评价方法。

（3）营养状态质量指数法（NQI 法）。根据公式：

$$\mathrm{NQI} = (C_{\mathrm{COD}}/C_{\mathrm{CODs}}) + (C_{\mathrm{TN}}/C_{\mathrm{TNs}}) + (C_{\mathrm{TP}}/C_{\mathrm{TPs}}) + (C_{\mathrm{Chl\text{-}a}}/C_{\mathrm{Chl\text{-}as}}) \tag{3.49}$$

式中，C_{CODs}、C_{TNs}、C_{TPs}、$C_{\mathrm{Chl\text{-}as}}$ 分别为 COD、TN、TP、叶绿素 a 的评价标准值；C_{COD}、C_{TN}、C_{TP}、$C_{\text{叶绿素}}$分别为 COD、TN、TP、叶绿素 a 的实测浓度。NQI 值大于 3 为富营养水平，在 2～3 之间为中营养水平，小于 2 为贫营养水平。

（4）潜在性富营养化评价法。上述方法中均未考虑营养盐比值（如 N/P）对富营养化的贡献。Redfield 值，即 C∶N∶P=106∶16∶1，而我国近海主要河口、海湾水体中 N∶P 几乎都偏离 Redfield 值，低者可至 1～2，高者可达数百，这种偏离程度还随季节不同而发生变化。为此，郭卫东等（1998）根据中国近岸海域的富营养化普遍受营养盐限制的特征，提出了潜在性富营养化的概念，并在此基础上提出一种新的富营养化分级标准及相应的评价模式，即根据 DIN、DIP 含量和 N/P 比值对富营养化类型进行分类和分级，并提出分类分级的富营养化评价模式（表 3-18）。

表 3-18 营养级的划分标准（引自郭卫东等, 1998）

级别	营养级	DN/（mg/L）	PO_4-P/(mg/L)	N/P
Ⅰ	贫营养	<0.2	<0.03	8～30
Ⅱ	中度营养	0.2～0.3	0.03～0.045	8～30
Ⅲ	富营养	>0.3	>0.045	8～30
Ⅳp	磷限制中度营养	0.2～0.3	—	>30
Ⅴp	磷中等限制潜在性富营养	>0.3	—	30～60
Ⅵp	磷限制潜在富营养	>0.3	—	>60
$Ⅳ_N$	氮限制中度营养	—	0.03～0.045	<8
$Ⅴ_N$	氮中度限制潜在富营养	—	>0.045	4～8
$Ⅵ_N$	氮限制潜在富营养	—	>0.045	<4

水体富营养化的主要危害表现为：①干扰了水体正常的溶解氧平衡，并进一步使水质恶化；②降低了供水质量，增加水处理负担，从而使水厂不能正常运转，严重时危害人体健康；③影响渔业等生物资源的利用，使水体经济价值降低；④使水体感官性状恶化，污染居住环境，丧失了水体美学价值；⑤破坏了水体生态平衡，导致水生生物的稳定性和多样性降低。Deegan 等（2012）的研究表明，水体富营养化还会使沿海的盐碱滩减少，这些盐碱滩往往能够保护沿海居民免受暴风雨的危害以及封存二氧化碳的作用。徐晓甫等（2013）研究发现，在天津近岸海域的 48 个监测时段中，有 81.3% 的监测时段处于富营养状态，氮和磷为主要污染物，污染物质量浓度和富营养状态的季节性差异显著。据中国海洋局 2015 年 3 月最新发布的《2014 年中国海洋环境状况公报》，我国春季、夏季和秋季，呈富营养化状态的海域面积分别为 85 710 km^2、64 400 km^2 和 104 130 km^2。夏季呈富营养化状态的海域面积与上年同期基本持平，重度、中度和轻度富营养化海域面积分别为 12 800 km^2、15 840 km^2 和 35 760 km^2。重度富营养化海域主要集中在辽东湾、长江口、杭州湾、珠江口等近岸区域。

富营养化的防治是水污染处理中最为复杂和困难的问题，至今还没有任何单一的生物学、化学和物理措施能较好地治理富营养化的水体。目前主要的防治对策有：①控制外源性营养物质的输入。水体富营养化的形成主要是水体接受富含营养物质的废水引起的。因此，治理水体富营养化的关键是降低废水中氮、磷元素（特别是磷元素）的含量，把大量的氮磷元素（尤其是磷元素）堵截在进入天然水体之前，控制外源性营养物质输入。②减少内源性营养物质的负荷。减少内源性营养物质负荷，有效地控制水体内部氮、磷的富集，应根据不同的污染情况，采用不同的方法，如物理化学方法、生物性措施或工程性措施等。

（二）赤潮

赤潮在国际上也称为有害藻华（HAB），是指在一定的环境条件下，海洋中的浮游微藻、原生动物或细菌等在短时间内突发性链式增殖和聚集，导致海洋生态系严重破坏或引起水色变化的灾害性海洋生态异常现象。根据引发赤潮的生物种类和数量的不同，海水有时也呈现黄色、绿色、褐色等不同颜色。

赤潮研究普遍认为，赤潮的发生与海水中氮、磷等营养物质密切相关，营养盐是形成赤潮的物质基础和主要条件。赤潮形成原因和主要环境条件有以下三个方面：①自然条件，如海水温度、海水垂直运动（上升流）、气候因素、潮汐运动等；②人为因素造成的近岸海域的污染，如工农业废水和生活污水排入海洋、沿海开发程度的增高和海水养殖业等活动引起的海水富营养化；③全球气候的变化也导致了赤潮的频繁发生。具体见图 3-20。

赤潮对环境的危害表现在：①影响水体的酸碱度和光照度；②竞争性消耗水体中的营养物质，并分泌一些抑制其他生物生长的物质，造成水体中生物量增加，但种类减少；③许多赤潮生物含有毒素，这些毒素可使海洋生物死亡；④赤潮藻也可使海洋动物呼吸和滤食活动受损，导致大量的海洋生物机械性窒息死亡；⑤处在消失期的赤潮生物大量死亡分解，水体中溶解氧大量被消耗，导致其他生物死亡。

据中国海洋局发布的《2014 年中国海洋环境状况公报》，全海域共发现赤潮 56 次，累计面积 7290 km^2。东海发现赤潮次数最多，为 27 次；渤海赤潮累计面积最大，为 4078 km^2。2014 年赤潮次数和累计面积均较上年有所增加，与近 5 年平均值基本持平。赤潮高发期集中在 5 月。引发赤潮的优势藻类共 13 种，东海原甲藻作为第一优势种引发的赤潮次数最多，为 23 次；其次是夜光藻，引发赤潮次数为 9 次。

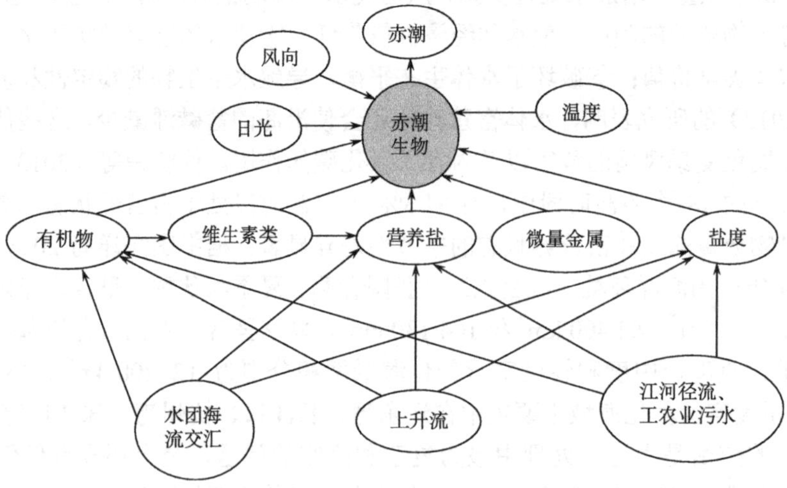

图 3-20　赤潮发生的主要环境条件（引自张正斌, 2004）

赤潮的预防首先就是要控制海域的富营养化，如控制营养盐向近海域排放、种植水生植物、养殖浮游动物等。据报道，在近海富营养化水域种植水生高等植物，通过植物根系的吸收和吸附作用，可有效去除水体中的 N、P，净化水质。减缓海水养殖自身对海洋生态环境的影响，如选择对水质有净化作用的养殖品种进行多品种混养、轮养和立体养殖，充分利用水体，合理开发。控制有毒赤潮生物外来种类的侵入。通过货运船压舱水的排放，赤潮生物种类可能从一个海域被携带到另一个海域，应采取严格措施，杜绝外来赤潮生物的侵入。大力发展赤潮监测技术，运用卫星遥感技术防止赤潮灾害的发生。

目前，已开展的赤潮的治理方法主要有物理方法、化学方法和生物方法三类。

（1）物理方法包括：①机械搅动法。利用动力或机械方法搅动底质，促进海底有机污染物分解，恢复底栖生物生存环境，提高海区的自净能力。②撒播黏土法。利用黏土矿物对赤潮生物的絮凝作用，以及利用黏土矿物中铝离子对赤潮生物细胞的破坏作用来消除赤潮，利用黏土治理赤潮具有对生物和环境无害、促进生态系统的物质循环、黏土资源丰富、操作简便易行等优点。③围隔法。利用围栏把赤潮发生区域进行围隔，避免扩散，污染其他海域。④过滤分离法。通过机械设备把含赤潮生物的海水吸到船上进行过滤，分离赤潮生物。⑤改变因子法。改变温度、光照、盐度、营养物、微量元素等物理因子，改变赤潮生物生存条件。

（2）化学方法包括：①直接灭杀法。该法旨在利用化学药品直接杀死赤潮生物。直接灭杀法是目前较常用的方法，具有操作简单、用量较少等优点。但该法在生态环境、对非赤潮生物的影响及成本等方面也存在诸多问题。②絮凝剂沉淀法。利用物质的胶体化学性质，使赤潮生物凝聚、沉淀而后回收是该方法的主要目的。现在国际上使用的凝聚剂有三大类：无机凝聚剂、表面活性剂和高分子凝聚剂。

（3）生物方法包括：①微生物法。利用真菌、病毒、细菌和其他藻类抑制微藻的生长。②利用植物间的拮抗作用抑制赤潮生物的生长。大型植物和微藻在自然和实验水生生态环境中存有拮抗作用。③利用海洋动物或海洋滤食性动物去除赤潮生物。根据生态系统中食物链的关系，引入摄食赤潮生物的其他动物（如桡足类浮游动物、微型浮游动物及纤毛虫等），通过捕食达到抑制或消灭赤潮生物的目的。④保护红树减少赤潮发生。红树对有机废水具有较大的净化潜力，底泥可作为废水污染物的沉积地，保护红树林，有助于减少赤潮的发生。

思考练习题

1. 水循环的机理和过程主要有哪些？
2. 水生态系统的概念和功能主要哪些？
3. 什么是生态区划？试比较国内外代表性的生态分区。
4. 试述水生态功能分区的概念及其主要特点。
5. 论述湿地生态系统的主要特征和生态过程。
6. 湿地生态健康的概念和影响因素有哪些？
7. 海洋生态系统的类型及特点主要有哪些？
8. 什么是海洋生态系统服务？其分类与特点主要有哪些？
9. 试论述微型生物食物环和微型生物食物环。
10. 试述海洋生态系统的组成及其结构特征。
11. 海洋生态系统碳循环的主要过程及其对全球气候变化的影响有哪些？
12. 论述海洋生态系统氮循环和磷循环的主要过程及其意义。
13. 海洋生态系统生产力的限制论产生的争议的原因主要有哪些？
14. 海洋生态系统硫循环的基本过程和特点有哪些？
15. 海洋硫循环过程中产生的二甲基硫（DMS）对全球气候变化有何影响？
16. 试述海洋生态系统的硅循环过程和特点。
17. 试述富营养化和赤潮的成因及危害？
18. 海洋生态学有哪些重要的发展趋势和研究成果？

第四章 大气圈与气候变化

第一节　大气圈及大气污染

一、大气圈组成及特征

有关地球和其他行星大气的起源，概括起来有三种观点：第一种观点认为，太阳系行星大气是当行星形成时俘获太阳星云气体形成的，因而具有太阳星云原始的气体组成；第二种观点认为，行星俘获的星云气体被强烈的太阳风所驱赶而消散殆尽，大气层是各行星内部的物质通过熔融、去气过程（如火山喷发）被行星俘获而保留下来的；第三种观点认为是前两种成因的叠加。

地球形成后，由于核素放射性能量的聚积，以及地球演化早期频繁的地外物体撞击产生的巨大能量，使封存于非挥发分物质中的挥发组分在熔融过程中被释放进入大气，逐渐形成富含 H_2O 和 CO_2（主要组分），以及 CO、H_2、SO_2、H_2S、N_2、NH_3、HCl、CH_4（次要组分）和稀有气体等组分的原始次生大气圈。

大气层的厚度大约在 1000 km 以上，但没有明显的界限。大气层的成分主要有：氮气，占 78.1%；氧气，占 20.9%；氢气，占 0.93%；还有少量的 CO_2、氦气、氖气、氪气、氙气和水蒸气。大气层的空气密度随高度而减小，越高空气越稀薄。

整个大气层随高度不同表现出不同特点，分为对流层、平流层、中间层、暖层和散逸层，再上面就是星际空间。对流层在大气层的最底层，紧靠地球表面，其厚度为 10～20 km。对流层的大气受地球影响较大，云、雾、雨等现象都发生在这一层内，水蒸气也几乎都在这一层内存在。这一层的气温随高度的增加而降低，大约每升高 1000 m，温度下降 5～6℃。动、植物的生存和人类的绝大部分活动也在这一层内，因为这一层的空气对流很明显，故称对流层。对流层以上是平流层，大约距地球表面 20～50 km。平流层的空气比较稳定，大气是平稳流动的，故称为平流层。在平流层内水蒸气和尘埃很少，并且在 30 km 以下是同温层，其温度在−55℃左右。平流层以上是中间层，距地球表面 50～85 km。这里的空气很稀薄，突出的特征是气温随高度增加而迅速降低，空气的垂直对流强烈。中间层以上是暖层，距地球表面 100～800 km。暖层最突出的特征是当太阳光照射时，太阳光中的紫外线被该层中的氧原子大量吸收，因此温度升高，故称暖层。散逸层在暖层之上，由带电粒子所组成。除此之外，还有两个特殊的层，即臭氧层和电离层。臭氧层距地面 20～30 km，实际介于对流层和平流层之间。这一层主要是由于氧分子受太阳光紫外线的光化作用造成的，使氧分子变成了 O_3。电离层很厚，大约距地球表面 80 km 以上。电离层是高空中的气体被太阳光的紫外线照射，电离成带电荷的正离子和负离子及部分自由电子形成的。电离层对电磁波影响很大，我们可以利用电磁短波能被电离层反射回地面的特点，来实现电磁波的远距离通讯。

二、大气污染

大气生态系统是指包围在地球周围的大气层，它为生命提供不可缺少的物质——空气，并为人类提供抵挡紫外线的天然屏障——臭氧层。大气生态系统主要强调大气这一无机非生物环境，主要是指对流层的大气圈层，是一个相对的概念。

随着生产力的空前发展，人们把大量的天然资源变为自己的消费品，同时也把一部分资源变成污染物排入大气，而排入大气污染物数量的增长速度，早已超出了大气的自然净化能力，不仅增加了大气原有的成分（如 CO_2），还增加了一些新的物质成分（如氯氟烃等），现代的大气已是被严重污染的大气。大气生态系统中的污染主要由大气环境的污染引起，即由人类活动排出的污染物扩散到大气中，改变了自然空气的理化性质，并直接对人体、动植物和微生物产生影响，或者改变气候，影响生命生长和发育。据估计，全世界每年向大气中排放的污染物总量约为 1.4 亿 t。

由于人类活动或者自然因素，将某些物质排入大气，使正常的大气组成和性质发生变化，并对人类和动植物造成危害，这样一种过程或现象称为大气污染。一种物质构成对大气的污染，通常是必须在某一特定的环境里，达到一定的浓度或数量，持续一定的时间，并能够对人体和动植物造成危害。如果某种物质的数量和浓度低于环境质量指标规定的标准，或不超过环境的自净化能力，或在大气中滞留的时间很短，它们不会对人体和动植物造成危害，那么在环境意义上则不将其视为污染。

空气中对人体危害最大的污染物主要有颗粒物、SO_2、CO、碳氢化合物、氮氧化合物。其他各种污染如光污染、热污染、电磁污染、噪声污染、放射性污染，也同样可危害人体。

（一）大气污染来源

大气中的污染源主要是人为来源，如工业源、交通源和生活源，还有一些自然来源，如火山爆发、森林火灾和土壤风化产生的沙尘等。大气污染物种类很多，可按其存在形式分为气溶胶态污染物和气态污染物。气溶胶态污染物按照各种粒子的粒径可分为飘尘、降尘和总悬浮颗粒物；按照气溶胶的来源和物理性质可分为粉尘、烟、飞灰、黑烟和雾。常见的气态污染物有 5 类：以 SO_2 为主的含硫化合物，以及以 NO 和 NO_2 为主的含氮化合物、碳氧化合物、碳氢化合物和卤素化合物。大气中的主要污染物和污染源见表 4-1。

表 4-1　大气生态系统的主要污染物及来源（引自张红艳等, 2013）

主要污染物	主要人为源	主要自然源	主要污染物	主要人为源	主要自然源
粉尘	燃煤设备	火山喷发、土壤风化等	烃类	燃油、汽车、化工尾气	生物
SO_2	燃煤燃油设备、冶炼	火山喷发	硫化物	化工废气	火山喷发、沼泽
CO	工厂、汽车尾气	火灾、海洋	氨类	工厂废气	生物腐烂
NO_x	工厂、汽车尾气	土壤	CO_2	燃烧	生物、海洋

大气一次污染物在大气系统中经一系列的大气化学或光化学反应还可以生成新的污染物（二次污染物），主要有硫酸雾和光化学烟雾。大气中的一次、二次污染物见表 4-2。

表 4-2　大气系统中的一次、二次污染物（引自徐兰等，2013）

大气污染物类别	一次污染物	二次污染物	大气污染物类别	一次污染物	二次污染物
含硫化合物	SO_2、H_2S	SO_3、H_2SO_4、MSO_4	碳氢化合物	C_mH_n （m=1～5）	醛、酮、过氧乙酰硝酸酯
含氮化合物	NO、NH_3	NO_2、HNO_3、MNO_3			
碳氧化合物	CO、CO_2	无	卤素化合物	HF、HCl	

（二）大气污染指数和空气质量等级

为了简单直观地描述各种污染物对大气的污染程度，把污染物的浓度、污染等级等大气质量参数之间的关系，用一个统一的数学公式表达出来，并由此计算出一个简单的相对数值，来表示大气污染的强度。我们把这样一个能够表示大气中首要污染物对大气污染程度的数值，称为大气污染指数，或者叫做环境空气质量综合指数。此外，空气中的各种污染物都有自己的污染指数，我们把它叫做分指数。目前我国重点城市空气质量日报的监测项目，统一规定为 SO_2、NO_2、CO 和可吸入颗粒物，用 0～500 之间的数字来表示空气污染指数的数值。空气污染指数的取值范围定为 0～500，其中 50、100、200 分别对应我国空气质量标准中日均值的一级、二级和三级标准的污染物浓度限定数值。空气污染指数中的 500，相当于对人体健康产生明显危害的污染程度。

（三）大气复合污染

在经济快速发展的大中城市中，以 SO_2、氮氧化物等为特征的传统污染依然严峻的同时，$PM_{2.5}$、O_3、挥发性有机物等污染物相互耦合，经过二次反应后形成高浓度细粒子污染，又使 O_3 和细颗粒物浓度显著增加。近年来我国各城市汽车拥有量成倍增长，汽车尾气污染趋势日益加重，NO_x、O_3、CO、烃类（HC）等污染物浓度已接近甚至超过发达国家水平，“光化学烟雾型”健康危害已初步显现。然而，在城市煤烟型污染问题远未能完全解决时，又出现了以汽车尾气为主的交通型污染问题。在这种条件下，我国大气污染形成了世界上独特的高浓度煤烟型污染与严重的交通型污染叠加产生的“复合型大气污染”模式。煤烟型污染、汽车尾气、有机气体的光化学污染共存和相互耦合，形成了发达国家也未遇到过的复杂的复合型大气环境污染，国际上也没有成功的经验可资借鉴。这些污染形式叠加在一起，引起了能见度下降、灰霾天气和光化学烟雾的形成。“看不见蓝天”已成为许多城市的共同忧患，如人群呼吸道疾病患病率明显增加、儿童健康受到更大威胁等。

众所周知，污染的形成和演变主要是边界层内对流层底（从地面至几百米）发生的光化学反应造成的，对流层底是大气主要污染区。另外，较低对流层中的风环流也导致边界层内大气污染混合输送或水平对流。因此，大气垂直廓线会不断的发生变化。

目前区域大气复合污染立体监测技术包括：①气溶胶颗粒物区域输送通量监测技术。大气低层风场影响气溶胶颗粒物和污染气体的输送及扩散过程，风速越大越有利于空气中污染物的稀释扩散，显然，也会导致污染物的长距离输送。微风或静风则会抑制污染物的扩散，使近地面污染物聚集和增加。激光雷达技术是监测气溶胶颗粒物垂直分布（廓线）的一种有效手段。激光技术和电子学技术的发展使激光雷达在对流层气溶胶颗粒物的探测高度、垂直跨度、空间分辨率、时间上的连续监测和测量精度等方面具有独特的优势，是其他探测手段很难比拟的。激光雷达与风廓线雷达相结合可以监测颗粒物区域输送通量。②气态污染物区域排放通量监测技术。③VOC 区域排放通量监测技术。④区域气态污染垂直柱浓度与廓线监测技术。⑤区域大气复合污染立体监测技术系统。针对区域大气复合污染监测的技术需求，近年来，建立了以差分光学吸收光谱（DOAS）技术、可调谐二极管激光光谱（TDLAS）技术、激光诱导荧光光谱（LIF）技术、激光雷达（lidar）技术及傅里叶红外光谱（FTIR）技术等主动、被动高分辨率遥感监测技术系统，并研发了用于区域、立体、实时监测的系列设备。大气复合污染立体监测技术系统将有助于形成“点、线、面”与“地、空、天”相结合的环境监测能力，能对光学遥感仪器进行定标，比对校正监测结果。一般说来，城市与周边地区存在明显的污染物传输过程，可能存在污染物输送通道，在输送通道上配置颗粒物和气态污染物的通量为主的监测设备，并辅以风廓线雷达和卫星遥感的支持，就可获取城市与周边地区污染物输送发生的条件、污染物输送的通量和总量，以及对城空气质量的影响等重要数据。

三、大气污染的危害

历史上著名的煤烟型烟雾属还原性污染物的大气污染，经常发生在使用煤炭为主，同时也消耗石油的地区，主要的污染物是 SO_2、CO 和颗粒物质。在低温、高湿、静风并伴有逆温的气象条件下，污染物扩散受阻，在低空聚集形成还原性烟雾。这种烟雾最早在英国发现，由于 1952 年 12 月在伦敦发生的烟雾事件持续时间最长、最典型，危害也最严重，目前世界各国习惯于将煤烟型烟雾称为“伦敦型烟雾”。实际上，煤烟型烟雾是烟尘、水蒸气（雾）和二氧化硫相互作用、发生反应的产物，它的实质是一种硫酸雾。燃煤型烟雾对眼、鼻和呼吸道有强烈的刺激作用，飘尘和酸雾滴被吸入人体后，能沉积在肺部，一些可溶性物质还能进入血液及肺组织，造成呼吸困难、危及心脏，形成急性和慢性疾病，造成死亡。目前，煤烟型烟雾在我国的危害很大，控制这种污染效应的有效方法是使用低硫燃料。

光化学烟雾又称石油烟雾，是由汽车、工厂等污染源排入大气的烃类化合物和氮氧化合物等一次污染物，在阳光的作用下发生光化学反应，生成 O_3、醛、酮、过氧乙酰硝酸酯等二次污染物，参与光化学反应过程的一次污染物和二次污染物的混合物所形成的烟雾污染现象称为光化学烟雾。美国洛杉矶市 1943～1967 年间多次发生比较严重的光化学烟雾污染事件，因此这种烟雾污染又称之为洛杉矶型烟雾。光化学烟雾的形成及其浓度直接决定于汽车尾气中污染物的数量和浓度，还受到太阳辐射强度、气象及地理等条件的影响。光化学烟雾一般发生在大气相对湿度较低、气温为 24～30℃的夏季晴天，污染高峰出现在中午或稍后。

（一）PM_{10} 污染的危害

进入空气中的烟尘、黑炭、油灰、粉尘、土壤粒子、海盐粒子，以及化学反应过程中产生的固态产物微粒等都属于颗粒性污染物。这些颗粒物中常常含有各种毒性很强的化学物质，它们在大气中的出现对人体健康构成很大的威胁。

PM_{10}（suspended particulate matter with aerodynamic diameter less than 10 μm）一般被定义为空气动力学当量直径小于 10 μm 的大气悬浮颗粒物，因其易于被吸入人的呼吸道部位，因而又称为可吸入颗粒物（inhalable particulate matter）。

PM_{10} 的化学成分存在很大差异，无机成分可有氧化硅、石棉或金属细颗粒及其化合物，还有燃烧不完全的碳粒，有时 PM_{10} 上还吸附有病原微生物（病毒和细菌）。空气颗粒物因为其粒径小、表面积相对大，更容易伏击空气中有毒重金属、酸性氧化物、有机污染物、细菌和病毒等，并能使毒性物质有更高的反应和溶解速度，且能较长时间停留在空气中，对呼吸系统影响较为严重。有研究显示，各种重金属元素，如 Hg、Cd、Te、Pb、Mn、As 等，在细颗粒物中有明显的富集，70%～80%富集在小于 2.0 μm 的颗粒上，机动车排放的 PAH 在空气颗粒物中得到了相当高浓度的富集，可以认为，PAH 对空气颗粒物的贡献非常显著；且随着大中型车辆流量和比例的增加，PAH 的污染程度提高，表明大中型车辆可以排放较多的 PAH。空气细颗粒物对重金属的携带能力较 TSP 更强，对人体健康的危害更大。

美国在 1997 年对空气颗粒物（<2.5 μm）首次制定了严格的大气环境质量标准（US EPA Office of Air and Radiation，1997）（表 4-3）。我国已于 2012 年把可吸入颗粒物浓度列入 10 种大气环境质量标准之一（《环境空气质量标准》GB3095—2012）。

表 4-3 中国和美国环境空气质量标准中 PM_{10} 限值 （单位：mg/m^3）

污染物	取值时间	中国标准		美国标准	
		一级	二级	一级	二级
PM_{10}	年平均	0.04	0.07	0.05	0.05
	日平均	0.05	0.15	—	0.15

空气颗粒物不仅影响气候和空气质量、破坏生态环境和历史文物，而且严重危害人体呼吸系统，甚至被吸入血液，长期蓄积在体内。

在全世界范围内，大气颗粒物污染有许多相同之处，但不同地区颗粒物的污染源、公众在污染中的暴露状况和暴露程度，以及社会经济状况等方面仍存在很大差异。我国当前颗粒物污染十分严重，并且随着城市化的发展、沙尘暴的肆虐、煤炉的使用及机动车的增加，颗粒物污染有进一步加重的趋势。人口的老龄化使得心血管系统基本成为人群最主要的健康危害之一。很多流行病学研究都显示空气颗粒物污染物与人群发病率（呼吸系统和心血管系统）和死亡率（特别是那些由心肺疾病引起的）有关。

空气中的 PM_{10} 主要经呼吸道进入人体，也有一小部分可通过消化道进入人体。PM_{10} 沉积在人体呼吸道后，它们的清除、滞留和转移与其粒径、沉积位置有关。大量流行病学研究发现，即使在低于空气质量标准的浓度下，PM_{10} 污染水平的增高亦与呼吸道症状的发生、肺功能减退、心肺系统疾病的超额发病、死亡存在密切关联，这些效应尤其是在青少年、老年人及原先患有心肺疾患的易感人群中更为明显。表 4-4 给出了可吸入颗粒物的健康效应。

表 4-4　PM_{10} 对人体的毒性作用（引自李红等, 2002）

影响方面	毒性作用
肺功能	呼吸系统炎症 、免疫系统、癌症的发生、神经系统及胎儿的生长发育、儿童的生长发育与死亡、肺部呼吸氧气的能力；使肺泡中巨噬细胞的吞噬功能和生存能力下降，肺部排除污染物的能力降低
呼吸系统	使鼻炎、慢性咽炎、慢性支气管炎、支气管哮喘、肺气肿，尘肺等呼吸系统疾病恶化，甚至引起哮喘等过敏性疾病，以及矽肺、石棉肺、肺气肿等肺病
炎症	刺激肺部，导致肺部出现急性炎症，表现为中性粒细胞大量局部渗出
免疫系统	引起巨噬细胞的数量和活性改变，降低免疫功能。增加对细菌、病毒等感染的敏感性，使机体对传染病的抵抗力下降；病原微生物随 IP 进入体内后。可使机体抵抗力下降，诱发感染性疾病
癌症的发生	颗粒物所吸附的 PAH 是对机体健康危害最大的环境“三致”（致癌、致突变、致残）物质，其中苯并（a）芘能诱发皮癌、肺癌和胃癌
神经系统	带有铅的小颗粒物（粒径 1 μm）在肺内沉着后极易进入血液系统，大部分与红细胞结合，小部分形成铅的硝酸盐和甘油磷酸盐，然后进入肝、肾、肺和脑，几周后进入骨内，导致高级神经系统功能紊乱和器官调解失能，表现为头疼、头晕、嗜睡和狂躁严重的中毒性脑病
胎儿的生长发育	胎儿增重缓慢
儿童的生长发育	影响儿童的生长发育和免疫功能
死亡	导致患有心血管疾病、呼吸系统疾病和其他疾病的敏感体质患者的过早死亡

1. 对人群发病的影响　　长期暴露于大气颗粒物中将引起血栓。哈佛大学公共卫生学院的研究者们将 870 例深静脉血栓患者及 1210 名无深静脉血栓对照者 1995～2005 年所暴露环境中的 PM_{10} 浓度水平进行对比，发现深静脉血栓患者较对照者 PM_{10} 暴露水平更高。调整其他环境及健康因素之后，PM_{10} 每增加 10 $\mu g/m^3$，患深静脉血栓的危险性增加 1.7%。而且，在深静脉血栓患者及对照者中都发现暴露于较高浓度颗粒物后凝血时间缩短。研究还发现，颗粒物暴露与血液凝固之间的这种相关性在男性人群中强于女性人群。

PM_{10} 中的重金属会诱导诸如初始管状功能障碍等的肾损伤，其中的二噁英会引起肝细胞损伤，从而导致血液中的某些酶含量升高。

Tong 等（2014）基于对数线性广义相加模型考察了性别、年龄和季节在 PM_{10} 对心血管疾病发病的影响中的作用，发现冷季（10 月到翌年 3 月）PM_{10} 会导致全体人群心血管疾病患病率显著升高。Liao 等（2010）发现了细颗粒物对心室复极化有急性效应。Lall 等（2011）利用分布滞后模型分析了不同来源细颗粒污染物和每日住院量之间的关系。Yeatts 等（2012）利用带有空间协变量矩阵结构的线性混合模型分析了粗颗粒物对人体心速、血脂等健康指标的影响。Janssen 等（2011）利用双污染物模型，证实除 PM_{10} 和 $PM_{2.5}$ 以外，黑炭和人体健康的关系较 PM 更加密切，也应该作为人体健康的指标。Ito 等（2011）利用泊松时间序列模型，并调整了临时的和季节的趋势、温度效应及星期几效应，研究了纽约市与心血管病住院量和死亡量相关的细颗粒物成分。Kan 等（2008）利用比例有害回归模型研究了美国四个城市中交通暴露和冠状心脏病之间的关系。Cao 等（2012）测定了西安市空气颗粒物中部分成分含量，并利用过度分散的广义线性泊松模型建立了含量与居民死亡量之间的关系。Kan 等（2008）在“亚洲公共健康和空气污染研究计划”中，研究了上海市季节、性别、年龄和教育在室外空气污染对日死亡量影响中的调节作用，以及多城市空气污染对死亡的短期效应。Li 等（2011）利用泊松回归模型研究了温度和心血管死亡之间的关系，将颗粒物作为外加干扰因素后温度的效应仍然很强。Guo 等（2010）对天津市空气污染对心血管死亡的短期效应进行了时间序列和病例交叉的对比研究。Ma 等（2011）对沈阳细颗粒物和每日死亡量之间进行了时间分层的病例交叉研究。Li 等（2011）利用时间序列分析研究发现温度对颗粒物致死效应有作用。Tong 等（2016）发现 PM_{10} 对天津市人群的精神疾病发作也有影响。

2. 对人群死亡的影响 不同粒径颗粒物的人群非意外死亡终点不同。美国国家人口发病率和死亡率与大气污染项目（National Morbidity, Mortality, and Air Pollution Study, NMMAPS）是在美国 90 个城市进行的大气污染健康效应的时间序列研究，该研究选用了统一的数据收集和分析研究方法。研究结果显示，居住于不同城市环境的人群因心肺疾病、心血管疾病及慢性阻塞性肺疾病而死亡的人数和住院的人数与 PM_{10} 呈正相关关系。大气 PM_{10} 浓度每升高 10 μg/m^3，人群总死亡率升高 0.51% [95%置信区间（CI）: 0.07%～0.93%]。Sarnat（2008）利用化学物质平衡和因子分析源分配法研究了细颗粒物与心肺死亡之间的关系，创新性的将污染物来源考虑到颗粒物健康效应中。Zhou（2011）等研究了底特律和西雅图两地细颗粒物成分的致死效应。Zeger 等（2008）利用 log 线性回归模型，同时调整经济地位和吸烟两项因素，计算了单位颗粒物浓度增加所导致的死亡率的增加量。Zanobetti 和 Schwartz（2009）利用城市和季节泊松回归模型考察了美国 112 个城市颗粒物浓度与日死亡数的关系，并采用随机效应法将各个城市的结果结合起来。

阚海东等（2003）使用病例交叉法研究了上海居民日心血管疾病死亡与大气污染物浓度变化的关系。结果表明，大气 PM_{10} 的 48 h 平均浓度每增加 10 μg/m^3，心血管疾病死亡率会增加 0.4%。Guo 等（2011）结合分布滞后非线性模型和病例交叉设计研究了温度对天津市居民死亡的影响。

（二）$PM_{2.5}$ 污染的危害

一般来说，粒径越小、沉积地点越远，所需的清除时间就越长，$PM_{2.5}$ 可进入肺泡并沉积，进而进入血液循环使毒性物质转移到身体的其他部位。但小于 0.4 μm 的颗粒能较自由地进入肺泡并可随呼气排出体外，故较少沉积。$PM_{2.5}$ 的生物学作用是由其特殊的组成成分及表面积决定的，颗粒物的表面积较大，易于与生物性靶细胞相互作用产生强烈的炎性反应。流行病学和毒理学方法研究发现细颗粒物与人群呼吸系统、心血管系统的疾病和死亡明显相关，特别对高年龄人群、儿童及患有心肺疾病的人群危害更大。细颗粒物数量浓度高、表面积较大是其对机体炎性反应、氧化应激严重的主要原因。细颗粒物表面组成成分也是影响其毒理学作用的一个重要因素，$PM_{2.5}$ 易于富集多种人为源的有毒重金属痕量元素，如 Mn、Ni、Cu、Zn 和 Pb 对人类和环境危害极大，表面含二氧化钛的细颗粒物能使大鼠产生强烈的炎性反应（Oberdfrster et al., 1992）。此外，其他大气污染物，如 O_3 能明显增加 UFP 对呼吸系统的毒性作用。

哈佛 6 座城市前瞻性队列研究和美国癌症协会（ACS）队列研究得到公认并被广泛应用。哈佛 6 座城市队列研究针对 8111 人追踪调查 14～16 年，经研究得到，$PM_{2.5}$ 每上升 10 μg/m^3，总死亡率上升 13%（95%CI: 4.2%～23%），心肺疾病死亡率上升 18%（95%CI: 6%～32%），肺癌死亡率上升 18%（95%CI: −11%～57%）。ACS 的队列研究则是在美国 151 个大都市的 50 多万人中进行，该研究结果表明，$PM_{2.5}$ 每上升 10 μg/m^3，总死亡率上升 6.6%（95%CI: 3.5%～9.8%），心肺疾病死亡率上升 12%（95%CI: 6.7%～17%），肺癌死亡率上升 1.2%（95%CI:

–8.7%～12%）。Schwartz 等（1996）采用时间序列法分析美国 6 座城市大气 $PM_{2.5}$ 水平与每日缺血性心脏病死亡关系，结合 Meta 分析发现，$PM_{2.5}$ 每增加 10 μg/m^3，缺血性心脏病死亡率增加 2.1%。另外，当相对高浓度的 PM 遇到浓雾天气时，由于颗粒物不易扩散，会导致雾霾的形成。这种天气除了会对人体造成有害影响，还会让人视线受阻，引起不良心理反应，甚至带来心理问题。越来越多的研究证实空气颗粒物中的铝、镁等金属及碳氢化合物与包括双向障碍、抑郁症等在内的精神疾病有直接关系。

目前，我国对大气颗粒物健康影响的研究重点已开始从 PM_{10} 向 $PM_{2.5}$ 转移。但是由于在我国 $PM_{2.5}$ 不是大气常规标准监测项目，因此监测数据比较缺乏，其对健康危害的流行病学研究尚不多见，仅上海、沈阳、重庆和广州等地相继报道了 $PM_{2.5}$ 与居民每日死亡的急性健康效应关系。而且，一些研究得出的结果需要进一步有力的证据予以支持，或者得出的结论相左，因此就 $PM_{2.5}$ 的研究亟待系统深化。阚海东等对上海 $PM_{2.5}$ 浓度变化与居民的日死亡人数关系进行了时间序列研究，显示上海城区 $PM_{2.5}$ 的质量浓度为 56.4 μg/m^3，与 WHO 制定的《全球空气质量指南》（$PM_{2.5}$ 年均质量浓度 10 μg/m^3）和《美国国家空气质量标准》（$PM_{2.5}$ 年均质量浓度 15 μg/m^3）相比，上海 $PM_{2.5}$ 浓度处于高污染状态。与我国新的空气质量标准（GB 3095—2012: $PM_{2.5}$ 年均浓度 35 μg/m^3）相比，上海 $PM_{2.5}$ 浓度也处于超标状态。广义相加模型研究表明，$PM_{2.5}$ 与总死亡率和心肺疾病死亡率有关。滞后 1 天的 $PM_{2.5}$ 两日移动平均浓度每增加 10 μg/m^3，相应的总死亡、心血管和呼吸疾病死亡风险分别增加 0.36%（95%CI: 0.11%～0.61%）、0.41%（95%CI: 0.01%～0.82%）和 0.95%（95%CI: 0.16%～1.73%）。戴海夏等也对上海市某城区的 $PM_{2.5}$ 的日均污染浓度与居民日死亡数进行了相关回归分析，得出 $PM_{2.5}$ 浓度每上升 10 μg/m^3，总死亡率上升 0.85%。在上海进行的 $PM_{2.5}$ 和炭黑的另一项研究表明，在单污染物模型中 $PM_{2.5}$ 四分位数距增加单位值，对应的总死亡增加 2.4%。当调整炭黑浓度后，日死亡人数风险下降，统计学关系不显著。这说明对 $PM_{2.5}$ 的独立健康效应还需进一步调查，以求得更为有力的证据。Ma 和 Yang 等（2011）采用时间分层病例交叉方法分别对沈阳和广州大气 $PM_{2.5}$ 的日死亡影响进行定量分析。在沈阳，滞后 1 天的模型中 $PM_{2.5}$ 每增加 10 μg/m^3，总死亡、心血管死亡和呼吸疾病死亡分别增加 0.49%（95%CI: 0.19%～ 0.79%）、0.53%（95%CI: 0.09%～0.97%）、0.97%（95%CI: 0.01%～1.94%）。在广州，$PM_{2.5}$ 两日平均浓度每增加 10 μg/m^3，相应的总死亡、心血管死亡和呼吸死亡分别增加 0.90%（95%CI: 0.55%～1.26%）、1.22%（95%CI: 0.63%～1.68%）和 0.97%（95%CI: 0.16%～1.79%）。对上述两城市研究的结果均显示 $PM_{2.5}$ 与居民日死亡关系密切。但是，Venners 等在重庆某城区的相关研究却显示 $PM_{2.5}$ 与任何病因别引起的死亡都没有关系。可见，关于 $PM_{2.5}$ 对居民每日死亡急性健康效应研究结果的不一致，且这方面研究的有限性，在我国有必要进一步开展研究来证明 $PM_{2.5}$ 的急性健康效应。

（三）$PM_{0.1}$ 或 UFP 污染的危害

$PM_{0.1}$ 或 UFP 是指空气动力学粒径小于 0.1 μm 的颗粒物，主要在燃烧排放过程中通过成核和浓缩作用形成。它的质量浓度很小（每立方米仅仅几微克），而数量浓度很大（每立方厘米大约有 1 万多个粒子），因此也具有很大的比表面积。$PM_{0.1}$ 极不稳定，它可以通过凝固或凝结作用形成更大的颗粒。由于其在数量浓度和比表面积上的优势性以及肺部沉积率较高等特点，可以承载大量易于吸收的或浓缩的毒性污染物（如氧化性气体、有机物、过渡金属等），这些毒性污染物部分通过活性氧的作用产生促炎效应。就 $PM_{0.1}$ 而言，由于其暴露数据的相对缺乏，其与死亡终点的流行病学关系研究还鲜有报道（李林和周启星, 2015）。

（四）SO_2 污染的危害

大气中的二氧化硫主要是由含硫燃料燃烧和生产工艺过程中采用含硫原料所产生的。原油、煤，以及铁、铜、铅、锌、铝矿石等许多原料中都含有硫。煤和油等含硫燃料的燃烧、原油的炼制、金属矿石的冶炼等过程中，燃料和工业原料中的硫与氧结合，生成二氧化硫气体。我国是燃煤国，煤炭占一次能源消费总量的 75%，随着煤炭消费的不断增长，燃煤排放的二氧化硫也不断增加。据统计，我国火电厂的二氧化硫排放占总量的 1/3 左右。

空气中的二氧化硫在干洁大气中可以滞留 7～14 天；在水气充足的条件下，或者有其他催化物存在时，则只需 1 h 就可能被氧化成亚硫酸（H_2SO_3）而形成硫酸雾，使人的视觉器官感到刺痛。二氧化硫易溶于水，当它通过人体鼻腔、气管、支气管时，多被管腔内的水分吸收、阻留，变为硫酸、亚硫酸和硫酸盐，使其危害作用加强。还可以刺激上呼吸道内的平滑肌，使其产生收缩反应，使气管、支气管通道变窄，引起刺痒。如果连续吸入浓度为 100 ppm[①] 的二氧化硫空气，则支气管和肺部出现明显的刺激症状，呼吸受阻，肺组织受损伤。动物试验证明，二氧化硫慢性中毒后，机体的免疫受到明显抑制。二氧化硫浓度为 10～15 ppm 时，呼吸道纤毛运动和黏膜的分泌功能均能受到抑制。浓度达 20 ppm 时，引起咳嗽并刺激眼睛。若每天吸入浓度为 100 ppm 8 h，支气管和肺部出现明显的刺激症状，使肺组织受损。浓度达 400 ppm 时可使人呼吸困难。二氧化硫与飘尘一起被吸入，飘尘气溶胶微粒可将二氧化硫带到肺部使毒性增加 3～4 倍。若飘尘表面吸附金属微粒，在其催化作用下，使二氧化硫氧化为硫酸雾，其刺激作用比二氧化硫增强约 1 倍。长期生活在大气污染的环境中，由于二氧化硫和飘尘的联合作用，可促使肺泡纤维增生。如果增生范围波及广泛，形成纤维性病变，发展下去可使纤维断裂形成肺气肿。二氧化硫可以加强致癌物苯并（a）芘的致癌作用。据动物试验，在二氧化硫和苯并（a）芘的联合作用下，动物肺癌的发病率高于单个因子的发病率，在短期内即可诱发肺部扁平细胞癌。

Tong 等（2015）基于对数线性广义相加模型考察了性别、年龄和季节在 SO_2 对肾病等疾病的影响中的作用，发现 SO_2 浓度升高会在冷季（10 月到翌年 3 月）和全季节中导致全体人群肝病发病率显著升高。

（五）NO_2 污染的危害

二氧化氮主要来自于火力发电厂和其他工业的燃料燃烧（大气中的氮氧化物大约有 2/3 来自煤炭及石油产品燃烧）及硝酸、氮肥、炸药的工业生产过程；另外 1/3 二氧化氮来自汽车的尾气。

二氧化氮（NO_2）是形成光化学烟雾的主要因素之一，对人体呼吸器官黏膜有强烈的刺激作用，特别是对肺的危害作用比 SO_2 和 NO 都厉害得多，严重的导致肺气肿，甚至死亡。NO_2 不仅对人体肺组织能产生严重的伤害，而且对心脏、肝脏、肾脏及造血组织等都可能产生破坏作用，特别是支气管哮喘病的发生与此有密切关系。氮氧化物较难溶于水，因而能侵

① 1 ppm=1 mg/L

入呼吸道深部细支气管及肺泡，并缓慢地溶于肺泡表面的水分中，形成亚硝酸、硝酸，对肺泡组织产生强烈的刺激及腐蚀作用，引起肺水肿。亚硝酸盐进入血液后，与血红蛋白结合生成高铁血红蛋白，引起组织缺氧。儿童、老人和患呼吸系统疾病的人群受其影响更大。

欧洲大气环境污染与健康研究计划2（Air Pollution and Health: a European Approach 2, APHEA-2）在欧洲29个城市的4300万人中进行调查，通过时间序列单污染模型分析显示，PM_{10}日均浓度每增加10 μg/m^3，总死亡人数增加0.6%（95%CI: 0.4%～0.8%）。各个城市不同NO_2的质量浓度介入模型后却得出了不同的结果。NO_2浓度较高的城市，其PM_{10}与死亡的联系明显高于NO_2浓度较低的城市（在NO_2浓度高的某一城市，PM_{10}每增加10 μg/m^3，总死亡人数增加0.80%；在NO_2浓度低的城市，PM_{10}每增加10 μg/m^3，总死亡人数增加0.19%）。Tong等（2015）基于对数线性广义相加模型考察了性别、年龄和季节在NO_2对肾病等疾病的影响中的作用，发现全季节中NO_2会导致年老人群肾病发病率显著升高；冷季（10月到翌年3月）时NO_2浓度升高会导致全体人群肾病发病率上升。

（六）重金属污染的危害

各种重金属元素，如Hg、Cd、Te、Pb、Mn、As等，在细颗粒物中有明显的富集，70%～80%富集在<2.0 μm的颗粒上。利用单一化学试剂萃取法，以及根据重金属呈现出的不同理化性质确定的不同化学试剂逐步提取法测得：Cd的存在形式为结合态为主；Cr以结合态和不溶物为主；Cu主要存在于可氧化态；Pb主要分布于残渣态、可交换态、可溶态、碳酸盐态；Zn、Pb、Cd和Cu多以可还原态分布于环境中；Fe和Al的主要存在形态为氧化态、碳酸盐结合态及残渣态。基于源解析模型，可获得重金属排放源，如石油和煤的燃烧是产生Ni的主要原因，机动车尾气排放主要贡献Zn、Cu、Cd、Pb元素，车辆行驶产生的扬尘是Zn、Cu、Pb的重要来源，垃圾焚烧产生大量Zn元素，土壤扬尘贡献Fe和Mn。

作为唯一主要以气相形式存在于大气中的重金属，Hg元素具有持久性、生物富集性和强毒性等特性，被许多国际机构列为优先污染物，并且任何形式的Hg在一定条件下都可转化为剧毒的甲基汞（MeHg），毒害人体或生态系统。Hg在自然界中分布很广，几乎所有矿物中都含有Hg。这些Hg经一系列自然过程或人为活动向大气释放，其中自然过程主要有地壳物质的风化、火山喷发、地热活动、森林火灾，以及土壤、水体表面的蒸发和植物蒸腾等；人为活动则主要包括化石燃料（煤、石油和天然气等）的燃烧、废物焚烧（包括市政垃圾、医疗垃圾和污泥等）、有色金属冶炼、氯碱工业、水泥制造、土法炼金和炼汞等活动。

在汞的健康影响方面，主要有：①直接暴露。Hg作为一种金属毒物，尽管在空气中的浓度低，但影响范围广，长期暴露仍会引起人体的危害。大气Hg的毒性作用主要依赖于它的化学形态。它主要以气态单质Hg的形式通过呼吸道、消化道和皮肤途径侵入人体，通过肺泡黏膜，经血液进入全身。血液中的Hg通过血脑屏障后分布在红细胞、中枢神经系统和肾脏中，因此主要对神经系统和肾脏系统损伤为主，其次还对生殖系统、免疫系统和呼吸系统等造成危害。Hg对肾脏的毒性作用主要表现在可使血浆肌酐水平增高。②间接暴露。对大多数人来说，饮食摄入是主要的Hg暴露途径。大气Hg通过干、湿沉降到土壤表面和水体蓄积，使陆生和水生生态系统受到污染，然后沿陆生或水生食物链的蓄积和生物放大作用等途径对人体造成危害（图4-1）。土壤可直接吸附大气Hg，特别是在添加腐殖质后，对大气Hg的吸附能力更强；而且，随着与Hg点污染源距离的增加，土壤Hg含量呈下降趋势，与大气 Hg 在空气中浓度变化一致，充分说明了土壤对大气 Hg 具有较强的富集能力。很多研究表明，像湖泊、水库等自然水体，除了大气 Hg 沉降，Hg 的主要输入源包括河流和地表径流的输入、地下水的输入、沉积物 Hg 的再释放等。而在城区中的人工水体或者封闭式湖泊中，其水体内 Hg 的增加主要来源于大气沉降和城市径流。城市径流中 Hg 浓度差异较大，这与土壤类型和陆地覆盖物有关，一般柏油路径流要比土壤高。由机动车尾气排放的 Hg 主要是 Hg^{2+}，它很容易与颗粒物结合。大气中的 Hg^{2+}和 Hgp 通过干、湿沉降到陆地，在陆地表面积累，然后通过径流冲刷到水体，增加了水体中 Hg 的负荷。鱼类吸收 MeHg 的效率极高，而清除速度却很慢。鱼类体内的 MeHg 大部分蓄积在肌肉组织中，且营养级越高，鱼龄越大，MeHg 在鱼肌肉组织中的百分含量也越高。有时，有机 Hg 浓度在鱼体内可高出水中几十万倍。人食用被 Hg 污染的鱼后，脂溶性 MeHg 通过血脑屏障，有机 Hg 又在人的肝、肾和脑等脏器内蓄积与转化，达到一定浓度后引起水俣病。

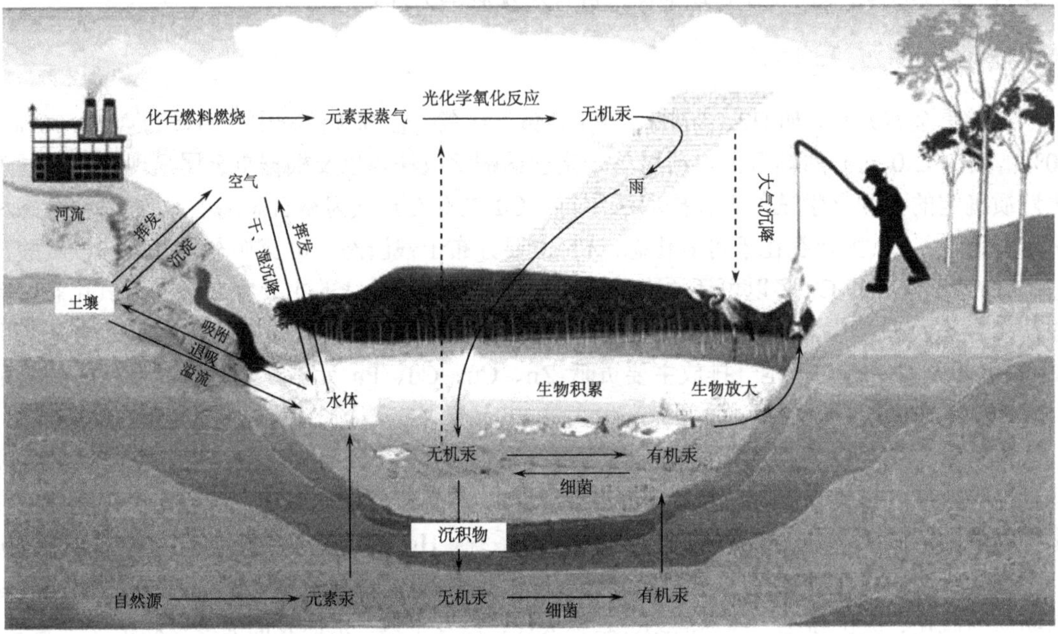

图 4-1　大气 Hg 从气体进入土壤的过程（引自 Goverse, 2013）

（七）O_3 污染的危害

Lacis 等（1990）在离地面 20～30 km 的平流层较低层存在着天然的低浓度 O_3，会吸收对人体有害的短波紫外线，保护地球上的生物；在近地面 1～2 km 中存在的 O_3，主要是由大量人为产生的氮氧化物和挥发性有机物在太阳光照射下，经一系列光化学反应生成的二次污染物，会对植物的生长和人类的正常活动产生危害。

与 $PM_{2.5}$ 相比，O_3 污染更具隐蔽性，即使是晴朗的蓝天，也可能存在 O_3 浓度超标问题。近地面 O_3 是典型的二次污染物，它的生成与光照、气温等密切相关。尤其是在发展中国家，随着城市化步伐的加快和化石燃料使用量的增加，环境中的氮氧化物（nitrogen oxides, NO_x）排放量日益升高。在温度适宜的情况下，NO_x 会和空气中的挥发性有机物（volatile organic compounds，VOC）在日光紫外线（ultraviolet, UV）的照射下，经过一系列的光化学反应生成一种刺激性很强的浅蓝色烟雾，其主要成分是 O_3、醛类及各种过氧酰基硝酸酯(peroxyacetyl nitrate, PAN)，O_3 约占 90%以上。工业生产、燃料燃烧和汽车尾气排放均可产生大量的氮氧化物和挥发性有机物，但挥发性有机污染物的种类繁多、成分复杂，涉及行业众多，相对氮氧化物更难控制。

O_3 具有腐蚀性，其对人体健康的危害与 O_3 浓度和人体暴露在环境中的时间息息相关，主要危害包括：刺激眼睛，使视觉敏感度和视力降低；刺激和损害鼻黏膜及呼吸道，引起呼吸道感染，造成胸痛、咳嗽及肺部组织发炎；造成肌肉运动失调，损伤运动能力；造成神经中毒、头晕头痛及记忆力衰退；破坏人体免疫机能，诱发淋巴细胞染色体病变，致使胎儿畸形；破坏人体皮肤的维生素 E，使人皮肤出现起皱和黑斑。高浓度的 O_3 还会造成人死亡，产生严重的空气污染事件，20 世纪 40 年代初发生的美国洛杉矶光化学烟雾事件，其罪魁祸首就是 O_3。国外学者对 O_3 体积分数变化与人体死亡率关系的研究表明，随着 O_3 体积分数的增加，人死亡率幅度均有所提高。O_3 的危害还因人群而异，幼童和老年人对 O_3 更为敏感。由于空气中的 O_3 会直接影响运动员的耐力和比赛成绩，因此重大赛事中 O_3 浓度值都会备受关注。除了对人体健康造成影响以外，O_3 的腐蚀性还会毁坏植株和树木，影响农作物的产量，对橡胶等材料产生破坏，造成经济损失。

（八）挥发性有机物污染的危害

空气中的有机化合物可以分为挥发性有机化合物（VOC）、半挥发性有机化合物（SVOC）和颗粒态有机化合物（POM）。根据世界卫生组织（WHO）的定义，VOC 是指在 25℃蒸汽压大于 133.32 Pa、沸点为 50～260℃的各种有机化合物。VOC 按化学结构可以进一步分为烷烃类、芳烃类、酯类、醛类等，目前已鉴定出的有 300 余种。VOC 多半具有光化学反应性，经由紫外光照射，会与大气中其他化学成分（如 NO）反应，形成二次污染物（如 O_3、高氧化物等）或者化学活性较强的中间产物（如自由基等），从而增加烟雾、O_3 的地表浓度，造成对生态环境的危害。由于空气中的 VOC 是以气态存在，因此能直接通过呼吸系统进入人体内。研究表明，一些 VOC 对人体具有致癌作用，其毒性和电负性成正比，对人体的危害主要是切断细胞内电子的传递，损害细胞内部的代谢。一些挥发性卤代烃对动物具有致癌和致畸作用，吸入挥发性卤代烃能对中枢神经系统产生不可逆转的损害，尤其是三卤甲烷进入人体后对肝脏、肾脏、血液具有毒害作用。卤代烃易在人体脂肪中积累，因此这类物质的污染已越来越受到广泛的重视。例如，室内装修用到的涂料、油漆释放出的有机物经呼吸道能引起人眩晕、头痛、恶心、胃胀、胃痛、皮肤出现丘疹等症状；对眼和鼻有刺激作用；严重时可引起气喘、神志不清、晕厥、呕吐及支气管炎等；对过敏体而言，出现症状更明显，在低浓度时就会有反应，浓度高时甚至危及生命。长期低浓度接触会使人体产生全身变态反应，甚至会造成居室人员患上癌症。

大气中部分 VOC 积极参与大气光化学氧化过程，生成 O_3 等有害的光化学氧化剂，并参与大气中二次颗粒物的形成。某些 VOC（如氟氯烃）还对臭氧层具有破坏作用。此外，一些 VOC 强烈地吸收红外线，导致全球气候变暖。

大气中 VOC 主要组分是芳香烃、烷烃和烯烃；夏、冬季城市大气中挥发性有机物浓度高于春、秋季，交通区和混合区大气中 VOC 的年平均浓度大于文化区和工业区，城市空气中挥发性有机物的日变化呈双峰型，分别出现在早晚交通高峰期，车流量变化是主要原因；机动车源、溶剂挥发源、泄漏源、工业源是城市大气中 VOC 主要来源；挥发性有机物是大气中光化学反应产物 O_3 的重要前体物，其在大气中的浓度水平往往直接影响着 O_3 的污染水平。城市空气中挥发性有机物的种类越来越多，且来自汽车尾气的比例明显增加。

大气中 VOC 的污染已经十分严重，甚至在人迹罕至的北极圈也发现存在某些 VOC 物种，因此，控制大气中 VOC 的污染非常重要。国际上许多国家就控制大气中 VOC 的含量采取了相应的措施，其中包括：制定大气 VOC 环境基准，为大气 VOC 环境空气质量管理的制定提供科学依据。我国目前尚未制定大气 VOC 环境基准，亟待开展系统性的研究工作。表 4-5 给出了各国环境空气质量基准值/标准值包含大气 VOC 指标的文件。

表 4-5　包含 VOC 基准值/标准值的环境空气质量标准

序号	VOC 基准/标准文件名称	国家/地区	发布机构	发布时间	基准值/标准值
1	空气环境质量标准	日本	日本环境省	1999	标准值
2	环境空气质量准则	新西兰	新西兰环境部	2002	基准值
3	空气质量准则	全球	世界卫生组织	2005	基准值
4	环境空气质量准则文件	牙买加	牙买加国家环境与计划机构	2006	基准值
5	空气质量标准	欧盟	欧盟委员会	2008	标准值
6	空气质量准则	美国/加利福尼亚州	美国加利福尼亚州海湾地区空气质量管理区	2010	标准值
7	2010 年空气质量标准条例	英国	英国环境、食品与农村事务部	2010	标准值
8	阿尔伯塔省环境空气质量计划	加拿大/阿尔伯塔省	阿尔伯塔省环境部门	2013	基准值
9	住宅室内空气质量准则	加拿大	加拿大政府	2013	室内环境基准值

（九）大气半挥发性有机化合物污染的危害

根据 WHO 对室内有机物的分类原则，SVOC 是指沸点在 240～260℃到 380～400℃范围内的一类有机挥发性化合物。由于其强烈的吸附性，SVOC 在室内可以气态、黏附在悬浮颗粒物、室内降尘及室内介质表面等形式存在，可通过呼吸道吸入、经口摄入和皮肤渗入等途径进入人体。SVOC 是一大类有机物的总称，主要包括：多环芳烃（PAH）、多氯联苯（PCB）、酞酸酯类、硝基苯类、苯酚类、苯胺类、有机氯及有机磷农药等，大多具有致癌、致畸、致突变特性。空气中大多数致癌物属于这一类物质。它们吸附性很强，在大气中主要以气态和气溶胶两种形态存在；较 VOC 稳定，不易降解，可在室内环境中存在数年或更长时间，且浓度较低，对人类健康的影响大多是慢性的、长期的，并不会直接或立即威胁生命，故容易被人们忽视。煤炭、石油等有机化合物的不完全燃烧过程均会产生 SVOC，故有燃烧源存在就可能会有 SVOC 污染。汽车尾气、燃煤废气、工业废气及垃圾焚烧废气等室外燃烧源都可能产生 SVOC，造成室外大气污染。

室内来源包括：①助剂，包括增塑剂和阻燃剂。为了提高材料的性能，各种塑料助剂被添加到材料中。例如，增塑剂被添加到高分子聚合物中，使聚合物软化、增加柔韧性；阻燃剂可提高材料的抗燃性。这两类助剂是目前产量和消费量最大的塑料助剂，由于多具半挥发性，在材料加工和使用过程中慢慢迁移散发，成为室内 SVOC 的重要来源。②室内化学日用品，包括卫生杀虫剂、化妆品等。③燃烧产物。徐海霞和陶文铨（2013）发现，室内各种燃烧和高温加热过程都会产生 SVOC 污染，其中最普遍且危害最大的是 PAH，主要来自煤、石油、烟草、有机高分子材料的不完全燃烧等。PAH 可参与机体的代谢作用，多具致癌、致畸、致突变和生物难降解的特性。Wang 等（2010）发现，已鉴定出在香烟的焦油中存在 150 种以上的 PAH；在高温煎炸、熏烤食品时会产生大量含有 PAH 的致癌物。在目前已知的 500 种致癌性化合物中，有 200 多种为 PAH 及其衍生物，其中苯并(a)芘的致癌性最强、污染最广。

（十）持久性有机污染物污染的危害

持久性有机污染物（persistent organic pollutant, POP）是指人类合成的、能持久存在于环境中、通过生物食物链（网）累积并对人类健康及环境造成有害影响的化学物质。其特性有：①持久性。POP 在自然环境中很难通过生物代谢、光降解、化学分解等方法进行降解，可以在环境中长期存在；②生物积累性。POP 大部分具有低水溶性、高脂溶性的特点，易在脂肪组织中发生生物蓄积，并沿食物链浓缩放大，对人体危害巨大；③半挥发性。POP 能从水体或土壤中挥发进入大气环境，或通过大气颗粒物的吸附作用在大气环境中远距离迁移，还可重新沉降到地面上，多次反复，造成全球范围内污染，因而在北极的企鹅体内、海鸟蛋内都检测出了 POP；④高毒性。POP 对人体、动物都具有毒性，具有致癌、致畸与致突变作用，破坏或抑制神经系统和免疫系统，破坏或干扰内分泌系统，影响人类生殖功能，即所谓“雌性化”作用，干扰荷尔蒙，造成生长障碍和遗传缺陷。

1983 年起我国政府禁止生产和使用有机氯农药，但这些污染物在环境中可存留几十年甚至几百年，已通过土壤、水体、空气进入一些生物有机体中。在中国大多数农田土壤、江河湖泊水体、底泥和近海海域水体中都检出 DDT，但未达到污染的程度。在农作物、水果、茶叶、肉类、动物体和人体组织中均曾检出过 DDT 和六六六。毒杀芬（toxaphene，氯化莰烯）是 20 世纪 80 年代中期广泛使用的杀虫剂，它们有高亲脂性和易挥发性。六六六、氯丹和七氯也曾有少量生产，分别用于五氯酚、五氯酚钠和灭白蚁的生产。氯丹还用于建筑基础防腐。

我国面临的持久性有机污染物污染形势是非常严峻的，主要为多氯联苯和二噁英（PCDD/Fs）问题。李隽旸等（2014）发现苯并(a)芘是 PAH 典型代表化合物，源于有机燃料的不完全燃烧，能够诱发人体 DNA 损伤。

国外学者在机动车尾气、香烟的烟气中都检测到了二噁英。氯碱工业和有机氯生产过程中也会产生二噁英，含有微量二噁英的五氯酚钠在长江中下游地区长期作为灭钉螺的药剂使用，其环境影响目前还不清楚。此外，现代建筑、家具、包装及电气等领域常用的 PVC（聚氯乙烯）材料，以及机动车尾气、香烟烟气等也是二噁英污染源。即使人类停止了一切工业活动，森林火灾同样也会产生二噁英。

POP 对人体、动物都具有毒性，具有致癌、致畸与致突变作用；破坏或抑制神经系统和免疫系统；破坏或干扰内分泌系统；影响人类生殖功能，即所谓“雌性化”作用，干扰荷尔蒙，造成生长障碍和遗传缺陷，对人类繁衍及新生儿健康提出挑战。POP 几乎都直接或间接地具有环境激素作用，这些物质长期与人类和动物接触，会渐渐引起内分泌系统、免疫系统、神经系统出现多种异常，并诱发癌症和神经性疾病。

第二节　局域性气候变化

一、概述

气候变化是指气候平均状态统计学意义上的巨大改变或者持续较长一段时间（典型的为10年或更长）的气候变动。气候变化的原因可能是自然的内部进程，或是外部强迫，或者是人为地持续对大气组成成分和土地利用的改变。《联合国气候变化框架公约》(UNFCCC）第一款中，将“气候变化”定义为 “经过相当一段时间的观察，在自然气候变化之外由人类活动直接或间接地改变全球大气组成所导致的气候改变”。UNFCCC因此将因人类活动而改变大气组成的“气候变化”与归因于自然原因的“气候变率”区分开来。

当前的全球气候变暖已经而且正在导致各个地区海平面上升、水圈循环变化、海洋酸化、极端天气，以及气候事件频率和（或）强度增加等一系列的气候与环境变化，尤其体现在对气候变化较为敏感和脆弱的地区。

二、局域性气候变化的影响

气候变化在各方面给各地带来了不同程度的影响，综合来讲，负面影响居多，但也不乏一些正面效应。我国是全球气候变暖最显著的国家之一，近 50 年的增温尤其明显，且温度升高主要发生在20世纪80年代中期。在全球气候变暖背景下，各国科学家及政府部门对气候变化可能引起的环境和生态问题给予了极大关注。

（一）对生物多样性的影响

生物多样性是指一定空间范围内多种多样活有机体的总称，是生物及其与环境之间复杂关系的体现，也是生物资源丰富多彩的标志。生物多样性是人类赖以生存的基础，一方面给人类提供基本环境，另一方面又提供了丰富资源。

大量观测表明，过去气候变化已经对生物多样性产生极大影响，包括物种的物候、行为、分布和丰富度、种群大小和种间关系、生态系统结构和功能等都已经发生了不同程度改变，甚至引起个别物种的灭绝。未来全球气候变暖将对生物多样性将产生更深的影响。联合国政府间气候变化专门委员会（IPCC）报告最新评估，预计未来全球升温幅度超过1.5～2.5℃，目前已评估过的20%～30%的物种灭绝的风险将增加；超过2～3℃，目前地球上25%～40%的生态系统结构与功能将发生巨大改变。

自20世纪90年代以来，随着对气候变化问题的日益重视，特别是针对气候变化对生物多样性影响和脆弱性问题的高度关注，大量研究利用不同试验观测和模型模拟的方法，从微观和宏观不同尺度对气候变化与生物多样性关系展开了大量研究，特别是近几年来，气候变化对生物多样性影响和脆弱性问题更成为全球环境问题中研究的热点。与此同时，针对气候变化背景下如何开展生物多样性保护的问题，也积极展开了生物多样性适应气候变化相关研究和对策探索，试图对气候变化对生物多样性影响和脆弱性有全面系统地认识，以提出建立生物多样性适应气候变化的科学对策，最终为人类能有效应对气候变化和保护生物多样性提供强有力的依据与方法。

20 世纪的气候变化已经引起生态系统的结构、组成、功能改变，未来气候变化将对物种多样性、生态系统多样性产生极大影响，表现在物种物候改变和空间分布变化等。

（二）对农业生产的影响

气候变化将直接影响种植业、畜牧业等农业，并通过病菌和病毒传播影响食品加工、运输、储藏，将对人类健康构成潜在威胁。农业作为基础产业、国民经济中最基本的物质生产部门，是人类衣食之源和生存之本，农业生产直接关系着人类生存、发展与社会稳定。农业对气候变化非常敏感脆弱，根据联合国人口基金会的统计数据，全球人口在 2006 年就超过了 65 亿，预计在 2050 年左右人口将达 90 亿。受全球气候变暖影响，全球农业生产都将出现大幅波动，粮食供给不稳定性将会增大；同时，伴随饮食结构的优化和调整，对粮食需求的增长超过了粮食产量的增长速度，众多变化威胁着农业及国家粮食安全。气候变化对农业生产的影响已成为全球关注的热点问题之一，对中国尤为重要。有研究表明，近 15 年间，降水变化是影响中国粮食生产变化的主要原因，温度变化对粮食生产的影响主要表现在高纬度地区和高海拔地区；因气候变化影响粮食产量的变化幅度一般为 3%～5%，个别年份可达 10%左右；因农业自然灾害造成的粮食减产幅度一般在 5%～10%，个别可达 10%左右。

气候变化将通过温度与降水变化的综合作用，使光、温、水、土、气、生等生态系统要素发生变化，进而对种植制度、病虫害防治、农业生产潜力及农业管理等产生影响（图 4-2）。

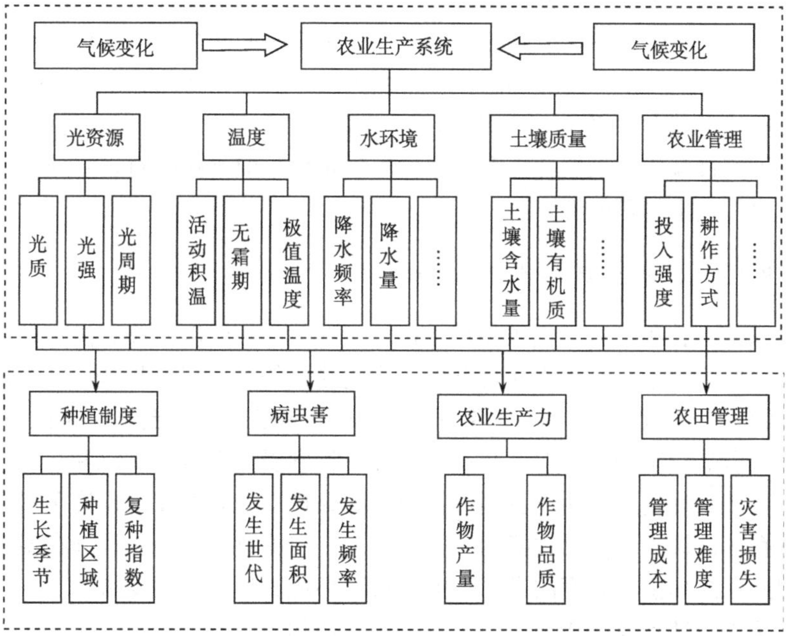

图 4-2　气候变化对农业生产的影响（引自刘彦随等, 2010）

（三）对种植业的影响

种植业被认为可能是食品生产中最易受气候变化影响的部分，气候参数如温度、干旱、降雨、风和 CO_2 水平的变化，通过害虫和昆虫、植物疾病的传播动态的变化，以及由此带来的化肥农药需求增加、土壤质量退化问题，直接威胁到食品安全。种植业包括土壤质量、作物产量及相关的生物环境，气候变化对任何一个因素的影响可能引起整个系统的变化。根据目前的认知来推断，未来一些地域因年降雨量的减少而降低作物产量；气候变化通过对作物品种的地域适应性及植物害虫波动的影响，将改变栽培作物的生物地理适应性，并对种植业构成以负面为主的影响；干旱期延长和温度的升高也许将引起作物生长期和生命周期缩短；对于一个特定局域来讲，作物种植期和收获期都可能改变，导致已有作物品种的变异；同时，海平面上升和沙漠化也会使作物种植面积下降。温度升高对生育期短的作物来说则是不利的，因为发育速度加快会导致生育期缩短，在相同的栽培管理措施下，生育期缩短将导致产量下降。有研究结果表明，气温每升高 1℃，水稻产量将减少 10%～17%。

（四）对畜牧业的影响

依据局域和环境方面的观测及模型预测，气候变化对家畜同样有有益和有害的潜在影响。有益的方面，主流观点认为温度升高和湿度增加将提高局域畜产品产量，而且，许多研究充分肯定了暖冬对畜牧业的积极意义，并被认为是一个好的农业实践，因为暖冬对减少家畜的寒冷胁迫、降低家畜饲养取暖设施建设费用方面具有不可忽视的经济优越性。有害的方面，温度升高将使病原菌更加适合寄主生活环境，有可能提高家畜发病率（如疯牛病），对畜产品生产构成负面影响。气候及环境变化促使动物迁徙，将导致病原菌在更大范围内传播，可能增加家畜流行病的风险（如禽流感等）。从季节性分析，估计畜产品的产量在夏季会受到热浪的负面影响，不过，冬季变暖的正面效应有可能平衡负面影响。但从已有的观察资料来看，气候变化对畜牧业生产的影响总体以负面为主，例如，我国牧区在一般年份牲畜死亡率为 5%左右，但在极端气候条件如寒潮、暴风雪、急剧降温等灾害年份的死亡率可高达 24%，气候变化背景下的极端天气虽然现在存在很大不确定性，但不排除对畜牧业生产产生严重影响的极端天气事件发生的可能性。

（五）气候变化与食源性疾病的传染性

食源性病原菌生长和繁殖与气候参数存在一定的关系。温度升高、洪水和环境湿度变化引起水和食品病原菌污染，导致水和食源性传染病蔓延的事件已有报道，如出血性结肠炎、溶血性尿毒症综合征和脑膜炎。因此，现在预估全球气候变化可能会影响传染病的发生模式。病原菌在环境、食品和饲料中生存、繁殖或传播，特别受到温度、洪水和环境湿度的影响，其他因素如风，一定程度上对病原菌的传播起到媒介作用。研究发现，许多病原菌在农田和水环境中普遍存在。饮水和食品传播的大多数病毒、细菌及原生动物喜好在温水和温暖的气候中繁殖，因此水温和空气温度的升高可能会加重环境其他生物的受害程度。不仅如此，水和食品中病原菌季节性暴发直接导致人类和动物疾病的季节性流行。

（六）对水资源的影响

水资源脆弱性是国际社会普遍关心的全球性问题，也是中国可持续发展面对的重大战略问题。当前人类面临的水问题，如洪涝灾害、水资源短缺和与水相关的生态系统退化等，均与气候变化包括经济社会发展中的高强度人类活动引起的陆地水循环格局与过程变异或异常直接相关，它们是导致水问题的重要原因。IPCC 技术报告《气候变化与水》指出“淡水资源是脆弱的并可能受到气候变化的强烈影响，同时给人类社会和生态系统带来一系列范围更广的后果”。IPCC 主席 Pachauri 在 IPCC 技术报告之六“气候变化与水”的序言中指出“气候、淡水和各社会经济系统以错综复杂的方式相互影响。因而，其中某个系统的变化可引发另一个系统的变化。在判定关键的区域和行业脆弱性的过程中，与水资源有关的问题是至关重要的。因此，气候变化与水资源的关系是人类社会关切的首要问题”。

我国水资源南北分布不均，北方河道干涸，地下水严重超采，南方水质污染严重，旱涝灾害频发，未来气候变化极有可能对我国水资源格局产生显著影响，导致旱涝灾害进一步增加，水资源供需矛盾更加突出，对国家经济社会发展构成严重威胁。1996 年，IPCC 将水资源脆弱性与气候变化联系起来，认为脆弱性是气候变化可能对水资源系统造成的损害或不利影响的程度。2011 年，IPCC 特别报告中将脆弱性与暴露度结合起来，认为脆弱性是人员、生计、环境服务和各种资源、基础设施，以及经济、社会或文化资产受到不利影响的可能性或趋势。

（七）对生态系统的影响

中国青藏高原面积大约 2 500 000 km^2，平均海拔高度在 4000 m 以上，蕴藏着世界上两极之外最大的冰雪储量，被称为“第三极”或“亚洲水塔”。青藏高原分布有冰川 36 800 条，总面积 49 873 km^2，总体积 4561 km^3。青藏高原的湖泊面积占全国湖泊总面积的 51.4%，这些数量和面积巨大的湖泊一方面对气候变化敏感，另一方面又影响气候变化。青藏高原过去 30 年的升温速率为 0.3℃/10 年，是全球升温速率的 2 倍，气候和环境发生了显著变化。由此引发的冰川变化不仅影响到周边地区 10 个国家、15 亿人口的农业、发电等生产活动的水资源供应，而且会引发区域乃至北半球大气环流格局的变迁。此外，青藏高原很多内陆湖泊近期水位上涨、湖泊面积增大导致草场淹没，对周边地区的生态与环境及农牧民的生活造成了严重影响。

青藏高原是全球海拔最高的一个巨型构造地貌单元，具有独特的自然环境和空间分异规律，受大气环流和高原地势格局的制约，它形成了独特的水热状况地域组合，呈现出从东南温暖湿润向西北寒冷干旱的变化。高原的隆起对高原及其毗邻地区自然环境的演化影响深刻，其气候变化与全球环境变化密切相关，被认为是“全球气候变化的驱动机与放大器”，并且是“全球变化与地球系统科学统一研究的最佳天然实验室”。青藏高原湖区是我国五大湖区中拥有湖泊数量最多和面积最大的湖区，共有湖泊 1055 个，合计面积 41 831.7 km^2，分别占全国湖泊总数量和总面积的 39.2%和 51.4%，近 30 年来全国新生面积在 1.0 km^2 以上的 60 个湖泊有 30 个分布在青藏高原。青藏高原的湖泊水位和水量总体呈升高趋势。

冰川长度是冰川波动和气候变化重要的联系纽带之一。近百年来中国青藏高原地区大多数冰川末端因气候变化自 20 世纪初呈退缩态势，之后逐渐加强，期间曾出现两次相对稳定甚至前进的过程。近几十年来，青藏高原冰川末端变化以退缩为主，且退缩幅度正在加剧。冰川补给对于冰湖的分布和变化有重要的影响，融水比重比较大的湖泊面积扩大和水量增加明显，融水比重较小的大湖则呈萎缩态势。

全球变暖背景下，近数十年来的冰川退缩已影响了发源于青藏高原的河流径流，改变了水文过程并影响径流的时空分布，增加了以冰川融水补给为主的河流的不稳定性。以冰川融水补给为主的河流近期流量可能增大，而长期冰川融水将会随着冰川面积减少而减少。而且，以冰川融水补给为主的湖泊水位上涨、湖泊面积增大导致草地淹没，对当地生态环境及农牧民的生活造成了严重影响。此外，随着冰川退缩加剧，喜马拉雅和藏东南等地近期冰碛湖扩张明显，未来这些地区冰湖溃决和泥石流滑坡等山地灾害将会更加频繁。而根据Ren等（2011）对中国冰冻圈融水总量的估算，中国冰冻圈对海平面上升的潜在总贡献量为 0.14～0.16 mm/年，其中主要为冰川贡献量约为 0.12 mm/年，外流河流域冰川融水补给对海平面的贡献则仅为 0.07 mm/年，占全球山地冰川和冰帽贡献量的 6.4%。青藏高原的冰川、冰川径流和湖泊等都是区域乃至全球水循环的重要组成部分，近期冰川的普遍退缩、很多湖泊的扩张会改变高原面上的下垫面格局，进而影响到能量和水分循环过程，这些过程可能通过一系列的作用机制对区域乃至全球的水循环和气候变化过程产生深远的影响。

三、应对变化的策略

（一）大气污染治理措施

在大气污染治理方面，我国依照 2012 年颁布的包含 $PM_{2.5}$ 标准在内的新国标，从政策法规、技术等角度对大气问题进行综合整治；加大科研投入，开展 $PM_{2.5}$ 等污染物来源解析和污染形成机理研究，开发重点行业、主要污染物的治理技术，科学指导大气污染综合防治工作；研究制定相关经济政策，健全环境标准体系，制定更加严格的重点行业大气污染物排放标准，推动环境管理从污染物排放控制逐步走向环境质量控制，并最终实现风险防范控制的战略转型。

具体措施包括：①实施煤炭消费总量控制；②提高环境准入门槛，发展高端产业；③开展燃煤供热锅炉替代或改燃，加大扬尘污染防治力度；④深度治理工业自备电厂小火电机组，强化工业污染源管理；⑤实施黄标机动车治理工程，强化机动车污染防治；⑥大力发展循环经济，推广太阳能、浅层地热等清洁能源；⑦修复污染环境，开展绿化及清水工程；⑧完善监测网络，落实大气污染防治属地责任；⑨加大宣传力度，构建全民参与的社会行动体系。

（二）应对沙尘暴措施

沙尘暴是由于本地或者附近尘沙被风吹到空气中形成的，其现象是能见度下降、空气混浊，代之以一片黄色。沙尘暴大多在冷空气过境或雷雨、飑线影响时出现，多发生在干旱的春季。沙尘暴发生的时候能见度一般小于 1 km。自 2000 年以来，我国北方地区频繁发生大规模的扬沙及沙尘暴天气，并涉及部分南方省市，给民航、交通及人们的日常生活带来严重的影响，造成巨大的经济损失，引起社会各界的普遍关注。地表覆盖状况的整体恶化是沙尘暴产生的主要原因，沙尘暴频起与土地荒漠化扩展的速度是一致的，多年来我国对沙化土地的破坏大于治理，滥垦、滥伐、滥牧、滥用水资源的状况造成地表覆盖的退化。对沙尘暴的治理只能通过科学的还林还草、大面积地恢复自然植被来完成。

加强沙尘暴灾害预警预报；及时、准确评估沙尘暴灾害损失；积极防御沙尘暴灾害的破坏和影响；建立防沙治沙的专家决策咨询机制；强化沙尘源区的防治，从根本上减少沙尘源。

（三）农业发展策略

我国是农业大国、人口大国，巨大的地域差异和农业生产本身面临的许多现实问题，决定了我国应对气候变化的农业策略必须符合基本国情，既要借鉴发达国家在农业领域应对气候变化的适应与减缓战略，也要突出中国特色及发展阶段的具体特点，制定切实可行的应对策略。从我国基本国情和发展的阶段性特征出发，借鉴发达国家应对气候变化的策略重点，亟须构建保障我国土地资源安全、粮食安全的农业可持续发展的长效机制与创新体系，加快推进农业主体功能导向的农业优势区、产业带建设，深入研究如何面向不同农业地域类型、不同农业生产方式的有效应对措施和调控策略，增强我国农业发展自觉适应气候变化的应变能力，准确把握未来我国可持续农业发展方向与区域战略。

气候变化导致农业生态环境的一系列变化，对农业生产和粮食安全产生深远影响。气候变暖使我国北方农业气候临界适宜区边际土地的开垦成为可能，特别是在国家各项惠农政策和耕地占补平衡政策的激励下，边际土地开发成为补充耕地和扩大粮食播种面积的重要途径。但应全面考量开垦耕地质量、产能及其生态效应，转变一味追求耕地数量的做法，适时制定边际后备土地资源开发整治的地域类型区划及其中长期规划。遵循区域差异规律，制定应对气候变化差别化策略。我国地域差异大，农作物品种及种植制度多样，气候变化的影响具有明显的季节性和区域差异性，即对不同季节、不同地区（如传统农区、农牧交错区、生态脆弱区等）的影响程度不同，亟须着眼不同类型区域创新管理模式、调控政策，针对不同战略导向的农业发展目标，合理安排与实施各类型区域农业生物、农业工程和管理措施，切实完善区域性农业科学管理与生产决策支撑体系。农业发展战略应凸显系统性与前瞻性，切实加强农业基础设施配套建设，提高农业生产水平和效率，提升农业综合生产能力，大力发展农业生物技术，优化调整农业结构和经营体制，实施绿色经济，深化开展气候变化对水稻、小麦、玉米等作物的影响机理研究，加快适应调控技术、综合评价技术、精准定量模拟技术平台的研制；着力构建我国多功能现代农业体系，大力发展农林牧复合型经济和建设专业化基地，有效提高农业生产率和农业生态系统服务价值，把优化农业结构、提升创新能力、应对气候变化作为支撑我国农业可持续发展的战略任务纳入国民经济和社会发展规划。

（四）水资源保护措施

（1）强化认识，完善创新治水思路。在工业化和城市化浪潮中，特别强调要保护环境和保护资源，构建资源节约型、环境友好型社会。所以，要始终秉承全面规划、统筹兼顾的原则，加强综合治理，强化标本兼治，真正做到兴利除害结合，开源节流并重，防洪抗旱并举，合理开发水资源，对水资源的利用秉承全面节约的原则，以达到高效利用和科学保护的目的，进而实现水资源的可持续利用。对治水思路要不断完善创新，统筹解决缺水干旱、水质恶化等现实问题，实现水资源的综合治理和有效利用。要加强防洪体系建设，减少水资源对社会的负面作用。要严格规范人们用水行为，使“节约用水”成为一种理念，实现水资源的优化配置和合理保护。

（2）强化管理，提高水资源利用效率。要强化行业用水的定额管理，以固定额度制约浪费水资源的现象发生，特别要对用水产品和工艺不符合节水要求的行业加以整理、整顿。对于用水量较大的重点行业，要进一步加大节约用水力度，提高水资源的利用效率。在农业领域方面，要进一步对大中型灌区和井灌区进行节水改造，推广喷灌、滴灌和管灌等先进的节水灌溉技术，把节约水资源落到实处。在工业领域方面，要不断优化调整产业布局，认真贯彻落实建设项目节水“三同时”制度，使水资源在钢铁、纺织等重点行业得到最有效的节约。考虑生产流程的改造，从结构、技术和工艺等方面开展节水，要建立节水标准体系，提高水利用率。在城市生活领域方面，要全面提高群众的节水意识，强化节约观念，在广大群众日常生活中推广节水器具的使用，减少“跑冒滴漏”，从一点一滴做起，实现水资源的长效利用。

（3）积极行动，推进水资源保护。要根据不同水功能区水质状况，合理确定功能定位，强化达标监督管理。要树立节约用水观念，增强水忧患意识和节水意识，改变长期存在的水资源浪费状况，激发对水资源危机的认识。

（4）提高防洪治涝能力。对防洪、防涝系统进行完整规划，提出切实可行的具体工程措施方案，建成完整的、配套的、标准符合规范要求的防洪治涝工程系统，进一步提高防洪涝能力。要持续加强饮用水源地的保护管理，制订应急预案，出现突发性的安全事件时，能够积极应对，保障人民群众的生产生活安全。

（5）继续做好全流域重点入河排污口核查及纳污量监测工作。加强重点入河排污口的日常监督监测，依法通报纳污量及重点入河排污口排污状况，积极推进水污染防治工作。严格纳污红线管理，依法开展入河排污口设置审批，对排污量超出水功能区限排总量的地区，限制审批入河排污口。开展重点入河排污口规范化治理，有效实施入河排污口规范化管理；开展重点入河排污口整治，推进水功能区水质达标建设。

（6）统一规划，加快水资源体制改革。要不断健全区域行政管理体制改革，完善配套涉及调度、管理、规划等诸多方面的水资源管理体制，使我国的水资源管理更加适应新时期、新形势发展的需要。要不断加快城乡水务一体化进程，统筹推进水源地建设、供水节水等工作，从多方面来促进水资源可持续利用。要加快水资源监控体系建设，对水资源进行全面有效的保护和管理，以利用长期实施最严格的水资源管理制度。

（7）加强科技支撑。针对全球气候变暖的实际情况，开展有利于水资源可持续利用的专题研究，不断研发新型节水技术。不断提高应对突发性水污染事故的能力，开展重要河湖潜在污染源风险评估，分析污染危害，提出防范应对措施。建立应对突发性水污染事故的决策支持系统，加强应急能力建设，完善水资源实时监控及调度管理系统，重大水污染事件预警预报、水功能区及入河排污口管理、联防决策支持等管理系统，不断提高流域机构管理水平，不断增强流域机构在水资源保护中的作用，做到水污染事故的早发现、早报告、早调查、早处理，最大限度地减轻水污染危害，促进流域水污染防治工作。

（五）生态系统保护措施

对于森林生态系统，主要的保护措施有：①实施天然林保护工程。要认真抓好“天保”方案的实施，把有关条例、办法落到实处，将工程管理纳入规范化轨道。坚持科学定产，严格限产，分类经营，对禁伐区坚决实行封山育林，全面恢复森林植被；对限伐区加大森林资源抚育力度，提高林分质量和林木生长量，使长期过伐的森林资源初步得到休养生息。②建立生态示范保护功能区。在全面实施“天保”工程的基础上，逐步扩大生态保护区面积，抓住建设国家级生态保护示范区的机遇，把政策用足用活，以进一步调减木材产量，实行生态移民，调整生产力和社会布局。依据生物多样性及生态环境的保护实际，建立相应的生态示范保护功能区，进行森林生态系统的就地保护。规划 50 年内，森林、草地、水生态等生态系统基本达到良性循环。加强生物多样性保护区域的保护工作，对重点区域生态系统加大研究和投资力度。③建立自然保护区。自然保护区的建设，是对生态系统又一个有利的保护手段。加强自然保护区建设，是对现有自然保护区的管理体制、科研监测等的进一步完善。加快新建保护区的建设步伐，规划建设的保护区有 21 个。④加强珍稀濒危物种的保护与管理法律法规建设。保护好珍稀物种的基因，把物种的基因提取出来，建立基因库，包括农业、林业基因，特别是珍稀濒危物种基因的保存。禁止一切猎杀和买卖濒危野生动植物的活动，严厉打击野生动植物的非法贸易，取缔非法交易市场。开展人工养护与繁育，逐步恢复部分珍稀濒危物种的种群与数量。

第三节　全球气候变化

一、大气圈内的生态过程

郝吉明等（2002）认为，大气圈内的主要生态过程包括温室气体造成全球气候变暖、臭氧层破坏和酸雨频发。自然界本身产生各种温室气体，同时自然界也在吸收或分解它们。在地球长期演化过程中，大气中温室气体变化很缓慢，处于基本平衡的循环状态。人类活动极大地改变了这种状态，森林的大量砍伐、化石燃料的大量使用，导致温室气体排放量在近几十年达到了惊人的水平。据各种计算机模型预测，温室气体（水蒸气、CO_2，以及其他微量气体如 CH_4、O_3、氟利昂等）将直接导致地球平均表面温度在 1900～2100 年间升高 1.4 ～5.8℃，海平面升高 8～9 cm。温室气体中的 NO_x、氟利昂等还会在平流层分解能够吸收紫外线（240～320 nm）的 O_3。奇氮家族一部分来自于宇宙射线分解 N_2 产生的 NO_x，一部分来自于飞机直接向平流层排放的 NO_x；包括氟利昂在内的奇卤家族主要来自于人类活动产生的全氯氟烃（CFC）和含溴氟烷（哈龙），另外火山爆发也会产生大量的氯气。在酸雨问题方面，就某一地区而言，其发生并产生危害有两个条件：一是发生区域有高度的经济活动水平，广泛使用矿物燃料，向大气排放大量硫氧化物和氮氧化物等酸性污染物，并在局部地区扩散，随气流向更远距离输送；二是发生区域的土壤、森林和水生生态系统缺少中和酸性污染物的物质或对酸性污染物的影响比较敏感，如酸性土壤区和针叶林就对酸雨污染比较敏感，易于受到损害。

大气圈不是一个孤立的生态系统，除其中物质和能量的交换（化学和生物反应）之外，它和其他生态系统之间的联系是不能忽视的，或者说，大气圈生态系统的存在相当大程度上依赖其他生态系统。Moorcroft（2003）认为，大气和陆地生态系统在各种时间尺度上互相耦合。从短期时间段来看，它们之间的双向互动表现在 CO_2、水和能量的快速交换；从长期来看，相互作用涉及生态系统结构的改变，以及对气候变化的响应的组成成分通过生物物理和生物地理化学机制实现反馈从而在几十年几个世纪之后影响气候变化。Kordzadze（2007）基于海洋和大气的水-热动力学方程、土壤活化层的分子热传导和地下层（水、土）的热平衡等，利用数学模型研究了黑海附近海洋-陆地-大气之间的动力学和生态过程。

二、全球气候变化的成因

气候变化，特别是全球气候变暖，对陆地生态系统、粮食生产和社会经济发展等产生了重大影响，已成为国际社会普遍关注的重大问题之一。气候变化的影响是多尺度、全方位、多层次的，正面和负面影响并存，其中负面影响将更多地受科学界和社会的普遍关注。20 世纪以来人类对自然资源的过度开采、对生态环境的肆意破坏等人为因素对局域性的气候变化（如明显增暖现象等）有着相当大的贡献。全球变暖现象已愈演愈烈，尽管温度升高的幅度因地域而异。21 世纪（到 2050 年）温度升高幅度最大的将是北半球高纬度地区，最小的是海岸和内陆地区。下一个 50 年内，大陆地区温度升高的幅度很可能超过全球温度的自然变率，酷热、热浪发生的频率将增大，持续的时间将延长。

IPCC 第四次评估报告，过去 100 年中全球地表温度上升了 0.74℃。不可否认，地球自身的发展演替，包括震旦纪、寒武纪、三叠纪到现在的第四纪大冰期，对当前的气候变化起到了基础性的作用，并将继续影响地球的气候变化。自然因素包括天文因素和地球物理因素。天文因素包括宇宙和太阳系发生的物理及化学过程（如太阳黑子数的变化等）、地球轨道变化。地球物理因素包括：地球的尺寸、质量、构造；地球内部发生的过程，地表形态及状况，地球绕地轴旋转速度的变化，重力场、磁场及磁强度；地球内部热变化；进化过程中大气成分的变化等。虽然这种地球的自身演替作用不能否认，但是正如 2007 年政府间气候变化专门委员会所说，当前全球气候变暖的 90%的原因是由人类活动造成的。

三、全球性气候变化现象

IPCC 的第四次评估报告是近期最重要的分析全球气候变化的文件，其中明确指出：①全球气候变暖现象是毋庸置疑的，全球平均空气及海洋温度正在上升，而北半球广大面积融雪已导致海平面上升；②从各大洲的情况看，自然生态系统已受到影响及破坏；③全球的温室气体排放在 1970～2004 年间上升了 70%；④地球表面平均温度升高了 0.69℃。温室气体排放量上升导致全球暖化及大规模的生物和自然系统变化。

（一）温室效应不断明显

自然界所有的带热物体都能产生热辐射而散失热量，辐射的波长与物体温度有关，温度越高，辐射波长越短，炽热的太阳气体球高能短波辐射，地球的大气层起着温室玻璃的作用，允许短波辐射直接透过而吸收大部分的长波辐射，并以逆辐射的形式将热量传给地球，减少了因地表辐射而损失的热量，使地表温度不会下降。大气层对地面的这种保护作用称为温室效应。在构成大气层的众多气体中，只有某些气体能够吸收长波辐射，主要包括 CO_2、CH_4、N_2O、O_3、氟氯烃和水蒸气等。当这些气体在大气中的浓度增加，就会加剧温室效应，使地球表面和近地大气层温度升高，因此我们将这些气体统称为温室气体。近百年来，大气中温室气体含量的升高可能是全球变暖的主要原因。

全球温度普遍升高，北半球较高纬度地区温度升幅较大。根据全球地表温度的器测资料（自 1850 年以来），最近 100 年（1906～2005 年）的温度线性趋势为 0.74℃，北极温度升高的速率几乎是全球平均速率的 2 倍。地球表面温度正在明显上升，20 世纪比 19 世纪的温度平均高 1℃。据联合国环境署和世界气候组织的研究表明，20 世纪，地球表面温度大约以每 10 年 0.3℃的速度上升，预计到 2100 年，地球表面平均气温将上升 3℃。陆地区域的变暖速率比海洋快，自 1961 年以来的观测表明，全球海洋平均温度升高已延伸到至少 3000 m 的深度，海洋已经并正在吸收气候系统增加热量 80%以上。来自探空和卫星观测资料表明，对流层中下层温度的升高速率与地表温度记录类似。气象专家根据气候模式预测，未来 100 年全球还将升温 1.4～5.8℃，全球将继续变暖，增暖的速率将比过去 100 年更快。

温室效应将在全球范围内对气候、海平面、农业、林业、生态平衡和人类健康等方面带来巨大的生态效应。海平面上升与温度上升的趋势一致。温度的普遍上升造成内陆地区冰川退缩、雪线抬升、南极冰川逐步融化、冰架面临坍塌、北极冰帽持续消融、北冰洋漂浮、成年冰块不断融化使大量固态水融入大海，海水的受热膨胀会引起海平面上升，海平面上升会带来众多不利影响和问题，如沿海地区洪水泛滥与环境灾害破坏、海岸线侵蚀、海水入侵内河、地势低洼地域的淹没与人口迁移等。另外，海水入侵会打破原有地下水稳态平衡，使灌溉地下水水质变咸，土壤盐渍化加剧，霍乱等疾病的患者也可能增加。

全球变暖还会使气候带发生移动，从而导致全球森林生态系统的整体变化，如果升温速度太快以至于植物无法及时适应，森林将遭到严重破坏，使已经紧迫的物种灭绝问题更加恶化；气候带移动还会影响降水，改变水资源的储存、分配等，台风、干旱和洪水等自然灾害也会频发。

（二）降水变化日益频繁

温度的升高加快了地表水的蒸发，导致水循环加剧，暴雨出现频率增加，且这种大降水量的降水方式未能高效利用，水资源承载力降低。另外，近些年来各地降水量和蒸发量的时空分布发生显著变化，降水的区域性、不均衡性愈发明显突出，降水的月相、季节、年际变化振荡加剧，扰乱了局部区域农业用水供需平衡，水资源短缺及其承载力将成为一个严峻的问题。

在世界各地，大气污染带来的酸雨问题也日趋严重。酸雨是 pH 小于 5.6 的酸性大气降水，包括雨、雪、冰雹、露、霜等。酸雨是地球化学气候中人类影响的重要例证，也是一个国家和地区大气污染的重要标志。清洁的大气降水由于含有碳酸，通常呈弱酸性，降水的酸化除了受自然现象（如火山爆发等）影响之外，人类活动向大气中排放大量的酸性物质，是降水 pH 降低形成酸雨的主要原因。形成酸雨的主要污染物是二氧化硫和氮氧化物，两者在雨水中分别转化成硫酸和硝酸，它们占酸雨中主要酸性成分的 90%以上。

酸性沉降的大气过程包括形成酸的物质扩散进入大气，输送和混合到云中，最后随干或湿沉降返回地面，沉降后的酸性物质同土壤和地面水的相互作用对生物圈产生影响。酸雨可以使湖泊酸化，目前淡水湖泊酸度的增加已经成为欧洲和北美影响水生生态系统的主要环境因素，而大多数研究者认为酸雨是湖泊酸化的主要原因。酸化后的水体中鱼类的种类和数量都大幅度减少，而且在酸度增加的情况下，水体中水生植物、浮游动植物和水体微生物的组成与结构也改变了。酸雨还影响植物的营养补给并抑制植物的生长。严重的酸雨可以使植物叶片出现褪色的斑点，生长缓慢，作物产量降低。森林生态系统的受害尤为严重，酸雨污染是造成全球森林大面积衰减的罪魁祸首，德国境内 50%的森林受到酸雨的危害，我国西南地区大面积的森林也受到酸雨的威胁。酸雨还能够酸化土壤，腐蚀建筑物，污染饮用水，释放土壤中的重金属离子等。酸雨的污染效应是多方面的，对人类的生活和社会经济发展产生很大的影响，并造成巨大损失。目前，酸沉降已经和臭氧层破坏、温室效应一起，并称为三大全球性大气环境问题。

（三）极端气候灾害增多趋强

全球气候变暖的总趋势，引起大气环流特征及要素的变化，引发复杂的大气-海洋-陆面相互作用，大气水分循环加剧，气候变化幅度加大，不稳定因素增多，导致众多小概率、高影响度极端气候灾害的频繁发生与强度加剧（20 世纪 90 年代，全球极端气候灾害比 50 年代高出 5 倍以上），如干旱、洪涝、低温、暴雪、飓风、热昼、热夜和热浪等，这些极端气候灾害对农业生产系统的不利影响往往大于气候平均变率所带来的影响，未来农业生产的全球可持续发展将面临巨大威胁。

极端气候是指某个地区的气候出现极其反常的现象，或者说某个地区的气候或者温度等出现很高的偏离相对于，则我们称之为极端气候事件。极端气候有以下两种定义方法：世界气象组织的一种定义方法为，假如气候要素的某种尺度（如年、月等）的值达到 25 年以上一遇，或者与其相应的 30 年平均气候变量的差值超过了 2 倍的均方差时，我们则称该气候要素值为异常气候值，也就是我们所说的气候极端事件；第二种方法为阈值法，包括绝对阈值和相对阈值。现有国内多数研究采用多极值、绝对阈值研究极端气温的变化。然而由于极值和绝对域值的绝对强度随着区域不同而差异较大，导致各区域的研究结果可比较性较差。IPCC 第三和第四次评估报告对极端天气气候事件进行了明确定义，即相对阈值法将极端天气事件描述为发生概率极小的事件，通常发生概率只占该类天气现象的 10%或者更低，此定义只涉及事件的发生概率，因此本文采用相对阈值方法定义。我们把干旱、洪涝、高温热浪和低温冷害都可以看成是一种极端气候现象。

近些年来，在世界范围内，极端气候气象事件频繁发生。旱灾、洪灾、热浪、雪灾等不断出现，而且规模巨大，短时间内连续出现 50 年一遇、100 年一遇甚至更大的灾害。在气候转型期与气候突变期，气候灾害频发，是一种具有普遍性的自然现象，在史前发生过，在历史时期发生过，在现在和今后都可能发生。在气候转型期，不仅大洪水增多，干旱、寒冻等极端性气候事件也明显增多。从降水方面来说，气候的异常波动变化导致降水量年内和年际分配不均匀，不仅会造成洪灾频发，同样也会造成较多的旱灾。因此，历史灾害研究中可见水旱灾害同步增多的现象。

（四）臭氧层空洞出现增多

O_3是大气中的微量气体之一，主要集中于平流层 20～25 km 的高空，对保护地球上的生命、调节气候具有极其重要的作用。臭氧层能够吸收 90%的太阳紫外线辐射，为地球提供了一个防止紫外线辐射的屏障。另外，由于臭氧层对热量的吸收，臭氧层下部的温度较低，使地球表面至 10 km 高空的对流层气候稳定。如果臭氧层遭到破坏，紫外线就大量直射到地球表面，直接给人体带来伤害，并破坏植物生长和生态环境，加重温室效应，给人类的生活与生存带来严重的威胁。

氟利昂（CFC）、哈龙（halon）等是破坏臭氧层的主要物质，这些物质在大气中可以长期存在，并在紫外线的作用下释放出氯原子，氯原子可以破坏 O_3 分子使之分解为氧分子。氮氧化物和氯氧化物也对平流层的 O_3 具有很大的破坏作用，飞机在平流层的飞行、化肥的使用都会导致氮氧化物在平流层的增加。

臭氧层破坏可能引发两种污染效应，一是增加的紫外线对人体、动物和植物造成的生物学影响，二是造成气候学影响。大气层中 O_3 的减少将会造成地面上紫外辐射的增加，计算表明，大气层中 O_3 含量减少 1%，紫外辐射会增加 2%。紫外辐射的增加会使皮肤癌和白内障的发病率增加，损害人类的免疫系统，从而削弱人对疾病的抵抗力。紫外辐射的增加对水生生态系统也存在威胁，它能够削弱浮游生物的光合作用，杀死水中的微生物及其他浮游动物，导致水生食物链的破坏，使淡水生态系统发生变化。紫外辐射还能够杀死海洋中的浮游生物，而这些浮游生物既是地球上最大的碳吸收者，也是最大的氧气制造者。另一方面，由于臭氧层能够强烈吸收太阳紫外线辐射，所以平流层的温度很大程度上由于臭氧层吸收太阳辐射与 CO_2、水蒸气反射的红外辐射相互平衡而保持不变。根据模型估算，如果臭氧层总量消耗 15%，在距地表 40 km 的高度上，局部温度会下降 10℃，这种巨大的变化可能会引起区域气候的变化。

四、对自然生态系统的影响

气候变化对森林生态系统具有相当大的影响。森林生态系统是地球陆地生态系统的主体，它具有很高的生物生产力和生物量，以及丰富的生物多样性。目前，虽然全球森林面积仅占地球陆地面积的约 26%，但是其碳储量占整个陆地植被碳储量的 80%以上，而且森林每年的碳固定量约占整个陆地生物碳固定量的 2/3，因此，森林在维护全球碳平衡中具有重大的作用。此外，森林还为人类社会的生产活动及人类的生活提供丰富的资源；在维护区域性气候和保护区域生态环境（如防止水土流失）等方面，森林也有着很大的贡献，所以，森林在维系地球生命系统的平衡中具有不可替代的作用。由于森林与气候之间存在着密切的关系，气候的变化将不可避免地对森林产生一定程度的影响。反过来，因全球森林生态系统是一个巨大的碳库，受气候变化的影响，它对大气中的 CO_2 起着源或汇的作用，从而进一步加强或抵消未来气候的变化。因此，未来气候的变化对森林的影响及森林对气候的反馈作用已引起人们极大的关注，并进行了大量的研究。人们通过气室实验和模型模拟，在时间尺度上从几天到几世纪，在空间尺度上从叶片到个体、种群、群落、生态系统、景观、区域及全球等各个层次来阐述气候变化对树木生理、物种组成和迁移、森林生产力，以及物种和植被分布等多方面的影响。

（一）对森林生态系统结构和物种组成的影响

森林生态系统的结构和物种组成是系统稳定性的基础，生态系统的结构越复杂、物种越丰富，则系统表现出的稳定性越好，其抗干扰能力越强；反之，其结构简单、种类单调，则系统的稳定性差，抗干扰能力相对较弱。千万年来，不同的物种为了适应不同的环境条件而形成了其各自独特的生理和生态特征，从而形成现有不同森林生态系统的结构和物种组成。由于原有系统中不同的树木物种及其不同的年龄阶段对 CO_2 浓度上升及由此引起的气候变化的响应存在着很大的差别，因此，气候变化将强烈地改变森林生态系统的结构和物种组成。气候变化可能通过以下途径使森林物种组成和结构发生改变。

1）*温度胁迫*　温度是物种分布的主要限制因子之一，高温限制了北方物种分布的南界，而低温则是热带和亚热带物种向北分布的限制因素。在未来气候变化的预测中，全球平均温度将升高，尤其是冬季低温的升高，这对于一些嗜冷物种来说无疑是一个灾害，因为这种变化打破了它们原有的休眠节律，使其生长受到抑制；但对于嗜温性物种来说则非常有利，温度升高不仅使它们本身无需忍受漫长而寒冷的冬季，而且有利于其种子的萌发，使它们演替更新的速度加快，竞争能力提高。

2）水分胁迫　虽然现有大气环流模型预测全球降雨量将有所增加，但是由于地区和季节的不同而存在很大的差别。例如，预测的结果表明，在中纬度内陆地区其降雨会相对减少，尤其是在夏季；在一些热带地区，其干旱季节也将延长。此外，气温升高也将导致地面蒸散作用增加，使土壤含水量减少，植物在其生长季节中水分严重亏损，从而使其生长受到抑制，甚至出现落叶及顶梢枯死等现象而导致衰亡。但是对于一些耐旱能力强的物种（如一些旱性灌丛）来说，这种变化将会使它们在物种间的竞争中处于有利的地位，从而得以大量地繁殖和入侵。

3）物候变化　冬季和早春温度的升高还会使春季提前到来，从而影响到植物的物候，使它们提前开花放叶，这将对那些在早春完成其生活史的林下植物产生不利的影响，甚至有可能使其无法完成生命周期而导致灭亡，从而导致森林生态系统的结构和物种组成的改变。

4）日照和光强的变化　日照时数和光照强度的增加，将有利于阳性植物的生长和繁育，但对于耐阴性植物来说，其生长将受到严重的抑制，尤其是其后代的繁育和更新将受到强烈的影响。

5）有害物种的入侵　有害物种往往有较强的适应能力，它们更能适应强烈变化的环境条件而处于有利地位。因此，气候变化的结果可能使它们更容易侵入到各个生态系统中，从而改变原有系统的种类组成和结构。此外，气候变化还将通过改变树木的生理生态特性（如气孔的大小和密度、叶面积指数等）和生物地球化学循环等途径对不同物种产生影响，而不同物种的耐性、繁殖能力和迁移能力在新系统的形成中也起着重要的作用。总之，气候变化对森林生态系统的结构和物种组成的影响是各个因素综合作用的结果。它将使一些物种退出原有的森林生态系统中，而一些新的物种则入侵到原有的系统中，从而改变了原有森林生态系统的结构和物种组成。这些影响对不同森林生态系统之间的过渡区域可能尤为严重。

（二）对森林类型分布的影响

气候是决定森林类型（或物种）分布的主要因素，影响森林生态系统特点和分布的两个最为显著的气候因子是温度的总量和变量以及降雨量。植被（物种）分布规律与气候之间的关系早就被人们所认知，并由此提出一系列气候–植被分类系统（如 Holdridge 生命带、Thornt -hwaite 水分平衡、Kira 温暖指数和寒冷指数等）。当前，人们正是基于气候与植被（或物种）间的关系来描绘未来气候变化下物种和森林分布的情形。而另一个有利于气候变化对物种和森林分布影响的证据是来自于全新世大暖期物种的迁移和灭绝，但是，与全新世相比，未来全球温度升高的速率更大，全球自然景观也因人类活动的影响而发生了巨大的变化，因此，未来气候变化将给物种和森林的分布带来更为严重的影响。目前，大多数有关气候变化对森林类型分布影响的预测都是根据模拟所预测的未来气候情形下森林类型分布图与现有气候条件下森林分布图的比较而得到，其结果都认为各森林类型将发生大范围的转移。对于大多数物种来说，其迁移的时间尺度或许是几个世纪。由于在不同的区域其未来气候变化的情形不一致，而不同的森林类型也有其独特的结构和功能等特点，因此，气候变化对各个森林类型的影响是不同的。

（1）热带森林生态系统。一般认为，随着全球气候变暖，热带雨林的更新将加快。总体上，热带雨林将侵入到目前的亚热带或温带地区，雨林面积将有所增加。例如，李霞等对我国植被在不同气候变化条件下（温度升高4℃，降雨增加10%；温度升高4℃，降雨不变；温度升高4℃，降雨减少10%，三种情况）的模拟预测认为，全球气候变化后，我国热带雨林的面积将显著增加。但是有些地区降雨的减少也可能加速季雨林和干旱森林向热带稀树草原的转变。此外，从对环境变化的适应性来看，热带森林比温带森林更娇气一些，它的生长与水分的可利用性和季节性关系更为密切，所以热带森林在其干旱的边缘地带被草地或稀树草原的吞食，并且在周围村落等人为活动等影响下，可能会变得比较脆弱。全球气候变暖的模式表明，湿热带区域的平均气温上升比中、高纬度地区要小，一般只有1～2℃，但降雨量可能增加较多，降雨过多，土壤积水，就要限制湿热带许多森林的生长。此外，不按季节的降雨会使大多数树木不落叶，地面的枯枝落叶层不能形成，节肢动物，如蜈蚣、甲虫等因缺乏栖息生境和食物而大量减少，由此影响到生物链上的一系列物种，进而影响整个森林生态系统的物质流、能量流，使原本复杂多样的森林生态系统失稳、简单化，直至构成一个更为脆弱的新平衡体系。此外，随全球变暖而增加的热带风暴对热带森林的结构和组成以及分布也将产生重大的影响。

（2）温带森林。温带森林是受人类活动干扰最大的森林，地球上现存的温带森林几乎都呈片断化分布，因此，未来气候变化对温带森林的影响是巨大的。一般认为，随着全球气候变暖，温带将向极地方向扩展，而温带森林也将侵入到当前北方森林地带，而在其南界则将被亚热带或热带森林所取代，同时由于温带内陆地区将受到频繁的夏季干旱的影响，从而导致温带森林景观向草原和荒漠景观的转变。因此，温带森林面积的扩张或缩小主要取决于其侵入到北方森林的所得和转化为热带或亚热带森林及草原的所失。目前大部分模拟预测都认为温带森林面积将减少。此外，由于温度的升高及夏季干旱频度和强度的增加，火干扰可能对未来气候变化下温带森林的变化起着决定作用。

（3）北方森林。北方森林被认为是目前地球上最为年轻的森林生态系统，还处于不断地形成和发育之中，易于受到各种外部因素的干扰。而在未来的气候变化中，由于高纬度地区的增温幅度远比低纬度地区的增温幅度大，因此，目前的研究基本一致地认为气候变化对北方森林的影响要比对热带和温带森林的影响大得多，而且其面积将大大减少。

（三）对森林生产力的影响

森林生产力是衡量树木生长状况和生态系统功能的主要指标之一。大气中CO_2浓度上升及由此而引起的气候变化被认为将改变森林的生产力。这主要表现在CO_2浓度升高的直接作用和气候变化的间接作用两个方面。一般认为，CO_2浓度上升对植物将起着“肥效”作用。因为，在植物的光合作用过程中，CO_2作为植物生长所必需的资源，其浓度的增加有利于植物通过光合作用将其转化为可利用的化学物质，从而促进植物和生态系统的生长和发育。目前，大部分在人工控制环境下的模拟实验结果也表明CO_2浓度上升将使植物生长的速度加快，从而对植物生产力和生物量的增加起着促进作用，尤其是对于C3类植物，其增加的程度可能更大。但是，并不是所有的植物都对CO_2浓度升高表现出一定的敏感性，也有一些研究表明，即使在高水平营养供给下，同样还有许多物种对CO_2浓度的升高没有反应。此外，CO_2浓度升高对植物的影响根据其所在的生物群区、光合作用方式和生长形式的不同而存在着较大的差异。此外，对于那些生长在野外的植物如何受CO_2浓度升高的长期影响还不是很清楚，尤其是有关木本植物影响的研究在盆栽实验中往往选择幼苗作为对象，而其成熟个体所受的影响是否与其幼苗一样也不清楚。一般认为，CO_2 浓度升高对森林生产力和生物量的增加在短期内能起到促进作用，但是不能保证其长期持续地增加，因为在竞争环境中生长的树木对 CO_2 升高的反应常常表现出比单个生长的树木的反应要小，而森林物种组成的长期变化也能间接地影响森林生产力。此外，CO_2 浓度的升高将使植物叶片和冠层的温度增加、气孔传导率下降，从而使植物受到热量的胁迫，使其生长被抑制。CO_2 所引起的温度升高似乎对植物的生长又将进一步产生负面作用，因为大气环流模型对气候的预测结果认为晚上的增温幅度将比白天要高，这样就可能使植物在晚上的暗呼吸作用加大，从而白白“耗费”大部分初级生产力；其次，温度的升高将增加土壤水分蒸发量，导致土壤水分下降，从而可能引起植物的“生理干旱”，限制植物的光合作用和生长速度；此外，温度的升高还会增加土壤微生物的活性，加速有机质的分解速率和其他物质循环，改变土壤中的碳氮比，使植物的生长受到氮素缺乏的制约。因此，要准确评估 CO_2 浓度上升对森林生产力和生物量的影响还存在很大的困难，这不仅需要综合考虑各个影响因素，而且也要求我们进行长期的野外观测和实验。

五、应对变化的对策

在我们对近百年全球变暖的原因、机理没有明晰的科学结论时，兼顾世界各国存在的贫富差别、科学技术水平和社会经济的巨大差异，对全球气候变暖采取“适应为主、减缓为辅”的应对战略才是最佳抉择。当今世界，由于科学技术水平和社会经济的巨大差异分成了发达国家（33 个）和发展中国家（159 个），各国的基本需求有着本质的不同。前者已完成了工业化，已无生存之忧，把改善环境、提高生活质量放在很高的位置；而后者均处在工业化或即将工业化过程中，生存是第一需求。减排是要付出代价的，用“一刀切”的办法要求各国做出减排承诺也是不切实际的。应对气候变化，是为了人类的可持续发展。即使是采取“适应为主、减缓为辅”的战略，其相应的减排措施也应遵循“共同但有区别的责任”的原则，与各国社会经济发展阶段相适应，不应以牺牲各国，特别是发展中国家发展的权利和机会为代价。在目前全球气候变化存在诸多科学上的不确定性的情况下，更要妥善处理发展与减排的关系。这也从另一个角度凸显了适应的重要性。

（一）技术性措施

1. 可再生能源技术

1）生物质能　生物质被认为是当前世界上主要的补充化石燃料资源、改善生态环境的可再生清洁能源，是重要发展方向之一。生物质燃料是利用生物质资源（如农业和林业的有机物质或残留物、城市有机垃圾、能源农作物等）转换而成的一种能源（如热量、电能或交通用燃料）。传统的燃烧固体生物质的可利用性，逐渐被更清洁、更合适的形式取代，以提高生物质的热转换效率和燃烧值。生物质燃料可用于发电，其发电过程一般分为两个步骤：先将生物质燃料转化成热能，有时也被用来与煤混合燃烧产生热能；再通过传统的发电技术将热能转换成电能或热电联产。欧盟利用生物质材料转换成交通燃料，以替代对外依赖严重的碳氢化合物（石油和天然气）和降低 CO_2 的排放。实际上，交通用生物质燃料具有碳氢化合物类似或相同的特性，很容易被使用和储存。主要原料来自谷物、甜菜或菜籽油的第一代交通生物质燃料，已经在市场上得到广泛使用，特别是在拉美和欧洲市场上。目前，欧盟生物质燃料的研发活动主要是有效地利用林木、城市垃圾和水生生物质（藻类）生产生物质燃料。而近期和未来几年的研发活动将集中在第二代生物质燃料，其原料是来源于对环境不造成影响的非食品类植物或能源农作物。“欧盟2020能源新战略”确定的目标是，到2020年，生物质燃油占欧盟交通总用油的10%。生产生物质燃料的另一种方式是利用现代石油化工技术提炼生物质材料和生物质化工材料，通过生物化工厂将生物原材料转化成生物质燃料，该项新技术还有待进一步的研究和开发。

2）风力发电　大力发展海上规模化风力发电场、智能电网、可再生能源接入、电能储存技术等。

由世界气象组织的资料可知，在太阳对地球辐射的能量中，有将近3%的能量会转变为风能，每年在全球范围内的风能总量将近 3×10^9 MW，这些能量中可利用的能量也可达到 2×10^7 MW，每年地球上可供开发利用的风能的总量仅仅是这些能量的1/10。风能资源极大程度地取决于地形，大多处于大陆的收缩地带和沿海地区。我国的风力资源位列美国和俄罗斯之后，即为世界第三。根据中国气象科学研究院的资料可以了解到，中国的风能储量也十分丰富，可达4000 GW。

海上风能具有湍流轻度较小、主导风向较为稳定、能节约土地资源等优点，且风作为无公害能源之一，在近几年时间里，已经得到了欧洲市场的认可，海上风力发电事业在欧洲得到迅速的发展。借鉴目前世界上各个国家对经济安全的海上风电基础形式的探索，积极发展我国的海上风能发电事业，对于我国的能源使用与分配有着至关重要的意义。海洋环境不同于陆上，风机桩基处于半埋入状态，除受风力作用而产生的振动荷载作用以外，还受到了浪、流等的冲击载荷，其桩基振动无法避免。如果将这一部分振动合理运用转化为电能，则能大幅提高风机的发电效率，使发电成本大幅降低。而且，由于部分振动能转化为电能，也减少了振动能在桩基上累积形成的疲劳破坏。这必将推动风电的大力发展。

3）太阳光伏　自20世纪中期美国研制出了具备实用价值的单晶硅半导体后，太阳能发电产业便逐步发展起来。在此以后太阳能光伏发电取得了极快的发展速度，在美国、德国、日本等国均建成了MW级别的光伏发电群组，而且伴随着技术的进步，与发展相关的太阳能光伏电池，以及相关的组件设备价格逐步降低，太阳能发电得到了大规模的普及应用。

当前我国的太阳能光伏发电应用日渐增多，光伏产业得到了快速的增长，然而在实际的发展过程当中却也存在有诸多的问题，太阳能发电的价格一直居高不下。太阳能光伏发电的成本要远超风能发电成本，且为风能发电的7倍之多，并且以光伏电池组件成本最大。然而伴随着近些年来国内相关科研单位及企业，在开展了一系列的科技攻关后在相关技术手段方面取得了突破性的发展，致使其成本出现了大幅度下降的趋势。在将来，要使太阳能光伏发电逐步实现市场化与产业化的发展趋势，需针对其发电的价格采取合理性的调整，以使之得到更为广泛的市场接受。对此，需要政府能够提供相应的政策扶持，以促使太阳能光伏发电的相关核心技术能够完全实现国产化，打破国外的专利垄断，降低发电成本，从而使其能够得到更为广泛的普及应用。

太阳能光伏发电在我国拥有广阔的市场前景。首先，由于其所具备的清洁、环保、可再生等显著优势，必将会实现对传统化石燃料的替代。其次，我国国土面积广阔，幅员辽阔，拥有着充足的光照条件。另外，不论是普通民众还是我国政府对于可再生能源也越来越重视，目前我国已经结合实际国情状况出台了大量的法规政策来支持可再生能源的开发与利用工作。因此，综合各方面因素来看，太阳能光伏发电的未来发展前景十分可观。

太阳能光伏发电包括具有价格竞争力的太阳光伏能、可再生能源取暖或制冷技术（空调）等。集中式太阳能（concentrated solar power, CSP）发电技术是将太阳能聚集在一个点上，通过加热水或液体产生水蒸气带动汽轮机发电的技术，通常是利用抛物形状槽或抛物形状圆盘或塔状功率系统收集太阳能以生产电力。CSP 技术更适合应用于太阳光相对充足、广袤的荒漠戈壁地区，如欧盟地中海沿岸国家。该技术除应用于电力生产外，还可以应用于热电联产、电解氢气和盐脱离工厂等。

4）*燃料电池*　　燃料电池技术涉及氢能的利用、电动汽车及充电设施、清洁智能交通技术等。图 4-3 给出了氢能利用的途径。

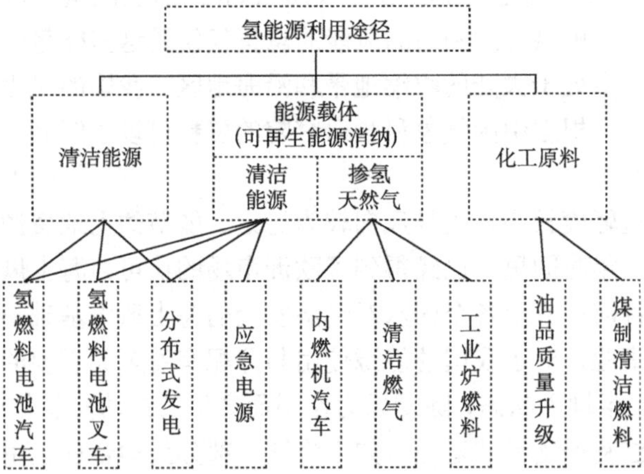

图 4-3　氢能源利用途径（赵永志等, 2015）

燃料电池是把燃料中的化学能通过电化学反应直接转化为电能的发电装置。按其电解质不同，常用的燃料电池包括质子交换膜燃料电池（PEMFC）、固体氧化物燃料电池（SOFC）、熔融碳酸盐燃料电池（MCFC）、磷酸燃料电池（PAFC）和碱性燃料电池（AFC）等。燃料电池电动汽车动力性能高、充电快、续驶里程长、接近零排放，是未来新能源汽车的有力竞争者。国际上特别是日本车用燃料电池技术链已逐渐趋于成熟，我国需要加大产业链建设，鼓励企业进行投入，发展批量生产设备，在产业链的建立过程中促进技术链的逐步完善。同时，在成本、寿命方面还要继续进行研发投入，激励创新材料的研制，加大投入强化电堆可靠性与耐久性考核，为燃料电池汽车商业化形成技术储备。

智能交通系统（intelligent transportation system, ITS）作为道路交通的发展趋势和现代城市的标志在发达国家得到了快速的发展。智能交通系统是将先进的信息技术、数据通信传输技术、电子传感技术、控制技术及计算机技术等有效地集成运用于整个交通管理系统而建立的一种在大范围内、全方位发挥作用的，实时、准确、高效的综合交通运输管理系统。清洁智能交通系统便是包含有清洁环保型交通设施的交通系统。

5）*清洁能源*　　清洁能源包括清洁煤技术、清洁天然气、碳捕获及储存技术等。

在清洁煤技术方面，国家能源局对外发布《煤炭清洁高效利用行动计划（2015—2020年）》，提出了构建清洁、高效、低碳、安全、可持续的现代煤炭清洁利用体系。煤炭清洁高效利用技术可实现污染物低排放、CO_2的高效捕捉及处理，以及资源的综合利用和能源的有效利用，这必然是未来煤化工产业化清洁发展的主要方向。通过煤炭清洁高效利用技术可以有效减少煤炭企业各主要环节的污染物排放量，实现废弃物的循环再利用，在减轻煤炭企业对环境污染压力的同时，还能为其他产业提供原料。所以，实现煤炭的清洁高效利用已成为煤炭产业发展的必然要求。

在清洁天然气方面，石油天然气清洁生产指标体系的确定是审核清洁生产是否到位的重要依据，也是评价环境影响的依据。清洁生产指标必须以减少能源资源浪费、减少环境污染为最终目的，并针对钻井、井下作业、采油等生产步骤设立。清洁生产指标主要应该包括生产工艺与装备、资源能源利用、废物产生、污染物回收、废物回收利用等组成部分。

CO_2捕获和封存技术简称CCS（carbon capture and storage）技术。捕捉技术是将工业和有关能源产业所生产的CO_2分离出来，再通过碳储存手段，将其输送并封存到海底或地下等与大气隔绝的地方。之后，CO_2将被压缩、输送并封存在地质构造、海洋、碳酸盐矿石中，或是用于工业流程，主要用于处理大型的CO_2点源排放，如大型化石燃料或生物能源设施、主要CO_2排放型工业、天然气生产、合成燃料工厂，以及基于化石燃料的制氢工厂等。捕获技术可分为燃烧前、燃烧后和富氧燃料燃烧捕获。封存方式有地质封存和海洋封存。

6）*核能技术*　　核能技术涉及第四代核反应堆、核聚变、核安全技术等。其中，第四代核反应堆包括气冷快中子反应堆、超高温反应堆、铅反应堆、熔盐堆、液态金属钠冷却快堆系统和临界水冷堆等。

核安全技术可分为传统核安全技术和新型核安全技术。传统核安全技术是在一般安全技术的基础上发展起来的，以其设备简单、技术含量低、发展成熟、价格低廉等特点被广泛应用，如大家熟悉的录像监控技术、出入口核材料放射性监测技术、车载式核辐射检测技术、红外探测技术和机器人技术。随着科学技术的发展，越来越多的技术可以应用到核安全，但是新型的核安全技术还没有被我国广泛应用，只是用于保护重点核设施或材料。新技术包括生物检测技术、层析γ扫描方法测量核材料滞留量技术和数字化仪控技术等。

在核聚变方面，目前世界上所有核电站都是利用可控裂变过程产生的裂变能进行发电的。其优点是少量原料就可产生巨大的电能、环境污染少且不存在对石化燃料的依赖；缺点是总是存在发生核事故的风险，所产生的核废料有放射性，处置不当会对环境造成污染；同时铀、钚等资源有限。目前全球已建成以原子核裂变能量发电的核电站达到400多座，核电发电量已占电力总发电量的近20%，同时，许多核电厂仍正在或计划建设中。核聚变是指由质量小的原子核，主要是指氘（D）、氚（T）和氦-3（^3He）等，在一定条件下（如超高温和高压）发生原子核相互聚合作用，生成新的、质量更重的原子核，并伴随着巨大的能量释放的一种核反应形式。相比核裂变，核聚变有两大优点：①不会产生长寿命和高放射性的核废料，也不产生温室气体，因此基本不污染环境；②地球上蕴藏的核聚变能远比核裂变能丰富得多。据估算，每升海水中含有0.03 g氘，所以地球上仅在海水中就有45万亿t氘。1 L海水中所含的氘，经过核聚变可提供相当于300 L汽油燃烧后释放出的能量。按目前世界能量的消耗率估计，地球上蕴藏的核聚变能可用100亿年以上。因此，从原理上讲，聚变能可以成为人类取之不尽、用之不竭的能源。但目前人类还没有掌握控制聚变过程的技术，正因为如此，世界发达国家不断投入大量的人力、物力和财力进行核聚变能研究与开发。然而，可控核聚变的实现在工程上是非常困难的事情。可控聚变反应和可控裂变反应的研究都是从

20 世纪 50 年代初开始的，时至今日，核裂变反应堆或发电厂早已普及，而可控核聚变的和平利用却无一实现。

2. 温室气体的固定转换技术　CO_2 的固定和利用方法主要有物理法、化学法和生物法。物理法和化学法虽然可以制得新的有用化合物，但会产生一些副产物，而且消耗能量，对环境造成二次污染。生物法固定 CO_2 是通过植物或微生物的循环途径将 CO_2 转化成化学物质或其自身生长的营养物质。固定 CO_2 的生物主要是植物和自养微生物。绿色植物的叶绿体中有一个特有的酶促结构，催化 CO_2 转变成还原性的有机化合物，这个过程为 CO_2 的固定过程。美国康奈尔大学谷物与种植业系科研人员在近期的英国《自然》杂志上发表论文指出，将植物在光合作用过程吸收的碳，经过无氧热分解处理转化为木炭，就可大大降低大气中 CO_2 的含量，进而解决因温室气体引起的全球气候变暖问题。他指出，通常情况下，在生态系统的碳循环过程中，植物经过光合作用吸收的碳，一部分消耗于植物本身的"呼吸"；另外一部分以植物残余有机物的形式沉积到土壤表面，并在这里被细菌和微生物分解。这样，植物和还原性生物可因"呼吸"而将 CO_2 重新排放到大气中。当然，还可以在上述过程中将植物残余物质收集起来，对其加工处理后提取生物燃料。这种方法在经济上可行，但对于碳的处理来说，无疑是没有效果的，因为生物燃料的使用过程又将释放 CO_2。因此，科学家认为，最彻底、最有效的方法是将植物残余物质在无氧环境下进行热分解转化成木炭，再埋藏在土壤中；对在热分解过程中产生的 CO_2，可以利用碳捕捉技术进行处理。捕捉到的碳可以用于制造生物燃料；埋藏在土壤中的木炭，可以与农家肥、有机化肥混合，改善土壤结构和肥沃程度，提高土壤的生产力。通过上述两个过程，植物通过光合作用吸收的碳将最终得到有效处理。经研究者计算，将 CO_2 转化成木炭的技术在三种情况下可以广泛运用，使用任何一种方法可以使美国每年减少 10%的 CO_2 排放量。第一，对工业采伐森林中形成的废料进行热分解，大约每公顷森林可以产生 3.5 t 生物质；第二，对废弃耕地上快速生长的植物进行热分解，每年每公顷可产生 20 t 生物质；第三，对农作物秸秆进行热处理，每公顷土地可产生 5.5 t 生物质。所有三种情况下形成的木炭不能燃烧，而是被埋藏到地下。

但是地球上还有植物不能生长的特殊环境，自养微生物固定 CO_2 的优势便显现出来。从整个生物圈的物质、能量流来看，自养微生物可以利用可见光作为主要能源驱动 CO_2 的固定。使用特定的酶可更加直接、快速地实现 CO_2 的固定。自养微生物利用光能或无机物氧化时产生的化学能同化 CO_2，构成细胞物质。固定 CO_2 的自养微生物较多，一般有两类：光能自养型和化能自养型微生物。光能自养型微生物包括微藻类、蓝细菌和光合细菌，含有叶绿素，以光为能源、CO_2 为碳源合成菌体物质或代谢产物；化能自养型微生物以 CO_2 为碳源，能源主要有 H_2、H_2S、NH_4^+、NO_2^-、Fe^{2+} 等。微藻（包括蓝细菌）和氢细菌具有生长速度快、适应性强等特点。国内外现已大规模生产的微藻主要有栅列藻（*Scenedesmus*）、小球藻（*Chlorella*）、盐藻（*Dunaliella*）和螺旋藻（*Spirulina*）等。藻类能够捕获 CO_2 并生产生物量，富集的生物量还可以转化为生物柴油或动物饲料等其他有附加价值的产品。

在微生物固定方面，古细菌属硫化叶菌目的自养型细菌 *Metallosphaera sedula* 可以利用乙酰辅酶 A 或丙酰辅酶 A 羧化酶固定 CO_2。另有两种新的自养型细菌固定 CO_2 的循环：硫化叶菌目利用 3-羟基丙酸盐/4-羟基丁酸盐循环，以乙酰辅酶 A/辅酶 A 羧化酶作为催化酶；除硫球菌目 *Ignicoccus hospitalis* 利用二甲酸亚乙基酯/4-羟基丁酸盐循环，以丙酮酸合酶和磷酸烯醇丙酮酸羧激酶作为催化酶固定 CO_2。在这两个循环中，乙酰辅酶 A 和两个无机碳通过不同的途径被转化成琥珀酰-辅酶A，而从琥珀酰-辅酶A到乙酰辅酶A的再生途径是相同的，该循环在严格厌氧环境下实现。

3. 土地优化利用与覆盖技术　人们越来越认识到土地利用和土地覆盖变化（land use/cover change, LUCC）是造成全球变化的重要原因。因此，LUCC正在成为地球系统新的研究重点。

重视生态保护问题，在城市中做好自然生态的保护，包括水、土壤、大气等各种自然要素的保护、自然景观的保护、生物多样性保护和城市自然生态系统的构建。充分利用所在区域的自然因子，可以依山傍水，利用自然森林、河流、湿地进行建设，要像保护文化遗产一样保护好这些自然要素，充分发挥其生态服务功能。丰富的城市生物多样性是生态城市的重要标志，要改变目前简单脆弱的城市生态结构，规划、重建和维护适宜的生物种群或群落结构，恢复健康的生态过程，提高城市生态系统自我维持、自我更新、抗干扰的能力，从而实现土地的优化利用和合理覆盖。

为了更好地进行土地利用规划，需要彻底、全面地对其进行深入了解。当前，LUCC模型是深入了解土地利用和覆盖变化复杂性的重要手段，其作用和目的可以概括为：对土地利用和覆盖变化情况进行描述、解释、预测和制定对策。描述是指对土地利用和覆盖变化历史及现状的反映与评价；解释是阐明土地利用和覆盖格局与其社会和自然驱动力之间的因果联系；预测是根据土地利用和覆盖的变化规律及对自然和社会条件所作的假设，推断未来的土地利用和覆盖状况；制定对策则是根据一定的标准，以及诸如环境保护、经济效益和社会公平等社会目标，进行土地利用规划和政策制定。长期以来，在许多研究领域中，人们从不同的目的出发，构造了大量的土地利用和土地覆盖模型，其中一些模型通过改进可以用来进行全球变化研究。

黑河流域作为我国西北干旱地区的典型区域，其植被覆盖状况在很大程度上体现了我国西北干旱地区的植被模式。由于气候的变化和人为的影响，该流域的植被覆盖发生了很大的变化。流域内垂直高度变化大，海拔在1300～4700 m，并且上、中、下游的地形地貌特征各不相同。上游海拔一般在2300 m以上，以高山、冰川、森林、草甸草原为主，植被覆盖度较高。中、下游主要是海拔1300～2300 m的走廊地带，分布着大面积的戈壁和沙漠。绿洲植被多以胡杨、柽柳、沙枣为主，植被种类简单且覆盖度小。黑河流域现存面积为2233.83 km^2的植被退化区域，主要集中在中上游地区，除气候因素外，人为破坏起较关键的作用，过度放牧导致草地退化，以及肆意砍伐引起的林地面积的减少，直接导致植被覆盖度逐渐减小。黑河流域地处荒漠区，属于生态极度脆弱地区，若不及时采取措施则会使该流域的生态平衡体系遭到破坏，生态健康受到严重影响。

青海湖是我国面积最大的内陆咸水湖泊（水域面积为4000 km^2），地处青藏高原东北部，是维系青藏高原东北部生态安全的重要水体，具有阻挡西部荒漠化向东蔓延的天然屏障作用。青海湖流域以水生植物-水生微生物-鱼类-鸟-陆地野生动物-草原为主，构成青海湖区独特的高寒生态系统，为世界生物多样性保护的重要场所，也是国际重要湿地。目前在气候变化和人类活动的影响下，青海湖面积逐年减小、水位持续下降、流域草地退化和植被破坏严重、沙漠化扩展、野生动物生存环境恶化，面临着极其严重的生态和环境危机。近60年来，青海湖流域人口增长迅速，由新中国成立初期的不足2万人，增加到2010年的13.23万人，人口增长6倍多；青海湖特色旅游业发展迅速，2012年旅游人数已突破百万人次，这势必会促进交通、城镇、旅游设施用地面积增加。1977～2010年环湖区建设用地净变化447.99%，增长4倍多，主要分布在海拔较低、地势平坦、相对开阔的青海湖湖滨平原。

以黑河和青海湖流域为例，此类由人为土地利用方式不当造成的生态系统变化需要从以下几个方面来对人类开发行为进行规范。超载放牧是诸多人为因素中对草地破坏最严重的因子，不仅造成草地破坏和生态环境恶化，而且使景观格局破碎化程度加剧。人类的耕作和放牧在一定程度上增加了土壤磷的含量；土壤的有机质含量很高，是重要的碳库，当前的人为活动加速了土壤碳的排放。为了解决这些问题，需要采取的措施主要有：①实施退耕还林（草）、退牧还草政策，遏制草地退化，在合适的陡坡地段、湖泊水库周围、石质山地、山脉顶脊等生态地位重要地区，要全部实施退耕；②实施退牧还草工程，在草地退化地区，采取围栏封育、草地补播、减畜等措施，遏制草地退化，还生态林草，要调控载畜量，高强度放牧容易导致草地植物叶面积指数变小，光合作用减弱，削弱牧草的再生能力，造成草地退化，不利于牧场的可持续发展，要根据草地饲草产量合理规定载畜量，保持牧草产量与载畜量处于平衡状态；③有必要实施生态建设工程。举例来讲，青海湖环湖区地形复杂多样，高山与湖滨平原并存，受气候变暖和人为因素的干扰，青海湖东北部沙漠化严重，青海南山高海拔陡坡地带水土流失现象日趋加剧。应当在青海南山高海拔地区实施封山育林工程，人工营造生态林，防治水土流失；沙漠化严重地带应实施封沙育林草、营造防风固沙灌木林等措施，遏制沙漠化发展。

4. 室内空气污染控制技术　随着居民生活水平的提高，室内污染问题已经上升到危害人体健康的急迫程度，不亚于日益严重的室外空气污染问题。室内环境污染对人们的身体健康和生活工作质量带来了严重危害，高品质的室内空气品质是室内人员保持健康和提高工作效率的保障。

室内存在着大量挥发性有机化合物（VOC），主要种类有烷烃、烯烃、芳香烃、萜类、卤代烃、醇类、醛类、酮类等，它们主要来自于室内建材、家具、办公用品、人类的自身活动及室外渗透。室内环境为 VOC 的化学反应提供了很好的条件。室内空气中存在 O_3 和 NO_x 等无机气态污染物，这些物质主要来自于室外，但也有其室内污染源，如消毒器、影印机的使用。O_3、NO_x 在光照的情况下可生成·OH、NO_3·，这些强氧化性物质促进了室内大部分的化学反应。同时，太阳光直射入室内，带来了紫外线；白炽灯的荧光部分含有很弱的紫外线，荧光灯含线光谱和连续光谱，有较强的紫外辐射。与室外相比，室内的比表面积要大很多（大概为 300 m^2/m^3），这提供了更多的反应场所，如建材、家具、墙壁、管道、毛皮、衣服、空气中的颗粒物等。值得一提的是，室内表面上容易形成一层气-水分界面，很多的化学反应在分界面上发生。分子动态模拟显示，·OH 在这个界面上可 6 倍富集，O_3 可 10 倍富集，有机物也会出现同样的情况（如萘），这促进了气-水分界面的化学反应。室内发生的化学反应产生了新的污染物质或者增加了某些污染物的浓度。这些污染物包括反应产物（如醛、羧基酸、过氧化物、氢过氧化物等）和反应中间物，如·OH、NO_3·和有机氧化自由基等，这些高度活性的物质可能对面部三叉神经造成刺激，从而产生眼、鼻、喉刺激等症状，甚至炎症。另外，VOC 的氧化产物可能导致易感人群皮肤过敏。氧化物质和自由基粒子的吸入可能导致氧化应激（oxidative stress, OS）。氧化应激是指破坏了强氧化剂和抗氧化剂的平衡导致的潜在伤害，氧化剂、抗氧化剂平衡的破坏是细胞损伤的主要原因。污染物引起的氧化应激在肺部可能会造成影响，导致肺损伤，进而可能造成心血管疾病。研究表明，对于哮喘患者来说，吸入的氧化污染物质引起氧化应激的同时还伴随着上呼吸道致炎细胞因子的增加，从而导致呼吸道炎症。

室内空气污染物来源广泛。在化学污染方面，家用燃料的燃烧是造成室内化学污染的主要来源。目前，我国城市家用能源结构中，煤气、液化石油气、煤炭占主导地位，因此，厨房是室内污染最严重的地方。燃料的种类不同，产生的污染物种类和数量也不一样，据有关资料报道，污染由轻到重的排列顺序为电、煤气、液化石油气、煤。有监测结果认为，即使污染较轻的电灶，烹调时所产生的 NO_x（在密闭厨房内）也可达 200 μg/m^3 左右。室内空气中 CO 的来源也是由各种燃气、吸烟产生的。有资料报道，冬季燃气户厨房空气中 CO 浓度范围在 7.39～14.07 mg/m^3；夏季，燃气户厨房空气中 CO 浓度范围在 1.6～2.65 mg/m^3，燃煤户厨房空气中 CO 浓度范围在 2.4～13.8 mg/m^3。随着我国经济社会的发展、人民生活水平提高，如今人们已经很少使用燃煤炉具做饭、取暖，但仍有一小部分人出于成本考虑而使用。随着生活条件的提高，各种装饰材料、装潢材料、日用化学品不断进入家庭，由此带来的有机物污染也是严重的。英国有研究结果证实，室内有机物污染浓度高于室外，有机物总量室内为室外的 2.4 倍。甲醛是挥发性有机物中具有代表性的一种。有报道，每吸一包香烟，从主流烟雾逸出 0.38 mg 甲醛，其平均浓度可达 212 mg/m^3，而甲醛平均浓度也只有 0.342 mg/m^3。苯是一种无色、具有特殊芳香气味的气体，是室内挥发性有机物的一种。其特点是危害性大，为强致癌物质，是室内环境的隐形杀手。

苯是装修中使用的胶、漆、涂料和建筑材料的有机溶剂。氨是具有无色、强烈刺激性气味的气体。其特点是刺激性强，但其释放期也快，不会引起长期积存，对人体危害较小。居民住宅中的氨主要来源于混凝土的墙体。冬季施工过程中，在混凝土墙体中加入尿素和氨水为主要原料的混凝土防冻剂。房子建成后氨气就从墙体中缓慢释放出来，造成室内氨污染。总挥发性有机化合物为任何液体或固体在常温常态下自然挥发出来的所有有机化合物的总称，其特点是成分复杂，有臭味，具有毒性大、刺激性强等特性。室内的 TVOC 主要是由建筑材料、室内装饰材料及生活和办公用品等散发出来的，如建筑材料中的人造板、泡沫隔热材料、塑料板材；室内装饰材料中的油漆、涂料、黏合剂、壁纸、地毯；生活中用的化妆品、洗涤剂等。

在物理污染方面，氡是一种惰性放射性气体，室内空气中，氡的主要来源为房屋的地基土壤、石头和建筑材料，主要通过建筑的缝隙、接合处等进入室内，并在室内积聚。室内氡浓度一般较低，而且分布不一，国内有些地方用石煤渣制成碳化砖用于建筑材料。有研究结果得出，即使是低浓度、长期暴露情况下，仍可导致室内人群肺癌发病危险性的上升。家用电器的电磁辐射，由于各种家用电器进入室内，导致了人们接触电磁辐射的机会增多，由此引起的健康影响也是不容忽视的。

对于生物性污染，室内的微生物及微尘多存在于温暖潮湿及不干净的环境中，随灰尘颗粒一起在空气中飘散，成为过敏源及疾病传播的途径。特别是尘螨，是人体支气管哮喘病的一种过敏源。尘螨喜欢栖息在房间的灰尘中，春秋两季是尘螨生长、繁殖最旺盛时期。室内空气中微生物主要是室内外各种污染造成的，主要由室外空气微生物随气流带入室内，人体衣物表面、鞋底泥土带入和呼吸道播散出微生物所致；还有宠物等的新陈代谢，以及各种生活废弃物的挥发成分、放置家中的食品、草垫，也是造成室内污染的一个原因。

室内空气品质的好坏会直接影响人的劳动效率的高低。包含病态建筑综合征、建筑相关疾病等在内的一系列综合征不仅会妨碍人的正常工作，同时还也会耗费大量的医疗费用和资源，必须引起足够重视。很多污染物直接影响人体呼吸和心血管系统，严重程度随暴露强度和时间变化。1987 年，美国环保局将室内空气污染列入 13 个最严重环境问题中的能够致癌的第四位。

世界大约一半人口需要做饭，而且使用的是简单的、以未处理的固体燃料或生物质为能源的炉子，结果使很多人暴露于危及健康的空气污染物中。Vrijheid 等（2012）研究了做饭产生的烟气和孕期婴儿神经发育间的关系，发现氮氧化物和颗粒会导致精神发育值的降低，这种效应与社会地位、母亲的受教育程度和其他可测的潜在因素无关。

吸烟产生的尼古丁等有害污染物与做饭会对人体健康造成相当大的危害。做饭过程产生的 $PM_{2.5}$ 中，59%～60%的化学物质是有机物、29%～30%是有机碳。Mondal 等（2010）通过对比不吸烟的、用生物质做饭的妇女和 85 名同龄的、用较为清洁的燃料妇女，证实生物质燃烧带来的室内污染会激发呼吸道上细胞的蛋白激酶和患者外周血淋巴细胞活性，从而对人体呼吸道造成伤害。

室内装饰材料及家具的污染，是目前造成室内空气污染的主要方面。苯是装修中使用的胶、漆、涂料和建筑材料的有机溶剂。高浓度苯蒸气可引起急性苯中毒。轻度中毒会造成嗜睡、头痛、头晕、恶心、呕吐、胸部紧束感等，并可有轻度黏膜刺激症状。重度中毒可出现视物模糊、震颤、呼吸浅而快、心律不齐、抽搐和昏迷。严重者可出现呼吸和循环衰竭，心室颤动，慢性苯中毒还会引起不同程度的白血病。化妆品、纸张、纺织纤维中也可能含有大量的有害物质；被褥、地毯中孳生的尘螨、细菌会诱发皮肤过敏呼吸道等疾病。

Hulin 等（2012）认为室内吸烟是引起呼吸系统疾病最重要的风险因素。Yeatts 等（2012）对阿拉伯联合酋长国的 628 个住户中的 SO_2、NO_2、H_2S、甲醛、CO 和颗粒物与人体哮喘综合征进行了病例交叉建模分析，发现污染物和发病间有显著关系。同样是哮喘病，Hulin 等（2010）发现室内空气污染物对儿童的影响更大。他们比较了城市和乡村两个人群，发现在乡村人群中，冬季时，甲苯和儿童患病有显著关系；还发现即使是在低浓度条件下，甲醛对哮喘也有显著影响。Kurmi 等（2010）发现室内来自固体燃料的空气污染物会增加人患慢性阻塞性肺病和慢性支气管炎的风险。

甲醛是世界上公认的潜在致癌物，其毒性危害主要表现为神经系统及呼吸系统症状，肺损伤及神经中枢系统受到影响，如头疼、头晕、咽干、咳嗽等，而且还会导致胎儿畸形。更为严重的室内空气污染物效应还有引发癌症、死婴和婴儿体重不足等；Reid 等（2012）发现室内燃煤会增加肺癌发病率，使用烟囱可以减小风险。Pope 等（2010）发现发展中国家所使用的固体燃料会增加死婴和新生儿体重不足的风险。

通风是改善室内空气质量的关键。在化学控制方法方面，尽量使用绿色健康的装修材料和家具。在选择胶漆涂料和复合地板装饰装修板材及家具时，应把甲醛和挥发性有机物释放量作为选择的主要条件之一，尽量选用无毒和少毒的材料。最好选择天然材料或接近天然材料的产品。对于已存在的有机污染物，当前较为成熟的化学控制技术有将太阳光、卤钨灯、汞灯等作为紫外光源，使用以锐态矿型纳米 TiO_2 作为催化剂的光催化法降解 VOC、臭氧法等。光催化净化技术是在光的照射下，污染物在催化剂表面与自由电子或空穴结合，发生氧化还原反应，将污染物氧化为 CO_2 和 H_2O，从而将其去除。反应只需要光能来激发化学转化，而传统催化需要热来进行热活化。此法可以用来处理建筑来源的室内污染物，不适用于那些人类排放源较多的室内环境。还有研究者利用 Zn_2SnO_4 纳米微晶微孔管对 NO 和 HCHO 进行光催化去除。Kim 等（2011）对负载了三种胺组分的三种材料的甲醛消除效率进行了对比。Passalía 等（2012）建立了基于已有的估测动力参数的光催化反应器的方法学，他们首先确定了去除甲醛的反应动力学参数，然后将其应用于一种特殊的光反应器，并验证了处理效果。Lu 等（2012）构建了一个甲醛去除器，并在室温条件下对其去除效果进行了研究。Delagrange 等（2006）利用锰氧化剂结合非热等离子体和催化剂去除空气中甲苯。Van Durme 等（2007）利用等离子体催化联合系统有效地去除了室内甲醛。空气负离子法也是近年来研究较为活跃的室内空气净化方法之一，可用于去除气溶胶颗粒、空气悬浮微生物、挥发性有机物等。空气负离子的产生过程主要包括电晕放电、微滴破碎和辐射。超氧负离子 O^{2-}是最基本的空气负离子成分，它具有极强的还原性，可以与挥发性有机物等气态污染物发生反应，生成氧气、水和 CO_2。但是，空气中水蒸气、O_3 和 NO_x 等可能与超氧负离子反应生成二次离子，从而影响空气负离子的寿命和去除效果。此外，空气中的颗粒物在电晕放电的作用下荷电，在电场的作用下进行定向运动，最终沉降在邻近的表面上，实现去除。空气负离子法应用于室内空气污染的净化存在以下局限：要求具有较高的电子发射率；沉积污染物具有再悬浮的可能；污染物去除的过程中可能产生有毒的副产物；对低浓度污染物的去除率比较低。低温等离子体可以由交流电、直流电或脉冲高压放电产生，它具有高能电子、激发态粒子、其他的活性粒子，以及强氧化性的 O、OH、OH_2 等自由基。低温等离子体中的高能活性粒子与气体污染物中的分子碰撞、活化，激发分子使其达到激发态，促使气体分子发生化学键的断裂，发生一系列化学反应，并最终形成 CO_2、水等物质。Yu 等（2011）研究了利用空气净化盒去除 VOC。

在物理控制法方面，加强通风换气，用室外新鲜空气来稀释空气污染物，使浓度降低，改善室内空气质量，是最方便快捷的方法。有研究发现，利用空调系统来减少室内空气污染可以降低室内人群心血管病的发病。Kunkel 等（2010）利用活性炭和未上漆的石膏墙板来被动削减人体对室外 O_3 的暴露量，此两种材料可以与 O_3 发生较强反应。Aydogan 等（2011）评价了三种多孔材料（长石、膨胀黏土和活性炭）作为水培生长基质的甲醛去除率，设置的三个使用条件为只有生长基质、干生长基质和含水生长基质。An 等（2012）利用具有较大比表面积的中空碳来吸附室内低浓度的甲醛。

过滤法也是一种提高室内空气质量的有效方法。空气通过滤料时，室内空气中含有的烟雾、霉菌、孢子、细菌、纤维、尘粒等污染物能够得以捕集清除。过滤材料是提高净化效率的关键，纤维滤料，特别是非织造纤维材料是空气过滤材料的主导产品。目前，针对不同的室内空气质量要求，复合滤料、功能性滤料等也得到了研究与应用。Sekine 等（2011）利用吸附和分解型空气过滤器同步去除甲醛与苯。有研究表明，这种过滤技术同时具有去除 O_3 的作用。滤料表面沉积的颗粒状物质可以将 O_3 去除率提高到 41%。O_3 与滤膜表面的有机颗粒反应会生成甲醛等恶臭物质，如不定期清理，有可能成为新的室内污染源。此外，长期使用后的滤料表面积存、滋长的大量颗粒物和微生物也需要进行定期清理，否则会影响空气净化性能。

生物控制法由于其经济、环境和社会效益，及其与传统处理方法的结合前景，已经在过去的 20 年间被广泛关注。Lu 等（2010）利用滴滤过滤器去除空气中的 VOC，并从菌群体系中分离出了 4 个菌种，测定了去除率。

在个人生活方式方面，要养成良好的生活习惯。保持工作和生活环境的清洁，尽量减少灰尘、纤维尘等物理性污染物；经常锻炼身体，增强免疫力；在饮食中多吃富含纤维素和抗氧化物质的水果蔬菜，这些营养物质能够在一定程度上保护人体免受空气污染带来的伤害。

未来气候变化基础研究，我国应重点关注以下领域及主要科学问题：①全球气候变化的观测理论、方法、技术与改进，主要科学问题包括：哪些基本变量能准确描述全球气候变化，基本变量的有效观测理论、方法和技术，现有观测技术、方法的评估与改进等；②长序列、高精度过去气候变化记录的重建，主要科学问题包括：长序列、高精度过去气候变化记录重建的新理论、新方法和新技术，多种记录的有效集成方法，过去环境变化的历史借鉴等；③气候变化事实、规律、驱动机制及其突变与非线性特征，主要科学问题包括：气候变化事实的诊断、规律与特征，驱动力作用下气候系统对驱动力变化的响应，气候系统的稳态运行规律、临界阈值与自适应机制，全球气温上升 2℃阈值的科学基础及对应的大气 CO_2 浓度，气候系统的非线性特征、突变与触发机制；④气候变化的影响及适应，主要科学问题包括：气候变化影响研究的理论与方法，气候变化对生物链、产业链、经济社会的影响机制与定量评估，气候变化与其影响对象（受体）之间的内在联系以及受体的脆弱性与危险阈值，气候变化对区域和国家的综合影响评估，气候变化的适应理论、方法和技术；⑤气候系统模式的发展及模拟与预测，主要科学问题包括：气候系统模式的设计，关键物理、化学和生物过程的参数化及其不确定性的减少，重要耦合过程（如云）气溶胶辐射相互作用等的耦合技术，气候系统模式的高性能集成环境的创建与计算方法的发展，气候系统重要事件和过程的模拟，气候变化的预测内涵、理论、方法与技术。还需加强国际间交流与合作，促进发达国家对中国的技术转让与合作，实现低碳技术发展的跨越式进步。

（二）政策性措施

1. 实施碳交易 1997 年在日本京都举行的《联合国气候变化框架公约》会议上签订的《京都议定书》代表了一座重要里程碑——各国必须通过共同合作和努力，才可以全面控制 CO_2 等温室气体排放带来的社会、环境、经济不利影响，以至于人类未来的存亡。

全球气候变化规则将围绕减排在不同层面形成一个相互联系和补充的规则体系。在联合国层面，联合国气候变化框架公约将就减排的额度、分配及补偿作出规定。这是全球气候变化规则的核心内容。在国家层面，为落实减排可供选择的制度安排主要包括碳关税（carbon tax）和碳交易（cap-and-trade 或 emission-trading system, ETS）。前者是根据碳排放数量对所有碳排放者征收的一种税。后者则是首先确定一个碳排放的最高额度，然后在不同的碳排放者之间进行分配，具体分配机制既可以是免费的，也可以由政府进行拍卖。其中，最核心的内容是碳（排放）价格。由于在联合国气候变化框架公约下执行“共同而有差别的责任”原则，不同国家的碳价格水平必然存在差异。例如，目前欧盟的碳排放价格为 21 美元/t。美国的碳交易机制尚在商谈之中，预计在 2020 年会把碳排放价格上限调高到 48 美元/t，2030 年调高至 90 美元/t。而据国际能源署的预测，发展中国家 2020 年和 2030 年最高只会到 30 美元和 50 美元。表面看来，在民族国家层面实施的减排机制并不构成国际经济规则，但它们客观上会影响其他国家的行为。由于碳交易机制的建立，在全球范围内会逐渐形成统一的碳交易市场。为解决不同国家之间碳排放价格的差异，今后发达国家还会采取新的对策促进国际碳价格的统一，如建立区域碳排放市场、推动清洁发展机制等。全球气候变化规则将会延伸到国际经济的各个领域。在国际贸易领域，不仅所有的交易对象（商品和服务）都有碳含量，而且交易方式和交易规则都因碳含量的引入发生了变化。在国际金融领域，碳交易和碳排放定价机制将扩大金融市场的业务范围，改变金融市场的运行方式。在国际投资领域，不同生产要素的比价将会因减排成本的引入而变化，企业投资的区位选择也需要进行相应的调整。

2. 推行低碳经济发展模式　目前，有效地控制温室效应的唯一手段是减少温室气体的排放量。为了应对气候变化给人类生存环境带来的巨大挑战，低碳经济的概念应运而生。英国政府在 2003 年的能源白皮书《我们能源之未来：创建低碳经济》中，首次提出了“低碳经济”（low carbon economy）的概念。该白皮书从英国对进口能源高度依赖和作为《京都议定书》缔约国有义务降低温室气体排放的实际需要出发，着眼于降低对化石能源依赖和控制温室气体排放，提出了英国到 2020 年，CO_2 排放量在 1990 年水平上减少 20%，到 2050 年减少 60%，以建立低碳经济社会的目标。白皮书要求通过提高资源的生产率，以更少的污染获取更多的经济产出。

所谓低碳发展，是指在保证经济社会健康、快速和可持续发展的条件下最大限度地减少温室气体的排放。低碳发展，重点在低碳，目的在发展，是一种更具竞争力、更可持续的发展。低碳约束将制约经济发展方向的选择，决定经济社会向低温室气体排放的方向演化发展。在保持现有经济发展模式和技术水平不变的条件下，碳排放的总量约束会限制经济发展的速度。而在保持现有经济发展速度和质量不变甚至更优的条件下，通过改善能源结构、调整产业结构、提高能源效率、增强技术创新能力、增加碳汇等措施可以实现碳排放总量和单位排放量的减少。发展清洁能源或低碳经济已成为后危机时代发达国家的一个普遍共识。

中国作为世界第二大能源生产国及主要 CO_2 排放国，应该在发展战略、政策机制、技术创新等方面，积极做好向低碳经济转型的准备。中国是最早承认 1997 年《京都议定书》的国家之一，积极在国际合作层面上应对全球气候变化挑战方面作出努力。中国“九五”计划（1996—2000）已提出节能率平均每年提高 5%目标；“十五”计划又提出减少主要污染排放 10% 以上目标，在“十一五”规划当中，要把单位 GDP 能耗降低 20%和主要污染排放削减 10% 作为约束性指标。其后，2007 年 9 月时任国家主席胡锦涛在亚太经合组织第十五次领导人会议上发表重要讲话，指出气候变化是全球性问题，需要各国联手应对。2007 年，国务院《节能减排综合性工作方案》提出 45 条具体工作安排，国家发改委制定的《单位 GDP 能耗考核体系实施方案》对各省级人民政府要实行问责制，代表中国对节能减排的决心。

虽然在全球气候变化的背景下，中国产业的发展面临了各种压力，但是也应该看到机遇与挑战并存。首先，国际上围绕低碳经济的能源和产业新技术开发应用，无疑会有助于我国改变高消耗、高排放、低效益的社会经济发展模式，有利于缓解经济增长与资源环境之间的尖锐矛盾，促进全面建设小康社会目标的实现。特别是低碳经济中对传统化石能源利用的技术革新，对我国更有价值。同时，有关激励低碳经济技术研发的政策和制度创新，也可为我国借鉴。从某种意义上说，中国产业的发展具有一定的后发优势，避免走发达国家能源密集型的生产老路。其次，为降低履约成本，发达国家还将利用议定书的清洁发展模式（clean development mode, CDM）到中国实施减排项目。

要减少 CO_2 等温室气体排放量，大概有 4 个方面的策略：①提高能源使用效率（包括车辆、建筑、工业）；②转向低碳能源供应（由化石燃料转向低碳能源及可再生能源如风、水力、太阳、生物），应用碳捕捉和储存技术；③保护陆地汇碳源（减少目前城市化及工业对森林植被的破坏），保护森林及土壤对碳清涤的功能；④推动人类行为改变（推动人类生活方式及行为的改变）。

另外，要调整能源和产业结构，提高能源利用效率，降低能源强度。从过去高投入、高排放、低产出的“两高一低”的产业高碳发展模式向低投入、低排放、高产出的“两低一高”产业低碳发展模式转型。具体措施包括：①调整产业结构，控制高碳产业发展速度。②培育新兴低碳产业。由于石油能源在未来将日益短缺，而可再生能源具有环保无污染的特性，目前是各国政府大力扶植的产业，加上《京都议定书》通过，未来替代能源产业将更加蓬勃发展。中国产业的发展应该把握全球产业变化的趋势，及时制定新产业创造战略，将燃料电池、可再生能源等领域作为产业发展的重点，从政策上鼓励新兴低碳产业的发展。同时，对于兴起的环境金融等中介行业，也应该给予适当的政策鼓励。③提高能源效率，调整能源结构，降低能源强度。从能源利用效率上看，中国科学院《2006 年中国可持续发展战略报告》选取一次能源、淡水、水泥、钢材和常用有色金属的消耗量来计算节约系数，对世界 59 个主要国家的资源绩效水平进行了排序，结果表明丹麦是资源绩效最好的国家，中国仅排在第 54 位，属于资源绩效最差的国家之列。在这一形势下，降低我国单位 GDP 能源、资源消耗，节能降耗，缓解当前我国经济发展与资源环境约束之间日益突出的矛盾，成为当前我国经济发展中面临的重大而紧迫的任务。从能源结构看，在三种化石能源中，煤的含碳量最高，油次之，天然气的单位热值碳密集只有煤炭碳含量的 60%。其他形式的能源如核能、风能、太阳能、水能、地热能等属于无碳能源。这就需要碳中和技术，在消费前对煤炭进行低碳化和无碳化处理，减少燃烧过程中碳的排放。在此格局下，加速发展天然气，适当发展核电，积极发展水电，深入开发风能、太阳能、水能、地热能和生物质能等可再生能源，减少煤炭在能源消费结构中的比重，将是发展低碳经济的主要方向。如果在未来能源战略中考虑减缓 CO_2 排放目标，争取在 2030 年前后实现 CO_2 排放的零增长，则必须依靠科技进步，加快可再生能源、核能等非化石能源的发展，同时必须引入与先进发电技术（如 IGCC、多联产等）相结合的 CO_2 捕捉和储存技术。到 2030 年，核能和可再生能源的比重要从参考方案的 16.4% 提高到 20.5%，煤炭比重从 54.5%下降到 50.4%。2030 年核电和可再生能源发电装机要占总装机容量的 50%以上，2050 年要占总装机容量的 70%以上。从保证能源安全和保护环境的角度看，发展低碳和无碳能源，促进能源供应的多样化，是减少煤炭消费、降低对进口石油依赖程度的必然选择。尽管能源结构的调整可以大量减少温室气体的排放，但也必须认识到这种减排的潜力并不是无限的，而是要受到资源禀赋与市场的约束。④营造良好的产业发展的低碳政策环境。无论是促进新兴低碳产业的发展，还是限制现有高碳产业的速度，按照目前现有的市场容量和发展趋势，在一定时期内，要使市场自觉地作出反应，是不现实的，政府必须在政策环境上给予相应的引导。⑤坚持技术和市场两条腿走路。发达国家将通过“技术推动”和“市场拉动”两条重要途径来推动能源技术进步和国际能源技术合作。所谓“技术推动”，是指政府和企业增加研究与开发投入，加快技术开发的速度，通过为市场提供具有竞争力的技术产品来推动技术创新；而“市场拉动”指的是市场需求会产生极其强大的拉动力量，一方面引导和刺激企业的研发投入，另一方面通过“技术学习”效应，加速新兴技术的成熟与扩散。发达国家清洁能源技术的成本进一步降低，以及该技术更广泛的应用和普及，最终会导致其他国家包括中国在内的总体技术水平的提高。

中国在实现向低碳经济跨越式发展时也是有很多潜在优势的。首先，减排空间大。由于产业结构、消费结构处于高能耗阶段，加上节能技术水平较低，能源管理漏洞较多，使得中国的能耗强度和能源效率明显偏低。有关研究表明，中国的能源系统效率为 33.4%，比国际先进水平低 10 个百分点，电力、钢铁、有色、石化、建材、化工、轻工、纺织 8 个行业主要产品单位能耗平均比国际先进水平高 40%，机动车油耗水平比欧洲高 25%、比日本高 20%，单位建筑面积采暖能耗相当于气候条件相近发达国家的 2～3 倍。因此，通过结构调整、技术革新和改善管理等途径，实现节能减排的余地较大。再者，减排的成本低。相对于发达国家，中国的减排成本比较低。从国际上看，框架公约规定每吨成本超过 30 美元，中国的成本大体在 15 美元。加上中国能源需求增长、符合减排条件的项目多、规模经济效应明显的特点，都有利于开展国际碳排放交易，从而吸引国际资金进入减排项目。

思考练习题

1. 请简述大气圈的组成及各部分特征。
2. 你认为大气圈内包括哪些生态过程？
3. 大气污染来源、存在形态、空气污染指数和污染等级分别是什么？
4. 请列举主要的大气污染物并说明其对人体健康的危害。
5. 新型大气污染物有哪些？如何预防和控制？
6. 如何应对大气复合污染？我们自己能做些什么？
7. 请简述气候变化的概念及局域性气候变化的表现。
8. 请简述室内空气污染的表现及影响。
9. 局域性气候变化对生态系统和生物多样性有哪些影响？
10 .局域性气候变化对农业有哪些影响？
11. 请简述全球气候变化的表现及影响。
12. 如何应对全球性气候变化？我们自己能做些什么？

第五章 生物圈与生态地球化学

第一节 生 物 圈

一、生物圈是地球上最大的生态系统

（一）生物圈概述

生物圈并不是地球上有确定物理空间的圈层，而是地球上所有活着的和死亡的生物的集合。因此，生物圈实际存在于土壤圈、水圈和大气圈中。生物圈大约为海平面上下垂直约 10 km，包括大气圈底部（可飞翔的鸟类、昆虫和细菌等）、岩石圈的表面（是一切生物的立足点）及水圈的大部（距离海平面 150 m 内的水层）。生物圈为生物的生存提供了基本条件：营养物质、阳光、空气和水、适宜的温度和生存空间。它是一个物质上封闭、能量上开放的复杂的全球性生态系统，是生命物质与非生命物质的自我调节系统。它的形成是生物界与水圈、大气圈、岩石圈和土壤圈长期相互作用的结果。

生物圈的概念最早由奥地利地质学家 E. Suess 于 1875 年首次提出，是指地球上有生命活动的领域及其居住环境的整体。时至今日，生物圈这个概念已经集合了天文学、气象学、生物地理学、演化论、地质学、地球化学和水文学等多学科的研究成果，可以说涉及了所有与地球和生命有关的科学。这或许是由组成生物圈的复杂要素决定的，它大致可分为 6 类：①由天文的、地质的过程所形成的物理环境因子，其中包括能量来源（太阳辐射）、气候类型、温度湿度状况和背景辐射值等；②参加物质循环的无机物质，其中包括地球上与生命活动关系密切的几十种元素和无机化合物；③联结非生物和生物的有机化合物，包括参与生物化学过程的一切有机分子，如蛋白质、核酸、糖类、脂类和腐殖质等；④生产者生物，主要指绿色植物；⑤消费者生物，主要指动物；⑥分解还原者生物，主要是细菌和真菌。

就生物分布的范围而言，限制生物在深海分布的主要因素有缺光、缺氧和随深度而增加的压力。大气圈中生物主要集中于下层，即与岩石、土壤圈的交界处。鸟类能高飞数千米，花粉、昆虫及一些小动物可被气流带至高空，甚至在 22 000 m 的平流层中还发现有细菌和真菌。限制生物向高空分布的主要因素有缺氧、缺水、低温和低气压。在岩石圈中，生物分布的最深记录是生存在地下 2500～3000 m 处石油中的细菌，但大多数生物生存于土壤上层几十厘米之内。限制生物向土壤深处分布的主要因素是缺氧和缺光。由此可知，虽然生物可见于由赤道至两极之间的广大地区，但就厚度而言，生物圈在地球上只占薄薄的一层。

生物圈存在的基本条件是：①必须获得来自太阳的充足光能。因一切生命活动都需要能量，而其基本来源是太阳能，绿色植物吸收太阳能合成有机物而进入能量循环；②要存在可被生物利用的大量液态水，几乎所有的生物均含有大量水分，没有水就没有生命；③生物圈内要有适宜生命活动的温度条件，在此温度变化范围内的物质存在气、液和固三态变化；④提供生命物质所需各种大量元素和微量元素，它们是生命物质的组成或中介。

通常，生物圈的大小或范围采用地球上有机碳的总质量来表示。据估计，生物圈现含有 5×10^{8} g 的碳，其中大约有 20%存在于活生物体中，大多数属于死亡的。生物物质都以腐殖质的形式存在，在环境中相对不易发生化学降解。在陆地上，生物圈中活着的碳的停留时间大约为 10 年，而在海洋中只有 1～2 个月。相比之下，生物圈中死亡的碳的停留时间为几年到几十年。生物圈是在增长还是在萎缩、其增长或萎缩的速率多大是许多学科研究的主题。

（二）生物圈的元素组成

生物圈的元素组成比较复杂，这些有机物包括糖类、蛋白质和脂类，以及存在于木本植物中的木质素。这些化合物又包含不同数量的 C、H、O、N 及其他微量元素。要研究营养元素，尤其是微量的生源要素（P、N、S 等）的生物地球化学循环，我们需要对这些元素流入流出生物圈的速率进行定量。N 和 P 流入流出生物圈的速率可从 C 流入流出的速率推测得到。由于陆地生物与海洋生物在组成方面有根本性的差异，所以我们必须对陆地生物圈和海洋生物圈进行分别研究。

20 世纪 50～60 年代，Redfield 首次测量了海洋浮游植物的相对元素组成，给出了海洋生物平均 C、N 和 P 的相对含量，最初的估计比值为 80∶15∶1，现在这个值被修正为 106∶16∶1。海洋进行光合作用可用下式来概括：

$$106CO_2+64H_2O+16NH_3+H_3PO_4+h\nu \longrightarrow C_{106}H_{179}O_{68}N_{16}P+106O_2 \tag{5.1}$$

经过综合考虑海洋生物中有机聚合物 H 和 O 的低含量，修正后海洋生物的化学式可表示为 $C_{106}H_{179}O_{68}N_{16}P$。

木质素是地球上总质量除纤维素和甲壳素之外最多的化合物。由于含有丰富的木质素，陆地生物质的 O∶C、H∶C、N∶C 和 P∶C 的比例要比海洋生物质的低。陆地生物的化学式可表示为 $C_{83}OH_{1230}O_{604}N_9P$。

光合作用中，绿色植物固定和吸收 C 的速率被称为初级生产率。由于很多生物地球化学循环是由绿色植物通过光合作用生产有机物驱动的，因此初级生产率是地球系统的一个基本参数。总初级生产率是指 C 被绿色植物吸收的总速率，而净初级生产率是指 C 被吸收的速率减去 C 在植物呼吸中损失的速率。对陆地生物圈而言，全球平均总初级生产率为 1×10^{5} Tg C/年；净初级生产率约为总初级生产率的一半，为 5×10^{4} Tg C/年。在没有人为干扰的前提下，只要凋落与分解的速率等于净初级生产率，陆地生物圈的大小就处于稳定状态。对海洋生物圈，总初级生产率和净初级生产率的概念并不适用，因为海洋表层的浮游植物的寿命很短，有机 C 的滞留速度非常快，因此海洋生产力可分为表层海洋浮游植物吸收的 C（表层海洋总生产力 GSOP）和尚未分解并沉入深层海洋的有机 C（表层海洋净生产力）。GSOP 和 NSOP 的速率与浮游植物呼吸速率、深层海洋有机 C 分解及上升流有关。由于 NSOP 将 C 和其他营养元素代入深层海洋中，使其无法参加循环，直到上升流将其带回表层海洋，因此 NSOP 对于生物地球化学循环是十分重要的。一般来说，NSOP 是 GSOP 的 1/10 左右，全球尺度下 GSOP 为 4×10^5 Tg C/年、NSOP 为 0.4×10^5 Tg C/年。

（三）生物圈中的生物多样性和生态系统

1. 生物多样性 生物多样性是指地球上所有生物（动物、植物和微生物等）、它们所包含的基因，以及由这些生物与环境相互作用所构成的生态系统的多样性程度。生物多样性包含了以下 4 个方面的内涵：①遗传（基因）多样性，是指种内基因的变化，包括种内显著不同的种群间和同一种群内的遗传变异，也称为基因多样性；②物种多样性，是生物分类基本单位，是指地球上动物、植物和微生物等生物类的丰富程度；③生态系统多样性或生境多样性，主要是指地球上生态系统组成、功能的多样性，以及各种生态过程的多样性，包括生境的多样性、生物群落和生态过程的多样化等多个方面；④景观多样性，是指由不同类型的景观要素或生态系统构成的景观，在空间结构、功能机制和时间动态方面的多样性或变异性。其中，物种多样性是生物多样性最基础和最关键的层次，生态系统多样性则是物种多样性和遗传多样性的基础与生存保证。

地球上的动物、植物及微生物的种类至少有 600 万～1400 万种，也有人认为有约 3000 万种甚至 1 亿种。被确认的物种大约在 200 万种，其中植物大约 50 多万种，动物约 150 多万种。大量的稀有物种分布在湿地、热带雨林及海洋中。20 世纪 90 年代，研究人员在越南发现了新的鹿种和野猪，但这个曾在美越战争中遭美军严重轰炸的地区仍有少量大型陆上哺乳动物有待发现。到目前为止，绝大多数鸟类都已被命名，虽然偶然也有新的鸟类忽然被发现，某些灭绝的鸟类如美国南部闻名的象牙啄木鸟也再度在人们的视野中出现。生物学家表示地球上仍有很多植物、昆虫和鱼类至今没有被命名。物种知识的缺乏根源于一个很现实的问题：只有具备相当资格的科学家才能对一种新的植物或动物命名，而很多人却只关注于已知的物种。

2. 生态系统 在生物圈，生态系统的范围没有固定的大小，如整个森林可能是一个生态系统，一个小池塘也可能是一个生态系统。在南美亚马孙河流域，有时一棵大树可能就是一个生态系统，大部分动物终生不离开这棵树。生态系统的边界一般是由于环境突然有很大变化造成的，如池塘外则不适合池塘内生物的生存，沙漠边界、水体边界、山与平原和沼泽的交界，一般都是一个生态系统和另一个生态系统的交界。当然，生态系统的边界不是绝对的，有很多生物可以越过边界生存，如青蛙在水中参与一个生态系统，也可以跳到岸上参与另一个生态系统。

可以说，生物圈是地球上最大的生态系统，其组成成分复杂、多变，包括非生物的物质和能量、生产者、消费者和分解者，包含有森林生态系统、草原生态系统、海洋生态系统、淡水生态系统（分为湖泊生态系统、池塘生态系统、河流生态系统等）、农田生态系统、冻原生态系统、湿地生态系统和城市生态系统等不同的生态系统。其中，无机环境是生态系统的基础，其条件的好坏直接决定生态系统的复杂程度和其中生物群落的丰富度；生物群落反作用于无机环境，生物群落在生态系统中既在适应环境，也在改变着周边环境的面貌，各种基础物质将生物群落与无机环境紧密联系在一起，而生物群落的初生演替甚至可以把一片荒凉的裸地变为水草丰美的绿洲。生态系统各个成分的紧密联系，使生态系统成为具有一定功能的有机整体。

生态系统组成的生物种类差别很大，如植物种类的分布在热带与温带有明显的不同。非生物环境因素随时间、空间的变化更是有很大的不同，比如随着生态系统和地理位置的变化，光辐射、温度、降水、土壤等环境因素表现出很大的差异。因此，不同的生态系统都具有自身的独特结构，表现出不同的特征。这是生态系统进化发展的结果，由此形成了地球上多种多样的自然生态系统。

人类出现以来，在人活动参与下，为了满足人们的某种需要，运用所掌握的技术手段，建立了多种特殊的人工（或半人工）生态系统。实践中，对这些生态系统加以分类是非常必要的，但目前尚无统一的分类标准，习惯上主要根据环境性质将其划分为陆生生态系统和水生生态系统。根据水环境的物理化学性质，还可再将水生生态系统分为若干个子系统；根据水热环境、纬度地带等也可将陆地生态系统分为多个子系统。

（四）生态系统的价值和生态系统服务

生态系统是生物圈的基本组织单元，它不仅为人类提供各种商品，而且在维持生命的支持系统和环境的动态平衡方面起着不可取代的重要作用。但是，在相当长的历史时期内，人类错误地认为生态系统是大自然的赠予，是取之不尽、用之不竭的。人与自然的关系被理解为利用贡献和索取的关系。然而，随着人口的不断增加、资源的过度消耗和环境污染的日益加剧，自然生态系统遭到了人类活动的巨大冲击与破坏，全球性和区域性的生态危机日益显现，自然生态系统的服务功能迅速衰退。而生态系统服务功能的退化反过来又影响到了人类的生活和社会发展，并促使人类从科学的角度重新审视自身与生态系统的关系，以及生态系统的保育和恢复问题。在这种背景下，全面了解并恰当估价生态系统服务成为研究的热点之一。

生态系统服务是指通过生态系统及其中的物种提供的有助于维持和实现人类生活的所有条件和过程。它不仅为人类提供了食品、医药和其他生产生活原料，更重要的是维持了人类赖以生存的生命支持系统，维持了生命物质的生物地球化学循环与水文循环，维持生物物种与遗传多样性，净化环境，维持大气化学的平衡与稳定等。然而，由于人口的增长、技术的进步与经济高速发展，人类活动导致了全球性的生态系统退化，并对生态系统服务造成了重大影响。生态系统服务功能及其价值评估是实现生态系统科学经营管理和自然资源可持续利用的重要基础，目前已成为研究的前沿热点问题。

近年来，生态系统服务及其价值评估引起了世界各国的普遍关注。1997 年，Costanza 等对全球主要类型的生态系统服务价值进行了评估，揭开了生态系统服务价值及其评估的研究序幕，引发了对生态系统服务价值的广泛讨论。Costanza 等将生态系统服务功能归纳为 4 个层次 17 类内容（表 5-1），即生态系统的生产（包括生态系统的产品及生物多样性的维持等）、生态系统的基本功能（包括传粉、土壤形成等）、生态系统的环境效益（包括改良减缓干旱和洪涝灾害、调节气候、净化空气和废物处理等）、生态系统的娱乐价值（休闲、娱乐、文化、艺术素养和生态美学等）。Costanza 等的生态系统服务内涵包含了其他学者提出的所有内容，比较概括、全面而又系统。因此，国内外学者在进行相关研究时，基本是按这一分类框架来开展的。

据估算，目前全球的生态系统服务的年平均价值为 33 万亿美元。其中，海洋生态系统的服务价值约占 63%，陆地则约占 37%。海洋生态系统的服务价值主要来源于海岸生态系统，

表 5-1　生态系统服务和功能（引自 Costanza et al., 1997）

序号	生态系统服务	生态系统功能	举例
1	气体调节	调节大气化学成分	CO_2/O_2平衡、O_3防护 UV-B 和 SO_2水平
2	气候调节	全球温度、降水及其他全球和区域性气候调节	温室气体调节，以及影响云形成的 DMS（硫化二甲酯）生成
3	干扰调节	生态系统对环境波动的容量、延迟和综合反应	防止风暴、防洪抗旱及植被结构控制的生境对环境变化的反应能力
4	水调节	水文流动和水分循环调节	农业、工业或交通的水分供给
5	水供给	水资源的储存和保持	集水区、水库和含水层的水分供给
6	控制侵蚀和保持沉积物	生态系统内的土壤保持	风、径流和其他运移过程中的土壤侵蚀和湖泊、湿地的累积
7	土壤形成	土壤形成过程	岩石风化和有机物的积累
8	养分循环	养分的储存、内循环和获取	固氮及氮、磷等元素的循环
9	废弃物的处理	外来化合物的去除和降解	废弃物处理、污染控制和毒素降解
10	传粉	有花植物配子的运动	植物种群繁殖授粉者的供给
11	生物防治	生物种群的营养动力学控制	关键种捕食者对猎物种类的控制、顶级捕食者对草食动物的消灭
12	避难所	为常居和迁徙物种提供生境	迁徙种的繁育和栖息地、本地种区栖息地或越冬场所
13	食物生产	总初级生产中可作为食物的部分	鱼、猎物、作物、果实的捕获和采集，给养的农业和渔业生产
14	原材料	总初级生产中原材料的部分	木材、燃料和饲料的生产
15	基因资源	独特的生物材料和产品来源	药物、抵抗植物病原和作物害虫基因、装饰物种（宠物和园艺品种）
16	休闲	提供休闲旅游活动机会	生态旅游、体育、钓鱼和其他户外休闲娱乐活动
17	文化	提供非商业用途的机会	生态系统美学、艺术的、教育的、精神的或科学的价值

陆地生态系统的服务价值主要来源于森林和湿地。然而至今，对某些类型的生态系统如沙漠、冻土带和耕地等知之甚少。

二、生物圈具有自我调节功能

生物圈具有整体系统特点，具体包括：①高度复杂的有序结构；②源源不断的能量流动网络体系；③封闭循环的物质流动机制；④多层次的自我调节功能；⑤自组织过程的优化发展方向。其中，生物圈的多层次自我调节功能是人们关注的焦点。生物圈永远处于内外条件的随机波动之中，它建立起多层次的自我调节功能，能对内外条件的变化作出反应，具有稳态反应能力。生物圈实现物质循环后，自动调节机制进一步增强，并随着物种多样性、复杂性的增加，稳态反应机制也不断完善。

生物圈维持生态平衡的能力可以称为生物圈稳定性，这种稳定性是以不超出生态阈值的生态敏感性和生态恢复力为条件的。在这个定义中，涉及三个概念：生态阈值、生态敏感性和生态恢复力。其中，生态阈值是生态系统在改变为另一个退化的系统前所能承受的干扰限度；生态敏感性是生态系统受到干扰后变化的大小和与其维持原有状态的时间；退化生态系统的恢复力就是消除干扰后生态系统能回到原有状态的能力，包括恢复速度和与原有状态的相似程度。生态阈值和生态恢复力具有广泛的应用价值，特别是生态系统受到负面的干扰后而退化，退化的生态系统逐步恢复的过程可以利用恢复力来测定；而生态保护的成果就是力图避免干扰超过系统的阈值而达到一个实际的演替。

生物圈稳定性包括三个方面：①生物群落达到演替顶极以后出现的能够进行自我更新和维持并使群落的结构、功能长期保持在一个较高的水平、波动较小的现象；②生物群落在受到干扰后维持其原来结构状态的能力；③生物群落受到干扰后回到原来状态的能力。根据第一种类型的稳定性，那么处于顶极状态的群落是稳定的，但是实践表明，顶极群落具有较高的抵抗力，但是恢复力较小，所以处于顶极群落只是处于一个比较平衡的状态，而演替中的群落由于处于非平衡状态，所以并不是传统意义上的稳定。

作为地球上最大的生态系统，生物圈的结构和功能能够长期维持相对稳定状态，其原因有：①从能量角度来看，源源不断的太阳能是生物圈维持正常运转的动力，太阳能转变为生物能够利用的化学能是通过绿色植物的光合作用实现的，这是生物圈赖以存在的能量基础；②从物质方面来看，大气圈、水圈和土壤圈为生物的生存提供了各种必需的物质，生物圈内生产者、消费者和分解者所形成的三极结构，接通了从无机物到有机物，经过各种生物的多级利用，再分解为无机物重新循环的完整回路，生物圈可以说是一个在物质上自给自足的生态系统，这是生物圈赖以存在的物质基础；③生物圈具有多层次的自我调节能力，如大气中CO_2含量增加时，会使植物加强光合作用，增加对CO_2的吸收；一种生物绝灭后，生物圈中起相同作用的其他生物就会取代它的生态位；某种植食性动物数增加时，有关植物种群和天敌种群的数量也随之变化，从而使这种动物种群的数量得到控制。

生物圈中的能流与物质循环是相伴随的，因为太阳辐射能先通过光合作用被植物体固定下来，然后以化学能的形式沿食物链逐级传递。动物和微生物的取食活动就是传递能量的方式。一般说来，化学元素进入生物体内是靠生物的主动摄取，而化学元素在自然界中的循环则是由气流和水流来完成的。陆地生物生存于大气之中，气态营养物和废物很容易在生物与环境间循环运动。一般可溶性物质随水进出生物体。就全球来讲，江河中所携带的可溶性物质，只能随水流由高向低移动，最后归入湖泊和海洋。当湖水和海水蒸发时，这些物质被留下，有的还形成沉积物。能以气溶胶等形式回到陆地的物质极少。因此，液态的物质循环常常是不完全的。生物圈虽然具有自我维持稳态的能力，但是，这种能力是有限度的。人类活动在许多方面对生物圈造成的影响已经超过这种限度，对生物圈的稳态构成严重威胁。

三、生物圈时刻处于演化中

（一）生物圈的演化与生物大爆炸

生物圈时刻处于演化中，并且其自组织过程有一个优化发展的方向。这种演化，是自然的过程，它与生物进化的选择过程密不可分，是一种系统整体层次上的选择。概括起来，生物圈自己找到了这样一条优化的发展道路，就是资源再生增殖机制趋于完善，自我保护环境功能增强，为后续生物物种繁荣创造条件，这是一种良性循环。

当地球上刚出现生命的时候，原始大气还富含 CH_4、H_2S、氨和水汽等含氢化合物，属还原性。现今的大部分生物都不能在其中生存。后来出现了蓝藻，它可通过光合作用放出游离氧，使大气含氧量逐渐增多，变为氧化性，为需氧生物的出现开辟了道路。随着氧气的增多，在高空出现了臭氧层，阻止紫外线对生命的辐射伤害，于是过去只能躲在海水深处才能存活的生物便有可能发展到陆地上来。但生物初到陆地上的时候，遇到的只是岩石和风化的岩石碎屑，大部分高等植物不能赖以生存，只是在低等植物和微生物的长期作用下，才形成了肥沃的土壤。经过长期的生物进化，最后出现了广布世界的各种植物和栖息其间的各种动物，逐步形成了目前的生物圈。

生物圈的演化是指生物进化和生物与环境相互作用的进化，以及由此引起的生物圈进化。从地球诞生起，生物圈进化可概括为：①生命在地球上产生，单级生态系统出现，它是由原始异养生物和原生环境（原始海洋和原始大气）构成的自然生态系统；②单级生态系统演化为二级生态系统，20 亿年前绿色藻类产生，标志自养生物的出现，单级生态系统演化为具有自养和异养两种生物的生态系统，它导致地球大气中氧的出现、氧化性大气的形成，原生生物圈发展为次生生物圈；③三级生态系统的出现，6 亿多年前多细胞动物出现，完成了二级生态系统向三级生态系统的发展，形成生产者（植物）、消费者（动物）和转化者（微生物）的三级结构，奠定了生态系统演化的基本格局；④人类产生是地球生物圈演化的质变，人通过自己的活动把天然生态系统演变为人工生态系统，人类的智慧及智慧指导下的劳动，导致生物圈的根本变化，人成为生物圈演化的重要因素，这是生物圈向智慧圈的发展。

（二）生物圈的大灭绝事件

现今地球上生存的各种生物都是几十亿年生物进化的结果，是生物与环境长期交互作用的产物。生物大灭绝是指大规模的集群灭绝，生物灭绝又叫生物绝种，它并不总是匀速的、逐渐进行的，而是整科、整目甚至整纲的生物在很短的时间内彻底消失，或仅有极少数存留下来。在集群灭绝过程中，往往是整个分类单元中的所有物种，无论在生物圈中的地位如何，都逃不过劫难，而且还经常是很多不同的生物类群一起灭绝，却总有其他一些类群幸免于难，还有一些类群从此诞生或开始繁盛。大规模的集群灭绝有一定的周期性，大约 6200 万年就会发生一次，但集群灭绝对动物的影响最大，而陆生植物的集群灭绝不像动物那样显著。

全世界主要有 5 次生物大灭绝。据推测，自地球诞生以来，曾经出现过的生物已灭绝了超过 98%，每次灭绝事件所灭绝生物的比率都有较大的差别。地球目前的生物多样性源自于 35 亿年反复进化的结果，而且处于生命史的最高点。但是，有研究称，地球的生物多样性或许正接近一个临界点。动物的灭亡和减少正是地球第六次生物大灭绝的前奏，从 1500 年开始，超过 320 个陆栖脊椎动物物种灭绝。剩余物种也表现出了平均 25%的衰退，这种现状在无脊椎动物中也极其类似。虽然之前的大灭绝是由地球的自然变化或者灾难性的小行星撞击导致的，但是目前的灭绝与人类行为密切相关。

事实上，自生命存在之时起，它就一直能够毁坏自己。达尔文把新产生的生命形式融入这个世界的过程，想象成一个楔子轻松地进入一个狭窄的空凹处然后渐渐将其撑开的过程。一部分生命的确是这样，但是其余的却像大锤，在它们所到之处毁灭生命之树的所有分支。地球的生命在反复忍受。由于新物种的进化，地球温度的变化就像过山车一样。大约 23 亿年前，地球忍受了一个持续了 1 亿年的漫长冰川时期，海洋完全被冻住了，形成了一个冰雪地球。这一起因是生命本身，大约在这个时期的 2 亿年前，即光合作用出现了，它利用太阳光中的能量将无机的 CO_2 转化成糖类。光合微生物将大量的温室气体 CO_2 从大气中吸走了，以至于地球跌入了冰窟。多细胞植物的进化所带来的第二幕冰雪地球时期发生在 7 亿年以前。

一段时间以后，陆地植物的进化给了气候一个双重打击，它们的深根显著地提高了风化速率，而且光合作用也减少了 CO_2 的含量。结果是，在泥盆纪（4 亿 1600 万年前到 3 亿 6000 万年前）末期森林出现之后不久，地球进入了长达 5000 万年的冰河时期。这个温暖年轻的行星很快地降下温来，大量的生命灭亡。

自从有了最早的生命以来，情况就一直是这样的。大约在 37 亿年前的一场沼气危机，几乎彻底毁灭了地球上的生命，差不多从它一开始就是这样。释放沼气的微生物使得大气笼罩着一层烟雾，并挡住了太阳。恐怕最恶劣的美狄亚事件与第一幕冰雪地球一样，是由相同的生物变革促成的，即光合作用的进展和与之相伴的大气中氧气的增加。对于 25 亿年前构成生命的微生物来说，氧气就是一种致命的毒药，直到那个时候开始，生物体才能够适应它。随着光合作用的进展，这一“大规模杀伤武器”被启动起来，造成了第一次，恐怕也是最极端的一次大灭绝事件。大量物种灭绝，幸存下来的都是光合生物和微生物，它们迅速地进化以适应氧气。可以认为，与生命历史上许多其他的事件一样，人类主导的大灭绝现在正在我们周围进行着。

四、人与生物圈

人是生物圈中占统治地位的生物，能大规模地改变生物圈，使其为人类的需要服务。然而，人类毕竟是生物圈中的一个成员，必须依赖于生物圈提供一切生活资料。人类对生物圈的改造应有一定限度，超过这个限度就会破坏生物圈的动态平衡，造成严重后果。在地球上出现人类以后大约 300 万年的时间里，人类与其周围的生物和环境处于合理的平衡之中。人在生物圈中的地位，从对生物圈能施加的影响而言，并不明显地超过其他动物，如食物缺乏及疾病等因素限制着人口密度。

大约 1 万年以前，人类学会了栽培植物。农业技术和储存方法的改善，使人类生活不再局限于天天采集必需的食物，而能够从事更多的创造性活动。随着生产力的提高，人口逐渐增加并向城市集中，制造商品的手工业日益发展，人类活动对环境的影响和冲击也日益增加。尤其是产业革命以后的近几百年，开矿、挖煤、采油、伐林、垦荒、捕捞等规模迅速扩大，生物圈的面貌也发生了极大变化。这种变化不仅影响着其中的其他成员，也对人类自身产生巨大影响。20 世纪 60 年代以来，人口的膨胀、资源的相对短缺和大范围的环境污染，迫使人们从生物圈的角度考虑问题和解决问题。70 年代相继召开的一系列国际会议，如 1971 年联合国创议的人与生物圈会议、1972 年的人类环境会议、1974 年的世界人口会议等，便反映了上述认识。

地球的资源是有限的，经不起日益膨胀的人口任意浪费；世界上现存的生态系统面对着工业倾吐出来的大量污染物，显得相当脆弱。自工业革命以来，都市不断扩大，自然保护的呼声也随之增高。然而，只有到了生态学高度发展以后，人们才对自然保护有了比较正确的认识。自然保护并不是对自然资源弃置不用、任其自生自灭，而是积极地进行合理开发、适度利用。

科学家正试图找到人类对生物圈施加压力的根源，以及生物圈产生变化的阈值和它相关的生物预报（biological forecasting）或生物反应（biotic response），如在近岸海洋区域大量出现的死域（dead zone）——约 40%的地球表面，曾经具有丰富的生物多样性和生态系统多样性的地区变成了只有农作物、家畜和人类等少数物种的地区。据预测，到 2060 年，约 70%

的陆地面积将转变成只有人类、农作物和家畜的死域。

生物圈2号（Biosphere 2）是美国建于亚利桑那州图森市以北沙漠中的一座微型人工生态循环系统，因把地球本身称作生物圈1号而得此名，它由美国前橄榄球运动员约翰艾伦发起，并与几家财团联手出资，委托空间生物圈风险投资公司承建，历时8年，耗资1.5亿美元。生物圈2号计划设计在密闭状态下进行生态与环境研究，帮助人类了解地球是如何运作，并研究在仿真地球生态条件下，人类是否适合生存的问题。这项试验的目的是通过研究植物、动物、昆虫、空气、土壤、人类和一个大型空气调节系统在这座温室中的相互作用及影响，更好地了解地球生物圈的运作规律。然而，最初的两次实验都失败了，各种各样的灾难仍然接踵而来：各种动植物大量死亡，氧气含量从21%下降到14%，不得不从外界补充氧气，自给自足的幻想彻底破灭；第二次实验由于笑气（N_2O）积累过多而失败。生物圈2号一时间成为笑柄，甚至被斥之为奢侈的伪科学，很多人将它看成是藐视自然的反面教材。然而，或许很少有人注意到，这些年来生物圈2号正在悄悄发生变化：它吸引了大量游客和学生，成为一个绝佳的旅游胜地和教育基地；尤其重要的是，它渐渐赢得了科学界的尊重，成为一个非常难得的关于全球气候变化效应的研究中心。目前已有多项与全球气候变化有关的研究项目正在生物圈2号开展，吸引了不少世界一流的科学家。

第二节　生物地球化学循环

一、基本概念

（一）生物地球化学

生物地球化学是以研究地球表面生物参与下的化学过程为主，包括大气圈、水圈、土壤圈、地壳内各种矿物及有机体所发生的各种化学反应、过程及其机理，即研究地球上化学物质、元素和生物之间关系的一门科学。具体来说，就是要研究化学元素和化学物质在大气、海洋与陆地之间，以及它们内部各层次之间的生物地球化学循环过程，以此来明确生命系统在进化过程中对地球化学环境的影响，并且预测未来对土壤、海洋与大气的组成成分、陆地生物圈的物质循环和全球环境产生何种影响等。

生物地球化学由4个基本概念构成，即生物地球化学的量、流、群和场。生物地球化学的研究目标是探索生命及其无机环境即地壳、土壤、海水等在元素组成上的丰度关系，即生物地球化学量，它可能源自生命进化过程，并决定了当前生命对环境化学状态的依赖性；生物地球化学流是指生物与环境的联系是以化学元素在生命-无机环境界面的交换为基础的，通过化学元素在生态系统中的不断流动，新鲜物质和能量输入生物体，新陈代谢的废物归还给环境；生物地球化学群是指当化学元素在环境或生物体迁移转化时，它们大多以化合物的形式存在，这注定了化学元素在生态系统中很少独来独往，它们只有结伴成群才对生命体有意义。生物地球化学流描述了元素如何在生态系统中迁移转化，而生物地球化学场回答是什么力量导致了元素的运动。

（二）生物地球化学循环

生物地球化学循环（biogeochemical cycle）是指地球上各种化学元素，从周围的环境到生物体，再从生物体回到周围环境的周期性循环。也就是说，在生物圈中，生物有机体经由生命活动，从其生存环境的介质中吸取元素及化合物，通过生物化学作用转化为生命物质，同时排泄部分物质返回环境，并在其死亡之后又被分解成为元素或化合物返回环境介质中。这一循环往复的过程称为生物地球化学循环。

生物地球化学循环还包括从一种生物体（初级生产者）到另一种生物体（消耗者）的转移或食物链的传递及效应。它有三个关键特点：①该循环描述了地球上元素的化学和物理转化，因此在生物地球化学循环中有“地球”一词；②该循环几乎总有至少一种生物所驱动或者生物的过程在起作用，所以在此有“生物”一词；③由于在其中一过程消耗的化学物质，最终在后来的过程中再次产生，因此我们将这些过程一起称为“循环”。

生物地球化学循环可以是开放的，也可以是封闭的。在开放的循环中，物质或元素可以流入或流出循环。我们可以将地球看成一个封闭的系统，在该系统中没有物质的流入或流出，而封闭循环不会产生净的化学变化，因此循环中在一个过程中消耗的每一种化学物质，都会经由另一个过程产生。尽管生物地球化学循环并不产生净的化学变化，但这些循环实现了许多重要功能，维持着地球上的生命。

生物需要水及其中溶解的营养物，但水流只能由高而低单向流动，即从高海拔流向低海拔，最后汇于海洋。水分蒸发为气态后才能随气流返回内陆，原来溶于水中的物质大部分不能随同返回。气态物质的活动性最大，特别是陆地生物生活于空气中，摄取和排放气态物质都很方便。自然界中的水、碳、氮、磷、硫等重要物质的循环，基本是以液、气两种物态运动的。以溶液方式运动的营养物（如磷），大量地以沉积物的形式储存在土壤和岩石中，这类物质的循环也常称为沉积型循环。地球表面可以被大致分为水圈、岩石圈、大气圈和生物圈，这四个圈层代表特有的化学和物理环境，其元素组成截然不同。

不同生源物质循环（如 C、N 和 S）之间是相互联系和制约的，生物对那些营养元素的吸收和限制都遵循一定的化学计量法则。因此，在生物体中这些营养元素的比例是可以预测的，如 C/N 比值在微生物体中为 4～10，在土壤腐殖质中为 6～35，在森林生物物质中大约为 160；如碳循环与氮循环、磷循环是部分耦联的。

生物地球化学循环关注的元素是那些与生物息息相关的元素（生源要素），如碳、氮、磷、硫等，以及一些重要的化合物。在生物圈中，含量范围 0.01%～10%称为大量元素，有 O、H、C、N、Ca、S、P、K、Si、Mg、Fe、Na、Cl、Al 等；含量范围 0.0001%～0.01%称为微量元素，如 Zn、Br、Mn、Cu、I、As、B、F、Pb、Ti、V、Cr、Ni、Sr 等；含量范围 10^{-4}%～10^{-11}%的元素被称为超微量元素，如 Ag、Co、Ba、Th、Au、Rb、Hg、U、Ra 等。

生物地球化学循环分为三大类型：①气体型循环（gaseous cycle），储存库在空气或水圈（海洋），如氧、二氧化碳、氮、氯、溴和氟等；②沉积型循环（sedimentary cycle），储存库在地壳（土壤、沉积物、岩石），如磷、钙、钾、钠、镁、铁、锰、碘、铜、硅和一些放射性元素；③过渡型循环，兼有上述两种循环类型的双重特点。这些循环通常都受能流的驱动，并依赖于水的循环。

物质循环库包括流动库（cycling pool）和储存库（reservoir pool）。流动库是在生物体和周围环境之间能进行快速的来回活动，是较小而活跃的部分；储存库容积较大但活动缓慢，通常为非生物成分。生物地球化学循环可以用库和流通率两个概念加以描述。

二、碳的生物地球化学循环

（一）全球尺度的碳循环

碳是构成地球一切生命的基础，在许多陆地和水生生物地球化学循环中扮演重要角色，几乎所有的生物地球化学循环过程都与它有关。首先，绿色植物通过光合作用将吸收的太阳能固定于碳水化合物中，这些化合物再沿食物链传递并在各级生物体内氧化放能，从而带动群落整体的生命活动。自然界碳循环的基本过程正是起始于此，然后通过生物或地质过程及人类活动，又以 CO_2 形式返回大气中。全球碳循环在生物库、大气库、土壤库、海洋库、岩石库之间循环往复，主要由有机体和大气之间的碳循环、大气和海洋之间的 CO_2 交换、碳质岩石的形成与分解、人类活动的干预 4 个部分组成，它们之间的平衡决定着大气 CO_2 浓度的变化（图 5-1）。

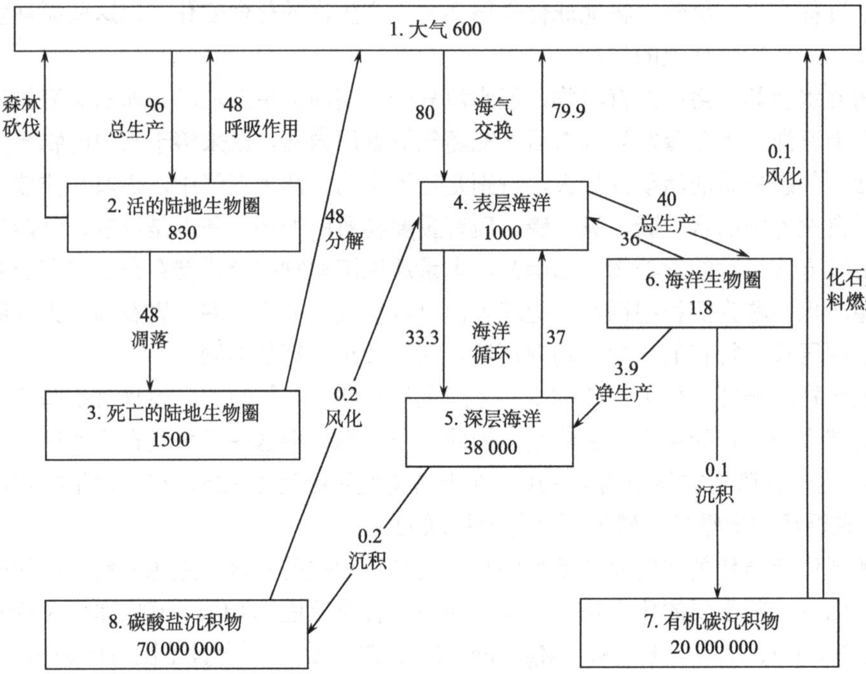

图 5-1　全球尺度碳的生物地球化学循环

地球上最大的碳库是海洋和岩石圈，但这两个储存库中的碳素变化要在较大时间尺度上才能够显现。碳元素在深海中平均滞留时间为 1500 年，在岩石圈中则为几百万年，而大气中 CO_2 循环平均滞留时间为 5 年。因此，深海和岩石圈中的碳库对大气中 CO_2 循环影响较小。在碳的地球化学循环中，对大气 CO_2 浓度平衡影响最大的是全球生物碳循环和人类活动。生物碳循环是地球上的绿色植物和海藻通过光合作用固定大气中 CO_2，将生成的有机物质储存在自身组织中的过程。人类活动则是通过燃用化石燃料、改变土地覆盖类型等向大气释放 CO_2，影响大气 CO_2 浓度平衡。

根据 Melnikov 等建立的全球碳循环模型，其 CO_2 各项源汇的平衡关系如下：

$$N_a(t)=E_{ff}(t)+E_{lu}(t)+F_{oc}(t)+F_{res}(t) \tag{5.2}$$

式中，N_a为大气中CO_2含量的变化速率；E_{ff}为化石燃料燃烧排放出的CO_2量；E_{lu}为由土地利用方式的改变引起的CO_2净排放；F_{oc}为海洋吸收的CO_2量；F_{res}为遗失碳汇（陆地残余碳汇）。在上述模型中，CO_2存在一个遗失碳汇。

（二）气候变化与全球碳循环

了解全球碳循环并不仅仅是科学家的兴趣，大气CO_2浓度自工业革命以来稳步上升，导致了地球表面的持续变暖。如图5-2显示，从1901年至2012年，全球平均温度持续上升，各个地区的平均气温也呈上升趋势。

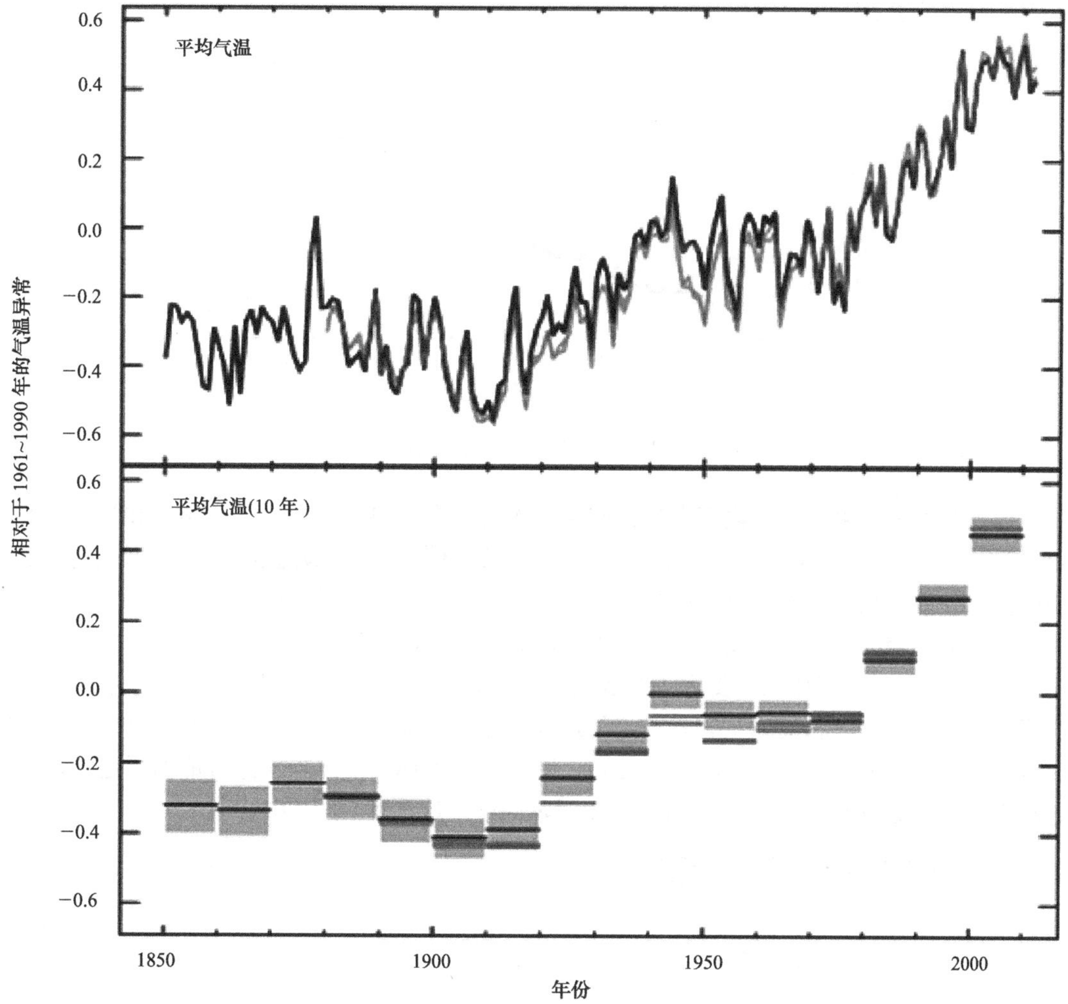

图5-2　1901～2012年全球平均温度的变化情况

气候变暖，反过来又导致全球降水量重新分配、冰川和冻土消融、海平面上升、作物减产、极端天气增加等，既危害自然生态系统的平衡，更威胁人类的生存。要预测全球温度上升多高、评估气候变暖的可能性和严重性，关键是能够预测未来几十年 CO_2 浓度会升高多少、会持续上升多久。同样，温室气体减排行动也需要相关数据的支撑。

政府间气候变化专门委员会第五次评估报告采用大量、独立的数据进一步明确了自工业革命以来，大气中 CO_2 等温室气体浓度显著增加是全球气候变暖的主要原因，而人类活动是导致 CO_2 浓度增加的主要原因。虽然陆地和海洋碳汇已经抵消了一半以上人为排放的 CO_2，且碳汇在过去 50 年呈增加趋势，但自工业革命以来，受人类活动的显著影响，大气中主要温室气体 CO_2 增加了 40%。过去 10 年大气中 CO_2 浓度上升速率是自 1958 年人类直接观测大气 CO_2 浓度以来最快的 10 年，CO_2 当前的浓度远超冰芯记录的过去 80 万年以来的最高浓度，其增速也超过了过去 2 万年的平均值（图 5-3）。

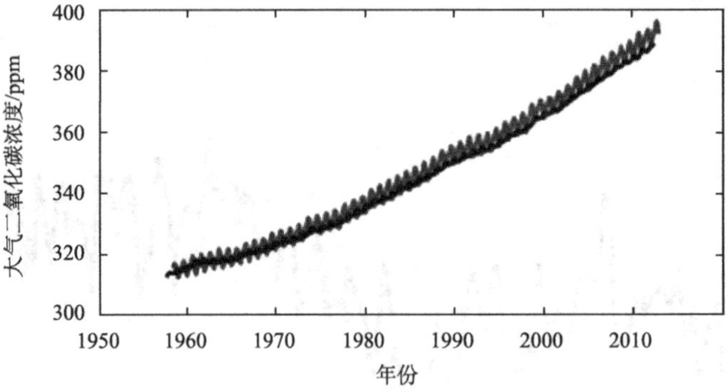

图 5-3　工业革命后大气中的 CO_2 浓度急剧升高

自工业革命以来，由于化石燃料的燃烧，人类已累计向大气排放了（365±30）×10^9 t 的碳；而森林砍伐等土地利用变化则释放了（180±80）×10^9 t 的碳。最近 30 年的数据表明，土地利用变化导致的全球生态系统碳丢失从 1980 年的 1.4×10^9 t 下降到 2000 年的 1.1×10^9 t，这可能与热带地区森林砍伐下降及北半球温带地区尤其是中国的植树造林活动有关。

大气 CO_2 浓度变化除了受人为排放的影响，还受到自然过程的影响，人为排放的 CO_2 有相当一部分被海洋和陆地生态系统，尤其是森林生态系统吸收固定。1750～2011 年，陆地和海洋的碳储量分别增加（150±90）×10^9 t 和（150±30）×10^9 t。除了浮游植物固定碳以外，海水本身也会吸收 CO_2，pH 下降了 1，相对氢离子浓度已增加了 26%。

三、氮的生物地球化学循环

（一）全球尺度的氮循环

氮的生物地球化学循环包括了固氮作用、氮同化作用、硝化作用、氨化作用和反硝化作用等 5 个生物学传输机制。图 5-4 为全球氮循环示意图。地球系统最大的 N 储库存在于大气中，约占 79%。与之相比，其他主要营养元素的最大储库均为沉积物或岩石圈中。此外，N 循环拥有多个大气储库，除了 N_2 外，还有 N_2O、N_xO 和 NH_3。

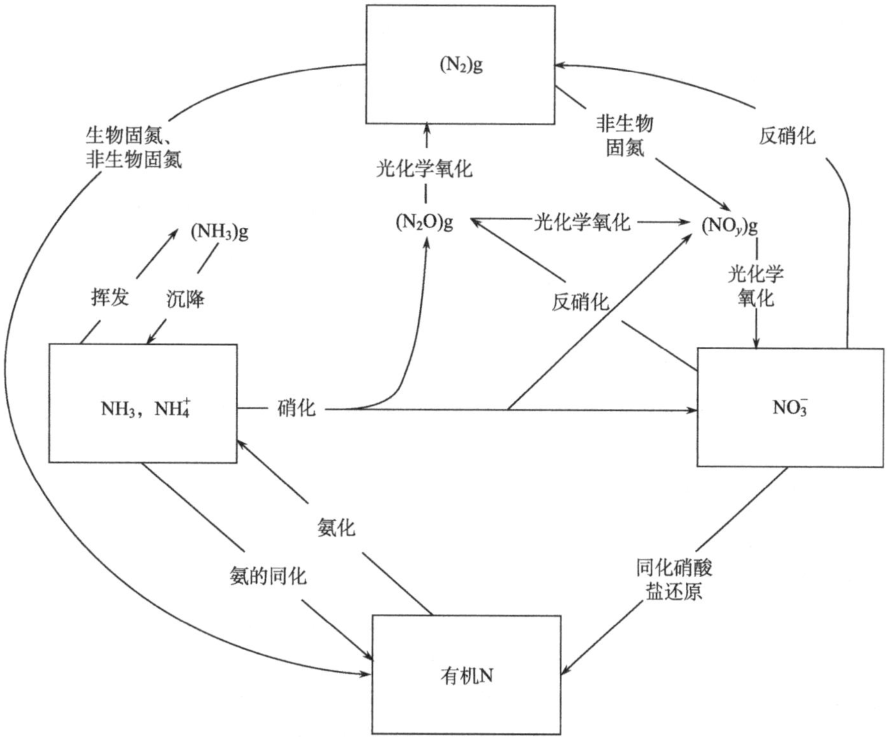

图 5-4　全球氮循环

大部分绿色植物虽然都生活在富含氮气的大气中，但氮气并不能直接被植物所吸收利用，因此很多生态系统的生产力最终都受到生态系统中生产者对 N 的同化能力的限制。造成这一矛盾的原因是 N_2 是十分稳定的化学形态，无法被大部分生物直接利用，N_2 要形成可利用的形态（NH_3 或者硝态氮），其中的氮氮三键必须先断裂（键能高达 225 kcal/mol），这一过程需要消耗大量能量。岩石圈中没有任何重要的含氮矿物质，因此固态地球中 N 的存在形式为土壤和海洋沉积物中部分分解的有机质、溶解的硝酸盐、亚硝酸盐和土壤孔隙水中的氨或者硅酸盐矿物中捕获的铵离子。

所有的含氮有机物都带有一个氨基，因此有机氮几乎总是以–3 价存在。与有机 C 一样，有机质中的 N 一般也是热力学不稳定的，因此有机质中 N 的产生、同化和保持需要消耗生物圈中的能量，这使得 N 的循环与 C 循环相似。地球系统已经发展出多种方法打开氮氮三键以固定大气中的氮元素，这些方法包括生物固氮和非生物固氮。生物固氮是由自养生物（固氮蓝藻）或者与自养生物共生的生物体（根瘤菌）完成的，其结果就是生成有机 N。从化学上，这个过程可以分为两步，第一步是利用 N_2 和 H_2O 产生氨，即

$$N_2+5H_2O \longrightarrow 2\,NH_4^+ +2OH^- +3/2O_2 \tag{5.3}$$

第二步是通过同化作用将氨同化成有机质，如氨基酸。生物固氮的能力仅限于高度特化的、含固氮酶的生物。固氮酶可催化耗能的固氮第一步的发生，即打开氮氮三键。在自然界，非生物固氮经常伴随着大量的能量输入，如闪电和森林大火。另外，人类也是地球上固定氮的主要贡献者，其主要途径是氮肥的生产和化石燃料的燃烧。

固定的 N 非常容易通过氨同化作用被生物体吸收，在这个过程中游离的氨被生产者摄入

并转化成有机 N。海洋的氨同化作用的化学剂量式如下：

$$106CO_2+64H_2O+16NH_3+H_3PO_4+hv \longrightarrow C_{106}H_{179}O_{68}N_{16}P+106O_2 \tag{5.4}$$

陆地的氨同化的化学剂量式如下：

$$830CO_2+60H_2O+9NH_3+H_3PO_4+hv \longrightarrow C_{83}OH_{1230}O_{604}N_9P+830O_2 \tag{5.5}$$

NO_3^- 也可以被自养生物直接利用来生成复杂的生物分子，但这个过程不如氨同化那样高效地利用能量。在该过程中，生物体必须首先从环境里获得硝酸盐，将其还原成氨，即

$$NO_3^- +H_2O+2H^+ \longrightarrow NH_4^+ +2（O_2）g \tag{5.6}$$

该过程被称为硝酸盐的还原同化。

有机物在呼吸和分解代谢过程中可以释放氨，即氨化反应。海洋和陆地上的氨化反应的总化学计量式是同化反应的逆反应。当氨释放到氧化性环境中时，硝化细菌可催化还原态的 N 的氧化，并获取能量。硝化细菌分为两类：①亚硝化单胞菌，它通过亚硝化反应来催化铵根向亚硝酸盐的转化；②硝化细菌，它通过硝化反应将亚硝酸盐氧化成硝酸盐。整个硝化过程将 N 从–3 价氧化成+5 价，但是硝化过程并不是 100%完全。一般情况下，小部分被硝化的 N 氧化不完全，变成气态物质 NO、NO_2 和 N_2O 并进入大气。值得关注的是，N_2O 是一种温室气体，并且氮氧化物在阳光的照射下会发生复杂的光化学反应，引起污染和臭氧层的破坏。氨是一种相对容易挥发的物质，当溶解态的铵离子在碱性条件下，可转变成气态，如在土壤孔隙水或海洋中，氨气就会扩散进入大气。因此，该反应为–3 价的固定 N 从岩石圈或水圈转移到大气圈提供了途径。大气中的 NH_3 在水中的溶解度较高，因此大气中的大部分 NH_3 是通过铵离子的干湿沉降从大气中被去除的，由于氨挥发和沉降的位置并不相同，所以这两个过程会对土壤和海洋储库中固定的 N 进行重新分配，如在种植业中，农民试图通过管理施肥方式、灌溉时间等措施减少土壤中氨的挥发。大气中的小部分氨通过被 OH 氧化，生产 $NH_2\cdot$，即一种具有–2 价的 N 原子自由基，可参与许多种化学反应。N 的生物地球化学循环的最后一步是反硝化，通过反硝化，被固定的氮转化回到它的分子形式，回到大气中。反硝化过程是由特殊的细菌通过还原硝酸盐中的 N 来完成的，在此过程中细菌获得 O 并利用 O 来氧化有机质。多数情况下，反硝化的最终产物是氮气，该过程的总化学计量反应式如下：

$$NO_3^- +5/4（CH_2O）+H^+ \longrightarrow 1/2（N_2）g+5/4（CO_2）g+7/4H_2O \tag{5.7}$$

反硝化过程产生的能量并不像呼吸作用产生的那么多，因此在好氧环境下这一过程是不经济的。所以，反硝化仅限于呼吸作用由于缺氧而受到限制的厌氧环境中。

氮的生物地球化学源—库—流关系十分复杂。尽管经历了 100 多年的研究，人类对氮循环的过程仍不明确。上述各个生物介导的过程在环境适宜的情况下可能会同时存在逆向的反应过程，如从 NH_4^+ 转变为 NO_3^- 的硝化作用，在不同微生物的介导下可能发生从 NO_3^- 转变为 NH_4^+ 的逆向过程。然而，这些反应过程往往受环境因素，如水分、温度、氧气含量、pH 等，以及其他养分或离子浓度的影响，如有机碳、Fe^{2+}/Fe^{3+}、SO_4^{2-}，而十分难以准确测定或估算。

（二）人类活动与氮循环

越来越多的人口及经济社会活动改变了全球 N 的循环，包括三个方面：①化肥生产每年从大气 N_2 储库中转移 80 Tg N 进入无机土壤 N 库；②豆科作物使得全球生物固氮效率提高

了大约 40Tg N/年；③化石燃料的燃烧使得非生物固氮速率增加了 30Tg N/年。由于人类活动对全球 N 循环具有显著的影响，且影响的持续时间较长，因此，这些影响可能会在人类扰动停止之后还持续几个世纪，这些都是令人不安的。

人类活动干扰导致氮沉降的时空格局发生很大的变化，包括：①量值翻倍或增加一个数量级。全球平均氮沉降的量值从工业革命前的 1～2 kg N/（hm^2·年）增加到目前的 5～10 kg N/（hm^2·年）；②空间差异大。东亚污染严重的地区，氮沉降高达 50～60 kgN/（hm^2·年），比人类活动干扰较小的地区高出 10 倍以上；③季节差异大。一般冬春季节的氮沉降较高，可能同气候和人类化石燃料的消费有关。随着全球 N 排放量的持续增长，预测全球范围内 N 沉降在 2030 年将比 2000 年增加 50%～100%。其中，绝对增长量最大的地区是东亚和南亚，这将为这些地区的环境和人类健康的可持续发展带来严峻的考验。

自 Haber-Bosch 固氮法发明以来，人类活动已极大地改变了陆地生态系统氮循环过程，特别是增加了系统氮的输入量。目前，地球陆地生态系统氮输入超过 200 Tg/年，比自然状态下增加 1 倍多，而且在可见的未来还会持续增加。氮输入的增加虽提高了农业产量，养活了更多的人口，但也带来了严重的环境问题，对人类和生态系统健康造成致命影响。如何合理利用氮素、在满足人类需要的同时降低其负面效应，成为人类在 21 世纪必须解决的科学挑战。

人类活动对陆地生态系统的干扰，还破坏了自然界原本对称的固氮作用和反硝化作用过程。生态系统的固氮作用和反硝化作用是控制生态系统氮平衡的关键过程，Gruber 和 Galloway 认为，自然状态下陆地生态系统的氮循环过程是一个半开放的对称环，固氮作用和反硝化作用是陆地生态系统与大气 N_2 库交互的两个过程，而且这两个过程的氮通量基本相等，而人类活动对陆地生态系统的干扰已经破坏了这个对称的半开放环。2009 年美国生态学会以 Coupled Biogeochemical Cycles 为主题在 Albuquerque（新墨西哥）召开年会，探讨了元素循环在人类-自然耦合系统中新的特性，以及人类如何适应并调控这些循环过程。

四、磷的生物地球化学循环

（一）全球尺度的磷循环

图 5-5 描述了在全球尺度下磷在陆地、生物、大气、海洋等分室的传输过程，其主要驱动力是地质作用，其次为生物搬运和人类活动。相应地，磷的主要传输机制有：大陆抬升、岩石风化、水中溶解、生物同化溶解、生物间传输、传输、沉降、侵蚀和人类活动等。一般地，磷循环主要始于岩石风化，终于水中沉积物。因而，磷循环一般是较为简单的沉积型循环，磷酸盐易被径流携带而沉积于海底，沉积在海洋中的磷离开了循环，因而磷的全球循环是不完全的循环。磷元素离开生物圈即不易返回，除非有地质变动或生物搬运。磷在全球的各个储库及其滞留速度见表 5-2。

+5 价的磷基本上是地球系统内唯一的存在形式。在海洋中，溶解态的磷总以 PO_4^{3-} 的形式存在。类似地，在岩石圈内，磷基本上以磷酸盐的形态存在于多种矿物质内，如磷灰石。磷在生物圈中主要以有机磷的形式（DNA、RNA 等）存在。大气中的磷以扬尘中的固态形式或在云/雨中的溶解磷酸盐形式存在。但在土壤中，磷酸根在碱性环境中易与钙结合，酸性环境中易与铁、铝结合，都形成难以溶解且难以被植物吸收利用的磷酸盐。

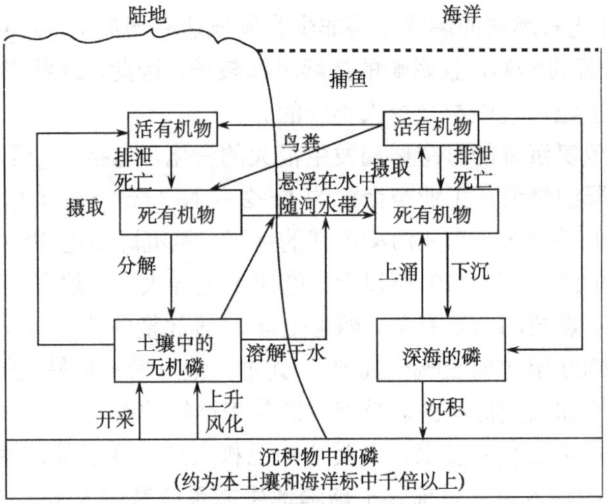

图 5-5　磷的全球循环

表 5-2　磷的储库和滞留时间

储库	质量/10^{12} g P	滞留时间
沉积物	4×10^9	2×10^8 年
陆地	2×10^5	2000 年
深海	8.7×10^4	1500 年
陆地生物	3000	50 年
表层海洋	2700	2.6 年
大气	0.028	若干天

磷循环是以和生物圈的耦合来完成的，磷的流出和流入生物圈由光合作用和呼吸作用控制，植物光合作用吸收无机磷酸盐进入活的生物体，而呼吸和分解作用则将有机磷转化回到无机形态。磷的全球生物地球化学循环可由 6 个储库模型来概括，即沉积物、陆地土壤、陆地生物、海洋生物、表层海洋和深层海洋。磷是地球上含量第十丰富的元素，其重量相对丰度为 0.1%，地球上大约有 6×10^{12} Tg，而大部分磷都存在于地幔和地核中，不能真正地参与磷的全球生物地球化学循环。地球上参与磷循环的磷大约有 2×10^{12} Tg。磷的全球生物地球化学循环需要 5 万年，而磷在沉积物中的存在时间大约为 2 亿年。

磷在储库中的滞留时间反映了该元素的活跃程度，一般时间越短，循环周期则也越短。在陆地–生物之间，磷的主要储库是以往地质年代形成的磷灰石矿物沉积。一部分磷以采矿形式开发成为磷肥，施用到农田中；还有一部分岩石经风化作用，释放磷进入陆地系统。从土壤流向生物体中的磷可通过死亡有机体分解归还至土壤库中。在陆地/海洋–大气之间，从陆地/海洋进入大气的磷，可通过大气的干湿沉降。磷向岩石圈的流入是通过在海底形成含磷酸盐的沉积物完成的，在岩石圈循环结束，这些含磷酸盐沉积物被带到地球表面，磷从而得以流出岩石圈，并被风化和侵蚀。有关 $Ca_5(PO_4)_3OH$ 的产生和降解的化学反应式可由下式表示：

$$5Ca^{2+}+3HPO_4^{2-}+4HCO_3^- \longrightarrow Ca_5(PO_4)_3OH_{(s)}+4CO_2+3H_2O \tag{5.8}$$

从左向右的反应是沉积过程，从右向左的反应代表风化和侵蚀过程。该反应的一个重要特点是与碳循环的耦合，这在地球系统中的许多其他沉积/风化反应中非常常见。

（二）人类活动与磷循环

人类活动加快了磷循环的速度（表5-3），它改变磷的生物地球化学循环主要体现在以下几个方面：农业活动、人类生活、水生生态系统改变和水体富营养化。就农业活动而言，由于食物生产和消费链的低效性，施入农田的磷肥只有约20%可被利用，其余则可能随雨水冲刷等方式进入河流；工业生产中磷的使用，部分磷随污水以点源等方式排出，因而越来越多的磷流入海洋，埋藏于深海中，加速磷的匮乏。目前，有学者对21世纪可能会产生的全球磷缺乏表示担忧。

表5-3　人类活动强度加快了磷生物地球化学循环的速度　（单位：1×10^6 g P/年）

通量		自然	工业前	最近
人类活动加剧自然通量				
侵蚀		>10	>15	>30
	风	<2	<3	<3
	水	>8	>12	>27
河流传输		>7	>9	>22
	颗粒磷	>6	>8	>20
	溶解磷	>1	<2	>2
生物质燃烧		<0.1	<0.2	<0.3
人为流动				
	作物吸收	—	1	12
	动物排泄	—	>1	>15
	人类产生的废物	—	0.5	3
	有机再循环	—	<0.5	>6
	无机肥料	—	—	15

海洋中的磷返回到陆地的途径有三种：①海平面上升需要比较长的地质历史时期；②海水上涌是物理方式进行的；③海洋中盛产的大量鱼虾在人们的捕捞作用下，输出海洋中的磷到陆地，这是非常有意义的工作。据估计，通过捕捞海鱼，每年以这种方式返回的磷大约仅有 6.0×10^7 kg。在沿海地区，会有大量的海鸟排泄物堆积在陆地。据估算，世界范围内，海鸟类每年可以传输 $10^7\sim10^8$ kg 海洋来源的磷到陆地。但也有人认为，在全球范围内，海鸟在磷的返回循环中起的作用是有限的。

目前，磷从海洋中返回陆地的机理及通量的估算尚需进一步开展深入研究。

五、硫的生物地球化学循环

（一）全球尺度硫的循环

全球尺度的硫生物地球化学循环可概述如下：自然界的硫最初来自于含硫的矿物，以多种硫酸盐矿（主要是石膏，$CaSO_4$）和硫化矿（主要是黄铁矿 FeS_2）等形态存在，也可以硫黄形式存在，这些矿物被风化剥蚀后，硫就进入了土壤；土壤中的硫一部分被地表径流溶解进入海洋，一部分被氧化以挥发性气体的形态进入大气，还有一部分被植物吸收，通过食物链分布于生物圈；进入海洋的硫，一部分以沉积的方式，亿万年之后成为煤或石油中的硫，一部分进入生物体被吸收；另外一些形态的硫通过同化作用被植物和微生物吸收而成为有机硫，变为细胞的组成部分，当这些生物死亡或被动物消化后，生物体中的硫通过微生物的异化作用分解还原，一部分以 H_2S 的方式进入大气，其余的重新回到土壤，使循环得以继续；而大气中的硫素以降水的方式落到海洋、土壤中，又开始了它们的下一轮循环（图 5-6）。

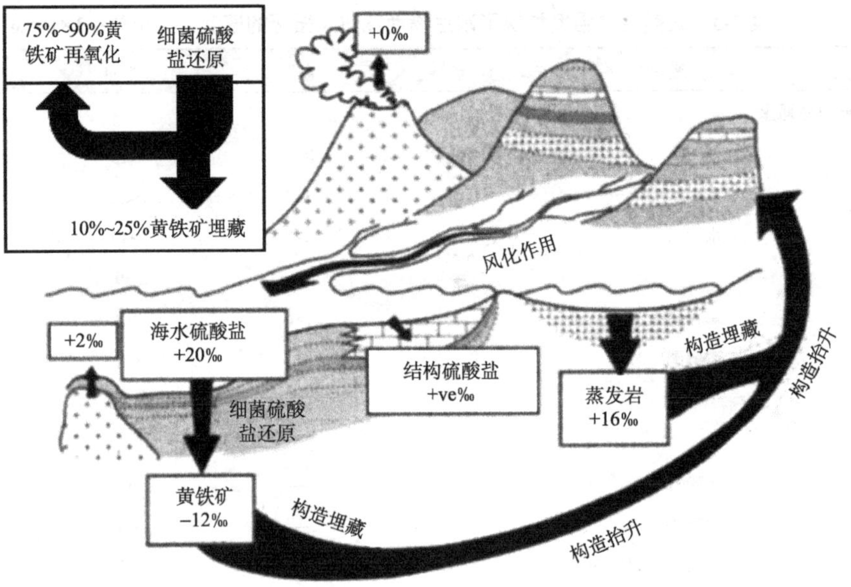

图 5-6　全球尺度上硫的生物地球化学循环

硫的自然循环主要是通过硫的生物循环来实现的。硫的生物循环包括以下几个部分：①在厌氧环境条件和硫酸盐还原细菌的作用下，硫酸盐被异化还原为硫化物的过程；②硫化物在好氧硫杆菌的作用下被生物氧化为单质硫和硫酸盐的过程；③硫酸盐在细菌的作用下被同化还原为有机硫的过程。这些硫的生物循环过程与物化过程紧密结合，共同构成了硫的自然循环。尽管硫是生物圈的重要组成部分，但是它最重要的生物地球化学反应却是那些无机形式的硫参与的反应，并且伴随着它在−2 和+6 价态间的变化。硫在很多重要的氧化-还原中扮演着电子供体和电子受体的角色。

硫在全球尺度上的各个储库的含量和滞留时间见表 5-4。由表 5-4 可见，硫的主要储库为岩石圈和沉积物，主要以硫酸盐的形式储存、以硫酸盐溶液形式被植物吸收。沉积的硫在土壤微生物的帮助下可转化为气态的 H_2S，再经大气氧化为 H_2SO_4 复降于地面或海洋中。在硫的全球生物地球化学循环中，硫在大气圈、岩石圈和水圈可以不同的价态存在，硫在生物体内以−2 价形式存在，而在大气圈中却主要以硫酸盐（+6 价）形式存在。因此，在植物体内也存在相应的还原酶系。在土壤富氧层和贫氧层中，分别存在氧化和还原两种微生物系，可促进硫酸盐与水之间的相互转化。

表 5-4　硫的储库和滞留时间

储库	质量（10^{12} g S）	滞留时间
岩石圈	2×10^{10}	10^8 年
海洋	3×10^9	10^6 年
沉积物	3×10^8	10^6 年
土壤	3×10^5	10^3 年
湖泊	300	3 年
海洋生物	30	1 年
大气	4.8	8～25 天

构成全球硫循环的储库主要包括蒸发岩、海水溶解的硫酸盐及海相碎屑沉积物（岩）中的硫化物（主要以黄铁矿形式存在），同时这些储库中的硫也经常被火山作用释放出的硫（SO_2、H_2S）或火成岩风化的硫所补充。海水硫酸盐的硫进入到地质储库主要通过以下两个途径：①通过生物还原作用将硫酸盐还原为 H_2S，H_2S 与 Fe 等金属离子继续反应形成硫化物（大部分为 FeS），75%～90%的硫化物又重新被氧化为硫酸盐，剩下未被氧化的硫化物（主要是 FeS_2）和有机质中有机硫化合物通过沉积作用共同进入到地质储库；②溶解在海水中的硫酸盐通过蒸发作用形成蒸发岩（主要以石膏）进入到地质储库。另外，在碳酸盐岩结晶过程中，海水中的 SO_4^{2-} 将会取代 CO_3^{2-} 进入到碳酸盐岩晶格中，随碳酸盐岩共同沉淀下来。不过，在这个过程中，硫酸盐的输出量非常小。由于构造抬升，地层出露地表并遭受风化剥蚀。因此，在这个过程中，蒸发岩和碳酸盐岩将会发生溶解，而黄铁矿与氧气也会发生反应：

$$FeS_2+315O_2+H_2O \rightleftharpoons Fe^{2+}+2\,SO_2^{4-}+2H^+ \tag{5.9}$$

形成硫酸盐溶液，而后通过水文循环重新回到海洋。其中，黄铁矿和氧气的反应是一种影响大气 O_2 含量的重要过程，它与风化过程中沉积有机质的氧化共同控制了大气 O_2 含量。

（二）硫循环与碳循环的耦合

硫循环与碳循环具有密切的内在联系。硫循环过程比较复杂，可分为两类：厌氧自养菌生长和化能自养菌。在缺氧环境下，细菌（主要是厌氧自养菌）硫酸盐还原作用（BSR）可将光合作用产生的有机质转换为无机碳，进而使硫循环与碳循环得以耦合。

生物体内的硫以有机硫化合物和无机硫酸盐两种形态存在，大部分有机硫以蛋白质形式出现，少量以含硫氨基酸形式存在，形态和含量比较稳定。植物体吸收利用硫的主要形式是 SO_4^{2-}，植物体内硫酸盐的同化包括硫酸盐的吸收、转运、活化、还原及半胱氨酸（Cys）的合成。植物通过光合作用把 CO_2 转化为有机碳，还可以从大气中吸收 H_2S、SO_2 等供生长发育的需要。也就是说，通过植物的作用，可以把硫循环和碳循环有机地结合在一起。

二甲基硫（DMS）是海水中含量最丰富的挥发性生源有机硫化物，它在硫的生物地球化学循环中起着重要作用。表层海水中，DMS 的浓度远远高于其在大气中的浓度，处于过饱和状态的 DMS 会以很大的通量挥发进入大气中去。进入大气中的 DMS 除参与硫的全球循环外，还对全球或区域的气候变化起着一定的负反馈作用；同时，也较大程度地影响酸雨的形成。Charlson 等（1987）提出的负反馈假说，描述了海洋表层水温由于全球变暖升高后，全球海洋浮游植物生产力提高，从而使浮游植物生成DMS的能力提高、挥发到大气中的DMS通量提高；甲基磺酸盐（MSA）和SO_2是挥发进入大气中DMS发生氧化生成的产物，它们可以发生同相或异相反应，生成的 nSS-SO_4^{2-} 形成气溶胶并使云凝结核的数量增加；增加的云凝结核使太阳光的反射率提高，从而减少了全球热量收入，抵消部分温室效应，进而影响碳循环。大气中DMS氧化产物MSA和SO_2具有较强的酸性，将会较大程度地影响天然沉降物酸度，其挥发通量的成倍变化将会对全球产生平均几度的温度变化。

六、重金属的生物地球化学循环

（一）概述

重金属元素的生物地球化学循环过程比较复杂。图5-7描述了重金属元素在以土壤为核心的各环境介质中的生物地球化学循环过程，土壤扮演了重金属元素源-汇的双重角色。一方面，各种途径向土壤输入重金属元素，导致其在土壤中含量升高；另一方面，在一定外力条件下，如径流、起尘、渗漏、风化和侵蚀等，土壤中累积的重金属可二次释放，成为其他分室中重金属元素的源。在土壤-作物系统中，由于人为扰动因素较多，重金属元素来源复杂，包含的生物地球化学循环过程也较多。因此，重金属元素在土壤-作物系统中的生物地球化学循环过程成为国内外学者研究的焦点问题，尤其在重金属元素源汇辨析、生物有效性和污染修复等方面。

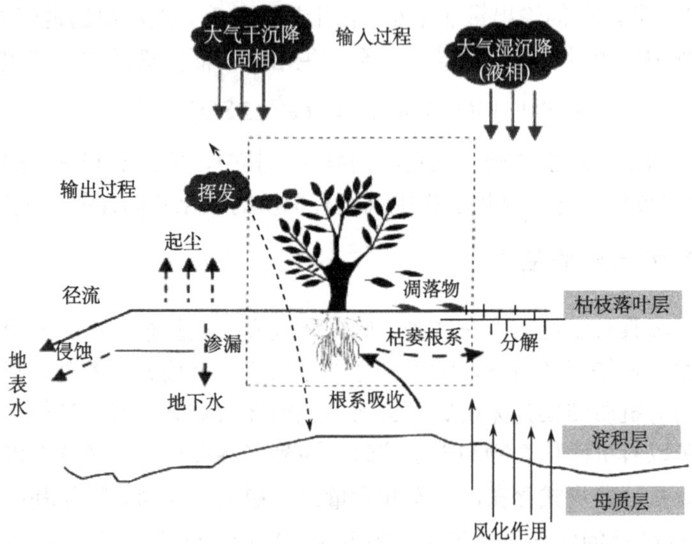

图5-7　重金属的生物地球化学循环

一般来说，进入土壤分室的金属元素，由于无机及有机胶体对阳离子的吸附、代换或络合、生物作用的结果，大部分被固定在土壤接触部位的表层几厘米范围之内，可以通过植物根系的摄取迁移至植物体内，也可向土壤下层移动。生长在被金属元素污染土壤中的植物，体内会发生金属元素的累积，如在铅锌矿废弃地土壤Pb、Zn污染严重，生长在该区域的所有植物Pb和Zn的含量也均超出正常范围。同一种类植物对不同金属元素的吸收富集能力存在差异，不同种类的植物对同一种金属元素的吸收富集能力也不相同。降雨尤其是酸雨条件下，土壤金属元素的迁移能力明显增强。随着酸雨 pH 降低，土壤中 Cd、Pb、Cr 等有毒金属元素的溶解度升高，大部分元素均随酸雨和土壤 pH 下降而淋出量增大。降雨的输入总体上加速了土壤剖面中元素的迁移速率，同时也促进了土壤矿物风化和元素形态向可供作物吸收形态转化。金属元素在土壤剖面中的迁移除了与降雨条件有关外，还与土壤 pH、阳离子交换量（CEC）和有机质含量有密切的相关性。

土壤本身即含有一定量的重金属元素，其中有多种是生物生长所必需的营养元素，但当其浓度超出一定限度后，对生物的正常生命活动均存在危害。土壤中过量的重金属元素对土壤生态系统组成和功能的影响及损害见图 5-8。值得注意的是，金属元素除可通过食物链进入人体外，还可通过直接接触、呼吸等方式进入人体，尤其是儿童因其异食行为，更容易吸收土壤中的金属元素。

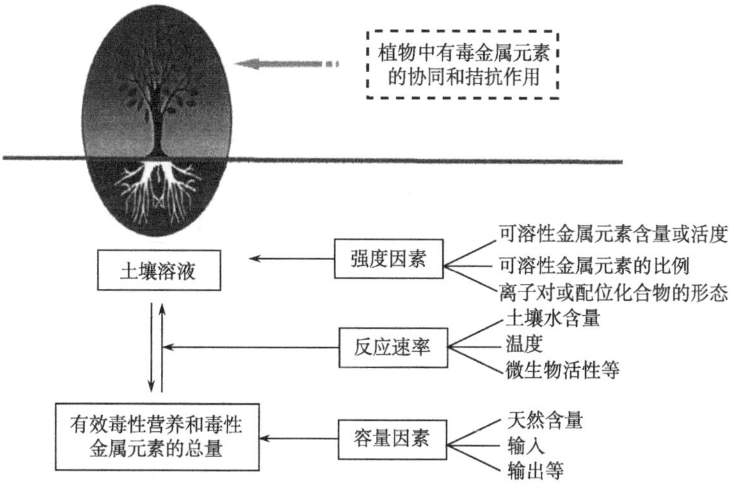

图 5-8　过量的重金属元素对土壤生态系统组成和功能的影响及损害

（二）Cd 的生物地球化学循环

大气、土壤和水体都有 Cd 的分布，其含量受人为影响较明显，每年由于人为因素向自然界中输入的量比自然输入量高一个数量级。Cd 在地球各圈层的循环见图 5-9。土壤中大约 10%的 Cd 与有机质相结合，在 Cd 的循环过程中，由陆地生物迁移和转化的量相对较小。在自然水体中，Cd 主要以 Cd^{2+}存在，其化合物除 Cd 外均能溶于水，因此 Cd 是水迁移性的金属元素。Cd 也可以和多种离子，如 OH^-、Cl^-和 CO_3^{2-} 等形成配合物，加速了其迁移性。土壤中 Cd 一般累积于土壤表层，深层则显著减少；通常有机质含量越高、粒径越细的土壤对 Cd 的吸附量越大。植物体内含 Cd 量一般较低，大多数均在 1.0 mg/kg 以下。在众多植物中，蕨类植物和苔藓植物含量较高。由于含 Cd 的岩石风化、镉矿床的开采，特别是随着工业大量使用 Cd 作为电镀、染料及热塑性塑料的稳定剂后，Cd 在环境中的循环量增加了。Cd 的溶解度较 Hg 大，因此环境中有简单的镉离子存在。河流底泥对水中的 Cd 有很强的吸附作用，底泥对 Cd 的浓集系数在 5000～50 000 之间。腐殖质是河水中镉离子的主要吸附剂，吸附速度很快。腐殖质又可以对 Cd 进行螯合，因此 Cd 便随着河水迁移。Cd 与羟基和氯离子络合，生成 $CdOH^+$、$Cd(OH)_2$，以及 $CdCl^+$、$CdCl_2$ 等络合物，环境中的 Cl^- 对 Cd 的络合仅次于 Hg。被吸附、螯合和络合的 Cd 被河水携带入海，在河口处和海水中逐步混合，因水相的盐度不断升高，吸附的 Cd 在不同程度上被海水中的 Na^+、Mg^{2+} 所代替，使 Cd 又重新洗脱回到水相中。所以，河水中的悬浮固体或腐殖质实质上起着把 Cd 输送入海洋的作用。另一方面，被胶体吸附的 Cd 入海以后，由于海水的盐度大而絮凝沉淀到海底，在还原条件下，Cd 便生成 CdS 而沉淀，最后作为海洋沉积物继续参与生物地球化学循环。

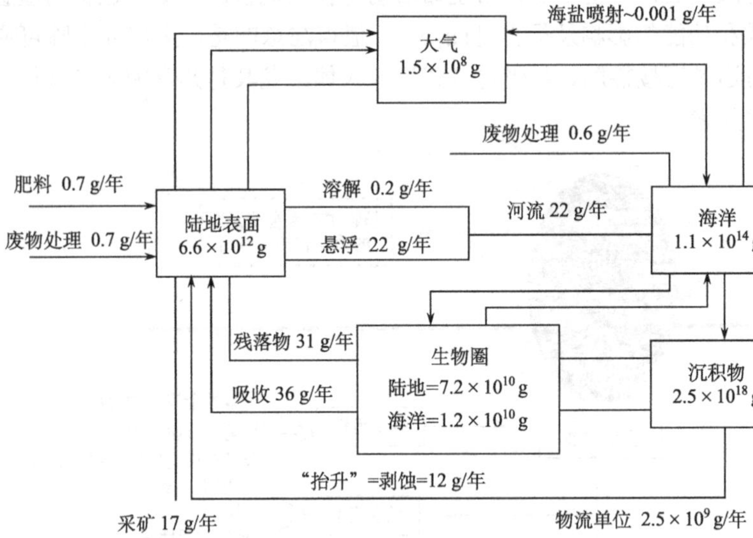

图 5-9　全球尺度的 Cd 的生物地球化学循环

在自然界中，Cd 是显著的亲铜元素和分散元素。Cd 与 Zn 的地球化学性质很相似，两者有着共同的地球化学行为，但 Cd 比 Zn 具更强的亲硫性、分散性和亲石性。Cd 在地壳中丰度极低，在岩石中呈分散分布，不易形成独立矿物，又统称为稀有分散元素。在地壳中，Cd 的元素丰度为 0.2×10^{-6}。目前已发现的含镉矿物有硫镉矿（CdS）、菱镉矿（$CdCO_3$）、方镉矿（CAO）、硒镉矿（CASe）等。Cd 的存在形式主要有类质同象、吸附状态和极少量独立矿物形式。大多数情况下，Cd 以类质同象置换其他相应离子而存在于各种含镉矿物中，其中以闪锌矿的含 Cd 量最高。但是，Cd 又有相当的亲石性，可同时进入氧化物和硫化物中：在硫化物中 Cd 主要进入锌的硫化物内，在氧化物中 Cd 存在于钙及锰的矿物中。Cd 在岩浆岩中的丰度变化较小，但在沉积岩中的丰度变化较大。表生条件下，黏土、有机质、底泥和悬浮物对水体中的镉离子有强烈的吸附作用，而 Cd 的沉淀主要通过碳酸盐的形式。Cd 易被土壤吸附，一般吸附率为 80%～95%。土壤类型和特性不同，从腐殖质土壤、混有火山灰的冲积土壤、重壤质砂质土、壤质土、砂质冲积土对 Cd 的吸持率依次降低。水溶解出土壤中的 Cd 随酸碱度、氧化还原电位发生变化：pH 降低，Eh 值升高，Cd 的溶出率增大。当 pH 为 4 时，Cd 的溶出率超过 50%；pH 为 7.5 时，Cd 很难溶出。中国水系沉积物中 Cd 的丰度（中位数和算术平均值）为 0.12×10^{-6}～0.14×10^{-6}，而土壤中 Cd 的丰度为 0.09×10^{-6}。海水中 Cd 的浓度为 0.1 μg/L。一般在未受污染的水体中 Cd 的浓度$<1\times10^{-9}$。，而污染水中的 Cd 的浓度

可达 $n\times10^{-6}$。Cd 在大气中含量极低，一般为 $2\times10\ g/m^3$。除工矿业粉尘外，目前难以检出大气中 Cd 的含量。

（三）Pb 的生物地球化学循环

重金属元素 Pb 已成为全球性的污染物，含 Pb 的烟雾在空气中的半衰期为 7～30 天，然后通过大气干湿沉降进入陆地和水体，其在地球各圈层中的地球化学循环过程见图 5-10。在水体中，Pb 主要以离子态的形式存在，同时其含量受水体中其他离子，如 OH^-、Cl^-、CO_3^{2-} 等影响，Pb^{2+}可以与多种离子形成络合物或配合物。通常条件下，由于悬浮颗粒物和沉积物等的强烈吸附作用，在实际的自然水体中 Pb 的含量相对较低。在土壤中，Pb 主要以 $PbCO_3$、$PbSO_4$、$Pb(OH)_2$ 等固体形式存在，土壤溶液中可溶性 Pb 的含量相对较低，因此其迁移性相对较弱。

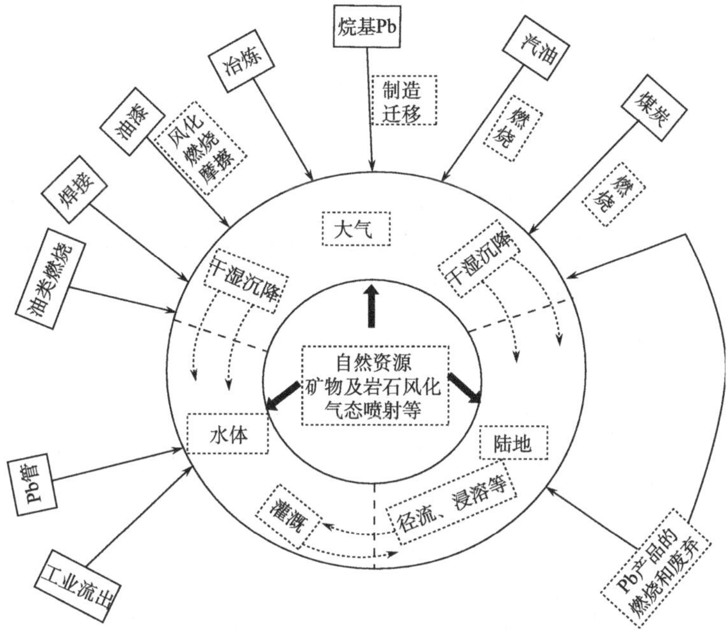

图 5-10　Pb 的地球生物化学循环

Pb 的生物地球化学循环特点同 Cd 相似。Pb 很容易被有机胶体或无机胶体吸附，被有机胶体的吸附顺序为 $Pb^{2+}>Cu^{2+}>Ni^{2+}>Zn^{2+}>Cd^{2+}>Fe^{2+}>Mn^{2+}$，被蒙脱石等无机胶体吸附的顺序也是 Pb 占第一位。因此，Pb 在河流的迁移时很易进入底泥沉积物中。据研究，Pb 在离排污口 10 km 处，就有 90%被净化。而溶液中的 Pb 则随河水进入海洋，并参与海洋沉积物的生物地球化学循环。含有 Pb 的颗粒物通过大气传输，在环境中迁移。其中，大颗粒在一定条件下沉降到地面，小的则可被降水淋洗，进入河、湖、海等水体，参与生物地球化学循环。

人类活动对 Pb 的区域性及全球性生物地球化学循环的影响比其他任何一种元素都明显得多。土壤中原生 Pb 和外源 Pb 均参与生物地球化学循环。土壤 Pb 多在无机化合物中以二价态存在，极少数为四价态存在。除无机铅外，土壤中含有少量可多至 4 个 Pb-C 链的有机铅。土壤有机铅以外源 Pb 为主，主要来源是沉降在土壤中的未充分燃烧的汽油添加剂。土壤中 Pb 的化合物溶解度均较低，且在迁移过程中，因下列多种因素影响，使 Pb 在土壤中的迁移能力很弱：①土壤阴离子对 Pb 的固定作用，PO_3^-、CO_3^{2-} 和 OH^- 等土壤阴离子可与 Pb^{2+} 形成溶解度很小的正盐、复盐及碱式盐；②土壤有机质对 Pb 的络合作用，土壤有机质的—SH、—NH_2 基团能与 Pb^{2+} 形成稳定的络合物；③土壤黏粒矿物对 Pb 的吸附作用，黏粒矿物的阳离子交换性能可对 Pb 进行离子交换性吸附。由于 Pb 在土壤中的迁移能力较弱，故在有机质或黏粒含量较高的土层中，Pb 的含量稍高。Pb 在污染土壤表层的水平分布，随污染方式而异。土壤中有效态的 Pb 才可参加生物地球化学循环。土壤 Pb 污染主要通过空气、水等介质形成二次污染。另外，Pb^{2+} 也可进入水合氧化物的配位壳，直接通过共价键或配位键结合于固体表面，对铅离子产生化学吸附作用。被化学吸附的 Pb 很难解吸，故不易被植物吸收。

由于 Pb 在社会各个生产领域的广泛应用，Pb 以各种形式排放到大气、土壤和水中，造成一系列循环污染。由此，生长在这些被污染的环境分室中的动植物也受到污染，通过生物圈循环，Pb 污染到达食物链的终端——人，最终使人体受到 Pb 的危害。

（四）Hg 的生物地球化学循环

Hg 是稀有的分散元素，广泛分布于地球各圈层中，全世界每年生产的 Hg 绝大部分进入大气和水体，其生物地球化学循环如图 5-11 所示。水环境中 Hg 主要源于电器装备和造纸等行业的污染物。沉积物中的 Hg 在微生物的作用下可以甲基化，形成有机 Hg。在转化成有机 Hg 前，必须转为 Hg^{2+}。有机物在光照后产生游离态甲基，与 Hg^{2+} 作用形成甲基汞。同时，

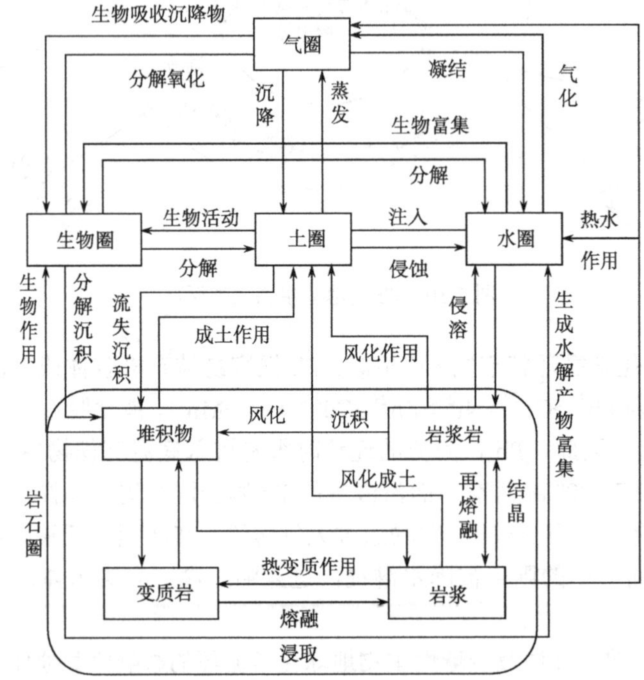

图 5-11　Hg 的生物地球化学循环图示

有机 Hg 在光照或微生物作用下也可以发生降解，形成无机 Hg。Hg 从污染源进入自然水体，立即与水中各种物质发生作用，一部分被吸附进入沉积物，另外一部分溶解在水体中，同水体中的 OH^-、Cl^-和氨基等配合形成可溶性的配合物。当 Hg 进入土壤后，绝大部分被土壤颗粒吸附固定，土壤中的有机质和黏土矿物对 Hg 有强烈的吸附作用。土壤中不同形态的 Hg 被植物吸收难易顺序不同，一般情况下有机 Hg 最容易被吸收，HgO 和 HgS 则较难被吸收。

人为污染对 Hg 生物地球化学循环产生越来越重要的影响。由于大量燃煤，释放到空气中的 Hg 通过干湿沉降增加土壤中 Hg 的含量。冶炼等使用 Hg 的企业，排放到大气中的 Hg 也可以通过大气沉降，以及通过废水、废渣等途径进入土壤，使得局部地区土壤的 Hg 含量呈逐年增加的趋势。土壤中常常存在一部分元素 Hg，往往只占土壤总 Hg 的 1%以下，但是它对生物体是高度有效的。它不仅能被叶片吸收，植物根系也能直接吸收并且利用这种形态的 Hg。可见，在正常的土壤和范围内，能以零价状态存在并且对植物高度有效是土壤中 Hg 的重要特点。土壤中存在的无机化合态 Hg 有 HgS、$HgCl_2$、$HgCl_4^{2-}$、$HgCO_3$、$HgHCO_3^+$、$HgNO_3^+$、$HgSO_4$、HgO、$HgHPO_4$等，它们因土壤类型不同而各有差异。在各种无机化合态汞中，并不是所有赋存形态对生物体都是有效的。$HgCl_2$和 $HgCl_4^{2-}$ 是植物容易吸收利用的两种汞化合物，而 HgS 则难以被植物吸收利用。

有机态化合汞包括 CH_3HgS^-、CH_3HgCN、$CH_3HgSO_3^-$、CH_3Hg_2S、$CH_3HgNH_3^+$和腐殖质结合汞等，其中以腐殖质结合汞最为主要。一般来说，土壤中有机质结合态汞通常约占总 Hg 的 2%。研究结果表明，在各种有机化合态汞中，以甲基汞形式存在于土壤中 Hg 的生物有效性较高，毒性也大，容易被植物吸收并且通过食物链在生物体内逐级富集，对生物和人体健康造成危害；而腐殖质结合汞的生物有效性较低，不容易被植物吸收，而且毒性也低。在含汞废渣、废水与废气三者中，Hg 从点源散发到大气后，由于大气的稀释与扩散作用，使大气 Hg 污染随着与点源距离的增加而减弱。

全世界每年生产的 Hg 在 7000 t 以上，约有 25.50%被排入环境中。散发到大气中的 Hg 经一定距离的传输，大约有 93.7%回降于陆地，土壤是大气 Hg 的最大受体。大气中 Hg 的降落是土壤中 Hg 的一个十分重要的来源，由于土壤中的黏土矿物和有机质的吸附作用，使得绝大部分 Hg 迅速被土壤固定，富集于土壤表层，造成土壤 Hg 含量增加。施用含汞农药是造成大面积农田土壤含 Hg 量普遍增加的一个原因。虽然现在包括中国在内的许多国家已经停止了含汞药的施用，但是已经受到 Hg 污染的土壤对生态系统的影响是长期的。农田施用的肥料也含有一定数量的 Hg，大多数肥料中含 Hg 小于 15 mg/kg，因此，施肥的过程也可将肥料中的 Hg 带入到土壤中。进入土壤中的 Hg 除一部分能被土壤迅速吸收或固定，还有一部分 Hg 可通过土壤侵蚀、淋溶、植物吸收元素 Hg 的形式发生水、气、生物迁移。

一般而言，天然水体中的 Hg 含量甚微。未受污染的淡水中总 Hg 浓度一般低于 5 ng/L，但有机质含量较高的湖泊或颗粒物含量较高的河流中总 Hg 浓度可达 10 ng/L 甚至 20 ng/L。海水中 Hg 浓度较淡水更低，只有 0.1～0.8 ng/L。在海洋和河口，水体中甲基汞占总 Hg 的比例一般低于 5%，而在淡水湖泊和河流中甲基汞占总 Hg 的比例最高可达 30%。未受污染的沉积物中 Hg 背景值与未受污染的土壤相当，大概为 0.02～0.1 μg/g。沉积物中甲基汞占总 Hg 比例一般为 1%～1.5%，甚至更低（<0.5%）。沉积物间隙水中总 Hg 浓度一般情况下远高于上覆水体，间隙水中甲基汞占总 Hg 的比例可高达 30%～55%。尽管水体中甲基汞浓度很低，

但通过水生食物链传递后却可达到很高的含量。例如，水体中甲基汞一般占总 Hg 的 10%～30%，但鱼体中的 Hg 大约有 95%以上是以甲基汞形式存在的。鱼体对水体中甲基汞的生物富集系数通常在 10^4～10^7 范围内，未受污染水体中鱼体背景值的上限为 0.2 μg/g。

在好氧条件下（通常指水体），有机配体在控制 Hg 的生物地球化学行为中起着主导作用；反之，在厌氧条件下（通常指沉积物及其间隙水），S^{2-}则起着更为重要的作用。沉积物中 Hg 主要同硫化物、有机质和无机颗粒物结合在一起。在酸性环境中，沉积物中 Hg 首先与腐殖质结合在一起，但在中性和碱性条件下，Hg 倾向于同矿物颗粒结合在一起（铁氧化物和黏土矿物）。HgS 是水环境中最主要的不溶形态的无机汞。低 pH 和低 S^{2-}环境有利于 HgS 的形成，但在低 Eh 和高 pH 条件或者有过量 S^{2-}存在时，HgS 可以转化为可溶的 Hg-S 化合物，如 HgS_2^{2-}。有机质的存在通常可以增加 HgS 的溶解度。HgS 可以被生物甲基化。在 S^{2-}含量较高时（如间隙水），随着 Eh、pH 及 S^0/S^{2-}的改变，Hg 可以以下列溶解态形式存在：$HgSH^+$、$Hg(SH)_2$、$Hg(SH)S^-$、HgS_2^{2-}、$Hg(Sx)_2^{2-}$、$Hg(Sx)OH^-$等。

（五） As 的生物地球化学循环

As 在地壳中广泛存在，平均含量约为 118 mg/kg，在地壳所含元素的丰度中排第 54 位。整个地球圈内，岩石圈保有最大的 As 储量，约在 10^{13} t 的量级；水体和土壤的保有量均在 10^9 t 量级，大气中的保有量最少约在 10^3 t 的量级。因此，在 As 的生物地球化学循环（图 5-12）当中，岩石圈起到了一个“仓库”的作用。但是，除了少数矿藏开采外，岩石圈中的 As 并不会对人类造成直接影响，其主要是通过火山喷发、岩石风化和底层交换等过程向大气、土壤和水体输送，并通过海底沉降和地壳运动从土壤和海洋水体中进行回收。自 20 世纪 20 年代以后，世界每年出产的砷化合物的量基本在 3 万～5 万 t。这些砷化合物被广泛应用于农业、电子、金属、木材防腐、饲料添加剂等行业中，它们的使用也成为环境中 As 污染的一个来源。土壤中 As 的背景值为 5～6 mg/kg，这一浓度会随不同地质条件而有所波动，比如在泥

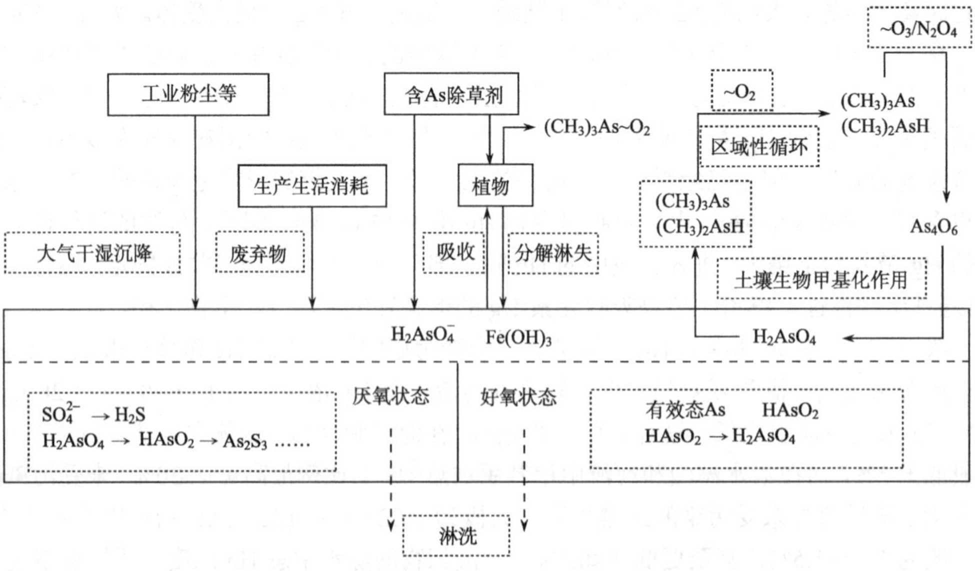

图 5-12　全球尺度的 As 的生物地球化学循环图示

炭和沼泽土壤中，由于富有硫矿和还原性的条件能大大增加 As 的富集。同时，人类的工农业活动也会极大地提高周围环境中 As 的浓度。

土壤中 As 的来源可以分为两大类：天然来源和人类活动。其中，天然来源的 As 主要包括随岩石层风化逐渐形成土壤而带来的 As 和大气中 As 的沉降。由岩石层衍生而来的土壤 As 浓度取决于其成土过程中成土母质 As 的含量，其成土过程中的一些条件如气候、母质的有机和无机成分，以及氧化-还原电位也对土壤中的 As 含量有一定影响。天然情况下，含 As 比较高的矿物主要是铁矿石和岩浆硫化物矿。据统计，每年通过大气沉降进入土壤的 As 为 8400～18 000 t。人类的活动也会在相当程度上给当地土壤中的 As 浓度造成影响，这其中包括矿物开采冶炼、含 As 农药和肥料的使用、电子工业和木材防腐中的应用等。每年全球通过人类活动和大气沉降进入土壤中 As 的量为 64 000～132 000 t。

淡水中的 As 含量因其来源、可给性以及周围地质条件不同而差异很大。溶解态 As 的浓度值的跨度范围可以从最低 10^{-1} μg/L 的水平到高达 10^{3} μg/L 水平，因此很难给出一个具体值来定义其特征浓度。在自然条件下，河水的背景值相对较低，为 0.1～0.8 μg/L。特定环境下，如源于地热区域或具有高含量 As 地下水的河水中 As 的含量会大大升高，典型的源于地热区域的河水中 As 浓度在 10～70 μg/L。其他自然条件如河水流经的岩床或干旱的气候也会对河水中的 As 含量有影响。人类活动如工业污水、采矿污水和尾矿等都会大大提高周围水体中的 As 浓度。湖水中 As 的含量和分布情况与河水类似，典型的湖水中 As 的浓度接近或低于河水的含量值，其背景浓度低于 1 μg/L 的水平。地热水源和人类的矿业开采活动也会造成类似的 As 浓度升高的情况。相对于河水的流动性，一些偏碱性的盆地型湖泊有利于湖水中 As 的富集；对于底泥中含有高含量砷矿物或污染物的湖泊，湖水中 As 的含量会随着深度的增加而上升。淡水中 As 的形态以三价和五价无机砷为主。从各种途径进入水中的 As 可以通过各种物理化学反应进入沉积物、生物或溶解在水体中。水中的无机 As 化合物可以被厌氧细菌还原而形成有机 As 化合物。

海水中 As 的含量波动相对较小，基本为 0.5～2.0 μg/L，尤其是开放海域，典型的 As 浓度稳定在 115 μg/L。在入海口区域，由于受到不同含量、盐度和氧化-还原梯度的水源的注入，As 的含量会有所变化，但是其含量依然处在相对较低的水平，自然条件下一般不超过 4 μg/L 的水平。尽管海洋中含有最丰富的不同形态的砷化合物，如砷糖、砷胆碱等，但是海水中溶解态的 As 的形态以五价无机砷为主，浮游植物和细菌介导的还原作用会使三价无机砷的比例增加。海水中的一甲基砷和二甲基砷也被认为是由于浮游植物的生物作用介导而产生的，因此它们主要存在于表层海水中，在透光层以下含量会急剧下降；同时，由于季节变化和水域温度会影响生物的活性，从而也会间接影响到表层海水中有机砷的含量。

大气中 As 的总保有量为 800～1740 t，在大气中的驻留时间为 7～10 天。未受污染区域，大气中 As 浓度为 10^{-5}～10^{-3} μg/m^{3}；接近城市的区域空气中 As 浓度会有所升高，为 0.003～0.18 μg/m^{3}，金属冶炼、煤燃烧和火山喷发等活动会导致附近区域空气中 As 浓度极大升高。同时，海洋表面气溶胶的喷发也会对大气中 As 含量有所贡献。在南、北两个半球的空气中 As 的分布并不均衡，其中北半球空气中 As 的保有量要远大于南半球，这一差异与北半球大的陆地面积和更为密集的高度工业化国家的排放有关。空气中 As 主要以颗粒态的三价和五价 As 的氧化物形式存在，其中以五价 As 为主。有机态的 As（一甲基砷、二甲基砷和三甲基砷）在空气中只占极小的比例，其来源是由于细菌活动介导产生的。

（六）Cr 的生物地球化学循环

Cr 的生物地球化学循环过程如图 5-13 所示。据估算，储存在陆地、海水和大气中的 Cr 分别约为 2.54×10^{16} g、2.20×10^{15} g 和 1.71×10^{10} g。陆地中 Cr 主要来源包括母岩风化、陆地生物死亡后分解、大气颗粒沉降和人类活动的输入。在土壤中，Cr 可能以 Cr^{3+}、CrO_2^-、CrO_4^{2-} 和 $Cr_2O_7^{2-}$ 几种形式存在，其中以三价 Cr 较稳定，是土壤中 Cr 的主要存在形态。三价 Cr 进入土壤后，绝大部分被土壤吸附固定，以 Cr 和 Fe 的氢氧化物的混合物或被封闭在 Fe 的氧化物中而存在，在土壤中难以迁移。相比较而言，CrO_4^{2-} 和 $Cr_2O_7^{2-}$ 的迁移能力较强，它们可以被植物吸收或淋溶到深层土壤、地下水或地表水中造成污染。

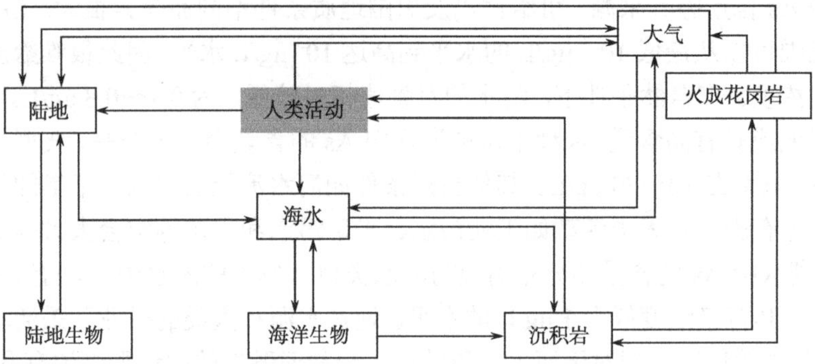

图 5-13　全球尺度上 Cr 的生物地球化学循环图示

Cr 的循环与其氧化-还原条件密切相关。首先，氧化-还原反应使 Cr（Ⅲ）和 Cr（Ⅵ）之间发生相互转化，这个过程主要与 pH、O_2 浓度有关，同时还需要适量的还原剂、配体和催化剂的存在。在强氧化条件下，Cr 可形成具有很高的迁移能力的易溶性铬酸盐；在还原条件下，Cr 则形成难溶性化合物沉淀下来。因此，在氧化-还原电位发生剧变的地方，常出现 Cr 的富集。Cr 也可以被腐殖质吸收，以溶胶状态发生迁移。

Cr 在地壳中为第 8 大元素，约占地壳总重的 0.02%。Cr 在地核、上地幔、下地幔、地壳和地球中的含量分别为 660×10^{-6}、1600×10^{-6}、2000×10^{-6}、110×10^{-6} 和 1500×10^{-6}，其中地幔岩中 Cr 的含量最高，所以 Cr 被称为地幔型元素。Cr 具有亲氧性和亲铁性，但以亲氧性强，广泛分布在铁镁硅酸盐矿物和副矿物中。Cr 的矿物可为氧化物、氢氧化物、硫化物、硅酸盐四大类，其中氧化物类的铬尖晶石族是 Cr 的主要工业矿物，根据各组分的含量不同，相应分成铬铁矿（$FeCr_2O_4$）、镁铬铁矿（Mg，Fe）Cr_2O_4、铝铬铁矿 Fe（Cr，Al）$_2O_4$ 和硬尖晶石（Mg，Fe）（Cr，A1）$_2O_4$ 等。岩石中，Cr 的含量随着岩石基性程度降低而降低。Cr 在不同的矿物和岩石中浓度变化主要有如下几种特征：同种矿物中的 Cr 含量随所在岩石的基性程度增高而增高，超基性岩中 Cr 含量最高，随后是基性岩、中性岩、酸性岩；从岛状到链状、片状硅酸盐铬的含量增高，橄榄岩含 Cr 仅为 20×10^{-6}，而单斜辉石为 1560×10^{-6}～8150×10^{-6}；云母类矿物中 Cr 的含量一般低于角闪石，也低于辉石，Cr 极难进入单斜长石的晶格，因为 Cr（Ⅱ）是六配位的，而长石中的铝全是四配位，彼此不能替代。

土壤中的 Cr 主要有这样几种来源：含铬成土母岩的风化，是土壤中 Cr 元素最主要、最直接的来源；从 Cr 工业区吹来的大气中含铬颗粒的沉降或被雨水冲刷到土壤中；灌溉用水和河水中 Cr 的沉淀或被土壤吸附也是土壤中 Cr 的来源之一；Cr 工业地区、钢铁工业废渣和城市垃圾堆放处沥滤可使土壤中的 Cr 含量增加，但这只是局部的。在还原性条件下，土壤中 Cr 有向有机结合态转化的趋势，且有机结合态 Cr 随时间有所增加，水溶态和交换态 Cr 浓度也略有上升；土壤 pH 降低时，水溶态和交换态 Cr 增加，沉淀态和残渣态 Cr 降低。由于 Cr（Ⅲ）能被土壤强烈吸附、沉淀和螯合，土壤溶液中 Cr（Ⅲ）的浓度很快减少。吸附、沉淀的 Cr 一般聚积在土壤表层，表层以下含量较少，而土壤中有机质含量的增加可以改善 Cr（Ⅲ）的迁移能力。相对于 Cr（Ⅲ）来说，土壤溶液中两种六价阴离子，即 $Cr_2O_7^{2-}$ 和 CrO_4^{2-} 的迁移能力强。它们可以被植物吸收或沥滤到深层土壤、地下水中或流入表面水造成污染，少量的 Cr（Ⅵ）被吸附到土壤中，结合能力主要与矿物组成和土壤 pH 有关，Cr 离子能被高岭土、FeO（OH）、氧化铝和其他土壤胶体（表面带正电荷）吸附。质子形式 $HCrO_4^-$ 发生在酸性的土壤中，也能被固定在土壤中或保持溶解状态。可移动的 Cr（Ⅵ）能被有机质还原剂还原，Fe（Ⅱ）或 S^{2-} 可催化此反应过程；当有像棕黄酸盐或柠檬酸盐这样的活动性配体存在时，Cr（Ⅲ）可以转化成氧化态，氧化过程发生在含有 Mn（Ⅲ、Ⅳ）的氢氧化物或氧化物条件下。当有机物通过直接或间接光合作用产生时，Cr 的循环按反方向进行。因此，也可以将其看成是光合作用能量积累的消耗过程。在这种不断的转化过程中，活动性铬化合物又可以通过生物链被生物吸收转移。

近年来，人类燃油、燃煤、采矿、冶金和水泥制造等活动，将岩石圈和沉积物中的 Cr 释放到大气中去，增加了大气圈中 Cr 的浓度值。仅能源消费，每年就有 2.80×10^9 的 Cr 被释放到大气中。研究表明，大气总输入通量（1.52×10^{11} g/年）中 40.91%～61.68%来源于人类活动。一般认为，大气中 Cr 浓度最低的位于南极，为 0.5～5.3 pg/m^3。市郊的平均浓度为 1 ng/m^3，污染市区平均浓度为 10 ng/m^3。由于大气分室中的 Cr 主要以颗粒态和气溶胶的形式存在，制约了 Cr 在空气中的传输距离，所以人类释放的 Cr 只是使局部大气中 Cr 的含量增加。

Cr 在植物体内迁移速率很弱，与土壤浓度之间没有明确的相关性。而且，Cr 主要存在植物体的根茎中。以水稻为例，仅有 5%的 Cr 存在谷壳中，3%的 Cr 存在糙米中，其他都留存在根茎中。由于土壤中 Cr 的生物利用率特别低，植物体（吸收系数特别高的除外）内 Cr 的含量不会因为土壤 Cr 的变化而有明显的变化。植物体通过叶片上的气孔呼吸作用是其组织中 Cr 的另一个重要来源，而且与大气中 Cr 含量有很好的相关性。

综上所述，在 Cr 由土壤-植物-动物-人体的转移过程中，从量上来看是相互制约的；从质上来看，是从无机态铬向有机态铬转化的过程，符合食物链变化规律。一般地，幔源性的无机 Cr 经地质运动或火山作用来到地表（也有部分转移到大气和水体中），再在地表经气候、生物、人类活动等作用下形成各种形态的土壤铬。表生环境中不同形态的 Cr 经植物-动物-人体这条食物链被逐级积累，以有机态的形式存在于高等动物体内（包括人），分散在血液、肌肉等组织中，最终又归到环境，形成了 Cr 元素的生物地球化学循环。

（七）Sb 的生物地球化学循环

一般来说，Sb 有 4 个价态：负三价、零价、三价和五价。与 As 相似，在地表环境和生物介质中，Sb 则主要以三价和五价的形式存在，与氧化-还原状态的关系十分密切。Sb 的生物地球化学过程（图 5-14）主要由溶解态的化学形式决定。因为以溶解形式存在时，Sb 表现出相当活跃的地球化学行为。在含氧水体中，$Sb(OH)_6$是热力学上最稳定的形式，而含水硫化锑是主要的存在形式。另外，还有三价锑、五价的甲基锑和二甲基锑。结合态和化学形态是 Sb 的生物地球化学循环中最基础和重要的内容。一般认为，Sb 及其化合物的毒性取决于化学形态，有机锑毒性小于无机锑，无机的 Sb（Ⅲ）毒性大于 Sb（Ⅴ），锑化氢和 SbO 毒性最大。

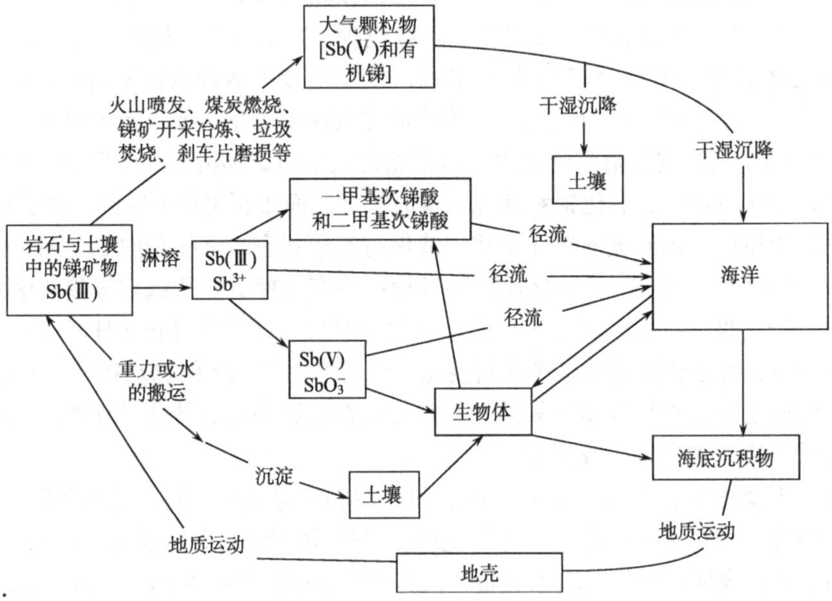

图 5-14　全球尺度上 Sb 的生物地球化学循环

水圈中的 Sb 主要来自岩石的风化、土壤的流失和人为活动的排放。在未污染的水体中，Sb 的浓度并不高，一般在几个 ng/L 到几个 μg/g 之间。不同地区的淡水体系，包括河流、湖泊和地下水等水体中 Sb 的含量差别很大。在未污染的水体中既有无机锑存在，也有有机锑存在，因此不排除有生物化学作用的存在。地下水中的 Sb 含量要高一些，说明水中的 Sb 主要来源于岩石中 Sb 的释放。当水系周围有污染源存在时，水系中的 Sb 含量会表现出异常，尤其是矿产资源的开采，显著增加了水体中 Sb 的含量。在海水中 Sb 的浓度从几 ng/L 到几百 ng/L 不等，差距较大。多数海域中 Sb 的浓度和海水深度有一定的关系，但不是很明显。在天然水体中，Sb 主要有 4 种存在形态：Sb（Ⅲ）、Sb（Ⅴ）、有机锑（包括一甲基次锑酸和二甲基次锑酸）。其中表层水体中的 Sb 主要以 Sb（Ⅴ）形式存在，并有一定量的有机锑存在。在表层海水中的 Sb 以 Sb（Ⅲ）、Sb（Ⅴ）和有机态锑存在，以五价锑为主。随着水深度的增加，三价锑在水体总 Sb 中所占的比例逐渐增加。

土壤中的 Sb 主要来源于岩石的风化和大气的沉降。由于选矿、开采等人为原因，使得矿区周围的土壤中 Sb 含量很高。在含锑矿床周围的土壤中，因包含有高度氧化的原生矿物颗粒和次生矿物，加上大气沉降，以及污水的污染，使得矿区内的土壤中 Sb 含量超高，有的甚至高达上千 μg/g。例如，我国湖南锡矿山矿区内的土壤中 Sb 含量为 100.6～5045 μg/g，远远超过了土壤中 Sb 的最大允许值 3.5 μg/g。

由于 Sb 及其化合物的两性特征，使得 Sb 及其化合物在水中盐的作用下，以及在环境酸碱度发生变化时很容易从矿床中迁移出来进入到水环境中。故通过淋溶和地下水的作用，岩石和矿物中的Sb能够迁移出来进入地表环境。在锑矿区内水域中的Sb含量要比非矿区水域中的Sb含量高很多（高出了近三个数量级）。尾矿堆的渗出液不仅造成周围土壤Sb的污染，也造成周围水体Sb的污染。在锑矿冶炼过程中，大量的锑华（Sb_2O_3）随废气进入到空气中，使得大气中的Sb浓度远远超过非污染地区大气中的Sb浓度。而大气中的含锑颗粒物又会沉降到地表环境，或直接被人体吸入，对矿区周边的居民身体健康造成伤害。

Sb进入到大气中的主要途径包括自然过程和人为过程。每年通过自然过程，如火山喷发等释放到大气中的Sb约有700 t；通过人为过程，如石化燃料等的燃烧和锑矿的开采及冶炼等释放到大气中的Sb约有2800 t。在交通运输领域，刹车片的磨损也是Sb释放到大气的一个主要途径。众多研究表明，城市大气中的Sb污染主要来源于交通运输中的汽油燃烧、汽车和汽车配件的磨损。大气中的Sb主要存在于颗粒物中。一般来说，大气中的Sb浓度从几个ng/m^3到几十个ng/m^3以上。Sb（Ⅲ）和Sb（Ⅴ）是大气中Sb的主要形态，其中Sb（Ⅴ）约占总Sb的80%；同时还检测出了三甲基锑（TMSb）和几种具有氢化物活性的未知锑化合物存在。在市政焚化炉的飞尘中，Sb也主要以Sb（Ⅴ）的形式存在。大气中的Sb可以随着大气环流进行长距离的迁移，同时也能随雨、雪的沉降而迁移到表层水、土壤和植物中。粒径<2 μm的颗粒物在大气中有很长的驻留时间，并能通过大气环流进行长距离传输，因此Sb已成为全球性污染物。

七、生物对生源要素生物地球化学循环的影响

生物和生物因素对生源要素的生物地球化学循环有着深刻的影响。它们以生产者、消费者、分解者、生物扰动者及信息传递者等，参与各种生源要素的生物地球化学循环，并且扮演着关键的角色。例如，海洋生物泵正常运转需要碳元素的主导性迁移，它的主要作用是通过CO_2的转化实现碳的向下转移和营养盐的消耗升高表层水的碱度，从而降低水中的CO_2的分压，促进大气CO_2向海水中扩散。研究发现，在海洋浮游植物和某些特定的海洋生物细胞内，C∶N∶P的比值为106∶16∶1，氮、磷等其他营养元素的缺乏或过量也会影响海洋生物的生长发育，成为海洋植物生长发育的限制性因子。因此，生物泵在氮、磷等其他生源要素生物地球化学循环中也具有十分重要的作用。

1. 微生物　作为分解者的微生物，能将有机物分解成无机物，如对纤维素、蛋白质和核酸等有机物的矿化分解。有机碎屑都是直接或间接地来自生物有机体，分解后被生物利用，从而再次进入物质循环，这一过程主要由微生物群落主导完成。微生物还可从外界获取营养物质来合成自身的细胞，将营养物质固定，即所谓的同化作用，然后又为底栖生物所摄食，最后各种生物死亡后尸体沉降进入沉积物中。因此，微生物在沉积物物质循环中占有极其重要的地位。

微生物在物质循环中的一个重要作用是对营养物质的富集。沉积物中含有丰富的异养细菌，在某些海域异养细菌的丰度最高达5×10^{11}细胞/g，生物量占沉积物干重的1%，相当于总有机碳的50%。据估计，沉积物表层10 cm内底栖异养细菌的生物量占整个水层系统和底栖系统总细菌生物量的75%，大洋和沿岸底栖系统中异养细菌占全球总异养细菌的76%。在贫营养型水域中，微生物的生物量相对于浮游植物和有机碎屑来说占的比例更大。来自非浮游植物和外源的溶解有机碳在提供东海陆架区域细菌碳需要方面具有显著的作用。沉积物中

的微生物能够吸收溶解态的磷酸盐，以缩合磷酸盐的形式将磷储存在细胞内，并且能够在缺氧的条件下将体内的缩合磷酸盐释放出来。

微生物是自然界中的分解者，它可以将水体中未分解而进入沉积物的有机质矿化分解。无论是颗粒的还是溶解的有机碎屑，它们的分解主要是碎屑与细菌之间的反应。有机物在水体的沉降过程中，微生物降解和浮游动物消耗减少了大量的有机物。研究发现从 389 m 到 5068 m 深度，氨基酸和脂肪酸减少为原先的 1/60～1/25，颗粒有机物减少为原先的 1/5。因此，随着深度的增加，易于降解的物质，如蛋白质、碳水化合物和脂类不断减少；而许多颗粒有机物如几丁质、纤维素、结构蛋白和各种细胞壁成分，这些大分子有更长的半衰期，且不易被降解而将富集在沉积物中。大量聚生的细菌，较易产生外水解酶，这对颗粒物的分解和破碎起了相当大的作用。

2. 底栖动物　底栖动物的摄食、筑穴等生物扰动能够使沉积物颗粒发生改变和混合，加速沉积物黏土矿物的溶解，并且大大增强溶质的迁移作用，使间隙水中物质的扩散速率和溶解速率加快；它们也通过产生黏液和其他一些活动从微尺度上改变地形，从而增加或降低沉积物的粗糙程度，改变沉积物结构及微生物和化学特性，强烈地改变物理因素所产生的通量，从而影响其生物地球化学循环。由于浅洞穴居住底栖动物通气能力强和洞穴体积大等因素，氧能渗透入洞壁内，使沉积物中有机质的有氧矿化在深层沉积物中也可进行，从而改变沉积物中有机质的矿化过程。研究表明，底栖动物对近海氮循环的各个关键过程均具有显著的影响，如穴居动物的活动可大大促进氮的硝化和反硝化作用之间的耦合，蟹类动物的掘穴作用使氧气渗透到沉积物的程度加深，加剧了潮滩沉积物中磷的迁移和转化，促进了沉积物中有机磷向铁结合态磷、自生磷灰石和钙结合态磷的转化。

3. 水生植物　水生植物在物质循环中作为初级生产者，起到对各种营养物质的固定作用。它们在光合作用过程中通过大量摄取无机营养盐而将其转变为有机物，植物体死亡后，一部分矿化为无机营养盐进入水体，另一部分则随悬浮物进入海底沉积物。

一些水生植物拥有一个外延的根/根茎系统，不但能从水中捕获营养盐，还可吸收储存于沉积物中的营养物质。沉水植物通过根部吸收和泌氧等机制影响着营养盐在沉积物中的循环。在长有植物的表层沉积物中，其孔隙水中磷酸盐浓度要高于上覆水，但在碳酸盐沉积物孔隙水中磷酸盐浓度较低，因为碳酸盐沉积物具有较强的磷酸盐吸附能力，使其不易被根/根茎系统吸收。水生植物通过根部泌氧可大大提高根际沉积物中氮的硝化与反硝化之间的耦合关系。

4. 陆生植物　在陆地生态系统中，绿色植物对氮循环、水循环、碳循环和磷循环都起着至关重要的作用。研究表明，没有植被覆盖的地区土壤中的氮将逐渐减少，而植树造林能够将空气中的氮固定，增加土壤肥力。

5. 胞外酶　胞外酶是指那些在胞内合成的、穿过细胞质膜后发挥水解作用的酶。它们有的镶嵌在细胞膜上，有的存在于周质空间内，有的则以游离态释放到外部环境中。水体中的有机物大多是以高分子聚合物的形式存在。这些高分子聚合物只有通过胞外酶的作用，才能水解成可穿过细胞质膜而被吸收利用的小分子物质。胞外酶的分解作用普遍被认为是有机物分解过程中的限制性步骤，控制着沉积物的物质循环。因此，胞外酶在沉积物生源要素的生物地球化学循环中具有关键作用。

除了微生物是胞外酶的主要生产者，一些动物的生命活动和植物根系都能合成胞外酶并释放到细胞外。沉积物中胞外酶的活性非常稳定，在一年或更长时间内不失去活性。胞外酶种类繁多，具体有：与碳循环有关的酶，如纤维素酶；与氮循环有关的酶，如硝酸盐还原酶（氮循环过程中的一个重要的调节酶和限速酶）；与磷循环有关的酶，如碱性磷酸酶（可以催化所有的磷酸盐的水解反应和磷酸基团的转移反应）。此外，还有与其他物质氧化有关的酶，如多酚氧化酶、过氧化氢酶等。

第三节　生态地球化学

一、生态地球化学形成的背景和在我国的发展

地球各圈层之间具有复杂的相互作用关系。正是元素的生物地球化学循环，把这种复杂关系紧密地联系在一起。元素循环，在生态系统内主要是动、植物群落与土壤之间的生物循环，而这一循环受更大范围的地球化学循环规律的制约，生态地学研究不可忽略生物活动的巨大影响。目前，在生态环境问题研究上的主要趋势是：以整体观念剖析生态环境问题，更加注意研究生命维持系统，扩大生态学原理的应用范围，提高生态监测的效率，注意全球性问题。这些趋势改变了以大气、水、土壤、生物等自然介质来划分环境的做法，要求我们从地球系统整体出发，实行跨学科合作，进行系统分析，以宏观和微观相结合的方法开展研究。

生物地球化学研究揭示了微观世界中大量未被发现和认识的现象，对如此庞大的数据信息进行生态效应研究与评价，是我们面临的主要问题。现有的环境地球化学、生物地球化学、土壤地球化学、勘查地球化学、农业地球化学、生态学、社会经济学等单一学科的现有知识和结构无法充分利用这些海量数据来解释地球表层各圈层间物质迁移转化的复杂关系。我们迫切需要有一个新的概念——生态地球化学，来统筹考虑整个生态系统中的物质迁移转化与生态效应之间的关系。

生物地球化学的一切研究都是建立在物质循环这一基础之上的。从这一意义上讲，生态地球化学与生物地球化学有一致性，都是研究地球系统元素循环规律的科学。由于物质循环是自然界最基本、最普遍的现象，生态地球化学的理论基础是元素地球化学循环的原理。与生物地球化学不同，生态地球化学主要从微观的角度研究宏观的物质循环规律，以及从宏观的角度研究微观的生态效应及其机制。生态地球化学对物质循环的研究，目的在于了解地球系统地球化学的以下特征：整体性、系统性、动态性、平衡性、综合性、联系性、相关性、包容性、开放性、多样性和级次性等。

从国际上来看，生态地球化学（ecological geochemistry）一词最早出现在1988年前苏联召开的第四届当代条件下地球化学勘查的理论与实践大会。会议文集中，该套文集的第6卷名称就是生态地球化学。而在西方国家的文献中，很少提到“生态地球化学”的名词，更多的是环境地球化学或生物地球化学。可以认为，生态地球化学是依据地球化学循环理论，采取多目标区域地球化学调查方法和地球系统评价技术路线，研究元素地球化学分布、分配状态与生态系统之间相互关系的科学。

在我国，生态地球化学的研究发端于20世纪60～70年代的地球表层系统各圈层间C、N、S和P等大量营养元素迁移转化与循环的研究。之后，我国还调查了土壤、水、作物等

生态系统中 Se、Mo 和 I 等元素的缺乏或过量导致克山病、大骨节病等地方疾病。80～90 年代，我国还系统开展了重金属元素生物地球化学循环及生态效应的研究。近年来，以周启星为代表，系统开展了石墨烯等纳米材料和抗生素抗性基因等新型污染物的生态地球化学研究，从而使生态地球化学研究从元素为主要研究对象进入到以化合物为主要研究对象的新阶段。目前，中国地质科学院还建有国土资源部生态地球化学重点实验室，其学科定位及研究方向为：以生态地球化学理论为指导，以国民经济建设和社会发展需求为导向，以生态地球化学基础理论研究和应用研究为主体，以促进人类生态地球化学良好环境、促进和谐科学发展为宗旨，建立国内一流、世界知名的生态地球化学实验室。

二、生态地球化学的学科定义与预期目标

从目前已有的文献来看，生态地球化学的定义有以下 6 种表述：①是研究生态系统中化学元素及化合物迁移转化规律，并对其所产生的生态效应进行评价与预测的一门科学；②是用地球化学的原理和方法，研究地球化学元素在生态系统各生态因子及其之间中的分布、分配、迁移和转化规律及其生态效应的一门新兴的边缘学科；③是研究生态系统中化学组成、化学作用与化学演化及其对环境产生影响的一门学科；④是研究地球系统中特别是岩石圈、土壤圈、大气圈、水圈和生物圈之间元素地球化学循环演化过程、条件及其对环境产生影响的一门科学；⑤是研究非生物环境（无机）与生物（有机）之间元素地球化学迁移、转化特征和影响机理的一门学科；⑥是研究元素区域地球化学分布、分配特征及在地球系统中（岩石圈、土壤圈、大气圈、水圈和生物圈之间）循环过程和迁移转化条件、机理及其生态效应的一门科学。有鉴于此，我们认为，生态地球化学是采用地球化学的原理与方法，研究化学元素及化合物在地球系统各分室中的分布与分配、在不同生态圈之间迁移转化规律，以及生态因子的影响及其生态效应与调控的一门新兴的边缘学科，是生态学与地球化学相结合的产物。

生态地球化学属于应用科学范畴和重要公益性研究领域，是关注民生和惠及全民的科学。以生态地球化学理论为指导，在国土资源领域形成土地健康工程，实施土地质量地球化学评估，为土地规划和合理利用提供科学依据；在农业领域形成农业地质调查系统，为农业种植结构调整、特色优质农产品种植和农田合理施肥服务；在环境保护领域形成土水污染现状调查和防治系统，划分土壤、水体污染等级标准，建立国家环境保护标准体系，进行土壤污染修复和治理；在科学研究领域形成土壤、水体和大气基础参数体系，建立全国土壤、水和大气环境基准值与背景值，建立国家土壤碳库、氮库等各类元素和化合物储库，研究其分布状况和规模特征，为各学科领域提供精密和权威数据。可以认为，生态地球化学是以多目标区域地球化学调查为基础，以生态效应评价、生态地球化学评估、预警与修复为主体的系统工程。因此，生态地球化学今后的预期目标是：①揭示主要污染物在生态系统中循环的生物地球化学动力学机制；②建立生态地球化学调查与污染治理的方法体系与技术；③提供环境质量与生态效应综合评价的结果；④形成系统的生态地球化学研究体系；⑤构筑生态地球化学决策系统，为相关的管理决策制定提供科学依据，为地质调查实施提供技术支撑。

三、生态地球化学的研究对象与主要研究内容

1. 研究对象　生态地球化学是地球化学的延伸和拓展，是一个崭新的前沿领域，也是

地球化学发挥其生态、环境和社会功能的用武之地。它是横跨地学、生物学和环境学的一门综合性学科，其研究对象是地球系统或生态系统中的地球化学问题。

生态地球化学从系统的、动态的方面观察和把握地球系统的总体特征，从联系的、相关的方面研究其综合作用，从开放的、多样的方面研究其包容性特点。全球生态地球化学，以岩石圈、土壤圈、水圈、大气圈和生物圈为研究对象，跨越大陆生态系统和大洋生态系统；区域生态地球化学，以大江与大河流域为研究对象，跨越自然生态系统和人工生态系统；微观生态地球化学，以生物个体、基因或组学为研究对象，跨越简单生态系统和复杂生态系统。

2. 主要研究内容　生态地球化学着重研究地球系统中元素及化合物的空间分布、循环规律和影响范围，在全球、区域和局部尺度上进行生态地球化学研究。对调查发现的地球化学问题，重点研究元素及化合物的成因来源、迁移转化、生态效应、变化趋势全过程。具体地说，在目前条件下，主要研究地质环境（岩石、矿石-土-水系统）与生物（微生物、动植物和人类）及生物群落之间的关系和相互馈应机理，研究各类地质体（岩石、矿体、地热水、石油和天然气等）和环境变化（包括污染）对生物生理生态的影响及其效应，研究重金属元素对土壤环境破坏（水土流失）、农作物和人体健康的危害及其机制，研究生物活动（主要为人类活动）对地质环境（如矿山环境）、土壤圈、大气圈和水圈等的影响，研究地质环境恶化机理及其防治对策，这些都是生态地球化学的主要研究内容。

四、生态地球化学效应

生态地球化学效应，即生态效应，是指元素及化合物在地球系统迁移转化过程中对生物或其群落发生的作用和影响。全球尺度上的生物地球化学循环产生全球性生态地球化学效应，调控全球生态系统；区域尺度上的生物地球化学循环和局部生物地球化学循环产生区域的或局部的生态地球化学效应，控制区域的或局部的生态系统。

多目标区域地球化学调查使生态地球化学效应可能在局部的、区域的以至全球层面上进行研究，成为导向性的、具有广泛应用价值的科学。元素区域性分布是产生区域生态地球化学效应的物质基础。多目标区域地球化学调查展示了地质作用形成的初始的物源分布特征，同时人类作用也在很大程度上改变了原来的面貌，特别在我国东部和中部的一些地区。调查表明，我国区域地球化学状况不容乐观，主要存在两大方面的问题：一是有害元素分布广泛，潜在危害极大；二是有益元素匮乏，普遍影响农作物品质。

区域性生态地球化学效应研究涉及地球系统较大的范围，具有整体性、宏观性的特点，关系到社会与经济发展的大局。局部生态地球化学效应，是指元素的局部性分布产生局部生态地球化学效应。局部生态效应具有多样性特点。我国各具特色的优质农产品、水产品及中药材等，与特殊营养元素分布有关，各地区存在的地方病则与某些元素过高或过低有关。局部性生态地球化学效应更多地研究无机环境与生物链之间的关系，具有地方性、微观性特点，对于一个具体地区是至关重要的。

五、生态地球化学评价与评估

（一）生态地球化学评价

1. 概述　生态地球化学评价的理论基础是元素地球化学循环原理。元素地球化学循环有全球性、区域性和局部性循环之分，分别具有不同规模、特征、功能及其生态效应。相应地，有全球生态地球化学评价，即研究整个生物圈地球化学循环及其生态效应；区域生态地球化学评价，主要研究大流域、大地域地球化学循环及其生态效应；局部生态地球化学评价，研究生物个体和种群层面地球化学循环及其生态效应。

为了使区域或局部的评价工作目的更为明确、方法更为科学有效，在多目标区域地球化学调查之后应进行初步评价，主要任务是：①初步划分污染元素与有益元素分布范围、类型与组成特征；②初步研究重要污染元素存在状态和性质；③初步研究重要元素来源及循环过程；④初步确定有关元素生态效应和影响；⑤对有关元素演化趋势进行预测和预警；⑥提出样品分量测试方案；⑦为确定典型性和代表性评价选区提供依据等。

2. 区域生态地球化学评价 区域生态地球化学评价的总体目标是，研究元素区域组成特征和循环转化过程及其产生的生态影响。评价工作主要针对影响社会经济发展的、由复杂因素形成的、呈区域性分布的宏观生态地球化学问题，以区域地球化学分布为基础和出发点，针对大的流域或地域，在区域地球系统层面上，研究区域空间环境中元素在系统各部分之间流动、迁移和相互作用关系，从整体上进行农业、城市生态地球化学评价，为调控和改善环境提供地球化学依据。

区域生态地球化学评价的主要内容是：①产生和来源，主要确定所受关注的元素或化合物的源头、成因特征等，包括远源或近源、自然或人为、单因素或多因素、单组分或多组分、全量或分量、线性或面性、分布和分配等方面；②存在形态与迁移转化方式，主要研究不同性质或不同来源所关注元素或化合物初始（原生）状态、载体及行为方式，包括循环变化过程中相态与价态、累积与释放、组分与性质变化等；③生态效应与影响模式，主要研究其对生态系统产生作用、性质与方式等，包括土壤环境容量与有效量、单元素（或化合物）地球化学作用、多元素（或化合物）综合作用、主导性作用与相关性作用、短（近）期或长（远）期效应、可逆性或不可逆性、可恢复或难以恢复等，以及危害途径、速率、程度和范围等，进行农业、城市、环境保护及地方病等社会与经济影响评估；④形成特点与生态效应，主要研究其背景分布与循环路径，包括丰度、存在形式、供应量及供应方式、效益特征等，进行区域农业环境和优势农产品适宜性评估；⑤生态地球化学预测、预报和预警，主要研究其生态地球化学动态变化规律及预测、预报和预警方法等，生态系统处于动态平衡状态，动态性是监测的依据，在一定条件下的平衡性是预测的依据，包括研究特定物理化学条件，选择参数指标，建立预测数学模型和计算方程式等，只有科学和定量预测，才能准确预报和预警；⑥生态地球化学评价方法、指标和标准体系，主要是制定合适的评价方法和技术路线，针对不同景观条件研究生态地球化学评价标准、指标（指数），建立质量评价体系，包括土壤地球化学安全性指标、土壤地球化学等级评价指标、土壤地球化学容量指标、有益元素丰缺度与适量指标、单元素（或化合物）评价标准、多元素（或化合物）综合评价标准、区域环境经济指标和社会指标（即土壤、水、大气、生物地球化学综合指标）、生态地球化学预测、预报和预警指标及标准等。

3. 局部生态地球化学评价 局部评价的总体目标主要是研究元素或化合物局部组成特征和循环转化过程及其对生态系统产生的影响。评价工作主要针对特殊条件下形成的微观生态地球化学分布特征，选择局部地球化学异常或特殊生境地区，研究特定空间环境与生物各介质间元素（或化合物）交换、转化和作用方式等，为保持、保护生态多样性和污染治理提供科技支撑。

局部生态地球化学的主要研究内容有：①选区确定、分类与调研。局部生态地球化学一般指区域生态地球化学调查发现的由局部因素引起的小范围、孤立分布的异常，或相对封闭的特殊生境地区。前者一般为明显围绕某工矿企业、城镇或单一地质体分布的有害或有益元素（或化合物）异常，后者指特色优质农作物产地或地方病分布区等，充分研究各类地区及周边自然地理环境和社会经济状况，按类型、性质等进行分类比较和研究，选择代表性地区为评价选区；②局部生态地球化学与区域生态地球化学的关系。研究局部生态地球化学形成环境、时空、过程及与外部交流途径、作用方式等，生态地球化学功能、性质和规律，包括制约因素、演变特征及存在条件等；③环境与生物间地球化学循环路径与平衡机制。研究元素（或化合物）分布、组成、来源及在岩石、土壤、水、空气与生物间运移途径、特点等，探讨局部生态地球化学形成机理和运行方式，包括研究其赋存形式、丰缺度及输入输出、吸附解吸、累积扩散和综合作用等；④局部生态地球化学效应。研究生物品种、个体或种群层面上量变与质变，产生有益或有害作用、效应、速率及影响力等，包括有益或有害生态效应、有害作用危害程度等；⑤生态多样性评价与维护。研究特殊生境物质组成、分布及供应途径、方式、平衡机制等，研究特质农作物品种、品质形成地球化学条件，为保存、保护生境与生物多样性提供科学依据；⑥生态地球化学缺陷评价与治理。研究有害元素（或化合物）富集或有益元素亏损地区地球化学环境、条件及作用机理、食物链效应等，进行地球化学影响路径与成因研究，主要针对地方病分布区提出改善或根治建议等；⑦局部生态地球化学评价方法、指标与标准。主要研究局部异常和特殊生境条件评价方法技术与指标标准，建立特定条件下综合评价模型、监测与预测方法及治理与保护措施等。

（二）生态地球化学评估

生态地球化学评估是运用生态地球化学评价建立的方法技术体系、指标标准体系与评价理论体系，按照生态地球化学评估程序和技术要求，对特定的、具体的区域范围（地区、地点、地块等）进行调查评价，圈定有害或有益元素（或化合物）指标分布与分配的范围，对各类指标进行全面系统的分析。生态地球化学评估工作遵循“区域展开，逐步深入，全面评估，突出重点”的原则。一般首先进行区域评估，以便把握全局，筛选指标，发现问题。

生态地球化学评估运用生态地球化学方法理论，通过制定规范化的工作程序和技术指标，按照经济与社会发展要求，在一定地区和一定精度上进行质量、价值和风险评估。生态地球化学区域评估，以多目标区域地球化学调查为基础，工作比例尺为1∶250 000，主要针对省（自治区）和贯通全国的大江、大河流域；生态地球化学普查评估，工作比例尺为 1∶50 000，主要针对市（县）范围的水系及平原等；生态地球化学详查评估，工作比例尺为1∶10 000，主要针对乡（镇）范围的大田水域及山地等；生态地球化学精查评估，工作比例尺为 1∶5000，主要针对村（组）范围的田块地段及岗丘等。生态地球化学评估以土壤（包括湖相沉积物、近岸海域沉积物）地球化学指标为主，以大气、水体和生物指标为辅，对环境质量进行分等定级。

六、生态地球化学预警

生态地球化学预警是指利用生态地球化学的理论与方法，预测生态系统的变化趋势及其生态效应，对可能引发的生态安全问题提出警示。生态地球化学预警是对特定环境进行风险预测，存在于多目标区域地球化学调查、评价及评估各阶段，其预警的级别、程度和要求逐步提高和加强。

生态地球化学预警可分为：①调查阶段预警（调查预警），前期的、警示性；②评价阶段预警（评价预警），重点的、规律性；③评估阶段预警（评估预警），具体的、确定性。生态地球化学预警针对生态系统各类有害或有益元素指标进行风险预测，按照预警程度分为三级：①多目标区域地球化学调查预警，主要通过各类元素（或化合物）指标分布研究，依据国家和地方有关环境标准及肥力标准对有害元素（或化合物）超标或有益元素贫乏地区进行预警；②生态地球化学评价预警，通过元素（或化合物）指标变化规律研究，对有害物质可能发生的活化转移和生态效应以及有益组分丰缺程度进行预警；③生态地球化学评估预警，通过特定地域各类元素（或化合物）指标组成、类型和性质等方面研究，对有害物质正在或已产生的危害，以及有益组分匮乏或富营养化等进行预警。

从理论上讲，生态地球化学变化引发的生态效应包括有利和有害两种情况。前者指生境逐渐改善和优化，后者为污染积累、环境恶化并导致危害效应。实际预测研究主要针对有害效应进行。生态地球化学预警的基本思路是：①调查摸清生态地球化学现状，主要是指营养有益元素、有毒有害元素、重要无机化合物和有机污染物的现时含量水平，以及影响化学物质迁移转化、生态效应的宏观环境因素（如土地利用方式、水土保持状况和气候条件等）与微观环境条件（如土壤沉积物中有机质含量、酸碱度、CEC、粒级组成、氧化-还原电位等），多目标区域地球化学调查是基本方法；②监测掌握生态地球化学的变化趋势，包括生态系统中元素（如土壤中重金属元素）和化合物含量的变化趋势、变化速率，以及环境条件的变化趋势、变化速率（如土壤酸化速率、有机质含量变化等），可通过调查监控、综合研究进行；③生态地球化学危害的机理与预测。研究环境介质中元素或化合物的活化、迁移、释放规律，以及在水、农产品、人体内累积量的变化趋势，查明其主要影响因素，掌握其临界点或突变点，综合监测资料预测生态危害的发生概率、时间，结合区域性基础资料划定危害发生的空间范围，理论分析、实验模拟和综合研究是机理研究与预测的主要途径。

生态地球化学预警的方法有湖泊沉积物计年法、泛滥平原沉积物或河漫滩沉积物计年法、沉积通量预测法、最大吸附容量预测法等。自从应用 ^{137}Cs 和 ^{210}Pb 作为湖泊沉积物的计年标尺以来，已有大量的文献证实，湖泊沉积物能提供时间分辨率为百年至十年尺度的环境演变信息。我国各地湖泊分布广泛，应充分利用现代同位素测年技术，获取湖泊底积物年沉积速率。由于每个湖泊控制的汇水流域面积是一定的，对于底面积一定的湖泊而言，通过底积物的年沉积速率和底积物中化学污染物质的含量，就可计算出地表径流中化学污染物质的年输出速率和年输出量，重建过去 100 年、50 年、20～25 年来土壤污染历史的地球化学记录，并实现对未来百年内生态地球化学的预警，适用范围以相对单一生态系统的区域生态地球化学预警为主。对于既不具备湖泊沉积物，也不具备泛滥平原沉积物或河漫滩沉积物进行计年标尺的地区，可采用沉积通量的计算方法确定所在地区土壤中有毒有害物质的年净输入量，来开展生态地球化学预警研究。

思考练习题

1. 简述生物圈的特点。

2. 为什么说生物圈是地球上最大的生态系统?

3. 生物多样性包含了哪 4 个方面的内涵?

4. 生物圈具有自我调节的功能体现在哪几个方面?

5. 简述人类与生物圈之间的关系。

6. 如何定位生物地球化学?它的研究目标是什么?它与环境地球化学、勘查地球化学、矿物岩石地球化学、土壤地球化学、农业地球化学等地球化学分支学科有什么异同点?

7. 什么是生物地球化学循环?它分成哪三大类?各有什么异同点?

8. 简述碳循环在生物地球化学循环中的重要地位与作用。

9. 营养元素循环与有毒元素的循环各有什么不同特点?

10. 简述碳、氮、硫、磷生物地球化学循环之间的耦合。

11. 什么是生态地球化学?它与环境地球化学有什么实质区别?

12. 生态地球化学评价与生态地球化学评估有什么不同?

13. 简述生态地球化学预警及其基本思路。

第六章 地球上的自然灾害及其地表生态效应

第一节 地震、火山活动与海啸及其地表生态效应

一、地震及其地表生态效应

（一）概述

地震是生态地学需要研究的自然灾害问题之一，是指地球内部岩石圈物质在内动力作用下产生构造活动（如破裂或滑移）而发生弹性应变，以弹性波的形式突然释放使地壳快速振动的现象。地震包括天然地震，以及地下核爆炸、兴建大型水库、地下注水等人类活动诱发的地震。地球内部发生地震的位置称为震源（是一个区），震源在地面上的垂直投影叫震中（或震区），从震源到震中的距离叫震源深度。地震的震级是表示地震本身大小的等级，与地震过程中震源释放出来的能量总和有关。一次地震过程释放的能量是恒定的，只有一个震级。

据统计，全世界每年大约发生几百万次地震，人们能够感觉到的仅占地震总次数的 1%左右，七级以上的灾害性地震每年多则二十几次，少则三五次。地震是一种破坏性很强的地质灾害，其破坏范围有时可扩展到数百公里甚至数千公里，不仅造成建筑物倒塌、人类生命财产受损，而且还会诱发大规模的砂土液化、崩塌、滑坡和海啸等次生地质灾害。

（二）地震的效应与烈度

地震危害程度常用地震效应和地震烈度来表示。其中，地震效应是指地震所产生的直接或间接快速颤动的影响，包括原生和次生影响两个方面。原生影响主要是由地层断裂与位移、地面隆起与下陷等地下岩石破裂直接造成的；次生影响则是由地震波传播导致地面振动而产生的。地震效应通常与地震释放的能量、距震中的距离、当地岩土的性质、建筑物抗震性能等因素有关，是地震破坏力、地质条件和人类活动三者之间相互影响的结果。仪器能观测到的地震效应为微观地震效应，不能观测到的则为宏观地震效应。地震烈度是指地震波及区域的地面受到的影响和破坏程度。我国及世界上多数国家采用的是 12 级烈度表（表 6-1），主要根据人的感觉、房屋震害程度、其他震害现象、水平向地面峰值加速度、峰值速度等评定指标划分，通常以极震区的烈度代表地震的实际烈度。地震烈度的高低与震级大小、震源深浅、震中距离远近、地震波传播介质及震区地质构造等条件有关。一般而言，震级越大、震源越浅、震中距离越近，烈度越高。地震烈度相同点的连接曲线为等震线，由多条等震线组成的“等震线图”具

有十分重要的作用，可以反映出地震影响的全貌及其衰减规律，推论震源机制的特征，研究场地条件对地面震动的影响，还可以以烈度为背景来总结建筑物的抗震经验。

表 6-1　中国地震烈度表*

烈度	在地面上人的感觉	房屋震害程度		其他震害现象	水平向地面运动	
		震害现象	平均震害指数		峰值加速度 /（m/s²）	峰值速度 /（m/s）
Ⅰ	无感					
Ⅱ	室内个别静止中的人有感觉					
Ⅲ	室内少数静止中的人有感觉	门、窗轻微作响		悬挂物微动		
Ⅳ	室内多数人、室外少数人有感觉，少数人梦中惊醒	门、窗作响		悬挂物明显摆动，器皿作响		
Ⅴ	室内普遍、室外多数人有感觉，多数人梦中惊醒	门窗、屋顶、屋架颤动作响，灰土掉落，抹灰出现微细裂缝，有檐瓦掉落，个别屋顶烟囱掉砖		不稳定器物摇动或翻倒	0.31（0.22～0.44）	0.03（0.02～0.04）
Ⅵ	多数人站立不稳，少数人惊逃户外	损坏：墙体出现裂缝，檐瓦掉落，少数屋顶烟囱裂缝、掉落	0～0.10	河岸和松软土出现裂缝，饱和砂层出现喷砂冒水；有的独立砖烟囱轻度裂缝	0.63（0.45～0.89）	0.06（0.05～0.09）
Ⅶ	大多数人惊逃户外，骑自行车的人有感觉，行驶中的汽车驾乘人员有感觉	轻度破坏：局部破坏，开裂，小修或不需要修理可继续使用	0.11～0.30	河岸出现塌方；饱和砂层常见喷砂冒水，松软土地上的裂缝较多；大多数独立砖烟囱中等破坏	1.25（0.90～1.77）	0.13（0.10～0.18）
Ⅷ	多数人摇晃颠簸，行走困难	中等破坏：结构破坏，需要修复才能使用	0.31～0.50	干硬土上亦出现裂缝；大多数独立砖烟囱严重破坏；树梢折断；房屋破坏导致人畜伤亡	2.50（1.78～3.53）	0.25（0.19～0.35）
Ⅸ	行动的人摔倒	严重破坏：结构严重破坏，局部倒塌，修复困难	0.51～0.70	干硬土上出现地方有裂缝；基岩可能出现裂缝、错动；滑坡塌方常见；独立砖烟囱倒塌	5.00（3.54～7.07）	0.50（0.36～0.71）
Ⅹ	骑自行车的人会摔倒，处不稳状态的人会摔离原地，有抛起感	大多数倒塌	0.71～0.90	山崩和地震断裂出现；基岩上拱桥破坏；大多数独立砖烟囱从根部破坏或倒毁	10.00（7.08～4.14）	1.00（0.72～1.41）
Ⅺ		普遍倒塌	0.91～1.00	地震断裂延续很长；大量山崩滑坡		
Ⅻ				地面剧烈变化，山河改观		

*引自中国地震烈度表（GB/T 17742—1999）. 表中的数量词：“个别”为 10%以下；“少数”为 10%～50%；“多数”为 50%～70%；“大多数”为 70%～90%；“普遍”为 90%以上

（三）地震的类型

地震可根据震源深度、形成原因等进行类型划分。按震源深度可将地震划分为：①浅源地震（h=0～70 km），其属于破坏性地震，具有分布范围广、发震次数多、释放的总能量大等特点，1976 年的唐山地震和 2008 年的四川汶川地震均属于浅源地震；②中源地震（h=70～300 km），其发震次数占地震总次数的 23.55%，释放的能量约占总释放能量的 12%；③深源地震（h＞300 km），其发震次数占地震总次数的 4%，释放的能量约占总释放能量的 3%。按形成原因，地震总体上可分为天然地震和人为地震两大类。其中，天然地震包括构造地震、火山地震和塌陷地震，而人为地震主要为水库地震、深孔注水地震和爆破地震等。世界上绝大多数地震都属于构造地震，它是由于地壳运动引起地壳岩层断裂错动而发生的地壳震动。地球不停地运动变化会使内部产生作用于地壳上的巨大地应力，长期缓慢的作用造成地壳的岩层发生弯曲变形，当超过岩石本身能承受的强度时，岩层断裂错动突然释放巨大的能量，从而形成构造地震，地震学家通常用弹性回跳理论来描述这个现象。火山地震是由于火山活动时岩浆喷发冲击或热力作用而引起的地震，一般较小，数量约占地震总数的 7%。地震和火山具有一定的关联，火山爆发可能会激发地震，火山附近的地震也可能引起火山爆发。塌陷地震是由于地下水溶解可溶性岩石，或地下采矿形成巨大空洞，造成了地层崩塌陷落而引发的，占地震总数的 3%左右，震级都比较小。诱发地震则是由于采矿、地下核爆破、水库蓄水或向地下注水等人类活动诱发的。矿山开采过程会使岩体或矿体发生破坏，内部积聚的弹性能迅速释放。此外，国内外也大量报道了由于大型水库蓄水诱发的地震等案例。

（四）地震的时空分布

地震的时空分布不均匀。地震的发生具有一定的周期性，包括活跃期和平静期。活跃期内地震发生频繁、次数多并且震级大。由于世界各地震带的地质构造等不同，不同地震带的地震活动周期存在差异，有的间隔几十年，有的则间隔上百年。地震的分布具有一定的规律，前已述及，全球范围内主要有 4 个地震带：①环太平洋地震带，从美洲南端的合恩角沿西海岸到阿拉斯加向西横跨到亚洲，在亚洲沿太平洋海岸自北向南经日本、菲律宾、新几内亚，最后到达新西兰；②欧亚地震带（地中海喜马拉雅地震带），大致从印度尼西亚西部、缅甸经中国横断山脉、喜马拉雅山脉，越过帕米尔高原，经中亚细亚到达地中海及其沿岸；③大洋中脊地震带，主要分布于各大洋的中部地带；④大陆裂谷地震带，主要发生在东非大裂谷、红海地堑、亚丁湾、死海、贝加尔湖及夏威夷群岛等地区。

（五）地震的地表生态效应

1. 震前生态效应　地震活动对地表生态环境的影响可分为震前和震后两个方面。震前生态效应通常用来预测地震的发生，对于做好震前准备具有重要的意义。据大量地震观测事例表明，震前生态环境的变化主要表现在气象环境、动植物生活习性和声光电等异常变化等。①气象异常。震前气候环境的变化大多反映为干旱、霪雨、飓风、暴雨、气压和气温的剧烈变化等。②地下水异常。几千年前人们就开始观察（意识/注意）到地震前和地震时井、泉水的宏观异常现象。地下水异常包括水位、水温、水化学等几个方面。例如，2008 年汶川 Ms8.0 地震前地下水主要以水位和水温异常为主，2011 年 3 月 11 日日本地震前也观测到在震中心西北部 155 km 处一口深 2000 m 的井的水位和水温同时下降了。据统计，距震中 1000 km 范围内水位和水温异常的比值各占 40%，氡与汞的异常各占 10%。四川省内的统计资料表明水温异常占 44.4%，水位异常占 33.3%，水氡异常占 22.2%。③显现地声、地光。许多资料表明，在临震期间可以观察到大量的地声现象（宏观地声和微观地声），人类和动物在临震前数分钟至数小时甚至 1～2 天内能听到具有一定特征的声响。地声主要出现在沿发震构造和有关活动断层的条带区，以及未来的震中区和高烈度区。地光是地震前夕出现在天边和海里的一种奇特的发光现象，具有多种颜色和形状，多数无声、无热感。地光主要发生在震中区地震裂缝多的地方，以断层发育和有石英岩出露的部位或砂岩层中石英含量很高的地方最为多见。④动物习性异常。震前引发多种动物惊慌失措、飞逃等的反常反应，如蜜蜂乱螫牲畜、蛇在白天爬到屋顶和路上，由于野生动物震前异常活动出现的时间较驯养动物早，在临震预报中更具有成效性。例如，据报道，玉树 7.1 级主震前，动物宏观反常（异常）行为现象共计 65 条，其中狗类 22 条，牛类 13 条，猫类 8 条，鸡类 6 条，鼠类 7 条，马类 5 条，羊类 3 条，鱼类 1 条，并且多发生在震前一周。唐山大地震前有 70 多种动物出现异常现象，数量较多的有 30 多种，共 2020 起。汶川地震前动物异常现象占总异常事件的 46%。震害经验也表明，动物震前行为异常的数量、种类、分布面积与震级和震中距离有密切关系。一般来说，震级越大，生态环境的变化范围也越大，对动植物的影响也越大。⑤植物发育异常。震前气候等环境条件的变化还反映在植物的生长上。例如，1976 年松潘地震前，从 1975 年 5 月起，四川平武、南坪和甘肃文县一带竹子开花干死。

2. 震后生态效应　地震发生后，震区的陆地表面受到破坏，地表物理性基质和土壤失去原有功能，适宜生境面积减少，生境支撑能力下降。地震灾害及其诱发的次生地质灾害不仅导致了人类生命财产遭受重大损失，而且还对陆地、河流及海洋等地表生态系统造成严重破坏，对区域生态安全构成巨大威胁。与地震前生态影响相比，地震后生态效应更为严重。

1）*对生物的影响*　地震及其诱发的多种次生灾害如山崩、地裂、滑坡、泥石流、地陷及强烈的地面震动等会改变原生地形地貌，破坏了动植物生境、加剧生境破碎化程度，生境斑块数量增加及面积减少，生境连通性下降，割裂了种群的连通性，形成严重的生殖隔离，引起生物多样性的丧失和野生动物的迁移，也可能会直接造成野生动植物的伤亡或栖息地质量衰退，改变部分珍稀动物的食物结构与生活习性，导致其数量的减少甚至灭绝。例如，在汶川大地震中，地震前都江堰地区的大熊猫潜在生境面积为 41 856 hm^2，地震前共造成 9053 hm^2 生境面积丧失，占全部生境总面积的 21.63%。地震后造成大熊猫生境破碎化程度加剧，地震后生境斑块数量是地震前的 717 倍，平均生境斑块面积也由地震前的 128 hm^2 减少到地震后的 13.02 hm^2。另外，地震导致的生态系统稳定性遭到破坏也会对生物多样性产生影响。生态系统的稳定性受到影响，会破坏某些物种的生境和食物链，使这些物种的生存受到威胁，导致物种的数量减少或灭绝。

2）*对生态系统的破坏*　地震会导致森林、草地、农田、水体等生态系统遭到大面积破坏，尤其是有些地震受灾区的生态系统在震前已经遭到破坏，或者本身就是脆弱和退化生态系统，地震将会极大加重生态系统的破坏和退化，引起局域生态系统服务功能衰退甚至丧失。地震对森林生态系统的影响主要是通过其对地形地貌的改变来实现的。强地震引起的多种次生灾害如山崩、地裂、滑坡、泥石流、地陷及强烈的地面震动，都易对森林植被造成严重的破坏，如使受灾区域内的林木大量倒伏、折断或被埋、垮塌、林木被掩埋、形成斑块地或“孤岛”，从而导致森林面积锐减、生境破碎化、涵养水源及调节气候等生态功能受损，又进一步影响生物的生存。有资料表明汶川地震造成受损林地面积达 3287 万 hm^2，导致重灾区森林覆盖率从灾前的 44.51%下降为 42.64%，下降了 1.87 个百分点，致使全省森林覆盖率降低 0.46 个百分点，受损林地按灾害迹地植被修复基准投资计算经济损失达 44.37 亿元。此外，森林水源涵养功能降低 30.24×10^8 t，水土流失潜在条件使将进入长江的泥沙达到 10.74×10^8 m^3，四川省在此次地震中森林碳汇储备能力每年损失 78.1 万 t，损失价值 2.5×10^8 元，森林释放氧气能力降低 67.38 万 t，损失价值 2.7×10^8 元。直接生态系统损失（ED）647.58×10^8 元，生态系统恢复费用（ERc）1158.31×10^8 元，全省森林生态系统生态服务价值损失达 1055.88×10^8 元，综合生态损失 3527.31×10^8 元，灾度 0.38，属于生态系统严重经济损失等级。地震对于草地生态系统的影响也主要是对地形地貌的改变和重塑。由于地震引起的次生地质灾害如滑坡、坍塌及泥石流等，可能造成草地的局部消亡或者受损。地震对农田生态系统的影响是多方面的，除了直接损毁农田里生长的庄稼，造成减产或颗粒无收，还可对农田基础设施造成严重的毁坏，如破坏蓄排水设施和田间灌溉渠。地震引起的山体滑坡或泥石流等次生灾害还可能掩埋农田、冲毁农田表土，土壤的流失可能造成土壤有机质的损失，从而影响土地的质量，最终影响农作物的生长。据报道，2008 年汶川地震导致 10 多万 hm^2 的农田受损。地震灾害对地表环境、动植物等生态系统的重要组成部分造成严重的破坏，会使生态系统丧失了其原有服务功能，如水源涵养功能。

3）*对环境介质与形态的破坏*　　地震过后，由于地表岩体破碎和水流作用，大量岩体崩塌和形成滑坡，泥沙与砾石大量输入，堆积在河道周围，造成河道淤塞、河床抬高，使河道形态发生改变，破坏了水体容量，削弱了区域防洪能力。资料表明，每次地震之后对河道形态都发生不同程度的改造，而且容易形成堰塞湖。由于堰塞湖的形成，使得河道内的水易形成局部滞留现象，暂时或者永久改变了原有水生生态系统；还会破坏大量植被，导致水土流失严重，致使河流的地表与地下水量大大降低，改变上游河流的季节性水量，可能还会影响下游人生活及工农业的用水安全；山地区域地震常会诱发次生泥石流、滑坡等地质灾害，这些灾害会导致坡体土壤容重、土体结构和渗透速率的改变，土壤养分急剧降低，土壤生物多样性减少、生命活力减弱等。此外，地下水位和温度、岩石和含水层中的水压及化学成分等也会发生改变。2011 年日本地震后，一些水井的水位发生了振荡，水位变化的最大幅度达到了 3192.4 cm，调查的 12 口井中有 7 口井的水温在地震波到达后 310 min 出现了变化，变化幅度从 0.01℃到 1.2℃。地震不仅会引起该区域的地壳发生形变，同时也可以影响周边的地区。例如，2011 年 3 月 11 日日本地震引起了日本东北部地区地壳的变形，地震活动也影响了周边的地区包括一些火山区域。距断裂带 100～200 km 处的火山因此次地震下降了 5～15 cm。地震的强烈震动及其诱发的次生灾害使得大量的林地、草地等覆被类型随山体崩塌、滑坡，在空间上发生整体或局部的、不规则的移动，产生了大量的裸地及裸岩。

4）*对环境系统的污染*　　地震之后，核泄漏、工矿企业污染物外泄、大量生活垃圾及防疫消毒灭菌虫剂等会造成严重的水土污染，使得水体和土壤的自然特性发生变化，生物的生存环境遭到破坏，可能会造成生物多样性的减少。例如，2011 年 3 月 11 日日本地震引发了福岛核电站泄漏，在 5 个水净化厂检测到了放射性核素。在福岛和邻近辖区未净化的水体中也检测到了放射性碘（I-131）和铯（Cs-134 和 Cs-137）。另外，各类建筑物的倒塌也导致大量固体废弃物的堆积，造成固体废弃物污染，此外，这类废弃物在堆放或处理过程中，还会由于日晒、雨淋、水洗，一些污染物极易向周边区域移动。2011 年 2 月，新西兰克赖斯特彻奇市发生 6.3 级地震后的 10 天内，观察到河流水体溶解氧最低值小于 1 mg/L，河道中的反硝化作用加速，微生物膜的群落发生变化，几种底栖无脊椎动物消失。一些位于市中心的城市污水处理厂因地震液化和物理干扰而毁坏，导致贯穿赖斯特彻奇市水体、污水、雨水等设施受到严重的破坏。因此，未经处理的污水在地震后 6 个月的时间里只能直接排放到城市河流，排放量达到了 38 000 m^3/d，这会引起河流水体和沉积物的微生物污染。

5）*对气候的改变作用*　2004 年 12 月 26 日印尼地震海啸后，冻害和暴雪等灾害在全球范围内频繁发生；中国结束了持续 18 年的暖冬；南半球夏季出现低温，阿根廷首都布宜诺斯艾利斯在 2005 年 2 月早上气温降到 9.4℃，创 25 年来 2 月份最低温度纪录。郭增建的“深海巨震降温说”理论合理地解释了印尼地震海啸后全球气温有所降低这一现象，将强震与气候变化联系起来，打开了地震学与气象学的通道。“深海巨震降温说”的主要内容是：海洋及其周边地区的强震产生海啸，可将海洋深处冷水迁到海面，使水面降温，冷水吸收较多的二氧化碳，从而使地球降温近 20 年。

6）*震后瘟疫流行*　自然灾害可能会恶化空气质量，是影响肺炎球菌的一个因素。肺炎球菌与地震液化喷出物有关。地震导致的动植物尸体、人畜粪便、工业及生活污水等进入环境等可能会引起病菌的快速传播，造成震后瘟疫的流行。

二、火山活动及其地表生态效应

（一）概述

火山喷发由于地幔物质在地球内力作用下部分熔融并与母体分离，熔融体通过孔隙或裂隙不断向上移动在一定部位富集形成岩浆囊，当岩浆囊的岩浆过剩、压力逐渐增大，表壳覆盖层的强度便不足以阻止岩浆继续向上运动导致岩浆通过薄弱带向地表上升，岩浆中的挥发分逐渐游离出来，形成气泡，当气泡占有的体积分数超过一定极限时，气体被迅速释放导致了爆炸性喷发。

依据火山活动的状况，可将其分为死火山（全世界大概有2000余座死火山）、休眠火山和活火山（全世界活火山约有850座）。按火山喷发的时间长短、规模和危害程度，又可将其划分为爆炸式火山（喷发酸性岩）、宁静式火山（喷发基性岩）。根据喷发样式、喷出物的种类，以及火山堆积物和火山地形，还可分为中心式喷发（多为爆炸式火山）和裂隙式喷发（多为宁静式火山）。

前已述及，火山主要分布在 4 个火山带，其余的火山零星分散在大陆内部及大洋盆地中，其分布规律与地震带分布基本一致，包括环太平洋火山带（太平洋的东西岸以及南部岛屿，活火山占全世界活火山的 3/5）、地中海-喜马拉雅-印度尼西亚火山带（横亘欧亚大陆的火山带，活火山占世界活火山的 1/5）、大洋中脊火山带（连贯各大洋的洋底中脊）、红海-东非大陆裂谷带。中国火山活动大部分属于环太平洋火山带的大陆边缘火山。到目前为止，中国已经发现的火山锥约 660 座，其中绝大部分是第四纪死火山，近代还活动的火山很少，中国近代火山主要分布东北环蒙古高原区域、西南青藏高原区域和东部环太平洋西岸区域。东北地区是中国新生代火山最多地区，共有 34 个火山群（640 余座火山），内蒙古高原亦为中国新生代火山活动较频繁地区。

不同火山喷发样式喷发出来的物质是不相同的，爆炸式火山的喷出物有火山气体、熔岩物质和火山碎屑，而宁静式火山的喷出物主要是灼热的熔岩流。其中，火山气体包括水蒸气、二氧化碳(CO_2)、二氧化硫(SO_2)，以及微量的氮(N_2)、氢(H_2)、一氧化碳(CO)、硫(S)、氧(O_2)、氯(Cl)等。水汽比例很大，占总气体的70%～90%。熔岩物质熔岩按其中的二氧化硅含量可分为酸性、中性和基性。不同类型熔岩的温度、黏度和气体含量也不相同。酸性熔岩的 SiO_2 含量 >65%，温度为800～900℃，黏性大而气体多；基性熔岩的 SiO_2 含量<52%，温度为1000～1200℃，黏性小，气体少；中性熔岩则介于这二者之间。岩熔的二氧化硅含量、温度和黏度影响其流动速度。岩熔的流动性随着二氧化硅含量的增加而减慢，基性熔岩的流动速度一般为每小时几千米至100km，而酸性和中性熔岩的流动速度一般为每小时几米、十几米。火山碎屑由围岩碎块和熔岩块组成，如火山灰、火山渣和火山弹等。

（二）火山活动导致的地表生态效应

火山喷发时释放的气体、喷出物质以及喷发时的巨大能量会对地表生态系统产生巨大的影响。其影响程度与火山喷发的式样、风向、海拔、地形、植被组成相关。火山喷发对地球表层的影响包括短期影响和长期影响（图6-1）。火山喷发最直接的影响就是破坏周边地区的生态系统，大量的火山灰会严重影响人和动植物的呼吸，导致大量动植物死亡。此外，火山喷发还会对大气、陆地和海洋表面系统产生非常大的影响。但长久来看，火山喷出物具有较高的营养元素和矿物质，有利于提高土壤的肥力；火山喷出物也形成了一些新的生境；火山活动导致的生境破碎化等也促进了新物种的产生。

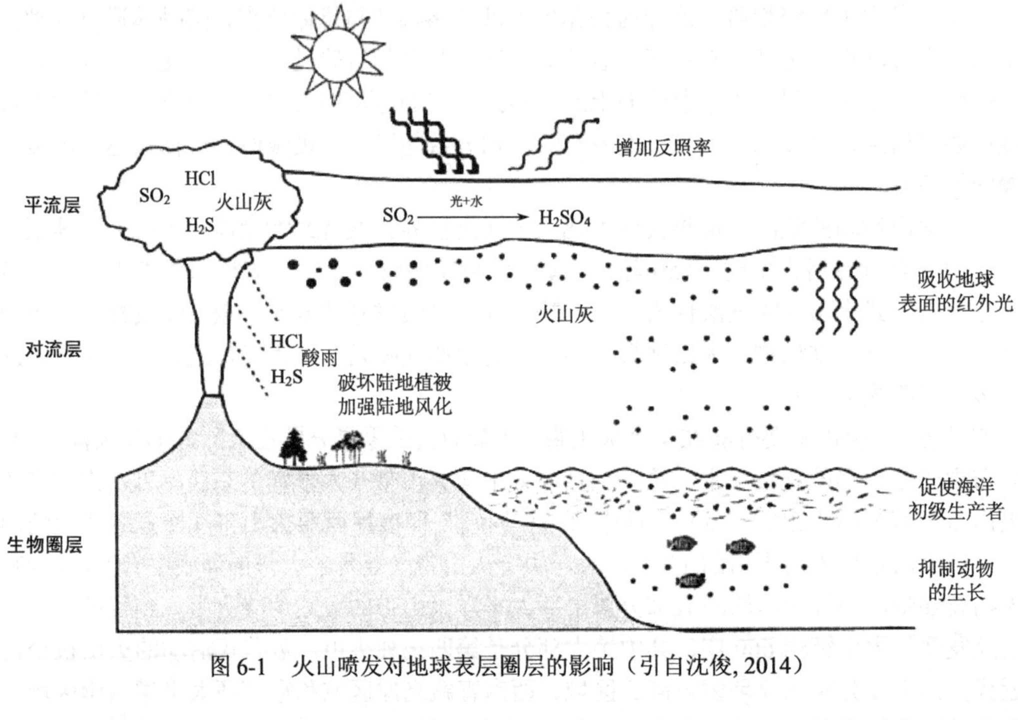

图6-1　火山喷发对地球表层圈层的影响（引自沈俊，2014）

1. 对大气的影响　火山喷发垂直向上且强度高，可将火山灰和气体物质送到距离地表20多千米的平流层。平流层是地球大气层的第二层，上热下冷，空气稀薄，水蒸气极少，几乎没有雷、雨、风等天气变化。这些特征使得进入平流层的火山灰和气体物质很难被消除。火山物质对地球表层产生的酸雨、变冷及臭氧层的破坏都是短时间尺度上的影响。其带来大量的 CO_2 等温室气体，可以长时间尺度上对地球产生温室效应，从而引起全球气温的升高，这种响应一般在地球历史上的沉积记录中可以分析出来。

早期的研究者认为火山活动喷入大气圈的火山灰及火山尘级微粒是造成气候变化的重要原因，随后认识到导致火山爆发对气候影响的主要原因是火山气体（如 SO_2）及其气溶胶，并且火山喷出的气体对气候影响的持续时间是不同的，可划分为短期效应气体（如 SO_2、H_2S、HCl 和 HF）和长期效应气体（如 CO_2）。火山灰在重力作用下能很快从大气中沉降到地球表面，对地区或者全球大气圈层的影响不大。但火山灰带来的 HCl 易于溶解在雨水中，能形成酸雨降落到地球表面，大规模的酸雨可导致植被的大面积破坏、陆地表面风化加强及海洋酸化等。火山喷发产生的大量卤族元素也可以通过一系列的光化学反应对大气臭氧层产生破坏，臭氧层的破坏会增加陆地表面很多生物遭受强紫外线辐射的风险。此外，火山喷发物滞留于平流层随环流扩散会成为太阳辐射的屏障层导致地表降温。在平流层中的 SO_2 对气候的影响极大，SO_2 可以和水蒸气反应，快速氧化成硫酸，从而形成硫酸浮质。这些浮质在大气圈中能强烈反射和折射太阳辐射，削弱到达地面的直接太阳辐射从而致使地球表面温度降低（图6-2）。地表温度下降的空间分布、降温出现的时间和降温幅度受不同岩浆成分、喷发类型、火山喷发特征（包括喷发季节、纬度和强度等）、海陆分布等许多因素的影响。

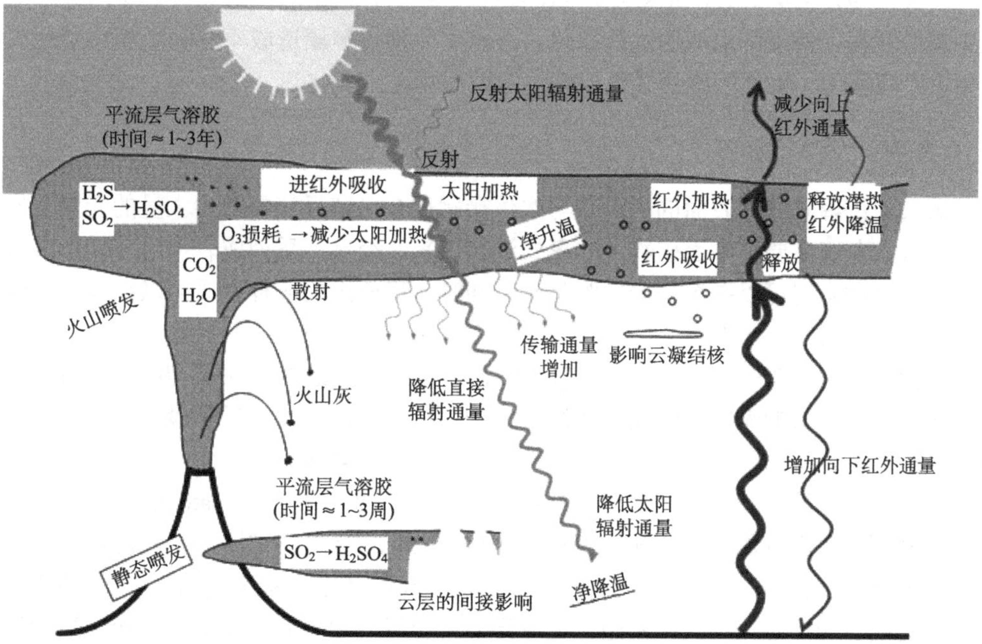

图 6-2　火山喷发对气候影响（引自李传金等，2012）

2. 对陆地的影响

1）对生物灭绝以及生物多样性的影响　　火山有毒气体的排放、直接的爆炸、火山灰在河流的沉积及火山碎屑流等火山喷发及相关的水文过程都会对周围生态环境造成损坏，导致生境破坏、植被数量和覆盖面积减少，区系发生了变化，减少了资源和一些其他动物的食物源，导致生物的死亡和生物多样性的减少。Swanson 等报道了 2008～2009 年智利柴腾火山的喷发摧毁了附近的森林。在火山喷发处北部-东北部，林冠层的叶片被粗火山灰（“gravel rain”，>5 cm 厚）擦伤的林地面积达 50 km^2。细火山灰在树冠的堆积会损伤及压弯树枝，受细火山灰影响的幼树面积达 480 km^2。火山北侧的爆炸直接损毁了超过 4 km^2 的森林。火山喷发 10 天后，>100 cm 移动火山灰在河流沉积，掩埋了冲积平原森林。火山喷发导致树林受到不同程度的影响，包括叶片脱落、树枝折断、树皮擦伤、连根拔起甚至死亡。火山活动能直接导致动物死亡，如热河生物群经历了集群死亡和快速掩埋，火山活动的有毒气体是生物灾难事件的主要因素。1986 年 8 月 21 日晚 9：30 左右，大量的气体从喀麦隆的尼奥斯火山口湖中冒出，并迅速向邻近的山谷蔓延。这股高密度的气体“烟流”厚度约为 50 m，运动速度达到 72 km/h。贴近地面的气体烟云向外扩展了 25 km，4 个村庄笼罩在烟云之下，当地居民首先感到疲乏、头晕、闷热和精神错乱，然后便失去知觉。这次事件使约 1740 人窒息而亡，另外有 8300 头左右的牲畜死亡，鸟类、昆虫和其他任何动物都未能幸免一死。在火山灾害中，因某些物种的消失，一些物种种群数量的快速增长，破坏了食物链的平衡。

2）对生境的破坏　火山爆发会导致生境的破碎化，这会促使一些在火山活动后能存活下来的物种种群的亚分化。种群的亚分化和扩张可以发生在较小的空间和时间尺度范围内，这促进了一些新性状的快速传播，导致一些生物种群的遗传物质和基因结构发生变化，最终可能导致一些新物种的形成。火山喷发物在河流的沉积会破坏原有生态系统，改变河流的水文。火山喷发物会导致河道被堵、悬浮物和微粒的有机碳增多等。有机碳的分解加速了河流中氧的耗损，使周围水域的水质恶化，对水生生物的健康造成不利的影响。陆地火山的 CO_2 会使土壤酸化，生境的改变导致土壤中的微生物发生变化。

（三）对海洋的影响

从大气中沉降到海洋表面的火山灰与水体接触后会迅速反应释放出大量的元素。反应后的物质以火山灰（主要是黏土矿物）的形式沉积下来，经过一系列成岩作用可以形成火山灰黏土岩，这种黏土岩可以在沉积岩中观察到。同时，释放出的各种物质可以在较大程度上改变海水的理化性质。火山灰带来的物质对不同海洋生物可以产生不同的影响。

一方面，火山灰带来的营养物质（Fe 和 P 等）可以促进海洋表层初级生产者的快速生长及大量繁殖。火山的喷发物致使海洋浮游植物大量繁殖，导致海洋环境的污染并破坏了海洋生态系统平衡，特别是在海洋生态系统的高营养低叶绿素区。海洋生态系统的高营养低叶绿素区的浮游植物的生长受到水体可溶性铁的限制。2008 年 8 月 Kasatochi 火山爆发导致了火山灰沉积到铁受限制的东北太平洋海域。A.Lindenthal 等用一维海洋生物地球化学模型研究了 Kasatochi 火山爆发事件来表明海洋对铁增加了反应（火山灰引起的）。在 2008 年的春季，增加的铁引起浮游植物大量繁殖。在海洋的混合层，营养元素如硝酸盐和硅酸盐等减少了，而浮游植物的生物量增加了。N.Olgum 等报道了 2008 年 8 月 Kasatochi 火山爆发诱发了阿拉斯加海湾硅藻的大量繁殖，硅藻的暴发增加了浮游动物和红大马哈鱼丰富度。

另一方面，火山喷发活动也可对某些生物产生有害作用：①火山活动产生的 SO_2 和 HCl 等经过与雨水混合形成酸雨降落到地面，这对陆地和海洋生态系统都会产生极大的影响，海水的酸化对生物的生长繁殖有很大的影响；②火山灰中的有毒元素会快速释放到海水中，对某些生物产生危害；③大量火山灰在较短时间内沉降到海洋水体中，会导致海水变混浊，混浊的海水对浮游生物产生较大的抑制作用；④火山灰带来的大量营养元素会促进海洋表层生产者的大量繁殖，形成大量有机质，而有机质在沉积过程中分解，大量消耗水体中的氧气，从而对水体中很多生物产生不利影响。

三、海啸及其地表生态效应

（一）概述

海啸是指由海底地震、海底火山喷发、海底滑坡和塌陷、小行星撞击地球及海底核爆炸等活动所激起的具有强大破坏力的海洋巨浪。海啸是最为严重的海洋灾害之一，被联合国“国际减灾十年”确定为全球重大自然灾害之一。海啸具有超大波长和周期的大洋行波，波长达 100 km 以上，但波高不超一般的海浪。因此，在大洋中海啸通常不易被人们所察觉。然而，海啸波是一种长波，在传播过程中能量衰减很少，因而在千里之外仍能造成很大灾害。海啸的传播速度极快，可达 222 m/s，当其接近海岸时，波速变小，波高骤增，有时可高达几十米，骤然形成“水墙”，瞬间侵入沿海陆地，造成危害。例如，1964 年发生在美国阿拉斯加的大海啸，在 Valdez 港引起的海啸波高 51.8 m，其破坏力可想而知。1996 年智利 8.9 级地震诱发大海啸，海浪以 600～700 km/h 的速度横扫太平洋，并袭击夏威夷群岛和日本海岸。2004 年印尼 9 级地震诱发的海啸导致了邻海岸 11 个低洼城市遭到了极大的破坏和损失，包括印度尼西亚、泰国、马来西亚、印度和斯里兰卡，造成了约 22.5 万人伤亡。

（二）海啸的种类及特点

海啸是一种具有强大破坏力的海浪，可分为由气象变化引起的风暴潮、火山爆发引起的火山海啸、海底滑坡引起的滑坡海啸和海底地震引起的地震海啸。从受灾现场讲，海啸又可分为遥海啸和本地海啸。按其产生源地的远近，可将其划分成近海海啸和远洋海啸两类。近海海啸又称本地海啸，主要指海啸生成源地在近海岸几十千米或一两百千米以内，海啸波仅需几分钟或几十分钟便能到达沿岸，具有很大的突然（发）性，根本无法防御，所以造成的危害极大。远洋海啸是指生成源地通常在大洋深处或大洋彼岸，海底地震产生后，整层海水剧烈动（颤动），在洋面上生成波长为几十或几百千米、周期为 2～200 min 的震荡波，高速往外传播，在经过长途传播并最终到达沿海后形成海啸。以南美智利沿海为震源中心的海啸波，大约 24 h 后，就可以横越整个太平洋传播到琉球群岛一带，传播速度约为 1000 km/h。一般而言，海啸波在大洋中移行时，波高仅为 1 m 左右，不会造成灾害。进入大陆架后，因深度急剧变浅，从海底到海面流速几乎一样的海啸波直冲海岸或港湾，波高骤增，最大波幅可达 20～30 m，波峰倒卷，波速极快。这种海啸波能量极大，就像几米、二三十米高的水墙一波又一波地直冲上岸，可摧毁岸边一切房屋、建筑、堤防、树木和人畜，造成极大灾害。

（三）海啸成因与分布

1. 海啸成因 诱发海啸的因素非常多，如海底地震、海底火山喷发、海底滑坡和塌陷、气象变化及小行星的撞击等。小行星撞击地球也能诱发海啸，但这种事件发生的概率非常小。由气象变化所引起的特大风暴潮也被称为气象海啸。风暴潮（气象海啸）在波形上与地震海啸存在明显的不同，并且一般的风暴潮量级、范围和灾害程度上要比海啸小得多。风暴潮并非真正意义上的海啸。因此，引发海啸的原因主要有：①海底滑坡和塌陷。大规模的海底滑坡和塌陷扰动水体，从而引发海啸。这类海啸虽可能在局部地区形成巨浪，但其影响范围一般不大。1998 年发生在太平洋岛国巴布亚新几内亚北部海岸的海啸是由海底滑坡引发的，海啸影响的范围不大。②海底大规模火山喷发和海底火山口塌陷。海底大规模火山喷发和海底火山口塌陷扰动海水，引发海啸。1883 年 8 月 26 日，印度尼西亚巽他海峡发生了由喀拉喀托火山爆发诱发的大海啸，海啸波高达 35 m，摧毁了两岸的村镇，形成了水深为二三百米的新海，死亡人数多达 3.6 万人。③地壳构造运动。地壳构造运动引起的大面积海底突然下降或隆起，扰动水体，诱发海啸。自然界中发生的海啸绝大部分属于这类海啸（俗称地震海啸）。这种海啸的形成具有“下降型”和“上升型”两种机制。地震的强度与海水深度等是诱发海啸的主要因素。

2. 海啸分布 全球地震海啸发生区与地震活动带基本一致。世界上的地震海啸80%以上发生在太平洋地区，尤以环太平洋地震带的西北太平洋海域为多。据统计，在过去1300年中，环太平洋沿岸共发生了800多次破坏性海啸，平均不到2年就有1次，已累计吞噬了近20万人的生命。受海啸袭击较多的国家和地区，主要有日本、印度尼西亚、智利、秘鲁，以及加勒比海沿岸、夏威夷群岛和阿留申群岛沿岸等。

（四）海啸引起的地表生态效应

海洋及近海生态系统的环境因素与生物因素均遭到海啸严重破坏。地震和海啸后引起距震中较近的部分岛屿发生了明显的变形。海啸导致海岸线下沉，造成一些海滩的消失。这些变化都会对当地海洋生态产生负面的影响。海啸掀起的巨大海浪直接损毁了海底及海岸的植被及珊瑚礁，导致海岸带上的红树林、海滩林、珊瑚礁、沙丘、海草床等生态系统植被遭到严重破坏，导致生态系统结构的破坏和功能的丧失。另外，海啸导致的一些环境污染（悬浮物质进入海洋、核泄漏、海洋水体污染）也会对海洋生态产生严重的危害。海啸也使得生态系统的脆弱性加剧，降低了生态系统对灾害的抵抗能力。这些生态系统经过数百年才得以构成，现在可能需要多年才能复苏。

1. 对海洋生态系统的影响 水下的震动使得礁石的结构被破坏，部分珊瑚礁被冲走。海底及沿岸的珊瑚礁也会因被沉积的泥沙覆盖（掩埋）而致使珊瑚虫窒息死亡。2004 年发生在印度洋海域 8.9 级大地震引发的强烈海啸导致了斯米兰岛国家海洋公园各研究点的活珊瑚礁遭到毁坏的面积从 7.2%到 39.7%，珊瑚被毁坏的深度达到海底 10 m 以下。床板珊瑚是最容易受到海啸毁坏的。珊瑚虫群体与海岸剖面是影响珊瑚礁移动及毁坏程度的主要因素。安达曼群岛和尼科巴群岛的珊瑚礁也遭到了海啸的影响。尼科巴群岛 69%的珊瑚礁遭到损坏，29%的珊瑚礁退化了；安达曼群岛 54%珊瑚礁遭到损坏，22%的珊瑚礁退化了。另外，海啸过后，海水一片混浊，阻止阳光照射，影响了珊瑚虫及其共生的藻类进行光合作用。很多海洋动物也受到了侵害，许多海洋动物（特别是其幼代）常常被海啸掀起的巨浪带走。海啸也破坏了海洋生物的栖息地。例如，在 2006 年印度洋海域地震引发的强烈海啸中，许多种类海龟的幼代已被海啸带走，几乎所有适合海龟等动物产卵的海滩都消失了。珊瑚礁是鱼类繁殖的良好环境，珊瑚礁受到破坏，必然会使得许多鱼类繁殖受到影响，最终导致鱼类数量和种类的减少。

2. 对海陆间湿地生态系统的影响 受海啸影响最严重的区域是红树林沼泽、海草床及沙滩等海陆间湿地生态系统。海啸引起的巨浪具有极强的冲击力，导致沿岸的木本植物被折断甚至被连根拔起，草本和藤本植物直接被海浪冲走或者被泥沙掩埋。另外，海啸导致了海岸带泥沙的堆积，对海啸的侵蚀也为一些适应性较强的非沙滩植物的入侵创造了有利条件。通过遥感技术与地理信息系统研究了森林受损的信息，在 Car Nicobar，红树林、海滩林和低洼沼泽林受到严重的毁坏。混生红树林林下 80.7 hm^2 面积在海啸前是可利用的，海啸后 89.4%的面积被毁坏了。多于 74%的红树林被淹没在水下，10.4%的红树林丧失了，4.8% 的红树林被破坏。多于 1/3 的海滩沼泽林被严重的破坏，12%的混合常绿林被淹没或者严重破坏。海啸导致了海岸带植被的区系发生了改变。2011 年日本东北部海域地震诱发的海啸导致海滩植物区系发生了改变。海啸后，虽然有一些植物入侵到海岸，但海岸带植被种类的数量较海啸前仍然是减少的。海啸卷起的巨浪对海岸带的冲击导致海岸带的红树林、海滩林、草地等遭到了严重的破坏，从而引起很多动植物生境丧失及破碎化。海水的淹没及泥沙的堆积也使得很多栖息地面积减少或者被扰动。由于岛屿处于隔离状态，因而其具有很多珍稀物种和特有种。岛屿又是海啸破坏最严重的地区，珍稀物种和特有种的生境将受到严重的破坏和扰动。2004 年 12 月地震诱发的海啸淹没了帝企鹅（*Aptenodytes patagonicus*）的聚居地，离震中 6500 km 的克罗泽群岛（46° 25′ S, 51° 45′E）。2005 年 1 月几个大浪又再次淹没了帝企鹅的聚居地。每一次的淹没使得聚居地面积减少 17%～20%。聚居地面积的减少和被扰动导致了 44%正在繁殖的帝企鹅放弃了它们的蛋或者正在哺育的幼鸟。海啸过后，11%的帝企鹅虽然再次产蛋，但第二次的淹没发生在繁殖季节后导致帝企鹅未能再繁殖。尼科巴群岛低洼的生境与很多动物物种有关，食蟹猕猴和尼科巴冢雉的生境被海啸严重破坏和丢失了。大约 70%的尼科巴冢雉的种群消失了，可能是由于海啸冲走了其栖息地和巢穴。海啸也导致 Great Nicobar 海滩被淹没，Great Nicobar 海滩是海龟筑巢的场所。

3. 对近海岸陆地生态系统的影响　海啸掀起的海水涌入沿海城镇、乡村，严重破坏了含有养分的大片表层土壤，这些含盐分极高的耕地将难以恢复耕种。印尼农业部长安东在灾区考察后表示，2004 年印度洋海啸冲毁了亚齐省境内 3.7 万 hm^2 土地，其中包括一些稻田和杂粮田，这主要是由于被海啸冲过的耕地含盐分极高，需要长期用清水冲刷去盐，而有些耕地已经难以恢复。另外，海啸也导致了大量的农田被淹没，短期内无法正常耕种。海啸也造成了灾区水井和城市水源的严重盐化，短期内许多水源将无法饮用。大海啸掀起的污浊浪潮使污水漫流，也造成了水源的严重污染。而工业与家庭污染物质被冲进附近的水源与土壤中，又加重环境污染。海水入侵沿海城镇、乡村，淡水地区植物和农作物不能忍受较高的盐水导致生长发育受到严重影响，甚至直接死亡。另外，海啸掀起的海水使得部分陆地被淹没，如果陆生植物被海水淹没过久，它们就会腐烂或因缺氧而死亡。

4. 海啸引起的严重性次生灾害给生态系统带来的影响　海啸不仅能直接破坏和损毁地表生态系统，而且其诱发次生灾害对生态系统带来的影响是也非常严重的，如海啸引起的核电站泄漏问题等。2011 年日本地震以及随后发生的海啸损坏了福岛核电站，导致有害的放射性核素被释放到环境中，影响人体健康和周围的生态环境。日本 5 个水净化厂检测到了放射性核素。在福岛和邻近辖区未净化的水体中检测到放射性碘（I-131）和铯（Cs-134 和 Cs-137）。位于加利福尼亚的拉荷亚沿海硫酸盐气溶胶和 SO_2 气体中检测到了放射性核素 ^{35}S（通过估算，福岛核电站每平方米将近有 4×10^{11} 中子泄漏）。另外，海啸掀起的巨浪对城市水利设施的损毁导致饮用水源、河流水体和沉积物的污染。

第二节　气象灾害及其地表生态效应

一、概述

气象灾害是所有自然灾害中最常见的一种灾害现象，是指由气候变化所导致的灾害。气象灾害是大气的某些特殊运动形式，这类特殊的大气运动都是在大气环流背景上发生的。气象灾害有狭义和广义之分。狭义的气象灾害是一种原生灾害，主要指天气、气候因素直接导致的灾害，包括台风、暴雨、雷暴、冰雹、大风、沙尘、龙卷风、雾、高温、寒潮、干旱、洪涝等因素直接造成的灾害。广义的气象灾害一般包括天气、气候灾害，以及由气象次生、衍生的灾害。气象次生和衍生灾害指因气象因素引起的山体滑坡、泥石流、风暴潮、森林火灾、酸雨等灾害。气象灾害具有种类多、范围广、频率高、持续时间长、群发性突出、连锁反应显著和灾情重等特点。在我国发生的气象灾害种类繁多（表 6-2），包括台风、暴雨、干旱、冰雹、大雾、高温、低温冷害、冰雪灾害、沙尘暴、台风等七大类 20 余种的气象灾害，同时我国也是一个气象灾害频发的国家，每年都会有各种气象灾害发生。我国平均每年要发生 12 次范围较大的强降水天气过程，遭受干旱的农作物面积达 2557.3 万 hm^2，平均每年有 7 个台风灾害登陆。20 世纪 90 年代以来，重大的气象灾害更加频繁，对国民经济、人民生命财产造成巨大损失。据过去 20 年资料统计分析，气象灾害是我国自然灾害中最为严重的灾害，我国每年因各种气象灾害造成农业受灾面积达 5000 万 hm^2，直接经济损失占 GDP 总值 3%～6%，高的年份曾达 10%以上。回顾我国历史上出现的比较严重的气象灾害，干旱、暴雨洪涝及热带气旋导致的台风是我国最为常见、危害程度最为严重的灾害种类。旱灾的特点是范围广、时间长、影响远。下面介绍这三种气象灾害及其地表生态效应。

表 6-2　中国主要气象灾害分类及其危害（据郭进修等，2005）

类	种	天气现象	直接危害	次生灾害
洪涝	洪水 雨涝	暴雨 大雨	河水泛滥、山洪暴发，城市积水、内涝、渍水，毁坏庄稼、建筑、物资，造成人员伤亡、疾病、作物歉收，交通、通信受阻	农林灾害、地质灾害（泥石流、滑坡、水土流失），水圈灾害（洪水、内涝）
干旱	干、旱 干热风 热浪	少雨 久晴 高温	旱灾、城镇用水缺乏 干旱风、焚风 疾病、灼伤、作物逼熟	农林灾害（虫害，林、草火灾），地质灾害（土地荒漠化）
台风	台风	狂风 暴雨	海难，河水泛滥，山洪暴发，城市积水，内涝、渍水，毁坏庄稼、建筑、物资，造成人员伤亡、疾病、作物歉收，交通、通信受阻	地质灾害（泥石流、滑坡、水土流失），水圈灾害（洪水，内涝，巨浪、风暴潮）
冷冻害	冷害 冻害 冰害 冻雨 雪害 风害	强冷空气 寒潮 雨凇 霜冻 积雪吹雪 大风	作物歉收，人畜、庄稼、经济林木冻害，牧场积雪、牲畜死亡，雪崩，电线、道路结冰，交通、通信受阻，海难	农林灾害（庄稼、林木冻害，牧业受损），水圈灾害（江、河、湖、海结冰，巨浪）

续表

类	种	天气现象	直接危害	次生灾害
局地风暴	雹害 风害 龙卷风 雷击	强对流天气 下击气流	毁坏庄稼、建筑、物资，人畜伤亡，山洪暴发，交通、通信受阻，交通事故、空难、火灾	农林灾害（森林、草原火灾）、地质灾害（泥石流、滑坡，刮走地表沃土）
连阴雨	连阴雨	阴雨、低温、潮湿	影响作物正常生长发育，烂秧，物资霉变	农林灾害（病虫害）
其他	沙尘暴 浓雾 静风	强风 浓雾、烟雾 静风、大气污染	沙流淹没农田，毁坏庄稼、建筑、物资，人畜伤亡，危及人体健康，交通、通信受阻，交通事故，空难，人体疾病	地质灾害（沙丘移动，土壤沙化）

二、干旱灾害及其地表生态效应

（一）定义与成因

干旱和旱灾是两个不同的概念。干旱指的是降水量少，不足以满足一定人口生存和经济发展需要的气候现象。在沙漠、戈壁及草原等地区，干旱是常见的现象。旱灾则属偶发性自然灾害（随机性），主要指因久晴无雨或少雨、土壤缺水、空气干燥而造成农作物枯死、人畜饮水不足等的灾害现象。旱灾可以发生在半干旱、干旱地区或半湿润地区的任何季节。相较于半湿润地区，干旱与半干旱地区的降水量的年际变化和季节变化大，降水量显著偏少的年份和时间多，干旱灾害发生更加频繁。根据世界气象组织的标准，我国广大西北地区均属于干旱区，约占我国国土面积的50%，其中严重干旱及沙漠、戈壁地区超过百万平方千米。在华北、西北及云南等地区还会出现严重的季节性干旱，冬、春季的降水较夏季减少很多。旱灾主要包括了干旱、干热风以及热浪等种类，主要表现为降水不足、气温偏高和蒸发强烈。

干旱气象的形成主要由大气环流的直接影响、下垫面和气候系统的外部因子（主要是太阳辐射）影响等共同造成的，大气环流是天气异常的直接原因。高压系统范围内有下沉气流，往往是晴朗少云，如中高纬度的冷高压或低纬度的副热带高压，某一地区若长期受高压控制就有可能形成干旱。洋流既是干旱气候形成的重要因子，也是干旱灾害的重要控制因子。

（二）引起的地表生态效应

干旱超过一定的时间则使地表水体（河湖库塘）干涸，地下水位下降，土壤干燥失水，并导致地面农作物和林果生长抑制或死亡，耕地无水可灌，人畜饮水困难，对农业和林牧业危害最大，夏季高温缺水也可影响到工业生产和城市生活的正常进行。

1. 对水域生态系统的影响　　水循环过程由降水、蒸发和径流三个环节构成，这三者构成的水循环途径决定着全球的水量平衡，也决定着一个地区的水资源总量。由干旱引起地表水体大量减少，导致江、河、湖、库等水域面积减少，甚至发生干涸，水域生态系统的平衡遭到了破坏。水体中的动植物的生长或繁殖受到影响，甚至死亡。

2. 对陆地生态系统的影响　　干旱可以通过抑制光合作用来降低陆地生态系统总初级生产力（图6-3），干旱还可以降低生态系统的自养呼吸和异养呼吸。在生态系统水平上干旱可以降低碳固定，减弱碳汇功能，甚至把生态系统从碳汇变成碳源。当前，对生态系统水平上的干旱影响研究主要是通过模型模拟和大型模拟实验两种方法来完成的。

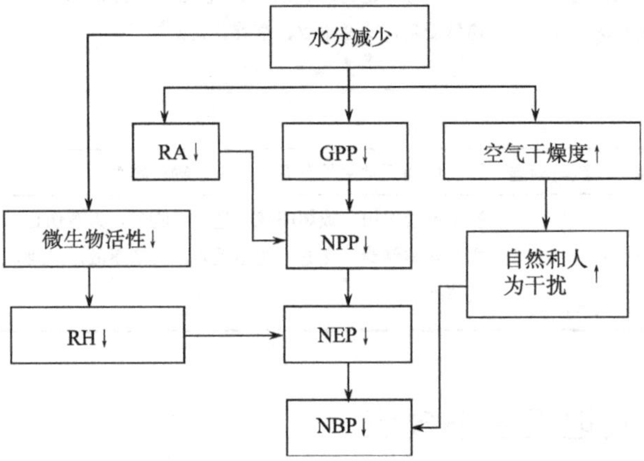

图 6-3　干旱影响陆地生态系统生产力的主要表现

GPP，总初生产力；RA，生态系统自养呼吸；NPP，净初生产力；RH，生态系统异养呼吸；NEP，净生态系统生产力；NBP，净生物群区生产力

水分是植物体的重要组成部分，并且在植物的生长、发育等生命过程中发挥重要的作用。无雨或少雨、土壤缺水将引起植物的生长发育受损甚至死亡，导致生产力下降，植物群落组成发生改变。因此，旱灾改变了农业生态系统、草原生态系统及森林生态系统的组成，并使其功能受到损坏。旱灾造成了生物多样性的减少，主要有以下几种途径：植物的枯死直接造成多样性的减少；植物的死亡引起生境的丧失导致动物多样性的减少；缺水、缺少食物等引起野生动物的直接死亡；缺水引起动植物繁殖受到影响而导致多样性减少。由于不同种类的植物对干旱的耐受性不同，旱灾使干旱敏感的优势种大量死亡，而受影响较小的耐旱种在灾后可能成为植物群落的优势种，最终导致植物群落组成发生改变。干旱对地表植被生长的抑制直接导致了植物生产力的下降。草原的生产力下降造成牲畜因缺少食物而死亡。根据内蒙古牧区干旱灾情历史资料的统计，内蒙古地区干旱灾害出现的频率高达 65.8%，平均年遭受干旱灾害的面积达 2459 万 hm^2，牲畜因旱年平均死亡率为 4.7%。另外，干旱对地表植被生长抑制加速了土地的沙化、草场退化、森林锐减，促使地下水位下降，造成人畜饮水困难，使生态环境进一步恶化。同时，干旱还可以通过影响其他干扰形式来间接影响陆地生态系统生产力，如增加火干扰发生频率和强度、增加植物的死亡率、增加病虫害的发生等。

3. 生态系统脆弱化　持续的干旱加剧了生态环境的恶化，北方一些地区的河道断流，库塘湖泊干涸，地下水位下降，树木枯死，草场退化，土壤沙化现象十分普遍，沙尘暴发生次数增多、强度加大，干旱缺水、生态环境恶化的程度相当严重。与此同时，生态环境的恶化造成河道断流，湿地缩减，林草枯萎，使绿地、湿地面积大幅度减少，导致水土流失加重，水源涵养能力降低，大自然抗御旱灾的能力也相应下降，生态环境对干旱的反应敏感性呈增强态势，一些中小型干旱也有可能造成较为严重的后果，干旱发生频率和灾害引起的损失有增加的趋势。

三、洪涝灾害及其地表生态效应

（一）定义与类型

洪涝灾害是洪灾和涝灾的统称，两者往往同时、同步发生，难以区分，但却存在一定的差异。涝灾是指由于长期的降雨，地势低洼、地形闭塞地区的雨水不能快速排出而导致农田积水或土壤水分过度饱和，对植被的正常生长造成危害。涝灾的发生是一个缓慢的过程，其仅对植被造成影响。我国珠江三角洲、苏北里下河、豫东、淮北、海河下游、松辽等平原的低洼地常发生涝灾。洪灾是指由暴雨、冰雪融化、风暴潮等自然因素引起江河湖泊水量迅速增加或水位上升导致农田和城镇被淹没。洪灾通常是具有暴发性的，能造成人畜的伤亡及建筑物的破坏。

洪涝发生在不同地区具有不同名称，发生在江河流域称为河流洪涝，发生在湖泊周围称为湖泊洪涝，发生在沿海地区称为暴潮洪涝。其中，河流洪涝对我国的影响最广，范围也最大，特别是流域内长时间暴雨造成河流水位剧增而引发的堤坝决口，常造成大量人畜死亡，经济损失惨重。黄河、淮河、海河三大河流常发生溃堤，导致洪水泛滥成灾。河流洪涝还可以细分为暴雨洪涝、山洪、泥石流、溃坝洪涝、融雪洪涝和冰凌洪水。

（二）洪涝灾害形成的主要因素

洪涝灾害是自然因素和人为因素共同作用的结果。自然因素是产生洪水的最直接原因，主要包括流域气候条件及下垫面地形、地质、地貌等。在一定天气气候条件下产生大范围和高强度的降雨是洪涝灾害的直接因素。易积水且排水差的地形都是洪涝灾害常发生的地方，如集水面积大而出口小的溪河、地下水较浅的河网地区、山前低平凹地等。世界上洪灾灾害主要发生在大河两岸及沿海地区。人为因素则可以消减或加剧洪涝灾害，如盲目砍伐森林、扩大城市建设面积等。树林被砍伐引起森林的蓄水功能受损，暴雨之后不能蓄水于山上（加剧了洪峰来势，峰高量大），增加了水灾的频率；另一方面，森林被破坏加快了水土流失，导致水库淤积、下游河道抬升，河道排泄能力降低。城镇化建设改变了下垫层的属性，地面的不透水性增加了地表径流的速度。城市“热岛效应”导致城区暴雨发生更频繁，强度更高。围湖造田等人类活动也减少了湖泊面积，影响了湖泊对雨水的蓄积能力。

（三）洪涝灾害引起的地表生态效应

1. 洪涝灾害对农业的危害 洪涝对农业生态系统的危害主要有物理性破坏、生理性损伤和生态性危害。洪水常常能毁坏水利设施、冲毁农田，使农业生产环境遭到破坏。洪水还能撕破作物叶片、折断作物茎甚至冲毁作物等，这种物理性的破坏一般是毁灭性的，短时间内很难得到恢复。除了物理性的破坏，洪涝还能引起农作物产生生理性损伤。生理性的损伤主要是由于土壤缺氧，导致地下根系的生长及生理机能受到严重影响，从而影响地上部分生长发育。土壤缺氧将影响植物根系的有氧呼吸，降低根对矿物质营养的总吸收量，抑制土壤微生物的活动甚至改变其群落组成。另外，土壤矿质营养流失、有毒物质的积累等也会对植物的生长发育造成不良影响，如烂根。土地被淹没后，微生物迅速消耗掉水中氧气，并且氧气在水淹土壤中的扩散系数很小，因此导致了发生洪涝灾害地区的土壤只能进行无氧呼吸，积累了乙醛、硫化物、二氧化碳和可溶性铁锰等有毒物质。长期的涝灾会影响根系的分布及减少生物量。植被在短期的水淹后能恢复正常的生长发育，但超过一定的时间植物的损伤就难以恢复，甚至导致死亡。许多学者研究了洪涝对水稻、玉米、棉花等农作物产量及品质的影响，结果表明洪涝导致农作物的产量减少，品质下降，减产的程度与水淹时间、水淹深度、农作物不同的生长期等因素相关。高德友等研究表明抽穗前后发生洪涝灾害会严重影响水稻后期生长和产量，水稻孕穗期和抽穗期是对洪涝最敏感的时期，一旦淹没 5～6 天，产量近乎绝收。长期的阴雨湿涝的环境条件，增加了农作物发生病虫害的概率。

2. 洪涝灾害引起传染病的暴发　洪涝灾害致传染病暴发的因素主要强降雨把大量人（畜）粪便、垃圾、动植物尸体，以及一些厂区来不及转移和处理的化学品冲入河流、湖泊等，污染了地表及地下水，造成了生物性污染和化学性污染。这些都会对居民饮用水源的水质造成直接的影响，导致传染病及其他水媒病流行。许意清等研究表明细菌性痢疾、流行性感冒、其他感染性腹泻、乙脑为湖南省洪涝相关的敏感性传染病，洪涝导致前三种传染病的人群发病风险的增加可持续到洪涝后 1 个月，对乙脑的影响持续时间更长久。在各种传染病中，洪涝灾害对血吸虫病流行的影响较大。血吸虫病流行于亚洲、非洲、拉丁美洲的约 70 多个国家，受威胁人口高达 1 亿多人。血吸虫主要寄生于钉螺体内，宿主钉螺一般生活在草滩、池塘、沟渠等野外水域。洪水携带和冲刷大量的泥进入水域，形成更多的淤积区，为钉螺提供了更多的生境。洪水的涨落为钉螺的繁殖提供了良好的条件，同时也促进了钉螺的迁移扩散。此外，在洪涝灾害期间，野外水域水位的增高为钉螺逸蚴和人群上滩活动创造了条件，增加了人群接触疫水的频率，这无疑增加了人群被感染的机会。

3. 洪涝灾害对地表水环境的影响　洪涝灾害会造成地表的点、线、面源污染物进入水体，同时也造成大气中的污染物进入河流，特别是对于城市大气污染严重地区和工农业集中区域，洪涝事件会造成更严重的水体污染。研究表明暴洪灾害发生后，地表水的理化性质会发生改变，如 pH、COD、溶解氧和高锰酸盐指数等。伍远康等对浙江省 2010 年降水进行监测，结果显示降水中含有不同浓度的 TP、TN、NO_3^--N、SO_4^{2-}、Cl^-等元素，表明大气降水对地表水质的影响不容忽视。近年来随着科学技术、工业和经济的飞速发展，汽车等交通工具大量增加，汽车尾气及化石燃料等已经对大气造成了严重的污染。大气中的污染物可以通过干湿沉降途径进入地表，污染严重的地区还会出现酸雨等现象，降雨中的氮、磷等元素影响地表水的质量。不同地区地表特征和大气污染物的浓度和种类不同，暴雨洪涝灾害造成对水体污染程度不同。在一些地质情况复杂、降水量大的山区，强降雨会引起泥石流和山洪的暴发，从导致地表水环境的严重污染。洪水会携带大量的泥沙和悬浮物进入水体，造成水体污染。另外，在强降雨的扰动下，江河湖泊底部泥沙吸附污染物会再次释放出来污染水体。城市垃圾、泥沙及固体物质被洪水冲到水体中，影响水体的透明度并引起水体污染，这些都对水生生态系统造成了一定的影响。洪涝受灾区消毒液和漂白粉的大量使用，洪水携带的大量污染物等进入水体均会造成水体污染。

四、台风、飓风灾害及其地表生态效应

（一）概述

台风、飓风是发生在热带洋面上的一种强烈的气旋性涡旋（风暴），活动范围很大，常

常从热带洋面侵入到中纬度地区，并伴有狂风、暴雨、巨浪和海潮，具有极强的破坏力，给人类社会带来灾害。世界气象组织将热带气旋划分为 4 个等级：热带低压（风速＜17.2 m/s，风力＜8 级）；热带风暴（风速 17.2～24.4 m/s，风力 8～9 级）；强热带风暴（风速 24.5～32.6 m/s，风力 10～11 级）；台风或飓风（风速≥32.7 m/s，风力≥12 级）。台风和飓风都是热带气旋性涡旋，然而其发生的地点不同。发生在西太平洋、南海地区的热带气旋统称为台风，而发生在大西洋的则称为飓风。台风虽然发生在热带海洋面上，但是其具有一定的产生源地和活动区域。北太平洋西部台风的生成区是全球发生台风最多的区域，对我国有着重要的影响。台风生成主要集中在以下洋面：一是菲律宾以东洋面，二是关岛附近的洋面，三是我国南海中部。台风、飓风在世界的分布范围主要位于以下 8 个海区：北太平洋西部、北太平洋东部、北大西洋西部、孟加拉湾、阿拉伯海、南太平洋西部、南印度洋东部和西部。

台风形成需要具备以下基本条件：足够的地转偏向力，海面水温超过了 26.5℃，能提供大量高温的水汽。地转偏向力可使气旋加强，而高温的水汽上升凝结放出大量潜热为台风生成和发展提供巨大的能量来源。目前，我国气象局中央气象台规定将台风进一步区分为台风（风速 32.7～41.4 m/s，风力 12～13 级）、强台风（风速 41.5～50.9 m/s，风力 14～15 级）和超强台风（风速≥51.0 m/s，风力≥16 级）三个等级。

（二）台风的结构

台风是一种暖心的低压涡旋，中央部分的温度高于四周，台风范围内各气象要素的分布相对于中心而言是近似对称的。台风近似圆形的低压，包括垂直结构和水平结构。台风在垂直方向上可分为三层：①低层流入层，指从地面至高空 3 km 的范围，空气由周围向中心强烈辐合；②上升气流层，位于空中 3～7.5 km，是垂直结构的中间层，此层主要以切向风为主，垂直运动和上升速度达最大值；③流出层，位于台风垂直结构的最上层，最大的空气流出在 12 km 高度以上，流出的空气向四周辐散下沉形成台风的垂直环流。根据台风内各种气象要素和天气现象的水平分布可将台风分为三个区：①台风眼区，即内圈，位于台风中心，直径一般为 5～80 km，这里风速急剧向中心减小，在台风眼中经常出现静风；②涡旋区，即中区，是台风的最大风速区，是强烈天气发生和具有最大破坏力的地带；③外围大风区，即外围圈，该区风速向内逐渐增大，风力一般 6～8 级。

（三）台风导致的地表生态效应

台风、飓风具有暖性高湿和强烈辐合的特点，它能量大，来势凶猛，常常伴随着狂风、暴雨、风暴潮等恶劣天气，是影响全球的主要灾害性天气系统之一。据世界气象组织（WMO）的报告，全球每年死于热带风暴的人数为 20 000～30 000 人，仅据亚太台风委员会的资料表明，西太平洋沿岸国家平均每年因台风造成的经济损失为 40 亿美元。台风、飓风除了给人类造成了巨大的经济损失，也对生态系统的结构与功能产生一定的影响。台风、飓风的发生使海洋生态系统和森林生态系统受到了极大的扰动。

1. 对海洋生态系统的影响　台风和飓风对海洋生态系统的影响主要是对水体营养盐的扰动及由此产生的一系列生态问题。台风和飓风能引起海洋水体的垂直混合和形成上升气流，该垂直混合过程及由此引起的上升流能将海洋深层冷水区中的磷酸盐、硝酸盐等营养盐转送到表层并引起浮游植物的旺盛生长。付东洋等研究表明“百合”台风使海域海表叶绿素 a

浓度从台风前的 0.425 mg/m^3 上升到 0.537 mg/m^3，平均增长 26.35%。海表叶绿素 a 的增加有利于海洋生物的生长、初级生产力的提高和海洋生态环境的改善。对于某些生产力低的海洋来说，台风的适度扰动是有利的。但是台风和飓风也能引起浮游植物的暴发。对于一些沿海的人工养殖区，台风和飓风对水体的扰动会引起水体的有机污染。水体有机污染常常导致鱼虾病害的发生。有机污染的程度与养殖密度呈正相关。台风和飓风对海洋生态系统的扰动也影响了海洋底栖动物的种类、数量和群落结构。台风和飓风的发生也会引起水温，水体透明度等发生变化，影响海洋生态系统。

2. 对森林生态系统的影响　飓风和台风对森林生态系统最直接的危害是造成树木的机械损伤。树木的连根拔起、主干折断、枝条折断及树叶的掉落都是飓风和台风对树木损害的主要形式。飓风和台风带来的特大暴雨造成土壤水分饱和、根系土壤疏松，因此导致树木被连根拔起。叶片的掉落是台风损害树木最常见的形式。树木受损的程度与飓风和台风的强度有关，同时与树种、林分类型、树龄、树木高度、树冠大小、树木位置及林分密度等因子有关。受损的树木需要较长时间才能恢复，并且其恢复还需要一定的光照和水分条件。飓风和台风对森林生态系统造成的树木连根拔起、树干折断、树冠和叶片脱落，必然会影响森林生态系统碳、氮的循环。倒伏的树木、折断的枝条及叶片凋落物等增加了土壤碳的输入，影响了土壤碳储存。以上植物构件凋落后分解速率快慢的先后顺序为叶片＞枝条、树干＞根。许多研究表明台风过后，氧化亚氮的排放量有所增加，这可能是由于土壤氮转化的改变及无机氮的相对可获得性增强而造成的。

台风过境时常常带来狂风暴雨的天气。2005 年，浙江省相继遭到“海棠”、“麦莎”、“泰利”和“卡努”4 大台风的侵袭，短时间的总降雨量达 400 mm 以上。台风暴雨会破坏、干扰森林生态系统的水文循环和养分循环。台风暴雨增加了森林集水区的径流，是沿海森林生态系统 P、K 等元素流失的主要原因，而且使溪水的水化学特征发生显著变化。台风暴雨对森林生态系统地球化学循环的影响主要体现在：大气降水养分的影响，特别是降水中的 K、Ca 影响最大；对养分的地质输出的影响，雨水对土壤的冲刷加速了养分的流失。

3. 导致空气污染　台风和飓风生成及入侵大陆后，给大陆环境背景场中添加了一个台风系统，改变了大气环境中气压场及流场的分布特征，进而影响了大气气候环境质量。大范围的下沉气流会在陆地形成高压均压场，这种稳定的大气结构非常有利于污染物的积累，从而造成能见度降低和空气质量下降。张永林等在研究 2013 年 10 月 2 日至 10 日石家庄地区一次典型空气污染过程中，发现 $PM_{2.5}$ 质量浓度的上升和下降阶段与相继出现的台风“菲特”和“丹娜丝”输送气流及其背景场有关。石家庄 $PM_{2.5}$ 质量浓度变动分为上升、下降、再上升和再下降 4 个阶段，变动趋势呈双峰特征，分别对应台风“菲特”加强、减弱及台风“丹娜丝”加强和减弱阶段。在空气污染过程中，$PM_{2.5}$ 日均质量浓度达到了 425 μg/m^3，这一重污染事件出现的原因主要是由于台风“菲特”和“丹娜丝”系统外围东南暖湿气流进入石家庄地区，高空出现逆温层，覆盖并影响该地区，形成稳定的大气条件，导致 $PM_{2.5}$ 不断持续的积累。李忠等研究了 2013 年第 7 号台风“苏力”登陆前后(7 月 10 日至 7 月 18 日)厦门上空大气中的元素碳、有机碳、生物质燃烧、元素有机碳、含铅颗粒、含钒颗粒物、含钙颗粒物、海盐和高分子颗粒物 9 类气溶胶颗粒物的变化及特征。结果表明，台风影响过程中细颗粒物组成发生明显变化，台风前由于大量船舶驶入并依靠在厦门避风引起了含钒颗粒物增多，随后台风强气流将其他地区的污染物带到厦门，导致颗粒物浓度不断上升达到最高值。

第三节　山地地质灾害及其地表生态效应

一、山地地质灾害概述

发生在山地的地质灾害有崩塌、滑坡、泥石流、降雨后形成的直面冲刷，以及采矿区沉裂等。我国属于山地地质灾害多发国家，山地地质灾害具有危害程度大、波及范围广和发生频率高等特点。随着我国经济的不断发展、自然资源的不合理开采及土地的不合理利用等，更进一步提高了山地地质灾害的发生。滑坡、崩塌和泥石流的分布主要受地形地貌、地质构造、新构造活动、地层岩性，以及气候、人为活动等因素的制约，这些影响因素的实质问题及分布特征控制了我国山地地质灾害的区域分布规律。我国 26 个省（自治区、直辖市）范围内均不同程度受到山地地质灾害的危害和影响，云贵巴蜀一带是重灾区。到 2010 年底，重庆市存在山地地质灾害隐患达 9000 余处，其中存在山体滑坡隐患的为 7000 处，存在泥石流隐患的为 100 处，存在山地塌陷隐患的为 500 处。山地地质灾害给重庆市每年造成了 5 亿人民币的损失，是重庆市所有自然灾害造成损失的 1/4。泥石流、山体滑坡、山体塌方经常出现，占山地地质灾害的 80%以上。2006 年，除北京、上海和宁夏外，全国 28 个省（自治区、直辖市）都发生了地质灾害，共发生 102 804 起。其中，滑坡 88 523 起、崩塌 13 160 起、泥石流 417 起、地面塌陷 398 起、地裂缝 271 处、地面沉降 35 处，95.2%是自然因素引起的、4.8%是人为因素诱发的，共造成 663 人死亡、111 人失踪、453 人受伤，直接经济损失 43.16 亿元。与 2005 年相比，因地质灾害造成的死亡人数增加了 14.7%，造成的直接经济损失增加了 18.4%（2005 年共发生地质灾害 17 751 起，造成 578 人死亡、104 人失踪，339 人受伤，直接经济损失 36.5 亿元）。

二、崩塌灾害及其地表生态效应

（一）概述

陡坡上的岩体或土体在重力作用下，发生突然而快速的垂直坠落的现象和过程。崩塌又称为“崩落”、“垮塌”、“塌方”。大小不等、杂乱的岩块或土体呈锥状堆积在坡脚的堆积物称为崩塌体，也可称为岩堆、倒石堆或崩积物。崩塌和滑坡一样，都能对人类生命财产及生态环境造成严重的危害。例如，2004 年 12 月 3 日 3 时 40 分，贵州省纳雍县中岭镇左家营村岩角组发生大面积山体崩塌，导致 19 户、88 人受灾，死亡 39 人，5 人失踪。

（二）形成条件及诱发因素

当山地具备一定的内在条件时，外界因素的作用会诱发山体发生崩塌。崩塌形成的内在条件包括岩土岩性、地质构造、地形地貌三个条件，又统称为地质条件，它是形成崩塌的基本条件。外界的诱发因素对崩塌产生起着决定性的作用。诱发因素作用的时间和强度都与崩塌有关。

崩塌形成的地质条件大致包括三个方面：①岩土类型。岩土是产生崩塌的物质条件，不同岩性会影响崩塌的规模。通常岩性坚硬的各类岩浆岩、变质岩及沉积岩中的碳酸盐岩石、石英砂岩、沙砾岩、初具成岩性的石质黄土、结构密实的黄土等能形成规模较大的岩崩。页岩、泥灰岩等互层岩石及松散土层等，往往以坠落和剥落为主。由软硬相间岩层构成的坡体，其中的软弱岩层易遭风化，致使硬质岩层的岩块突出而成“探头”岩块，容易发生崩塌。②地质构造。崩塌作用主要发生在对山坡体切割、分离的节理、裂隙面、岩层面、断面等地质构造面。断裂面、节理面、裂隙面发育造成岩层破碎，为崩塌的形成提供脱离体（山体）的边界条件，陡倾甚至直立的坡体构造面最有利于崩塌的形成。另外，新构造运动强烈，地震频繁，地层挤压破碎的地区最易发生崩塌。③地形地貌。崩塌通常发生在坡度大于45°～50°且具有一定高度（大于20 m）的陡峻斜坡、孤立山嘴或凹形陡坡。因此，高山峡谷段岸坡，河流弯道的凹岸，冲沟沟壁，陡崖等处都是容易发生崩塌的地带。

诱发崩塌的外界因素主要有几类。①气象因素。主要表现在气温和降雨作用两个方面，前者促进崩塌的孕育，后者激发崩塌的产生，冰雪融冻、温差、暴雨和长时间连续降雨等都是崩塌的诱发因素，其中暴雨是最常见的诱发因素。②地震。地震引起山坡体晃动，破坏山坡体平衡而诱发山坡的崩塌，通常地震烈度在里氏 5°以下时不会诱发崩塌，6°～7°能诱发少量崩塌，大于 7°时会诱发大量崩塌。此外，强烈的地震还可使一些本来不具备崩塌条件的山坡发生崩塌。因此，地震是引起崩塌最强烈的诱发因素。③地下水和地表水。河流等地表水体冲刷、浸泡坡脚、大量渗入高陡斜坡的岩土体、地下水溶蚀或浸润软化地质结构面等易诱发崩塌。④人类经济工程活动。主要包括采掘矿产资源、道路工程开挖边坡、水库蓄水与渠道渗漏、堆（弃）渣填土及强烈的机械振动等。

（三）基本分类

按崩塌物的性质可将崩塌划分为土崩和岩崩；按其规模大小可将其划分为山崩和坠落石。按照崩塌体的规模、范围和大小可分为三种类型：①剥落。剥落的块度较小，块度大于 0.5 m 者占 25%以下，产生剥落的岩石山坡一般在 30°～40°；②坠石。坠石的块度较大，块度大于 0.5 m 者占 50%～75%，山坡脚在 30°～40°；③崩落。崩落的块度更大，块度大于 0.5 m 者占 75%以上，山坡角大于 45°。按诱发因素划分为：暴雨崩塌、地震崩塌、冲蚀崩塌、侵蚀崩塌、冻融崩塌和开挖崩塌（表 6-3）。

表 6-3　崩塌的不同分类

按物质组成划分	按诱发因素划分	按规模大小划分/m^3
岩质崩塌	暴雨崩塌	山崩≥1000
土质崩塌	地震崩塌	大型崩塌>100～1000
	冲蚀崩塌	中型崩塌>10～100
	侵蚀崩塌	小型崩塌>1～10
	冻融崩塌	崩塌≤1
	开挖崩塌	

（四）导致的地表生态效应

崩塌是破坏力极强的自然灾害之一，具有发生频繁、致灾后果严重等特点，对崩塌区域范围内的人民生命及财产造成巨大的影响，严重制约着国民经济的发展。崩塌除了给人类造成巨大的经济损失和人员伤亡外，还损害了地表生态系统，具体危害有：①地形地貌的改变。山体崩塌产生的大量碎石常使河流改道，形成堰塞湖，甚至堵塞堰塞湖。山体崩塌改变原有的生态环境，形成了新的微生境（如碎石坡面、巨石破面、碎石地、洼地和沟槽等），且异质性较高。②植被受到了极严重的破坏。发生崩塌时，碎屑物质可以在短暂的几分钟内形成高速滑坡并解体，旋即转化为超高速块石碎屑流，以锐不可当之势撞击或冲刷两侧山体，直接摧毁植被。崩塌引起的水土流失是导致植被生长受影响及死亡的主要因素。例如，崩塌形成的倒石堆成土过程缓慢，地形崎岖不平，岩块架空，导致地表水渗透速度快，地下水潜水面较深，极不利于植被的生长发育。③崩塌还造成山体基岩大片裸露，表层土壤被剥离，植被覆盖荡然无存，形成了次生裸地，极大地加剧了水土流失程度。

三、滑坡灾害及其地表生态效应

（一）滑坡概述

滑坡是指在自然地质作用和人类活动等因素的影响下，斜坡上的岩体、土体及碎屑堆积物在重力作用下沿一定滑动面整体向下滑动的过程和现象。滑坡也称为“地移”、“移山”、“走山”等。滑坡滑动过程可以在瞬间完成，也可能持续几年或者更长时间。规模较大的“整体”滑动一般为缓慢、长期共存或间歇的滑动。滑坡分布范围广、发生频率高、危害大，是山地丘陵区最常见的地质灾害。世界上很多国家都不同程度地遭到滑坡的危害，其中美国、中国、日本、意大利、瑞士、奥地利、印度、捷克和斯洛伐克都是受滑坡危害较严重的国家。

（二）滑坡的形态要素

一个发育完全的滑坡，具有以下要素（图 6-4）：①滑坡体，指与母体脱离并经过滑动的岩土体，由于滑坡体为整体性滑动，其岩土体内部的原有特征还能基本保存，但滑动作用使岩土体明显松动；②滑坡周界，是滑坡体和周围未扰动体在平面上的分界线，它由滑坡壁、侧壁和滑坡趾组成，它是圈定滑坡范围的界线；③滑坡壁（滑坡后壁），指在滑坡后缘由于滑坡体脱离未扰动体而形成的陡壁；④滑坡台阶，是由于滑坡体上、下各段滑动速度的差异，在滑坡体中上部形成的台阶状错台，常出现数个陡坎和高程不同的平缓台面；⑤滑动面（滑动带），即滑坡体沿未扰动体下滑的分界面，是滑坡壁在滑坡体之下的延伸部分，大型滑坡可见多个滑动面，构成滑动带；⑥滑坡床，是指滑坡体之下未经滑动的岩土体，它基本上未发生变形，完全保持原有结构，但在前缘部分因受滑坡体的挤压而产生一些挤压裂隙，在滑坡后壁后缘部分出现弧形张裂隙，两侧有剪裂隙发育；⑦封闭洼地，指滑坡体与滑坡壁之间的陷落沟槽或洼地，四周高中间低，常有地下水流出或地表水汇集，形成湿地或水塘，老滑坡因后壁及坡体坍塌，洼地可逐渐填平消失；⑧滑坡舌，即滑坡体前缘伸出的舌状部位，前端往往伸入沟谷河流，舌根部隆起部分称为滑坡鼓丘；⑨滑坡裂隙，指滑坡体在滑动过程中各部位受力性质和滑移速度不同，这种受力不均的状况可使滑坡体及其周缘的不同部位形成力学性质不同的裂隙系统，一般在滑坡体后缘，拉力作用强，往往形成延伸方向与滑动方向垂直的弧形拉张裂隙，在滑坡体中下部两侧，因滑坡体与其外侧的不动体之间产生剪力区，由此形成与滑动方向斜交的羽状剪切裂隙，在滑坡体前缘，因滑坡舌的顶托和土石的扩散，会形成与滑坡垂直的隆张裂隙和扇形张裂隙；⑩滑坡轴（主滑线），指滑坡滑动时，滑体运动速度最快的纵向线，它代表整个滑坡的滑动方向，位于滑床凹槽最深的纵剖面上，可为直线，也可为曲线，滑坡轴是一条人为勾画的理想线，实际看不见。

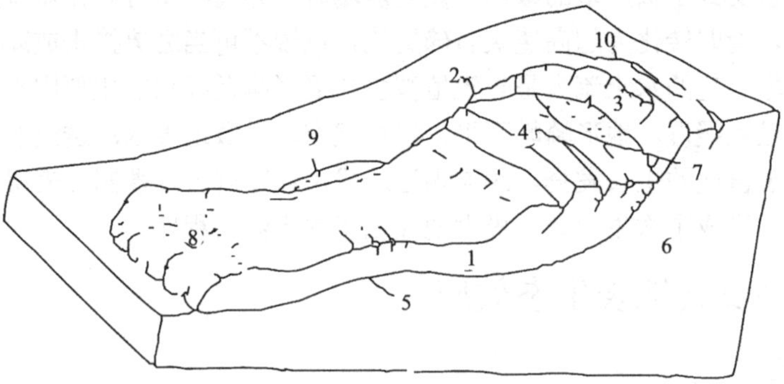

图 6-4　滑坡要素示意图

1. 滑坡体；2. 滑坡周界；3. 滑坡后壁；4. 坡台阶及横向裂缝；5. 滑动面（带）；6. 滑坡床；7. 封闭洼地；8. 滑坡舌及隆张裂隙；9. 侧壁羽状裂缝；10. 后缘弧形张裂隙

应该注意的是，上述滑坡形态要素一般在发育完全的新生滑坡才具备。自然界中的新、老滑坡，由于发育不全或经长期的剥蚀、堆积等作用，常常会消失掉一种或多种要素，不会千篇一律。滑坡的形态要素是判断滑坡存在的重要标志，也是深入研究滑坡的重要基础。

（三）形成条件及诱发因素

滑坡形成的条件可分为内部条件（地质条件）和外部条件（诱发因素）。内部条件是滑坡形成的基础，滑坡的产生是斜坡的一定岩土体的滑动力超过抗滑力的结果（图 6-4）。滑动力一般是由滑动面以上的斜坡外形所决定的，抗滑力则取决于滑动带泥土的抗剪强度。这种抗剪强度不仅受地质条件的严格限制，而且受到外界因素及其变化的影响，因此地质条件（岩土岩性、地质构造、地形地貌）、降雨、冲刷、振动和其他人为作用等外界因素及其变化都对滑坡的产生起着重要作用。

天然斜坡和人工边坡在各种因素的影响下，总是处于不断地发展和变化之中。滑坡的产生是斜坡的一定岩土体的滑动力超过抗滑力的结果。滑动力一般是由滑动面以上的斜坡外形所决定的，抗滑力则取决于滑动带泥土的抗剪强度。这种抗剪强度不仅受地质条件的严格限制，而且受到外界因素及其变化的影响。因此，坡体需要具备一定的地质条件，受到外界因素的诱发才会发生滑坡。

形成滑坡有三个基本条件：①岩土岩性。地层岩性是滑坡产生的物质基础。容易产生滑坡的岩土被称为易滑岩土。易滑岩土包括冲洪积土、新老黄土、夹碎土的堆积土、风化壳红土、砂岩夹页岩、半成岩地层及含煤地层等。②地形地貌条件，主要包括地形坡度、坡面形态、临空面、斜坡结构类型及其组合状况等，这些地貌条件对滑坡的孕育有着重要的影响，为滑坡提供了产生的空间条件和运动条件。坡度在 10°～45°范围内，下陡中缓上陡、上部呈环状的坡形是最有利于产生滑坡的地形。③地质构造。滑坡沿断裂破碎带往往成群成带分布，包括各种软弱结构面，如断层面、岩层面、节理面、片理面及不整合面等，控制了滑动面的空间展布及滑坡的范围。

外界条件作为滑坡的诱发因素主要是由于其改变了斜坡的外形和应力状态，增大了滑体的下滑力，减小了斜坡的支撑力。诱发滑坡的因素主要包括：降雨，河、湖和水库的水位升降，人为加负荷开挖，人工灌溉，工业用水的渗入等。

（四）基本分类

由于滑坡形成于不同的地质环境，并且表现为不同的形式和特征，人们从不同的观点和应用目的出发，提出了多种分类方案。按自然类别或工程的关系，滑坡可以划分为自然滑坡、岸坡滑坡、矿山滑坡和路堑滑坡；按滑坡体岩土类型划分为堆积层滑坡、黄土层滑坡、黏土滑坡、破碎岩石滑坡和岩层滑坡；按滑动性质划分为牵引式滑坡、推动式滑坡和混合式滑坡。

按滑坡体体积大小可将其划分为：特大型（巨型）滑坡（$>1000\times10^4\ m^3$）、大型滑坡（$100\times10^4\sim1000\times10^4\ m^3$）、中型滑坡（$30\times10^4\sim100\times10^4\ m^3$）、小型滑坡（$<30\times10^4\ m^3$）。根据滑坡发育过程和变化特征将其划分为：幼年期滑坡、青年期滑坡、壮年期滑坡、老年期滑坡。

（五）引起的地表生态效应

滑坡的发生损坏了地表生态系统，最直接的影响是破坏植被。滑坡对植被的影响主要表现在以下几个方面：滑坡体上生长的植物因其移动而倒下；地势较低处的植物被滑坡体掩埋；滑坡引起的水分流失影响了植被对水分和矿物质元素的吸收；将很多种子带入其坡积物中，从而降低土壤种子库密度与组成种类。另外，滑坡也会对小型兽类产生负面的影响。由于植被破坏，小型兽类的生长、觅食、繁殖、躲避敌害等方面均受到了影响，受影响的程度与植被残留的情况有关。滑坡在对动植物产生短期负面影响的同时，也在群落的演替与更新，以及物种多样性形成和保护等方面起着重要的推动作用。发生滑坡区域的植被和动物多样性在一定的时间后会逐渐得以恢复。Seiwa 等的研究表明滑坡能通过改变植物的种类组成及物种丰度，促进植物物种多样性的增加。山地地质灾害对自然生态系统的促进作用却常被大家忽视。张曼等对地震滑坡生境小型兽类群落多样性进行研究，结果表明与无滑坡生境相比，中度和轻度滑坡体生境的小型兽类的群落多样性已经得到了一定程度的恢复，但是重度滑坡生境的多样性还是较低，还需要一定的时间才能恢复。

大规模的滑坡会导致生态服务价值的损失，如地震诱发的滑坡。花利中等应用遥感技术对汶川大地震诱发的滑坡进行识别，并评估了生态服务价值的损失，结果表明地震重灾区——汶川县共产生滑坡体 206.5 km^2，汶川-茂县和映秀-北川两大断裂带之间的区域受地震影响最大，成为滑坡灾害最为严重的区域，其中映秀镇 15.9%的乡镇面积被滑坡体所掩埋；地震造成全县 151.08 km^2 林地、16.13 km^2 草地和 5.11 km^2 耕地丧失，崩塌的滑坡体填充的河流面积达 3. 45 km^2。各类生态系统服务总价值损失 22 646 万元，其中林地生态系统服务价值损失最大，占 89.8%；其次是水体，占损失总价值的 6.2%；虽然耕地价值损失所占比重不大，但滑坡灾害破坏的耕地占原耕地面积的 7.7%。

四、泥石流及其地表生态效应

（一）泥石流概述

泥石流是指沟谷中或坡地上突然爆发的饱含泥砂、石块甚至巨砾的特殊洪流。它是界于水流和土体滑动之间的一种运动现象，又称为“山啸”。泥石流危害范围虽然不是很大，但含有大量泥沙石块，具有发生突然、历时短暂、来势凶猛、大冲淤、破坏力极强的特点，而使人们防不胜防，各方面造成损失极大。1984年四川南坪县城区关庙沟、叭啦沟暴发泥石流导致25人伤亡，930余间房屋毁坏，总损失达到1500万元。1979年攀枝花市501厂因泥石流灾害，总损失达2000万元。

（二）形成条件

泥石流是一种危害极大的山地地质灾害，其发生需要具备三个条件：一是有利的地形地貌基础；二是丰富的补给物质条件；三是有适当的降雨水源激发。 前两个条件属环境条件，即山地发生泥石流所具备的自然环境，而后者为激发条件，降雨量的大小决定着泥石流的形成，同时其也是判断某一山地在区域性气候控制下是否可能暴发泥石流的重要条件。根据泥石流形成的两个基本条件，可按其对泥石流形成的直接或间接作用类型分为两个综合因素：①势能条件（动力条件），它包括沟谷的流域面积、沟床平均比降、流域山坡平均坡度、流域形态条件及流域内植被覆盖；②物质条件，包括流域内单位面积松散物储备方量、岩石类型、固体物质补给方式和补给距离、区域构造、流域内地质构造与区域气候等。对这两个综合条件影响的单因子很多，而且各单因子相互有机的组合或相互制约，都可影响泥石流的活动。根据泥石流发生的激发模式分析，可将泥石流发生模型划为4个类型：由下渗水造成的重力侵蚀滑坡、崩塌补给物质形成泥石流；由地表径流造成的坡面侵蚀的汇流补给物质形成泥石流；由洪水造成揭底侵蚀的沟床质启动补给物质形成的泥石流；由天然（人工）土石坝溃决，以及洪水强烈的沿程侵蚀形成的泥石流。这些类型的激发因素都与降雨密切相关，所以降雨是发生泥石流的重要激发条件，也是泥石流活动程度的制约条件。不同的降雨量类型对泥石流形成的影响是不同的，如年降雨量、季节性降雨量、日降雨量等，不同地区泥石流的形成对同一降雨量类型的要求差异性较大。除了地震、火山喷发，人类不合理的经济活动也可能诱发泥石流。

（三）基本分类

泥石流分类具有多种划分方式。按其泥石流的物质组成，可划分为：①土石流，主要是由大量黏土和大小不等的砂砾组成；②泥流，主要以黏土为主，含少量砂砾；③水石流，主要以水和大小不等的砂砾组成。按其流动状态，可划分为：①黏性泥石流，含有大量黏性土，固体物质含量占40%～60%，最多可到80%，石块呈悬浮状态，突发性强，持续时间短，破坏力大；②稀性泥石流，主要以水为主，黏性土含量少，固体物质占10%～40%，因此，流体稠度小、容重小、浮托力弱，石块常以翻流或跳跃式向前运动，具有强烈的下切作用。按泥石流成因，可将其划分为冰川型泥石流、降雨型泥石流、共生型泥石流（又称滑坡型泥石流）、山崩型泥石流、湖岸溃决型泥石流、地震型泥石流和火山型泥石流；按其形成特点，可划分为冰川泥石流和降雨泥石流；按其规模，可划分为小型泥石流、中型泥石流和大型泥石流；按泥石流发育阶段划分，可划分为幼年期泥石流、壮年期泥石流、老年期泥石流。

（四）泥石流的分布

我国是个多山之国，多处于季风气候区，水资源丰富，加之新构造运动强烈、断裂构造发育、地震活动频繁、地形复杂，从而具备了泥石流形成的条件，使我国成为世界上泥石流最发育、分布最广、数量最多、危害最重的国家之一。目前，由泥石流所造成经济损失呈明显的逐年加大趋势。20 世纪 90 年代以来，我国泥石流每年造成损失 33 亿～36 亿元，死亡数百人。全国受到危害的县级城市有 100 多座，还有 20 余条铁路干支线和公路干线、江河航道、大型水利水电工程等受到威胁。可见泥石流危害所造成的损失是触目惊心、不容忽视的。据调查，全国有 29 个省（自治区、直辖市）分布有泥石流沟约 8500 余条（编目统计），常受其危害和影响。我国泥石流主要分布在大兴安岭-燕山山脉-太行山山脉-巫山山脉-雪峰册山脉一线以西，成片的集中在青藏高原东南缘山地、四川盆地周边，以及陇东-陕南、晋西、冀北等及黄土高原东缘为主的地区，而该线以东泥石流分布较分散（仅辽东南山地较密集）。

（五）引起的地表生态效应

频繁的自然灾害（如暴雨、山崩、地震等）及人为干扰常引发泥石流。泥石流常呈群发性，并具有密度高、搬运能力强等特点，常常破坏道路交通，毁坏村庄和工厂，淹没农田，危害人民生命财产安全。泥石流除了给人类造成巨大的经济损失和人员伤亡外，还损害了地表生态系统，尤其对干热河谷的脆弱生态系统会造成极强的破坏。泥石流对生态系统的破坏主要表现在以下几个方面。

（1）地形地貌发生改变。泥石流的发生改变了山坡谷的微地貌特征，如形成区、流经区和堆积区等的地貌特征。泥石流发生后，形成区和流经区受到冲刷较强烈，导致基岩裸露，堆积区接受了大量来自上游的泥石而形成平缓的沉积区域。沉积区土石层较厚且比较肥沃、土表裸露，水分蒸发强烈，常形成特征的小气候环境。

（2）对表层土壤的破坏。泥石流加剧了表层土壤的侵蚀，导致土壤的分布规律、理化性质及肥力等发生改变。

（3）土壤种子库被破坏。泥石流的冲刷作用会破坏和改变表层土壤中的种子、根、茎等繁殖体的种类和数量，并将其扩散到其他地方，如形成区和流经区的种子被扩散到堆积区等。

（4）植被毁坏及种类的改变。泥石流灾害对形成区、流经区和堆积区等区域的植被造成了破坏，一些抗性差的物种在泥石流事件中死亡或生长受损。形成区、流经区和堆积区由于受到泥石流的干扰后，一些适应性强的植物种类会逐渐萌发、生长、大量繁殖成为地表的优势类群，从而导致受灾区的植被在受到干扰后不会再恢复成受干扰前的植被类型。张广帅等研究表明云南小江流域常受泥石流和人为干扰，导致其生态环境恶化，原生乔木群落已经极少分布，现主要以华山松、云南松人工林为高山主要植被类型，松柏混交林为亚高山主要植被类型，桉树、新银合欢人工林为低山主要植被类型。Rood 等研究也表明了受泥石流的干扰后，原生的美洲山杨并没有再定居繁殖，而是毛果杨入侵定居。泥石流造成区域生态系统的严重退化，通过人工改良土壤条件可以改善植物的萌发、生根等生长状况。另外，在泥石流受灾区通过人工种植植物促进其恢复，植被的恢复又可以进一步促进土壤理化性质的改善，最终促使生态系统的正向演替。

第四节　地面变形、沉降和塌裂及其地表生态效应

一、地面变形与沉降及其地表生态效应

1. 概述　从广义上讲，地面变形是指地表面的岩土体在人为的或自然的地质作用下产生变形。从狭义上讲，地面变形主要是指以地面垂直变形破坏或地面标高改变为主的地质灾害，包括地面沉降、地面塌陷和地裂缝。本节主要讲的是狭义上的地面变形地质灾害。地面变形地质灾害在世界各国均有分布，危害严重且分布广泛的地面变形地质灾害主要是区域性地面沉降。

地面沉降是在自然和人为因素作用下，由于地壳表层土体压缩而导致区域性地面标高降低的一种环境地质现象，是一种不可补偿的永久性环境和资源损失。西安市的标志性建筑物大雁塔已经下沉了 1198 mm，并向 NW 倾斜 986 mm。地面沉降具有波及范围广、下沉速率缓慢等特点，因此人们往往不易觉察，但它对于建筑物、城市建设和农田水利的危害极大。

2. 地面沉降类型与成因　按地面沉降发生地的地质特征，地面沉降可归纳为三种类型：①内陆盆地型，如中国内蒙古的呼和浩特和山西的大同；②冲积洪积平原型，如中国河南的郑州和安徽的阜阳；③沿海三角洲和滨海平原型，如中国的上海和天津。按地面沉降的规模，地面沉降可划分为：①局部地面沉降，地面沉降面积在几十至几百米半径范围内；②大范围地面沉降，地面沉降面积半径大于 1 km。按地面沉降的成因要划分为：抽取地下水引起的地面沉降；采掘固体矿产引起的地面沉降；开采石油、天然气引起的地面沉降；抽取卤水引起的地面沉降；人为工程地基处理不当引起的地面沉降。

地面沉降按成因可分为人为原因和自然原因。地面沉降与人类活动密切相关，尤其是近几十年来，科学技术的发展在提高人类对自然资源获取的同时也加速了其对地球环境的破坏。人类过度开采石油、天然气、固体矿、地下水等直接导致了全球范围内的地面沉降。资源的大规模开采而带来的人为地面沉降已成为当前一个严重的环境问题。另外，大面积地堆载和大范围密集建筑群引起天然地基或桩基持力层大面积整体性下沉。工程性地面沉降主要发生在城市。自然的地面沉降，一种是地表松散或半松散的沉积层在重力作用下，由松散到细密的固结过程；另一种是由于地质构造运动、地震、海平面上升等引起的地面沉降。

3. 引起的地表生态效应　目前已发生地面沉降的国家和地区遍及亚洲、欧洲、美洲、大洋洲等五大洲。中国已有 90 多个城市和地区发生不同程度的地面沉降，较严重的有上海、天津、台北、西安、宁波和苏州等。这些城市和地区主要分布在长江三角洲地区、华北平原、汾渭盆地、台湾地区。目前，地面沉降范围仍在不断扩大，危害在不断增大。地面沉降不仅影响经济发展、社会生活、工业生产、城市建设，还对环境保护以及地表生态系统等领域造成了严重的破坏。具体包括：①地面沉降使得海水入侵和风暴潮灾害加剧。由于濒临大海，沿海地区经常受到风暴潮的侵袭。沿海地区的地面沉降造成的地面标高的损失使得这些地区抗击风暴潮的能力下降，加剧了风暴潮对这些地区的破坏程度。②地面沉降大幅度增加了低

洼地面积，使森林和耕地沼泽化，恶化生态系统和农业生产条件，最终有可能演化成沼泽。地面沉降形成的洼地，使受渍害威胁的农田面积扩大，原有渍害治理难度增大、农作物产量下降。③内河河道的过水能力降低。由于地面沉降引起的地面标高损失和河床的下沉，导致许多河道原来设计的过水能力严重降低。④地面沉降导致地裂缝的产生。⑤地面沉降导致水环境恶化。由于地面沉降引起潮水位相对抬高，水面比降减缓，河水流速减小，导致河流中的污染物不易被冲走或污水不易被稀释冲淡。如若遇上涨潮或降雨，还可能使得污水倒流。

二、地面塌陷及其地表生态效应

（一）概述

地面塌陷是指在人为和自然因素作用下，地表岩、土体中洞穴顶部开裂、不均匀下沉和突然陷落，又称岩溶塌陷。塌陷盖层的岩性及厚度、运移空间、地下水位的变化、人类活动等都会对地面塌陷产生一定的影响。据不完全统计，全球已有 16 个国家存在严重的塌陷问题。我国有 20 多个省份存在地面塌陷问题。据不完全统计，全国岩溶地面塌陷点多于 778 个，塌陷坑总数超过 3 万个，每年造成 10 余亿元经济损失。

（二）基本分类

根据形成塌陷的主要原因，可将其划分为天然地面塌陷和人为地面塌陷。天然地面塌陷是由地震、降雨、自重等自然因素引进地表岩土体向下陷落而形成的地面塌陷。例如，“五•一二”汶川地震发生后，在北川县安昌镇开茂村二级水没河流域陆续出现 60 多个塌陷坑，直径从十几厘米到几十米不等，最深可达 3.0 m。人为地面塌陷是由于矿山开采、地下水抽取等人为作用导致的地面塌陷。广西壮族自治区柳州市泗顶铅锌矿区岩溶十分发育，在矿坑抽水、生活饮用水开发、工程建设等因素的作用下，造成岩溶塌陷频繁发生。整个矿区已有塌陷 1000 多处，20 世纪 90 年代初就已经达到 600 多处。近年来岩溶塌陷时有发生，据不完全统计，仅 8 号矿体南侧所在地、矿区小河两侧一带就已发生大小地表塌陷约 1024 处，规模大者直径可达 30～50 m，深度可达 10 m；规模较小者直径多在 2～3 m，深度多在 2～3 m。

按塌陷区域是否有岩溶发育，可将其划分为岩溶地面塌陷和非岩溶地面塌陷。岩溶地面塌陷多发生于碳酸盐岩、钙质盐岩、钙质碎屑和蒸发岩等可溶性岩石分布地区。隐伏岩溶洞穴上方岩土体在自然或人为因素作用下产生陷落而形成的地面塌陷，这种地面塌陷的类型在我国分布最广、数量最多、发生频率最高、诱发因素最多，且具有较强的隐蔽性和突发性等特点。非岩溶塌陷多发生于岩溶不发育的地区，是土洞或岩洞在自然或人为因素作用下产生的正常或塌陷。根据非岩溶区的岩土性质又可分为黄土塌陷、火山熔岩塌陷和冻土塌陷等许多亚类。

按塌陷坑的多少又可划分为 4 类：巨型塌陷（塌陷坑数大于 100 个）、大型塌陷（塌陷坑数为 50～100 个）、中型塌陷（塌陷坑数为 10～50 个）和小型塌陷（塌陷坑数小于 10 个）。

（三）大致成因

地面塌陷形成的原因复杂而种类繁多。归纳主要有人为因素和自然因素两类。人为因素主要包括抽取地下水、坑道排水、突水、地表水和大气降水渗入、荷载及振动等。自然因素指河流水位升降与地震等。

地面塌陷的成因实质是塌陷力与抗塌力综合作用的结果。在具备塌陷的充分条件时，当地表岩、土体内洞穴抗塌力小于塌陷力则发生地面塌陷；反之，地表岩、土体层仍保持平衡。塌陷力主要有：洞顶部岩、土体的自重；建筑物及堆积荷载重量，道路上机动车辆荷载；地下水在含水层中产生的渗透压力；大气降水渗入产生的渗透力；地下水位下降至洞穴内产生的吸蚀力：当地下水迅速升高，于密闭洞穴内气体被压缩形成的气体正压力；大气压作用力；由于地震、爆破、机械、车辆及固体潮汐等产生的振动力。抗塌力包括：岩、土体内的凝聚力（黏结力）；岩、土体位于地下水位中的地下水浮托力；洞穴顶部岩、土体坍塌时与周边产生的摩阻力。地面塌陷要经过两个过程：①相持阶段，即塌陷力的作用阶段，塌陷力的增加或抗塌陷力的减弱；②触发阶段，地面出现变形或冒水冒泡，最终完成塌洞。一般情况下，相持阶段需要经历的时间较触发阶段要长得多。但有的地面塌陷的相持阶段与触发阶段能在较短时间内完成，这取决于塌陷力的大小及变化幅度。

（四）引起的地表生态效应

地面塌陷导致大量建筑物变形、倒塌，以及道路坍塌、耕地毁坏等，给人民的经济建设和生命财产造成了很大的损失。除此之外，地面塌陷还引起了一系列的生态环境问题，特别在农业生态系统和矿山生态系统。地面塌陷导致大量耕地受损害，植被破坏、水土流失与土地沙漠化加剧，地下水位下降与污染等。地面塌陷伴生污水回灌引起地下水污染，地面塌陷坑造成地面积水，加剧了土地资源开发利用的难度。岩溶塌陷的产生改变了塌陷区自然环境的稳定性，对资源环境形成干扰和破坏，尤其在岩溶塌陷坑附近的水土环境已经处于退化甚至恶化状态，严重影响了岩溶塌陷区生态环境的可持续发展。王滨等以鲁中南岩溶塌陷区为例研究了岩溶塌陷诱发水土资源退化模式。①水土流失模式。岩溶塌陷本身就是开口岩溶洞穴上部覆盖层土体向岩溶洞穴内部塌陷、流失的过程，因此是岩溶塌陷诱发产生的最重要的水土资源退化的模式。②水土污染模式。在岩溶塌陷区，当地表污染通过点状塌陷坑或面状区域下渗补给地下水时，部分污染物会残留在土壤中或进入地下水体中导致污染。③土壤退化模式。岩溶塌陷区土壤退化主要表现为塌陷导致了洼地的产生或加剧，形成长期的地表积水塘，水塘附近的土壤在蒸发作用下易形成表层盐分积聚，造成土地盐碱化，降低土壤肥力，使土地生产能力下降。如果塌陷造成大面积的地表低洼下沉，那么就会造成农田长期积水受淹，甚至形成沼泽地，正常的农田生态系统消失，转为半封闭型沼泽生态系统。

三、地裂缝及其地表生态效应

（一）概述

地裂缝是在内外力的作用下，地表岩土体开裂并在地面形成一定长度和宽度裂缝的地质现象。地裂缝通常产生在第四系松散沉积物中，其分布没有很强的区域性规律，成因也较多。从规模上看，多数地裂缝的长度在数十米至数百米，宽度在数厘米，垂直落差在数厘米至数十厘米，有些没有垂直变形。最长者可达几千米，最宽者可达 1 m 以上，垂直落差最大可达 1 m。地裂缝灾害是地面变形地质灾害中的一种，它直接或间接地恶化环境、降低环境质量、危害人类和生物圈发展。地裂缝常比地面沉降具有更大的破坏性，不仅造成较大的经济损失，也影响和威胁当地群众的生产和生活，成为一个社会问题。地裂缝能穿越工厂、民房、横切地下洞室、路基，造成建筑物破坏、道路变形、管道破裂等，给城市建设和工业生产带来了一系列的灾害。我国 20 多个省（自治区、直辖市）也出现一定规模的地裂缝 1003 处，约 6000 多条。地裂缝造成的损失高达 91.2 亿元。

（二）基本类型

按地裂缝开口的长度及影响范围，可将其划分为三个等级：①小规模地裂缝，地裂缝累计长度达 100 m，影响范围小于 0.5 km^2；② 中等规模地裂缝，地裂缝累计长度达 100～1000 m，影响范围小于 0.5～5 km^2；　③大规模地裂缝，地裂缝累计长度达 1000 m，影响范围大于 5.0 km^2。按其形成的动力条件，可划分为构造地裂缝和非构造地裂缝两类。构造地裂缝是指由内动力作用（地壳构造运动）形成的地裂缝，如地震、褶皱构造作用、火山活动等引起的地裂缝。1935 年台湾台中-新竹之间发生了 7 级地震，在台中北部产生了一条长达 10 km 的地裂缝，在苗栗东部山区产生了一条长达 20 km 的地裂缝。1970 年云南通海发生了 7.7 级地震，出现了一条长达 50 km 的地裂缝。1669 年埃特纳火山喷发时产生了一条长达 19 km 的地裂缝，在其底部可见炽热的熔岩。构造地裂缝的延伸稳定，不受地表地形、岩土性质和其他地质条件影响，可切错山脊、陡坎、河流阶段地等线状地貌。这种地裂缝具有分布广泛、规模大且危害严重等特点。构造地裂缝的活动，具有明显的继承性和周期性。非构造地裂缝是指由外动力作用形成的地裂缝，如崩塌、滑坡、矿山塌陷、岩溶塌陷及地面沉降等引起的地裂缝。由于地下矿产资源（煤矿）的开采导致山西晋城矿山出现地裂缝（未包括沉陷型地裂缝）18 条，总长度达 4329.4 m，最长的地裂缝长度达 596.8 m，最短的也有 20 m。我国的地裂缝以构造地裂缝为主。在全国发现的具有一定规模的地裂缝共 6000 余条，其中构造地裂缝占 80%左右。

（三）大致分布

在世界许多国家都有发现地裂缝现象，其发生频率和程度也在逐年加剧。19 世纪英国著名自然科学家 C. 莱伊尔（1979—1875）曾在其《地质学原理》中描述了多种不同成因的地裂缝。20 世纪以来，世界各地发现的地裂缝越来越多。据报道，美国、新西兰、意大利、前苏联、土耳其、蒙古、日本、墨西哥、智利、瑞士、秘鲁、德国、加拿大等国都出现过多种不同类型的地裂缝。其中，中国华北和美国西南部的地裂缝灾害最为严重，在时间和空间上分布集中，而且比较典型，已成为新的、独立的自然灾害灾种，成为国内外地裂缝研究的重点。国外对地裂缝问题的研究以美国开展最广泛，研究程度较深。虽然世界上许多国家发生过地裂缝，但多数国家对其研究重点是地裂缝反演其背景断层的蠕滑特征。

我国地裂缝具有明显的区域性规律，主要发生在大华北 7 省，在空间分布上呈现四大区：①华南地裂缝分布区。地裂缝不发育，主要集中在海南岛北部、雷州半岛和珠江三角洲等近南海的地区；②大华北地裂缝分布区。地裂缝密集，大体集中在陕、晋、冀、苏、鲁、豫、皖等 7 省，辽、宁、蒙 3 省（自治区）偶有出现；③东北地裂缝分布区。地裂缝罕见；④西部地裂缝分布区。西部地裂缝区面积占全国总面积的一半，主要包括青藏高原的西藏自治区、青海省全部、云南和四川两省西部以及青藏高原以北的广大地区。

（四）所导致的地表生态效应

地裂缝作为一种地质灾害现象，普遍存在于世界上很多国家。地裂缝不仅对各类工程建筑、交通设施、城市生命线工程及土地资源等造成严重的破坏，而且还可能引起一系统严重的生态环境问题。在遥感影像中，发生地裂缝处的地表和浅层土壤结构发生了变化，造成局部土壤含水量增加、湿度增大或透水性增强、湿度减少。李成尊等对山西晋城煤矿开采引起的地质灾害进行调查，研究结果表明矿山区大量的地裂缝造成地下水渗漏，水土流失严重，山上大部分树木枯死，只有稀疏的荒草。发生地裂处的地表和浅层土壤结构发生了变化，造成局部土壤含水量增加、湿度增大或透水性增强、湿度减少。东四义龙王山沿山脊开裂最宽处达 3 m 多，形成近 600 m 长的裂缝带,山上树木枯死面积达 400 多亩（1 亩≈666.7 m^2）。近年国家投巨资进行龙王山生态环境恢复治理试验，一些裂缝被土掩埋覆盖，但山坡地裂缝仍不断扩大，致使地下水渗漏，治理效果不佳。田洪艳等研究了草原地裂缝分布结构的分形特征，提示了地裂缝对草原的扰动生态学作用。与分形维数低的区域相比，分形维数较高的区域的地裂缝的平均宽度、总长度、总开裂面积均较高，植株的平均高度、密度、生物量较低，土壤$<$0.001 mm 的黏粒含量较高。因此，维数值是地裂缝对空间占据程度的有效表征，维数值越大，表明其结构越复杂，对空间的占据程度越大，相应地对植被及土壤的扰动作用也越大。

思考练习题

1. 地震会引发哪些震前生态效应？
2. 地震发生后，对生物及地表生态系统有哪些影响？
3. 火山活动对生物多样性有哪些影响？
4. 海啸引起哪些地表生态效应？
5. 气象灾害包括哪些主要的灾种？不同气象灾害引起哪些不同的生态效应？
6. 山地灾害是什么？山地灾害对地形地貌有哪些影响？
7. 地面变形引起哪些地表生态效应？
8. 除了本章涉及的这些地表自然灾害，你认为还有哪些更为重要的灾害问题以及所导致的哪些地表生态效应？

第七章 人类活动所致的地表生态效应

第一节　矿产资源开发及其地表生态效应

一、矿产资源开发及现状

（一）矿产资源开发

矿产资源是指经过地质成矿作用，埋藏于地下或出露于地表的固态、气态、液态的自然物质资源，是具有开发利用价值的矿物或有用元素的集合体。矿产资源包括所有无生命的、可供人类使用的、天然产出的无机或有机物质，可分为能源矿产（如煤、石油、地热）、金属矿产（如铁、锰、铜）、非金属矿产（如金刚石、石灰岩、黏土）和水气矿产（如地下水、矿泉水、二氧化碳气）四大类。

矿产资源绝大部分埋藏在地表以下，蕴藏矿产的地方地质条件极为复杂且互不相同，地质勘查工作的勘测结果具有不确定性。矿产资源是不可再生的，其生产过程与矿产资源的消耗过程同步并行，因此，它们总是有限的。另外，由于成矿地质作用的复杂性和特殊性，致使许多矿产资源在地壳中的分布有局部集中的现象，即矿场资源具有地理分布的不均衡性。矿产资源是重要的自然资源，是社会生产发展的重要物质基础，随着经济社会的发展，矿产资源因其自身的稀缺性引起了人类的高度重视。矿产资源开发全过程主要包括前期的地质勘探业、采矿业、矿产加工业，它属于一个完整的矿产资源开发体系，具体是指根据矿产资源的特性和可持续发展的原则，将矿床（包括固体矿产和液体矿产）的矿石矿物开采出来，通过选、冶加工等一系列工序，将有用物质提炼或提纯成为一定形式产品的工艺过程。不同的矿产资源开发有较大差异。

矿产资源开发过程的核心部分是采矿业和矿产加工业。采矿业是以天然存在的矿床为劳动对象，其生产场所布局在野外，并服从矿床的地质分布规律。选矿就是根据矿石的矿物性质，主要是不同矿物的物理、化学或物理化学性质，采用不同的方法，将有用的矿物与脉石矿物分开，并使共生的有用矿物尽可能地相互分离，除去或降低有害杂质，以获得冶炼或其他工业所需原料的分选过程。经过选矿，可以得到品位较高的精矿，使矿产资源得到充分的利用。选矿的过程包括破碎、磨矿和选分等。冶炼是一种提炼技术，用于焙烧、熔炼、电解以及使用化学药剂等方法把矿石中的金属提取出来；减少金属中所含的杂质或增加金属中某种成分，炼成所需要的金属。冶炼分为火法冶炼、湿法提取或电化学沉积。火法冶炼又称为干式冶金，把矿石和必要的添加物一起在炉中加热至高温，熔化为液体，生成所需的化学反应，从而分离出粗金属，然后再将粗金属精炼。湿法冶金这种冶金过程是用酸、碱、盐类的水溶液，以化学方法从矿石中提取所需金属组分，然后用水溶液电解等各种方法制取金属。此法主要应用在低品位、难熔化或微粉状的矿石，是利用某种溶剂，借助化学反应（包括氧化、还原、中和、水解及络合等反应），对原料冶炼中的金属进行提取和分离的冶金过程。湿法冶金在锌、铝、铜、铀等工业中占有重要地位，世界上全部的氧化铝、氧化铀、大部分锌和部分铜都是用湿法生产的。湿法冶金的优点在于对非常低品位矿石（金、铀）的适用性，对相似金属（铪与锆）难分离情况的适用性，以及和火法冶金相比，材料的周转比较简单，原料中有价金属综合回收程度高，有利于环境保护，并且生产过程较易实现连续化和自动化。矿产资源的开发是一个复杂的过程，对矿产资源不合理开采和利用，会造成极大的破坏和浪费，同时对生态环境造成严重的破坏。在矿产资源的开采中尽可能保护资源和环境，走可持续发展的道路，是目前亟待解决的问题。

（二）矿产资源开采现状

半个多世纪以来，我国的矿山开采技术得到了快速发展，矿山开采工艺和采矿方法等有了巨大的进步，产能和质量都有了很大的提高，在地下开采方面，采矿方法的研究得到了较快的发展，特别是无底柱分段崩落法和充填采矿法的应用，使地下开采的矿山生产能力得到较大提高。但由于我国国情、地质、水文、矿床赋存条件及开采技术水平等原因，矿产资源综合利用程度和采选回收率指标比较低。就目前我国矿产资源储量的保障程度而言，形势严峻：煤、磷、铅、锌、铁、铜、铝、铀、硫、石油等矿产可采储量仅为探明储量的21%（煤）～50%（铜），加之开采中的严重损失和浪费，采出矿量已经不能满足增长消耗的要求。矿产资源的产权不清，国家所有权虚置，矿产资源名义上国家所有，实际上为占有者所有。矿产资源本身是有价值的，它的价值来源于其有用性、稀缺性，但我国矿产资源长期无偿开采，造成资源人为的严重浪费与破坏。

我国露天开采矿山所占比重较大，随着近年来铁矿石价格的升温，矿山开采强度增大，相应的环境问题和资源保护问题逐渐暴露出来。露天开采矿山中的一个重要指标是生产剥采比，生产剥采比的取值决定了矿山在生产中剥离岩石的多少。由于近年来资源的减少、矿产资源的升值，使得生产剥采比取值的经济合理范围扩大，生产剥采比扩大的直接后果是剥岩量的大幅增加，排土场大规模占地，资源大幅消耗，矿山资源与环境破坏严重。露天开采会在矿体周围圈定一个开采境界，在开采境界内的地表环境、绿地和植被将会彻底破坏，在矿山生产末期还会形成一个采坑，该采矿的边坡滑体也将会对地表环境产生破坏，露天开采的运输公路、大规模的穿孔和爆破作业都对周围环境造成破坏。地下充填采矿法由于对采空区的适时充填，使原来开采过程中预留的保安矿柱得以安全回采，大大提高了矿石回采率。通过在中段内进行的生产勘探，可以精确掌握中段内矿体的形态、长度、走向等参数；通过布置回采巷道等采矿工程，可以精确地将矿脉中的分支矿体采出，做到“精细”采矿，进一步提高了资源回采率。矿产资源的保护与所选用的采矿方法密切相关，尤其是矿体顶底板围岩中含有有用贵金属矿物的多金属矿床。

二、矿产资源开发与重金属污染

由于管理不善和不适当地开发矿产资源等原因，导致重金属对矿区周围的土壤、水体及植被等造成严重污染。尾矿库防渗设计问题或管理问题是导致重金属污染的根源。例如，选矿后大量的废弃物堆放在尾矿库内，经降水淋溶向地表、地下渗透及周边的土壤、水体和植被中迁移转化，引发重金属污染问题。重金属在土壤和水体中积累，被农作物吸收通过食物链进入人体，从而严重威胁人类的身体健康。例如，对广西矿业地区及周围土壤进行了重金属污染现状调查发现，矿区重金属污染源主要分布在柳州等地区，受污染区域多为矿区周边土壤及河流沿岸，污染元素主要为 Mn、Cd、Cr、Pb、Cu、Zn、As、Hg 和 Sn 等；同时，还发现同一地区受到多种重金属的复合污染。对青城子铅锌矿土壤和植物中的重金属含量研究表明，含量总体上 Pb>Zn>Cu>Cd，见表 7-1。矿产的开采总是伴随着重金属的污染，由于各个矿区的矿产类型不同、地域不同，所受到的重金属污染程度也不同。广东省位于热带亚热带湿热地区，其境内诸多大型含硫化物金属矿山的开采对下游水系和土壤产生环境污染尤为显著。例如，对大宝山矿的开发，导致横石河流域及上坝村 Pb、Zn、Cd、Cu 污染及疾病的高发；对河台金矿的开采，尽管采取了较严格的清洁生产技术，但仍有一定数量的重金属向下游释放，给周围水体土壤带来一定的影响；云浮硫铁矿开采导致矿区周围土壤铊污染，铊污染物在土壤深度 0～16.5 cm 范围内大量累积，废渣周围土壤深度约 44 cm 范围内已经受到来自废渣中铊的影响。中国内蒙古河套地区上游 Cu 等金属高背景地质体及多金属矿床的开采与常年的风化作用，导致下游大面积土壤、地下水被重金属污染并引起人群病变。孟加拉国某地由于含矿地质体的自然风化及矿山开采引起水、土壤严重的砷污染。

表 7-1　某尾矿废弃地土壤和植物中重金属的含量*　（单位：mg/kg）

地点	重金属	土壤中的含量 Mean±SD	土壤中重金属的浓度范围	地上部的含量 Mean±SD	地上部重金属的浓度范围
南山	Cd	39.52±26.53	1.13～56.46a	11.55±12.74	0.44～37.14a
	Cu	129.56±65.98	21.15～716.13a	14.21±6.45	6.08～52.25a
	Pb	11 759.02±10 852.77	792.52～29 497.75a	374.59±726.46	10.70～2 148.61a
	Zn	5 895.67±3 056.36	950.64～9 083.54a	475.39±394.57	61.57～1 259.12a
甸南	Cd	22.04±19.77	0.52～52.70b	7.77±8.33	0.72～24.58a
	Cu	97.60±81.10	22.11～220.57a	14.76±6.02	7.55～26.61a
	Pb	8 551.88±9 478.45	641.13～25 424.37a	155.13±186.10	6.49～592.43a
	Zn	3 966.71±4 179.44	297.81～10 496.20a	427.20±325.36	47.45～891.35a
杨树	Cd	20.44±18.19	1.17～55.90b	13.80±14.95	1.23～41.56a
	Cu	155.20±178.41	30.06～598.28a	21.19±9.64	9.57～35.23a
	Pb	6 747.12±7 756.87	874.84～9 873.81a	402.00±500.14	8.66～1 338.90a
	Zn	5 823.20±3 476.54	298.66～11 027.63a	634.22±595.52	116.93～1 963.91a

a. 代表差异性水平。

* 引自孙约兵等，2008

矿山的开发，特别是金属硫化物矿山的开发给环境带来了严重的危害，“采、选、冶”产生的废液、废石和尾矿等固体废弃物堆积产生的淋滤酸水，导致了严重地环境问题。酸性废水浸滤出的大量有毒有害重金属离子随着酸水排入下游河道，严重地危害矿区及其酸水流域的生态环境。尾矿中硫化物矿物氧化后产生大量 H^+和SO_4^{2-}，诱发土壤酸化，加剧盐基阳离子淋溶和土壤板结，并抑制有机质分解，导致农田土壤质量严重退化。同时，强酸条件活化产生大量毒性金属离子，能提高重金属的生物有效性，破坏土壤微生态，促进作物吸收从而毒害食物链。矿业是规模较大的传统行业，污染问题比较普遍，采矿所引发的矿山地球化学环境问题由来已久，积累时间长，污染现象复杂。金属硫化物在地表环境并不稳定，与空气和水接触后很快被氧化并形成酸性废水，同时释放出大量毒害重金属离子。有毒有害重金属离子通过迁移，在尾矿库周围及下游流域形成了严重的污染事件。矿区土壤污染在地表径流和生物地球化学作用下还会发生迁移，危害毗邻地区的环境质量，金属矿山开采所致的水体重金属污染，对周边环境产生的影响不容忽视。多年来，很多矿区的尾砂、废水直接排入矿区周围的江河，含有大量重金属元素（如 As、Pb）的废水、尾砂进入河道，使得矿区附近河段的河水受到严重的污染。

三、矿产资源开发导致的地表生态效应

矿产资源开发的不同阶段对生态环境所造成的影响范围及影响程度存在明显差异：相比采选阶段的大规模机械化作业，勘查阶段的人工或者小规模机械样本开采对环境造成的破坏力度非常小，植被破坏、土地沙漠化程度轻微，对生态环境造成的破坏性影响在一定时间内可以恢复；采选阶段的采矿和选矿过程均为大型机械化作业，对生态环境的影响涉及面广、破坏较为严重，短期内难以恢复。

（一）对地质及土壤系统的影响

矿山在开采过程中会占用并破坏大量土地，且多为农田。地下开采引起地表发生大面积塌陷，不可避免地产生大量固体废物，大多数是堆放于地表，从而形成大量废石堆，极大地破坏和占用土地资源。露天开采是将矿体的上覆地层和表土剥离后直接采掘矿石，对土地造成了双重的破坏，因露天采矿开挖和各类废渣废石尾矿堆置等直接破坏并侵占土地，已达近 2 万 km^2 并以每年 200 多平方千米的速度增加。大规模地挖掘土地，造成表层土壤的破坏甚至消失，剥离后的土地或岩石还需要堆放，占压了大量的土地。如果矿产资源开发利用过程中缺乏严密而具体的复垦计划和措施，在矿山表土剥离时，容易忽略了需要保存原有地表土、亚层土的问题。

采矿活动对土壤的影响主要是引起土壤侵蚀，即土壤或岩石物质被磨损、剥蚀或溶解，并从地表脱离的一系列过程。土地退化乃至荒漠化，携带其他污染物，如杀虫剂、除草剂、重金属等，充当了细菌与病毒的载体。例如，大量研究表明，汞矿区土壤遭受严重的汞污染。汞矿区高含量汞的土壤中，汞的最主要存在形态是 HgS，来源于附近的人为汞矿活动产生的冶炼废渣、污染源附近土壤剖面汞含量的垂向递减。矿山开采进一步也可使土壤微生物发生次生异发演替。所谓次生异发演替是指演替地点被其他生物定居，原有植被受到人类或自然力破坏后再次发生的演替。这种演替会对原有地点的生态系统造成严重破坏，甚至造成原有

生态系统类型的消失。这些危害一般不可逆，从而造成废弃地周围甚至更大范围内生物多样性的减少和生态平衡失调。矿山开采不可避免的还会对地形地貌等自然景观及地质遗迹等造成破坏，废弃物、废液、粉尘等也会对地表景观造成侵蚀污染。

（二）对水体的影响

采矿活动会导致塌陷区、裂缝的出现，造成附近地表水体如河流、湖泊、沼泽的干涸未经净化或不完全净化的水使河流、湖泊、沼泽被污染。矿产资源开发还会对地下水位产生影响，矿山疏干排水引发局部区域地下水位下降，矿山在开采过程中需要疏干排水，疏干了附近的地表水，浅层地下水也长期得不到补充恢复，其后果是破坏了地下水均衡系统的平衡，造成天然流场改变，导致区域地下水位大幅度下降，引起水资源短缺，泉水干枯，进而导致局部地区饮用水来源匮乏。矿业废水排泄, 经水、土壤、植物传入人体, 对人体健康造成危害，因为废水中含有微生物和病毒, 会引起各种传染病和疾病的蔓延。当人们饮用水中含有氰化物、砷、铅、汞、有机磷等超标, 会引起中毒事故；当矿山水体污染严重时, 排入河流、湖泊会影响水生动植物的生长, 甚至造成鱼虾绝迹。天然河流中污水占 15%～35%就会引起各种水生生物群落生物质量降低，对高等营养性生物的破坏作用更大。

在矿山环境下，还会有酸性矿山排水（AMD）产生于尾矿堆、废石堆或暴露的硫化物矿石氧化形成的 $pH<5$ 的水体，主要有酸性矿井水、酸性的露天采场废水、矸石山和尾矿堆淋滤水等几个类型。酸性矿山废水溶解大量重金属和非金属毒害元素，在表生条件下矿物发生的氧化反应、中和反应、吸附作用、离子交换作用等会控制其酸性排水和重金属元素释放的过程。硫化物矿物成分与含量、氧化剂、细菌等微生物、孔隙水 pH 及矿物粒度、气候等会影响 AMD 的形成。AMD 可能会导致新的结构系统或生态系统出现，从而有可能破坏环境。

（三）对大气系统的影响

矿石的开采、加工、选冶过程中形成大量矿石粉尘及工业废气, 这些粉尘、废气对人体构成极大危害, 如人体吸入含 CO 的空气后, CO 会很快散布到人体的各部分组织和细胞中, 导致人因缺氧而引起血液中毒。大气污染导致气候条件发生变异, 如大气层中 CO_2 含量增高会破坏臭氧层, 产生“温室效应”。大气污染还会危及农作物生长, 破坏植被, 影响生态平衡。

金属矿石冶炼中产生的烟气、烟尘携带的重金属物质，如钼冶炼过程中产生废气，其气型污染物主要是破碎工序产生的粉尘，焙烧、脱硫和煅烧等工序产生的烟尘和 SO_2，以及酸化或浸出工序逸散的少量酸雾等。铅冶炼过程中，烧结烟气会在烧结时产生大量含尘烟气，烟气中含有 SO_2，故有毒且污染环境。此外，在火法熔化精炼铅中排出含尘烟气，其含有 In 16%、Se 28%；水溶液电解精炼铅时会产生少量酸气等。这两种气体均须处理才可排放，危害较大，在含硫量较高的矿区矸石山在适宜的条件下将发生自燃。这些污染物进入大气后被人体吸进，其毒性较通过进食被肠道吸收的要增大 4～5 倍。有资料表明, 肺癌的高发与大气中 As、Cd、Ni、Mn、Tl、Be 等微小颗粒有明显关系。Pb、Hg、As 可导致人急性中毒死亡，Cd、Mn、Ni 等还诱发心血管疾病。

据统计，我国现在有 130 多座矸石山正在发生自燃，占矸石山总数的 13%，由于煤矸石山燃烧周期长达数年产生大量的 CO、SO_2、NO_x、H_2S 等有毒有害气体，同时伴有大量的烟尘，给矿区大气造成长期的严重污染。另外，在井工矿开采中，一般都把矿井瓦斯作为有害气体，大多直接排放到大气中，仅有少量从井下抽放利用。在我国目前技术经济条件下，矿井瓦斯的利用率还很低，仅占15%～20%，这样矿井瓦斯作为一种能源和影响大气的一种温室气体白白地排入大气中，对矿区大气环境造成了污染。预防大气污染需要建设安装一定的污染治理设施，如脱硫装置、锅炉烟气除尘设备及其他污染净化装置，这些装置的运行需要耗能；各类有毒、有害气体理论上需要一定的林地来吸收。

第二节　能源开发及其地表生态效应

一、能源资源开发及现状

（一）能源资源的分类

按能源取得的方式划分，可分为一次能源和二次能源。一次能源是指在自然界中现存的能源，也就是从自然界直接取得，不改变其基本形态的能源，如煤炭、石油、天然气、水力、核燃料、太阳能、生物质能、海洋能、风能和地热能等。二次能源是一次能源经过加工，转换成另一形态的能源或能源产品，如电力、蒸汽、煤气、沼气、焦炭及各种石油品等。一次能源无论经过几次转换所得到的另一种能源都称为二次能源。例如，燃烧煤的热电厂，煤炭燃烧时先将水变成蒸汽能，蒸汽再去推动汽轮机变成机械能，汽轮机带动发电机转换成电能，其转换了三次，但不能称为三次能源，仍把它叫做二次能源。这两类能源是以有没有经过人为加工转为形态相区别的。因此，一次能源又叫天然能源，二次能源又叫人工能源。

按能源是否能够再生，可分成再生能源和不可再生能源。“再生”是再生产和再出现的意思。再生能源就是能够循环使用，不断得到补充的一次能源，如水能、太阳能、风能、海洋能、地热能等。从资源角度来说，它们是取之不尽、用之不竭的，是解决人类未来能源的重要源泉，但由于技术水平的限制，目前的利用率还不高。不可再生能源是指经过开发使用之后不能重复再生的自然能源，又叫做不可更新能源或消耗性能源，如煤炭、石油、天然气、油页岩、核燃料等，这些能源埋藏于地壳中，一旦被人类开发取用之后，其储量会逐渐减少，无法再生。当前，不可再生能源在世界能源生产和消费中占有极大的比重。

根据能源在当代生活中的利用状况和地位，可分为常规能源和新能源。常规能源是指开发利用的技术条件比较成熟并已被广泛使用的能源，如煤炭、石油、天然气等。这些能源在现今世界能源结构中占绝大比重。目前尚未被大规模利用，正在积极研究，有待推广的能源称为新能源，如太阳能、海洋能、地热能、核聚变能等。常规能源和新能源是相对而言的，因时、因地而异。现在的常规能源过去曾是新能源，今天的新能源将来可能成为常规能源。

（二）能源资源开发及现状

能源开发是指勘探能源资源，开采煤炭、石油、天然气、核燃料等自然矿藏，建设水力、火力、原子能发电站，以及探索和利用新能源如风能、太阳能等一系列生产技术经济活动。

能源问题一直以来都受到人类社会的广泛关注。当今世界政治、经济、外交和军事等活动皆与能源有着密不可分的关系。煤炭作为一种高碳的能源，其开采和利用过程都会给环境造成破坏，如碳排放、水质污染、地面塌陷、固体废弃物堆积和粉尘的污染等；石油和天然气在勘探和开采过程中也会对周边的环境带来隐患，如海上采油、油船事故所造成的海洋污染。化石能源不可再生，石油资源短缺，环境问题突出，这严重制约社会经济的发展，能源安全更是影响和损害国家的形象。化石燃料（煤炭、石油和天然气）是构成世界经济和社会发展的关键物质基础，也是引起全球大气中 CH_4 和 CO_2 浓度增高和气候变暖的根源。在美国，开发新能源、降低对石油的依赖一直是其能源政策的核心。欧盟一直是环保与防止气候变化的倡导者和主要推动力量。因此，欧盟重视新能源的研发和利用，希望使用新能源来帮助解决环境污染、全球气候变暖等问题，并在相关法律和规则的制定方面走在世界前列。2008 年，欧盟出台《气候行动和可再生能源一揽子计划》，将减排目标和可再生能源发展紧密结合。目前，欧盟已有上百家致力于绿色能源和可再生能源研发工作的研究机构及企业。风能、太阳能、地热等正在向各领域推广，并逐渐走入民众生活。欧盟在以植物分解方式生产再生能源方面的技术已经日渐成熟，正在采取鼓励政策以降低成本并进行技术推广，通过给使用绿色能源与节能设备的用户以资金补偿或奖励来进行新技术的推广普及，相关措施已在大部分成员国开始实行。日本传统能源蕴藏匮乏，需要在新能源领域寻找突破口。目前，日本已成为世界上新能源利用最多的国家。日本尤为重视太阳能发电的发展，世界上太阳能发电的专利主要都由日本厂家掌握，风力发电设备的建设也在日本全国展开。巴西的生物燃料技术在世界上独树一帜。巴西大部分地区都适宜种植大豆、油棕榈、花生、蓖麻、向日葵等油料作物，能够形成能源产业规模。1975 年，巴西政府利用行政命令启动了乙醇发展计划，通过补贴、设置配额，以及价格和行政干预等手段，鼓励民众使用乙醇燃料。从甘蔗中提炼的乙醇燃料，以及从蓖麻、向日葵和废弃油脂中提炼的生物柴油，是目前巴西主要的两大类生物燃料。按照巴西政府的规定，全国加油站所售汽油中的乙醇燃料添加比例在 2007 年从 23%提高到了 25%。从 2008 年开始，柴油中也必须添加 2%的生物柴油；到 2010 年这一比例还将提高到 5%。巴西还发展了混合燃料汽车，有一半以上的汽车使用价格便宜的乙醇燃料，在国际油价大幅动荡的背景下，巴西的液体燃料供应得到了保障。另外，巴西政府还注重在国际上推广生物能源。中国的新能源发展尚处于起步阶段，但已取得初步成绩。中国新能源资源和市场潜力巨大，据初步统计，中国可再生能源资源中，可开发水能资源约 4 亿 kW，海上风能资源总计可安装风力发电机组 10 亿 kW，全国 2/3 的国土面积年日照时数在 2200 h 以上，每年太阳能光热应用可以达到 17 000 亿 t 标准煤，农业废弃物等生物质能资源每年可作为能源使用的数量相当于 5 亿 t 标准煤。

二、能源植物的概念及其开发

随着能源危机和环境污染的不断加剧，生物质能源将逐渐成为全球主导性的、清洁的、可再生替代能源，其中能源植物生产在生物质能源的发展中具有基础地位。能源植物是指经专门种植，用以提供能源原料的草本和木本植物。狭义的能源植物是指植物本身（不是籽粒）中含有油脂或石油类似物的植物，但广义的能源植物几乎包括所有植物，一般可以分为以下几类：①糖类、淀粉含量高的植物，还有就是一些选育的生长周期短、生长迅速的草本和木本植物，可以转化为燃料乙醇；②油脂和石油类似物含量高的植物，可以转化为生物柴油；③直接产生烃、氢气等的藻类。燃料乙醇类能源植物包括木薯、甜菜、甘蔗等糖类、淀粉含量高的植物；生物柴油类能源植物包括橡胶树、绿玉树和续随子等（图 7-1）油脂和石油类似物含量高的植物。理想的能源植物应该是太阳能利用转化率高、具有较高的光合速度和干物质积累能力、快速生长的植物。

图 7-1　能源植物（扫码见彩图）

从左到右分别为橡胶树、绿玉树和续随子

能源植物的主要成分为木质纤维素，可以直接燃烧产热或发电，或间接利用转化为乙醇、合成气体和氢等，地球上每年光合作用合成的植物纤维素资源总量是自然界最丰富的生物质资源。主要的木本类能源植物有桉树、杨树和柳树等，轮伐收获的木质原料可用来发电。在传统农作物以及木本植物、一年生和多年生草本植物中，多年生草本植物所含的纤维素类被认为最适合生物质能源生产的原料。欧洲国家对约 20 种植物进行研究，认为三倍体芒草-奇岗、柳枝稷、草芦和芦竹为最有发展潜力的能源植物。纤维素燃烧转化技术正在普及，纤维素高温裂解和气化技术也趋于成熟。纤维素生产乙醇前景相当可观，高效水解-发酵、低成本原料生产的研究工作正在迅速发展。

能源作物潜在环境效应试验表明，与普通农作物相比，能源作物减少了化学药品使用，减少土壤侵蚀，不管是否大量或少量增施化肥，长期种植不存在问题，与生物多样性和农业生态景观结构有密切联系。从技术与经济安全角度看，能源作物具有脱盐效应，在地中海沿岸种植甜高粱，可实现 4 年脱盐，土地恢复速度快。把能源植物引入作物生产系统，在易侵蚀土地、湿地和边缘土地种植，则有利于改善环境，促进农业经济发展。意大利在甜高粱种植试验中发现其能够有效降低土壤氮库，并获得高产。在瑞典，有 60%土地可持续种植能源作物 25 年甚至更长。对速生林和芦苇等能源作物栽培的环境效益研究表明，除了降低 CO_2 和氮氧化物释放外，它们还能提升土壤肥力、减少养分流失，在开放性流域作为防护带，具有缓冲和减少土壤风蚀作用，净化生活污水，降低土壤重金属含量，而且不会降低生物多样性，在旷野还有促进生物多样性的作用。能源作物温室气体排放受肥料种类、施用量、栽培措施、冻融交替周期、降水量和土壤温度等影响。有些能源作物能在坡地、边角地、盐碱地和瘠薄地种植，不仅促进生物多样性，而且对改善环境有一定的好处，但应该考虑长期种植可能出现的生态问题。

草本能源植物，植株高大，根系发达，生长迅速，多数多年生；具有较高的 CO_2 固定效率，光能与水分利用效率及光合速率高；可再生能力强，繁殖技术简单；生态适应性强，抗病虫害，抗倒伏，抗干旱，耐瘠薄，地理分布区域广阔；属于非粮（粮、油、糖）类生物质原料，生物质产量高，生物质品质优良，生物质热值高，灰分低，灰熔点高，纤维素、半纤维素等有效物质质量分数高，生物质利用过程中排放的有毒物质较少；种植管理与收获技术简单，成熟时生物质含水量较低，易于储存和运输，可连年持续供应生物质原料。草本能源植物是一种重要的生物质资源，有望在全球未来生物质能产业体系中占有基础地位。能源是国民经济发展、人们日常生活不可缺少的物质基础。目前，由于抗逆性强、水肥利用率高、种植成本低、生态效应好，根茎多年生植物也被认为是极有发展潜力的能源植物，在发达国家有广泛研究。美国与欧洲国家综合了生物量潜力、生物质品质、对环境的影响、作物的种植管理等几方面因素后，已筛选出适合于当地生态条件的根茎能源植物。我国存在耕地资源匮乏、粮食安全形势严峻及面临全球粮食危机的现实问题，根茎能源植物在我国有很大的发展空间。

三、能源开发导致的地表生态效应

（一）煤炭资源开发

能够对大气环境造成严重的污染物有烟尘、粉尘污染物、CO_2、SO_2和瓦斯等，然而这些都会在煤炭开采、加工和供应过程中产生。其中，瓦斯和CO_2是温室气体，能够产生“温室效应”使地球变暖，这就会导致全球性的气候异常，随着温度的升高，海平面也会上升，自然灾害发生的概率也会增大。而SO_2这种化学物质一旦和雨水相溶就会产生腐蚀性很强的酸雨，酸雨不仅会破坏生态系统，还能使农业生产减产。相比前两者，粉尘的危害小一些，但它仍然会威胁到人类的健康。在我国，煤炭的生产主要是北部和西北部，而煤炭的消费主要集中在东部沿海地区和南部沿海地区。在这种情况下，就必须要进行煤炭的空间运输。从北部和西北部向东南部沿海地区的转运，不仅成本较高，而且污染也很严重。这种污染是扩散性污染，并不局限于煤炭的生产地和消费地，而是广泛分布到了煤炭运输所途经的各个省份和地区，这就在很大程度上污染了空气。

水资源的污染不可避免地出现在煤炭的开采过程中，开采过程中出现的导水裂缝和保证开采安全的排水疏干都会对地下水资源造成严重的污染。在煤炭开采的矿区，矿井水、洗煤水、生活污水和干湿淋溶水等废水污染了渗入地下水系，污染了地下水资源。没有经过处理的矿井水中含有大量的煤粉、岩粉和其他污染物，会对矿区附近的环境产生严重的污染和破坏。废水还可能来自于煤炭的洗选过程，这种废水中含有大量的煤泥，一旦进入土地就会对土壤植被及周边的水系产生污染。从 2007 年开始我国煤炭开采过程中的污水排放量在不断地增加。被排放出来的废水没有达到排放标准，其中富含挥发酚、氨氮、氰化物、化学需氧量和石油类等污染物（表 7-2）。

表 7-2　2007～2010 年煤炭开采及洗选业废水排放情况（引自董泽琼，2012）

年份	废水排放总量/万 t	废水排放未达标量/万 t	未达标量占排放总量的比例/%	废水中主要污染物排放量/t				
				挥发酚	氰化物	化学需氧量	石油类	氨氮
2007	73 040	5 360	7.34	319.2	2.156	66 750.5	262.2	3 540
2008	72 209	5 341	7.40	0.418	266.0	1.88	80 040	294
2009	80 236	6 571	8.18	264.6	1.677	91 673	590.2	4 709
2010	104 765	7 223	6.89	260.1	1.8	100 174	858.2	5 669

煤炭开发对土地资源的破坏主要有三个方面的表现形式：矿井开采造成的地面沉陷、露天煤矿开采遗留下的采坑，以及煤矸石和尾矿等固体废弃物的排放与堆积。矿井开采造成矿区土地资源的灾害之一是地表塌陷。从目前的情况来看，我国煤炭产量的95%都是来自于矿井。矿井开采带来的地面塌陷能够加速水土流失，以至于产生土地荒漠化，地面上的基础建筑设施也会受到破坏。造成我国采矿沉陷的主要原因之一是煤炭资源开发。会对土地造成破坏的还有露天开采煤炭。据统计，每破坏 0.08 hm^2 的土地才能开采出 1 万 t 的煤，而且开采之后的复垦比较困难，尤其是倾斜和急倾斜矿床开采形成的采坑。采矿会导致裂缝产生，大面积的区域性水位下降，矿区水域的水均衡系统也就会相应地受到破坏，农田的生产必将会受到影响。到 2008 年，我国已经被破坏的土地中有 30%是由于露天开采煤炭造成的，露天采坑对土地的破坏力度仅仅次于尾矿堆积。煤炭开采过程中产生的固体废弃物越来越受到重视，固体废弃物的开发利用技术也在飞速发展，其综合利用率在也在不断地增加，从 2000 年到 2010 年，短短十年间固体废弃物利用率从 45.9%上升到 66.7%，被排放的固体废弃物大大地减少了。煤矸石、尾矿和粉煤灰都含有 SO_2、H_2S、重金属、悬浮颗粒物等有害物质，而且均超过了国家规定的标准，这些物质渗透到附近的土壤中去就会改变土壤成分，从而影响到当地原有的稳定生态系统，尤其是会对农作物产生相当不利的影响。

（二）石油资源开发

一般情况下石油开采面积都比较大，对地面的影响严重。在采油井建设过程中，整体场站建设、管线的铺设、运输道路等工程施工都会对地表造成影响。例如，在进行场地清理与挖掘施工时，使得当地植物迅速减少，造成地面裸露，形成严重的水土流失。另外，在石油开采过程中，地面工程施工阶段会产生大量废土，对此处理不恰当也会加重当地的水土流失。在石油开发过程中对土壤造成的影响严重，在建设阶段占用和破坏土壤地表，使土壤失去相应的农作物种植能力及植物供养能力。在工程运营阶段，石油对土壤造成严重污染，随着时间的增长，土壤内污染物含量不断增加，逐渐由地表土壤上深入到下层土壤，最终将进入到地下含水层。土壤中含有的石油污染物将会降低土壤的透水性与透气性，对范围内的植被与微生物生长影响重大。工程施工管线的建设，影响了当地水利设施、给排水设施，影响农牧业生产。另外，在石油开发过程中一旦发生石油泄漏问题，将会对当地整体林牧业造成致命损害。石油开发对水环境要素及组合状态造成了影响。石油开发程度的不断加深，造成了水资源短缺，很多开发强度比较大的人口密集区逐渐出现了地下水超采现象。通过对浅层地下水的过度开采，很可能开采到地下各层混合水，就有可能造成地下水污染、串层，使水资源在大量减少的情况下造成污染。许多石油开采区已经对饮用水的安全造成了严重的威胁。

（三）天然气资源开发

天然气开发对水环境的影响，在钻井过程中的污染物主要表现为钻井废水与废弃泥浆两种。在试采、采油、油气集输等油气开采的过程中，主要表现为采油气废水与落地原油。在修井、压裂酸化、热油清蜡、冲砂等井下作业过程，各个作业均有一定的污染排放，主要的污染物是工艺废水与落地原油。天然气在其开发建设的过程中出现的废气有燃料燃烧的废气与生产作业的废气。燃料燃烧的废气大体上有原油采、集、输作业中使用的每种锅炉与加热炉排出的废气，大体上的污染物是油烟尘、氮氧化物、二氧化硫、烃类等。由于油气田中的加热炉、锅炉大部分都是用的清洁燃料天然气，所以燃料燃烧排放的废气比较少，对空气质量的影响也就比较小。生产作业废气的类型各种各样，里面最多的是采油（气）、油气集输作业中排出的烃类气体与天然气净化厂的尾气，这两类废气具有典型的石油、天然气开发特征。其中，烃类气体排出源多，而且面广，主要有油井、气井与原油罐、成品油罐、半成品油罐等储油罐。另外，天然气处理厂的污染物基本上是由含硫化合物组成。天然气在开发建设的过程中，由于环境的改变，许多野生动物都失去了生态环境，造成了生态物种发生变化，加上采油、输油这些生产作业产生的落地原油，它能够经雨水或者地面的径流渗透到土壤与水体中，这样便对陆地上的生态系统与水中的生态系统产生负面的影响。除了这些，对天然气的开采也会对环境造成一些另外的负面影响，比如开采过程中突发的运输管线破裂、运输工具泄漏、各种爆裂渗漏，以及油罐的起火甚至爆炸。这些事故产生的污染物都将进入大自然中，便造成了大气、水体、土壤与噪声的污染。

第三节　城市化及其地表生态效应

一、城市化与地表环境污染

城市是受人类活动影响和土地利用变化最剧烈的区域，尤其是城市边缘区，是城市生态系统与乡村生态系统交接的界面，城市化过程活跃、土地利用结构变化迅速，因而被称为快速城市化地带，已引起学术界普遍关注。对城市化的界定，由于学科或视角不同，有不尽相同的定义。城市化过程是指人口向城市地区集中和农村地区转变为城市地区的过程，这一过程至少包括两个方面内涵：一是人口迁移，它必然导致社会结构的变迁、经济要素的流动和产业的推移；二是生态环境的变化，这则引起土地利用/土地覆被类型、自然资源和生态环境状况的改变。城市化是以经济高度集中、资源高强度利用、物质快速循环为标志。生态学认为城市化指人类生产和生活方式由乡村型向城市型转化的历史过程，表现为乡村人口向城市人口的转化及城市不断发展和完善的过程。目前人类社会正在经历着有史以来最快的城市化过程，特别是在发展中国家。城市化不仅仅是简单的城乡人口结果的转化，更深刻地来说，城市化是传统的劳动、生活方式向现代的劳动与生活方式的转化，是一种经济产业结构及其空间分布结构的转化。

随着城市产业结构的演变，水体污染方面的一个重要转变是工业污染比重下降、生活污染比重上升。由于工业和生活污染物成分差异，使得在城市发展的不同阶段的水体污染具有不同的特点，城市地表径流携带的污染物（包括颗粒物、氨氮、有机污染物和重金属等）负荷增加导致地表水污染程度加剧；城市地面积水可能导致有害生物繁衍，从而直接影响城市居民身体健康。随着城市化的不断深入发展，原有的自然环境如森林、农田、牧场等逐渐被建筑物及硬化地表等取代，整个城市区域几乎成为一个密不透水的大锅盖。地表封闭与土壤压实使土壤水分入渗和缓冲储蓄功能大为减弱甚至完全丧失，地表径流系数大幅增加，在暴雨情况下容易产生短时间城市洪涝，同时区域水分蒸发很少，所以城市水分流失严重。随着城市化的不断发展，可能导致用水量连年增加而降水量逐年减少，长此以往，很可能会影响到全球生态系统的水分循环及平衡。

城市土壤是指出现在城市和城郊地区，受人为活动影响强烈，原有继承特性发生强度改变的土壤的总称。土壤的直接城市化效应就是地表特征从可渗透的土壤表面变成没有渗透和吸收功能的封闭地表。已有研究表明城市土壤的物理性质严重恶化,颗粒组成极端结构严重毁坏，容重增加，通气和持水孔隙降低,某些裸露的土壤表面常出现具有阻止水分渗透的结壳层。由于底质来源人为影响过程及自然影响过程错综复杂,导致城市土壤不像自然土壤在空间分布上具有一定规律性,类型繁多且空间变异强烈,在较短的距离内可能出现完全不同的土壤类型。城市表土的研究表明城市土壤化学性质强烈改变和土壤污染加剧是城市土壤性质变异的主要方面。由于各种途径和形式的人为影响,城市土壤性质显著偏离同地带（区域）背景土壤的特征，如由于人工酸碱物质的影响出现极端土壤反应，而严重的土壤污染特别是重金属污染是城市土壤的又一重要特征。相对于自然土壤的农业生产功能而言,在城市空间内,土壤的环境和生态功能更为受到重视。城市和城郊土壤直接紧密地接触密集的城市人群,涉及众多生命的健康和安全,既通过食物链影响食品安全,还通过对水体、大气的影响进而影响城市环境的质量。城市居民每天呼吸的空气和饮用水质量的好坏,都与城市土壤存在着密切的关系。城市土壤是城市生态系统的重要组成部分,是城市绿色植物的生长介质和养分的供应者，是土壤微生物的栖息地和能量的来源,是城市污染物的汇集地和净化器,对城市的可持续发展有着重要意义。

已经有很多研究定量地揭示了城市化过程中各种土地利用类型的剧烈转变过程和驱动因素，这种变化对土壤的影响主要体现在土壤功能的转变和多样化。城市化的另一个更为直接的影响是地表特征的改变。从可渗透的土壤表面到没有渗透和吸收功能的人工封闭地表，这意味着土壤的生产功能、缓冲-净化功能、景观功能等自然功能绝大部分甚至完全丧失。在城市环境中土壤最重要的水、热交换和污染物吸收、净化作用将不再发挥。城市化的影响更体现在污染物的大量产生和转移上。全球范围内只有不到2%的地表为城市所覆盖，但80%的工业和生活污染物来源于城市，这其中的很大一部分污染物都直接或间接地进入城市和周边地区的土壤生态系统中。固然土壤有容纳和净化污染的功能，但在强烈的环境负荷冲击下，土壤的功能将面临极大的威胁。换言之，土壤的缓冲-净化功能有被超越的危险，而其结果将是长远和致命的。作为生态系统的核心组成部分，土壤的质量改变反过来又会作用于其他生态环境组分。

二、中国城市化进程与生态效应机制

城市化是一种强烈的地表人类活动过程，与资源和生态环境条件之间相互耦合、相互制约，城市化对资源及生态环境可能产生剧烈影响，而这种影响反过来又可能对城市化进程形成约束。一般认为，城市化带来的生态环境效应表现为：改变了城市区域生物地球化学循环，排放大量温室气体，造成严重环境污染；改变气候特征，出现“热岛”效应；改变景观结构特征，水分循环系统发生变化；以及生物多样性降低和外来物种入侵等。上述这些负面效应大多由城市化过程的资源利用不当和土地利用方式的转换引起。纵观我国城市化发展历程、现状和态势，不可避免地对资源与生态环境造成巨大影响，同时也面临能源和自然资源的超常规利用以及环境恶化带来的压力和制约。其特征表现为：①耕地资源流失过速；②城市水资源稀缺程度加剧；③能源供需平衡压力日益增大；④城市环境污染严重，生态恶化明显；⑤城市地区的生态占用不断增加，需要的生态面积越来越大。

随着城市化进程的不断推进，城市景观格局特征越来越复杂，受格局影响的生态过程、功能也不断发生变化。城市土地利用变化导致的生态环境效应也逐渐引起一些学者的关注，效应研究集中在热环境和大气环境。从整体上看，城市化对地表植被覆盖带来的是负面影响。城市化与地表植被之间的关系研究结果表明，从时间序列上看，城市化率和植被生长活力之间有明显的负相关关系，相关程度越来越强；在空间上，植被生长活动与人口和 GDP 等变量之间均以负相关为主，且高的负相关主要分布在经济发达地区。城市化进程随着人口大量增加和环境污染，地表覆被与下垫面自然生境不断退化与丧失，进而降低了生物多样性。大致规律是，城市生物多样性由市郊向中心区梯度性减少，野生物种多样性由城市中心区向城郊逐渐增加，城市化增加了外来种入侵的概率。除了上述对于城市化过程中资源与生态环境效应的单要素研究外，一些学者尝试综合效应的研究。从时间上看，中国城市化与生态环境交互耦合的时序基本处于拮抗阶段，且二者的耦合协调度较低；从空间上看，中国省区城市化与生态环境的耦合度和耦合协调度都明显存在着地域性差异，且耦合协调度上表现出东部省区普遍高于中西部省区的规律。同时它还和区域经济发展水平存在很大的空间对应关系；由于经济发展、历史基础、自然条件和政策影响差异作用，中国省区城市化与生态环境的耦合强度与耦合协调程度在空间分布上不具有对应性。

三、城市化人类与生态系统的交互作用

城镇化实质上是一个破坏原有的自然生物环境，创建以人为中心的人工生物环境的过程，按照城市建设的需要破坏、修改、设计生物群落，严重地干扰了生物自身生长发育过程和规律，导致生物种类减少、群落结构简单、功能受损，如高楼大厦、纵横的街道代替了森林，水泥路面覆盖了草地、绿野，野生动植物也在城市中消失，使城市的绿地面积减少，结构简化，并且现有的多是人工植被，全靠人为维护，各种鸟类所赖以栖息环境越来越少。再加上人们的围猎捕杀，造成对鸟类生存的威胁，使有益的鸟类数量和种类减少，导致植物病虫害增多，形成所谓的城市荒漠。

城市建设和发展改变了原来自然状态的下垫面和大气中的成分，增加了人为制造的热量、水汽和灰尘，使城镇内部许多气候要素发生变化，并且因大气系统的不同、城镇化阶段的不同及城市功能、发达程度与规模大小的不同而有所差异。在城市五岛（热岛、干岛、湿岛、雨岛、混浊岛）效应中，热岛效应是城镇化对气候影响最典型的表现，不少城市出现了破纪录的高温天气。例如，法国巴黎，其纬度比我国齐齐哈尔还要高，该市 1998 年曾出现 39℃的高温；再如西班牙，其纬度与北京差不多，该国 1995 年曾出现 47℃的高温。因此，热害作为城市的自然灾害呈现出了增多的趋势。另一方面，城市生产、生活活动产生的空气污染物及其产生的生态效应对生命及生态系统的影响也是深刻的。实际上，城市已成为全球大气增温的主要源地，人类对减轻温室效应所做的努力应当主要放在城市。

随着经济的发展和人们生活水平的提高，城镇化进程不断加深，人们生产和生活所产生的固体废弃物日益增多，特别是不能回收又不能降解的废弃物，给生态环境带来极大的危害；而且工厂机器、建筑施工、商业和娱乐活动、交通运输等导致的噪声污染，不仅妨碍人们的工作、休息，甚至影响人体健康。此外，缺乏整体性、长远计划或生态思维规划的城市布局致使城市代谢缓慢，非污染危害性物质不能顺利排出而累积于城市内部，引起生态失调和环境质量的恶化，造成非污染性的生态效应。例如，抗生素抗性基因的主要来源是动物养殖业带来的畜禽粪便污染。畜禽粪便中的抗生素抗性基因可以在土壤及地下水中迁移、传播，并

很可能将抗性质粒带入食物链，最终在各个环境介质中迁移、转化，使抗生素污染具全球性。环境中抗生素抗性基因的预期暴露途径见图 7-2。

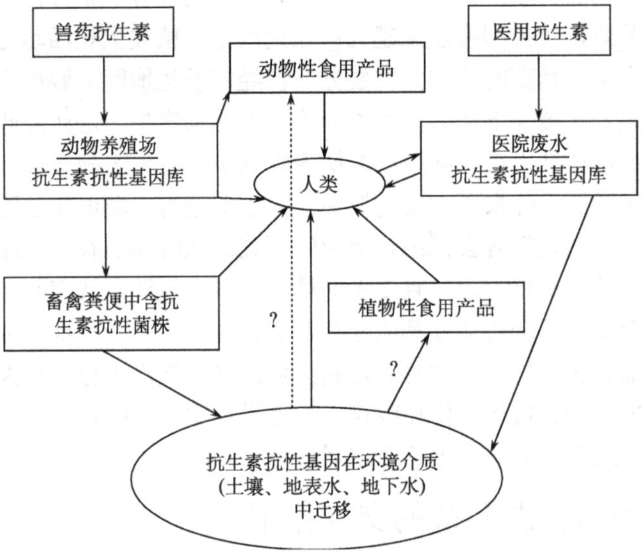

图 7-2　环境中抗生素抗性基因的预期暴露途径

水资源环境是城市存在和发展的最基本的物质条件之一，现代城市的水环境陷于缺水和洪涝灾害并存的尴尬局面的主要原因是由于城市化所造成的地表性质的变化，沥青、水泥等工程材料代替土壤与植被，使得下垫面变得紧密不透水，雨水无法下渗到土壤之中以补充地下水，而大部分变成地表径流，在暴雨季节雨水迅速聚集，极易引发洪涝灾害，而且地下水得不到补充。城镇化对自然界水循环的干扰引发了人类对于水资源的争夺，是造成现代水荒的重要原因之一。例如，我国北方多数城市，甚至南方部分城市，都出现了不同程度的水荒，并影响到了城市经济发展和市民生活质量。另外，由于要优先保证城市供水，这也在一定程度上影响到农村生活用水与农业生产。

第四节　大中型水库建设及其地表生态效应

一、大中型水库生态效应特征

人类建造大坝（水库）的历史已有 3000 多年。但是，随着时间的推移，人们逐渐发现，水坝在为人类提供巨大经济效益的同时，也对社会和环境带来了严重的挑战。据《中国水利百科全书》定义，生态效应是指由人类活动和自然环境变化等引起生态系统结构和功能所造成的影响，而水库工程的生态效应是指水库工程在建成后，在时空尺度上，对于自然界的生态破坏和修复两种效应的综合结果。水库工程可以调节气候，改变河道水资源的时空分布，达到缓解河道断流、恢复河漫滩地、提供栖息环境等作用，但水库工程的修建直接作用于水生态系统，会打破原有平衡引起生态系统结构改变，从而造成生态破坏，如降低局部植被覆盖率、加剧水土流失、破坏河流及地下水的连续性、降低水体扩散稀释能力等。因此，在满足发电、防洪、灌溉等效益的基础上，关注水库的生态效应，防止和避免因不当开发引起的生态危机已成为国内外研究热点。其中，大型水库是指总库容在 1 亿 m^3 以上，而中型水库是指总库容在 1000 万 m^3 以上的水库。

（一）气候和水文效应

调节作用主要体现在水资源调控上，特别是在北部地区，雨量集中在 8～10 月，经常出现“春旱秋涝”，影响农田灌溉。修建水库，使水资源分配趋于平衡，特别是在干旱和半干旱地区，保障农田灌溉与安全，增加粮食产量。水电站的运行能够调节河川径流量、控制河水位，对下游河川径流的年内分配有着明显调节作用。大坝建在山区可以显著调节局域小气候。许多河流保持纵向和横向连通性，对物种种群的生命力是非常必要的，纵向和横向连接的损失可能会导致人口的孤立以及鱼类和其他动物的局部灭绝。建设大坝的河流的宽度和深度变大，形成了许多大型哺乳动物的迁徙路线上难以逾越的障碍。相对温暖的水向水库下游的释放，影响下游的冰的形成，这也将对迁徙动物产生屏障功能。

水库由于屏障作用明显地改变了上下游河道的水流时空特征，影响到河流生态物种的分布格局。洪水历时缩短，洪峰量减少，鱼类产卵区的水体面积缩小，不能及时形成产卵的有利条件，使鱼卵和种鱼在产卵区死亡；在旱季，水库径流调节对鱼的不利影响是特别重要的。流量特征表明传送食物和营养是一个重要的机制，许多生物对水流速度非常敏感，改变流动特性也可以限制生物体在河段的生存能力；一些生物也对流量的变化作出反应，这可能增加死亡率，改变现有的资源打破了物种之间的相互作用。河流作为一个统一体，两岸及上游和下游形成一个整体，自然河流干流与支流相互连通。

大坝的建设改变了流域水量的分布和受其影响的河段水位，并引起了水温在流域沿线和水位深度上的梯度变化。温度是影响生态系统结构、过程和状态的重要因素，而在影响水域生态系统的因素中，温度也是尤为重要。在 20 世纪 50 年代，就已经开展了关于库区水温变化引起化学及生物学方面效应的研究，研究主要集中在温度变化对溶解氧和生物个体变化的维度上；20 世纪 70 年代，研究人员通过研究水温变化发现，水溶解氧含量、悬浮物和水的化学特性受到水温变化的影响，而这一切最终会对水生生物的繁殖、生长及发育产生影响，对于物种的分布、河流水文特性、生态结构和功能产生效应。

（二）截留与边缘效应

所有的河流都具有输送泥沙的能力，所有的大坝和水库都可以截留一部分泥沙（尤其是砾石和卵石），出水流量低的坝截留的泥沙量多达 90%，而有的大坝还能截留高达 100%的泥沙量，上游的泥沙淤积会使库底（尤其在库尾地区）抬高。热带地区的释放量远高于温带地区，浅水库也远高于深水库。水库对于营养物质和泥沙的截留程度基本取决于以下三个方面：①水库集水区，水库的深度、形状和大小，以及库容、水库的运行及管理方式；②集水区域的自然环境特点；③生活在水库的周边及上游的人类活动情况。大坝会截留氮、磷等物质，造成库区富营养化。水库蓄水所淹没的植被和土壤降解通常会造成溶解氧的大量消耗。在浅水水库中，这类物质的降解会导致水缺氧严重，并产生大量 H_2S、CH_4 和 CO_2。

边缘可被定义为能被目标生物或物种所识别并影响其行为的生境特征不连续性，并把与这种生境相关的各种过程或者行为现象称为边缘效应。河流生态中涉及的河岸带是介于河流和陆地植被之间的生态过渡带，具有明显的边缘效应。水库蓄水使河岸带的宽度、长度及曲折度发生变化，而其边缘效应也随之发生变化。在修建大坝前，河岸植物群落大多随着年季降水而变化，垂直地改变河岸带。由河边向河岸两侧基本形成了一个植物演替序列，物种数量呈抛物线分布。在年轻的地段，杨树、柳树、赤杨及一些草本植物占优势，但在较老的地段，这些植被则被针叶树种或其他顶级树种所取代。群落中的植物物种组成与土壤的发育及营养有关，基本上不受到土壤水分限制，单位面积内的物种差异很大。在蓄水之后，河岸带的长度一般增加好几倍，之前的老河岸被新河岸所代替，而且范围稳定，基本上不被年季降水所影响。在正常蓄水位时，水库对土壤含水层产生较大的影响，可以改善河岸带的土地、森林和农田草地水湿条件。这通常表现为植物生态群落间的关系变化及植物带的边界改变。例如，在漫湾水库蓄水后，原有的河谷雨林生长更好，同时向海拔稍高的地区扩大。通常在建设大坝的前十年下游的河床会被冲刷数米。长此以往，下游河道将会变窄变深，并导致原来宽广、有诸多礁石及沙滩的复合型弯曲河道变得相对简单平直。

（三）河库复合生态效应

水库形成后，库区水面变宽，水体流速减缓，泥沙沉积，局部时段和局部区域存在一定范围的水温弱分层现象，初步呈现河库生态特征；库尾及以上江段仍然保持天然江段，与库区保持连通而形成了河库复合生态系统。水库形成后，原有的河流生境演变成为水库生境，水库的浮游植物、浮游动物、底栖动物、着生藻类、大型维管束植物物种组成和分布特征也发生了相应变化。库区干流江段浮游植物仍以硅藻为优势种群，但库区不同江段、不同时段硅藻物种所占比例有所差异。库区浮游植物生物量升高，其中蓝藻门变为主要优势门类，硅藻门物种的生物量比例下降，呈现一定的“湖泊相”特点。浮游动物组成中轮虫物种数所占比例上升，蓄水前占优势的原生动物物种数所占比例呈下降趋势。库区各断面底栖动物物种数在坝前、库中和库尾的变化趋势有所差异，坝前江段高于蓄水前；而库中和库尾江段均低于蓄水前。库区干流和支流回水区喜流水性物种减少，特别是坝前至库中江段的底栖动物物种组成较为单一，现存量低；支流回水区喜静水性物种增多，如红色摇蚊、前突摇蚊成为水生昆虫的优势类群。底栖动物密度和生物量增加，库区适应缓流、静水生境的沼虾等种类数量和生物量明显上升。库区干流和支流各断面仍以硅藻门为优势种，着生藻类的种类组成、密度和生物量变化规律均不明显。库区水流变缓、消落区形成的库湾适合水生维管束植物生长，部分支流水生维管束植物也较多。

水库形成后，库区各江段的鱼类种类数较蓄水前呈增加趋势，但库尾以上江段变化较小。就空间变化而言，库区江段鱼类群落结构从上游至坝前喜流水鱼类物种所占比例逐渐减少，适应库区生境的喜静水性鱼类物种所占比例逐渐增加，但库尾以上江段鱼类物种组成变化规律不明显。就时间变化而言，库区江段喜流水性鱼类物种数所占比例较蓄水前减少，库尾以上江段则稍有下降，同时库区江段特有鱼类物种数所占比例较蓄水前减少。空间上，水库形成后库尾及上游江段的鱼类资源丰度要高于其他江段，这与库尾及附近分布的水域生境保持较为良好的支流一起形成了生境多样、饵料相对丰富的河库生态系统有关；时间上，水库形成后各江段的鱼类资源丰度总体上保持稳定或者波动上升趋势。

二、水库修建对生态系统的影响

大型水库将河流分成坝上和坝下两部分，由于大坝的阻隔，两部分水流互不连续，但两部分可以通过水库泄水产生联系。其次，坝下水流通过水库泄水获得营养成分和有机物等物质，维持河流-冲积平原生态系统的健康发展。另外，坝下河道内及河道外的生态系统也需要水分，以及通过水流进行物质的交换，这就需要水库保证一定的泄水量，使下游生态和河流功能得以延续。建坝后由于河流水位升高，水域面积扩大，水流减缓，水湿条件改变，促进河谷区植物生长发育，使水域的综合功能增加。在植被生态因子中，气候条件是最重要的，因为组成各种类型的群落植物物种在一定的湿度和温度为主导的气候条件下得以正常生长。建坝后，由于蒸发的水蒸气，水库流域面积山区大气的水分含量增大。水库周围温度在热季下降，相对湿度明显提高。水库蓄水后水体流动减慢，有机质和营养盐会增加，有利于浮游动物和底部的动植物的生长和繁殖，静水鱼类数量将会增加。水面积膨胀，使捕捞能力比调节前有所提高。同时也可以在内陆水体鱼类养殖发展优良品种，在水库中放养高价值鱼类。

长期以来，修建水库、蓄水兴利一直是人类开发河流水资源的主要手段。水库的修建运用虽然在很大程度上实现了防洪兴利的目的，但同时也改变了库区及下游河道的水文情势，造成局地生态环境恶化，危及河流健康。我国现行的水库调度方式普遍是依据水库承担的防洪及兴利任务来制定调度规则，对生态要求考虑较少，给库区及下游生态系统造成诸多不利影响。水库建成蓄水后，库区水力性质、水文情势、水温、营养物质分布等较建库前发生根本变化，局域生境条件明显改变，主要表现在以下几个方面。

（1）库区生境变迁。水库蓄水运行后，坝前水位抬升，库区淹没，生境条件发生根本性变化。陆生物种的生境消失，水生物种的生境条件（水位、流速等）亦发生重大改变。

（2）库区水体温度分层。由于水体自身的理化性质，水库蓄水运行后，库区水体温度将发生垂向分层，对库区水质及水生生物造成诸多不利影响。

（3）库区泥沙淤积。水库蓄水运行后，受库区水流流速变缓及库尾回水的影响，河流挟沙将在库区沉降淤积，其中库尾及坝前泥沙淤积尤为严重。库区淤积不仅影响库区生境，若不及时清淤，还将缩短水库寿命。

（4）水库消落带污染。水库消落带是指水库水位季节性涨落而使周边淹没土地周期性地出露于水面的一段特殊区域，是水生生态系统及陆生生态系统交替控制的过渡地带,由于水、陆两方面的共同影响，水库消落带极易发生污染，进而造成诸多生态环境问题。

（5）库区水体富营养化。水库蓄水运行后，库区水文情势发生变化，营养物质富集，极易导致水体富营养化，进而对库区生态造成显著影响。除上述问题外，修建水库、蓄水兴利还将造成库区周边地下水位抬高、土壤盐渍化等环境问题。

水坝阻断了河流中水生物的通道，必然改变了鱼类的生活生存环境，特别是洄游鱼类，阻断了它们的繁殖产卵的途径，可能导致某些鱼类的消亡。我们应该科学地研究原有河流的水生物的种类种群数量和生活习性，在选择建坝方案中尽可能避开鱼类的产卵繁殖场,研究开辟新的繁殖场；建坝时要考虑建设鱼道的可能性，保护鱼类的通道；采用人工繁殖技术，保护鱼种的繁殖，建立鱼类保育中心；对某些已经濒临消亡的鱼种，从保护生物多样性的角度应该建立基因库；为了满足人类获得更多的食用鱼，可以在水库放养优良品种的鱼类，提高经济价值。应该看到，当前我国内河的鱼类数量急骤减少的主因是水质的污染。捕捞过量和航运及人类活动的干扰，并非都是水坝惹的祸，兴建水库虽然要淹没土地，但同时获得了水面。我国大陆的储水能力太低，损失一些陆地面积换取一些水面，从总体来说是有利于我国生态与环境改善的。当然，在水库水坝及流域规划过程中，要千方百计地减少甚至避开珍贵的肥沃平原和繁茂的森林植被。事实上,在我国的西部，河流水电开发基本都在河流的上游，绝大部分属峡谷形水库，淹没损失的土地大多数是贫瘠的坡地，从防洪减灾看，洪水灾害本质上是人与水争夺陆地面积。人类不能无限制地围湖开垦、占夺水面，应该理性地让出一点陆地面积，如兴建水库和在下游设置分洪区，以容纳超量的降水。

根据大坝对河流生态系统的影响程度，可以将生态影响划分为三个层次: 第一层次是筑坝对河流能量、物质（悬浮物、生源要素等）输送通量的影响；第二层次是河道结构（河道形态、泥沙淤积、冲刷等）和河流生态系统结构与功能（种群数量、物种数量、栖息地等）的变化，主要是河流能量和物质输送在筑坝后的调整结果；第三层次综合反映所有一、二层次影响引起的变化。

首先，河道是一条通道，是由水体流动形成的通道，为收集和转运河水和沉积物服务。河道是物质、能量、物种输移的通道，大坝阻隔改变了水体流畅的自然通道。不设过鱼设施的大坝，对于洄游性鱼类是不可逾越的障碍。水库淹没损坏了河流部分生态功能。要使河流正常发挥作用，维持自然特征如森林覆盖的河岸，完整无损的漫滩和充足的湿地是至关重要的。水库对河流径流进行人工调节，使水资源为人类所用，大规模改变江河系统的边界、径流条件，水库的运行管理方式、取水口的位置和型式、进出水量等，使得不同水深处温度变化的幅度不同。

河流蓄水形成水库后，生物群落随生境变化经过自然选择、演替，形成一种新平衡。大坝蓄水主要改变或者影响浮游生物的生长环境条件，动水生境迅速转变为静水生境，导致微生物群落种群数量急剧增加，同时淹没的有机质分解释放营养物，进一步增加浮游植物数量；改变上游补给的外来浮游生物数量，富营养化水库不断改变浮游植物种群构成，使静水浮游植物生长不断延续。浮游动物和浮游植物的生长均要求一个允许繁殖的最小滞留时间，而水流滞留时间将决定有机、无机悬浮物在水库内的沉积程度，使其成为控制水库、下游河道中浮游生物类型的主要影响因素。水库不同的泄流方式，向下游输送不同数量的浮游生物量：表层泄流一般向下游输送大量浮游生物，而底部泄流却相反。

河流生态系统的存在和发展依赖 C、N、P 等生源要素的生物可获得性，而生物作用过程又是控制或影响河流/水库系统内生源物质循环更新的重要环节。水库生态系统内存在植食性食物链和碎屑食物链（含腐食食物链）两类基本食物链。它们相互交错，水生生物群落按营养层次构成复杂、动态变化的食物网，物质和能量经过食物链（网）的各个环节进行转换与流动，形成了水库生态体系中生源要素循环和流动的基本框架。水库体系中微生物活动、浮游植物生长过程对生源要素的同化吸收和分解过程的离子释放，对水体中生源要素的化学形态和输送通量造成很大影响。水库生态食物网结构演化过程伴随生源物质的吸收消耗、多级利用及再生循环，显著改变相关元素在河流水环境中的迁移命运。植食性食物链在逐级产生和传递有机质的同时，食物链上各生物群落（浮游植物、浮游动物和鱼类）经分泌、排泄和分解向水体提供大量的溶解有机质和无机营养盐，成为内循环中重要的营养盐来源。但是，碎屑食物链和异养微生物的作用并不亚于植食性食物链，在湖泊（水库）下层的细菌呼吸作用要超过藻类净生产量。

在河流生态系统恢复时，需要考虑以下问题：①恢复措施是否改变河流的水力、物理、化学特性，对河流生态系统中浮游生物的影响范围；②是否有利于缓冲区域的生态恢复及对河道形态的影响；③生物地球化学循环过程对水化学的影响，以及缓冲区域内水文、生物联系过程；④是否增加河道景观的多样性；⑤区域景观结构的改变（土地利用等）对恢复措施的影响（增加/减少径流、增加/减少生源要素的输出）等；⑥河流生态系统恢复的有效评价体系等。需要对上述问题进行综合研究，采取相应的措施减轻大坝对河流生态系统的影响，以及河流生态系统保护、恢复具有重要的理论和现实意义。

三、水库工程生态效应评价

（一）水库工程生态效应评价内涵

对于不同管理要求、不同区域特征、不同人类活动影响及不同功能定位的河流，河流健康的表征指标及其评价标准应该具有差异性。在考虑生物指标、水质参数、形态结构、河床底质、水文条件及河岸带状况等通用核心指标的基础上，应根据河流的区域特征、功能定位等选择相应的特征性指标，如以景观效应、生境多样性等为主要功能的乡村小溪流应更多考虑岸坡条件、河流蜿蜒性、底质组成等生境因子；而对于具有重要防洪排涝等功能的大河流或城市骨干河流而言，则应更多考虑与之相关的防洪功能、水量、安全性等指标。

水利工程生态效应分析的内容包括：确定区域边界，对系统进行层次分析，筛选评价指标，生态环境调查，生态环境影响因子的识别，建立数学模型，进行综合分析。生态效应分析虽然不完全等同于环境影响后评价，但它是环境影响后评价的科学基础。特别是在支流的流域形状变化很大，形成广阔的湖水，而水也使河谷宽深比改变，使狭窄的山谷地形转换。

水库工程的生态效应评价涉及水文学、生态学、环境学、社会学、经济学等多学科，发生机制和影响因素较为复杂，各国对于水库生态效应的研究广度和深度有所不一。对水库正负效应的评价指标体系缺乏系统性和针对性，其评价理论、模型和方法还未形成统一认识。识别关键因子，建立一套可操作性强，具针对性和实用性的评价指标体系，并通过层次分析法建立评价模型，对所建水库进行生态效应的评价具有重要意义。

（二）国内外水库修建生态效应评价研究进展

20 世纪 70 年代以来，许多国家开展了关于鱼类生长繁殖与河流流量关系等方面的研究，主要建立了流量、流速和蛙鱼、大型无脊椎动物、大型水生生物之间的关系，并提出了河流生态流量的概念，产生了许多计算和评价方法。澳大利亚对于水利工程生态效应的研究大多针对水底脊椎动物和鱼类。日本也在水利生态方面进行大量的研究和实践。1978 年美国大坝委员会环境影响分会出版 *Environmental Effects of Large Dams* 一书总结了 20 世纪 40～70 年代大坝对环境影响的研究成果，主要包括大坝的经济效益和社会效益，对鱼类、藻类、水生生物、野生动植物、水库蒸发蒸散量、下游河道、水库和下游水质等方面的影响。这些研究主要集中在大坝对水体物理化学性质、生物个体、种群数量、河道变化等较小时空尺度方面产生的影响，缺乏生物群落、生态系统大尺度及各种效应之间的联系。加拿大政府在 20 世纪 80 年代开展了鱼类和生态、环境所有权的立法工作，要求任何一项水利水电工程都要就环境和生态方面的效应与影响进行综合评价。随着生态系统概念的强化、3S 和计算机技术的发展，为中、大时空尺度的研究提供了理论和技术支持，研究的环境变化扩展到更广阔的区域。1986 年实施的“国际地圈-生物圈计划”标志着全球范围大尺度的研究全面展开，大坝生态效应的研究侧重于大坝建设与生物多样性、温室气体释放、生态系统结构变化、水文过程模型模拟方面。为了保证水资源的可持续利用，首先应满足河流、湖泊和湿地生态系统对水量需求和河流生态系统对水的需求，要求管理者重新认识水资源的配置，把生态需水作为合理的、正当的需求。90 年代国际上公认环境是水的合法使用者。现在，水利工程引起的生态效应越来越引起国内外专家的重视，特别是环境和物种方面的考虑越来越多。为了能明确反映出环境变化的因果关系，从而有助于决策者采取合适的技术手段和行政管理措施，减少生态的破坏和加速恢复重建，国内外一些专家提出了水利工程生态效应评价指标体系。

新中国成立以来我国兴建了大量的水库，在建坝方面取得了举世瞩目的成就。这些水库在防洪、灌溉、供水、发电、航运、水产养殖及旅游等方面产生了巨大效益，为促进我国国民经济发展、提高人民生活水平、保障社会稳定、改善生态环境作出了巨大贡献，如何维持这些水库的健康，保障其效益，在我国具有重要的现实意义。筑坝对河流生态系统的影响途径可以简单分成以下四种情况：通道阻隔、水库淹没、人为径流调节、水温结构变化。

我国对水利工程环境影响的研究始于 20 世纪 70 年代末，目前大型水利工程环境影响评价体系已较为完备。通过前期预测和后期调查的多年实践已逐步明确了工程建设可能对流域环境造成的影响，并建立了多种影响预测模型。但由于长期以来我国环境工作的重心是污染治理，在水利水电工程环境影响研究工作中表现为侧重于评价建成投产后区域大气、水、土壤等的污染状况和质量等级，而忽视了工程对生态系统造成的更为敏感和不可逆的影响。国内生态效应研究是在研究生态影响的基础上发展起来的，一般是以人类活动引起生态系统或者生态学要素的变化、对其产生影响以及作用客体的响应等方面为侧重点。多数研究侧重物种、种群、群落、生态系统等在不同时空尺度上生态效应研究。综观国内的水利工程的生态效应研究发现，评价指标体系与方法的研究较多，但是实际应用案例尚较少。大坝对水文情势改变的评价较多，但对其生态效应及维护河流生态基流的研究较少；大坝对流域生物多样性及其功能的影响研究严重不足。大坝工程建设与运行过程中需要有保护关键生态要素的约束性指标，以确保河流生态过程的持续性和稳定性，但现阶段此类研究几乎为空白。

第五节　化学品生产及其地表生态效应

一、化学品的生产

（一）化学品的概念

在当今社会中，化学品被广泛用于各个领域中，起到了促使社会进步、推进经济发展、提高人民生活水平等重要作用。关于化学品的概念，联合国环境规划署《关于化学品国际贸易资料交流的伦敦准则》指出：化学品是指化学物质，无论是物质本身、混合物或是配置物的一部分，是制造的或天然取出来的，还包括作为工业化学品和农药使用的物质。我国化学品相关标注对化学品概念的定义如表 7-3 所示。

表 7-3 各标准中的化学品定义（引自于丽娜，2012）

标准	定义
HJ/T 153—2014《化学品测试导则》	化学品：新化学物质申报、现有化学物质风险评价所涉及的纯化学物质及其产品
GB/T 22225—2008《化学品危险性评价通则》	化学品：各种化学元素、由元素组成的化合物及其混合物
GB/T16483—2008《化学品安全技术说明书内容及项目顺序》	化学品：物质或混合物；物质：自然状态下或通过任何制造过程获得的化学元素及其化合物，包括为保持其稳定性而必要的任何添加剂和加工中产生的任何杂质，但不包括任何不会影响物质稳定性和不会改变其成分的可分离的溶剂
GB/T 22234—2008《基于 GHS 的化学品标签规范》	化学物质等：化学物质或混合物
GB/T 24778—2009《化学品鉴别指南》	物质：自然状态下或通过任何制造过程获得的化学元素及其化合物，包括为保持其稳定性而必要的任何添加剂和加工中产生的任何杂质，但不包括任何不会影响物质稳定性，不会改变其成分的可分离的溶剂
GB/T 23955—2010《化学品命名通则》	物质：自然状态下或通过任何制造过程获得的化学元素及其化合物，包括为保持其稳定性而必要的任何添加剂和加工中产生的任何杂质，但不包括任何不会影响物质稳定性和不会改变其成分的可分离的溶剂

（二）化学品的分类

化学品种类繁多，并呈现逐年增长的趋势。随着化学品种类的不断增加，根据各个领域的实际情况，需要对化学品进行分类。《全球化学品统一分类和标签制度》（GHS）按照化学品的危害将其分为物理危害、健康危害和环境危害三大类，如表 7-4 所示。

表 7-4 GHS 对化学品的分类（引自李学洋等，2015）

危害分类	所含类型
物理危害（16 类）	爆炸物、易燃气体、易燃气溶胶、氧化性气体、高压气体、易燃液体、易燃固体、自反应物质和混合物、发火液体、发火固体、自热物质和混合物、遇水放出易燃气体的物质和混合物、氧化性液体、氧化性固体、有机过氧化、金属腐蚀剂
健康危害（10 类）	急性毒性、皮肤腐蚀/刺激、严重眼损伤/眼刺激、呼吸或皮肤敏化作用、生殖细胞致突变性、致癌性、生殖毒性、特定目标器官系统毒性——单次接触、特定目标器官系统毒性——重复接触、吸入危险
环境危害（2 类）	危害水生环境、危害臭氧层

美国克林分类法将化学品分为两大类：通用化学品和专用化学品（精细化学品）。通用化学品是指从廉价、易得的天然资源（如煤、石油、天然气和农副产品等）开始，经过一次或数次化学加工而制成的基本的化工原料，它是用途广泛、生产批量较大，通常以主要成分来命名的化学品。专用化学品（精细化学品）是指全面要求产品功能和性能的一类化学品，以通用化学品为起始原料。精细化学品的分类如表 7-5 所示。从精细化学品的分类可以看出现在的环境污染物大多属于精细化学品。

表 7-5　精细化学品的分类（据闫鹏飞等，2014）

序号	类型	序号	类型	序号	类型	序号	类型	序号	类型	序号	类型
1	医药	10	试剂	19	塑料添加剂	28	脂肪酸及衍生物	37	酶	46	混凝土添加剂
2	兽药	11	香料	20	石油添加剂	29	稀土金属化合物	38	火药与推进剂	47	水处理剂
3	农药	12	表面活性剂	21	饲料添加剂	30	电子材料	39	非晶态合金	48	金属表面处理剂
4	合成染料	13	合成洗涤剂	22	食品添加剂	31	精细陶瓷	40	贮氢合金	49	保健食品
5	涂料	14	化妆品	23	高分子凝聚剂	32	功能树脂	41	无机纤维	50	润滑剂
6	有机颜料	15	感光材料	24	工业杀菌防霉剂	33	生命体化学品	42	炭黑	51	合成沸石
7	油墨	16	橡胶助剂	25	芳香消臭剂	34	化学-促进生命物质	43	皮革用化学品		
8	黏合剂	17	增塑剂	26	纸浆及纸化学品	35	盥洗卫生用品	44	溶剂与中间体		
9	催化剂	18	稳定剂	27	汽车化学品	36	成像材料	45	纤维用化学品		

（三）化学品的生产

化学品的生产是经济建设中不可缺少的一个重要组成部分。不论是工业发达的国家还是发展中国家都在致力于化学品的生产。化学品的功能和作用具有很高的经济效益，已成为人们经济物质生产举足轻重的一部分（表 7-6）。

表 7-6　精细化学品的生产所发挥的优点

领域	优点
工业	增进和赋予各种结构材料以特性，如机械、加工方面的硬度、耐磨性、稳定性等
农、林、渔业	增进丰收分产，如改进选种、害虫防治等
人们的生活水平	为人们的生活提供丰富的衣、食、住、行等产品，丰富和改善人们的生活
科学技术	促进和推动科学技术的进一步发展，如电子化学品、功能树脂等
经济效益	拥有较高的经济效益，影响到一些国家的技术经济政策

化学品的开发应用为现代社会带来了广泛福利，同时也产生了日益严峻的化学品环境污染问题，如臭氧层破坏、持久性有机污染物（POP）、内分泌干扰物（EDC）、有毒化学品泄漏事故等。除了化学品本身所带来的环境问题外，在化工品的工业生产、加工过程中，有毒有害化学品通过废气、废水和废渣等形式排放到环境中。许多化工品生产过程都存在刺激性气体，如电焊、电镀、冶炼、化工、石油等行业。这些刺激性气体在污染环境的同时，直接对人类的眼、呼吸道黏膜及皮肤表现出不同程度的刺激性，这些刺激一般以局部损害为主，但也可引起全身反应。工业废水中含有大量的有毒有害化学品，如无机化学毒物重金属离子及其化合物，有机化学毒物苯、酚、硝基物、多氯苯胺、多环芳烃、合成洗涤剂等。这些有毒有害化学品长期污染水体，并在鱼类及水生生物体及农作物组织中沉积富集，通过食物链对人类造成危害。工业废渣中的有毒有害化学品种类繁多，其中不乏有毒的、易燃的、有腐蚀性的、传染疾病的、有化学反应性的化学品。这些含有毒有害化学品的工业废渣如果不适当处置，会污染环境破坏生态平衡，直接威胁人体健康和生存。在化学品生产、储存和运输过程中，由于着火、爆炸等突发性化学事故，致使大量有害化学品外泄进入环境。化学品环

境问题与传统“三废”型环境问题的根本区别在于：前者的“污染物”——化学品是人类制造并在社会生活中担任重要角色的商品，其污染及危害的表现形式通常是“隐性”或“潜在”的，并通过生产、消费和贸易活动广泛传播。化学品的生产所带来的社会经济价值与其环境健康风险之间的矛盾是当今社会的一个重要课题。

二、重金属化学品污染的地表生态效应

（一）对土壤的生态效应

土壤重金属污染主要是由于采矿、冶炼、电镀、化工、电子、制革等工业产生含重金属的废弃物进入土壤，以及污灌、农药、化肥、垃圾、粉煤灰和城市污泥的不合理施用引起的（图7-3），概括起来主要有几个方面。第一，污水灌溉。由于我国是一个水资源紧缺的国家，部分灌区常把污水作为灌溉水源来利用。污水按其来源可分为城市生活污水、石油化工污水、工业矿山污水和城市混合污水等。城市生活污水中重金属含量很少，但由于我国工业发展迅速，工矿企业污水未经分流处理而排入下水道与生活污水混合排放，从而造成污灌区土壤Hg、As、Cr、Pb、Cd 等重金属含量逐年增加。第二，固体废弃物污染。固体废弃物种类繁多，成分复杂，其危害方式和污染程度也不尽相同。其中，以矿业和工业固体废弃物污染最为严重。这类废弃物在堆放或处理过程中，由于日晒、雨淋、水洗等，重金属极易移动，以辐射状、漏斗状向周围土壤、水体扩散，从而造成土壤重金属污染。第三，农用物资影响。农药、化肥和地膜是重要的农用物资，对农业生产发展曾起到重大的推动作用，但由于长期不合理施用，也可导致土壤重金属污染。近年来，地膜的大面积推广使用，造成了土壤的白色污染，由于地膜生产过程中加入了含有 Cd、Pb 的热稳定剂，同时也增加了土壤重金属污染。土壤重金属污染存在隐蔽性和滞后性，大气、水和废弃物污染等问题一般都比较直观，其通过感官很难被发现。重金属污染具有隐蔽性、长期性、潜在性、难以逆转性的生态影响。

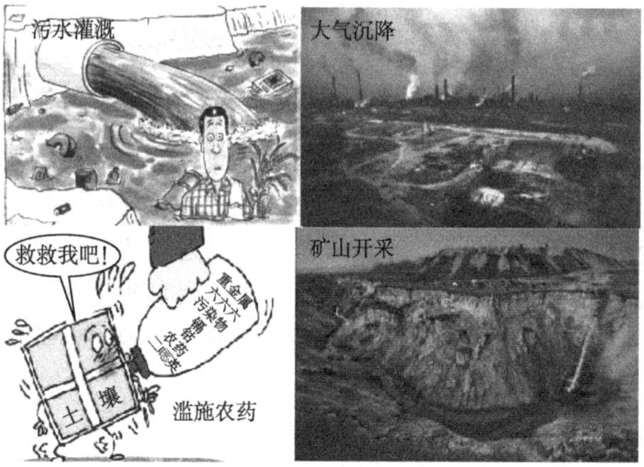

图 7-3　土壤重金属污染主要来源（扫码见彩图）

1. 对土壤微生物的影响　土壤微生物也是土壤中能量和物质循环的重要组成部分。土壤中微生物种类繁多，数量庞大，不仅参与土壤中污染物的循环过程，还可作为环境载体吸附重金属等污染物。进入土壤中的重金属对土壤微生物的生态效应主要表现在影响微生物的

生化活性、微生物数量、种群及群落数量等，降低有机质的分解和转化速率。土壤被重金属污染后，土壤微生物生物量表现出不同程度的差异。在对由于冶金工业废物引起的重金属污染的草场中进行的研究时发现，有机碳、全氮、微生物生物量碳和氮分别与土壤中 Cd、Pb、Cu 和 Zn 的含量呈显著正相关关系。也有研究表明，当土壤中 Zn 浓度在 823～1570 mg/kg 时，与之对应的土壤微生物生物量碳量从 800 mg/kg 降到 200 mg/kg。同时，当土壤受重金属污染时，微生物为了维持生存可能需要更多的能量，其代谢活性可能发生不同程度的反应。微生物的代谢熵是微生物活性反映指标之一，它反映了单位生物量的微生物在单位时间里的呼吸作用强度。土壤微生物的代谢熵通常随着重金属污染程度的增加而上升。此外，重金属的介入也会影响微生物群落结构的良性发展，对群落的结构产生影响。研究表明，Zn 污染会影响土壤微生物群落结构和功能多样性。高 Cu 污染土壤中微生物群落比 Zn 污染的土壤中微生物群落少，重金属严重污染会减少能利用有关碳底物的微生物量的数量，降低微生物对单一碳底物的利用，从而减少土壤微生物群落的多样性。

2. 对植物的影响　土壤中的重金属元素极易被植物根系吸收，并在植物体内累积。大多数植物不同器官对重金属吸收的含量水平差异较大，通常是根>茎叶>籽实。重金属可以危害植物的根系，造成根系代谢失调，受害根系的吸收能力减弱，导致植物营养亏缺。土壤中重金属的迁移直接影响到植物的生理生化和生长发育。当土壤中的镉超过一定浓度后，对植物的叶绿素有破坏作用。植物生长在被重金属污染的环境中，植物的细胞质膜最先与重金属接触，并对其产生影响，重金属的浓度越高，胁迫时间越长，对植物细胞质膜的组成、结构、生理生化和选择性等的伤害越大。

重金属对植物的胁迫作用是由重金属本身的特性决定的。重金属进入植物体内会干扰离子间原有的平衡系统，造成正常离子的吸收、运输等方面的障碍，从而使代谢紊乱。此外，较多的重金属进入植物体后，不仅与核酸、蛋白质和酶等大分子结合，而且还可以取代某些酶和蛋白质的特定元素，使其变性或者失活。当植物摄入过量的砷时，砷可以取代 DNA 磷酸基团的磷，妨碍植物水分特别是养分的吸收。

3. 对动物的影响　重金属能够在土壤动物或森林动物体内富集，并对它们产生不同程度的毒害。有调查发现，位于欧洲冶炼厂周边的林区与对照相比土壤中 Zn、Cu、Ni、Pb、As、Cd、Hg、Ni、Al 的含量都高出几倍甚至数十倍，生活在林区的蚯蚓体内同样不同程度地富集了这些金属，特别是 Cd、Pb、Cu 的含量是对照区的几倍甚至几十倍。通常林内重金属等污染物进入哺乳动物体内的途径主要为摄食，其次为表皮被动吸收和呼吸作用等途径。由于食物链的传播，重金属同样能够在大型哺乳动物体内富集。在西班牙科多巴省北部重要狩猎区研究杀虫剂和重金属对野生动物区系的污染情况时发现，该地区森林生态系统出现了不同程度的 Cd 和 Pd 的污染。生活在其中的马鹿、野猪内脏中 Cd 含量达到 0.40～7.61 mg/kg（均值为 1.35 mg/kg）。研究结果同时证实了环境中富含的 Cd 和 Pd 对野猪和马鹿有诸多生理毒害作用，这些元素不仅会改变肾管的功能，而且影响雄性的繁殖能力，如导致精子减少及睾丸萎缩等。

较多的重金属会对土壤动物个体、群落结构和多样性造成一定的影响。例如，重金属对蚯蚓体壁、胃肠道及细胞微结构会产生严重损伤，并且能够抑制蚯蚓酯酶的活性和激活过氧化物酶的活性，影响机体的正常生理功能，进而导致病变。重金属污染也对土壤动物群落结构及功能具有一定的制约性和破坏性，随着重金属污染的加重，群落结构呈现简单化和不稳定化，土壤动物的种类和数量逐渐减少，优势类群和常见类群也明显减少。

（二）对水体的生态效应

重金属进入水生生态系统后,分布于水生生态系统的各个组分中,对生态系统各组分产生影响（即生态效应）。当生物体内重金属积累到一定数量后,就会出现受害症状,生理受阻、发育停滞，甚至死亡。整个水生生态系统结构、功能受损,崩溃。在水生生态系统及水生食物链中,作为其他浮游动物的食物及氧气来源，藻类占据着重要位置。

1. 对水生动物产生的危害　若水体中含有大量的重金属，会对水生动物的细胞结构和组织器官产生一定的影响，如鱼的性别、身长等都会受到 Mn、Cu、Zn 等金属的影响。水生生物的鳃、肝胰腺等使易于富集重金属的器官，因此较多的重金属富集会对这些器官造成危害，如重金属会造成肝细胞水肿肥大、脂肪粒沉积等。重金属对水生动物细胞的危害主要表现在细胞核、线粒体和肌原纤维三种细胞器上。此外，较多的重金属会对水生动物的 DNA 造成物理损伤，使水生动物的遗传表达也受到重金属的影响，如罗非鱼和鲤鱼的蛋白基因表达就会受到 Cu、Zn 等重金属的影响。

2. 对水生植物的影响　作为其他浮游动物的氧气来源和食物来源，藻类在水生食物链及水生系统中都具有十分重要的作用。大量研究表明，羊角月牙藻的 ATP 水平、蛋白质含量及生长进度等会受到锌等重金属的影响，锰、锌及铜等会对月形藻、蛋白核小球藻的生长具有抑制的毒性效应，金属离子对蛋白核小球藻起到抑制生长毒性的主要原因是由于藻细胞面对不同的金属离子会产生不同的亲和性。

3. 对人体产生的影响　水体重金属污染一方面可以通过人类直接饮用被污染的水体，从而对人类的身体产生危害；另一方面，其能够利用对水产品和农产品的污染，从而经过食物链威胁到人类的身体健康，同时还可能导致土壤的二次污染。重金属能够抑制人体化学酶的活性，导致细胞质中毒，对人类的神经系统产生危害。同时，其还会导致人体出现直接的组织中毒，并且对人体解毒功能的肝肾等关键性器官产生危害。例如，汞、铅、镉等重金属及砷，已被列为剧毒物进行重点防治。据目前研究结果,一般认为 Cr、Co、Ni、Cd、Se 等还有致癌作用。重金属（如铅、砷、锰等）通过水体直接或间接进入食物链后，能严重地耗尽体内储存的 Fe、维生素 C 和其他必需的营养物质，导致免疫系统防御能力的下降，子宫内的胚胎生长停滞和其他一些残疾。

重金属元素通过阻碍生物大分子的重要生理功能,取代生物大分子中的必需元素，影响并改变了生物大分子所具有的活性部位的构象,这三条途径致使生物体的生长发育和生理代谢受到影响。因此，人们可以利用水生生物的敏感性来监控水体的重金属污染，如通过鱼体内各器官重金属含量的测定来监控纳赛尔湖水环境的重金属，使用植物和动物作为多瑙河水生生态系统重金属水平的生物监测器。此外，研究重金属污染物对生态系统各组分的毒性效应，还可为制定水质排放标准和进行水质评价方面提供科学依据。

三、有机化学品污染的地表生态效应

土壤和水体中的有机物化学品污染主要是农药，它包括除草剂、杀虫剂和杀菌剂等。由于化学农药在环境中的残留和高毒性、持久性、高生物活性等特点，因此会产生一定的生态效应。例如，DDT 类农药的过度使用会降低浮游生物的光合作用，使鸟类不能正常生长繁殖，并且会促使害虫获得抗药性，从而导致益鸟、益虫数量的减少。地表中的新型有机化合物——全氟有机化合物（PFOS），有研究表明也会对生物产生一定的影响。对 PFOS 的毒理研究实验表明，PFOS 可危害全身脏器，表现为抑制免疫系统、损伤肝细胞、降低生殖细胞繁殖能力、干扰酶活性、破坏细胞膜结构。也有研究发现，PFOS 对淡水鱼类具有生殖毒性和内分泌毒性，并可引起雌鱼卵巢组织病变。PFOS 还可影响神经元的生长分化、突触发生和脑的发育，PFOS 可抑制海马神经突的生长，并且明显抑制突触发生。

随着社会的迅速发展，有机化学品的种类和数量也在不断增加，有机化学品进入到环境中后的环境行为及生态效应的特点如下。

（1）多学科交叉。有机污染物的环境行为及生态效应研究不仅需要化学知识来阐明这些污染物到达靶生物之前和进入靶生物之后所发生的各种化学变化以及所产生的生态效应之间的关系，也需用生物学知识来阐明污染物进入靶生物的途径及其在靶生物体内发生的生理、生化变化；用药理学或医学知识来阐明污染物对靶生物体产生的影响；需要生态学知识来阐明这些影响的后果；需数学知识描述以上变化和影响的定量关系。正因为这个研究领域处在这几门学科的共同接触点上，使它发展十分迅速、研究非常活跃，现代计算机的迅速发展及其广泛应用和普及使得这个研究领域中许多复杂的计算成为可能。

（2）体系复杂多变。几乎所有人工合成的化学品及其中间体和副产物，都可能以某种形式存在于大气、水、土和生物体等各种环境介质中。它们在环境介质中彼此相互作用产生新的物质，还会在不同介质中迁移，在参与生态系统物质和能量循环过程中随时发生形态变化或通过生物代谢转变为毒性更大的物质。如何从如此复杂多变的体系中确定出对生态效应最重要、最有代表性的污染物及其作用过程，并获得准确完整的数据资料，是环境化学面临的艰巨任务。

（3）浓度低。对生态效应有贡献的有机物，往往以极低的浓度存在于环境介质中，而且可能有数种或数十种这样的痕量有机物通过协同作用对生态效应作出贡献。为了确定它们的浓度和组成，除运用各种分析监测手段外，还需采用现代计算机技术，如数据处理系统和智能辅助专家系统，这些新技术的研究和建立将从根本上改变监测系统的面貌。

（4）潜在危害。许多有机物在低浓度时无明显生态效应，但进入生态系统后，在各种生物和非生物的环境因素作用下，会改变本身的性质、数量和分布，在到达靶生物或生物体内的靶器官时，就会产生明显的危害效应。因此，对这样一些潜在危害过程的研究，是有机污染生态效应研究中的一个重要方面。

有机化学品中很多都是持久性有机污染物，具有持久性、生物蓄积性、远距离迁移性、生物毒性等特征。持久性有机污染物通过各种途径进入环境后，就会对生态环境造成危害和破坏。例如，通过生物蓄积作用，持久性有机污染物使水生动物如鱼的体内含量达到相当高的程度，甚至造成鱼类死亡，而一些食肉的鸟类（如鹰等）捕食了被持久性有机污染物污染的鱼后，鱼体内所携带的持久性有机污染物如 DDT 就会转移到鸟的体内，鸟类只能靠改变它正常的代谢方式来代谢体内蓄积的大量 DDT。当这些用于调节钙代谢的化合物被移作他用时，就不再参与产卵过程，结果造成鸟蛋壳厚度变薄，鸟类成活率急剧下降。持久性有机污染物与重金属被证实是人类及动植物很多疾病与损害的祸首。持久性有机污染物对人类的影响，除了由于事故误用和直接接触外，主要是通过食物链来实现的，其次是通过呼吸和皮肤接触进入人体体内，前者导致的健康问题大部分是急性中毒，而后者导致慢性中毒，并带有一定的隐蔽性，难以引起人们的重视。通常，持久性有机污染物首先被植物、海洋微生物及昆虫所吸收，然后以上生物又被食物链高端生物捕食，这些持久性有机污染物随其在食物链中的循环，最终会污染了鱼、肉及乳制品。这些受到持久性有机污染物污染的食品被人类食用后，持久性有机污染物就会富集于人体脂肪纤维中，并且可通过胎盘和哺乳传染给婴儿。实验室和环境影响研究表明，持久性有机污染物可造成人的神经行为失常、内分泌紊乱、生殖系统和免疫系统的破坏、发育异常，以及癌症和肿瘤的增加。最新研究表明，这些污染物可能对儿童有严重的影响，能造成婴儿和儿童免疫功能的降低、感染的增加、大脑发育异常、神经功能的损坏、癌症和肿瘤的增加等。环境中的持久性有机污染物可通过消化道、呼吸道和皮肤等途径进入人体，产生各种危害。

思考练习题

1. 矿产资源开采所导致的生态效应有哪些?
2. 矿产资源开采与重金属污染有什么关系？
3. 矿产资源开采对人类和环境的影响各有哪些异同点？
4. 简述能源资源的概念及分类。
5. 能源开发利用会引起哪些生态效应？
6. 简述开发能源植物的意义和现状。
7. 能源开发对人类经济社会有哪些作用？
8. 城市化进程对地表环境的影响有哪些？
9. 近年来中国大规模城市化所导致的生态效应有哪些？
10. 大型水库生态效应特征有哪些？
11. 水库修建对生态效应系统的影响有哪些？
12. 重金属化学品的地表生态效应有哪些？
13. 有机化学品的地表生态效应有哪些？

第八章 地圈生态疾病与地医学问题

第一节　医学地理学

一、概述

（一）疾病与地圈的关系

前已述及，地球是由多个圈层组成的统一体。它是人类赖以生存和发展的基础，即人类是自然的产物，因而，人类的健康与地球的状况息息相关。早在两千多年前，人们就已经认识到人体健康与地球圈层之间的关系。古希腊医学家希波克拉底（Hippocrates，公元前 460～公元前 377 年）在他的论著《空气、水、土地》中就对人体健康与土水气之间的关系进行了论述。在我国的《黄帝内经》中，也曾提出了人与天地相参的观念，认为自然是人类生命的源泉，人与自然之间有着不可分割的联系，因此强调要“顺四时而适寒暑”、“服天气而通神明”、“节阴阳而调刚柔”。也就是说，人类只有顺应自然才会健康。一旦打破这种平衡，就会引起疾病。

事实上，在人类生存的地球空间中，既存在对人类健康有利的因素，如清洁的水和空气等，也有与其不相适应的地方。一旦地球空间在自然背景下某些区域的某种元素过多或过少，与人体所需的量不协调，便会引起生物地球化学性疾病。例如，碘含量偏低的地方，当地人群由于缺碘易引发甲状腺肿，这就是一种生态疾病；又如，氟背景含量高的区域，当地人群出现了斑齿病，更严重的甚至引起氟骨病，这也是比较典型的例子。随着人类改造地球的能力不断提高，地球上的自然环境受到了人类不同程度的影响。这种影响分为两类：一类是有利的影响，即改造后的环境可能更加适合人类生存和居住；但另一类则对人类健康不利，主要体现在环境污染与生态破坏两个方面。在正常情况下，人类与地球各圈层之间保持着动态平衡的关系，一旦由于人类对其自然资源进行不合理开发利用，打破了原有的平衡，就会直接或间接地对人类健康构成威胁，从而引发大规模的生态疾病。一般来说，生态疾病具有延缓效应、积存效应和爆炸效应。正是由于其逐渐积存和延缓爆发，人们往往认识不到其病因，在爆发之后又往往无法治本。

（二）医学地理学的发展

医学地理学（medical geography）是一门研究人群疾病和健康状况的地理分布与地理环

境的关系，以及医疗保健机构与设施地域合理配置的学科。它是地理学的比较重要的分支，也是医学的重要组成部分，是地理学和医学相互交叉所形成的边缘学科。其研究范畴包括自然环境、生物环境和地球人文社会环境对人类健康与疾病的影响，为促成与维持人类健康提供科学依据与技术支撑。

医学地理学的发展经历了医学地理思想的萌芽时期、近代医学地理学的出现时期和现代医学地理学的发展时期三个阶段。两千多年前，中国的《黄帝内经》里就提出医家不但要精“岐黄之术”，而且要“上知天文、下知地理、中和人事”。在《黄帝内经》的《素问·异法方宜论》中提出不同环境产生不同疾病的论述。《吕氏春秋》中也明确记载了几种地方病，在《季春纪》篇中有“轻水所，多秃与瘿人。重水所，多尰与躄人。甘水所，多好与美人。辛水所，多疽与痤人。苦水所，多尪与伛人”的论述。作为科学的医学地理学始建于 18 世纪末和 19 世纪初。德国 L.L.芬克和 C.F.富克斯等的著作对医学地理学的创建和发展起过重要的作用。其研究内容多是环境生物因子所致的传染性疾病的地理分布及其与地理环境的关系。直到 20 世纪前叶，这种传统的研究仍是医学地理学非常重要的组成部分，虽在研究地区、范围、病种、深度和系统性各方面有了显著变化，但研究方向改变不大。20 世纪中期以来，随着城市化与工业化的急剧发展及科学技术的迅猛进步，给医学地理学的发展带来了新的活力，主要表现在这样几个方面：①在继续研究疾病的地理分布空间模式和强调发展生态医学地理方向中，深化了疾病与环境关系的研究，着重探讨疾病发生的环境原因；②医学地理学概念有了新的发展，研究内容更丰富，传统研究着重于疾病的地理学，而当代的研究则明确提出发展健康地理和保健地理，其目的不只是被动地研究疾病的地理问题，而是要研究保持人类健康、预防疾病的地理问题；③研究的病种发生变化，传统研究以传染性疾病为主，现已逐步转到非传染性疾病；④加强了应用，使得研究更有实际价值；⑤医学地理制图有了新的发展，其中美国、德国、英国、日本和中国相继编制了许多有关图集，在制图方法、技术和内容上都有了长足进展；⑥普遍采用了电子计算机和数理方法进行数据处理及模拟研究。

当前，医学地理学受到进一步关注，其主要研究内容不断得到扩展，具体包括：①对环境与疾病关系的研究，特别是慢性疾病、心血管疾病和变态反应性疾病；②收集研究生活在不同自然地理环境和不同技术地区的人群生理与健康状态的资料；③从多方面分析环境因素对人类健康与疾病的影响；④建立医学地理监测系统，为拟订有效的保健计划和防治设施，以及新经济区的开发方面提供依据；⑤环境污染所致健康与疾病的环境分析和评价。

二、生态疾病的内涵

（一）疾病的概念

疾病是相对于健康而言的。疾病的概念反映了对病症本质的认识，随着人类对病症认识水平的不断提高及病症本身的发展，疾病的概念也会有所变化。一般来说，疾病是机体在一定条件下受病因的损害后，因自稳调节紊乱而发生的异常生命活动过程，具体来说，是指机体在一定条件下，由于病因和机体的相互作用而产生的一种损伤与抗损伤斗争的有规律过程，体内一系列功能、代谢和形态随着发生了变化，临床上会出现许多不同的症状与体征，机体与外环境间的协调发生障碍。因此，人类一旦患病，就会出现对损伤的抗损伤反应，功能、代谢和形态结构会产生异常变化，症状、体征和（或）社会行为发生异常，对环境的适应能力降低，以及劳动力减弱或丧失。

总体上，疾病通常具有以下一些基本特征：①疾病是有原因的，也即病因。疾病的发生必须有一定的原因，但往往又不单纯是致病因子直接作用的结果，还与机体的反应特征和诱发疾病的条件密切相关。②疾病是一个有规律的发展过程。在其不同的发展阶段会产生不同的变化，并且这些变化之间往往具有一定的因果联系。③患病时，体内会发生一系列的功能、代谢和形态结构的变化，由此产生各种症状和体征，这些变化往往也是相互联系和相互影响的。从性质上来看，主要有两类变化，一类是疾病过程中造成的损害性变化，另一类是机体对抗损害而产生的防御代偿适应性变化。④疾病是完整机体的反应，但不同的疾病又在一定部位（器官或系统）有它特殊的变化。局部的变化往往受到神经和体液因素调节的影响，同时又通过神经和体液因素而影响到全身，引起全身功能和代谢变化。⑤患病时，机体内各器官系统之间的平衡关系，以及机体与外界环境之间的平衡关系会遭到破坏。

（二）生态疾病的内涵

人类体质和疾病受到地理环境的影响，与地理环境要素具有十分密切的联系。生态疾病主要指地理环境影响下引发的疾病及其流行，其致病因素主要来自于不同地理环境的胁迫。地理环境中自然来源元素含量的差异、本土食物的摄取和水的饮用、地理因子（光照、温度、降水等）的长期影响等，使人类疾病的发生呈现一定的区域性特点，这在不同程度、不同方面反映了疾病与地理环境、食物和饮水等具有一定的关联性。中国古代很早便认识到人类疾病与自然环境的关系，并形成了专门的理论，如“五方疾病论”和“五运六气致病学说”等。

一般情况下，人体与地理环境处于一种动态平衡。然而，由于不同的地理环境和生态状况，导致某些自然来源的元素含量分布和人体摄入量不同，引发区域性的人类疾病，称为地方病。前已述及，尤其是随着工农业的发展，人类对自然环境的影响日益广泛和深入，一定程度上导致物质浓度的变化和种类的增加，产生的多种环境污染问题也会打破原有的平衡状态，引发新的生态疾病或者影响原有生态疾病的发生与区域分布。总体上，生态疾病的发生及分布与其周围的环境条件具有密切关系。

生态疾病总体上具有两个方面的特点：①地理环境是促进疾病发生与流行的主要原因，主要来源于天然元素含量的区域性差异，以及环境污染导致的区域性疾病；②生态疾病的流行具有一定的时空范围。生态疾病的流行具有季节性和区域性特点，主要源于不同的地理环境条件的影响、食物和饮水差异，以及人类生产活动的影响。

生态疾病的研究，一方面，有助于我们了解和预测该类疾病的发生与分布规律，从区域或更大尺度上来防治；另一方面，探索解决出现的各类生态疾病，也是发现与处理环境问题的突破口之一。

三、生态疾病发生的地学因素

地学因素包括地学涉及的各个圈层的影响。地理环境与人类生产和生活密切相关，是由水、土、气、生等因素构成的复杂的对立统一体，位于地球表层，处于岩石圈、水圈、气圈、土圈和生物圈相互制约、相互渗透、相互转化的交错带上，下起岩石圈的表层，上至大气圈下部的对流层顶，包括全部土圈，其范围大致与水圈和生物圈相当。它直接影响到人类的衣食住行。

通常我们所说的地理环境，既包括自然地理因素，也包括人文社会因素；既包括原生环境，也包括次生环境；既包括无机环境，也包括有机环境。自然因素中的地形、气候、土壤、水质等对疾病的发生具有重大影响，如非洲大陆炎热、干燥的气候条件不利于农业生产，当地居民容易因为营养不良导致人体生理功能失调，抗病能力衰弱，故这一地区也是常见的各种传染病多发和流行地带。人口分布、民族构成、生活水平、风俗习惯、医疗保健状况等社会因素，也会影响疾病的发生、分布与传播，如历史上许多传染病的流行分布都有明显的沿商业贸易及军队征战路线传播分布的现象。

事实上，地理环境某些条件的变化，能否造成环境与人体间生态平衡的破坏，是由许多因素决定的，既取决于地理环境因素本身的性质、变化的强度、持续时间的长短，也取决于机体状况（性别、年龄、健康状况和生理条件）和接触方式。也就是说，地理环境、饮食习惯、社会活动等因素都与人类疾病的发生有关。

（一）地球化学因素

母岩、矿藏和地质活动的作用是特异地质环境形成的主要原因，对人体健康会产生直接或间接的影响。不同的岩石分布区，其所含的地球化学元素的类别及含量存在差异，因此，岩石风化壳和水土分布区对人体健康的影响也是不同的。不同矿藏分布的区域形成影响人体健康的特异地质环境。地质活动如火山活动区则往往形成富氟环境。人类活动，如矿产资源的开发、水利设施的兴建、农药的施用、工业三废的排放等，也会对地质和地理环境产生影响，促进特异地质环境的形成。也就是说，自然和人为因素都会在一定程度上打破生态平衡，深刻影响物质与能量的交换，从而引起地球化学组分发生变化，形成某些新的化学地理环境，进而影响人体健康。普遍认为，随着现代化工业和城市的发展，环境地球化学元素发生了新的地域分异，出现了影响健康的新问题。

（二）地貌因素

根据形态特征，地貌可分为平原、山地、丘陵、高原和盆地 5 种类型。一个地区的地貌结构往往比较复杂，通常由多种类型的地貌镶嵌而成。不同的地貌类型和区域，其地质背景往往比较复杂，其地表的水热状况、物质和能量的分配作用都不一样。在山地、高原环境，地球化学元素在重力作用下迁移较快；由于海拔较高，风化作用比较剧烈，也会加速风化产物中化学元素的迁移。因此，这些区域容易成为某些地球化学元素缺乏的区域，进而形成元素缺乏性病区，如地方性甲状腺肿、克山病和大骨节病等。同时，由于海拔较高、氧含量较低、气候寒冷、昼夜温差大、紫外线强，也会直接影响人类的生活与健康。而在平原和盆地区域，由于风化物、地表水/地下水的迁移方向、速度和沉积环境，则易于形成地球化学元素富集区。并且，环境条件也会促使某些地方病的发生与传播，如疟疾在低洼区的发病率要高于山区，在盆地底部要高于周围山区。此外，人类活动也会加重对人类健康的影响，如当城市和工矿区处于河谷盆地、山间盆地、峡谷地带等地貌区时，逆温现象会产生人体健康风险。

（三）气象与气候因素

人类在某一时空范围内，也是与一定的气象、气候条件相适应的。一旦气象、气候条件发生变化，这种平衡状态就会被打破，产生由热负荷、紫外线、季节等因素引起的气象性疾病。其中，气象与气候因素包括大气组成、气压与风、太阳辐射、温度、降水、干燥度、日照和云量、空气电离化、气候类型及气候带等。当人类活动产生的大气污染物使大气正常化学组成发生变化时，也会对人类和生物生理机能与健康造成危害。在稳定高压控制下，较高的污染物浓度会加重大气污染，而风有利于污染物的扩散，风速大小影响污染物的扩散程度。降雨过程中凝结核会把大气中的病原菌带到地面，但对空气又有一定的净化作用，这些对人体健康都会产生直接或间接的影响。人体某些生理过程也会受季节交替的影响。总体上，气象与气候因素对人体疾病的影响涉及化学、物理和生物性等方面。其中，化学性方面主要是指大气组成等的影响；物理性方面则主要来自大气层本身的光、热变化产生的影响等；生物性方面则主要来自大气中的病原体等的影响。多方面相互作用，综合反映大气的基本性状，形成特定区域气候特征，共同对人体健康产生效应。总之，气象与气候因素对人体健康的影响与作用是十分复杂的，通常是多种因素共同作用的结果。

（四）水质水文因素

水质受到岩性、地质构造、地貌条件、地理环境、土壤和生物因素等的影响，与人体健康密切相关。不同区域的水源母岩的化学组成差异较大，其对水质和健康的影响也存在差异性。一般情况下，酸性岩石及其发育的土壤富含锂、铷、铯、锶、钡和镭等元素，基性岩和超基性岩及在这些岩石上发育的土壤则富含铁、钛、铜、铬、镍和钴等元素。地质构造在一定程度上对某些地区的水质具有决定性作用，如地震断裂带可将深处高矿化水带到地表水或浅层地下水中，地震和火山活动也可导致河流改道、河水断流。植物和气候因素也会作用于岩石，使地表元素重新分配，从而使土壤水及流经土壤的地表径流和浅层地下水中的元素组成、含量等发生变化，如植物通过选择性吸收某些化学元素，使土中元素含量发生改变，影响水体中元素比例和含量，或者通过生物活动的分解与代谢作用，使人体对化学元素的吸收过量或缺乏而致病。

（五）土壤因素

地球表面上具有不同水平气候-生物带和土壤地带。不同地带的土壤具有不同的理化特点，如机械组成、结构、孔隙度、土壤酸度、土壤有机质、土壤矿物质等，促使许多疾病的发生和区域性分布。土壤的化学组成和物理性状受到多种因素的影响。其中，成土母岩具有直接的影响，母岩的化学成分影响土壤的成分，岩石和土壤的化学组成又反过来影响地表水和地下水的化学组成与含量，以及生长在土层上的植物的矿质营养。因此，土壤元素含量的区域差异，必然会对人体健康产生不同的影响。土壤主要通过食物链影响人体健康。当土壤中有害物质或某些元素被植物或作物吸收或富集，通过食物链进入人体后，则会打破人体与外界环境的平衡状态，可能引起人体病变。总体上，土壤对人体健康的影响包括时间与空间尺度的影响、内在与外在的影响、直接与间接的影响。

（六）生物因素

生物圈是地圈中重要的圈层之一，包括植被、整个动物界及人类本身。由于气候的区域分异等因素，植被和动物界在地球上的分布具有一定的规律性，并且植被区域与动物界具有密切的联系，在不同的植被带内均有其占优势的生态地理动物群。除了天然植被及野生动物外，人工植被及家畜家禽也是重要的组成部分，它们也是生物循环的重要组成。人类在整个生命期间，与植被、家畜家禽和野生动物具有不可分割的联系，各种植物和动物以及它们的群聚和群落都能直接或间接地影响人类的健康，引发一些疾病，如传染病的产生与传播。在正常情况下，人类与这些生物在特定环境条件下处于动态平衡，一旦自然本身及人为等原因破坏了这种平衡，人体健康就会受到影响，进而引发各种生态疾病。

（七）人文社会因素

人不仅是生物学领域内的动物，更重要的是社会范畴里的生物。因此，人类疾病的发生也与人文社会因素密切相关，如生活方式、膳食结构、产业结构、医疗保险制度、文化艺术及经济体制等。这些因素构成了人类环境的社会条件，对于保障人们的身心健康具有重要作用。这些因素也具有地域特点，与特定地域的自然条件和社会环境相联系，一旦不利于人类生存与发展时，或者发生不利的变化，都会对健康产生影响，从而诱发具有区域性差异的生态疾病。

（八）经济地理因素

与发达国家相比，在发展中国家，生态疾病问题更为突出，主要是由于比较依赖当地自产食物，以及经济能力有限导致营养不良。经济地理因素，包括自然资源、农业资源、工业基地等地理分布因素，在世界范围内均存在区域性差异。其中，自然资源经济地理因素（如水资源、煤炭资源、非能源矿产资源、石油资源、森林资源等地理分布）、农业资源经济地理因素（如粮食作物的生产和分布、畜牧区和渔场等地理分布）和工业基地经济地理因素（如工业带、电子工业基地、城市群等地理分布），与资源的开发与利用、食物的来源和种类、工业的发展密切相关，会导致不同区域的经济发展程度和环境质量状况存在差异。尤其是在一些经济欠发达地区，饮食结构较为单一，主要依赖当地自产食物，加上营养不良及环境污染等问题，较易引发生态疾病。

第二节　地圈的生态疾病

一、地球化学性疾病

（一）概述

人体健康与地球各圈层紧密相连。生态疾病从某种意义来说，是由于人类与地球的不和谐导致的。大量的调查研究发现，人体健康与地球化学因素具有密切的关系。当前那些比较受到关注的疾病，甚至肿瘤等也具有明显的、有规律的地理分布特点。根据起因，生态疾病可以分为“地球化学性疾病”和“环境污染性疾病”两类。

地球表层各种环境要素均是由化学元素组成的，由于地质历史发展原因和/或人类影响，地壳表面局部地区出现各种化学元素分布不均匀的现象。某些化学元素相对过剩而有些则相对不足，一旦人体的元素摄入量过多或过少，超出所能适应的变动范围，便会引发各种“地球化学性疾病”。由于这种疾病的发生具有地域特点，因此又称为地方病。地球化学元素地域分异的影响因素，包括化学元素本身的性质和内部结构、自然地理条件和过程的性质，以及社会生产类型及人们生活习惯。根据其分布规律，又可将地球化学区域分为地带性和非地带性两大区域。其中，地带性区域分布在一定的气候-土壤地带内，与纬向气候-土壤-生物自然带的地理分布相一致，受到气候-土壤-生物因子的制约，有其独特的地球化学特征和景观组成。非地带性区域也称为隐地带性区域，它的形成主要受生物小循环、地质条件及人为因素等制约，在任何气候-生物带内都可能出现。

（二）人体与地球化学元素的关系

目前已确知，氢、碳、氮、氧、磷、硫、钙、镁、钾、钠、氯 11 种元素占人体原子总量的 99.9%，是人体细胞、组织和器官的主要组成元素。氢、氧、碳、氮、磷、硫是人体蛋白质、脂肪、糖和核酸的物质成分，钙、钾、镁是细胞内液的必要组成元素，钠和氯则是细胞外液的必要组成元素。其中，氢占人体原子总量的 63%，氧占 25.5%，碳占 9.5%，氮占 1.4%，与生命产生的地球化学环境密切相关。此外，铁、锌、铜、碘、锰、硒、钴、钼、铬、锡、钒、氟、硅和镍 14 种元素为必需微量元素，对于生物体维持正常的生理和生化功能、生长发育及生殖繁衍必不可少。其他尚未发现的有益于生物学作用的微量元素则为非必需微量元素。微量元素在体内的含量虽然很少，但它们通过各种机制在机体中发挥着重要的作用，参与体内近千种酶中 50%～70%的构成或酶的激活剂的构成，构成体内重要的载体和电子传递系统，参与激素等的合成和生理功能，以及调节机体的其他生理功能。

人体必需微量元素不能在体内合成，必须通过新陈代谢同所在环境进行物质交换。食物和饮水是进入人体的主要途径，占人体元素总量的70%～90%。在不同地理环境和生态状况下，微量元素的含量和摄入量是不同的。某些地方由于地质原因，环境中某些必需微量元素过低，使得该地区的生活人群对这些元素的摄入量偏低，造成体内微量元素缺乏，导致生态疾病的发生（表8-1）。例如，缺碘地区会出现地方性甲状腺肿和克汀病等碘缺乏病，缺硒地区会发生克山病和大骨节病。同样，环境中元素浓度过高，当人群必需或非必需微量元素摄入量过多时，也会对健康带来危害。例如，含氟量过多的地区常出现氟斑牙和氟骨症，砷过高可导致慢性砷中毒。元素分配受到不同环境介质的影响。例如，硼、碘和硒大部分是从海洋环境通过大气运输进入土壤的，因此与内陆相比，这些元素缺乏引发的生态疾病在沿海地

表 8-1　元素缺乏引起的疾病及其毒性（引自 Selinus et al. 2005）

元素	缺乏	毒性
铁	贫血	血色沉着病
铜	贫血、摇背症	慢性铜中毒、Wilson-Bedlington 疾病
锌	侏儒症、生殖腺发育迟缓、正肠病性肢端皮炎	金属热、腹泻
钴	贫血、白肝病	心力衰竭、红细胞增多症
镁	生殖腺功能紊乱、痉挛、骨骼畸形、尿结石	共济失调
铬	糖代谢紊乱	肾损伤（肾炎）
硒	肝坏死、肌肉萎缩症（白肌病）	碱性病、蹒跚病

区案例很少。此外，不同区域人群的饮食习惯也是生态疾病区域性分布的原因之一，有研究发现，在发达国家和发展中国家，铬、铜、铁、碘，硒和锌都具有区域性差异，砷、镉、氟和硒也都有过量问题，但是在发展中国家更加明显，主要是由于发展中国家对当地食物产品具有一定的依赖性等。

砷具有三价和五价两种价态，在环境中以有机和无机态存在。地壳中砷的平均浓度为2 mg/kg。高含量的砷主要存在于花岗岩、铜、铅、钴、锌、镍、硫、银和金等矿物中。无机砷具有毒性，而有机砷则是无毒的。无机三价砷化合物毒性最大，如三氧化二砷，即砒霜，中毒剂量为10～50 mg，致死剂量为60 mg。皮肤、循环系统、胃肠道、肝脏和肾脏等器官对砷的吸收、蓄积、排泄较为敏感。砷中毒的初始症状主要是皮肤损伤，其引起的健康问题包括乌脚病、糖尿病、高血压、外周神经病和多种血管疾病等，还可引起贫血、肝脏损伤、肝硬化、造血抑制、缺水性血症、体重减轻等。长期慢性砷暴露还可能引发皮肤、肺、结肠、膀胱、肝脏和乳腺肿瘤。人体对砷的易感性及与砷相关疾病的表现还与遗传和营养等多种因素有关。

镉不是人体必需元素，它在人体内的理想含量为零。地壳中镉的平均浓度低至0.1 mg/kg。镉的急性毒性主要是对肺的危害，吸入大量镉蒸气后，在4～10 h内会出现呼吸道刺激症状，还会有头晕、乏力、关节酸痛、寒战、发热等类似流感表现，严重者会出现支气管肺炎和肺水肿，病理分析结果显示是由于肺泡增殖性病变引起的。其慢性中毒则包括肺水肿、肾脏损伤、嗅觉损伤、贫血、骨骼病变、牙齿黄染、“三致”毒性、免疫抑制和高血压等。镉的毒性受到化学形态、浓度、作用部位等因素的影响。

铬是一种过渡元素，地壳中铬的平均浓度是35 mg/kg，能以多种不同价态存在，包括0、+2、+3和+6。三价铬是人类和动物增强胰岛素作用的必需元素，在碳水化合物的代谢中作为葡萄糖的耐量因子。缺铬会表现为类似胰岛素缺乏症状，但铬摄入量太高则会引起中毒。中毒分为全身和局部两种症状，全身病症表现为恶心、呕吐、腹痛、吞咽困难、血压下降甚至休克，其后出现肾、肝功能损害症状，蛋白尿、少尿，甚至无尿等急性肾衰竭等症状和体征。局部症状则主要是引起上呼吸道炎症和黏膜溃疡。流行病学调查还发现，经常接触铬化合物的人群易患肺癌、肝癌、鼻癌、鼻咽癌、鼻窦癌、食道癌和胃癌等。

氟是动物和人体的必需微量元素之一，具有多方面的生理功能，广泛参与机体的代谢过程。地壳中氟的平均浓度是610 mg/kg。摄入高剂量的氟对机体也是具有毒害作用的，主要对骨骼和牙齿造成损害，一般情况下可能导致氟斑牙，极端情况下会引发氟骨病，且对非骨骼组织也有广泛的毒害作用。饮用水中氟的理想浓度大约为1.0 mg/L，长期使用超过1.5 mg/L的饮用水，可能已对健康有害了。

碘是人类和哺乳动物的必需元素，占甲状腺素和三碘甲状腺原氨酸相对分子质量的65%和59%。地壳中碘的平均浓度1.4 mg/kg。人体需要的碘主要来自食物和水，由于各地区环境状况和饮食习惯不同，对碘的摄入量也有差异。缺碘会导致一系列碘缺乏病，最普遍的是地方性甲状腺肿，在孕期和婴儿期缺碘则会导致地方性克汀病，引起生长发育不良，并损害脑的正常发育。但碘摄入过量也可影响健康并引发许多疾病，如高碘甲状腺肿、甲状腺功能亢进、甲状腺功能减退、自身免疫甲状腺炎和甲状腺癌等，还可能带来其他危害，如脂代谢紊乱等。我国规定居民的碘摄入量为150 μg/d，碘化食盐的浓度为200 μg/d。

铅毒性很大，对人体没有任何生理功能。地壳中铅的平均浓度17 mg/kg。铅可通过消化道和呼吸道进入人体，对神经、造血、消化、心血管等系统和肾脏产生影响。对于处于生长发育时期的儿童，铅的神经毒性最为重要，当儿童血铅水平在 10 μg/dL 以上时，会对智能发育产生不可逆的损害，还会引起体格生长缓慢。相关流行病学资料还表明，婴幼儿体格发育和行为状况不仅与婴幼儿童铅暴露水平有关，还与出生前铅暴露水平有关。

汞没有已知的必需功能，除了金属汞外，包括有机汞和无机汞两类形态，其所有化学形态都是有毒的，毒性最大的是甲基汞。地壳中汞的平均浓度为 0.056 mg/kg。国家职业性汞中毒诊断标准将汞中毒分为急性中毒和慢性中毒，每种又分为轻度、中度和重度中毒三个等级。其中，急性中毒主要表现为发热、头晕、关痛、震颤等全身症状，并且有口腔-牙龈炎及胃肠炎或急性支气管炎的为轻度中毒；在此基础上，又有间质性肺炎或明显蛋白尿为中度中毒；还有急性肾衰竭、急性中度或重度中毒性脑病者为重度中毒。在慢性中毒情况下，具有神经衰弱综合征、口腔-牙龈炎，眼睑、舌或手指震颤、尿汞增高症状为轻度中毒；具有精神性格改变、上肢粗大震颤、明显肾脏损害表现之一则为中度中毒；若出现中毒性脑病则为重度中毒。

硒是人和动物必需的微量元素之一，在地壳中平均浓度是 0.083 mg/kg 。与缺硒有关的地方病包括由关节的慢性关节炎和畸形导致的一种地方性骨关节病、大骨节病，以及心肌受到损伤的心肌病、克山病，并且地理分布比较广泛。适量补硒可以延缓衰老、激活体液和细胞免疫能力、调节情绪、增强生育能力，拮抗铅、汞等重金属毒性的作用。但是摄入过量硒也会中毒，主要表现为脱发、脱甲，部分患者还会出现神经中毒症状和皮肤损伤。

（三）地球化学性疾病典型案例

在我国，比较流行的地球化学性疾病包括地方性氟中毒、甲状腺肿、地方性砷中毒和大骨节病。据相关统计，我国克山病、大骨节病、碘缺乏病的病区县数分别为 326 个、377 个和 2185 个。并且地方病多发生在经济不发达，同外地物资交流少以及保健条件不良的地区。

1. 地方性甲状腺肿　　碘是人体合成甲状腺素的主要成分。人体每日需碘量成人为 70～100 μg，青少年为 160～200 μg，儿童为 50 μg，婴儿为 20 μg。肌体缺碘会引起缺碘性甲状腺肿，摄入过量则会引起高碘性甲状腺肿（图 8-1）。缺碘性甲状腺肿多见于山区、丘陵地带，

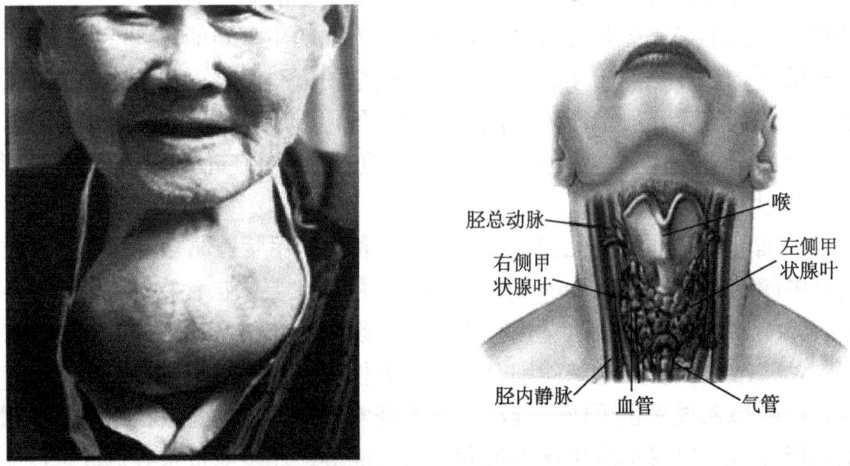

图 8-1　甲状腺肿疾病（扫码见彩图）

主要是自然环境缺碘引起的，岩石、土壤中含碘少，使粮食、蔬菜、饲料中含碘少，人体从动植物中摄入的碘就少。我国碘缺乏区主要集中在几大山系风蚀淋滤区，如喜马拉雅山系、长白山系、大小安岭、秦岭、云贵高原、武陵山系、太行山系等，也是我国甲状腺肿高发地区。而高碘性甲状腺肿则多见于海滨地区。缺碘性和高碘性甲状腺肿在外观上并无区别，只能靠化验尿碘确定。从世界范围来看，地方性甲状腺肿分布很广，严重的发病区有亚洲的喜马拉雅山地区、非洲的刚果河流域、南美的安第斯山区、欧洲的阿尔卑斯山区、北美的美国和加拿大之间的大湖盆地周围及太平洋新西兰的一些地区。

自 1996 年普遍食盐碘化以来，虽然我国防治碘缺乏病已经达标，但甲状腺癌发病率逐年上升。卫生部等五部委关于 2011 年全国碘缺乏病监测情况的通报中指出，2011 年上半年，5942 名 8～10 岁儿童甲状腺肿大率为 2.4%，其中，浙江省儿童甲状腺肿大率为 5.2%，其他省份甲状腺肿大率均低于 5%。有 4 个县儿童甲状腺肿大率超过 5%，其中广西壮族自治区合浦县甲状腺肿大率最高，达 8.8%。2011 年下半年，7237 名 8～10 岁儿童甲状腺肿大率为 3.1%，福建省儿童甲状腺肿大率为 6.8%，其他省份甲状腺肿大率均低于 5%。有 6 个县儿童甲状腺肿大率超过 5%，新疆维吾尔自治区乌什县甲状腺肿大率最高，达 17.9%。当前，碘摄入量和甲状腺癌关系已经成为内分泌及地方病学界的研究热点。有研究表明，缺碘地区和高碘地区的甲状腺癌发病率均高于适碘地区，慢性碘缺乏和碘过量可导致甲状腺肿大和促甲状腺激素过量分泌，而甲状腺肿大与甲状腺癌呈正相关关系。

2. 克山病　克山病是一种以多发性灶状坏死为主要病变的心肌病，临床特征为心肌凝固性坏死（图8-2），伴有明显心脏扩大、心功能不全和心律失常，重者发生心源性休克或心力衰竭，死亡率高达85%。该病1935年最先发现于我国黑龙江省克山县，患者发病急，以损害心肌为特点，引起肌体血液循环障碍，心律失常，心力衰竭，死亡率较高。克山病具有明显的地区性、季节高发和人群多发等流行特点，在我国15个省（自治区）流行。克山病分布在我国东北到西南的一条带上，带内病区成灶状分布。从兴安岭、太行山、六盘山到云贵高原的山地和丘陵一带多为病区，重病区海拔多在200～2000 m，而海岸、平原、土壤盐渍化较深地区多为非病区。东北和西北发病多在冬春季节，西南发病多在夏季。关于克山病病因主要有三种学说：一种认为是硒缺乏和某因子所致，我国中东部展布的大兴安岭-太行山-武陵山-云贵高原山系是一条低硒分布带，而缺硒带的山区是我国克山病的发病区；一种认为与肠道病毒特别是柯萨奇病毒感染高度相关；还有一种则认为是谷物污染所产生的黄绿青霉素引起的。

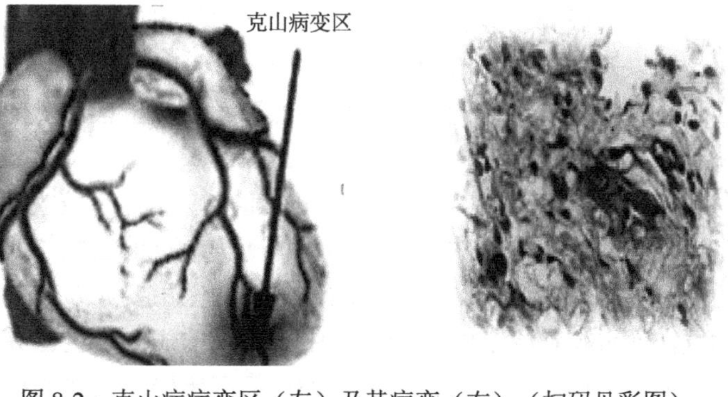

图 8-2　克山病病变区（左）及其病变（右）（扫码见彩图）

据流行病学调查，克山病分布于我国14个省（自治区）的贫困地区，大多发生在山区和丘陵，主要易感人群为2～6岁的儿童和育龄妇女。病区人群血、尿、头发及粮食中的硒含量均明显低于非病区。临床上分为急型、亚急型、慢型和潜在型4种类型。该病主要侵犯心肌，表现为心肌的变性、坏死、修复等改变。其中，急型克山病主要发生在我国北方地区，以生育期妇女多发；亚急型克山病主要发生在我国西南地区，以2～7岁幼儿多发。克山病的临床表现通常为全身不适，心难受、胸闷、恶心、脸色苍白、下肢水肿等症状体征。

3. 地方性氟中毒　地方性氟中毒属于典型的地球化学性疾病。氟摄取过多引起的氟中毒症状包括氟斑牙病和氟骨症（图8-3）。研究表明，氟在世界各地的分布不均匀，全世界有30多个国家、我国有20多个省（自治区）发现了氟斑牙病。地氟病，流行范围广、患病人数多，是我国当前危害最严重的地方病。全国现有病区（县）1226个，受威胁的病区人口1亿多。此外，地方性氟中毒又具有明显的地理规律，主要发生于西北干旱、半干旱地区，东南湿润地区流行范围小，病情较轻。饮水型、砖茶型和燃煤型是我国氟中毒的主要类型，其中，贵州省是燃煤型氟中毒最严重的地区。目前，我国饮水型重病区分布在东北三省，华北山西、天津，华东江苏，西北内蒙古、陕西、青海等省（自治区）；燃煤型重病区分布在西部的贵州、四川、云南、陕西和湖北等省份。而砖茶型氟中毒则主要集中于西部有饮砖茶习惯的少数民族聚居区，如四川、西藏、内蒙古、新疆等地区。我国地氟病病情虽得到一定控制，但并不令人满意，饮水型氟斑牙患病率为29.3%，氟骨症患病率为1.45%；燃煤型氟斑牙患病率为52.2%，氟骨症患病率为4.32%。

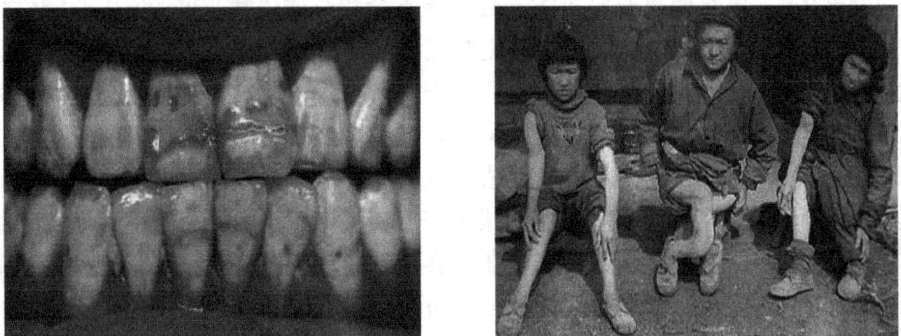

图 8-3　氟斑牙病与氟骨病症状图（扫码见彩图）

慢性地氟病是一种全身性疾病，过量的氟进入机体几乎可以引起机体各系统的损伤，其中氟骨症可致残、致瘫、降低劳动能力。氟骨症对骨骼的损害包括骨硬化、骨软化、骨质疏松、骨周软组织化骨，以及软骨和关节的退行性改变。尽管有时并没有出现典型的特异性病变症状（如氟斑牙和氟骨症等），不能确诊为氟中毒患者，但患者已发生肝脏、心脏、内分泌系统、神经系统等的损伤或组织病理学上的改变。

4. 地方性砷中毒　地方性砷中毒在世界上分布也较广，危害较大，它的发生与特定的环境、饮水水质密切相关，主要分为饮水型和燃煤型两类。目前已知 20 多个国家有不同程度的砷中毒流行，全世界已知高砷水源所形成的砷中毒病区主要分布在美洲和亚洲，其中智利是历史最早的病区，而近年在孟加拉、印度和中国发现的病区是全世界病情最重、病区面积最大、受危害人口最多的国家，也是目前全球砷污染健康研究关注的核心区域。中国台湾西南沿海地区（台湾嘉义-南台地区）是中国20世纪50年代最早发现的地方性砷中毒病区，主要是由于饮用了更新世晚期的“古亭坑层”的深井水所致。中国大陆发现的第一个病区是20世纪80年代初期确定的新疆奎屯和乌苏地区。90年代内蒙古发现存在砷中毒病区，随后在山西省北部也发现大面积的病区。据相关调查发现，我国已发现饮水型地砷病病区或高砷区有十多个省（自治区、直辖市），包括新疆、山西、内蒙古、宁夏、青海、安徽、北京、山东、四川、吉林、黑龙江、河南和中国台湾等。大量的流行病学调查和研究证实我国台湾、新疆、内蒙古、山西、吉林等省（自治区）饮水型砷中毒病区环境和地下水水化学特征（除中国台湾外）均属干旱半干旱区，各病区多分布在沉积盆地中心或平原内相对低洼的地带，饮用的地下水均取自中新生代地层。我国大陆地区的原生高砷地下水集中分布在北方干旱-半干旱地区，自东向西分布在松嫩平原、大同盆地、河套平原、银川平原、青海贵德盆地和新疆奎屯地区，总体上呈东西向条带状分布。燃煤型地方性砷中毒是我国特有的由生活燃用高砷煤所致生物地球化学异常型地方病，主要发生在贵州西南部和陕西省南部地区。其中，贵州省仍为我国乃至世界典型生活燃烧型地方性砷中毒病区，新发现了陕西省秦巴山区存在生活燃煤型地方性砷中毒或燃煤高砷污染地区。

地砷病主要是以皮肤损伤为主的全身各系统疾病，砷在人体内的代谢过程涉及全身多个器官，其临床症状以着色、脱色和角化为特异特征的皮肤损伤（图8-4），且这些皮肤损伤难以消失，与远期癌变有关。中国台湾西南滨海平原地区砷中毒的症状除了表现为皮肤色素沉着、掌跖过度角化外，还有末梢血管溃烂、坏死，主要表现在脚部，称为乌脚病。新疆奎屯区居民饮用深井水，也出现皮肤色素沉着、掌跖过度角化的砷中毒现象。内蒙古地区居发饮用砷含量高的井水，出现以色素沉着、掌跖过度角化为主，少数患者出现皮肤溃烂，且伴有癌症易发倾向。

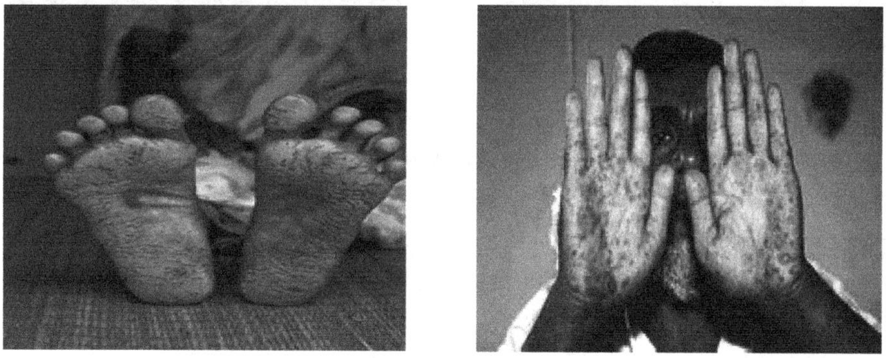

图8-4　砷中毒现象（扫码见彩图）

5. 大骨节病　1949年Uanski在俄国西伯利亚阿穆尔州乌洛夫河流域赤塔市发现大骨节病，这是首次公开报道该病。1861年Kashin发现KBD是独立的骨关节病。1901年Beck对大骨节病的发病原因进行了调查，首次提出大骨节病的发病与环境有关，是大骨节病最初的病因学研究。大骨节病主要分布在俄国西伯利亚东部、朝鲜北部少数地方及中国，世界其他地方没有大骨节病。大骨节病是我国广泛分布的一种典型地方病，在从川藏到东北的斜长地带，处于东南沿海温暖、潮湿季风区与西北干旱、寒冷内陆的交界线上，包括黑龙江、吉林、辽宁、河北、山东、山西、河南、陕西、内蒙古、甘肃、青海、四川、西藏等 14 个省（自治区、直辖市）的 315 个县（市），受威胁的人口达 3000 万以上。当前，中国的大骨节病病因主要有生物地球化学学说（低硒）、与饮水水质有关的学说和食物真菌毒素中毒学说三种学说。其中，低硒说指病区环境内（水、土、粮）某些化学元素或化合物过多、缺乏或比例失调，影响机体内矿物质的正常代谢，引起人体骨关节畸形病变。有大量研究发现，中国大骨节病病区分布与低硒土壤地带大体上一致，如 1978～1981 年在陕西省不同自然类型区的 130 余个大骨节病点和非病点研究发现，病点均处于硒很低的环境，病区人群血、尿、头发硒含量低于非病区人群，病人体内可查出与低硒相联系的一系列代谢变化。也有一些研究结果分析表明，大骨节病区外环境中硒水平显著低于非病区，而且病区患者体内硒含量的各个指标均明显低于健康人，病区健康人的体内硒含量水平也低于非病区健康人。

KBD 主要发生在12岁以下儿童，严重危害少年儿童的生长发育，轻者关节疼痛、增粗、变形；重者关节畸形、身材矮小，生产、生活能力下降，甚至终身残废（图8-5）。大骨节病儿童的手部 MRI 异常主要表现为骺线不整、中断、变薄、信号改变、骺核信号改变、干骺端先期钙化带与骨骺部分穿通等。

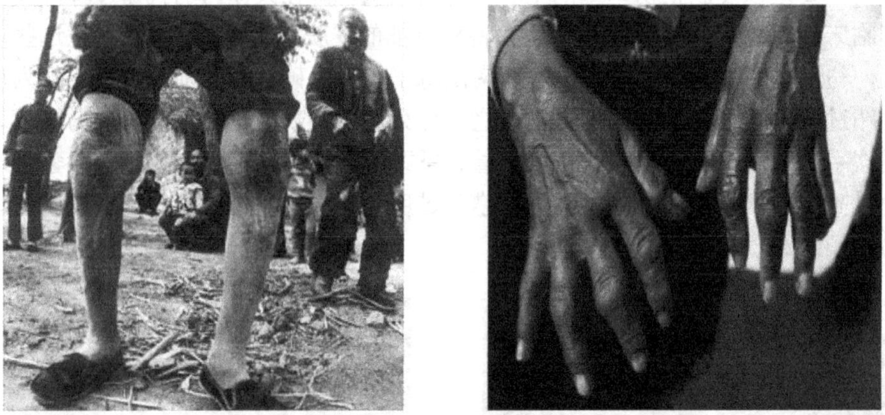

图 8-5　大骨节病症状图（扫码见彩图）

二、环境污染病

（一）概述

人类活动，特别是对自然资源不合理地开发与利用，使地理环境受到了严重污染。事实上，人类健康在很大程度上取决于周围环境质量、生活空间及居住地的适应能力。长期生活在生态环境差的地区，会使机体适应能力下降，在国内外，已相继出现了污染引起的地方性疾病。美国民间调查机构世界资源研究所（WRI）调查结果表明，全世界环境污染等原因所引起的疾病都在增加，全世界每年约有 1100 万儿童死亡，在发展中国家，每 5 个儿童中有 1 个活不到 5 岁。2012 年中国卫生统计显示，2008 年，居民前十种慢性疾病为高血压（54.9‰）、胃肠炎（10.7‰）、糖尿病（10.7‰）、类风湿性关节炎（10.2‰）、脑血管病（9.7‰）、椎间盘疾病（9.5‰）、慢性阻塞肺病（6.9‰）、缺血性心脏病（6.0‰）、胆结石胆囊炎（5.1‰）

和消化性溃疡（3.3‰）。2011 年部分市县死亡率前十位的疾病有恶性肿瘤、心脏病、脑血管病、呼吸系病、损伤及中毒、内分泌营养和代谢病、消化系病、神经系病、泌尿生殖系病、传染病，合计占死因的 90%以上。有研究显示，癌症、心脑血管疾病和糖尿病等高危病种的发病原因 80%～90%都是环境污染造成的。按照生态疾病发生的特点，环境污染性疾病可以分为“非公害病”和“公害病”两大类。

（二）非公害病

随着工农业生产的飞速发展，大量工业原料，如煤、石油、有色金属从地下开采出来，从而一些致癌物从地球下层移动到了表层，生产中的废弃物又不断向周围环境排放，造成环境污染危害人类健康。例如，铅、镉、铬、砷、镍等重金属主要来源于冶金工业、采矿、汽车、涂料，它们以粉尘的形式吸入体内或污染食品饮料后被消化道摄取，可在毛发、肺、肝脏、肾脏、大脑等器官中积累而引起慢性中毒。随着一些化学物质进入到人类生活和工作环境，为人类疾病提供了病因背景。据流行病学研究显示，由于环境污染的加剧，各种不良生态因素引起了机体的微量元素、电解质平衡失调，造成免疫功能下降、过敏性疾病增多，构成了近年来糖尿病患病率急剧上升的基础。糖尿病也可认为是一种生态疾病，它是继高血压病、肿瘤、新生儿畸形、甲状腺肿大之后的又一种生态原因疾病。大城市、工业或交通集中区是癌症高发区。也有研究发现肿瘤高发于湿热带，如非洲的莫桑比克、乌干达、赞比亚等；食管癌盛发于东南非、伊朗及我国林县等地的干热带；胃癌或其他消化道癌多发于亚洲一些国家，特别是日本；口腔及消化道癌多发于印度、斯里兰卡、泰国等；呼吸道癌高发于英伦三岛等。总之，环境污染会引发多种生态疾病，并且有一定的地域分布特点，其致病机理也较为复杂。

（三）公害病

公害病比较典型的例子如“八大公害”事件，即比利时马斯河谷烟雾事件、日本水俣病事件、日本四日市哮喘病事件、日本富山痛痛病事件、日本爱知县米糠油事件、美国洛杉矶烟雾事件、美国多诺拉事件、英国伦敦烟雾事件。

1. 水俣病　1932 年，日本熊本县水俣的智索公司用汞作为催化剂生产乙醛，他们将汞和甲基汞污染的废物直接排放进入水俣湾和八代海，直到 1968 年才停止排放汞污染废物。由于人们食用了水俣湾中含汞污水污染的鱼虾、贝类及其他水生动物，造成近万人产生神经系统疾病，包括智力迟钝、脑性共济失调及癫痫发作，其中甲基汞中毒患者 283 人中有 66 余人死亡。Sakamoto 等（2010）检测了 1947～1989 年水俣区域出生的居民的脐带中的甲基汞含量，结果显示，甲基汞浓度呈下降趋势，与乙醛产量的变化一致，1968 年乙醛停产后，甲基汞的浓度也逐渐降低到对照水平。然而，也有研究发现甲基汞污染呈现与时间进程相关的区域性分布，在水俣地区首先检测到了较高浓度的甲基汞，接着便在和泉、津奈木町、足利等区域也检测出了甲基汞。

甲基汞（MeHg）是一种神经毒物，会导致中枢神经和周围感觉神经系统的神经病理学变化，包括神经元变性及细胞消亡。甲基汞通过食物链会发生生物放大，人体对其暴露主要是由于食用了较高营养水平的鱼和海洋哺乳动物，其产生的毒性效应受到多种因素的影响，包括个体易感性、其他污染物的联合暴露效应，如多氯联苯（PCB），以及含甲基汞的鱼体中有益物质的干扰，如硒（Se）。有研究发现，中等甲基汞暴露的人群会出现先天性记忆力、

图 8-6　水俣病患者

注意力、语言及视觉动作技能下降，即使在一般低水平暴露下，也可能对神经系统和其他人体系统产生不良效应，影响胎儿生长、神经病学功能、心血管及免疫功能等，并且其效应可能会随着年龄、性别及暴露持续时间而有所不同。尽管证据仍然有限，但有研究显示甲基汞暴露对心血管疾病，尤其是心肌梗死和高血压也具有潜在的不良效应。Takaoka 等（2008）认为感觉症状及检查结果对于诊断水俣病也很重要，并且水俣病最严重的体征是 Hunter-Russell 综合征，具体包括躯体感觉障碍、运动性共济失调、视野收缩、听觉障碍及构音障碍（图 8-6）。

甲基汞易于通过 L 类大型中性氨基酸运输而穿透血-脑屏障，引起中枢神经系统功能紊乱。然而一旦甲基汞整合进入细胞，由于其具有亲电性，便会共价修饰蛋白质中的反应性硫醇，或者与谷胱甘肽转移酶（GST）形成甲基汞-谷胱甘肽（MeHg-GSH）结合物，这些极性代谢物进而通过多药耐药相关蛋白（MRP）被运输到细胞外隙中，这也是甲基汞的一类解毒过程。Toyama 等（2010）研究发现，一氧化碳（CO）及其产生酶血红素氧合酶 2 抗体（HO-2）是保护细胞免受甲基汞损伤的关键分子，他们推测是由于对红系衍生的核因子 2 相关因子 2（Nrf 2）的基底活化。其中，Nrf 2 转录因子能识别启动子区抗氧化反应元素/亲电反应元素（ARE/EpRE），并且调节许多解毒和抗氧化酶，如谷氨酸-半胱氨酸连接酶、谷胱甘肽转移酶（GST）及多药耐药相关蛋白（MRP）。

有研究报道了一些可以缓解甲基汞导致的神经元细胞死亡分子目标物，如 NMDA（*N*-甲基-D-天冬氨酸）受体阻断剂、Ca^{2+}通道阻断剂、抗氧化剂、硒化合物、前列腺素衍生物等。Fujimura 和 Usuki（2015）研究发现，甲基汞引起的神经元细胞死亡是抑制了原肌球蛋白受体激酶 A（TrkA）通道，并且在体内和体外实验下，能激活 TrkA 通道的化合物[神经节苷脂（GM1）及其类似物（MCC-257）]，可以防止甲基汞诱导的神经损伤。他们还发现，抑制 Rho/ROCK 途径能有效防止甲基汞导致的轴突变性和细胞凋亡神经细胞死亡。

2. 哮喘病　1955～1961 年，日本四日市由于使用高含硫原油进行石油发电和冶炼，没有采取脱硫措施，每年二氧化硫排放量超过 100 000 t，造成高达 1 ppm①的硫氧化物空气污染，引起四日市呼吸道疾病，包括支气管哮喘发病率剧增（图 8-7）。20 世纪 70 年代末，该市空气污染显著降低，1988 年后没有新的病例。但是有研究发现，尽管已经解决了空气污染问题，但对四日市患者具有不良的迟发效应，四日市 1965～1988 年间登记的人群慢性阻塞性肺病（COPD）和哮喘病人在 1975～2000 年间的死亡率显著高于三重县的总人数，并

图 8-7　四日市哮喘事件

① 1 ppm=1×10^{-6}

且与三重县相比，四日市的男性和女性病人的期望寿命也显著降低。

多项关于哮喘患者的流行病学研究及室内暴露研究显示，空气污染物与哮喘病的频率或严重程度有关，包括臭氧、二氧化硫、氮氧化物、乙醛、亚硝酸、硝酸、盐酸、氨等气态化合物，以及金属、元素和有机碳、硫酸盐、氢离子、花粉、霉菌孢子等颗粒物结合态物质（Luttinger and Wilson，2003）。其中，Kikuchi（2001）研究发现，三氧化硫对人类呼吸疾病发病率具有重要影响，通过四日市哮喘案例分析，发现三氧化硫是主要致病原因。

许多颗粒态污染物具有氧化还原活性，能够引起细胞氧化应激和损伤，包括炎症和细胞死亡。呼吸道上皮细胞和抗原提呈树突细胞是吸入的颗粒物的主要和直接目标，并且上皮细胞能够通过几种免疫调节细胞因子[胸腺基质淋巴生成素(TSLP)、IL-33 和 IL-25]进一步增强树突细胞对过敏原和颗粒物的反应。Li 和 Buglak（2015）研究发现，呼吸道上皮细胞能够使树突细胞向辅助 T 细胞 2 的免疫反应极化，树突细胞中颗粒物诱导的氧化应激产生的调节信号汇聚在一起并且相互作用可能是颗粒物引起哮喘发作相关的主要机制之一。Gagné-Quellet 等（2015）研究发现，哮喘患者及特异性个体比对照人群具有更高的白细胞介素 1 2 型受体（IL1R2）启动子 DNA 甲基化，并且 IL1R2 启动子的 DNA 甲基化与 *IL1R2* mRNA 表达存在负相关，这说明 IL1R2 启动子的 DNA 甲基化与哮喘的基因阻遏有关。Wang 等（2015）研究也发现，在邻苯二甲酸盐暴露下，*AR*、*TNFa*、*IL-4* 三种基因中发生了不同的甲基化，因此通过改变 DNA 甲基化可能调节邻苯二甲酸盐暴露对哮喘的影响。

哮喘具有神经肌肉成分（支气管痉挛）、免疫学成分（炎症）及心理学成分，因此，哮喘病的疗法是一种中西医结合方法。中西医结合是一个新兴领域，其疗法包括生活方式（营养、锻炼、睡眠、环境、心身医疗）、生物化学（药物、膳食补充）、生物力学（按摩、手法医疗、手术）及生物能学（针灸、治疗性触摸、祈祷与精神诉求、顺势疗法）四个大类。目前哮喘治疗的整合治疗方法包括营养调控、心身医疗、体育活动及膳食补充干预。此外，有研究发现遗传因素会影响对普遍的哮喘疗法（短效及长效 β_2 兴奋剂、糖皮质激素、白三烯调节剂是三种主要的哮喘药物类别）的治疗反应，当前药物基因组学持续成为哮喘治疗一个受关注的领域，以探究基因型差异对药物反应的影响。

3. 痛痛病　1955～1968 年，在日本富山平原地区发生了镉中毒事件，就诊患者 258 人，其中死亡者达 207 人。这是由于当地人们使用上游河段锌矿排放的含 Cd 河水灌溉稻田，食用了含镉大米和其他含镉食物以及饮用了其河水。1968 年，日本卫生福利部基于流行病学调查结果声明，痛痛病是由软骨病发展形成的（图 8-8），与 Cd 慢性中毒导致的肾功能障碍有关。痛痛病临床表现包括肾小管和肾小球功能障碍的肾损伤、骨软化和骨质疏松的骨损伤，并且尿液出现低分子质量的蛋白尿、全氨基酸尿及糖尿。

图 8-8　痛痛病患者

据报道，日本镉污染区域的痛痛病患者、疑似患者，以及居民的血液和尿液中镉含量显著较高。Tohyama 等（1982）研究显示，人类环境或职业性镉暴露会比那些较少暴露于这种金属的人群在尿液中分泌更多量的金属硫蛋白（MT），MT 分泌增加不仅是大量镉暴露的指标，也是镉慢性暴露导致的肾功能障碍的指标。Nogawa 与 Kido（1993）对镉污染区域的居民调查发现，尿液中 β_2 微球蛋白的增加与死亡率的增加有关，尿液中 β_2 微球蛋白的水平超过 1000 μg/L 或 1000 μg/g cr.（肌酐）是不可逆的，通过尿液中 Cd 与 β_2 微球蛋白的概率回归分析，认为可以将阈值设为 4 μg/g cr.。

大量研究显示，镉的持续暴露会导致产业工人、普通人群及实验动物肾功能障碍。痛痛病是由于镉慢性中毒，镉在肾小管细胞中积累，导致其功能逐渐损伤，随后，由于矿物质（如钙、磷和重碳酸盐）流失进入尿液而产生严重的骨软化。Horiguchi 等（1996）报道显示，血红蛋白水平的降低与肾功能障碍的演进具有密切的关系，尽管存在严重贫血，但仍检测出了低水平的血清红细胞生成素，说明痛痛病产生的肾损伤对贫血症具有重要影响，并且低量的红细胞生成素会促成贫血症。Takebayashi 等（2003）研究发现，痛痛病骨软化病理始发于近端小管细胞中线粒体中的一种线粒体基因缺失，并且大多数受影响的个体是绝经后、多产妇女。

据报道，在日本 Cd 污染的区域，居民 50%～70%的 Cd 摄入量来自大米，并且痛痛病的盛行与含 Cd 大米之间具有密切的关系。食用 Cd 污染的大米对发生肾小管功能损伤的影响要高于饮用和/或用该河流中水烹饪产生的影响。Inaba 等（2006）基于食用大米研究了发展成痛痛病所需的 Cd 暴露量，其研究结果显示，50%痛痛病患者发作轻微疾病（感到腿/背疼）和严重疾病（步行干扰以及骨折）的终身镉摄入量（LCD）分别为 2.6 g、3.2 g；5%的痛痛病患者发作轻微疾病和严重疾病的 LCD 则分别为 0.8 g、1.2 g。Kobayashi 等（2009）也估算了河水饮用和烹饪用水的 LCD，结果显示不饮用河水和/或烹饪用水发作轻微疾病和严重疾病的 LCD 分别为 3.46～3.60 g、4.24～4.44 g，饮用河水和（或）烹饪用水的两种 LCD 分别为 2.58～2.63 g、3.50～3.54 g，对形成痛痛病产生的影响较低于食用 Cd 污染大米估算的 LCD。

（四）生态系统危害

1994 年，福斯特在《脆弱的星球》中指出，困扰世界的生态疾病包括人口过剩、臭氧层损害、全球变暖、物种灭绝、基因多样性的损失、酸雨、核污染、热带雨林的砍伐、顶极森林的消失、湿地破坏、土壤侵蚀、沙漠化、洪水、饥饿、对湖泊和大小河流的掠夺、地下水位下降和污染、近海水域和河口湾的污染、珊瑚礁的破坏、石油泄漏、过度捕捞、不断扩大的垃圾填埋地、有毒废物、有毒副作用的杀虫剂和除草剂、暴露于危险的工作、城市的拥挤和不可再生资源的损耗等。他也指出，这个单子很长并很快会变得更长，而且这些问题正在更大的范围内暴露出来。同时，这些问题不是孤立的，而是相互联系着的，共同构成全球的生态环境危机。生态系统危害的例子，如历史上的“十大事件”：①北美死湖事件；②卡迪兹号油轮事件；③墨西哥湾井喷事件；④西德森林枯死病事件；⑤库巴唐“死亡谷”事件；⑥印度博帕尔公害事件；⑦莱茵河污染事件；⑧切尔诺贝利核漏事件；⑨雅典“紧急状态事件”；⑩海湾战争油污染事件。

三、致病机理

（一）生态疾病的中医学角度解释

中国古代很早便认识到生态环境对人类健康的影响，并且具有专门的理论。公元前 5 世纪～公元前 3 世纪，我国医学史上最早的一部经典著作《黄帝内经》，便从人与天地相参这一观点出发，阐明人体与自然地理环境以及致病的关系。认为疾病是人体内部邪正斗争和阴阳失调的表现，外来风寒、风热或病菌病毒都是疾病的特定致病因素，因而有特定的症候表现及发展规律。中医学认为，影响天地生机的常见自然因素是各种气候，而气候的异常变化可危害天地生机，造成生态平衡失调。人体也有这六气（风、寒、暑、湿、燥、火），六气太过为六淫，人体受六淫侵袭会引发多种疾病。同时，人体内在的情态（喜、怒、忧、思、悲、恐、惊等）变化也是重要的致病原因。

1. 病因学说　当异常气候因素作用于人体或人体对正常气候因素的适应能力降低时，常造成人体生态平衡失调而引发疾病。其特点类似于它们对自然界的作用或造成其生态平衡失调的特点。在人体这个小天地中，气、血、津液、脏腑功能等异常也可出现类似于六淫所致疾病的病理现象，因其病因来自体内，这些病理现象称为“内生五邪“。这也体现了中医学以生态医学思想来认识人体生态系统的疾病特点。除了六淫，人体其他病因也有与之可参比的因素，这些因素也是造成自然界生态系统平衡异常的原因。其中，涉及以下两种理论：五方疾病论与五运六气学说。

1）*五方疾病论*　《素问·异法方宜论》里提到地理环境、食物异同、人体劳动因素与人体疾病发生的关系。虽不完全正确，但在不同程度、不同方面涉及了生态要素、环境因子、食物因素等与人类个体体质及疾病的关系。例如，“西方者，金玉之城，沙石之外，天地之所收引也。其民陵居而多风，水土刚强，其民不衣而褐荐，其民华食而脂肥，故邪不能伤其形体。其病生于内，其治宜毒药。故毒药者，亦从西方来”。又如，“南方者，天地所长养，阳之所盛处也。其地下，水土弱，雾露之所聚也。其民嗜酸而食胕。故其民皆致理百赤色。其病挛痹，其治宜微针。故九针者，亦从南方来”。孙思邈的《千金翼方》中也提到要“择地”，要求居住环境“背山临水，气候高爽，土地良沃，泉水清美”，这是对生态小环境的考究，即风水研究，亦有某些利于健康的因素考虑。从现代观点看，是由于不同的地理环境和生态状况、微量元素的含量和摄入也不同，由此导致了某些地方病的发生。

2）*五运六气学说*　《黄帝内经》从整体观念出发，用相互的唯物论即阴阳五行学说、脏腑经络学说等作为说理工具，推断人体生理、病理现象，并记载了运用望、闻、问、切四诊来诊察疾病的独特方法。“运气”论，是《内经》王冰所补的七篇大论。其中，“五运”是指木、火、土、金、水“五行”的运行；“六气”则是指风、热、湿、火、燥、寒六气，配合三阴三阳主时。五运六气分别与天干地支相配时，就有十干化运、十二支化气，包括十二支月建五行所属图、五气经天化五运图、五运主运图、五音建运太少相生图、五运客运图、六气正对化图、六气主时节气图、司天在泉左右间气图、六气互为上下左右图、南北政分宫次星土图、六气客主加临图、天符图、岁会图、同天符图、同岁会图等。其中，主运、客运、建运、推运、司天在泉、天符岁会等，属于中国古代的象数理论，是天文气象观测和数学计算推演得出的理论在医学中的应用，用来解释疾病的发生和医理的治疗。但是如何影响及适合怎样一种具体规律和推演公式，则需要灵活处理。

2. 发病学说　《素问·生气通天论》提到：“阴平阳秘，精神乃治”，这是《内经》以阴阳学说确立的健康原理。“阴阳失调”是以阴阳学说确立的疾病原理。中医学把致病因素称为邪气，也就是造成人体生态平衡失调的因素；把人体的机能活动和抗病、康复能力称为正气，也就是构成、保护与恢复人体生态平衡的内在因素。疾病的发生与否决定于正邪斗争胜负。正能胜邪，人体生态平衡未偏离正常范围则不发病；邪胜正负，人体生态平衡失调则发病。中医学认为，正气不足是发病的内在依据，正气不足是人体生态系统脆弱、抵抗病因、保护与恢复其生态平衡的能力，而邪气盛是发病的重要条件。

3. 病机学说 病机学说研究疾病发生、发展与转归的规律。中医学认为，虽然疾病种类繁多，各种疾病都有其各自的病机，但却存在着共同的规律，主要有邪正盛衰、阴阳失调、气血津液失常、脏腑和经络功能失常等。邪正盛衰是从致病因素与抗病因素的力量对比决定疾病的发生、发展与转归这方面来认识疾病；阴阳失调从疾病导致机体的阴阳平衡失常方面来认识疾病；脏腑病机、经络病机、气血失常、津液代谢失常等病机是在脏腑、经络、气血津液理论基础上具体地认识疾病发生、发展与转归的规律。

总之，关于病因方面，多数认识均是从外因和内因来解释的。以正邪之间的消、长、进、退来分析，所谓“邪”，就是指构成人体疾病的一些外在因素，即自然界某些特异性致病物质及饮食原因等。这些外在因素中，中国医学又把自然界严重的气候反常作为是其中的主要因素。所谓“正”，指构成人体疾病的一些内在因素，如精神、情志、体质、性别、年龄、先天和后天等。而人体发生疾病的原因，不是由于外因致病就是由于内因致病，而且中医学认为，外因和内因是密切相关、互为因果的，在一般情况下，外因往往取决于内因。外因和内因的关系，实际上就是正气和邪气的关系，邪气盛了可以致病，正气虚了也可以致病，但在一般情况下，正与邪之间往往是互为因果、互相作用，邪气盛往往是由于正气虚，正气虚所以才邪气盛。此外，人体疾病的发生和发展则又往往是正邪之间消长进退的结果，致病的原因虽由于邪，但发病及好转与否关键又在于正。

简单地理解，即人体有其自身内部的“生态平衡”，存在结构之间、功能之间、结构与功能之间的“生态平衡”，也有与外界环境的“生态平衡”，存在物质循环、能量流动和信息传递，因此，人体的健康状况与其生活的地理环境紧密相连。这些平衡一旦被破坏，就会发生“生态平衡”失调，即疾病。在诊断确定了“生态平衡”失调的原因、部位、性质和程度之后，就要确立治理“生态平衡”失调的原则与方法，选用治理的方药和方法，以恢复其“生态平衡”。地理环境是由大气、水、土壤、生物和矿物等各种地理要素组成的有机整体，它是人类赖以生存的物质基础。地理环境各要素之间又存在着相互联系、相互渗透、相互影响的依存关系，只要其中一个要素发生变化，就会引起其他要素的相应变化，最后必然对人类健康产生影响。因此，事实上，生态疾病的发生与生态-生态、生态-人类、人类-生态及人类-人类的平衡有关，从中医学的角度来讲，要了解并且防治生态疾病，就是要维护生态环境、人体自身，以及生态与人体双向关系的平衡。

（二）生态疾病的西医学角度解释

中医理论对人体的认识采用的是整体推理的黑箱方法，是建立在整体论基础之上的。西医理论采用的是白箱分析还原方法，是建立在还原论基础之上的。西医学认为，人体具有多层次、比较复杂且与环境具有密切相关的超巨系统。人体有分子、细胞、组织、器官、系统等多个层次，由蛋白质为基架、水为填充剂、维生素为连接剂、糖为能量的主要来源、脂肪为储能仓库、电解质和微量元素为激动剂构成的。人体生命过程就是这些物质的合成与分解代谢过程，并且通过这些过程为人体提供生命活动及生理活动和病理变化调节所需的各种能量。因此，从西医学角度来看，生态疾病的发生，是由于对人体不同层次系统和组成结构及功能产生了影响，干扰了其正常的生理活动。

1. 病因学 疾病发生具有一定的原因和条件。其中，病因可以分为以下 9 类。

（1）生物性因素。它也是地圈中比较常见的一类病因，包括病原微生物，如细菌、病毒、真菌、立克次体等，以及寄生虫。其致病作用与病原体致病力强弱，侵入宿主机体的数量、侵袭力、毒力，以及逃避或抵抗宿主攻击的能力有关。此类病因，尤其是病原微生物，侵入机体后常常会构成一个传染过程。

（2）理化因素。此类病因包括机械力、温度、大气压、噪声、电离辐射、强酸、强碱、化学毒物或动植物毒性物质等，常发生在一些突然事故、特殊环境中。

（3）化学性因素。包括各种有毒的无机物、有机物和生物性毒物，如强酸、强碱、重金属、砷、苯、氰化物、一氧化碳、有机磷农药等。

（4）机体必需物质的缺乏或过多。当体内正常的刺激和必需物质缺乏或过多时，就会发生功能上的改变，可能因此而发病，严重时甚至引起死亡。机体必需物质包括维持生命活动的一些基本物质（如氧、水等）、各种营养素（如糖、脂肪、蛋白质、维生素、无机盐等）、某些微量元素（如氟、硒、锌、碘等）及纤维素等。

（5）遗传性因素。主要是通过遗传物质基因的突变或染色体畸变发生的。基因突变引起分子病，染色体畸变引起染色体病，目前已达数百种。

（6）先天性因素，指那些能够损害胎儿的有害因素，有些先天性病症是可以遗传的，但有的先天性疾病并不遗传。

（7）免疫因素。在某些机体中，免疫系统对一些抗原刺激具有异常强烈的反应，从而引起组织、细胞的操作和生理功能障碍，如某些花粉、食物（虾、牛乳等）也可在某些个体中引起支气管哮喘、荨麻疹等变态反应性疾病。

（8）精神、心理和社会因素。随着医学模式的改变，精神、心理和社会因素成为日益受到关注的病因。不良情绪和强烈的精神压力、变态心理、经济状态等均与疾病密切相关。疾病发生的条件，主要是指那些能够影响疾病发生的各种机体内外因素，如营养、居住条件恶劣、过度疲劳等都可以削弱机体的抵抗力。它们本身虽然不能引起疾病，但是可以影响病因对机体的作用，或者直接作用于机体，从而促进疾病的发生。

（9）年龄和性别也可作为某些病症发病的条件。年龄是由于小儿的呼吸道、消化道的解剖生理特点和防御功能不够完善，但是对于性别与疾病间的具体关系，目前尚未阐明。总之，疾病发生发展的原因与条件是相对的，是针对某种具体的疾病而言的，对于不同的疾病，同一个因素可能是一种疾病发生的原因，也可能是另一疾病发生的条件。

2. 发病学　疾病的发生发展具有一定的规律，包括以下几个方面。

（1）损伤与抗损伤。损伤与抗损伤的斗争贯穿于疾病的始终，两者间相互联系又相互制约，这是构成疾病各种临床表现，推动疾病发展的基本动力。在疾病中，损伤与抗损伤作用常常同时出现，不断变化，并且二者的斗争及其力量对比常常影响疾病的发展和方向。但是，二者也没有严格的界限，可以相互转化。

（2）因果交替。在疾病的发生发展过程中，原因和结果间也是可以相互交替和相互转化的。致病因素作用于机体后，机体会产生一定的变化，这些变化在一定条件下又会引起另外一些变化，因此，由原始致病因素引起的结果，在一定的条件下又可以转化为另外一些变化的原因。正是由于原因和结果的相互转化与交替，即使原始病因已不存在，仍可推动疾病过程的不断发展。

（3）局部与整体。任何疾病基本上都是整体疾病，各组织、器官和致病因素作用部位的病理变化则为全身性疾病的局部表现。局部的病变可以通过神经和体液的途径影响整体，但是机体的全身功能状态也可以通过这些途径影响局部病变的发展和过程。因此，在每一个疾病过程中，局部和整体之间的关系，都有其各自的特征，并且会随着病程的发展而不断发生变化，彼此相互转化，在判断是全身病变还是局部病变占主导地位时，则应具体分析。

疾病基本机制涉及不同的生物层次，包括系统水平、器官水平、细胞水平及分子水平。主要机制有神经机制、体液机制、组织细胞机制和分子机制4个方面。

（1）神经机制。神经系统在人体生命活动的维持和调控中起主导作用，神经系统的变化与疾病的发生发展密切相关，此外，发生疾病时也常有神经系统的变化，因此，神经机制参与了大多数疾病的发病。有些病因可直接损害神经系统，另一些则可以通过神经反射引起相应器官组织的功能代谢变化，或者抑制神经递质的合成、释放和分解，促进致病因子与神经递质的结合，减弱或阻断正常递质的作用。

（2）体液机制。体液是维持机体内环境稳定的重要因素。疾病中的体液机制主要是指致病因素引起体液的质和量的变化，体液调节的障碍最后造成内环境紊乱，以致疾病发生。疾病发生发展中体液机制与神经机制常常同时发生，共同参与。

（3）组织细胞机制。致病因素作用于机体后可以直接或间接作用于组织、细胞，造成某些细胞的功能代谢障碍，从而引起细胞的自稳调节紊乱。致病因素引起的细胞损伤除直接的破坏外，有时可表现为细胞膜功能障碍和细胞器功能障碍。

（4）分子机制。各种致病原因无论通过何种途径引起疾病，在疾病过程中都会以各种形式表现出分子水平上大分子多聚体与小分子的异常；反之，分子水平的异常变化又会在不同程度上影响正常生命活动。

3. 疾病的经过与转归 疾病都有一个发生发展的过程，大多数疾病发生发展到一定阶段后终将结束，即疾病的转归。疾病的经过一般可分为4个时期。

（1）潜伏期。主要是指病因入侵到该病症状出现的一段时间，潜伏期长短随病因的特异性、疾病的类型和机体本身的特征而不同。传染病的潜伏期比较明显，有一定的时间，但有些疾病无潜伏期。

（2）前驱期。在潜伏期后到开始出现明显症状前的一段时期。当时主要出现一些非特异性症状。

（3）临床症状明显期。这是出现该病特征性临床表现的时期。这个时期的特殊症状和体重往往是疾病诊断的重要依据，此期长短不一，主要取决于疾病的特异性和机体的反应性，临床表现有轻有重，或时轻时重。

（4）转归期。疾病的转归有康复和死亡两种形式。疾病的转归如何，主要取决于致病因素作用于机体后发生的损伤与抗损伤反应的力量对比，正确而及时的治疗会影响疾病的转归。

简言之，现代医学认为，世界上有成千上万种疾病存在，而且每种疾病都有不同的起因和疗法。总体上，主要有外界致病因素和机体内部致病因素两大病因。外界致病因素包括生物性、理化性和营养性因素等；机体内部致病因素包括免疫、神经内分泌、遗传变异、先天性、年龄、性别、社会、心理、精神因素及医源性因素等几个方面。这些因素可相互作用，导致损伤的发生和发展。

第三节　地医学问题

一、地医学的学科与分支问题

在 Låg(1990)的基础教材中，地医学(geomedicine)被定义为“influence of ordinary natural processes on the health of humans and animals”，即普通自然过程对人类与动物健康的影响。现在的定义是“处理普遍环境因素对人类和动物健康问题地理分布的影响的科学”。

地医学是一门复杂的学科，因为健康是一个非常综合的概念，要解决地医学问题，本质上需要不同科学领域的贡献。地医学如按照环境因子的类型可以划分为许多亚组。地图经常用于地医学的诊断和描述，但是当显示疾病分布模式的地图与自然条件相比较时，需要具体分析，不可妄下结论。地圈的生态疾病涉及多个学科内容，如医学、地学、生态学、环境科学。具体细分，还包括环境医学、生态医学或中医学、西医学、地理学、地质学、生态地学、生态地理学、生态地质学、医学地理学、医学地质学、地理医学等（图 8-9），因此需要通过多学科交叉研究，才能全面认识地医学问题，从而研究解决和防治“生态疾病”。

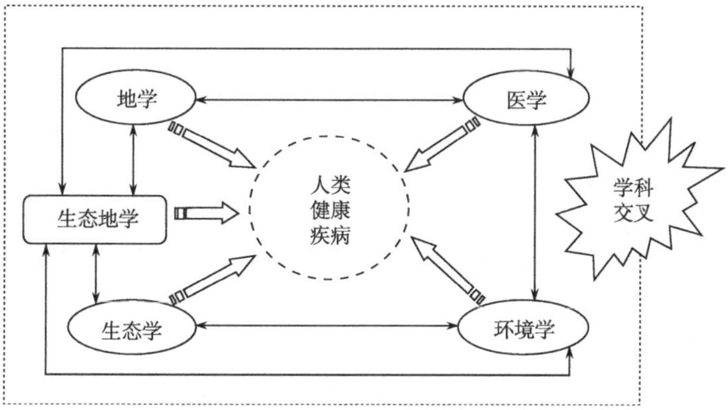

图 8-9　地医学问题的学科背景

地理医学是从 19 世纪 30 年代以来才开始建立，并逐步处于完善过程中的一门边缘学科，是地医学的重要组成部分。它主要研究一定地理区域内的各种自然因素、社会经济条件及地区生活习惯与人类健康关系，主要任务是研究对人体健康的影响，弄清疾病和地理环境在病因上的合理联系，研究致癌、致畸、致突变作用和早期预报的方法以及疾病的区域分布规律，从而找到影响健康和疾病的主导环境因素，探讨保护、改善环境质量的途径。地医学与医学地理学不同，但有些内容有交叉、重叠。

医学地质学是一门新兴的学科，是处理自然地质因子与人类和动物健康关系，以及了解普通的环境因子对这种健康问题的地质分布影响的科学。其研究范围包括：①识别和表征环境中有害物质的自然和人为来源；②学习怎样预测化学的感染性和其他致病性试剂随时间及空间的运动与变化；③理解人类是怎样暴露于这些物质的，以及可以做些什么来最小化或防止这些暴露。大部分科学家认为，公元前 400 年的希腊哲学家希波克拉底是医学地质学的创始人，他认识到环境因素影响疾病的分布。医学地质学主要集中于地质物质，如岩石、矿物质和水，以及地质过程如火山爆发、地震和大气降尘对动物及人类健康的影响，可以认为是地医学的补充。

生态医学主要是从生态学的角度，以生态学思想、原理和方法来研究人体生态系统的结构、功能及其生态平衡原理，研究人体生态系统生态平衡失调的原因、机制及其防治方法的生态医学体系。生态医学运用了天人合一、阴阳、五行等古代哲学理论。蔡子微认为“天人合一”的本质是把天地作为一个活着的生命整体来认识；五行学说的本质是古代生态系统理论与模型。阴阳学说的核心思想是对立统一，对矛盾的双方作了质的规定，是以阴阳的属性所限定了的矛盾理论。在这一生态系统模型中，阴阳理论既反映了系统的周期性运动，又反映了系统的结构平衡，以及系统中诸因素之间的平衡。

二、地医学的研究范畴问题

地医学主要研究环境因素对人类及动植物等健康问题的产生与分布的影响。按照其学科分支，其研究范畴应既包括自然来源化学物质的含量（过多或缺乏问题），又包括人类活动导致的环境污染造成的物质含量的变化和新增的污染物质对健康的影响（图 8-10）。地医学的研究为生态疾病的预防及治疗提供参考依据，对于保护人体健康及环境问题治理方面具有十分重要的意义。

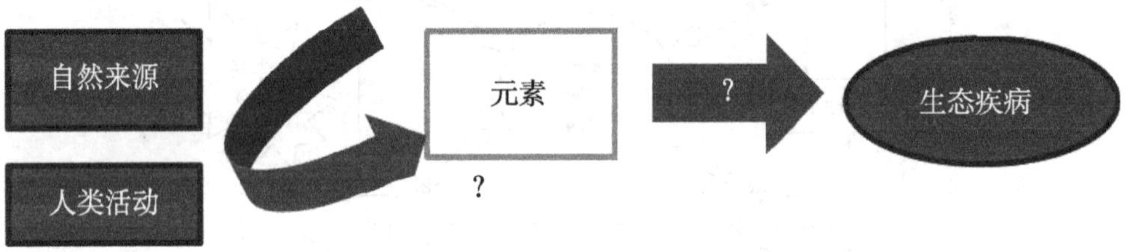

图 8-10　地医学研究内容及相关问题

“？”表示元素在导致生态疾病方面的作用如何，目前仍不清楚

环境系统包括水系统、土壤系统和大气系统，各个系统间及系统内部无时无刻发生着物质循环、能量流动与信息传递，处于一种动态平衡的状态。人类健康与环境是一个复杂的科学问题，尤其是随着人类改造自然的能力在不断增强，人类活动对自然的影响也愈加深刻。环境中存在的元素含量既有自然来源的贡献，也有可能受到人类活动的干扰而发生改变，人类与环境的作用也会发生一定的变化，因此，地医学问题也是一类常研常新的问题，其研究领域还存在许多有待进一步深入探究的科学问题。

地质环境中的元素含量深刻影响着人类和动物疾病发生与分布的范围，当前，大量地医学相关研究主要集中于微量元素，其中又涉及多方面的科学问题值得探究。有研究报道，人类和动植物从土壤中所获取的一些必需微量元素（硼、碘、硒等），是从海洋环境通过大气输送进入到土壤中的，因此，在沿海城市较少出现元素缺乏的问题，人类碘缺乏病在远离海洋内陆区域较普遍。Hajam 等（2015）开展了比尔本贾尔岭山脚居住地甲状腺疾病的地医学研究，发现所有土样（0.970～1.230 mg/kg）和水样（1.6～4.2 μg/L）中碘含量均低于世界范围内土壤（2.8 mg/kg）和淡水（8.7 μg/L）的平均值，并且抽样的村庄中有17.6%的人群患有碘缺乏症。这一研究成果可以为减少这个研究区域的碘缺乏症人群量提供决策依据。由此可见，人类健康与地医学息息相关，对地方性疾病诊断具有重要意义，深入开展相关地医学问题研究是极为必要的。此外，即使不考虑人为活动的影响，元素在环境中含量分布也会受到环境系统间及系统内的各种复杂因素与过程的作用，因此，地医学问题也是一项比较复杂的科学，还需要与其他学科，如地球化学等交叉研究。

人类饮食中的一些元素，如铬、铜、铁、碘、硒和锌等，在发达国家与发展中国家都存在区域性差异，然而，过量砷、镉、氟、硒中毒效应通常在发展中国家更为明显，这主要是由于依靠当地食品及营养不良引起的。因此，地医学问题在发展中国家的范围与程度要更大一些，仍然是未来多学科研究的一个重要领域。但是，在发达国家仍然存在地医学问题。随着工农业的迅速发展，人类活动，如采矿、现代农业等，对地球系统的影响越来越大，尤其是有机农业的快速发展，使地医学问题更为明显，如果农民等缺乏对当地地球化学背景浓度，以及动植物营养元素的需求量，使用一些方法来解决土壤中必需营养物质缺乏问题，就可能产生一系列的地医学问题。其中，既存在自然来源元素量分布的问题，也存在人类活动导致环境污染造成的物质浓度的变化和种类的增加引发的地医学的问题，但总体来看，地医学更侧重于自然存在的元素对人类的直接或间接作用。

三、地医学研究的方法学问题

地壳和生物体中大部分元素为微量元素，一般定义为浓度在10～100 ppm范围或更低的浓度的元素。地医学研究微量元素含量过多或过低对人类等生物的健康影响，需要充分运用一些较为精密和灵敏的仪器来进行元素含量检测。因此，检测技术与方法相关问题是地医学研究要解决的首要问题之一。此外，微量元素的种类繁多，并且对不同生物的效应存在一定的差异，这对元素分离与鉴定工作无疑是一项复杂而艰巨的任务。

微量元素的效应通常应用剂量-效应关系曲线来描述，即使是同种元素，因为其存在量或摄取量的不同，其产生的效应也不一样。剂量往往影响其最终的效应，一些微量元素，在低浓度时可能不会产生有益或有害效应，然而，高浓度时则有毒，极高剂量下则会致死。此外，一些人体所需的元素如钙，其所需的补充量具有一定的范围，超过一定剂量，也不会产生额外的有益或有害效应。总体上，对于大部分必需微量元素而言，维持健康所需要的量都较少，元素量过多会产生毒性效应甚至具有致死效应。因此，元素的剂量-效应关系也是地医学要继续深入研究的问题。

尤其是，构建详细的人类剂量-效应关系曲线还存在诸多限制性因素，包括如何区分开每种微量元素产生的效应，以及暴露所有研究剂量范围所需的典型暴露人群等相关问题。事实上，由于人类个体存在许多差异性，而且不同的个体以及不同年龄层，对某些化学物质的响应也具有差异，因此，动植物实验结果往往难于外推到人类。鉴于此，剂量-效应关系曲线往往是针对特定人群的近似结果，这方面的相关研究也是地医学研方法要不断为之努力的方向之一。

总体上，在地医学相关研究中，需要从方法学上继续深入加强对环境流行学和毒理学的研究，以及全面系统和深入的理论研究，包括疾病与地球系统的关系、疾病与环境的关系、生态疾病发生的原因及防治措施、生态疾病发展和传播规律及其管理等。总体上，地医学问题涉及多方面的内容，需要从全球视角上、多学科交叉领域来看研究地医学问题，做到深入了解、重点研究和综合把握。

四、地医学研究展望

地医学问题的把握需要不断加强学科间的交叉整合，如地学与医学、环境学等的交叉，包括研究内容与研究方法的融合。迫切需要加强开展不同学科的合作研究，这需要不同学科背景的科学家的参与，包括医学、公共卫生、兽医、农业、环境、生物等领域的各类科研工作者。从研究区域来看，发展中国家的地医学问题更为突出，在发达国家，食物来源于多个地理区域，但在非洲一些发展中国家，人口较为聚集并且较为依赖当地自产的食物和水，人类疾病与地质环境的关系相关度较高，人类疾病的地理分布特点也更为明显。因此，尤其是发展中国家的地医学问题，其研究深度和广度的空间可能会更大些，也急需进一步开展全面系统的地医学相关研究，为科学决策提供依据以更好地保护人体健康。

思考练习题

1. 生态疾病的内涵及其地学因素，以其中一到两个方面举例说明。
2. 阐述生态疾病的种类及其特点、相互之间的联系与区别。
3. 简述人体构造及其疾病与地球化学元素之间的关系。
4. 各举例说明一则地球化学性疾病案例和环境污染病案例。
5. 结合实例阐述生态疾病的致病机理。
6. 简要说明地医学问题的学科背景以及与地学的关系。
7. 结合生态疾病案例，阐述其存在的地医学问题并提出研究解决的方案。
8. 结合当前世界范围或我国热点研究的地医学问题，阐述其潜在的生态或健康风险。

第九章
全球性生态地学问题

第一节　植被破坏与土地荒漠化

一、植被破坏

（一）植被破坏的概念

植被是全球或某一区域内所有植物群落的泛称。当植被群落受到大面积的严重影响时，称之为植被破坏，其基本含义包括去除植被或破坏植被。众所周知，植被是生态系统的基础，而目前在地球上最为重要的植物群落为森林和草原。随着人类对其过度的开发利用等因素，森林和草原受到了严重的破坏。因此，通常所指的植被破坏主要是指森林植被破坏和草原植被破坏。

（二）植被破坏的不良后果

植被破坏不仅极大地影响了该地区的自然景观，而且会带来一系列的严重后果，主要表现在对生态系统结构、组成、功能的影响。

1. 对生态系统组成-生物的影响　植被是生态系统重要组成部分，也是动物、昆虫等其他生物的栖息场所，伴随着植被破坏，生态系统结构被破坏，生物多样性降低，食物链变短，进而影响生态系统的各种功能。

2. 对生态系统组成-环境的影响　自然因素引起的地表侵蚀过程，速度非常缓慢，表现并不明显，在人类活动作用下，特别是人类破坏了坡地上的植被，加速和扩大了自然因素作用所引起的地表土壤破坏和土体物质的移动、流失，加速了土壤退化、土地荒漠化和沙化过程，使生态环境恶化，环境质量下降，以致形成生态环境的恶性循环。而且，随着水土流失加剧，通过降雨对土壤中养分的淋溶、汇集作用，将造成生态系统水体环境的富营养化作用。

3. 对自然灾害的影响　自然灾害的频发与植被破坏有着密切关系。植被的生长具有调节气候、阻碍洪水等作用。随着其破坏，长远来看能够增加某些自然灾害爆发的频率，如泥石流、洪涝灾害等。我国 1998 年发生的洪灾，最直接的原因就是由于长江、嫩江等上游地区的森林过度砍伐，导致水土流失，进而造成了特大洪灾。

4. 对全球气候的影响　植被通过光合作用吸收大气中的二氧化碳，成为陆地生态系统中的植被碳库，通过这种碳汇作用，减缓了温室效应，调节了全球气候变化。在光合作用下植被吸收二氧化碳转变为有机物，通过固碳作用形成了初级生产力，是物质和能量循环的最初来源。植被作为二氧化碳的吸收器、贮存库和缓冲器，当植被破坏发生时，生态系统成为二氧化碳的排放源，从而导致全球气候变暖。

（三）植被破坏的预防及其措施

由于人类活动是造成植被破坏的主要原因，因此，一方面，应该以生态系统的维护和保护为目的，从保护植被等措施入手，在合理开采利用的前提下，最大限度地保护生态植被；另一方面，对已经被破坏的植被，采用合适的恢复措施和方法，重建生态系统。

1. 健全植被保护法律体系　随着《森林法》、《草原法》、《水土保持法》等一系列法律法规的出台，植被保护受到了重视。以森林植被破坏为例，除了采取保护森林、植树造林外，要坚持贯彻执行《森林法》和其他有关法规、政策，坚决制止乱砍滥伐，严格保护和管理好现有森林资源，即只有将法律法规彻底地执行，才能有效地控制和减少植被破坏现象的产生。位于亚马孙森林的巴西，一直是一个森林损失大国，比其他任何国家的二氧化碳排放量都多，近些年来，政府、当地环保机构等不断实施各种措施降低森林砍伐率。2014 年森林砍伐率为 75%，已经低于之前预期在 2020 年达到 80%的标准，但已经低于 1996～2005 年的森林砍伐率。结果显示，随着法律法规政策的执行，人类的努力能够让森林资源得到保护。

2. 加强全民生态保护意识　盲目开垦和不合理利用开发是造成植被破坏的主要原因。例如，在我国长江上游等地区，>25° 的陡坡被毁林开垦为农田，直接导致水土流失现象。这是由于森林、草原等植被能够涵养水分、防止地表土壤损失，起到生态系统的屏障作用。因此，除了出台相应的法律政策外，防止植被破坏的另一途径是提高全民的植被生态保护意识，为了有效地预防植被破坏，需要全社会都要积极参加和共同努力。森林植被经过长达 40 年的恢复，其土壤质量才能达到原来的水平，因此，植树造林可以作为补救措施，但最关键的还是提高人类的生态保护意识。这需要在全社会开展保护植被的教育和宣传，使每个公民意识到保护植被的重要性，更明确保护植被是公民的义务和责任。

3. 植树造林　把生态保护放在第一位，广泛开展植树造林活动，并且建立自然保护区，保护自然环境，保护和拯救濒临灭绝的生物种源。目前，世界森林中只有 35%是原始森林，其余均为次生林。Crouzeilles 等（2016）通过对全球 221 个森林恢复成功案例进行分析发现，相比于退化的生态系统，植树造林能够提高 15%～84%的生物多样性，并提高 36%～77%的植被结构。因此，次生林对生物多样性保护、流域保护、气候控制及生态服务发挥着重要作用。目前，许多国家政府对造林项目投入大量资源。例如，在第二次世界大战期间，香港森林被完全破坏，然而香港特区政府进行了长达 70 年的造林计划。其中，最快的森林恢复期为 1989～2001 年，每年增长 10.9%；2001 年后，每年以 7.8%的造林速度在增长。中国的沂蒙山，实施生态修复工程后，增加了植被覆盖度，致使土地利用方式显著变化，成为这一地区生态环境优化的主要驱动因子。

二、森林植被破坏

（一）森林植被破坏引起的生态问题

1. 对物种灭绝和生态多样性的影响　栖息地破坏是物种灭绝的主要原因，其发生需要一个过程。随着植被的破坏，许多跨越大面积栖息地的生物物种将聚集在一个相对较小的区域，当最后残留的剩余栖息地被摧毁后，生境丧失直接导致物种灭绝。当<5%的剩余栖息地保护全部生物物种的 50%时，生存的物种数将越来越少。

物种灭绝对生态系统的影响主要为：首先，灭绝的物种切断了食物链之间构成的生物网，引起多米诺骨牌式的连锁反应，使更多生物灭绝；其次，物种灭绝破坏了生态系统内生物之间的相互制衡，此消彼长，进一步破坏生态平衡；第三，物种灭绝削弱了生态系统内不同物种的互补作用以提高自身适应环境的能力和抵御外界侵袭及重新恢复构造的能力。目前，森林的破坏使自然界亿万年发展历史形成的物种大量消亡，生物灭绝将直接威胁人类的生存发展。

地球上一半以上的生物在森林中栖息繁殖。如果一片森林面积减少 10%，能够继续在森林中生存的物种就将减少一半。联合国发布的《2000 年全球生态环境展望》中指出，由于人类对森林的破坏，全球森林面积减少一半，9 %的树种面临灭绝，30%的森林变成农用用地。伴随着全球另一半森林消失，将有全球 85%的生物物种灭绝。如果森林植被破坏速度一直保持现有速度，那么生物灭绝的速度将在 21 世纪中期达到最高值，而后在 22 世纪灭绝速度将下降。生物灭绝速度的高峰值取决于剩余的生物栖息地面积。

2. 造成水土流失 植被具有涵养水源，降低风蚀作用，保持水土，防止水土流失，固持和改良土壤，改善生态环境的功能。尤其是在山坡地带，植被能够增加地表粗糙度，大的阻力条件下更有利于水土保持。当植被破坏后，降雨对土壤的冲刷能力增强，水土流失加剧。主要影响为：①大量表层土壤流失、农田土壤质量下降、土地退化甚至土地向荒漠化方向发展；②水土流失将造成下游水库淤积泥土，影响其利用功能和缩减其寿命；③水土流失能够造成江河湖泊的淤塞。例如，我国长江、黄河上中游由于长期的毁林开荒和不合理的耕作方式，成为中国水土流失最严重的地区，每年流入长江、黄河的泥沙量高达 20 亿 t。

3. 造成土壤退化 植被破坏能够导致土壤退化，包括降低土壤有机质层厚度，降低土壤生物活性、土壤疏松度、土壤团粒结构等。土壤退化的主要表现是：土壤肥力退化，土壤营养物质流失；土壤剖面遭到破坏，母质出露地表，土地生产力下降；土壤理化特性变坏及其土壤物理力学特性变差，土壤抗冲能力减弱。森林植被被开垦 100 年后土壤养分（土壤有机碳、全氮、速效磷养分）及各种酶活性（碱性磷酸酶、脲酶、蔗糖酶）均随着开垦年限增加而降低，以开垦前 20 年的下降幅度最大。这是由于植被破坏后，土壤结构会发生较大改变，进而土壤温度和湿度的变幅增大，调控能力减弱，并最终导致土壤质量的下降。

4. 导致江河断流和湖泊萎缩 江河、湖泊因中上游的森林破坏将导致位于下游的江河水流量减少、断流、甚至枯竭，也可以导致下游的湖泊萎缩甚至消失，这将给下游的人类生活、农业生产等水资源利用带来障碍，造成巨大的经济损失。例如，我国黄河在 1972～1997 年期间居然有 21 年发生断流。鄱阳湖已经从原来的 5100 km^2 水域面积萎缩至目前的不足 200 km^2。罗布泊在 20 世纪 70 年代末已经完全干涸，仅剩大片盐壳。

5. 自然灾害频发

1）*沙尘暴频发* 由于森林破坏造成了生态失衡，进而引发沙尘暴频繁发生。我国北方爆发沙尘暴的频率呈逐渐递增趋势，20 世纪 50 年代、80 年代、90 年代分别发生大规模沙尘暴灾害 5 次、14 次、23 次。通过毁林开荒破坏森林植被已经成为沙尘暴形成的主要原因。

2）*洪涝和干旱灾害的频发* 洪涝灾害和旱灾频繁也是森林植被破坏的结果。森林植被破坏使土壤丧失保水功能，空气中缺乏蒸发的水分而降雨稀少，出现气候干旱、水资源短缺，进而引发旱灾。而且，当失去森林对强烈太阳光线的遮挡，天气变得炎热高温，加剧了旱灾发生。植被破坏将降低土地拦蓄降水能力，减弱土壤渗水性，缩短水分在地表停留时间，导致雨季时发生洪涝灾害。森林植被破坏后能显著增加径流模数、径流深度、径流量，研究显示森林能拦蓄暴雨径流的8%，最高达98%，消减洪峰流量在8.6%以上，证明森林完全可以减少洪涝灾害发生的概率。

6. 局域性气候变化 植被破坏伴随着固定大气中二氧化碳能力的降低，进而导致大气温度增加，空气中的水汽易于漂移，相对湿度降低，气候变得干旱，年降水量减少。植被作为天然屏障具有防风作用，随着植被破坏，风速增加进而导致蒸发能力增大，土壤失水增加导致其缺水现象。同时，缺少植被覆盖后土壤更大表面积直接接受太阳辐射，使土壤温度增加、土壤耗水量加大，土壤更趋于干燥。例如，南美大陆，原来约有35%的土地为热带阔叶林所覆盖，特别是亚马孙河流域拥有世界上面积最大的原始森林，这里产生的氧气调节着南美以至世界的气候，被人们称为“地球之肺”，但是目前已有2/3森林消失，造成南美大陆气候无常，加剧了自然灾害频繁发生。

7. 温室效应增强 森林生态系统是转化固定大气中CO_2的最大储蓄库，随着大面积森林破坏将降低陆地生态系统对CO_2的吸收消耗，进而使地球表面温度升高，增加温室效应。当CO_2浓度将增加1倍，全球平均气温将升高1.5～3.0℃，高纬地区气温甚至升高4～10℃，引起两极冰川融化，海平面将上升0.5～1.4 m，沿海某些地区江北淹没。目前，森林破坏对温室效应的影响已经引起了全球学者的关注。

（二）森林植被破坏的原因

1. 自然原因 自然灾害（如火山爆发、火灾等）、 森林病虫害、洪灾、飓风等能够严重破坏世界森林资源，使森林面积不断减少。由于森林火灾很难被控制，因此以森林火灾破坏比较严重。然而，90%森林火灾是由于人为原因引起的。森林火灾不仅烧死、烧伤林木，直接减少森林面积，而且严重破坏森林结构和森林环境，导致森林生态系统失去平衡，森林生物量下降，生产力减弱，甚至造成人类伤亡。高强度的大火，能破坏土壤的化学、物理性质，降低土壤的保水性和渗透性，使某些林地和低洼地的地下水位上升，引起沼泽化；另外，由于土壤表面炭化增温，还会加速火烧迹地干燥，导致阳性杂草丛生，不利森林更新或造成耐极端生态条件的低价值森林更替。而且，火灾中释放大量的CO等气体能引起大气污染的问题。目前，世界每年发生火灾约22万次以上，烧毁各种森林达640多万hm^2。

2. 人为原因 目前，人类活动包括林产品过度开采、毁林开荒、战争等，以及主要由人类活动引起的全球气候变化已经成为森林植被破坏的主要原因。

1）*木材以及林产品的过度开发* 由于人们长期对生产木材（如人类在建造房屋、公共设施等方面）、薪柴等的需求量不断增加，同时又缺乏对森林生态环境的保护意识，因此造成了森林植被的破坏。例如，对于热带树林，欧洲国家进入非洲，美国进入中南美洲，日本进入东南亚，大量砍伐热带林，他们进口的热带木材增长了十几倍。这可能是造成热带森林面积急剧降低的原因之一。

2）*非法砍伐森林* 每年有1000万hm^2的原始森林被毁坏，相当于全球每分钟有40个足球场那么大片的森林被砍伐。亚马孙雨林是世界上最大的雨林，覆盖了巴西总面积的

40%，占世界雨林总面积的一半、森林总面积的20%，在全球气候中具有极其重要的地位，被称为“地球绿肺”。然而持续破坏使亚马孙雨林面积迅速减少。2012年6月公布的数据显示，亚马孙雨林面积减少的速度相当于每分钟消失6个足球场。为了使“绿肺”重获生机，巴西政府自1988年以来通过卫星监控、增派人力等方式保护亚马孙雨林，雨林面积减少率到今年已经连续4年创下新低，但保护雨林的任务仍然十分紧迫。目前，由于非法砍伐森林带来了巨大的经济损失，估计每年非法采伐贸易额达300亿～1000亿，政府每年损失此项税收100亿美元。由于被偷盗林木而导致压低了其市场价格16%。

3）*土地利用方式的改变*　森林被转化为其他土地利用方式直接导致了森林面积下降。①毁林开荒。联合国《2000年全球生态环境展望》指出，人类对林木和耕地的需求，已使全球森林减少了35%，其中30%的森林变成了农业用地。根据《2014热带雨林状况》报告，2000～2012年，全球范围内共计1.10×10^7 km^2热带雨林被摧毁。到2009年年底，毁林开荒导致我国森林覆盖率仅为20.36%。②放牧用地和人口居住用地增加。随着畜牧业的发展，需要更多的放牧用地，因此认为毁林为放牧用地。同样，随着人口数量的增长，需要占用更多的土地用于居住等，因此也造成了森林植被的破坏。

4）*采矿、堤坝、公路修建等人类活动*　矿产资源经常分布于山脉森林中，因此采矿、炼矿及采矿垃圾的堆放等行为均造成了对森林植被的破坏，尤其是非法采矿、采油等活动造成的破坏性更强。例如，非法采矿会使山林被挖得千疮百孔，周边形成了陡峭的悬崖，黄沙遍地，山体滑坡，树木被毁。由于人类修建堤坝、公路等设施，将直接破坏周边环境及植被。尤其是，随着道路扩建进程的加速，越来越危及世界最后的热带森林地区。例如，为了修建公路，亚马孙森林在1990～2000年期间以每年25 000 km^2的速度被毁林。除了直接修建公路对森林的破坏外，公路通过贯穿森林将对沿路森林产生破坏。在巴西的亚马孙，即克里斯托弗·巴伯，布鲁金斯南达科他州立大学的研究人员的一项未公开研究结果发现，在该地区的森林砍伐95 %以上发生在道路7 km范围内。

5）*气候变化*　人类活动造成全球气候改变也影响了森林植被，不同于上述直接原因对森林植被的影响，气候对森林破坏影响周期长、潜在危害性大。随着全球气候的改变，干旱降低了森林植被的生产力和存活能力。例如，根据美国西南部森林在公元前1000～2007年间的干旱-压力指数（FDSI）统计显示，暖季的蒸汽压力不足（主要是由于温度影响而导致的）和寒冷季节的降水解释了82%的FDSI变异，如果蒸汽压力不足继续持续，那么至2050年，平均森林干旱-压力将超过过去1000年。同时，气候变化对森林植被生物多样性的影响，如大规模病原菌的暴发将影响森林植被。

三、草原植被破坏

（一）概述

草原植被的破坏能够直接导致草场退化（即草地退化或草原退化）现象。草场退化是指在自然原因（干旱、风沙、水蚀、盐碱、内涝、地下水位变化等）或人为原因（过度放牧与割草等不合理利用以及滥挖、滥割、樵采破坏等）条件下导致的草群组成和土壤性质变劣的现象，进而造成产草量下降、草地生态环境恶化、草地牧草生物产量降低与品质下降等问题，使草地利用性能降低，甚至失去利用价值的变化过程。

草场退化包括一般性的草地功能性退化，以及沙化和盐渍化。草场沙化指草地土质变粗沙化现象。而草场盐渍化指干旱、半干旱和半湿润半干旱区的草地在含盐（碱）地下水和海水浸渍或内涝的作用下，或在人为不合理的放牧利用与灌溉条件下，土壤处于近代积盐，形成土壤次生盐渍化的过程。

（二）草场退化的原因

导致草原退化的原因有自然因素，如长期干旱、风蚀、水蚀、火灾、沙尘暴、鼠、虫害等，但最主要的是人为因素，如过度放牧、乱开滥垦、过度采伐、重用轻养等。由于长期的不合理利用甚至掠夺式利用，从草原不断带走大量的物质，又得不到补偿，违背了生态系统中能量与物质平衡的基本原理，导致生态系统功能的紊乱、失调和衰退，以致造成草场退化。

1. 严重超载过牧　在各种草原退化原因中，以超载过牧影响最为显著，这是由于人类对牧区产品需求量不断增加的结果。一方面，人类对畜牧产品需求增加，如牛羊肉的食用量增加，以及绒毛产品的需求量也在增加。羊绒主要来自于山羊，而承载一只山羊的草场范围能够养活 15～20 只绵羊，山羊除食草外，还吃掉草根，因此更容易导致草产退化。另一方面，移民现象也是造成过牧的一个因素。例如，自 21 世纪以来，在内蒙古富裕起来的牧民雇佣大量的外来人员放牧，其放牧的牲畜量越来越多，造成了超载放牧。目前，中国的牧区、半牧区平均超载 30%以上，实际上超载 1/ 3 已使草原丧失了休养生息的机会，这将加剧草场退化现象的产生。

2. 盲目开垦　通常，开垦为农田的草原区域集中在植被类型多样、植物种类繁多、草场质量最好的草甸草原地带，进而造成优质草场面积损失。我国 20 世纪 50 年代是毁草开荒最为严重的阶段。从 20 世纪中期至末期，由于对草原生态保护意识薄弱，以及人口增长的压力需求，我国草原开垦面积超过 1.2 亿亩。这个时期的盲目开采，拖拉机取代了锄头，相应机械化水平的提高给草原生态系统造成了不可逆转的损坏作用。

3. 水循环模式的改变　人类为了支持灌溉农业及畜牧业的发展，将大规模开发水资源致使其水循环发生改变。山区水库的修建减少了天然河道径流量；而地下水经开采灌溉，最终消耗于蒸散发，尤其是，地下水位的降低直接影响草原退化。随着地表水利用率和使用量增大，减少了从地表进入下游的水量，同时，由于减少了对地下水的补给，流入下游的地下径流也逐渐减少，直接造成地下水位过低。另外，地下水超采现象也加剧地表干旱程度，促进草场退化，向荒漠化方向发展。

4. 不合理采矿　草原蕴藏着丰富的煤炭、铜铁、石油、天然气及稀土等矿产资源。盲目或违规开矿，破坏草原植被。露天采掘坑除了破坏草原植被，而且还能对附近草原植被也有较强的破坏，更严重的是破坏了地下水资源，造成水污染现象。

5. 采药材　草原中存在着丰富的中草药资源，如黄芪、甘草、麻黄、柴胡、防风、知母等，这些中草药大部分是利用根，因而采集它必须挖根，要挖根就要破坏草原。 通常，大部分采集者在挖根后留下一个深坑和一堆松土，并无保护草原环境的意识，松散堆积的土壤成为风蚀的沙源。据估算，挖 1 kg 甘草就要破坏 5 m^2 以上的草地。

6. 鼠虫害严重　随着草原生态环境恶化及人类的影响，老鼠的天敌越来越少，造成鼠害严重，草皮遭到严重破坏，甚至产生沙化现象。据悉，2001 年我国草原鼠虫害危害面积达到 6030 万 hm^2；2002 年我国仅草原鼠害发生面积就为 2000 万 hm^2，当年发生的草原蝗灾面积达到 2324.8 万 hm^2。例如，仅长爪沙鼠的一个洞系，所占面积就达 5～7 m^2，挖出的沙土就有几十千克，导致草原上成百上千吨的沙土在大风中四处飞扬。

7. 全球气候变暖　草原初级生产对降水和温度变化极为敏感，因此全球气候变化将直接影响草原生态系统。气候变暖变干是加速西部草地退化的外营力。通常，草原初级生产在寒冷地区随气候变暖而增加，但在热带地区随气候变暖而下降。然而，长期的气候变化是引起草地生态系统恶化的重要自然因素。气候变化在草原荒漠化成因中占到很大的比重，仅次于超载过牧，如蒙古草原荒漠化面积已达 42%。

（三）草原退化对生态系统的影响

1. 生物多样性降低　草原退化伴随着生物数量和生物多样性的减少。草原群落的优势种和结构将发生改变，草群变矮、变稀，可食性牧草减少，有毒草和杂草增加，原来以优质牧草为优势种的草地演变为以毒草为优势的植物群落。而植被在生态系统中扮演着重要角色，是动物、昆虫等的栖息场所，随着草原退化，动植物资源遭破坏，生物多样性下降。

2. 草原生产力低下　草原产草量下降，其生产力降低，进而降低载畜量，影响和限制畜牧业的发展。我国草原退化现象显著，如我国北方草地每年每百亩产肉 24.9 kg、奶 28.6 kg、毛 3 kg，单位面积草地的畜产品产量低于世界草地的平均水平，仅相当于美国的 1/27、新西兰的 1/82 和澳大利亚的 1/10。对于草原转化为农田后，其生产力也呈下降趋势。例如，20 世纪 60 年代开始内蒙古草原开垦种植春小麦，第一年收 50 kg 左右，第二年仅 10 kg 左右。

3. 土壤质量下降　牛羊等通过采食、践踏增加土壤紧实度，降低其渗透率。通过采食活动及畜体对营养物质的转化和排泄物归还等影响草地营养物质的循环，导致草地土壤化学成分的变化，而草地土壤物理和化学性质之间也相互作用、相互影响，并对土壤质量产生影响。随着退化程度增加，土壤有机质、氮、磷等养分含量下降，土壤持水能力下降，土壤孔隙度和水分渗透率下降，土壤容重增加，石砾与砂粒增加，粉粒与黏粒降低，草原植被生长不良甚至达到寸草不生的程度，最终草原土壤出现沙化或盐碱化。随高寒草原植被破坏，土壤养分含量和土壤紧实度均降低；随退化过程的进行，贫瘠化过程加剧，出现了旱生沙生植物，出现沙化现象。

4. 土地退化　由于生物数量和生物多样性的下降，造成土地退化和水土流失，产生荒漠化、盐碱化等，如干旱草原由于气候干燥能够引起沙化。固定沙丘复活，流沙掩埋草场。例如，在我国内蒙古自治区的中部、鄂尔多斯高原南部的毛乌素沙地区，沙漠区显著向南扩张，掩埋草场，导致草场退化面积快速增加。内蒙古呼伦贝尔草原、锡林郭勒草原、鄂尔多斯草原由于沙化造成的草地退化分别占其草原总面积的 23%、41%、68%。其次，可能还产生沼泽化，如草甸草原因水分过多、易产生沼泽化等。

5. 鼠虫害加剧　老鼠、蝗虫危害猖獗。随着草场退化，老鼠通过掏洞、啃食植被等方式进一步破坏了草场。2010 年 5 月内蒙古自治区 12 个盟（市）的 27 个旗（县、区）发生鼠害，害鼠啃食草原植被，对草原进行盗洞及践踏，草场破坏严重。在鼠害严重地区，1hm^2 土地上能有 1400 多只老鼠。由于草地退化，植被减少，甚至还出现饿急了的老鼠咬活羊的极端情景。

6. 自然灾害频发　随着土地退化现象等产生，增加了沙尘暴、旱灾等自然灾害爆发的频率。例如，1934 年 5 月 12 日的“黑风暴”事件，持续 3 天之久，掠过了美国 2/3 的大地，

3 亿多吨土壤被刮走，风过之处，水井、溪流干涸，牛羊死亡。黑风暴的袭击给美国的农牧业生产带来了严重的影响，导致小麦枯死，引起当时美国谷物市场的波动，冲击经济的发展。黑色风暴刮走肥沃土壤表层，露出大面积贫瘠的沙质土层，土壤结构和质量的降低制约了灾区农业生产的发展。

四、土地荒漠化

（一）土地荒漠化的定义

"荒漠化"一词是 1949 年法国科学家奥布里维尔提出来的，当时他把热带雨林在人为影响下变成稀疏草原，乃至荒漠景观的过程称为荒漠化。1977 年，联合国在肯尼亚首都内罗毕召开的世界防治荒漠化会议上首次正式使用了"荒漠化"这个词。1992 年联合国环境与发展大会对荒漠化的概念进行了定义。荒漠化是指包括气候变异和人类活动在内的种种因素造成的干旱（arid）、半干旱（semi-arid）和亚湿润干旱（dry subhumid）地区的土地退化。在这个概念中，"土地"包括土壤、水资源、地面状态和植被（包括农作物）等，"退化现象"是指因水蚀、风蚀、土沙堆积、自然植被减少等而出现的土地潜在生产力的减退。1994 年 10 月的《联合国关于在发生严重干旱和（或）荒漠化的国家特别是在非洲防治荒漠化的公约》（UNCCD），采用了上述概念。各国政府、科研机构和科学家、社会团体和人民大众与荒漠化作斗争方面取得了共识。1994 年以前，荒漠化在我国仅仅被作为沙质荒漠化来定义。1994 年，联合国防治荒漠化公约中的定义被我国政府采纳，以满足我国执行防治荒漠化公约的需要。

"土地荒漠化"概念的内涵为：①"荒漠化"是在包括气候变异和人类活动在内的多种因素的作用下产生和发展的；②"荒漠化"发生在干旱、半干旱及亚湿润干旱区[指年降水量与可能蒸散量（potential evapotranspiration）之比为 0.05～0.65 的地区，但不包括极区和副极区]，这就给出了荒漠化产生的背景条件和分布范围；③"荒漠化"是发生在干旱、半干旱及亚湿润干旱区的土地退化，将荒漠化置于宽广的全球土地退化的框架内，从而界定了其区域范围。

土地退化与荒漠化有着密切的关系。土地荒漠化属于土地退化范畴。"土地退化"是指由于一种过程或数种过程结合使旱作农地、灌溉农地、牧场和林地生物生产力的下降或丧失。土地退化包括三种类型：①风蚀和水蚀致使土壤物质流失；②土壤的物理、化学和生物特性或经济特性退化；③自然植被长期丧失。因此，除了荒漠化以外，土地退化还包括潜育化、盐碱化、水土流失等。

国际上对土地荒漠化问题非常重视。20 世纪 60 年代末和 70 年代初，非洲西部撒哈拉地区连年严重干旱，造成空前土地沙漠化灾难，使国际社会密切关注全球干旱地区的土地退化。因此，"荒漠化"名词于是开始流传开来。1977 年在防治荒漠化会议上，签署了一项《阻止沙漠化行动计划》，制定了防治荒漠化的行动计划，并为此投入了数十亿美元，目标是到 2000 年使全球性的荒漠化问题基本得到解决。1984 年，联合国环境规划署又在内罗毕举行了特别会议，全面评价了执行《阻止沙漠化行动计划》的进展。尽管世界各国为阻止荒漠化进行了各种努力，但是荒漠化并未得到有效抑制，反而呈快速发展态势。1992 年的"联合国环境与发展大会"（UN Conference on Environment and Development）把沙漠化作为影响人类社会持续发展的重要问题列入《21 世纪议程》，把防治荒漠化列为国际社会优先发展和采取行动的领域。1993 年开始了《联合国关于发生严重干旱或荒漠化国家（特别是非洲）防治荒漠化公约》的政府间谈判。1994 年 6 月 17 日《公约》文本正式通过。此公约确定了土地荒漠化的定义和内涵。我国是《公约》的缔约国之一。1994 年 12 月联合国大会通过决议，每年的 6 月 17 日定为“全球防治荒漠化和干旱日”，向群众进行宣传，以此来呼吁各国政府重视土地荒漠化这一严重的全球性生态问题。2005 年 6 月第 58 届联合国大会通过决议，宣布 2006 年为国际荒漠化年，以阻止全球范围内荒漠化恶化的趋势。为了减少荒漠化带来的影响，2007 年，联合国大会宣布 2010～2020 年为“联合国荒漠及防治荒漠化十年”，在接下来的 10 年中应对土地荒漠化，提高世界旱地的保护和管理，从而解决不断恶化的荒漠化和土地退化问题。

（二）土地荒漠化的类型

根据《防治荒漠化公约》，荒漠化可划分为风蚀荒漠化（aeolian desertification）、水蚀荒漠化（water erosion）和土地盐渍化（salinization）等主要类型。风蚀荒漠化是指由于大风的侵蚀作用造成的土地沙漠化等土地退化，是以空气动力为主的自然营力叠加在人类活动条件下所造成的土地退化。干旱、多风和沙源丰富的疏松沙质地表是产生风蚀荒漠化的条件和物质基础。水蚀荒漠化是指由于水土流失造成的土地退化，是以降水和重力作用为自然营力叠加在人类不合理活动条件下的土地退化。土地盐渍化是指由于旱地灌溉而形成的土壤次生盐渍化，是在干旱条件下人类不合理灌溉和管理措施不当产生的土地退化。

按气候区分类将荒漠化分为热带荒漠与温带荒漠。热带荒漠位于热带沙漠气候区。受副热带高压控制，盛行下沉气流，降水少。温带荒漠位于温带大陆性气候区，深居内陆距海远，海洋水汽难以到达。以上皆为一般情况下的成因，也有例外的，如巴塔哥尼亚高原的荒漠化，是由于其位于西风带的背风坡而形成的。

（三）荒漠化产生的危害

目前荒漠化已经不是简单的生态环境问题和地质问题，而是演变为经济问题和社会问题，因为它给生态环境和社会经济发展带来极大危害的同时，也给人类带来贫困和社会不稳定。由于其严重的危害性，荒漠化被称为“地球的癌症”。

1. 引发生态平衡破坏和土地生产力的严重衰退　荒漠化直接导致土地退化、生物群落退化、气候变化、水文状况的恶化，导致大面积可利用土地资源的丧失。对于受荒漠化威胁的人们来说，荒漠化意味着他们将失去最基本的生存基础——有生产能力的土地的消失。土壤风蚀不仅是沙漠化的主要组成部分，而且是首要环节。风蚀会造成土壤中有机质和细粒物质的流失，导致土壤粗化、肥力下降。例如，在中国毛乌素沙地，每年土壤被吹失 5～7 cm，每公顷土地损失有机质 7700 kg，氮素 387 kg，磷素 549 kg，小于 0.01 mm 的物理黏粒 3.9 万 kg。沙漠化致使中国每年损失土壤有机质及氮、磷、钾等达 5590 万 t，折合化肥 2.7 亿 t，相当于 1996 年全国农用化肥产量的 9.5 倍。

2. 污染环境，毁坏生活设施和建设工程　污染相邻大气、土壤及水环境。荒漠化土地为沙尘暴提供了充足的沙源，导致了大气污染。例如，前些年北京的沙尘问题与我国北方草原破坏造成的沙漠化问题密切相关。荒漠化严重威胁村镇、交通、水利及其他工农业设施的运行，如内蒙古鄂尔多斯市南部 12 个乡流沙埋压房屋 2200 余间、棚圈 3000 多间、水井 1433 眼和近 700 户被迫搬迁。

3. 自然灾害加剧，沙尘暴频率增大　土地的沙化为沙尘暴的发生创造了条件。例如，中国北方地区沙尘暴呈爆发频率高、强度大、范围广的特点。由于荒漠化越来越严重，沙尘暴的爆发也越来越频繁。中国西北地区从公元前 3 世纪到 1949 年间，有记载的强沙尘暴共 70 次，平均 31 年发生一次，而从 20 世纪中期至末期已发生 71 次。

4. 荒漠化对人类生存的威胁　世界上有 21 亿人口（约占世界总人口的 40%）居住在沙漠或者旱地中。沙漠和旱地有着极其独特的价值，世界上 50%的牲畜生长在沙漠和旱地的牧场中，44%的可耕地为旱地，而且旱地储存了全球 46%的碳。荒漠化正影响着世界上 36 亿 hm^2 的土地（占地球陆地总面积的 25%）。每年消失的土地可生产 2000 万 t 的粮食，威胁着大约 100 个国家的 10 亿多人的生活。1996 年联合国防治荒漠化公约指出，全球现有 12 亿多人受到荒漠化的直接威胁，其中有 1.35 亿人在短期内有失去土地的危险。总之，荒漠化危及当地人民的生存发展，导致大面积可利用土地资源的丧失，缩小了人类的生存空间，加重了贫困程度。

（四）主要成因及过程

自然因素和人为因素的结合产生了荒漠化问题。《联合国防治荒漠化公约》明确指出，荒漠化是一个人为问题，它的成因是对土地压力太大所造成的，而不是逐渐扩张的沙漠所造成。因此，“人类既是荒漠化的导致者，也是荒漠化的受害者”。

1. 自然因素　自然因素中以气候因素起主导作用，另外还包括自然地理因素，为荒漠化的发生提供了有利条件。①气候因素：赤道地区的上升气流在高空向两极方向流动，由于地球旋转偏向力的影响，在南北纬 30°附近，大部分空气不再前进，而在高空积聚，并辐射冷却下沉，近地面气层常年保持高气压，气象学上称之为“副热带高压带”。这一地带除亚欧大陆东岸季风气候区外，其他地区气候干燥，云雨少见，成为主要的沙漠分布区。②多大风，因为大风吹扬是形成的动力。③植被稀少，植被覆盖率低，有利于荒漠化的发生和发展。④土质疏松，即地表松散物质，易于被吹起，因而是荒漠化形成的物质基础。

荒漠化形成过程中，各种自然因素相互影响加速了荒漠化进程。异常的气候条件，特别是严重的干旱条件，易造成植被退化、风蚀加快，引起荒漠化。干旱的气候条件在很大程度上决定了当地生境的脆弱性，因而干旱本身就包含着荒漠化的潜在威胁；气候异常可使脆弱的生境失衡，是导致荒漠化的主要自然因素。

2. 人为因素　人口增长和经济发展使土地承受的压力过重，对生态环境造成压力，尤其是人类的不合理生产活动造成或加剧了土地荒漠化，主要表现在：①过度开垦。解决对策是调节土地利用结构，退耕还林还草。②过度放牧。解决对策是牲畜数量与草场承载力相适应，如推广轮牧。③过度樵采。解决对策是采取综合措施，多途径解决农牧区能源问题，如太阳能等。④矿产资源的不合理开发及水资源不合理利用。解决对策是合理利用水资源。⑤交通线等工程建设保护不当。解决对策是加强管理与保护。

3. 荒漠化的形成和发展　土地荒漠化的形成是一个复杂过程。人为因素和自然因素综合地作用于脆弱的生态环境，造成植被破坏，荒漠化现象开始出现和发展。其中，自然地理条件和气候变异为荒漠化形成、发展创造了条件，但其过程缓慢，人类活动则激发和加速了荒漠化的进程，成为荒漠化的主要原因。

荒漠化的形成经历了不同的发展阶段，以风力作用下的荒漠化过程为例，包括：①发生阶段。仅存在发生荒漠化的条件，如气候干燥、地表植被开始被破坏等，即潜在荒漠化。②发展阶段。地面植被已被破坏，出现风蚀、粗化、斑点状流沙和低矮灌丛沙堆。随风沙活动加剧，进一步出现流动沙丘或吹扬的灌丛沙堆，包括发展中的荒漠化（荒漠化土地占土地面积 20%以下）和强烈发展的荒漠化（荒漠化土地占土地面积 20%～50%）。③形成阶段。地表广泛分布流动沙丘或吹扬的灌丛沙堆，其面积占土地面积 50%以上时为严重荒漠化。

4. 地表各圈层与荒漠化之间的关系　沙漠化是地球表层系统各圈层之间复杂的相互耦合作用结果。土壤是荒漠化直接作用基质，气候变化是控制沙漠进程的条件因子，生物是沙漠化进行的调控因子，陆表水环境持续亏损是导致干旱、半干旱地区沙漠化发展的直接驱动力，岩石圈构造运动塑造了不同地形地貌，奠定了沙漠分布的地理格局。实际上，地表各圈层对沙漠化影响过程是极为复杂的动力学过程，各圈层相互作用、相互制约、互为因果，但各圈层又具有相对独立性，对沙漠化的影响各具特点。

1）土壤圈与沙漠化　土壤是沙漠化作用的基质，土壤结构性质直接影响沙漠化程度。沙漠化过程中，由于不同粒径土壤颗粒理化特性具有较大差异，其损失程度不同，表层土壤在强烈风力作用下，细粒物质容易被吹蚀，尤其是富含养分和具有较高持水能力的土壤细颗粒的损失最为严重。反过来，沙化后会使土壤发生粗粒化和单粒化的演变过程，因此风蚀而导致的沙漠化过程中促进了土壤退化，造成土壤结构破坏、保水保肥性下降、有机质和各种养分损失。总之，沙漠化与土壤之间存在着双向耦合的关系，土壤结构性质变化与沙漠的进退存在互相制约关系。

2）大气圈与沙漠化　气候条件是控制沙漠化是否进行的最主要因素。只有持续干旱气候条件才能促进沙漠化进行。随着全球气候变暖现象的发生，改变了降水量和蒸发量，有利于沙漠化进程。例如，大气气温上升 1.5℃，全球干旱区域总面积将增加 18.8×10^4 km^2，平均每年增加 2200 km^2。反过来，沙漠化也能影响全球气候变化。这是由于沙漠化地区湿度小，可供太阳能蒸发的水分更少，多余的太阳能通过加热地表和低层大气达到辐射平衡，使得气候变得干燥而炎热。而且，大气的浮尘及扬沙吸收太阳能或反射太阳能后，使大气层垂向温差减小，促使降雨减少而加剧了干旱气候。

3）生物圈与沙漠化　植被通过防风固沙作用直接阻止或减缓沙漠化进程，还可以通过气候-植被相互作用，实现对气候干湿变化调节，进而减慢了全球气候变暖速率，优化植被和气候条件因子，减缓沙漠化进程。通常，沙漠化进程与植被演替是互作用结果，植被退化将推动沙漠化进程而伴随着沙漠化的进行，植被退化现象明显。例如，在草原沙漠化过程中，植物多样性、种饱和度、初级生产力下降 80%以上，土壤微生物、动物数量下降 70%以上，植被开始发生逆向演替又加速了沙漠化进程，造成二者相互促进发展。

4）水圈与沙漠化　沙漠化主要发生在干旱、半干旱地区，因此，地下水和地表水的持续缺少是沙漠化进程的主要驱动力，其中以地下水的影响最为显著。潜水面对风蚀具有制约作用。由于孔隙水的表面张力作用，靠近潜水面附近的湿润沙粒黏合力增大，不易被风力吹移，减弱风蚀作用，如含水率小于 1%时，沙粒才能起动。风蚀过程中，风先将地面吹干，然后才将沙粒吹离地面产生移动。而且，较高潜水面在强蒸发作用下，胶结物聚集形成的胶结硬化层有助于抵御风蚀作用，可以说，潜水面也是沙漠区的风蚀基准面。除了上述水环境对沙漠化的直接影响作用外，还可以通过潜水位埋深对植物生长影响，进而影响沙漠化进程。例如，在我国西北，土壤含水率< 7%，植被开始退化，土地开始出现沙化现象；土壤含水率< 5%，植被退化，土地沙化明显；土壤含水率<3%，植被无法生长，土地严重沙化。另外，地下水位的下降造成植被退化，加速沙漠化进程。例如，由于塔里木河流域上游灌区用水量增加，导致下游沿岸地带地下水位下降，由 20 世纪 50 年代的地下 3 m 下降为 8～12 m，造成下游胡杨林带大面积枯死，沙漠化以每年 0.25%的速度进行。

5）*岩石圈与沙漠化*　沙漠化发生在一定的地质地貌条件下，而岩石圈通过地壳运动控制了沙漠及沙漠化发生发展的演化格局。构造运动塑造了沙漠盆地的宏观格局，包括形态、走向和规模。地壳的升降控制着沙漠形成过程中的剥蚀、搬运与沉积作用，决定着沙漠内部河流水系、冲积平原或洪积扇等地貌景观。因此，构造运动对沙漠形成具有奠基性作用。另外，地壳运动不仅直接控制沙漠分布演化，还通过影响气候系统而间接地影响沙漠化进程。

第二节　淡水与海洋的生物污染与危害

一、生物污染

（一）生物污染的特点

生物污染是指对人和生物有害的生物（包括动物、植物和微生物）、寄生虫等病原体和变应原等污染水、气、土壤和食品，影响生物产量，危害人类健康，这种污染称为生物污染。未经处理的生活污水、医院污水、工厂废水、垃圾和人畜粪便（以及大气中的漂浮物和气溶胶等）排入水体或土壤，可使水、土壤环境中虫卵、细菌数和病原菌数量增加，威胁人体健康。污浊的空气中病菌、病毒大增，食物受霉菌或虫卵感染都会影响人体健康。海湾赤潮及湖泊中的富营养化导致某些藻类等生物过量繁殖，也是水体生物污染的一种现象。

生物污染是向环境中引入新的、原先不是其特有的生物，而生物有机体数量（生物量）过度地增加，以至于超过了在自然条件下的标准数（即超出了多年平均数或周期性峰值），对环境或其他生物体造成危害。其特点有：①预测难，人们对外来生物在什么时候、什么地方入侵难以作出预测；②潜伏期长，一种外来生物侵入之后，其潜伏期长达数年，甚至数十年，因此，难以被发现，难以跟踪观察；③破坏性大，外来生物的侵入，在破坏了当地生态环境的同时，也破坏了该生态系统中各类生物的相互依存关系，可能造成严重的后果。

（二）生物污染的危害

1. 对生态系统的影响　生物污染影响生态系统结构组成，如降低生物多样性、破坏生态环境，同时影响生态过程。外来物种首先破坏原有生态环境，使其成为优势种群并控制新的环境，导致本土物种数量降低甚至灭绝。外来入侵物种能够侵占本土资源，迅速繁殖生长，吸收越来越多的生物资源，使本土物种大量减少，甚至渐趋消亡。例如，尼罗河鲈鱼被引进非洲维多利亚湖之后，导致了湖中 200 多种地方鱼种的灭绝。1970 年前后，在蒙大拿河流中为了增加鲑鱼的饵料而加入糠虾，但是鲑鱼习惯于在水面摄食，糠虾却在晚上鲑鱼看不到的时候才升到水面，而且糠虾还吃掉了鲑鱼鱼苗生长所需的浮游生物，结果导致鲑鱼数量迅速下降，而依赖鲑鱼为生的熊、捕食鸟和鹰等动物遭受了灭顶之灾。美国 46%的珍稀濒危物种受到外来污染种的威胁，据美国污染物种委员会研究，42%的乡土生物多样性（珍稀濒危物种）的丧失是外来物种的污染所致，仅次于生境破坏。

2. 危害人类健康　人类绝大多数疾病都是由细菌和病毒引起的。微生物的高速复制和突变本能，使其能够快速适应各种环境变化，造成大规模其他生物灭亡。通过各种途径，外来病菌会在全球传播流行，如艾滋病、疯牛病、登革热病、霍乱等疾病都极大地威胁着人类的健康。1991 年美洲暴发的霍乱，很可能是外来船只将受污染的压舱水排放到秘鲁海港引起的。这次霍乱使 100 多万人受到感染，造成了 1 万人死亡。

3. 危害生产和经济的发展　凤眼莲现在从北纬 40°到南纬 45°之间的地区均有分布。凤眼莲的疯长会造成航道堵塞、水质恶化和水生生物的死亡。中国云南昆明市的大观河几乎全部被凤眼莲覆盖，滇池约 1000 hm^2 的水面几乎全部生长着凤眼莲。福建省为了“保滩护堤，保淤造地”，开始引种和推广英国大米草，结果大米草以每年 267～333 hm^2 的速度增长，吞噬滩涂 7300 hm^2 以上。水质下降直接导致贝类、蟹类等大量死亡，虾病、鱼病增多，海带、紫菜等生长受到影响，产量逐年下降，影响当地滩涂养殖业的发展。

美国自然保护协会认为，迄今美国约有 6300 多种动植物为非本地物种，每年美国由于外来物种入侵造成的经济损失可高达 1370 亿美元。仅仅外来害虫对森林造成的损失就高达 40 亿美元，而食品中病菌所造成的医疗费用和各种经济损失高达 65 亿～349 亿美元上下。南美的风信子造成的生物污染，使非洲的维多利亚湖濒临“死亡”，沿湖国家肯尼亚、乌干达和坦桑尼亚的经济遭受了巨大损失。而在澳大利亚，每年仅由于植物物种入侵而造成的经济损失可达到 21 亿美元。

（三）生物污染的成因

生物污染的因素包括自然因素和人为因素。自然因素是指风、洪水、气候变化等。人为造成环境生物污染的因素很多，主要包括人为引种、生态失衡、偶然传入、生物技术等。人类为了改善周围环境、丰富生物资源，通过多种技术手段促进物种的跨地域性交流，每年约有 10 万份以上的植物种子样品在世界范围内交流，这将造成有害生物传播蔓延，产生生物污染，对本土动植物区系产生遗传学影响，造成潜在危害。在旅游、贸易等人类活动中，一些危险性病虫害、杂草及其他有害生物可随交通工具等偶然传入新的环境。其中一部分因不适应新环境而死亡，但有一些种类在新环境条件下大量繁殖、扩展而造成严重危害。另外，生态平衡失调和环境破坏造成某些物种数量大量减少甚至灭绝，但有些生物却能过度繁殖、生物量大大增加而造成新的危害，如 1919 年秘鲁海岸由于污染使一种霍乱病菌侵袭当地海藻。生物技术造成的生物污染主要有两个方面：一是生物合成工厂排放的生物活性物质，如抗生素、酶、疫苗、氨基酸等，以及各种微生物制剂厂排放的大量微生物；二是生物高新技术，如转基因工程、遗传工程等对生态环境及人类健康带来潜在影响。

（四）生物污染的分类

1. 水体生物污染　致病微生物、寄生虫和某些昆虫等生物进入水体，或某些藻类大量繁殖，造成生物污染，进而使水质恶化。受污染的水体可带有伤寒、痢疾、结核杆菌和大肠杆菌，还有螺旋体和病毒。水体中的寄生虫有血吸虫、痢疾变形虫、线虫、贾第虫，以及一些有害昆虫如蚊、蚋、舌蝇等幼虫。水生生物中常带有致病菌。鱼的受污染部位主要是口腔、鳃、胃、肠及排泄腔等。贝类中与病原菌关系密切的是牡蛎，它可传播伤寒。

主要污染来源包括：①地面土壤、废弃物等中的微生物、大气中飘浮的微生物均可进入水中而污染水体；②海水中病原菌主要通过海滨、港口、入海污染河流因接纳污水，也常含有病原菌；③污水排放，污染水体的生物种类繁多，主要有细菌、钩端螺旋体、病毒、寄生虫和昆虫等。在自然界清洁水中，1 mL 水中的细菌总数在 100 万个以上，而受到严重污染的水体可达 100 万个以上。

由于人类对水源的生活和生产需要，水体污染将对人类产生严重危害：①影响工业生产、增大设备腐蚀、影响产品质量。②影响人民生活质量，甚至危害人体健康。通过饮用水或食物链传递作用，造成人体急性或慢性中毒，甚至可诱发癌症。③被寄生虫、病毒或其他致病菌污染的水，会引起多种传染病和寄生虫病。④含有大量氮、磷、钾的生活污水的排放，大量有机物在水中降解释放营养元素，促进水中藻类丛生，植物疯长，使水体通气不良，溶解氧下降，甚至出现无氧层，产生水体富营养化现象，对养殖业产生影响。

2. 土壤生物污染 土壤生物污染是指一个或几个有害的生物种群从外界环境侵入土壤并大量繁殖，引起土壤质量下降，不仅破坏原来的生态平衡，还会对动植物和人体健康以及生态系统造成不良影响。土壤生物污染是传播寄生虫病的潜在因素。土壤中致病生物通过以下方式对人类产生影响：①通过食物链经消化道进入人体，如线虫的虫卵，在土壤中需要几周时间发育，然后变成感染性的虫卵通过污染食物进入人体。②穿透皮肤侵入人体，如十二指肠钩虫等虫卵在温暖潮湿土壤中经过几天孵育变为感染性幼虫，再通过皮肤穿入人体。传染性细菌和病毒污染土壤后对人体健康的危害更为严重。另外，随患病动物的排泄物、分泌物或其尸体进入土壤而传染至人体的还有炭疽、破伤风等疾病的病原菌。③土壤生物污染可能引起植物病害，造成农作物减产，影响农作物产品质量。例如，土壤传染的植物病毒有烟草花叶病毒、烟草坏死病毒、小麦花叶病毒和莴苣大脉病毒等。

3. 大气生物污染 大气环境质量由于生物污染而恶化，使生物生存、人体健康和人类活动受到影响或危害。大气生物污染源包括：①微生物。主要污染微生物有芽孢杆菌属、无色杆菌属、八叠球菌属、细球菌属、放线菌、酵母菌和真菌等。大部分为腐生性的微生物。在室内空气中除上述一些微生物外，还可能有来自人类与动物体的某些病原微生物，如结核杆菌、白喉杆菌、溶血性链球等，通过进入人体内，引起某些疾病的传播流行，甚至癌症。②花粉、孢子等。容易引起花粉症，尤其是对免疫力低人群，环境条件更容易促进其花粉过敏反应，如枯草热等。③动植物片段等非微生物。除了动植物碎屑颗粒物本身构成的气溶胶污染外，其能够吸附微生物、花粉等，在大气中进行传输，造成生物污染。

大气生物污染物通常以气溶胶形态存在于大气环境中，具有生命的气溶胶粒子（包括细菌、真菌、病毒等微生物粒子）和活性粒子（花粉、孢子等），以及由有生命活性的机体所释放到空气中的各种质粒被统称为生物气溶胶。大气生物气溶胶主要来源于土壤、灰尘、江河湖海、动物、植物及人类本身，它们借助于大气的各种运动进行输送。大气气溶胶颗粒物中的 1/4 是由生物颗粒物所组成，包括花粉、真菌孢子、细菌、病毒，或植物和动物物质的片段。通常不同类型的生物气溶胶粒径尺寸不同，花粉 17～58 μm，真菌孢子 1～30 μm，细菌 0.25～8 μm，病毒小于 0.3 μm。植物和动物物质的片段颗粒物粒径范围更为广泛。生物颗粒物很少单独存在于大气中，如大多数细菌吸附在空气动力学直径 <3 μm 颗粒物上。细菌可能以聚合态，或者吸附在植物及动物碎片、土壤、花粉等颗粒物上；病毒也能够吸附在由动

物释放出的较大液滴上进行传输。

在大气中生物气溶胶行为主要取决于其粒径、密度和形状。颗粒的空气动力学直径被定义为等效颗粒的直径，当为球形时，密度为 1 g/cm^2。如果生物气溶胶等效粒径小于此值，其在大气中的运输更为活跃，如某些针叶树的花粉含有空气囊导致其低密度；荧光假单胞菌直径范围为 0.3～0.8 μm、长度为 1.0～3.0 μm，其空气动力学直径约为 0.8 μm。

4. 食品生物污染　食品生物污染是指有害的病毒、细菌、真菌和寄生虫污染食品。这种污染的危害主要为：①使食品腐败、变质、霉烂，破坏其食用价值；②有害微生物在食品中繁殖时产生毒性代谢物，如细菌外毒素和真菌毒素，人摄入后可引起各种急性和慢性中毒；③细菌随食物进入人体，在肠道内分解释放出内毒素，使人中毒；④细菌随食物进入人体侵入组织，使人感染致病。细菌性污染是涉及面最广、影响最大、问题最多的一类食品污染，其引起的食物中毒是所有食物中毒中最普遍、最具爆发性的。

沙门氏菌是全球报送最多的、各国公认的食源性疾病首要病原菌，据资料显示，沙门氏菌的发病率分别为：澳大利亚 38/10 万：德国 120/10 万；日本 73/10 万；荷兰 16/10 万；美国 14/10 万。许多真菌可以产生真菌毒素，引起食品污染。真菌毒素不仅具有较强的急性毒性和慢性毒性，而且具有致癌、致畸、致突变性。与细菌、真菌不同，病毒的繁殖离不开宿主，所以病毒往往先污染动物性食品，然后通过宿主、食物等媒介进一步传播。带有病毒的水产品、患病动物的乳和肉制品一般是病毒性食物中毒的起源。微生物污染食品的途径可分为两大类。一类是内源性污染。凡是作为食品原料的动植物体在生活过程中，由于本身带有的微生物而造成食品的污染称为内源性污染，也称第一次污染。例如，畜禽在生活期间，其消化道、上呼吸道和体表总是存在一定类群和数量的微生物；受到沙门氏菌、炭疽杆菌等病原微生物感染的畜禽某些器官和组织内就会有病原微生物的存在。另一类是外源性污染。食品在生产加工、运输、储藏、销售、食用过程中，通过水、空气、人、动物、机械设备及用具等使食品发生微生物污染称外源性污染，也称第二次污染。

二、淡水的生物污染

（一）水华现象与其危害

水华是淡水或海水水域长期被污染，使水体富营养化而产生的，导致某一种或几种浮游生物快速大量生长而产生的生物污染现象。浮游生物的密度一般是 10^2～10^6 细胞/mL。“水华”一词经常用来表示淡水水域的生物污染，而海水水域的水华现象通常被称为赤潮。水华和赤潮的发生时间及发生强度是生态退化的直接反映和一个重要的判断标准，使得有毒害藻类增加，直接危害了鱼类生长及人类的健康。

淡水水域的水华是淡水水体中藻类大量繁殖的一种自然生态现象，是水体富营养化的一种特征，通常发生在淡水水域的江、河、湖泊中；主要污染的生物通常呈现蓝色、绿色和暗褐色。产生水华现象的生物为浮游生藻类，包括蓝藻、绿藻、硅藻等。蓝藻（严格意义上应称为蓝细菌）类主要指铜绿微藻、水花微囊藻、水花束丝藻、水花鱼腥藻等，它们的细胞内含叶绿素和蓝色素等；绿藻、硅藻及浮游动物腰鞭毛虫，部分水华现象是因其引起。

水华的危害主要为：①消耗水体溶解氧。大量藻类的繁殖需要氧，且藻类死亡后细菌对其分解又消耗大量的氧；②产生有害物质。蓝藻死亡时产生蓝藻毒素、大量羟胺及硫化氢；

蓝藻死亡后刺激化能异养细菌的产生，大部分是致病菌；③降低生物多样性。溶解氧降低、有害物质、藻类分泌物粘在鱼、虾、贝等生物的鳃上，妨碍呼吸，导致窒息死亡。例如，蓝藻能释放生物毒素类次级代谢物，使鱼卵变异、蚤类死亡、鱼类行为及生长异常，其他水生生物死亡；④饮用水源受到威胁。此外，自来水厂的过滤装置被藻类"水华"填塞；⑤藻毒素通过食物链影响人类的健康。蓝藻"水华"的次生代谢产物 MCRST 能损害肝脏，具有促癌效应，直接威胁人类的健康和生存。例如，接触含藻毒素水体可引起眼睛和皮肤过敏；少量喝水可引起急性肠胃炎；长期饮用则可能引发肝癌。

（二）水华现象发生原因

水华现象是一种复杂的生态异常现象，发生的原因也比较复杂，涉及物理、化学、生物因素。关于水华现象发生的机理虽然至今尚无定论，但是水华现象发生的首要条件是水华现象生物增殖要达到一定的密度。大多数学者认为，水华现象发生与下列环境因素密切相关。

1. 富营养化　造成水华现象出现的主要原因是水域沿线大量施用化肥、居民生活污水和工业废水大量排入江河湖泊，致使江河湖泊中氮、磷等含量上升。虽然氮磷是限制藻类增长的两个主要元素，但许多研究证明藻类生长同样需要微量元素。像铁、钼等微量元素可以单独或是与氮、磷共同限制藻类的增长。例如，在蓝藻固氮的过程中，所需要的铁量是其他藻类按相同速率增长的 10 倍。这表明当藻类群落向以蓝藻为主导演替时，铁可能成为蓝藻增长的营养限制因素。因此，水体中的氮、磷及微量元素的富营养化是水华暴发的主要原因。

2. 气候条件适宜　影响水华的气候条件主要包括水体温度和光照条件。水温在水华的形成和消散过程中起着重要的作用；在水华潜伏期，适宜的水温是水华藻类快速生长、繁殖的必要条件；水华一旦形成，维持水华藻的高种群密度也需要稳定、适宜的水温，此时如果水温发生剧烈变化，将会立刻打破水体中水华藻疯长的格局，引起水华藻类数量骤减，于是水华消失。藻类适应温度的范围较广，环境温度在 20～30℃、水温在 10℃左右为最佳。不同的藻类其最适宜生长温度不同。例如，铜绿微囊藻发生水华的温度为 17.5℃；太湖微囊藻的最适生长温度为 30～35℃，水库中的围隔实验证实当水温为 26℃时最适宜于微囊藻的聚集、上浮而形成水华。日照充分，光合作用强烈，藻类繁殖就快，浊度高的水体会影响日照，抑制藻类生长。一般认为 3000～4000 lx 是水华藻类的最适宜光强。

3. 水体流速较慢　一般认为，当水体流速逐渐变小而接近零时，流速对藻类生长影响达到最大值；而当流速逐渐增大，藻的生长率将逐渐变小。然而，在实际的研究中发现，流速对藻类生长的影响可能并非如此简单。在对流水中的藻类研究中发现，除嫌流水藻类，急流藻类和中流水藻类都可以在流水中生长，水流对藻类的生长和繁殖是有利的，因为水的运动而使藻类不断地得到新的营养物质供应。不同的藻类具有不同的适宜水流流速。藻类普遍喜欢流速较缓的水域，蓝藻、绿藻偏爱静水区，硅藻偏爱缓流水域。蒋文清（2009）研究发现，水华暴发的临界流速为 0.08～0.1 m/s。

4. 其他影响因素　除了水体的富营养化之外，洋流、水体 pH、沉积物内源释放，以及风速、风向、降雨、蒸发、降尘等环境因子等因素等均会对藻类等水华生物的大暴发产生影响，在个别时候甚至是诱发因素。以太湖暴发的蓝藻水华现象为例，蓝藻水华现象产生的条件为水温 25～35℃、富营养化水体尤其是较高含量的有机磷，因此有机磷是导致水华的主要原因。

三、海洋的生物污染

（一）赤潮

赤潮是海水水域长期被污染，使水体富营养化而产生的，导致某一种或几种浮游生物快速大量生长而产生的生物污染现象，属于水华现象的一种。“赤潮”又叫“红潮”和“有害藻华”，“赤潮”是一个历史沿用名，被誉为“红色幽灵”，此外还有厄水（海水变绿褐色）、苦潮（海水变赤色）、青潮（海水变蓝色）。赤潮是由海水中某些浮游藻类、原生动物或细菌暴发性增殖或高度聚集而引起水体变色的一种有害生态现象。根据引发赤潮的生物种类和数量的不同，海水有时也呈现出红色、黄色、绿色和褐色。赤潮生物主要有微藻、原生动物或细菌等。其中引发赤潮的生物类型主要为藻类，在全世界 4000 多种海洋浮游藻中有 260 多种能形成赤潮。目前已发现常见的有 63 种浮游生物，硅藻有 24 种，甲藻 32 种，蓝藻 3 种，金藻 1 种，隐藻 2 种，原生动物 1 种。海洋浮游藻是引发赤潮的主要生物，其中有 70 多种能产生毒素。它们分泌的毒素有些可直接导致海洋生物大量死亡，有些甚至可以通过食物链传递，造成人类食物中毒。

（二）赤潮的危害

1. 海洋生态系统的破坏　海洋是一种生物与环境、生物与生物之间相互依存、相互制约的复杂生态系统。系统中的物质循环、能量流动都是处于相对稳定、动态平衡的。当水华现象发生时，这种平衡遭到干扰和破坏。在植物性水华现象发生初期，由于植物的光合作用，水体会出现高叶绿素 a、高溶解氧、高化学耗氧量。这种环境因素的改变，致使一些海洋生物不能正常生长、发育、繁殖，导致一些生物逃避甚至死亡，破坏了原有的生态平衡。

2. 对海洋生物的影响　有些水华现象生物会分泌出黏液，粘在鱼、虾、贝等生物的鳃上，妨碍呼吸，导致窒息死亡。含有毒素的水华现象生物被海洋生物摄食后能引起中毒死亡。水华现象后期，水华现象生物大量死亡，在细菌分解作用下，可造成环境严重缺氧或者产生硫化氢等有害物质，使海洋生物缺氧或中毒死亡。有些水华现象生物的体内或代谢产物中含有生物毒素，能直接毒死鱼、虾、贝类等生物。含有毒素的水华现象生物被海洋生物摄食后能引起中毒死亡。

3. 危害人类健康　当鱼、贝类处于有毒赤潮现象区域内，摄食这些有毒生物，虽不能被毒死，但生物毒素可在体内积累，其含量大大超过食用时人体可接受的水平。这些鱼虾、贝类如果不慎被人食用，就引起人体中毒，严重时可导致死亡。

由水华现象引发的水华现象毒素统称贝毒，目前确定有 10 余种贝毒其毒素比眼镜蛇毒素高 80 倍，比一般的麻醉剂，如普鲁卡因、可卡因还强 10 万多倍。贝毒中毒症状为：初期唇舌麻木，发展到四肢麻木，并伴有头晕、恶心、胸闷、站立不稳、腹痛、呕吐等，严重者出现昏迷、呼吸困难。

水华现象毒素引起人体中毒事件在世界沿海地区时有发生。据统计，全世界因水华现象毒素的贝类中毒事件约 300 多起，死亡 300 多人。

（三）赤潮的成因

1. 海洋污染　海域水体富营养化引发赤潮现象。海洋污染源80%来自地面，小到化粪池、汽车和卡车，大到农场、牧场和林业地区，对海洋沿岸开发更是推波助澜。另外，海岸开发填平湿地，对天然海岸线进行了改造，破坏了鱼类的繁殖地区。农业化肥是海洋的重大污染源。农民每年秋收后给地施肥，经过一个冬天，等到春暖花开的时候，融雪和春天的雨水会把很大一部分化肥从地里带走。每年进入墨西哥湾的氮元素约 100 万 t。已知的有维生素 B_1、维生素 B_{12}、铁、锰和脱氧核糖核酸（DNA）能够诱发赤潮现象。在海水中加入小于 3 mg/dm^3 的铁螯合剂和小于 2 mg/dm^3 的锰螯合剂，可使水华现象生物卵甲藻和真甲藻达到最高增殖率；相反，在没有铁、锰元素的海水中，即使在最适合环境和营养条件下也不会增加种群的密度。

2. 自身污染　海水养殖的自身污染亦是诱发赤潮现象的因素之一。沿海养殖业的快速发展过程中，人工投喂大量配合饲料和鲜活饵料导致残存饵料增多，严重污染了养殖水质，造成富营养化现象。同时，养殖业中的排换水，将大量污水排入海中，这些带有大量残饵、粪便的水中含有氨氮、尿素、尿酸及其他形式的含氮化合物，加快了附近海域的富营养化。

3. 环境条件　海水理化因子中以温度和盐度的影响最为显著。海水温度 20～30℃是水华现象发生的最适宜范围。海水盐度在 26～37℃的范围内均有发生水华现象的可能，但是海水盐度在 15～21.6℃时，容易形成温跃层和盐跃层。温、盐跃层的存在为水华现象生物的聚集提供了条件，易诱发水华现象。由于径流、涌升流、水团或海流的交汇作用，使海底层营养盐上升到水上层，造成沿海水域高度富营养化。营养盐类含量急剧上升，引起硅藻的大量繁殖。

水域气象条件为干旱少雨，天气闷热，水温偏高，风力较弱，或者潮流缓慢时较易发生赤潮现象。

第三节　生物多样性锐减与生态耗竭

一、生物多样性与生态系统的功能关系

生物多样性是保持生态系统稳定性和功能性的基础。一般认为，较高水平的生物多样性有利于生态系统功能的发展，认为生物多样性导致生态系统功能的优化。生态系统的功能指的是系统内各个生态过程和速率，如初级生产力、N 的矿化作用、凋落物分解、营养物质循环、水分平衡等。高的生物多样性至少在以下几个方面增加生态系统功能过程的稳定性：①高的多样性增加了具有高生产力的种类出现的机会；②多样性高的生态系统内，营养的相互关系更加多样化，为能量流动提供可选择的多种途径，各营养水平间的能量流动趋于稳定；③高的多样性增强生态系统被干扰后对来自系统外种类入侵的抵抗能力；④多样性高增加了系统内某一物种所有个体间的距离，降低了植物病原体的扩散；⑤多样性高的生态系统内，各个种类充分占据已分化的生态位，从而提高系统对资源利用的效率。

物种对生态过程最有可能产生深刻影响的功能特点包括：①改变土壤资源，如水和营养的有效性及对这些资源的摄取和利用，引入某一种类会启用未曾被利用的资源；②影响群落

内的食物链关系（营养结构），一些生态过程的剧烈变化常常是源于捕食者的引入或消失，其后果甚至比从这些物种的生物量去预期的还要大；③影响外部干扰的频率、程度和范围，如植物本身可以通过稳定土壤、减弱风力和防止土壤的侵蚀来降低干扰的速率。

物种多样性与生态系统功能之间的密切关系一直受到研究者们的关注，关键生物物种消失时将使生态系统的功能受到损害甚至消失，危害人类的利益，尤其是生态系统的服务功能主要依赖于生物多样性。然而，由于二者之间的影响具有复杂性，因此目前还存在很多不清楚的影响机制。已有研究认为生物多样性对生态系统的多种功能的影响以食草动物多样性高于植物多样性的影响。物种分配控制以及直接气候条件下的植被结构和功能是影响生态系统功能的关键，例如，对结构多样化的生态系统，如多层结构的森林，或经常经历着波动的生态系统来说，高的多样性则特别重要，它会缓冲波动带来的压力。另外，高的生物多样性有利于碳在陆地生态系统中的固定，如在森林生态系统中。

二、生物多样性锐减

（一）生物灭绝

在过去的 2 亿年中，自然灭绝速率平均每世纪 90 种脊椎动物，每 27 年有一种高等植物灭绝，而现在的灭绝速率是自然灭绝速率的 1000 倍，是自从 6500 万年前恐龙消失以来的最高纪录。按照这个速度，到 2050 年，25% 的物种将陷入绝境，物种灭绝总数将达 65 万～186 万种。据统计，目前全世界平均每小时有 2 个物种灭绝，照此下去，21 世纪末，现有物种 1/5 将会灭绝，生物多样性保护遭受到严峻的挑战。因此，保护生物多样性的行动势在必行、迫在眉睫。物种灭绝的过程可以简单表述为：大种群—若干破裂的小种群—小种群—灭绝。物种灭绝是自然的，但当前的灭绝速率太快，主要是由于人类活动对其产生的影响。

目前，至少有 12%的植物和 11%的鸟类已经在灭绝的行列中。近 2000 年来，地球上已有 106 种哺乳类动物和 127 种鸟类灭绝。濒临灭绝的哺乳类动物有 406 种，鸟类有 593 种，爬行动物 209 种，鱼类 242 种，其他低等动物更不计其数。海岸中全球 20%的珊瑚礁已经遭到无法逆转的严重破坏，而另外 50%的珊瑚礁也濒临崩溃边缘。

（二）生物灭绝的原因

自然原因和人为原因均能造成生物灭绝。自然条件下，生物灭绝的速度较缓慢，然而人类活动是造成生物多样性以空前速度丧失的根本原因，近代物种的丧失速度比自然灭绝速度快 100～1000 倍，比形成速度快 100 万倍；物种的丧失速度由大致每天丧失一个物种加快到每小时丧失一个物种。

人类活动通过改变地球环境、全球生物地球化学循环、土地利用方式、提高生物群流动性等方式促进生物均质化过程，加速生物灭绝速度，导致地球表面生物多样性锐减。生物均质化是指不同（时间或空间上）的生物群落在物种组成、遗传和功能上相似性不断上升的过程。其给保护物种、生态系统和遗传多样性、种质资源库，以及人类应对未来种种灾害的能力都带来严峻的挑战。这一现象广泛存在于各种生物类群，总体上植被均质化现象最为严重，然后是鱼类、爬行类、两栖类和鸟类。据研究预测，随着生物均质化的发生，58%的海洋生物、平均 55%陆生生物将会灭绝。生物均质化正在加速席卷全球，并且不可逆转。目前，人类活动已经引起5%～20%的生物物种灭绝。如果人类的行为继续不改变的话，对生物多样性的影响将继续。预计至2100年，人类活动中以土地利用变化对生物多样性影响最大，其次是气候变化、氮沉降、外来品种的引进和大气中CO_2浓度变化。其中，土地利用方式的改变在热带地区的影响最为显著；气候变化的影响在高纬度地区最为显著，而在其他地区，二者的交互作用影响是造成生物灭绝的主要原因。总之，目前人类主要通过以下活动加速地球表面生物的灭绝。

（1）大面积森林、草地、湿地等生境的破坏，包括：森林乱砍滥伐，碎裂分散；草场超载过牧，退化严重；湿地生境被破坏，导致濒危生物灭绝或减少。随着森林的滥伐和生态环境的破坏，许多野生珍稀生物惨遭浩劫。例如，位于地球赤道一带的热带雨林，正以每分钟20 hm^2的速率减少，照此下去，不出100年，全球的热带雨林将荡然无存，大量珍稀生物也将随热带雨林的消失而灭绝。在中国，红树林资源下降了约2/3，直接造成了部分重要保护物种栖息和繁殖场所遭到破坏。

（2）过度捕猎和利用野生物种资源。野生生物资源的过度开发、利用，造成生物种群数量急剧下降，导致生物资源的枯竭和衰退。目前，世界范围内几乎所有大型哺乳动物都出现过严重过度捕猎而导致数量下降的现象，如鲸、鹿、犀牛、野牛、麝、熊、狼、藏羚羊、穿山甲等。野生老虎的数量从100年前的10万头急剧下降至今天的不足5000头；人迹罕见的亚马孙河流域，野生动物种群数量降低了81%；穿山甲正在从整个亚洲的野外分布地上消失。由于过度捕获和利用，很多看似保护完好的森林中，野生动物的数量极为稀少，这样的森林被称为“空森林”。目前野生动物的非法贸易额每年达50亿～90亿美元，成为仅次于贩毒活动的第二大经济犯罪活动。海洋生物的生存也面临严重威胁，每年有数百万头海豚、海龟丧生。 据国际捕鲸委员会的一份报告说，地球上最大的动物——蓝鲸，目前仅存400余只，濒临灭绝。

（3）渔业资源的过度捕捞。由于采用漂网捕鱼，许多鱼类正面临灭绝的危险。海上轮船用来捕鱼的网巨大无比，因此真有“一网打尽”的势头，海洋渔场正在被无情破坏。在中国，海洋捕捞渔业在整个渔业体系中举足轻重，海洋年捕捞量达1500万t。高强度捕捞加剧了海洋渔业资源的衰退，小型鱼、低龄鱼、低值鱼比例增加，渔业资源营养级降低。

（4）城市地域、工业区及旅游业的大量发展。由于经济的快速发展，新的城镇、水坝、水库、矿区的开发和建设，旅游活动及国际合作不充分都会对生物多样性构成威胁。可以通过以下方式进行影响：促进生物物种离开人为扰动的生态环境，生境破碎化，土地利用方式的改变，环境介质（空气、水、土壤）污染，与人类共生的竞争等。

（5）外来物种入侵。外来物种的引入或侵入破坏甚至毁掉原有生态系统。对于原有生态系统，生物与生物之间相互制约、相互协调，将各自的种群限制在一定的栖境和数量，已经形成了稳定、平衡的生态系统。生物入侵已经被千年生态系统评估认为是继环境破坏之后影响生物有效性的第二威胁因素。当外来优势物种进入后，如果脱离了人为控制逸为野生，在适宜的气候、土壤、水分及传播条件下，极易大肆扩散蔓延，形成大面积单优群落，破坏本地动植物，危及本地濒危动植物的生存，造成生物多样性的丧失。

（6）国际贸易的发展。发展中国家向发达国家出口而进行的商品（生物类）开发和生产给当地环境造成重要影响，导致约7400种动物濒临灭绝，约占全球濒危动物种类的30%。据《国际自然保护联盟》（IUCN）中对25 000种濒危动物的统计，在187个国家中超过15 000

种的商品被加以生产，据估计在生物多样性影响方面有超过 50 亿的供应链。在许多发达国家，对进口咖啡、茶、糖、鱼类及其他制造品的消费引起一种生物多样性足迹，这在国外比在本国范围更大。因生物多样性的损失而导致严重的经济损失，如热带地区每年因为国际贸易而产生高达 1.7×10^{12} 美元的经济损失。

（7）土壤、水和大气受到污染。当环境被人类活动破坏后，许多物种的种群大小会萎缩，且一些物种会灭绝。生态学家已经观察到并不是所有的物种都具有一个相等的、趋于灭绝的可能性：一些特殊的物种阶层在面临灭绝时特别脆弱。

（8）全球气候变化。全球气候变化与生物多样性之间存在密切关系，如臭氧损耗和气候变暖等。较薄的臭氧层使更多的紫外辐射 B 到达地球表面，损坏活性组织。大气中的臭氧层总量减少 1%，到达地面的太阳紫外线就会增加 2%，一方面直接危害人体健康，另一方面还对生态环境和农、林、牧、渔业造成严重的破坏。全球变暖将会导致地球上的动植物大量灭绝。在过去的 3 个世纪，人类活动包括化石燃料燃烧和森林砍伐导致大气中 CO_2 含量增加 30%，其增加量的一半是发生在最近 40 年期间。据科学家预测，21 世纪温室气体可能造成最剧烈的全球气候变化。最终，尽管人类可能逃过这一劫，但地球上有一半的物种将会消亡。例如，由于大气中二氧化碳排放量急剧上升，使桉树叶变质，人类生存受到威胁。

三、生物多样性的保护

生物多样性的保护成为国际社会最关注的问题之一。联合国及世界各国政府每年都投入大量的人力和资金开展生物多样性的研究与保护工作，一些非政府组织也积极支持和参与全球性的生物多样性保护工作。《生物多样性公约》于 1992 年 6 月 1 日由联合国环境规划署发起的政府间谈判委员会第七次会议在内罗毕通过，1992 年 6 月 5 日，由签约国在巴西里约热内卢举行的联合国环境与发展大会上签署，于 1993 年 12 月 29 日正式生效。联合国《生物多样性公约》缔约国大会是全球履行该公约的最高决策机构，一切有关履行《生物多样性公约》的重大决定都要经过缔约国大会的通过。该公约是一项有法律约束力的公约，旨在保护濒临灭绝的植物和动物，最大限度地保护地球上多种多样的生物资源。截止到 2010 年 10 月，该公约的缔约方有 193 个。中国于 1992 年 6 月 11 日签署该公约，1992 年 11 月 7 日批准，1993 年 1 月 5 日交存加入书。联合国和世界银行共同成立的 Global Environment Facility 每年支出数亿美元支持生物多样性的保护。美国 MacArthur Foundation 于 1992 年花了 1.7×10^7 美元支持生物多样性的保护。

保护生物多样性措施主要包括：①就地保护。为了保护生物多样性，把包含保护对象在内的一定面积的陆地或水体划分出来进行保护和管理。例如，建立自然保护区实行就地保护。自然保护区是有代表性的自然系统、珍稀濒危野生动植物种的天然分布区，包括自然遗迹、陆地、陆地水体、海域等不同类型的生态系统。自然保护区还具备科学研究、科普宣传、生态旅游的重要功能。②迁地保护。迁地保护是为了保护生物多样性，把受到严重威胁的物种迁出原地，通过建立动物园、植物园、树木园、野生动物园、种子库、基因库、水族馆等不同形式的保护设施，对那些比较珍贵、具有观赏价值的物种或其基因实施由人工辅助的保护。迁地保护目的只是使即将灭绝的物种找到一个暂时生存的空间，待其元气得到恢复、具备自然生存能力的时候，还是要让被保护者重新回到生态系统中。③建立基因库。目前，人们已经开始建立基因库，来实现保存物种的愿望。例如，为了保护作物的栽培种及即将灭绝的野生亲缘种，建立全球性的基因库网。现在大多数基因库贮藏着谷类、薯类和豆类等主要农作物的种子。④构建法律体系。人们还必须运用法律手段，完善相关法律制度来保护生物多样性。例如，加强对外来物种引入的评估和审批，实现统一监督管理。建立基金制度，保证国家专门拨款，争取个人、社会和国际组织的捐款和援助，为实践工作的开展提供强有力的经济支持等。

四、生态耗竭

生态耗竭是指生物资源被过度利用，造成难以为继的局面，通常是很多资源被大量消耗，造成普遍缺乏。而生态足迹，是指为满足人类的资源消费和吸纳废物所需要的土地和水域数量。简单理解，“生态足迹”可以直观地显示一个人或者一个城市、一个国家“消耗了多少地球资源”。

实际上，从20世纪80年代起，人类社会就已经超过了每年的“生态足迹”和地球每年生态承载力的均衡点。据统计，1993～2009年，世界人口增长了23%，而世界经济增长了153%，伴随而来的是，人类资源消耗速度开始超过地球可再生能力，人类排放二氧化碳的速度也开始超过生态系统的吸收能力。这就是通常所说的“生态超载”。两年一度的《地球生命力报告》是世界自然基金会与伦敦动物学学会以及全球足迹网络共同完成的，该报告以地球生命力指数为指标衡量了2500多个物种、近8000个种群的健康状况。报告指出，自1970年以来，地球生命力指数下降了30%，在情况最严重的热带地区，地球生命力指数降低了60%。以2007年“生态足迹”数据显示，人类的生态耗竭已经超过50%，这表示地球需要1.5年的时间来产生人类所用的可再生资源和吸收排放的二氧化碳，即人类需要1.5个地球来满足生活和生产活动对资源的需求。如果继续以超出地球资源极限的方式生活，到2030年，人类“将需要相当于两个地球来满足每年的需求”。随着人类对生态耗竭的认识，经济发达的国家采取了减轻生态环境压力的一些措施，这将对生态耗竭的逆转起到一定的推动作用。

目前，人类生态耗竭已超五成；中国生态足迹量全球第二。世界自然基金会联合中国环境与发展国际合作委员会共同发布的《中国生态足迹报告2010》指出：过去30年里，随着经济的发展，中国的人均收入增长了50多倍。然而，迅速的工业化、城镇化和农业集约化也增加了对自然资源的压力。与2000～2005年期间相比，2005～2008年期间多数中国省份的“生态足迹”增长速度有所减缓。在北京，这个趋势归功于更稳定的城市化速度、节能措施，以及从制造业向服务业的经济转型。报告分析，目前，个人消费模式的转变已经超越人口因素，对中国“生态足迹”的增长产生了深刻的影响。而居民消费模式的转变日益成为中国“碳足迹”增长的推动力。报告称，“根据对中国家庭消费生态足迹的分析表明，‘碳足迹’增长主要来自于对住房、交通、商品和服务消费的增长”。对此，世界自然基金会全球总干事詹姆士·利普表示：“在中国，要想在提高人民生活水平的同时不以牺牲未来发展为代价，增加对‘生态足迹’的理解是非常关键的一步。这份报告告诉我们，要实现‘和谐社会’的目标，中国在经济发展的过程中就必须保护生态系统，因为它是经济、社会体系的基础，也会对全球生态系统产生影响”。

对于中国的生态足迹，其2005～2008年的增长速率较之前5年总体有所放缓，生物承载力持续增加；同时，中国人均消费“水足迹”不到全球人均水平的一半，中国对水资源的消费总体上相对节约和高效。然而，对于中国这样一个人均生态资源稀缺、处于经济快速发展的发展中国家，“生态足迹”增加的速度远高于生物承载力的增长速度。值得注意的现象是，人均“生态足迹”与城市化水平直接相关。研究显示，目前中国城乡之间的人均“生态足迹”差异非常明显，城镇居民比乡村居民的人均“生态足迹”明显要多，前者是后者的 1.4～2.5 倍，并具有快速拉大的特征。原因在于城乡居民收入差距、消费差距和能源利用结构差异等共同作用的结果。

第四节　地圈生态退化

一、生态退化

（一）定义及内涵

生态退化是生态系统的一种逆向演替过程，是生态系统结构和功能的退化。生态系统处于一种不稳或失衡状态，表现为对自然或人为干扰的较低抗性、较弱的缓冲能力，以及较强的敏感性和脆弱性，生态系统逐渐演变为另一种与之相适应的低水平状态的过程。

生态退化的特点呈现为区域性、累积性与综合性的特点。区域性是指生态退化由局部地区扩大到更大范围，由流域的一部分扩大到全流域。累积性是指多个时段与多个地区的生态退化，由于累积作用而具有长期全国或全球效应，并引发灾难性后果。综合性是指由单要素的生态退化扩大到多要素的总体退化。这种综合性体现在各种生态退化过程互为因果并相互交织。

生态退化的具体涵义包括以下几个方面。

（1）生态退化具有一定的基点和地域性。不同的地理位置、地质结构和地貌形态决定着物质和能量输入途径、数量和速率，形成不同的生物地球化学循环类型，进而决定着基本的生态发育过程、生态联系、生态演替方向及景观生态类型，表现出明显的生态景观地域分异特征。

（2）生态退化具有阶段性。生态退化是时间的函数。生态演替是在时间轴上的不同生态状态的集合。在不同的时间阶段，生态退化具有不同的发展过程、特点、退化速率、强度、恢复过程与恢复时间。当生态系统处于退化方向时，在时间方向上就会形成一个退化序列。

（3）生态退化需要参照系统。生态退化是以人和生物的生存为参照标准。因为任何生态退化事件，包括宇宙级的触发因子——各种天体，都有一个发生、发展到灭亡的过程，若不存在生物和人类，也就不存在对生物和人类的生存造成威胁，也就谈不上是退化还是进化，只能说是自然的演化。实际上，要以原来生态系统退化前生态系统作为参照系统有一定的现实困难，因此，人们可以在本区域或邻近区域内选择未受破坏或破坏程度很轻的“自然生态系统”作为相应参照系统。

（4）生态退化既是一个过程，又是一种结果。从运动的角度来讲，生态退化是一个随时间而变化的过程和趋势，是一种运动形式。若从相对静止的角度上讲，生态退化又是一种状态和结果，是物质存在的一种形式。

（5）生态退化具有相对性。生态退化的地域性和时间性决定了生态退化的相对性。其变化是通过时间与空间、数量与质量具体表现的。

（6）生态退化在某些情况下是一个动态平衡，但对于某些远离初始态的生态退化往往是一个不可逆过程，很难或不可能自然地或人为地恢复到原有状态，这时，生态退化就不能用一个动态平衡来表示。

（7）这里所说的“生态退化”包括生态要素退化和生态系统退化，是二者的合称。

（8）荒漠化、沙漠化、石质化是生态退化的顶级形式。与生态顺向演替的顶级群落一样，荒漠化、沙漠化、沙石化是生态退化的极端形式。因为任何生态系统在连续的高强度的干扰下，最终都必将退化为荒漠。环境恶化、经济贫困和社会动荡是自然、经济、社会复合生态系统退化的顶级形式。

目前，由于人类活动造成了生态系统的严重退化，因此生态退化问题受到了重点关注。例如，2009～2010年的联合国千年生态系统评估报告发现，全球生态系统服务功能在评估的24项生态服务中，有15项（约占评估的60%）正在退化，生态系统服务功能的丧失和退化将对人类福祉产生重要影响，威胁人类的安全与健康，直接威胁着区域，乃至全球的生态安全。

（二）退化生态系统

退化生态系统是结构与功能在干扰作用下，原有平衡状态被打破，系统结构和功能发生变化和障碍，形成破坏性波动或恶性循环的系统。退化的生态系统包括退化生态系统和受损生态系统。而且，退化生态系统的恢复存在恢复时间长、恢复投入大的特点。

生态系统从一个稳定状态演替到脆弱的、不稳定的退化状态，它在系统组成、结构、能量和物质循环总量与效率、生物多样性等方面均会发生质的变化。与成熟生态系统相比，退化生态系统表现出如下特征：①系统结构。物种多样性、遗传多样性、结构多样性和空间异质性降低；系统组成不稳定，一些物种丧失或建群种、优势种的优势度降低；②能量传递。生产量降低、能量交换水平下降，系统储存的能量低；食物链简单，多呈直线状，而不同于正常的环形循环或网络状结构；③物质循环。总有机质的储存量减少，生产者的物质积累水平降低，元素循环较为开放，营养元素多储存在环境库中，而较少地储存在生物库中；④稳定性。组成和结构单一，生态学联系和生态学过程简化，对外界的干扰较为敏感，系统的抗逆能力和自我恢复能力降低，系统变得脆弱。

（三）生态退化评价指标体系的建立

目前，由于人类对环境的破坏和影响，使得不同生态系统的退化成为普遍现象。为了对退化的生态系统进行修复和恢复，如何准确地对生态系统的退化程度进行诊断已经成为研究者们需要解决的关键问题。然而，由于生态退化的复杂性，对于退化程度诊断的研究还不够深入和系统，目前大部分停留在定性研究阶段。

1. 生态系统退化程度的诊断途径　生态系统退化过程中，结构组成成分即生物和环境因子的退化是最为表观的体现，而生态系统的功能退化是最为深入和本质的体现。因此，生态系统产生退化时，其组成、结构、功能与服务等均呈现退化。

（1）生物途径。包括生物组成、数量，以及生物生产能力等。生物组成和数量是指植物、动物、微生物的生物多样性、覆盖度、密度、分布格局、年龄结构等；对于生物生产能力是指生物的生物量、生产力、光合作用能力等。

（2）生境途径。包括气候、土壤、水环境等环境因子。气候环境是指降水量、气温、光照、湿度等；土壤环境是指土壤养分、有机质含量及湿热状况等土壤质量指标；水环境指富营养化程度、污染程度等。

（3）生态系服务功能途径。根据“千年生态系统评估”提出了具体的 20 项生态系统服务功能，可以对生态系统的服务退化功能进行诊断。具体包括气候调节和固碳、提供天然水储库和水流通、病原生物控制、天然原材料、提供燃料和能源、废弃物和污染物分解、形成、维持和更新土壤肥力、作物植物繁殖、病虫害控制、食物生产、生产木材和纤维、过滤和纯化水质、提供氧气、提供文化和精神慰藉、休闲和娱乐、治愈某些疾病及提供科学思维的源泉等。

（4）景观途径。包括景观结构和组成的变化。景观结构包括异质性、景观对比度等；景观组成包括镶嵌体、廊道、机制与网络等。

（5）生态过程途径。是指关键控制生态过程变化可以用来作为生态退化的诊断指标。对于不同的退化生态系统，由于其关键控制过程不同，且需要长时间监测才能获得，造成此类指标具有难获得性、费时、费力的特点。

2. 生态退化指标的建立　生态系统的退化表现出来的是“动态的逆行演替”过程，退化的程度是参考未退化的生态系统进行判定的。在诊断指标的建立过程中，首先确定诊断对象，然后选择合适的参照系统，最后确定诊断途径和方法，建立合适的诊断指标（体系）。如图 9-1 所示，根据退化生态系统的类型选择不同的退化诊断指标，选择标准为诊断指标应该具有综合性、代表性、灵敏性、层次性和实用性。优选出合适的诊断指标进而确定其诊断途径后，结合合适的诊断方法进行诊断。具体从简单到复杂的诊断方法包括单途径单因子诊断法、单途径多因子诊断法、多途径综合诊断法。①单途径单因子诊断法是指选择一个诊断途径的一个指标进行诊断的方法。②单途径多因子诊断法是指选择一个诊断途径的多个指标进行诊断的方法。③多途径综合诊断法是指选择多途径多个指标进行诊断的方法。

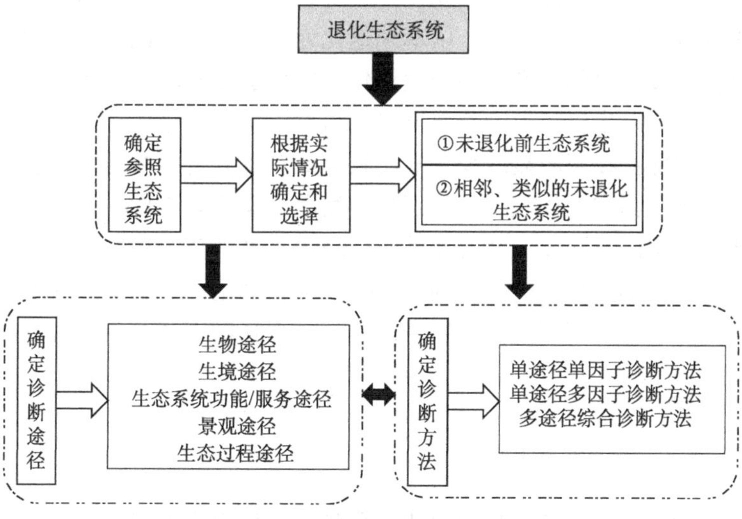

图 9-1　生态系统退化程度诊断（改自杜晓军等，2003）

3. 不同退化生态系统诊断指标的建立　由于生态系统是由不同的生态因子构成，因此对于退化生态系统的评价首先是对各生态因子指标的评价。

（1）土壤退化指标体系的建立。土壤是陆地动植物生长和生活的物质基础，是环境生态系统中物质循环和能量交换的主要场所。土壤具有支撑功能、肥力功能、环境功能三大基本功能。土壤退化伴随着土壤物理、化学、生物等性质的退化。通常，土壤厚度、质地、水分、养分及其有效性是最基本的诊断指标。

（2）植被退化指标体系。植被退化主要表现在植被数量、组成与结构、生产力与功能、品质等。表征植被数量的指标有植被覆盖率、裸地化面积等，表征植被组成与结构的指标包括植物种类、丰度、优势度、密度、均匀度和物种多样性指数等；表征植被生产力与功能的指标有净第一性生产力、生物量、光合产物量；表征植物品质的指标有植物中养分含量、污染物含量、微量元素含量等。

（3）大气退化指标体系。一方面，是指大气质量的恶化，包括大气污染、能见度、降尘、温室效应气体含量增加、臭氧层破坏及其对人或动物的舒适效应等。另一方面，是指气象灾害的增多和频发，包括干旱、大风、洪涝等发生的多度、频度和强度等。

（4）水体退化指标体系。主要是指大气水、地表水和地下水的水资源数量减少及其质量的下降。

4. 生态系统退化指标体系建立的原则 生态退化最基本的诊断特征是生态系统结构组成的退化，以及固有生态功能的破坏或丧失，稳定性和生产力降低，抗逆能力的减弱。因此，生态系统退化指标体系建立的原则主要有：①生态系统的整体性原则；②地带性和区域性原则；③指标概括性原则；④主要关系原则；⑤动态原则；⑥定性指标与定量指标相结合原则；⑦层次性原则。

（四）生态退化程度分级

通常，根据生态系统的退化程度可分为轻度退化、中度退化、重度退化和极度退化。退化程度取决于干扰的强度、持续时间和规模、对生态系统结构或过程的影响。退化程度的确定是生态系统进行恢复的前提和基础。以草地退化为例，草地退化是一个动态过程，既是渐进的，又有阶段性，按其退化程度分为轻度退化、中度退化和严重退化。对于轻度退化，牧草在频繁采食或刈割下，生机衰退，草层高度、盖度下降，产量较正常下降 20%～30%。对于中度退化，草层中优良牧草明显减少，劣质牧草或有毒有害植物相对增加，草地向低产低质演替的同时，土壤结构和理化性状明显恶化，牧草产量下降 30%～40%，放牧家畜牧草严重不足。对于严重退化，植被和土壤条件进一步恶化，牧草产量降低 40%以上，草地出现严重的侵蚀，家畜长期得不到足够的营养物质，生长发育受阻，生产性能衰退，个体变小，或由低产家畜取代高产家畜，草原的整个生产能力和生态功能下降。

二、地表生态退化

（一） 地表生态退化特征

地球表面的各种生态系统所发生的退化现象统称为地表生态退化，按照退化的范围还可分为全球性生态退化、国家和地区的生态退化、区域性的生态退化。

全球性的生态退化已经得到世界各国的共识，其中全球变暖、CO_2扩增、气候异常、南极冰盖的大量消融、世界海平面的升高、化学烟雾等全球性生态问题的出现已日益成为人们普遍关注的焦点。

区域性生态退化表现为城市、农村、边远少数民族地区的生态退化，由于具有不同的人文、地理、经济生产活动等背景，因此生态退化的特征也不同。

（二）全球土地退化现状

地表生态退化有很多类型，以土地退化为例，根据联合国环境规划署的调查资料，全球20亿 hm^2 的土地退化占全球植被分布面积的17%，占陆地总面积的15%。其中：①轻度退化：农业生产力下降，但恢复潜力很大，共7.5亿 hm^2。②中度退化：农业生产力明显下降，经过经济和技术投资才能恢复，共9.1亿 hm^2。③严重退化：无法进行农业生产，要依靠国际支援才能进行改良，共3.0亿 hm^2。④极度退化：不能进行农业生产和改良，共0.09亿 hm^2。

土地退化根据外作用力的不同以及退化原因的不同具有不同的分类。根据外作用力，可分为水蚀（占56%）、风蚀（占28%）、化学退化（占12%）、物理退化（占4%）。而根据土地退化的原因，可分为过牧（35%）、毁林（30%）、农业活动（27%）、过渡樵采（7%）和工业活动（1%）。目前全球以热带雨林退化速度比较快，退化面积达到4.27亿 hm^2，并以每年1500万 hm^2 的速度增加。

（三）典型地表生态退化系统

1. 陆地生态系统退化　陆地生态系统的退化是指原有结构及功能向着不稳定方向发生逆向演替，植被、动物、微生物等的基因、物种、生态系统多样性开始降低，生态系统稳定性和抗逆性下降，系统生产力减少。主要包括以下退化类型。

1）*裸地*　根据我国《土地利用现状分类 GB/T 21010—2007》的定义，表层为土质、基本无植被覆盖的土地，或表层为岩石、石砾，其覆盖面≥70%的土地为裸地。自然条件和人为影响是形成裸地的主要原因。干旱、严寒、大风、暴雪等恶劣气候，以及洪水对土地的侵蚀、泥沙沉积、强风吹沙、重力下塌（山坡滑塌）等地形变迁等自然因素均能形成裸地。同时，人类对自然生态系统的干扰，如土地利用方式改变、植被破坏、土壤污染等影响生态系统要素组成及结构功能，进而造成其退化形成裸地。

2）*森林采伐迹地*　森林采伐迹地是指森林采伐后的林地，是人为干扰形成的一种退化类型，其退化状态因采伐的强度和频度而异。人为干扰对森林造成的破坏可改变其原有的水土、气候条件，导致水土流失、气候失调、风沙肆虐、旱涝成灾、生物多样性锐减，从而造成大规模的生态系统退化。

3）*矿山废弃地*　矿业废弃地是指为采矿活动所破坏的、未经治理而无法使用的土地。根据其来源可分为四种类型：一是剥离表土，开采的废石及低品位矿石堆积形成的废石堆废弃地；二是随着矿物开采形成的大量的采空区域及塌陷区，即开采坑废弃地；三是利用各种分选方法分选出精矿物后的剩余物排放形成的尾矿废弃地；四是采矿作业面、机械设施、矿山辅助建筑物和道路交通等先后占用后废弃的土地。

2. 水生生态系统退化

1）*流水生态系统退化*　流域内人口增加、城市化快速发展、超量用水、人类活动不断向滨水区推进以及工农业粗放型快速发展等引起点源污染超过河流生态系统的环境承载力等是导致河流生态系统退化的主要原因。另外，对河流的人工改造也是造成其生态系统退化的主要原因。通过筑坝、筑堤、自然河道渠道化、裁弯取直等水利工程设施，改变了河流的地貌学特征，对整个流水生态系统的结构和功能产生影响。

2）静水生态系统退化　地壳升降运动和气候变迁是造成湖泊退化的主要自然因素。随着气候逐渐变干，致使入湖水量明显小于蒸发量，进而导致湖面积急剧减小甚至干涸，如我国新疆的罗布泊和台特马湖。过多的营养物质及有机质的输入、过度养殖、水文及相关的物理条件的变化、外来物种入侵引起的水生植物群落退化、生物多样性降低，以及农业、采矿、林地破坏导致水土流失加剧引起湖泊的淤塞等也是引起湖泊退化的原因，其中人类活动引起的湖泊富营养化是造成湖泊退化的主要原因。

3. 湿地生态系统退化　全球和区域的气候变化是导致湿地退化的主要自然因素。全球气候变暖，持续的高温干旱使降水量降低，地表水面积减少，甚至发生枯水，导致矿物质富集，水体矿化度增高，形成盐碱化湿地。尤其是在人为活动较少的江河源头和偏远高海拔湿地，气候变化的影响尤为突出。另外，新构造运动的上升或快速下降也能引起湿地的退化。例如，新构造运动上升导致侵蚀基准面下降，地表水文状况发生变化,这使沼泽发生旱化、逆向演替、类型改变等一系列连锁反应的沼泽退化现象。随着人类对湿地资源的过度利用，目前，人为干扰已经成为造成湿地退化的主要原因。如基础设施建设、土地开垦、引水、富营养化、污染、过度捕捞、过度利用及外来物种的引入等均能造成湿地退化。

三、生态退化的原因

生态退化是自然因素和人为活动干扰共同作用的结果。通常，自然要素的干扰是潜在的、缓慢的、低频的，而人为干扰则是显著的、高频的、持续的，对生态退化往往起着最主要的贡献作用。可以把由自然因素引起的退化称为“潜在的生态退化”，而把叠加人为干扰后发生的生态退化称为“实际或现实的生态退化”，这种划分在实际的生态退化评价中十分有用。

（一）自然原因

自然因素主要包括地质、地貌、气候因素和水文因素等。其稳定变化一般不能视为生态退化的诱发因子，也就是说，当某一自然因素频繁和持久地出现时，它自身或由它产生的景观要素就成为生态系统的一个正常或固有的组分，不能再视为干扰因子。只有当自然因素发生较高强度的不稳定的波动或无规则的异常变化时，才会打断生态系统正常的运行过程或节律，导致生态退化的发生。

1. 地质地貌基础　地质地貌是生态系统得以存在和发展的载体及物质基础，包括地质构造、地貌结构、岩性和地表物质组成等。不稳定的地质地貌结构、偶发性的或突发性的地质灾害可诱发生态退化的发生。地质灾害的发生，可干扰或破坏生态系统中生物群落生存所需的地貌空间、土壤肥力、水文和气候等主要生态因子，造成水土流失、土壤退化等，毁坏生物群落尤其是绿色植物所需的生境条件，最终导致物种数量减少，人类和动物迁移，生态平衡破坏与瓦解。

2. 气候水文因素　不同的纬度和海陆位置，会形成不同的气候水文特征，以及不同的植被-土壤-生物的时空分异，进而形成各具特色的生态系统类型。气候和水文因素的异常变化是导致生态退化的原因。气候异常变化主要包括温度、降雨、风的波动或巨变等。另外，异常干旱是沙漠化也是诱发生态退化的一个主要要素，主要通过水资源衰竭、增加风蚀、破坏水循环而促进沙漠化进程导致生态系统退化。

（二）人为影响

人类对生态退化的推动是多方面的、全方位的、深远的。Daily（1995）对造成生态系统退化的人为干扰进行了排序：过度开发（含直接破坏、环境污染等）占35%，毁林占30%，农业活动占28%，多度放牧占28%，过度收获薪柴占7%，生物工业占1%。

1. 人口增长与生态退化　全球人口数量的快速增长造成了对自然资源的过度利用，同时导致环境污染问题。人口的增长速度及其对资源的需求量不能超过全球生态系统生产者的供给速度和总量，否则将产生生态退化问题。人类的生存与发展离不开自然资源，人口的增长与膨胀就意味着需要更多的土地和粮食、淡水、森林及矿产资源等。地球上的各种资源总量特别是对不可再生资源而言是有限的，地球具有一定的环境容量和人口承载能力，因此一旦人口数量超过区域和全球的生态承载能力，势必引起人地关系的失调和人均占有资源的减少，结果导致土地过垦、过牧及对资源的掠夺性开发利用和环境的破坏，出现生态危机和生态灾难。

2. 农业活动与生态退化　首先，土地利用方式的改变，如森林变为农田、牧场或荒地，自然植被被作物和人工经济林、裸荒地所取代，从而改变了地球的被覆状况和下垫面性质，导致区域水热循环模式和气候的异常变化。其次，人类不合理的土地利用方式直接深刻地影响着环境。刀耕火种、陡坡耕垦、边际土地的开发、弃耕等是造成水土流失、土壤侵蚀和退化的重要原因之一。第三，人类的栽培管理筛选和驯化了物种，引进了新的品种，改变了原有生物群落的组成和丰度，降低了生物多样性。农业生态系统结构变得简化，物种单一贫乏，而且农作物的特化性较强，适应环境的能力弱，成为较为脆弱的易退化的生态系统。第四，集约化农业的发展，各种生物群落被骚扰，许多物种消失，种群数量剧减，农业的专门化和机械化使得生态景观变得十分单调，生物多样性下降。同时，化肥、农药、农用地膜的大量使用及污水灌溉，人为改变 C、N、P 等养分元素的原有生物地球化学循环，并造成农业环境污染，都将进一步推动生态退化问题。

3. 工业化、城市化与生态退化　工业和城市的出现及发展伴随着人类对自然干预范围的扩大和干扰强度的加深。第一，工业通过其产品、现代生活与交通工具的生产和投入使用，直接或间接对自然环境形成冲击，扰乱着生物和人类自身的生存环境与秩序。第二，工业和城市本身也是一个重要的污染源，它通过“三废”物质的排放给环境带来沉重的环境压力和负荷，强烈地影响着生物圈、水圈、大气圈和土壤圈的结构与功能，继而影响生物的生长发育。当今世界面临的全球变化与环境污染问题在很大程度上要归罪于人类的工业活动。第三，城市的建立强烈地改变了自然环境，占用或破坏了大量肥沃的土地和茂密的森林，取而代之的是“钢筋水泥化”的人工环境，这样势必改变区域地貌、气候、水文等景观生态背景，改变生物的原有生境，形成了一个较为脆弱的高度人工化生态系统。同自然生态系统相比，城市生态系统一般呈现出“倒金字塔”结构，它缺乏初级生产者——绿色植物和农作物，其食物供给来自于系统之外，因此它是一个不稳定、退化的生态系统。

4. 政治、战争与生态退化　国家的政治经济政策决定着土地的所有关系和使用权、劳动产品的分配关系以及人类的生产与生活行为，形成不同的土地利用模式和生产方式。在我国，“三线”建设时期、“大跃进”时期，乱砍滥伐、围湖造田等破坏了大量的植被，导致生态退化。战争是人类对自然生态和人类生态系统最无情、最具有毁灭性的一种政治行为，是对生物和人的杀灭、对土地的破坏和严重的环境污染。战争常会导致火灾，使大量的土地丧失。欧洲中世纪的百年战争使整个地区人口稀少，农田和牧地野草丛生。

5. 贫困与生态退化　贫困往往与较高的人口增长率及较低的人口素质相伴随。人口的过快增长增加了对有限资源和脆弱环境的压力，迫于生活的需要将对森林、耕地、草地等资源过度利用，甚至乱砍滥伐、过垦、过牧，从而导致自然资源破坏及生态环境退化，这反过来又加剧了土地生产力的衰退，人们的生产、生活乃至生存条件变得更加困难和贫困，进而形成恶性循环。

6. 文化、旅游与生态退化　城市文化使人与自然之间缺少交流。工业与城市文化阶段，随着人类对自然界认识增多，改造自然的能力增强，人类对自然肆意和掠夺性的索取，导致了人地关系的严重失调和环境危机。随着人类旅游活动的增加，大量的原始森林及野生动植物保护区被建立为旅游区。盲目开发、破坏大量植被、引起严重的土壤侵蚀等环境灾害以及环境污染，均给旅游区环境施加沉重的负荷，扰乱和破坏动植物的生活与生存环境，导致某些珍稀动植物的迁徙与灭绝，最终使旅游区生态系统处于退化状态。

思考练习题

1. 植被破坏有哪些主要原因？引起哪些不良生态后果？
2. 土地荒漠化的概念、内涵及主要类型？
3. 土地荒漠化有哪些生态危害？
4. 土地荒漠化的成因以及发展阶段？
5. 水华和赤潮的形成原因？它们有哪些生态危害？
6. 生物多样性在生态系统稳定性中发挥哪些重要作用？
7. 生物多样性锐减的原因是什么？
8. 哪些因素导致生物灭绝？最主要的原因是什么？
9. 生态退化的概念及退化生态系统的特征？
10. 如何建立退化生态系统评价指标？
11. 生态退化有哪些原因？
12. 我国生态系统退化的主要原因是什么？
13. 请剖析湿地生态系统退化的特征及原因。
14. 通过哪些措施能有效减缓生态系统的退化？

第十章
地表生态修复与调控

第一节　生态修复的概念与理论基础

一、生态修复的概念

（一）生态修复的定义

有关生态修复，国内外有许多不同的定义，并常常与生态恢复（ecological restoration）相混淆（表 10-1），有时甚至还与生态复原（ecological rehabilitation）、生态重建（ecological reconstruction）和生态复垦（ecological reclamation）等相提并论。

表 10-1　生态修复与生态恢复的区别与联系（引自周启星等，2006，2007）

	概念	生态修复	生态恢复/复原
不同点	英文表达	ecological remediation	ecological restoration/rehabilitation
	受损生态系统	污染生态系统	退化生态系统；物理破坏生态系统
	直接作用与目标	清除环境中的各种污染物	建立一个或一群物种，作为恢复生态系统的基本框架
	动植物状况	不一定种植多样的当地植物	种植多样的当地植物，而且经常需要补植大量植物
	物流与能流状态	物质生态过程	物质和能量相结合
	生态过程特点	保证污染物去除的最佳效果和最低耗费	试图重新创造、引导或加速自然演化过程
共同点		采用生态学原理	
		人工方法为主，自然恢复为辅	
		部分地返回到生态系统受到干扰前的结构和功能	
		最终目标是为当地生物提供良好的栖息地	

周启星等（2006）认为，生态修复是指在生态学原理指导下，以广义的生物修复（包括微生物修复、植物修复、动物修复和酶学修复）为基础，结合各种物理修复、化学修复及工程技术措施，通过优化组合和技术再造，使之达到最佳效果和最低耗费的一种综合的修复污

染环境的方法。他们还进一步指出，生态修复是根据生态学原理，利用特异生物（如修复植物或专性降解微生物等）对环境污染物的代谢过程，并借助物理修复、化学修复以及工程技术的某些措施加以强化或条件优化，使污染环境得以修复的综合性环境污染治理技术。这是至今为止对生态修复所下的最完美的定义。

（二）生态修复的内涵与外延

生态修复是根据生态学原理，多种修复方式优化综合使污染环境得以修复的综合性环境污染治理技术（图 10-1）。周启星等（2006）认为，其首要特点是要遵循循环再生、整体优化、区域分异等生态学原理。另外，生态修复是以生物修复为主，多种修复方式的优化综合。崔爽和周启星（2008）指出，生态修复主要通过微生物和植物等的生命活动来完成，影响生命活动的各种因素也将成为影响生态修复的重要因素，生态修复具有影响因素多而且复杂的特点。再有，生态修复是多种修复方式的优化组合，需要生态学、植物学、微生物学、土壤学、化学、物理学及工程技术等多学科的参与，其多学科交叉和融合也是生态修复的特点。

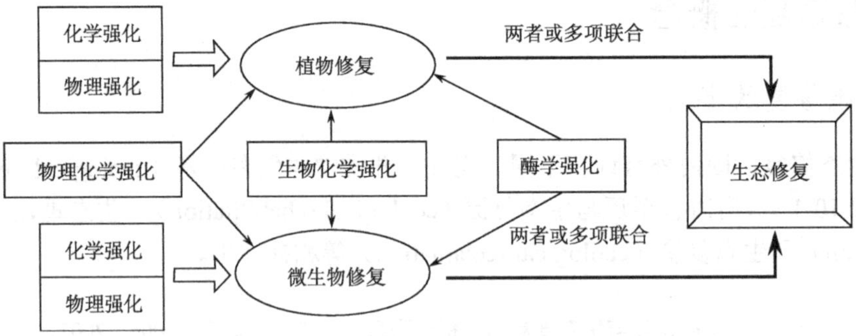

图 10-1 生态修复的主要作用方式（引自周启星等，2007）

有的学者认为，生态修复是一个相当广义的概念，应包括污染环境的生态修复，即上面提到的概念，还应包括非污染环境的生态修复，即生态系统的修复，也就是说通过生态系统自组织和自调节能力对破坏了的环境进行“修复”。例如，因开发建设项目扰动和破坏了的生态系统，因农林牧业生产活动破坏了的森林和草地生态系统等属于恢复生态学、生态工程学等范畴的也属于生态修复。实际上，二者既有共同点又有区别，前者更适合于环境介质而后者多针对生态系统；前者针对污染进行修复，后者主要针对退化进行恢复。例如，有关报道就曾指出，关于水土流失生态修复的部分原理和技术已被广泛采用，一些地区因地制宜地实施了种植牧草、改良牲畜和圈养等。在这里，非污染环境生态修复强调了通过工程措施恢复被破坏生态系统功能的过程中，依据生态学原理，充分发挥生态系统本身的恢复功能，最终达到人与自然的和谐相处，达成人口、资源和环境协调发展的战略目标。周启星等（2007）认为这些内容更确切的提法应该属于“生态恢复”，而不是真正意义上的生态修复，因此有必要从概念上加以区别，以避免理论上的误区。

二、生态修复的发展过程

1. 生态修复的早期阶段 生态修复的研究初期（表 10-2），首先是人类发现其活动造成了小规模的生态破坏和生态系统退化，于是开展小规模或局部的生态修复试验研究，其目的是通过试验恢复受损的生态系统，如20世纪30年代美国对温带高原草原的恢复试验研究、60～70年代对北方阔叶林和混交林等生态系统的恢复试验研究等。1972年美国尝试采用微生物生命代谢活动降解管线泄漏造成的汽油污染，1989年对Exxon Valdez油轮泄油造成污染的阿拉斯加海海面进行修复（阿拉斯加研究计划）等。

表10-2　生态修复的发展阶段

发展阶段	主要特点
早期阶段	小规模或局部的生态修复，恢复受损的生态系统
发展阶段	20世纪60年代提出生态工程概念
	20世纪90年代提出环境生态修复技术，通过生态系统的自组织和自调节能力对轻度污染环境的生态修复
	随后提出以生物修复为基础，结合物理修复、化学修复等的环境修复技术，并逐渐实现几种方法的优化组合

2. 生态修复的发展阶段　20世纪60年代，美国生态学家H. T. Odum首先提出生态工程概念，欧洲一些国家尝试应用研究并形成所谓"生态工程技术"，即根据对生态学的深入了解，形成代价最小且对环境损害最小的一些技术。随着生态学与环境生态学的发展，90年代美国、德国等国家提出通过生态系统自组织和自调节能力来修复污染环境的概念，并通过选择特殊植物和微生物，人工辅助建造生态系统来降解污染物，这一技术被称为环境生态修复技术。由于生态系统的复杂性，该技术至今还不成熟，国外的环境生态修复也只是对轻度污染陆地的环境修复，最典型的事例就是通过湿地自调节能力防治污染。随着研究的深入，人们发现生物修复是一类低耗、高效和环境安全的生物技术，其主要依靠细菌、真菌甚至高等植物及细胞游离酶的自然代谢过程降解、去除环境中的污染物。然而，随着环境污染越来越复杂，单一生物修复技术往往难以奏效，将不同修复技术有机结合才能更有效地降解、去除污染物。因此，研究者们提出以生物修复为基础，结合物理修复、化学修复技术等，并努力实现上述方法的有机结合，以便有效地对污染环境进行修复。

3. 我国生态修复的发展概况　近年来，国内相关研究主要集中在重金属、多环芳烃、多氯联苯、农药和石油烃等污染环境的修复上，提出的理论和技术上可行的修复方法有物理修复、化学修复和生物修复等。生物修复是利用具有净化功能的生物和微生物对污染物消减与净化，相对于物理修复和化学修复，其具有低成本、低能耗，安全可靠、有害次生污染物少，且可用于修复工业固液体废物、城市废弃物、有毒害废物等多种污染物的优点。然而，生物修复针对的多是某一种或一类污染物。随着我国环境污染日益复杂，污染物种类持续增多，单独依靠生物修复技术难以达到良好的修复效果。因此，基于生物修复的理论和技术，研究者提出了生态修复的观点和方法。生态修复不同于生物修复，主要是指通过生物富集、降解与净化作用，实现对污染土壤的净化，强调通过调节土壤水分、土壤养分、土壤pH和氧化还原状况、水温、湿度等生态因子，实现对污染物所处环境介质（水、气、土、生等）的调控，强化生物净化功能。周启星等（2007）对生态修复的概念进行了表述，对生态修复和生态恢复等概念进行了辨析，讨论了生态修复的理论依据、原则和特点，探索了生态修复中生物、物理和化学等修复方法的优化组合方式。其中，各修复方式的优化组合是目前生态修复研究的热点和难点。总体而言，污染生态修复的研究尚处于基础阶段，其理论框架、优化组合方式和修复过程等内容的研究还在探索中。

三、生态修复的实践与意义

由于生态修复影响因素较多，在实际应用中并不容易。实际的修复案例中，通常先采用物理、化学和工程等措施，改良基础环境条件，再进行以植物、微生物为中心的生物修复。

1998 年美国 Edenspace Systems 公司对位于美国康涅狄格州（Connecticut）的锡姆斯伯里地区（Simsbury）一块面积约 0.95 hm^2 的 Pb 污染土壤进行了植物修复。该公司采取的措施主要是：①增施氮、磷、钾肥提供土壤肥力，采用白云石石灰调节土壤 pH；②石灰和肥料施加深度为 15～20 cm，建立喷灌灌溉系统使土壤保持湿润；③种植印度芥菜（*Brassica juncea*）和朝阳花（*Helianthus anuus*）；④通过喷灌系统增施叶肥。6 个月后发现，土壤中总 Pb 浓度由最初的 635 mg/kg 下降到 478 mg/kg。在芥菜和朝阳花中 Pb 的平均累积量达到 1000 mg/kg 干重。该公司选取的修复方法是以植物提取为中心，以施肥、施加石灰及建立喷灌系统等措施为辅助，整个方法实现了植物、物理、工程等措施的有机结合。最终实现了对 Pb 污染土壤的成功修复，提高了土壤的服务功能。从修复过程而言，首先是调查了解土壤基本性质和污染情况；其次是通过施肥、施加石灰及建立喷灌系统等农艺、物理、工程等措施改善基础环境；再次是采用芥菜和朝阳花进行植物提取修复，并在修复过程中采用灌溉技术喷施叶肥，为植物生长提供营养物质，增加植物生物量的同时也促进了植物的修复效率。

张坤等（2008）在 2006～2007 年开展了面积 7000 m^2 的陈旧型油盐污染土壤生态修复场地试验。该场地污染主要是石油管线泄露、废弃油井、井台落地油等导致。调查发现，污染土壤中石油烃含量为 0.5%～1.0%，土壤含盐量平均为 4.4 g/kg，为正常耕地的 4～6 倍。他们采用了微生物和物理化学措施组合的修复方法。具体措施为：①通过机械翻耕措施在浅层和深层土壤间构建疏松麦秸层，施加硫酸钙后用地下水和自然降水冲洗浅层盐离子进行洗盐。②向土壤中增施氮肥和磷肥。③接种真菌 *C. echinulata* 和细菌 *E. cloacae*，通过机械翻耕土壤增加土壤的通透性。④种植小麦。监测发现，洗盐措施能有效清除土壤中的盐离子，接种外源微生物后土壤中总石油烃去除率达到 67%，土壤各项理化指标达到或接近正常耕地的水平，小麦产量和品质显著恢复。该案例针对场地土壤中存在较严重的油盐复合污染的情况，以外源微生物为中心，以增加麦秆、硫酸钙、冲洗盐离子、翻耕、施肥等物理和农业措施为辅助，取得了非常好的修复效果。该方法各措施之间有机结合、互相促进，如麦秸转化产物既能吸附重金属离子，还能为外源石油烃降解微生物提供碳源等。对小麦产量和品质的分析证明，该方法成功地恢复了土壤的服务功能，实现了污染土壤的再利用。从修复过程来看，先通过施加麦秸、硫酸钙和洗盐等措施，达到改善土壤基础环境的目的。再增加肥料改善土壤性质，为外源微生物提高了营养物质。然后以外源微生物降解为主来实现对土壤中总石油烃的生物降解，最终达到修复的目的。

综上所述，生态修复是对生态系统进行修复的系统工程方法，其着眼点是现有的各种污染修复方法及环境因子间的优化组合，以达到最大限度激活生态系统自净功能的目的。这也是目前生态修复研究的关键。生态修复表现出以植物和微生物为中心、其他措施为辅助的特点。生态修复能实现对复合污染的统筹修复，弥补现有各种修复方法的不足，有望成为污染修复研究的发展趋势，因而加强对污染生态修复的相关研究，进一步完善生态修复的理论内容，建立污染生态修复的理论框架，应是目前的首要任务。

四、生态修复的理论基础

（一）生态系统的可持续发展理论

1980 年国际自然资源保护联合会、联合国环境规划署和世界自然基金组织共同发表的《世界自然保护大纲》中提出了可持续发展的思想，强调人类利用对生物圈的管理．使生物圈既能满足当代人的最大持续利益，又能保护其满足后代人需求和欲望的能力。

1989 年第 15 届联合国环境署理事会通过的《关于可持续发展的声明》，指出了可持续发展的严格定义：可持续发展是指满足当前需要而又不削弱子孙后代其需要之能力的发展，而且绝不包含国家主权的含义。可持续发展的本质是发展，强调人类社会与自然环境的和谐发展，强调发展在区域之间的公平性，强调发展在代际之间的可持续性，即不能因为满足当代人的发展而牺牲未来世代人类发展所必需的自然环境和不可再生的关键性资源。

生态系统的可持续发展就是追求建立在保护地球生态系统基础上的持续经济发展，经济发展要与生态保护相统一，经济效益、社会效益要与生态效益相统一。资源的永续利用和生态的良性循环是可持续发展的重要标志。可持续发展的理论基础包括地学、生态学、环境学、经济学和社会学等内容。其核心理论始终紧密围绕两条主线：一是努力把握人与自然之间的平衡，寻求人与自然关系的协调性；二是努力实现人与社会之间的关系（包括社会人群之间、代际之间）的协调与公正，从而深刻揭示“社会-经济-自然”复杂巨系统的运行机制。

（二）恢复生态学理论

恢复生态学是应用生态学原理和方法对人为干扰引起群落或生态系统的结构和功能的改变进行恢复研究的科学。其理论基础包括：

（1）人为设计和自我设计理论。人为设计和自我设计理论是唯一从恢复生态学中产生的理论，在生态恢复实践中得到广泛应用。人为设计理论认为通过工程方法和植物重建可直接恢复退化生态系统，但恢复的类型可能是多样的。这一理论把物种生活史作为植物恢复的重要因子，并认为通过调整物种生活史方法可以加快植物恢复。而自我设计理论认为只要有足够的时间，随着时间的进程，退化生态系统将根据环境条件合理地组织自己，并会最终改变其组分。这两种理论的不同点在于，人为设计理论把恢复放在个体或种群层次上考虑，恢复的结果可能有多种；而自我设计理论把恢复放在生态系统层次考虑，认为恢复完全由环境因素所决定。

（2）参考生态系统理论。参考系统或参照物是制定生态恢复计划的原型，同时也用来对其进行评估。它最简单的形式就是某个地点、书面描述或者二者兼备。参照物最好是多种参照地点的集合，如果可能的话还可有其他来源。这种复合描述有利于给生态恢复计划提供更为实际的依据。可用于描述参照物的信息源包括：生态学描述、物种列表、恢复地点破坏前的地图；以前或现在的空中及地面照片、要恢复状态的残迹、原来环境和生物的标志；类似的完整生态系统的生态学描述和物种列表；动植物标本；熟悉恢复地点破坏前情况的人的口头及书面记录；古生态学证据，如花粉化石、植物化石、年轮历史、动物粪便等。

（3）集合规则理论。集合规则是指群落集合特征（结构与功能）及其影响因素的一个定量描述。它不仅对群落结构和格局进行观察性描述，而且说明群落集合特征的形成过程和关键影响因素，可作为建立一个新群落（即生态恢复）的理论框架和技术指南。集合规则强调从种内和种间关系、动物和植物的关系，以及功能群等水平和层次定量分析群落结构的异同，重点说明其成因和过程。

（三）生态系统的脆弱性原理

生态系统的脆弱性可归纳为被研究的生态系统或区域在干扰的压力下，其结构组成和功能发生变化，并向不利于自身的方向发展，而在这种发展过程的每一个阶段，该系统或区域都呈现出更易向下一阶段过渡、对干扰的响应更具脆弱性的趋势。生态系统的脆弱性具有以下特点：脆弱性是生态系统固有的特性，其存在并不取决于生态系统是否暴露于干扰之下；与稳定性相似，脆弱性与种的丰度和种类组成的变化有关，种类更换率高和种群波动或变迁频繁，是脆弱生态系统的明显特征；脆弱性是生态系统多方面性质的综合体现，但不具有量化的特征，而且只有在人为或自然干扰的情况下才显露出来，若把生态系统的脆弱性与相关的干扰相联系，会为评估环境效应提供有用的手段。脆弱性反映了生境、群落和物种对环境变化的敏感程度，涉及内、外因子的综合作用。

（四）生态系统服务功能维持原理

生态系统的服务功能是指人类直接或间接从生态系统功能（即生态系统中的生境、生物或系统性质及过程）中获取的利益，生态系统不仅为人类提供了食品、医药及其他生产生活原料，更重要的是维持了人类赖以生存的生命支持系统，维持生命物质的生物地化循环与水文循环，维持生物物种与遗传多样性，净化环境，维持大气化学的平衡与稳定，而且在人类生存与现代文明中具有重要作用。由此可见，生态系统服务是指对人类生存及生活质量有贡献的生态系统产品和生态系统功能，生态系统服务是生态系统产品和生态系统功能的统一，而生态系统的开放性是生态系统服务的基础和前提。

生态系统服务包括提供人类生活消费的产品和保证人类生活质量的功能。植物利用太阳能，将 CO_2 等物质转化为生物量，用作人类的食品、燃料、原料及建筑材料等，是生态系统产品形成的基本途径。与生态系统产品相比，生态系统功能对人类的影响更加深刻和广泛。例如，生态系统的分解功能保持了人类清洁的生活环境，生态系统还可以保持大气组成的平衡，生物多样性的产生与维持，吸收、储存 CO_2 并释放 O_2，淡水的储存与净化，大气候与小气候的营造和控制等。

（五）生态系统的最佳管理理论

生态系统管理理论是进行生态恢复的理论基础之一。生态系统管理是合理利用和保护生态系统最有效的途径，是进行恢复生态学的方法论基础。从生态系统管理看，所谓生态恢复，就是通过一定的手段和措施，对生态系统实施科学的调控和管理，保持生态系统的健康。人类社会的可持续发展归根结底是生态系统管理问题。生态系统管理是一项综合性的整体论管理方法，把人纳入生态系统管理系统中。正确认识人与生态的关系，减少人类活动对生态系统的不合理干扰和破坏，对生态系统管理有着重要意义。

生态系统的最佳管理指应用生态学、社会学和管理学原理，通过有效的生态系统管理，在维护生态系统结构、功能及其可持续性的基础上，使生态系统的作用和过程具有最高效益。

生态系统管理强调保护生态系统的生物多样性、结构复杂性和生态可持续性。对于生态系统的稳定和健康来说，一般情况下，生物多样性和组织结构越复杂，生态系统也就越稳定、越健康，功能越能得到较为充分的发挥。可见，生态系统管理是通过调节生态系统内部结构与功能，以及系统内外的输入与输出，实现一个地区（或生态系统）的可持续性，即生态系统健康。

第二节 污染地表环境的生态修复

一、被破坏地表场地的生态修复

（一）污染土壤的生态修复

土壤污染是指当土壤中含毒害物质过多，超过土壤的自净能力，从而引起土壤的组成、结构和功能发生变化，微生物活动受到抑制，有害物质或其分解产物在土壤中逐渐积累，通过“土壤-植物-人体”，或通过“土壤-水-人体”间接被人体吸收，达到危害人体健康的程度，就是土壤污染。通过各种途径输入土壤的物质种类很多，几乎包括自然界存在的所有物质，但是通常人们将那些足以影响土壤环境正常功能、降低作物产量和生物质量、有害于人体健康的物质称为土壤污染物，如重金属、石油烃、持久性有机污染物、化学农药及其他工业化学品等。

污染土壤修复是指利用物理、化学和生物的方法转移、吸收、降解和转化土壤中的污染物，使其浓度降低到可接受水平，或将有毒有害的污染物转化为无害的物质。近 30 年来，世界各国先后开展了污染土壤修复技术研究并取得了显著进展，在某些方面已经进入到商业化实用阶段。

1. 植物修复技术 植物修复技术是指利用植物提取、吸收、分解、转化或固定土壤、沉积物、污泥或地表、地下水中有害污染物技术的总称，属于一种有效的生物修复技术。Cunningham（1996）等将该技术按照修复机理和修复过程分为植物提取、植物固定、植物挥发、植物促进和根际过滤等 5 个类型。其中，植物提取是目前研究最多且发展前景最好的植物修复方式。所谓植物提取，是指将某种特定的植物种植在重金属污染土壤中，利用该植物对土壤中重金属具有的特殊吸收富集能力，将重金属运移至植物的地上部分，将植物收割并进行妥善处理后即可达到将重金属移出土壤的目的。可见，超富集植物的筛选是该技术研究和开发的关键。自从 Brook 等（1977）在 1977 年首次提出超富集植物的概念以来，关于超富集植物的研究至今仍然是该领域的研究热点。目前世界上已经发现的超富集植物多达 400 多种，多数为 Ni 超富集植物，其次是 Cu、Zn 超富集植物，而多金属超富集植物则十分罕见。植物固定是利用植物根系分泌物减少土壤中的有机和重金属污染物的流动性，防止污染物侵蚀、浸出或径流，减少污染物的生物可利用度，进而防止其进入地下水或食物链。该技术已经有许多成功的应用实例，如 Salt 等（1995）研究得出，植物根系的几种特殊分泌物可使土壤中的 Cr^{6+}还原为毒性较轻的 Cr^{3+}；Cunningham 等（1996）也发现一些植物可降低 Pb 的生物可利用性，缓解 Pb 对生物的毒害作用。然而，由于植物固定只是暂时固定重金属离子，而不是将重金属离子去除，一旦环境条件发生变化时，被固定的金属的生物可利用性可能会随之发生变化，这给该技术的广泛应用造成了一定程度的限制。

植物挥发是指利用植物去除土壤中的一些挥发性污染物。一种方式是植物将污染物吸收到体内后将其转化为气态物质并释放到大气中；另一种方式是植物根系分泌物使土壤中的有机碳或无机重金属如汞、硒转化为挥发态，进而去除其污染。Meagher（2000）研究发现烤烟能使二价汞转化为气态汞，一些转基因植物已经被证实可以减少汞的更有害离子态和甲基态，使其毒性大大减小；Terry 等（1992）发现印度芥菜能使土壤中的硒以甲基硒的形式挥发去除。目前该技术在野外工程领域已经占有一定的市场，但是它只适用于挥发性污染物（如硒、砷、汞等），应用范围很小，并且将污染物转移至大气中也会对人类和生物造成潜在的健康风险。

植物促进是指植物的根释放根系分泌物或酶，刺激微生物和真菌，使它们发挥作用，进而降解土壤中的重金属和有机污染物。根际过滤是利用植物根际吸收或吸附功能以过滤污染水体中重金属或有机污染物的过程。根际过滤适用于植物提取技术所不能适用的情况，即植物不能有效地把重金属从根转移到茎和叶。目前这两种植物修复技术在野外的实际应用还很少见。

2. 微生物修复技术　重金属污染土壤微生物修复是利用微生物的活性对重金属的亲合吸附或转化为低毒产物，从而降低重金属的污染程度。也就是说，重金属污染土壤的微生物修复主要包括两个方面，即生物吸附和生物氧化-还原。微生物对重金属的吸附可归纳为三类，即细胞外吸附、细胞表面吸附和细胞内吸附。其吸附能力主要取决于微生物本身的性质（如吸附类型、活性位点数量、菌龄等）、重金属种类和价态，同时也受外界环境因素（如pH、温度、共存污染物等）的影响。生物氧化-还原是利用微生物改变重金属离子的氧化-还原状态降低土壤环境中重金属含量。例如，有研究表明很多微生物能催化 Cr^{6+}还原成迁移性和生物毒性较低的 Cr^{3+}；无色杆菌、假单胞菌能使亚砷酸盐氧化物砷酸盐，从而降低 As 的毒性；在厌氧条件下，微生物通过沉淀作用，利用产 H_2S 细菌产生的 H_2S 与 Cd^{2+}结合生成 CdS 沉淀，可以降低 Cd 的毒性。

由于自然过程的生物修复过程很慢，很难实际应用，因此目前工程上应用的微生物修复技术是在人为促进条件下进行的生物修复，且主要有两种修复方法，分别是原位修复技术和异位修复技术。原位修复技术主要是采用一定的工程措施，在不人为移动污染物、不挖出土壤或抽取地下水条件下，利用特定处理方式进行修复。异位修复技术主要是对污染的土壤进行大范围的扰动来修复污染土壤，包括预制床技术、生物反应器技术、厌氧处理、常规的堆肥法等。

3. 化学和物理修复技术

（1）土壤中重金属的固定和稳定技术。这种修复技术因具有不扰动土壤结构的特点，所以适合大面积地区的操作。用于固定或稳定的添加剂种类很多，如磷酸盐类化合物就是一类理想的土壤重金属固定剂。磷酸盐类化合物可以吸附重金属，如 Cd、Cu、Ni、Pb 等，也可以与重金属共沉淀，甚至可以两者同时发生。此外，碱性材料、沸石、矿渣和粉煤灰等也常被用作土壤重金属的固定和稳定添加剂。

（2）电动修复技术。电动修复技术是根据离子的电动力学和电渗析原理，所以也常被称为电渗析土壤修复。该技术主要利用插入土壤中的两个电极，在污染土壤两端加上低压直流电场，在低强度直流电的作用下对重金属进行清除处理。这种技术的优势是在一些特殊的地区使用比较方便，因为对于土壤的处理，仅仅限于两个电极之间，不涉及以外地区的土壤，对现有景观、建筑和结构等的影响较小。此外，该技术改变的是土壤中原有成分的 pH 使金属离子活化，这样土壤等介质本身的结构不会遭到破坏，且该过程不受土壤等介质低渗透性的影响，金属离子从根本上完全被去除而不是通过向土壤中引入新的物质与金属离子结合产生沉淀物实现的。但该技术必须在酸性条件下进行，常需要加入提高土壤酸性的溶剂，当土壤缓冲容量很高时，则很难调控到土壤的酸性条件，同时土壤酸化也可能是环境保护所不容许的。

（3）土壤淋洗技术。土壤淋洗法是利用物理或化学手段将污染土壤中的有机或无机污染物进行分离、隔离、浓缩或进行无害化处理的过程。该技术的关键是寻找一种合适的淋洗剂，它既可以是水、化学溶液，也可以是其他能够取得较好淋洗效果的流体。选取的原则一是对土壤理化性质破坏不强；二是必须价格经济且具有实用性；三是对土壤中的重金属有很强的溶解能力；四是淋洗剂和重金属的结合体易于分离可以往复利用，且不对环境造成二次污染。目前常用的淋洗剂有以下几类：①无机淋洗剂，包括酸、碱、盐等无机化合物等。这些淋洗剂对于某些重金属污染土壤的淋洗具有效果好、速度快、成本低等优点。但由于淋洗过程中 pH 的变化严重破坏了土壤的理化性质及其结构，而且由于该类淋洗剂的自身性质，不易再生利用，产生的大量淋出液需要处理，增加了运营成本；②螯合剂，又分为天然螯合剂和人工螯合剂两类。天然螯合剂有柠檬酸、苹果酸、丙二酸及其他类型天然有机物等。天然有机酸通过与重金属离子形成络合物，改变重金属在土壤中的存在形态，使其由不溶态转化为可溶态。人工螯合剂有乙二胺四乙酸、二乙基三乙酸等。但因人工螯合剂价格较贵，生物降解性较差，淋洗过程中容易在土壤中残留，造成土壤和地下水的二次污染，且对含重金属螯合剂回收的技术问题还有待解决，所以该技术的大规模应用还受到一定的限制；③生物表面活性剂，它是由细菌、酵母菌、真菌等微生物在细胞膜上或细胞体外产生的具有一定活性的代谢产物。由于生物表面活性剂的分子结构复杂庞大，单个分子占据的空间更大，因而临界胶束浓度较低，具有对土壤中重金属较好的去除效果，且毒性低，可回收利用。其在环境治理方面的应用已经引起了广泛关注。

4. 联合修复技术

（1）化学钝化-微生物联用技术。化学钝化-微生物联用是当前重金属污染土壤修复研究的一个方向。例如，Jiang 等（2009）向土壤中分别添加紫外诱变工程菌、诺沃肥及两者的混合物修复 Cd 污染土壤，修复 90 天后，这三个处理的土壤中有效态 Cd 浓度分别为 3.39 mg/kg、2.25 mg/kg、0.87 mg/kg，可见单独添加紫外诱变工程菌对土壤中有效态 Cd 浓度基本无影响，而二者一起添加则能达到更好的修复效果。这是由于工程菌本身对重金属有吸附固定效应且诺沃肥能为工程菌的增殖提供营养元素，从而使二者起到协同作用。对于化学钝化-微生物联合应用还要注意化学钝化-微生物对重金属修复最佳效果的环境条件（pH、Eh 和有机质等），避免重金属再次活化被释放到环境中。

（2）微生物-植物联用技术。根据联用方式的不同，微生物-植物联用技术亦可分为以下几种形式：①植物与专性菌株的联合修复。污染土壤对微生物的生长常会产生很大影响，并导致耐性菌株会出现，作用于土壤机构、性质及土壤动植物生长过程中，改变土壤重金属形态，活化植物根际环境，保护及促进植物的生长，而同时植物的生长又能改变周围环境，反向促进微生物的生长。在修复污染土壤过程中提取对特定污染土壤具有耐性的专性菌株，纯化培养后，与植物一起对该污染土壤进行修复，是常见的方法之一。例如，Ma 等（2001）

成功地从 Ni 污染土壤中分离得到耐受重金属污染的细菌，并发现这些细菌在较高水平重金属污染的土壤中能够促进植物生长；Idris 等（2004）在遏蓝菜属植物 *Thlaspi goesingense* 根际分离出大量对 Ni 耐受性较强细菌，包括 Cytophaga、Flexibacter、Bacte-roides 等，这些细菌可以明显提高 *Thlaspi goesingense* 对 Ni 的富集能力。可见，植物修复重金属污染土壤过程中向土壤中接种专性菌株，不仅可以提高植物生物量，而且还可以提高土壤中重金属的生物可利用性。②植物与菌根的联合修复。研究发现，菌根共生体能使根瘤中 Cd^{2+}的积累量增加 17%～20%；陈秀华和赵斌（2006）通过 5 个土壤 Cu^{2+}水平（0、20 mg/kg、50 mg/kg、100 mg/kg、150 mg/kg）的盆栽试验，研究了不同土壤 Cu^{2+}水平接种菌根真菌 *Glomus intraradices* 和 *G. mosseae* 对紫云英生长的影响，结果表明，Cu^{2+}污染土壤中接种 G1 intraradices 对紫云英生长具有促进作用；Pongrac 等（2009）也认为，利用菌根真菌 *Capnobotryella* sp.1、*Penicillium brevicompactum*、*Rodotorula aurantiaca* 及 *R.slooffiae* 与 *Thlaspi praecox*（十字花科）联合修复重金属污染土壤具有相当广阔的应用前景。

（3）电动-微生物联用技术。电动-微生物联用技术是利用电场产生的各种电动效应增强土壤中有机污染物。主要包括利用降解菌之间的传质过程，输送各种添加物（活性微生物、营养物和电子受体等）至污染区，或者利用电流热效应和电极反应来产生适宜的温度 pH 和氧化还原条件，增加污染物的生物可利用性及生物对污染物的降解速率。电动-微生物联动技术最初用于研究处理污染土壤中的重金属，目前更多地关注土壤中的有机物。已经处理的有机物有烷烃类、卤代烃类、酚类和多环芳烃类等。

常见的电动-微生物联动技术有：①直接原位强化，就是直接在污染场址中插入电极施加微弱电场，通过所产生的各种电动效应促进污染物解吸附，加速污染物和土著微生物间的相对运动，增加污染物被土著微生物利用的机会；②电动方法和生物淋滤技术结合，就是通过生物淋滤污染物转化成可溶态，然后采用电迁移降低污染物质的浓度；③电动方法和注入活性微生物相结合，就是向微生物不足的污染场地人工注入细菌，从而高效降解污染物，缩短降解时间，提高降解速率；④向污染场地补充营养元素也补充微生物所需物质、改善土壤氧化还原电位、含氧量等，从而促进土壤中生物生长及污染物的降解。

（二）废弃矿区地表的生态修复

矿业作为我国的基础产业,在国民经济与社会发展中具有重要的地位和作用。我国 95%的能源、80%以上的工业原料和 70%的农业生产资料来自矿业。矿山开采已成为我国生产活动与经济增长的重要手段。但由于矿藏的不可移动性,以致矿山开采长期占用、破坏、污染土地,改变了区域水热结构,毁灭了动植物区系,引发一系列社会经济与生态环境问题。因此，无论从区域自然环境条件和经济发展矿区的生态修复通常是指将采矿破坏的土地因地制宜地恢复到所期望状态的过程。

矿山废弃地造成生态破坏的根源是土壤因子的改变，即废弃地土壤理化性质的变坏、养分的丢失及土壤中有毒有害物质的增加。因此，土壤整治是矿山废弃地生态恢复最重要的环节之一。进行矿山废弃地土壤整治的主要方法包括客土法等物理性方法、化学改良法，以及包括微生物和土壤动物法在内的生物法等。其中，客土法是针对没有土壤层（如废石堆）的矿山废弃地，必须先在废弃地上覆土，再改良，或者废弃地的毒性很大（如重金属尾矿砂），必须在废弃地上面先铺一层隔离层（可以用压实的黏土或高密聚酯乙烯薄膜），以阻挡有毒物质通过毛细管作用向上迁移，然后再覆土。客土法的关键是寻找土源和确定覆盖的厚度与方式；化学改良法是针对土壤贫瘠或者土壤污染的矿山废弃地，矿山尾矿及废弃矿中均缺少植物生长必需的有机质、N、P、K 等物质，因此对矿山废弃地土壤进行化学改良是必要的，对富含碳酸钙及 pH 较高的废弃地，可利用适当的煤炭腐殖质酸物质进行改良，而施用化肥、有机废弃物、绿肥和固氮植物也是常见改良土壤营养的方法；利用土壤微生物和土壤动物可以有效地降解土壤中的有毒污染物，改善种植植物的根际微环境，促进植物的正常生长。

植被引入与恢复是矿山废弃地生态修复的关键，因为几乎所有的自然生态系统的恢复总是以植被的恢复为前提的。故根据具体环境条件与需要选择适宜的树种是生态恢复的关键技术之一。植物种类的选择上应遵循以下几个原则：第一，矿山废弃地的水肥条件恶劣，重金属等有毒有害物质的含量高，应选择对干旱、贫瘠、盐碱等有抵抗能力的、对有毒有害物质耐受范围广的树种；第二，根据矿山废弃地的立地条件，选择根系发达、能固土、固氮，有较快生长速度、枝繁叶茂，能尽早尽快尽可能的长时间覆盖地面，有效地阻止风蚀和水蚀的植物，另外，植物最好落叶丰富，易于分解，较快形成松软的枯枝落叶层，提高土壤的保水保肥能力；第三，选择播种容易、种子发芽力强、苗期抗逆性强、易成活的植物；第四，尽量选择当地优良的乡土树种作为先锋树种，也可以引进外来速生树种；第五，选择树种时尽量兼顾生态效益和经济效益，选择既能恢复当地生态又能为当地带来经济效益的树种。

（三）石油泄漏区地表的生态修复

石油泄漏地区土壤污染的治理已有较为系统的研究，主要的修复方法包括物理修复方法、化学修复方法和生物修复方法。针对石油污染土壤早期的修复技术主要是焚烧法、热修复法、换土法、隔离法、机械法等物理方法，这些方法要求高温、机械设备和人力物力消耗较大，并且没有从根本上解决污染问题，目前这些物理方法已经逐渐被通气法、净化土壤工艺等新工艺和新技术所取代。净化土壤工艺是用含碳的物料当作吸附物，在高温和强烈搅拌下通过煤表面强力吸附烃基污染物，然后用重选或浮选法将干净的土壤和吸附有烃基化合物的煤分开。阿伯塔埃德蒙顿热点设计院根据此技术建造了一个处理量为 12 t/h 的工厂，1998 年处理石油污染土壤 2.7 万 m^3。此外，电动修复法、超声波降解法和土壤气相抽提法也都是目前较为常用的物理修复技术。

化学修复技术具有较好的除油效果，但传统的化学修复技术，如溶剂萃法，因其工艺复杂、流程长、处理费用高且存在二次污染等问题，已逐渐被淘汰。目前应用较多的化学修复技术有光催化法、土壤洗涤法和化学氧化法。自 1953 年氧化锌作为催化剂以来，人们相继发现了氧化钨、硫化锌、二氧化钛等光催化剂。Tryba 等以沉积法将 TiO_2 浸渍到活性炭粉末上，紫外光照射下可将 88%的石油污染物去除。土壤洗涤法是指用不同类型的洗涤剂洗涤石油污染土壤的方法。其优点是能耗较低、处理周期短、操作简单且可回收洗脱的原油，但其缺点是药剂用量大、易造成二次污染。化学氧化法是通过向石油污染土壤中喷洒或注入化学氧化剂，使其与污染物质发生化学反应来实现净化的目的。化学氧化剂有臭氧、过氧化氢、高锰酸钾、二氧化氯及 Fenton 试剂等。化学氧化法可单独使用，也可与其他修复技术联合使用，该方法目前常被用作生物修复或自然生物降解之前的一个经济而有效的预处理方法。

微生物修复技术也是目前较为常见的石油污染土壤修复技术。该技术是指利用土壤中的土著微生物或补充经驯化的高效微生物，在优化的环境条件下，加速分解污染物，以达到修复被污染土壤的目的。常见的微生物修复方法有：投菌法、土壤耕作法、预制床法、生物反应器法、生物堆法、土壤堆腐法、生物培养法等。

（四）城市垃圾填埋场地表的生态修复

由于中国城市发展迅速，经济的发展和人们生活水平的提高都带来了垃圾的大量产生，垃圾堆放场地的数量和规模也越发庞大。大量的垃圾堆放常带来大量土地的浪费，同时垃圾的长期堆放导致大量的有毒有害液体渗入土壤中造成严重的土壤污染，这都直接破坏了堆放场地原有的生物群落及生态条件，而且垃圾堆放本身还会产生产热、鼠害、虫害等问题，这都会影响到植物的正常生长。关于垃圾堆放场地的生态修复措施主要有改善生境、植物绿化和加强管理等。

垃圾填埋场在运行过程中能形成多变的地形和地貌，在植被重建前，可利用场地多种地形地貌创造出适宜不同类型植物生长的多种生境。因此，在考虑排水情况、堆体性质、土壤肥力、景观效果等因素的基础上，可根据不同类型植被的习性来营造适宜其生存的环境。分别可在汇水、分水线上种植喜湿和抗旱植物；根据土壤的酸碱度种植喜酸和耐碱植物；在阳坡和阴坡种植喜光和耐阴植被等。还可根据整体造型的需求，通过创造斜坡、平坡、起伏的微地形来营造景观层次丰富、错落有致的自然景观。此外，充分利用先锋植物的绿化作用，并适当种植其他耐性强的建群植物种，可增加植物群落的多样性，加快植物演替的过程，如苦楝-紫穗槐-画眉草、女贞-紫花苜蓿等群落类型。在生态位构建过程中还应较多地使用乡土植物，使用生长健壮、无病虫害的苗圃苗，并最大限度地保留原有植被。垃圾填埋场的生态修复是一个长期的、动态的过程。初期建立起的植被系统往往较为脆弱、缺乏稳定性，植被在演替过程中还可能出现未能预测到的结果。因此，通过对重建的植被系统进行科学的养管，不断调整绿地植被的种类组成和群落结构，并培育其自我更新能力是十分必要的。

二、河流和湿地的生态修复

（一）流域水体污染的生态修复

1. 流域水体生物链恢复技术 流域水体生态系统破坏的标志就是生物链的破坏，导致某些物种疯狂繁殖，某些物种乃至群落彻底消失，从而丧失原有的稳定性和生态功能。因此，重新建立流域水体完整的生物链，完善生物网络的物种多样性和群落层次，是修复流域水体生态功能的基础条件，也是水体功能稳定性和生态系统健康的标志之一。生物链的恢复往往包括从初级到顶级的不同层次。大多数流域污染水体有机质含量很高，这引起了蓝绿藻及大肠杆菌等菌体的过度繁殖，需要对其进行控制，这就需要引入相关天敌，如浮游动物及鱼类，同时引入更高一级的生物来维持整个群落数量和能量的动态平衡。

2. 水体自净恢复技术 生物链恢复技术的核心在于能够让水体自我维持整个生物链的正常生长和活动。这就需要恢复水体的正常溶氧量、正常微生物种群数量、正常的元素含量，即恢复水体的自净功能。水体自净恢复常用技术包括按照流域的主流、干流、支流及其他水体附着物等，评估其流域形状、流域面积、流域地理、流域承载负荷等，探明其污染机制，特别是有机污染物种类、数量、分布、季节与时间变化等，选择优良的环境降解物，如微生物、沉水植物等，必要的时候应对污染严重或者具有特殊污染物的水体进行截流，建设

“生物反应渠”、“生物反应塘”等进行集中降解。

3. 生物反应渠 生物反应渠是人工降解水体污染物的高效生物反应器，其实施过程就是在水体进入流域主流之前设置进水格栅，然后分为前段、中段和后段三个阶段进行集中处理，分别为全封厌氧区、兼氧区和好氧区。厌氧区处理可以抑制或者消除水中好氧菌群，并利用厌氧菌群将水中大分子污染物分解成相对简单的小分子；兼氧区的内置连环微跌水复氧装置的使用会增加水体含氧量，将微生物菌群改变为兼氧型菌群，好氧区阶段后水体微生物菌群被同化为好氧型菌群，将水中小分子有机物彻底降解为 H_2O、CO_2 等无机物，通过三个区段的集中处理，水体中污染物明显降低，同时增加水体中微生物种群和数量，强化了水体自净能力，并随着水流流入主体水环境中，参与生物链构建，因此，在生物反应渠的后段往往会增加水生植物的种植，这对于形成稳定的水体微生物群落具有积极作用。

4. 其他工程技术的辅助使用 除生态修复以外，化学修复剂也是常用的水体治理方法。另外，通过控制水流、水面等亦可增加水体溶氧量及好氧微生物的繁殖，全面控制流域的垃圾废水的排放、垃圾等固体废物的堆放，可以从源头上减少流域水体的污染；降雨是流域水体的主要补充，容易被污水污染，因此我国应加快实施雨污分流。

（二）城市内河污染的生态修复

随着城市化的发展，城市数量和规模都快速增多，越来越多的河流成为城市内河，大量污染物随着废水、雨水冲刷等多种方式进入内河河水中，造成内河河水污染，而且人造景观的大量增加，滨水堤岸遭到破坏，河流本身的流速、面积、深度等特征遭到人为改变，这都破坏了城市内河河流原有的生态功能，降低了其自净能力，间接增加了污染的程度和趋势。根据内河的种类不同，选取的生态修复方式也不一样，如针对小型景观河流常用人造生态河床等技术，针对大型河流如流经武汉市区的长江等需要用到不同的工程技术复合。

1. 人造生态河床技术 第一步是对河道的前处理。首先对污染严重的小型内河河流进行集体清淤，然后对河道进行平整处理，并将河床两壁及河底残余的污物高压清洗，清走的污泥及污水送入污泥处理厂和污泥处理厂进行处理；然后对河底抽干后暴晒在太阳光下 2 周以上，进行天然紫外线消毒；在河底铺上细沙后夯实（高度约为 6 cm）；在细沙上方铺上细石子并夯实（高度为 5 cm）；在细石子上方铺上一层生态河泥或无污染的田土（高度为 25 cm），河泥或田土铺成后，整个河面应为一个平面。

第二步是生态浮床的构建。生态浮床由 4 个部分组成，即主体框架、植物种植基质、水下固定装置和水生植物植被。框架采用空心聚氯乙烯树脂（UPVC）管材，牢固且浮力大。植物生长水下固定装置的载体为尼龙网，耐水性强、质轻耐用，为植物生长提供了稳定适宜的空间。浮床上的水上植物因地而异，但应当均为景观效果好、适应当地生长能力强的品种（如南方可种植鸭舌草、黄花鸢尾、花叶芦竹、睡莲及荇菜等）

2. 滨水堤岸生态改造技术 河流滨水堤岸对于维持水体自净能力及生态系统平衡有着不可替代的作用，但是传统城市建设为了追求城市美观和堤岸牢固，往往采用水泥、砖石进行破坏式改造，这往往使河流丧失了最基本的生态功能。

滨水堤岸的生态修复因堤岸边坡形态而有所不同。对垂直面堤岸往往种植基采用植被混凝土（干粉土、腐殖质、水泥、植被混凝土添加剂、保水剂及长效肥的混合）护坡绿化技术进行草种喷播；喷播完成后，在垂直面上扦插藤本植物；而对斜面堤岸，可在原浆砌石坡面上间断性地打孔直至基底土壤层，以保证土壤与种植基之间的水分、营养交换。草种喷播完成后，考虑到物种多样性、景观及对污水消减能力等因素，再在坡体中央带按一定的形状栽植小灌木；针对于堤岸消落带部分考虑到抗冲刷性能及水浪可能带走种植基等因素，一次性铺砌多孔生态混凝土构件，再在此构件预留的孔洞中填充种植基，然后栽植湿生植物。

在植物物种的选用上，必须注意以下方面：适应本地气候环境，不造成外来物种入侵，抗逆性好，管理粗放，植物根系生长深度与种植基厚度相协调，环保效果好，能有效消除油污、烟尘和有毒化学物质，植被生长后构成的景观层次分明。常用的选择有狗牙根、百喜草、弯叶画眉、结缕草及野花组合、小叶女贞、金银花、葛藤、菖蒲等。

3. 水生植物修复技术 水生植物包括常年生活在水中以及长期生活在非常潮湿或者100%饱和水土壤中的植物，目前国内外研究较多的作为污染治理和修复用的水生植物通常是指大型水生植物，主要包括两大类：水生维管束植物和高等藻类。水生维管束植物具有发达的机械组织，植物个体比较高大，通常具有4种类型：挺水、漂浮、浮叶和沉水。

在先锋物种的选择中，要筛选出一些具有一定耐受性，能适应水质现状的物种作为先锋物种，同时为植物群落的恢复提供建群物种群落配置。群落配置主要包括合适的物种数、空间配置和季节的交错等，使各群落之间互补共生以适应季节变化和环境污染。

（三）内陆湖泊污染的生态修复

人工湿地技术是常用的湖泊生态修复技术。就是利用不同种类植物进行复合栽培对湖泊进行修复的过程，人工技术操作简单且应用广泛。利用人工湿地系统进行湖泊生态修复，应遵循节水、节地和高效的原则。人工湿地系统中的水生植物和动物的生长繁殖均需大量淡水资源，在水资源日趋紧缺的情况下，设计人工湿地时应采取有效措施降低其耗水量及充分利用其自净能力，将预处理、进水水质要求、最佳水力负荷、干湿比、水力停留时间、区域差异和气候特征等因素与水生植物的选用及基质的组成等作为综合系统来考虑,以充分发挥系统各部分的功能，达到节水的目的。根据人工湿地系统带状拦截、线状拦截和前置库拦截的特点，适时、适地、适效地建设人工湿地，同时根据单一人工湿地系统的局限性构建组合湿地系统，扬长避短，使系统具有更好的稳定性和处理效果，避免外来物种入侵所造成的危害。对湖泊生态系统造成严重威胁的外来入侵物种主要是构建人工湿地过程中引种失败的外来水生生物。外来种往往具有生长迅速、抗逆性强、食物广泛和繁殖率高的优点，它们的引入会对当地生物的几种主要的种间关系如捕食、竞争、牧食、寄生和互惠等产生影响，会与湖泊植物争夺水、肥、光能等，侵占湖泊地下和地上空间，影响光合作用，干扰湖泊植物正常生长。例如，20世纪60年代，滇池有高等水生植物16种，动物68种。其后20年间，因水葫芦入侵使大部分水生生物相继消亡，水生动物仅存30余种，水生高等植物仅存3种。

利用浮床陆生植物治理富营养化水体也是一种修复内陆湖泊的新思路。该技术是利用陆生生物根系的吸收、降解、富集营养盐净化水质。例如，利用浮床水稻对富营养化水体中氮、磷的去除，据报道，被制成浮床的大榕草、香根草、水芹多花黑麦草等去除水体氮磷和抑藻均有明显作用。这种方法不会造成二次污染，具有易管理、有价值、可回收的优点，拓宽了净化富营养化水体的植物领域。

利用大型水生植物对湖泊外源营养物质的吸收净化作用和内源营养物质的净化及克藻效应等也可以有效修复内陆湖泊。在发生逆向演替的水生生态系统中施加一定的人为影响，有目的地引种优良水草品种，促进退化水体生态系统中水生植被的恢复，实现水体生态系统的良性循环，如单独利用凤眼莲吸收氮、磷并能够净化水体中的其他污染物。实验测得凤眼莲每年每平方米可去除生物需氧量（BOD）542.82 kg、氮 9.92 kg、磷 2.94 kg。其他研究的植物还有香蒲、浮萍等。

（四）湿地污染的生态修复

1. 生态驳岸法 湿地修复的成败很大程度上离不开驳岸的设计与塑造，一个协调的驳岸形态可以使原有湿地更加自然地发挥作用。驳岸的设计应因地制宜，以防洪为目的，可分为自然原型驳岸及人工台阶式自然驳岸。其中，对于防洪要求不是特别高的湿地类型，可保持湿地原生状态，种植水生、湿生类树种，配合天然石块、木材，达到生态修复的目的。在自然护堤的基础上，用混凝土等材料确保抗洪能力，每层台阶具有一定的缓度，上方可种植水生植物。与传统硬质驳岸不同的是，台阶式的分层处理不仅兼顾了防洪的要求，而且能解决非汛期景观单一、破坏生态的诟病，这种方法称为人工台阶式自然驳岸。

2. 水生生态浮岛技术 采用浮床栽培植物，建立多功能水生生态浮岛，推广到河道水面的生态绿化与水质净化。综合利用植物根系的水质修复功能、水质净化功能来修复富营养化水体，克服了采用单一的水生植物修复富营养化水体的诸多不足。同时在浮床下悬挂高效人工介质，利用在其表面形成的黏液状的生物膜对富营养化水体进行净化。该技术克服了硬质驳岸中景观单一的缺陷，可因地制宜，设备安装可结合园林景观，不占用土地面积，且后期维护运行成本低廉，管理简单方便。

3. 构建以湿生类木本植物为主体的水生植物群落 根据水位的变动情况，进行植物分区。在河道常水位线以下种植水生植物，其主要功能是净化水质和为水生动物提供食物和栖息场所。根据沉水植物、浮水植物、挺水植物生态习性混合种植或块状种植，控制高秆、蔓延快的植物（如芦苇等）种植。在常水位至洪水位的区域以种植湿生植物为主，其他地区以种植中生但能短时间耐水淹植物。

第三节 地理环境的生态调控

一、几个重要概念

1. 地理环境 地理环境是地球岩石圈表层与大气圈对流层顶部之间的地表环境，是由岩石、土壤、大气等自然因素和人类活动形成的社会因素的总体，同人类的生活和生产活动密切相关，它包括自然地理环境、经济地理环境和社会文化环境。自然地理环境是由岩石、土壤、水、大气、生物等成分有机结合而成的自然综合体。从地球圈层的角度而言，它包括了岩石圈、水圈和生物圈。经济地理环境包括：工业、农业、交通和城镇居民点等生产力地域组合；社会文化环境包括人口、社会、国家、政治诸方面；民族、民俗、语言、文化等方面的地域分布特征和组成结构关系；还涉及社会上各种人群对周围事物和心理感应和相应的社会行为。自然地理环境是自然物质发展的产物，经济地理和社会文化环境是人类在前者基础上进行生产、社会和文化生活的结果。

2. 生态调控 生态调控是指生态系统的结构与功能受到来自系统内部和外部的调节与

控制。生态系统及整个生物圈是地球的生命支持系统，是人类赖以生存和发展的物质基础。由于生态系统复杂而有序的结构和强大的功能，使得自身具有较强的维系和调控能力，给人类社会、经济和文化生活提供了许多必不可少的物质资源和良好的生存条件。生态系统无论是自然的还是人工的，都存在系统与环境之间的物质和能量交换，因此生态系统是一种动态的开放系统。生态系统在与环境因素之间进行物质和能量交换的过程中，也会不断受到外界环境的干扰和负影响。但是，一切生态系统对于环境的干扰所带来的影响和破坏都有一种自我调节、自我修复和自我延续的能力。生态系统这种抵抗变化和保持平衡状态的倾向称为生态系统的稳定性。生态系统稳定性有一定的作用范围，在范围以内，系统本身的调节作用能校正自然和人类所引起的干扰和不稳定现象。当外界压力无节制地超过生态阈值，它的自我调节能力便会降低甚至消失，最后导致生态系统衰退或崩溃。因此，要恢复生态系统的功能，就需要进行生态系统的人工调控，即人类按照生态学原理，利用生态工程的方法对生态系统进行恢复和重建。

二、自然地理环境的生态调控

自然地理环境位于地球表层，处于地球表层四大圈层相互制约、相互渗透、相互转化的交接带上，为人类生存提供了大量的生活资料、可再生资源，从而构成了人类活动的舞台和基地。自然地理环境是按照自己应有的规律发生和发展的。但是，自然地理环境的客观发展过程与人类有目的的活动之间不可避免地存在着矛盾。因而，自然地理环境不仅是被利用的对象，而且也是被改造的对象。因此，自然地理环境的生态调控主要是通过系统的抵抗力、恢复力、自治力及稳态机制来实现的。①抵抗力，它是生态系统抵抗外部干扰、维系系统结构功能原状的能力。抵抗力与系统发育程度有关，发育越成熟，结构越复杂，抵抗力越强。例如，森林系统抵抗病虫害的能力一般比农田系统强，热带森林又比温带森林强。环境容量、自净力都是系统抵抗力的表现。②恢复力，它是指生态系统遭受外部干扰后，系统恢复到原状的能力。生态系统的恢复能力常由生命系统的生命力和种群世代延续的基本特征决定。一般而言，生物的世代短，结构比较简单的生态系统恢复力强。③自治力，它是指生态系统对于发生在内部的各种现象的自我控制能力。如果生态系统内物质和能量的资源量大于环境的交换量，则系统有足够能量和物质的保持量以支持生态系统稳定；如果生态系统内物质和能量的资源量小于环境的交换量，则在外部条件波动的情况下，没有足够的能量和物质以抵抗外部压力的支配。④稳态机制，是指内部组织和结构的一种调节功能，即调节能量流动和物质循环的能力，调节生态系统中各种成分之间营养关系的能力。

自然调控机制主要包括以下四种：①程序调控，即生物的个体发育、群落演替都有一定的先后顺序，一般不会颠倒。群落的演替与物种间的营养关系、化学关系都有关。②随动调控，即动植物的运动过程能跟踪一些外界目标，如向日葵的花跟着太阳转，植物的根向着有肥水的方向伸长。③最优调控，即生态系统经历了长期的进化压力，优胜劣汰，现存的很多结构与功能都是最优或接近最优的。④稳态调控，即自然生态系统形成了一种发展过程中趋于稳定、干扰中维持不变、受破坏后迅速恢复的稳定性。这种稳态主要靠系统的功能组分冗余及系统的负反馈作用这两种机制来获得。系统的功能组分冗余指在一个系统中具有同一功能的组分数量超过必需的数量，处于备用状态；系统的负反馈指系统的运行结果作为控制信息（反馈信息），回到系统调控中心对系统未来动态产生影响。反馈作用可分为正反馈和负反馈。

三、经济地理环境的生态调控

经济地理环境是人类有目的、有计划创造出来的生存环境，也是与人类的生产、生活关系最密切的环境子系统。它是人类聚居的地方，是人类活动的中心。因此，经济地理环境是以人为中心，由农业、工业、交通等要素构成的有机整体，是一个复杂的人工生态系统。在这一生态系统中，从根本上讲，一切都围绕人类的发展而展开，一切农业、工业和交通等生产力的地域分布都要以满足人类发展需要、促进生活质量提高为前提。而且，经济地理环境还处于自然地理环境和社会文化环境组成的复合生态环境中，生态系统内部环境与外部环境之间的能量流动、物质循环和信息传递也对经济地理环境的优化产生重要影响。

经济地理环境的生态调控要遵循生态学的整体性、关联性、动态性、开放性和平衡性原则。在一个生态系统中，任一个因子或环节发生变化或出现故障，都会引起和影响其他因子和环境变化，最终表现为系统整体功能属性的变化。因此，整体性原则就是把经济地理环境作为一个特定功能的有机整体，将系统整体作为考察问题的出发点和落脚点，通过研究系统整体与其内部要素之间的关系和联系，研究系统与外部环境之间的联系和关系，从整体上把握研究对象的性质和规律。关联性原则就是强调联系和相互作用。经济地理环境作为人等生命因子与农业、工业和交通等地域分布非生命因子组成的生态系统，其为人类服务功能的发挥是农业、工业、交通和城镇居民点等相互联系、相互作用的结果。动态性原则强调生态系统是“活”的、具有“生命”的、一直处于动态发展之中。现实中的经济地理环境总是处在一定的时空环境中，并随着时间和空间发生适应的变化。因此，经济地理环境的生态调控不仅要考虑不同地域各因子的组合，更要用发展的眼光，从服务人类的角度预见各因素之间的最佳组合。开放性是关联性和动态性的延伸，隐含于关联性和动态性的语义之中。但是，由于生态系统所具有的明显的边界、范围和层次特征，容易使我们在考察系统功能、采取措施的时候，将系统从环境中分离出来，孤立地进行分析和采取措施。开放性又是关联性和动态性的条件，只有开放的系统，才能与环境和其他系统进行物质、能量和信息的交换，只有不断进行物质、能量和信息交换的开放系统，才可能是不断演化发展的活系统。生态系统的平衡是一个动态的过程，总是处在“平衡-失衡-再平衡”的循环之中。但是，每一次循环并不是简单的回归，也不是在原有状态之下的轮回，而是在新的环境因子作用下达到新平衡，实现新演化。经济地理环境的生态调控，不仅依赖于生态系统内部各因子之间的协调平衡，也依赖于系统与环境之间的物质、能量、信息的输入与输出平衡，经济地理环境系统中任何问题的出现和系统整体的失稳都是内部及内外关系失衡的结果。坚持平衡性原则，就是要从系统结构与功能协调平衡的角度，从系统与环境能量流动、物质循环、信息传递平衡的角度，从系统各因子间相互关联协调和谐的角度，从系统与环境能量流动、物质循环、信息平衡传递的角度，从系统各因子间相互关联协调和谐的角度，制定其生态调控策略。

四、社会文化环境的生态调控

社会文化环境是人类社会本身所形成的一种地理环境，它包括人口、社会、国家、政治诸方面以及民族、民俗、语言、文化等方面的地域分布特征和组成结构关系，还涉及社会上各种人群对周围事物的心理感应和相应的社会行为。社会文化环境不仅受自然地理环境的影响，还受社会、经济、政治等人文因素的影响。由于不同的区域存在不同的人文现象，一种要素在一个地区呈现出的变化规律在另一个地区不可能完全相同，因此，对社会文化环境进行生态调控时要考虑不同区域内部的结构、区域间的联系，以及它们之间发展变化的制约关系。另外，由于社会文化环境涉及人口、社会等诸多方面，因此在对其进行调控时，在坚持生态学原理的基础上，结合相关学科如社会学、文化学等，从总体特性进行研究，注意各要素之间的相影响、相互制约及其时空变化规律，才能制定出正确合理的调控措施。

思考练习题

1. 什么是生态修复？它的最主要特点是什么？
2. 生态修复与生态恢复的主要区别是什么？
3. 简述生态修复的关键问题与主要机制。
4. 污染城市土壤与污染农田土壤在修复技术层面以及在实践方面各有哪些不同？
5. 污染水体生态修复在实践层面的最大问题是什么？你认为如何有效予以解决？
6. 河流和湿地的生态修复有哪些共同点？
7. 生态修复和生态调控有哪些区别？
8. 生态调控的核心是什么？
9. 试分析自然地理环境与经济地理环境生态调控的异同点。
10. 简述污染工业场地生态修复的主要调控措施。

主要参考文献

安娜, 高乃云, 刘长娥. 2008. 中国湿地的退化原因、评价及保护. 生态学杂志, 27(5): 821-828

安永会, 贾小丰, 李旭峰, 等. 2010. 中国大骨节病地质环境特征及其病因研究. 中国地质, 37(3): 563-570

安永会, 王景明. 2000. 地裂缝及其灾害的理论与应用. 西安: 陕西科学技术出版社

毕思文, 耿杰哲. 2009. 地球系统科学. 武汉: 中国地质大学出版社

蔡启铭. 1998. 太湖环境生态研究, 北京: 气象出版社

蔡晓明. 2002. 生态系统生态学. 北京: 科学出版社

蔡子微. 1993. 中医学的生态医学原理. 牡丹江: 黑龙江朝鲜民族出版社

曹志平. 2007. 土壤生态学. 北京: 化学工业出版社

巢纪平. 2009. 热带大气和海洋动力学. 北京: 气象出版社

陈晨, 杨桂朋, 高先池, 等. 2012. 胶州湾微表层和次表层海水中营养盐的分布特征及富营养化研究. 环境科学学报, 32(8): 1856-1865

陈成忠, 林振山, 贾敦新. 2007. 基于生态足迹指数的全球生态可持续性时空分析. 地理与地理信息科学, 23(6): 68-72

陈国奇, 强胜. 2011. 人类活动是导致生物均质化的主要因素. 生态学报, 31(14): 4107-4116

陈敏. 2009. 化学海洋学. 北京: 海洋出版社

陈树旺, 金成洙, 张允平, 等. 2005. 论辽西四合屯地区早白垩世构造-火山活动及生物事件. 地球学报, 26(3): 241-248

陈效逑. 2006. 自然地理学原理. 北京: 高等教育出版社

陈秀华, 赵斌. 2006. Cu^{2+}污染土壤接种 AM 真菌对紫云英生长的影响. 菌物学报, 25(3): 416-424

程立娟, 周启星. 2014. 野生观赏植物长药八宝对石油烃污染土壤的修复研究. 环境科学学报, 34(4): 980-986

崔保山, 杨志峰. 2001. 湿地生态系统健康研究进展. 生态学杂志, 20(3): 31-36

崔保山, 杨志峰. 2002. 湿地生态系统健康评价指标体系Ⅱ. 方法与案例. 生态学报, 22(8): 1231-1239

崔丽娟, 张岩, 张曼胤, 等. 2011. 湿地水文过程效应及其调控技术. 世界林业研究, 24(2): 10-14

崔爽, 周启星. 2008. 生态修复研究评述. 草业科学, (1): 91-95

崔巍, 李伟, 张曼胤, 等. 2011. 湿地土壤生态功能研究概述. 中国农学通报, 27(20): 203-207

崔向慧, 卢琦. 2012. 中国荒漠化防治标准化发展现状与展望. 干旱区研究, 29(5): 913-919

崔晓阳. 2007. 土壤资源学. 北京: 中国林业出版社

戴永定. 1994. 生物矿物学. 北京: 石油工业出版社

丁仲礼. 2013. 固体地球科学研究方法. 北京: 科学出版社

董李勤, 章光新. 2011. 全球气候变化对湿地生态水文的影响研究综述. 水科学进展, 22(3): 429-436

董智, 刘霞, 姚孝友, 等. 2008. 不同生态退化类型的水土保持生态修复对策. 中国水土保持科学, 6(5): 84-88

杜晓军, 高贤明, 马克平. 2003. 生态系统退化程度诊断生态恢复的基础与前提. 植物生态学报, 27(5): 700-708

杜英, 杨改河, 徐丽萍, 等. 2005. 城镇化进程中的生态效应分析. 西北农林科大技大学学报, 5(2), 97-101

杜远生, 童金南. 2009. 古生物地史学概论. 武汉: 中国地质大学出版社

段怡春, 陈建平, 厉青, 等. 2002. 沙漠化: 从圈层耦合到全球变化. 地学前缘, 9(2): 277-285

樊云龙, 陈浒, 苏孝良, 等. 2010. 退化生态系统土壤动物研究概况. 中国生态农业学报, 18(3): 668-673

付善明. 2007. 广东大宝山金属硫化物矿床开发的环境地球化学效应. 广州: 中山大学博士学位论文

傅伯杰, 刘国华, 陈利顶, 等. 2001. 中国生态区划方案. 生态学报, 21(1): 1-5
傅伯杰, 赵文武, 陈利顶. 2006. 地理-生态过程研究的进展与展望. 地理学报, 61(11): 1123-1131
高圆圆, 周启星. 2013. 纳米零价铁在污染土壤修复中的应用与展望. 农业环境科学学报, 32(3): 418-425
高喆, 曹晓峰, 黄艺, 等. 2015. 滇池流域水生态功能一二级分区研究. 湖泊科学, 27(1): 175-182
龚健雅. 2001. 地理信息系统基础. 北京: 科学出版社
管守锐. 1988. 化石岩石学. 东营: 中国石油大学出版社
郭巨权, 王曦婕, 刘隆, 等. 2013. 土壤环境中几种重金属元素的生物地球化学循环研究进展. 绿色科技, 9(9): 149-154
郭新彪. 2010. 环境医学概论. 北京: 北京大学医学出版社
国家计委国土开发与地区经济研究所, 国家计委国土地区司. 1995. “95 中国人口资源环境报告”. 北京 : 中国环境科学出版社: 93-146
国家自然科学基金委, 中国科学院. 2012. 未来 10 年中国科学发展战略地球科学卷. 北京: 科学出版社
韩大勇, 杨永兴, 杨杨, 等. 2012. 湿地退化研究进展. 生态学报, 32(4): 1293-1307
郝吉明, 马广大. 2002. 大气污染控制工程. 北京: 高等教育出版社
郝诒纯, 茅绍智. 1993. 微体古生物学教程. 武汉: 中国地质大学出版社
何兴东, 丛培芳, 董治宝, 等. 2007. 20 世纪末 30 a 里全球生态退化状况. 中国沙漠, 27(2): 283-289
何旭强, 张勃, 孙力炜, 等. 2012. 气候变化和人类活动对黑河上中游径流量变化的贡献率. 生态学杂志, 31(11): 2884-2890
贺海晏. 2010. 动力气象学. 北京: 气象出版社
洪春来, 贾彦博, 杨肖娥, 等. 2007. 农业土壤中汞的生物地球化学行为及其生态效应. 土壤通报, 38(3): 590-596
侯宁, 何继新, 朱学群. 2009. 陆地生态系统碳循环研究述评. 生态环境, 10: 140-143
侯仁之. 2010. 历史地理研究. 北京: 首都师范大学出版社
胡贵林. 2007. 重金属对水产动物的影响研究概述. 畜牧兽医科技信息, (9): 9-10
胡立刚, 蔡勇. 2009. 砷的生物地球化学. 化学进展, 21(2): 458-466
胡圣武. 2008. 地图学. 北京: 北京交通大学出版社
胡远满, 赵生才. 2005. 中国湿地退化、保护与恢复. 地球科学进展, 20(6): 701-704
黄鼎成, 林海, 张志强. 2005. 地球系统科学发展战略研究. 北京: 气象出版社
黄铭洪, 骆永明. 2003. 矿区土地修复与生态恢复. 土壤学报, 40(3): 161-169
黄荣辉. 2005. 大气科学概论. 北京: 气象出版社
黄晓霞, 江源, 熊兴, 等. 2012. 水生态功能分区研究. 水资源保护, 28(3): 22-27
黄艺, 蔡佳亮, 郑维爽, 等. 2009. 流域水生态功能分区以及区划方法的研究进展. 生态学杂志, 28(3) 542-548
贾幼陵. 2011. 草原退化原因分析和草原保护长效机制的建立. 中国草地学报, 33(2): 1-6
贾振邦. 2008. 环境与健康. 北京: 北京大学出版社
蒋敬业. 2006. 应用地球化学. 武汉: 中国地质大学出版社
蒋文清. 2009. 流速对水体富营养化的影响. 重庆交通大学硕士学位论文
金相灿. 1995. 中国湖泊环境. 北京: 海洋出版社: 15-19
阚海东, 陈秉衡, 贾健. 2003. 上海市大气污染与居民每日死亡关系的病例交叉研究. 中华流行病学杂志, 24: 863-867
康鹏, 陈卫平, 王美娥. 2016. 基于生态系统服务的生态风险评价研究进展. 生态学报, 36(5): 1192-1203
孔露露, 周启星. 2015. 新制备生物炭的特性表征及其对石油烃污染土壤的吸附效果. 环境工程学报, 9(5): 2462-2468
李崇银, 刘式适, 陈嘉滨, 等. 2005. 动力气象学导论. 北京: 气象出版社

李传金, 任贾文, 秦大河, 等. 2012. 火山活动的气候影响及其冰芯记录研究进展. 冰川冻土, 34(4): 863-876
李春艳, 邓玉林. 2009. 我国流域生态系统退化研究进展. 生态学杂志, 28(3): 535-541
李德仁, 王树根, 周月琴. 2008. 摄影测量与遥感概论. 2 版. 北京: 测绘出版社
李冠国, 范振刚. 2003. 海洋生态学. 北京: 高等教育出版社
李广生, 井玲, 徐辉. 2005. 地方性氟中毒发病机制的研究进展. 中华病理学杂志, 34(10): 632-634
李桂林, 陈杰, 孙志英, 等. 2008. 城市化过程对土壤资源影响研究进展. 中国生态农业学报, 16 (1): 234-240
李红, 增凡刚, 邵龙义, 等. 2002. 可吸入颗粒物对人体健康危害的研究进展. 环境与健康杂志, 19(1): 85-87
李洪远. 2011. 环境生态学. 北京: 化学工业出版社
李继云, 任尚学, 陈代中. 1982. 陕西省环境中的硒与大骨节病关系的研究. 环境科学学报, 2(2): 91-101
李隽旸, 巴乾, 黄超, 等. 2014. 苯并(a)芘的健康危害及作用机制研究进展. 中华预防医学杂志, 48(2): 154-156
李林, 周启星. 2014. 我国典型城市大气汞污染及对人体健康的影响. 生态毒理学报, 9(5) : 832-842
李林, 周启星. 2015. 不同粒径大气颗粒物与死亡终点关系的流行病学研究回顾. 环境与职业医学, 32(2): 168-180
李宁, 李学刚, 宋金明. 2005. 海洋碳循环研究的关键生物地球化学过程. 海洋环境科学, 24(2): 75-59
李培军, 孙铁珩, 巩宗强, 等. 2006. 污染土壤生态修复理论内涵的初步探讨. 生态学杂志, 17(4): 747-750
李佩成. 1984. 试论干旱. 干旱地区农业研究, 2: 1-17
李胜荣. 2008. 结晶学与矿物学. 北京: 地质出版社
李双成, 赵志强, 王仰麟. 2009. 中国城市化过程及其资源与生态环境效应机制. 地理科学进展, 28(1): 63-70
李素芹, 苍大强, 李宏. 2007. 工业生态学. 北京: 冶金工业出版社
李伟峰, 欧阳志云, 王如松, 等. 2005. 城市生态系统景观格局特征及形成机制. 生态学杂志, 24 (4): 428-432
李文华, 赵景柱. 2004. 生态学研究回顾与展望. 北京: 气象出版社
李璇琼. 2013. 矿产资源开发对生态环境的影响研究. 成都: 成都理工大学
李学洋, 王娜, 宋贺帅, 等. 2015. 化学品分类和标签的标准构建过程的对策分析. 中国化工学会. 2015 年中国化工学会年会论文集. 中国化工学会: 5
李亚美, 严寿鹤, 陈国勋, 等. 1984. 地质学基础. 北京: 地质出版社
李艳梅, 曾文炉, 周启星. 2009. 水生态功能分区的研究进展. 应用生态学报, (12): 3101-3108
李玉成, 王苏民, 黄耀生. 1999. 气候环境变化的湖泊沉积学响应. 地球科学进展, 14(4): 412-416
李长生. 2001. 生物地球化学的概念与方法——DNDC 模型的发展. 第四纪研究, 21(2): 89-99
李政禹. 2016. 国际化学品安全管理战略. 北京: 化学工业出版社: 12-15
李宗恺, 潘云仙. 1985. 空气污染气象学原理及应用. 北京: 气象出版社
廖玉静, 宋长春. 2009. 湿地生态系统退化研究综述. 土壤通报, 40(5): 1199-1203
林年丰, 汤洁. 1999. 我国砷中毒病区的环境特征研究. 地理科学, 19(2): 135-139
林培. 1993. 区域土壤地理学. 北京: 中国农业大学出版社
刘丛强. 2007. 生物地球化学过程与地表物质循环——西南喀斯特流域侵蚀与生源要素循环. 北京: 科学出版社
刘国华, 傅伯杰, 陈利顶, 等. 2000. 中国生态退化的主要类型、特征及分布. 生态学报, 20(1): 13-19
刘会平, 潘定安. 2007. 自然灾害导论. 北京: 地震出版社
刘慧敏, 范玉龙, 丁圣彦. 2016. 生态系统服务流研究进展. 应用生态学报, 27(7): 2161-2171
刘家女, 周启星, 孙挺, 等. 2007. 花卉植物应用于污染土壤修复的可行性研究. 应用生态学报, 18(7): 1617-1623
刘建国, 胡建信,唐孝炎. 2006. 化学品环境管理全球治理格局与中国管理体制的完善. 环境科学研究, 06:121-126
刘旭, 赵桂慎, 蔡文博, 等. 2015. 基于海洋生态系统服务功能的评估方法与海洋管理应用. 生态经济,

31(12): 146-154
刘学海, 袁业立. 2008. 渤海近岸水域近年生态退化状况分析. 海洋环境科学, 27(5): 531-536
刘彦随, 刘玉, 郭丽英. 2010. 气候变化对中国农业生产的影响及应对策略. 中国生态农业学报, 18(4): 905-910
刘耀彬, 李仁东, 宋学锋. 2005. 中国城市化与生态环境耦合度分析. 自然资源学报, 20(1): 105-112
刘怡, 董文娜, 李烨, 等. 2015. 地表水中全氟有机化合物污染现状及其危害研究进展. 环境工程, 02. : 43-47
卢升高. 2010. 环境生态学. 杭州: 浙江大学出版社
芦粤晗, 孙永革, 翁焕新. 2004. 湖泊沉积有机质的地球化学记录与古气候古环境重建. 地球化学, 33(1): 20-28
陆大道, 刘毅, 樊杰等. 2001. 西部开发的基础、政策与态势分析(2000中国区域发展报告). 北京: 商务印书馆
陆健健, 何文珊, 童春富, 等. 2006. 湿地生态学. 北京: 高等教育出版社
栾丽, 张陆良, 姜跃良, 等. 2016. 水库形成的湖库生态系统特征及其鱼类栖息地. 水力发电, 42(1): 10-13
罗明, 龙花楼. 2005. 土地退化研究综述. 生态环境, 14(2): 287-293
骆建国, 周立江, 刘波, 等. 2011. "5·12"汶川特大地震灾害造成四川森林资源损失的评估研究. 安徽农业科学, 39(7): 3914-3917
吕炳全. 2008. 海洋地质学概论. 上海: 同济大学出版社
吕宪国. 2004. 湿地生态系统保护与管理. 北京: 化学工业出版社
麦荣保. 2015. 水体重金属污染的生态效应与防治对策. 化工管理, 20:221
毛战坡, 王雨春, 彭文启, 等. 2005. 筑坝对河流生态系统影响的研究进展. 水科学进展, 16(1): 134-140
孟伟, 范俊韬, 张远. 2015. 流域水生态系统健康与生态文明建设. 环境科学研究, 28(10): 1495-1500
孟伟, 张远, 张楠, 等. 2013. 流域水生态功能区概念、特点与实施策略. 环境科学研究, 26(5): 465-471
孟伟, 张远, 郑丙辉. 2007. 水生态区划方法及其在中国的应用前景. 水科学进展, 18(2): 293-300
孟伟庆, 王中良, 汲奕君. 2013. 湿地生态系统退化机制和驱动力的模型构建——以天津地区湿地为例. 湿地科学与管理, 9(3): 48-51
苗欣宇, 周启星. 2015. 污染土壤植物修复效率影响因素分析研究进展. 生态学杂志, 34(3): 870-877
牟保磊. 1999. 元素地球化学. 北京: 北京大学出版社
聂树人. 1988. 医学地理学概论. 西安: 陕西师范大学出版社
宁修仁. 1997. 微型生物食物环. 东海海洋, 15(1): 66-68
欧阳志云, 徐卫华, 王学志, 2008. 汶川大地震对生态系统的影响. 生态学报, 28(12): 5801-5803
欧阳自远. 1988. 天体化学. 北京: 科学出版社
潘懋, 李铁峰. 2003. 环境地质学. 北京: 高等教育出版社
潘玉君, 武友德. 2009. 地理科学导论. 北京: 科学出版社
庞会心. 2016. 东西方思想整合在防治骨关节病方面的优势. 光明中医, 31(18): 2729-2730
齐雁冰, 楚万林, 蒲洁, 等. 2015. 陕北某化工企业周围污灌区土壤-作物系统重金属积累特征及评价. 环境科学, 36(4): 1453-1460
齐悦. 2011. 大型水库生态效应研究——以白石水库为例. 长春: 吉林大学出版社
钱正英, 沈国舫, 石玉林. 2007. 东北地区有关水土资源配置、生态与环境保护和可持续发展的若干战略问题研究(综合卷). 北京: 科学出版社
秦伯强, 高光, 朱广伟, 等. 2013. 湖泊富营养化及其生态系统响应. 科学通报, 58(10): 855-864
秦大河. 2006. 中国气候与环境演变. 北京: 气象出版社
任海, 刘庆, 李凌浩, 等. 2008. 恢复生态学导论. 2 版. 北京: 科学出版社
任书杰, 曹明奎, 陶波, 等. 2006. 陆地生态系统氮状态对碳循环的限制作用研究进展. 地理科学进展, 25(4): 58-67

任召霞. 2010. 经济地理学. 武汉: 武汉大学出版社
任桌隽, 伍伟, 朱虹青, 等. 2009. 矿产资源开发中的生态环境问题及其保护. 安全环保, 7(4): 57-59
芮孝芳. 2004. 水文学原理. 北京: 中国水利水电出版社
沈国英, 黄凌风, 郭丰, 等. 2010. 海洋生态学. 3 版. 北京: 科学出版社
沈俊. 2014. 二叠纪-三叠纪之交华南火山作用对海洋环境和生物的影响. 武汉: 中国地质大学博士学位论文
沈渭寿, 曹学章, 沈发云. 2006. 中国土地退化的分类与分级. 生态与农村环境学报, 22 (4) : 88-93
盛连喜, 冯江, 王娓. 2009. 环境生态学导论. 2 版. 北京: 高等教育出版社
宋金明. 2004. 中国近海生物地球化学. 济南: 山东科技出版社
宋冶清, 王仰麟. 2004. 城市景观及其格局的生态效应研究进展. 地理科学进展, 23(2): 97-106
孙鸿烈. 2011. 中国生态问题与对策. 北京: 科学出版社
孙丽. 2005. 泥炭和植物改良煤矿废弃地基质的生态效应试验研究. 长春: 东北师范大学出版社
孙铁珩, 李培军, 周启星. 2005. 土壤污染形成机理与修复技术. 北京: 科学出版社
孙铁珩, 周启星, 李培军, 等. 2001. 污染生态学. 北京: 科学出版社
孙婷婷. 2014. 我国煤炭资源开发环境成本计量及补偿金机制研究. 武汉: 中国地质大学出版社
孙小银, 周启星, 于宏兵, 等. 2010. 中美生态分区及其分级体系比较研究. 生态学报, 30(11): 3010-3017
孙小银, 周启星. 2010. 中国水生态分区初探. 环境科学学报, 30(2): 415-423
谭娟, 沈新勇, 李清泉. 2009. 海洋碳循环与全球气候变化相互反馈的研究进展. 气象研究与应用, 30(1): 33-36
汤中立, 李小虎. 2005. 矿山地质环境问题及防治对策. 地球科学与环境学报, 27(2): 1-4
唐涛, 蔡庆华. 2010. 水生态功能分区研究中的基本问题. 生态学报, 30(22): 6255-6263
滕吉文. 2003. 固体地球物理学概论. 北京: 地震出版社
童金南, 殷鸿福. 2007. 古生物学. 北京: 高等教育出版社
王汉杰, 刘健文. 2008. 全球变化与人类适应. 北京: 中国林业出版社
王缉慈. 1994. 现代工业地理学. 北京: 中国科学技术出版社
王建. 2001. 现代自然地理学. 北京: 高等教育出版社
王莲芸. 2010. 现代医学导论. 北京：科学出版社
王亮. 2008. 湿地生态系统恢复研究综述. 环境科学与管理, 33(8): 152-156
王其翔, 唐学玺. 2010. 海洋生态系统服务的内涵与分类. 海洋环境科学, 29(1): 131-138
王如松, 周启星, 胡聃. 2000. 城市生态调控方法. 北京: 气象出版社
王如松. 1988. 高效-和谐城市生态调控原则与方法. 长沙: 湖南教育出版社
王如松. 2007. 生态安全·生态经济·生态城市. 学术月刊, 39(7): 5-11
王晓宇, 杨红生, 孙金生, 等. 2011. 天津近岸海域氮磷营养盐分布及富营养化评价. 海洋科学, 35(9): 56-61
王新, 周启星, 任丽萍. 2004. 矿区农产品质量及土壤-岩石界面重金属行为特性的研究. 农业环境科学学报, 23(3): 459-463
王新, 周启星. 2004. 土壤重金属污染生态过程、效应及修复. 生态科学, 23(3): 278-281
王育礼, 王烜, 孙涛. 2008. 湿地生态水文模型研究进展. 生态学杂, 27(10): 1753-1762
魏树和, 周启星, 王新. 2005. 超积累植物龙葵及其对镉的富集特征. 环境科学, 26(3): 167-171
魏永升, 苏晓晖. 2009. 世界新能源开发利用现状及发展趋势. 调查研究, (11): 29-30
吴波. 2001. 我国荒漠化现状、动态与成因. 林业科学研究, 14(2): 195-202
吴丰昌, 万国江, 蔡玉蓉. 1996. 沉积物-水界面的生物地球化学作用. 地球科学进展, 11: 191-197
吴丰昌, 郑建, 潘响亮, 等. 2008. 锑的环境生物地球化学循环与效应研究展望. 地球科学进展, 23(4): 350-356
吴宏岐. 2010. 历史地理学方法论的探索与实践. 广州: 暨南大学出版社

吴建华. 2000. 地震与生态环境关系初探. 山西地震, 4:1-3
吴燕玉, 区自清, 熊先哲, 等. 1989. 环境地球化学制图及应用. 北京: 中国环境科学出版社
奚小环, 李敏. 2013. 现代地质工作重要发展领域: "十一五" 期间勘查地球化学评述. 地球前缘, 20(3): 161-169
奚小环. 2004. 生态地球化学与生态地球化学评价. 物探与化探, 28(1): 10-15
奚小环. 2008. 生态地球化学: 从调查时间到应用理论的系统工程. 地学前缘, 15(5): 1-8
相建海. 2003. 海洋生物学. 北京: 科学出版社
谢光辉, 卓岳, 赵亚丽, 等. 2008. 欧美根茎能源植物研究现状及其在我国北方的资源潜力. 中国农业大学学报, 13(6): 11-18
熊定鹏, 赵广帅, 吴建双, 等. 2016. 羌塘高寒草地物种多样性与生态系统多功能关系格局. 生态学报, 36(11): 3362-3371
徐兰, 高庚申, 安裕敏. 2013. 空气细颗粒物 $PM_{2.5}$ 的来源及研究状况. 环保科技, 19(3): 5-10
徐晓甫, 聂红涛, 袁德奎, 等. 2013. 天津近海富营养化及环境因子的时空变化特征. 环境科学研究, 26(4): 396-402
许乃政, 袁旭音, 陶于祥. 2003. 硫多金属矿床开采对水环境的影响——以福建大田地区矿产开发为例. 地质通报, 22(9): 718-724
解雪峰, 吴涛, 蒋国俊, 等. 2015. 乐清湾海洋生态系统服务价值评估. 应用海洋学报, 34(4): 496-500
闫凤鸣. 2011. 化学生态学. 北京: 科学出版社
闫鹏飞, 高婷. 2014. 精品化学品化学. 北京: 化学工业出版社: 3
杨冬红, 杨学祥. 2006. "拉马德雷" 冷位相时期的全球强震和灾害. 西北地震学报, 28(1): 95-96
杨冬红, 杨学祥. 2007. 潮汐和地震对全球气候变化的影响. 沙漠与绿洲气象, 1(4): 5-12
杨关秀. 1994. 古植物学. 北京: 地质出版社
杨光圻, 王光亚, 殷泰安, 等. 1982. 我国克山病的分布和硒营养状态的关系. 营养学报, 4(3): 191-200
杨红露, 刘冬梅, 孙辉. 2009. 地震的生态破坏及其恢复重建研究进展. 四川环境, 28(4): 97-101
杨金燕, 杨肖娥, 何振立. 2005. 土壤中铅的来源及生物有效性. 土壤通报, 36: 765-772
杨旭, 沈珍, 闵水发, 等. 2015. 生态系统服务研究进展. 中国农学通报, 31(35): 133-138
杨艳生. 1998. 土壤退化指标体系研究. 土壤侵蚀与水土保持学报, 4(4): 44-46, 71
杨永兴. 1999. 若尔盖高原生态环境恶化与沼泽退化及其形成机制. 山地学报, 17(4): 318-323
杨忠芳, 成杭新, 奚小环, 等. 2005. 区域生态地球化学评价思路及建议. 地质通报, 24(8): 687-693
杨忠芳. 1999. 现代环境地球化学. 北京: 地质出版社
姚桂平. 2014. 衡水市 2011 年度中央转移支付地方病项目碘缺乏病和高碘防治调查结果分析. 中国地方病防治杂志, 29(1): 53
姚士谋, 管驰明, 王书国, 等. 2007. 我国城市化发展的新特点及其区域空间建设策略. 地球科学进展, 22: 271-279
伊彩文. 2010. 矿产资源开发对环境的影响及对策. 中山大学研究生学刊, 31(4) 73-80
仪名海, 熊定国. 2007. 防治荒漠化全球行动. 北京: 中国农业出版社
易秀, 杨胜科, 胡安焱. 2008. 土壤化学与环境. 北京: 化学工业出版社
殷鸿福. 1988. 中国古生物地理学. 武汉: 中国地质大学出版社
于丽娜. 2012. 化学品相关标准及其分类方法探讨. 环境工程技术学报, 2(1): 77-80
于秀波. 2002. 我国生态退化、生态恢复及政策保障研究. 资源科学, 24(1): 72-76
张朝晖, 石洪华, 姜振波, 等. 2006. 海洋生态系统服务的来源与实现. 生态学杂志, 25(12): 1574-1579
张锋, 郑粉莉, 安韶山. 2008. 近 100 年植被破坏加速侵蚀下土壤养分和酶活性动态变化研究. 植物营养与肥料学报, 14(4): 666-672

张福锁. 1998. 环境胁迫与植物根际营养. 北京: 中国农业出版社: 2-50
张甘霖, 朱永官, 傅伯杰. 2003. 城市土壤质量演变及其生态环境效应. 生态学报, 23(3): 539-546
张红艳, 魏春燕, 郑秀丽, 等. 2013. 浅谈大气污染的危害、来源及防治措施. 河南科技, (1): 191
张宏飞, 高山. 2012. 地球化学. 北京: 地质出版社
张经. 1996. 中国主要河口的生物地球化学研究. 北京: 海洋出版社
张坤. 2008. 麦秸强化油-盐污染土壤生物修复过程研究及场地中试. 北京: 清华大学博士学位论文
张茂省, 卢娜, 陈劲松. 2008. 陕北能源化工基地地下水开发的植被生态效应及对策. 生态环境地质, 27(8): 1299-1312
张念礼, 李双林, 程日辉, 等. 2016. 渤海湾盆地歧口凹陷及其邻区海底沉积物酸解烃地球化学异常特征及其成因类型. 地球化学, 45: 77-86
张雪飞, 李宏. 2015. 湿地生态系统价值评估述评. 首都师范大学学报(自然科学版), 36(5): 91-96
张艳会, 杨桂山, 万荣荣. 2014. 湖泊水生态系统健康评价指标研究. 资源科学, 36(6): 1306-1315
张长春, 邵景力, 李慈君, 等. 2003. 地下水生态环境效应及生态环境指标. 水文地质工程, 30(3): 6-9
张长年. 1993. 有机地球化学概论. 北京: 地质出版社
张振克, 王苏民. 1999. 中国湖泊沉积记录的环境演变: 研究进展与展望. 地球科学进展, 14(4): 417-422
张正斌. 2004. 海洋化学. 青岛: 中国海洋大学出版社
章家恩, 徐琪. 1997. 生态退化研究的基本内容与框架. 水土保持通报, 17(6): 46-53
章家恩, 徐琪. 1999. 退化生态系统的诊断特征及其评价指标体系. 江流域资源与环境, 8(2): 215-220
章家恩, 徐琪. 2003. 生态系统退化的动力学解释及其定量表达探讨. 地理科学进展, 22(3): 251-259
赵丹. 2014. 城市地表硬化的复合生态效应及生态化改造方法. 中国城市规划学会. 城乡治理与规划改革——2014 中国城市规划年会论文集(07 城市生态规划). 中国城市规划学会, 12
赵法锁, 李相然. 2009. 工程地质学. 北京: 地质出版社
赵聚宝. 1995. 干旱与农业. 北京: 中国农业出版社: 74-78
赵萌. 2013. 川渝地区天然气开发利用以及对环境的影响研究. 成都: 成都理工大学
赵其国. 1991. 土壤圈物质循环研究与土壤学的发展. 土壤, 23(1): 1-3
赵其国. 1997. 土壤圈在全球变化中的意义与研究内容. 地学前缘, 4(1-2): 153-162
赵琼, 曾德慧. 2005. 陆地生态系统磷素循环及其影响因素. 植物生态学报, 29(1): 153-163
赵同谦, 欧阳志云, 王效科, 等. 2003. 中国陆地地表水生态系统服务功能及其生态经济价值评价. 自然资源学报, 18(4): 443-452
赵烨. 2007. 环境地学. 北京: 高等教育出版社
郑丹, 李卫红, 陈亚鹏, 等. 2005. 干旱区地下水与天然植被关系研究综述. 资源科学, 27(4): 106-167
郑度, 谭见安, 王五一. 2007. 环境地学导论. 北京: 高等教育出版社
郑粉莉, 刘元保, 白红英, 等. 1993. 森林植被破坏对生态环境的影响. 西北水土保持研究所集刊(中国科学院水利部), 17: 99-106
郑国璋. 2007. 农业土壤重金属污染研究的理论与实践. 北京: 中国环境科学出版社: 5
郑海飞, 郝瑞霞. 2007. 普通地球化学. 北京: 北京大学出版社
郑辛酉, 贾铁飞, 倪少春. 2006. 基于土地利用变化的区域城市化生态效应分析. 资源科学, 28(6): 146-153
中国气象局国家气候中心. 2008. 全国气候影响评价(2007 年). 北京: 气象出版社
中华人民共和国林业部防治沙漠化办公室. 1994. 联合国关于在发生严重干旱和/或荒漠化的国家特别是在非洲防治荒漠化的公约. 北京: 中国林业出版社: 2
中科院地学部地球科学发展战略研究组. 2009. 21 世纪中国地球科学发展战略报告. 北京: 科学出版社
钟晓兰, 周生路, 赵其国. 2006. 城乡结合部土壤污染及其生态环境效应. 土壤, 38(2): 122-129
周垂帆, 李莹, 殷丹阳, 等. 2015. 林地重金属污染来源解析. 世界林业研究, 05:15-21

周德民, 宫辉力, 胡金明, 等. 2007. 湿地水文生态模型的理论与方法. 生态学杂志, 26(1): 108-114
周国华, 田黔宁, 孙彬彬, 等. 2009. 生态地球化学预测预警若干问题探讨. 地质通报, 28: 118-123
周启星, 黄国宏. 2001. 环境生物地球化学及全球环境变化. 北京: 科学出版社
周启星, 孔繁翔, 朱琳. 2006. 生态毒理学. 北京: 科学出版社
周启星, 罗义. 2011. 污染生态化学. 北京: 科学出版社
周启星, 任丽萍, 孙铁珩, 等. 2002. 某铅锌矿开采区土壤镉的污染及有关界面过程. 土壤通报, 33(4): 300-302
周启星, 宋玉芳, 等. 2004. 污染土壤修复原理与方法. 北京: 科学出版社
周启星, 孙顺江. 2002. 应用生态学的研究与发展趋势. 应用生态学报, 13(7): 879-884
周启星, 滕涌, 林大松. 2013. 污染土壤修复基准值推导和确立的原则与方法. 农业环境科学学报, 32(2): 205-214
周启星, 王如松. 1998. 城镇化过程生态风险评价案例研究. 生态学报, 18(4): 337-342
周启星, 王如松. 2000. 城镇居室大气污染及其生态调控. 世界科技研究与发展, 22(5): 38-41
周启星, 魏树和, 刁春燕. 2007. 污染土壤生态修复基本原理及研究进展, 农业环境科学学报, 26(2): 419-424
周启星, 魏树和, 张倩茹, 等. 2006. 生态修复. 北京: 中国环境科学出版社
周启星, 张倩茹. 2005. 东北老工业基地煤炭矿区环境问题与生态对策. 生态学杂志, 24: 287-290
周启星. 1993. 环境生物地球化学的学科问题和研究展望. 中国博士后首届学术大会论文集, 北京: 国防工业出版社, 1753-1756
周启星. 1995. 复合污染生态学. 北京: 中国环境科学出版社
周启星. 1995. 养分物质的生物地球化学. 见:土壤与植物研究新动态(第二卷), 北京: 中国农业出版社: 213-233
周启星. 2002. 污染土壤修复的技术再造与展望. 环境污染治理技术与设备, 3(8): 36-40
周启星. 2005. 健康土壤学: 土壤健康质量与农产品安全. 北京: 科学出版社
周启星. 2005. 老工矿区污染生态问题与今后研究展望. 应用生态学报, 16(6): 1146-1150
周启星. 2006. 城市环境污染与生态修复. 中国可持续发展研究会
周启星. 2006. 气候变化对环境与健康影响研究进展. 气象与环境学报, 22(1): 38-44
周孝明, 陈亚宁, 李卫红, 等. 2008. 近 50 年来塔里木河流域下游生态系统退化社会经济因素分析. 资源科学, 30(9): 1389-1396
朱定祥 倪守斌. 2004. 铬的生物地球化学及生物效应. 广东微量元素科学, 11(4): 1-9
朱鹤健. 2010. 土壤地理学. 北京: 高等教育出版社
朱静, 郭建阳, 王立英, 等. 2010. 锑的环境地球化学研究展望概述. 地球与环境, 38(1): 109-116
朱天乐. 2003. 室内空气污染控制. 北京: 化学工业出版社
朱颜明, 何岩. 2002. 环境地理学导论. 北京: 科学出版社
朱永峰. 2012. 矿床地球化学导论. 北京: 北京大学出版社
朱祖祥. 1983. 土壤学. 北京: 农业出版社
左其亭, 王中根. 2002. 现代水文学. 郑州: 黄河水利出版社
左小安, 赵学勇, 赵哈林, 等. 2006. 科尔沁沙地草地退化过程中的物种组成及功能多样性变化特征. 水土保持学报, 20(1): 181-185
Abbas S, Nichol JE, Fischer GA. 2016. 70-year perspective on tropical forest regeneration. Science of the Total Environment, 544: 544-552
Abell R, Thieme ML, Revenga C, et al. 2008. Freshwater ecoregions of the world: A new map of biogeographic units for freshwater biodiversity conservation. Bioscience, 58(5): 403-414
Ai ZH, Lee SC, Huang Y, et al. 2010. Photocatalytic removal of NO and HCHO over nanocrystalline Zn_2SnO_4 microcubes for indoor air purification. Journal of Hazardous Materials, 179: 141-150

Akiyama T, Kawamura K. 2007. Grassland degradation in China: Methods of monitoring, management and restoration. Grassland Sci, 53: 1-17

Allen MR, Frame DJ, Huntingford C, et al. 2009. Warming caused by cumulative carbon emissions towards the trillionth tonne. Nature, 458: 1163-1166

Asner GP, Elmore AJ, Olander LP, et al. 2004. Grazing systems, ecosystem response, and global change. Annu Rev Environ Resour, 29: 261-299

Ata A, Soner K. 2006. Acid Mine Drainage (AMD): Causes, treatment and case studies. Journal of Cleaner Production, 14: 1139-1145

Averill C, Turner BL, Finzi AC. 2014. Mycorrhiza-mediated competition between plants and decomposers drives soil carbon storage. Nature, 505: 543-545

Badawy B, Arora VK, Melton JR, et al. 2016. Modeling the diurnal variability of respiratory fluxes in the Canadian Terrestrial Ecosystem Model (CTEM). J Adv Model Earth Syst, 8: 614-633

Bahuguna A, Nayak S, Roy D. 2008. Impact of the tsunami and earthquake of 26th December 2004 on the vital coastal ecosystems of the Andaman and Nicobar Islands assessed using RESOURCESAT AWiFS data. International Journal of Applied Earth Observation and Geoinformation, 10(2): 229-237

Baird A, Kerr A. 2008. Landscape analysis and tsunami damage in Aceh: comment on Iverson and Prasad (2007). Landscape Ecology, 23(1): 3-5

Bakhmet ON, Medvedeva MV. 2015. Variations in soil properties upon Artificial reforestation in Karelia. Contemporary Problems of Ecology, 8(7): 838-844

Bakr N, Weindorf DC, Bahnassy MH, et al. 2012. Multi-temporal assessment of land sensitivity to desertification in a fragile agro-ecosystem: Environmental indicators. Ecological Indicators, 15(1): 271-280

Bardgett RD, van der Putten WH. 2014. Belowground biodiversity and ecosystem functioning. Nature, 515: 505-511

Barnosky AD, Hadly EA, Bascompte J, et al. 2012. Approaching a state shift in earth's biosphere. Nature, 486(7401): 52-58

Beer J, McCracken K, Steiger R. 2012. Hydrosphere. In: Cosmogenic Radionuclides. Berlin Heidelberg: Springer: 355-367

Bellard C, Leclerc C, Courchamp F. 2015. Combined impacts of global changes on biodiversity across the USA. Scientific Reports, 5, doi: 10. 1038/srep11828

Benitez-Nelson CR. 2000. The biogeochemical cycling of phosphorus in marine systems. Earth-Science Reviews, 51: 109-135

Blasiak R, Yagi N, Kurokura H, et al. 2015. Marine ecosystem services: Perceptions of indispensability and pathways to engaging citizens in their sustainable use. Marine Policy, 61: 155-163

Blum ME, Stewart KM, Schroeder C. 2015. Effects of large-scale gold mining on migratory behavior of a large herbivore. Ecosphere, 6(5): 1-18

Bo TL, Fu LT, Zheng XJ. 2013. Modeling the impact of overgrazing on evolution process of grasslanddesertification. Aeolian Research, 9: 183-189

Braddock T. 2007. Wetlands: An Introduction to Ecology, the Law, and Permitting. 2nd ed. Plymouth UK: The Scarecrow Press

Brook BW, Sodhi NS, Bradshaw CJA. 2008. Synergies among extinction drivers under global change. Trends Ecol Evol, 23: 453-60

Brown SL, Chaney RL , Angle JS, et al. 1995. Zinc and cadmium uptake by hyperaccumulator *Thlaspi caerulescens* and metal tolerant *Silene vulgaris* grown on sludge-amended soils. Environmental Science & Technology,

29(6): 1581-1585

Budiharta S, Meijaard E, Erskine PD, et al. 2014. Restoring degraded tropical forests for carbon and biodiversity. Environ Res Lett, 9: 1-12

Cao MK, Woodward FI. 1998. Dynamic responses of terrestrial ecosystem carbon cycling to global climate change. Nature, 393: 249-252

Cao MK, Woodward FI. 1998. Net primary and ecosystem production and carbon stocks of terrestrial ecosystems and their responses to climate change. Global Change Biology, 4: 185-198

Cardinale BJ, Emmett Duffy J, Gonzalez A. 2012. Biodiversity loss and its impact on humanity. Nature, 486: 59-67

Cardinale BJ. 2006. Effects of biodiversity on the functioning of trophic groups and ecosystems. Nature, 443: 989-992

Carvalhais N, Forkel M, Khomik M, et al. 2014. Global covariation of carbon turnover times with climate in terrestrial ecosystems. Nature, 514: 213-217

Cebrian J. 2015. Energy flows in ecosystems. Science, 349(6252): 1053-1054

Chang J, Symes WS, Lim F, et al. 2016. International trade causes large net economic losses in tropical countries via the destruction of ecosystem services. Ambio, 45: 387-397

Chapin FS. 2000. Consequences of changing biodiversity. Nature, 405: 234-242

Chapin III FS, Chapin MC, Matson PA. 2011. Principles of Terrestrial Ecosystem Ecology. 2nd ed. New York: Springer: 11-22

Charlson RJ, Lovelock JE, Andreae MO, et al. 1987. Oceanic phytoplankton, atmospheric sulphur, cloud albedo, and climate. Nature, 326: 655-661

Chen XF, Chuai XM, Yang LY, et al. 2012. Climatic warming and overgrazing induced the high concentration of organic matter in Lake Hulun, a large shallow eutrophic steppe lake in Northern China. Science of The Total Environment, 431: 332-338

Chuai XW, Huang XH, Lai L, et al. 2013. Land use structure optimization based on carbon storage in several regional terrestrial ecosystems across China. Environmental Science & Policy, 25: 50-61

Ciais P, Tagliabue A, Cuntz M, et al. 2015. Large inert carbon pool in the terrestrial biosphere during the Last Glacial Maximum. Nature Geoscience, 5: 74-79

Cochard R, Ranamukhaarachchi SL, Shivakoti GP, et al. 2008. The 2004 tsunami in Aceh and Southern Thailand: A review on coastal ecosystems, wave hazards and vulnerability. Perspectives in Plant Ecology, Evolution and Systematics, 10(1): 3-40

Cordell D, Rosemarin A, Schröder J, et al. 2011. Towards global phosphorus security: a systems framework for phosphorus recovery and reuse options. Chemosphere, 84(6): 747-758

Costanza R, d'arge R, de Groot R et al. 1997. The value of the world's ecosystem services and natural capital. Nature, 387: 253-260

Cotrufo MF, Wallenstein MD, Boot CM, et al. 2013. The Microbial Efficiency-Matrix Stabilization (MEMS) framework integrates plant litter decomposition with soil organic matter stabilization: Do labile plant inputs form stable soil organic matter? Global Change Biology, 19: 988-995

Cui P, Lin YM, Chen C. 2012. Destruction of vegetation due to geo-hazards and its environmental impacts in the Wenchuan earthquake areas. Ecological Engineering, 44: 61-69

Cunningham SD. 1996. Phytoremediation of soils contaminated with organic pollutants. Advances in Agronomy, 56: 55-114

Daily GC, Söderqvist T, Aniyar S, et al. 2000. The value of nature and the nature of value. Science, 289: 395-396

Daily GC. 1995. Restoring value to the worlds degraded lands. Science, 269: 350-354

Danley B, Widmark C. 2016. Evaluating conceptual definitions of ecosystem services and their implications. Ecological Engineering, 126: 132-138

David GS, Carvalho ED, Lemos D, et al. 2015. Ecological carrying capacity for intensive tilápia (*Oreochromis niloticus*) cage aquaculture in a large hydroelectrical reservoir in Southeastern Brazil. Aquacultural Engineering, 66: 30-40

Davies TC. 2002. Current status of research in geomedicine in east and southern Africa. Environmental Geochemistry and Health, 24, 99-102

Davis JS, Weiss ST, Tantisira KG. 2015. Asthma pharmacogenomics: 2015 update. Current Allergy and Asthma Reports, 15(7):1-12

Deegan LA, Johnson DS, Warren RS, et al. 2012. Coastal eutrophication as a driver of salt marsh loss. Nature, 490: 388-392

DeFries RS, Field CB, Fung I, et al. 1999. Combining satellite data and biogeochemical models to estimate global effects of human-induced land cover change on carbon emissions and primary productivity. Global Biogeochem Cycles, 13: 803-815

Dentener F, Drevet J, Lamarque J, et al. 2006. Nitrogen and sulfur deposition on regional and global scales: a multimodel evaluation. Global Biogeochemical Cycles, 20(4): 331-345

Díaz S. 2013. Ecosystem Function Measurement, Terrestrial Communities. Encyclopedia of Biodiversity. 2nd ed. A E Amsterdam: Academic Press: 72-89

Dirzo R, Young HS, Galetti M, et al. 2014. Defaunation in the anthropocene. Science, 345(6195): 401-406

Dixon RK, Brown S, Houghton RA. 1994. Carbon pools and flux of global forest ecosystems. Science, 263: 185-190

Doetterl S, Stevens A, Six J, et al. 2015. Soil carbon storage controlled by interactions between geochemistry and climate. Nature Geoscience, 8: 780-783

Don A, Schumacher J, Freibauer A. 2011. Impact of tropical land-use change on soil organic carbon stocks–a meta-analysis. Global Change Biology, 17: 1658-1670

Drielsma, Ferrier S, Howling G, et al. 2014. The biodiversity forecasting toolkit: Answering the 'how much', 'what', and 'where' of planning for biodiversity persistence. Ecological Modelling, 274(24): 80-91

Duker AA, Carranza EJ, Hale M. 2005. Arsenic geochemistry and health. Environment International, 31:631-641

Elena C, Stefania P, Alessandra C, et al. 2016. Ecosystem services and bioremediation of polluted areas. Ecological Engineering, 87: 139-149

Elser J, Bennett E. 2011. Phosphorus: A broken biogeochemical cycle. Nature, 478(7367): 29-31

Falkowski P, Scholes RJ, Boyle E. 2000. The global carbon cycle: A test of our knowledge of earth as a system. Science, 290: 291-296

Fay PA, Prober SM, Stanley Harpole W, et al. 2015. Grassland productivity limited by multiple nutrients. Nature Plants, 1: 15080

Feldt-Rasmussen U. 2001. Iodine and cancer. Thyroid, 11(5):483-486

Feng X, Simpson A, Wilson K, et al. 2008. Increased cuticular carbon sequestration and lignin oxidation in response to soil warming. Nature Geoscience, 1: 836-839

Fernandez-Caliani JC, Barba-Brioso C, Gonzalez L, et al. 2009. Heavy metal pollution in soils around the abandoned mine sites of the iberian pyrite belt (Southwest Spain). Water Air and Soil Pollution, 200(1-4): 211-226

Ferrara A, Salvati L, Sateriano A, et al. 2012. Performance evaluation and cost assessment of a key indicator system to monitor desertification vulnerability. Ecological Indicators, 23: 123-129

Fichter GS, Kest IBK. 1995. Endangered Animals. London: Golden Books Publishing Company, Macmillan, 127-150

Finke DL, Snyder WE. 2008. Niche partitioning increases resource exploitation by diverse communities. Science, 321: 1488-1490

Fisher JB, Huntzinger DN, Schwalm CR, et al. 2014. Modeling the terrestrial biosphere. Annu Rev Environ Resour, 39: 91-123

Freudenberger L, Hobson PR, Schluck M. 2012. A global map of the functionality of terrestrial ecosystems. Ecological Complexity, 12: 13-22

Fry JC, Parkes RJ, Cragg BA, et al. 2008. Prokaryotic biodiversity and activity in the deep subseafloor biosphere. FEMS Microbiology Ecology, 66(2): 181-196

Fujimura M, Usuki F, Kawamura M, et al. 2011. Inhibition of the Rho/ROCK pathway prevents neuronal degeneration *in vitro* and *in vivo* following methylmercury exposure. Toxicology and Applied Pharmacology, 250:1-9

Fujimura M, Usuki F. 2015. Methylmercury causes neuronal celldeath through the suppression of the TrkA pathway: *In vitro* and *in vivo* effects of TrikA pathway activators. Toxicology and Applied Pharmacology, 282: 259-266

Gagné-Quellet V, Guay SP, Boucher-Lafleur AM, et al. 2015. DNA methylation signature of interleukin 1 receptor type Ⅱ in asthma. Clin Epigenetics, 7(1): 1-4

Gan S, Lau EV, Ng HK. 2009. Remediation of soils contaminated with polycyclic aromatic hydrocarbons (PAHs). Journal of Hazardous Materials, 172(2-3): 532-549

Gao P, Niu X, Wang B, et al. 2015. Land use changes and its driving forces in hilly ecological restoration area based on gis and rs of northern china. Scientific Reports, doi: 10. 1038/srep11038

García-Oliva F, Gallardo Lancho JF, Montaño NM, et al. 2006. Soil carbon and nitrogen dynamics followed by a forest-to-pasture conversion in Western Mexico. Agroforestry Systems, 66: 93-100

Ginkel JHV, Gorissen A, Veen JAV. 1997. Carbon and nitrogen allocation in Lolium perenne in response to elevated atmospheric CO_2 with emphasis on soil carbon dynamics. Plant and Soil, 188: 299-308

Giri C, Zhu Z, Tieszen LL, et al. 2008. Mangrove forest distributions and dynamics (1975-2005) of the tsunami-affected region of Asia. Journal of Biogeography, 35(3): 519-528

Glick BR. 2003. Phytoremediation: synergistic use of plants and bacteria to clean up the environment. Biotechnology Advances, 21: 383-393

Golubyatnikov LL, Mokhov II, Eliseev AV. 2013. Nitrogen cycle in the Earth Climatic System and its modeling. Atmospheric and Oceanic Physics, 49(3): 229-243

Gomez-Salazar C, Coll M, Whitehead H. 2012. River dolphins as indicators of ecosystem degradation in large tropical rivers. Ecological Indicators, 23: 19-26

Gooch JW. 2011. Biogeochemical Cycle. 2 nd ed. New York: Springer

Goto N, Sakoda A, Suzuki M. 1994. Modelling of soil carbon dynamics as a part of carbon cycle in terrestrial ecosystems. Ecological Modelling, 74: 183-204

Goverse T. 2013. UNEP Year Book 2013: Emerging Issues in our global environment. United Nations Environment Programme, 42

Grant RA, Halliday T, Balderer WP, et al. 2011. Ground water chemistry changes before major earthquakes and possible effects on animals. International Journal of Environmental Research and Public Health, 8(6): 1936-1956

Gruber N, Galloway JN. 2008. An earth-system perspective of the global nitrogen cycle. Nature, 451(7176):

293-296
Guo X, Chen HYH, Meng M, et al. 2016. Effects of land use change on the composition of soil microbial communities in a managed subtropical forest. Forest Ecology and Management, 373: 93-99
Guo YM, Barnett AG, Zhang YS, et al. 2010. The short-term effect of air pollution on cardiovascular mortality in Tianjin, China: Comparison of time series and case-crossover analyses. Science of the Total Environment, 409: 300-306
Hagström J, Mehlqvist K. 2012. The dawn of terrestrial ecosystems on Baltica: First report on land plant remains and arthropod coprolites from the Upper Silurian of Gotland, Sweden. Palaeogeography, Palaeoclimatology, 317-318: 162-170
Hajam RA, Rather GM, Kanth TA. 2015. Geomedical study of thyroid disorders in the foot hill settlements of Pir Panjal Range. Journal of Public Health and Epidemiology, 7(9): 294-304
Hamer KC, Newton RJ, Edwards FA, et al. 2015. Impacts of selective logging on insectivorous birds in Borneo: The importance of trophic position, body size and foraging height. Biological Conservation, 188: 82-88
Harris NL, Brown S, Hagen SC, et al. 2012. Baseline map of carbon emissions from deforestation in tropical regions. Science, 336, 1573-1576
Hattam C, Atkins JP, Beaumont N, et al. 2015. Marine ecosystem services: Linking indicators to their classification. Ecological Indicators, 49: 61-75
Hayasaka D, Goka K, Thawatchai W, et al. 2012. Ecological impacts of the 2004 Indian Ocean tsunami on coastal sand-dune species on Phuket Island, Thailand. Biodiversity and Conservation, 21(8): 1971-1985
Hayasaka D, Shimada N, Konno H, et al. 2012. Floristic variation of beach vegetation caused by the 2011 Tohoku-oki tsunami in northern Tohoku, Japan. Ecological Engineering, 44: 227-232
Hector A, Bagchi R. 2007. Biodiversity and ecosystem multifunctionality. Nature, 448: 188-190
Hector A. 1999. Plant diversity and productivity experiments in European grasslands. Science, 286: 1123-1127
Hector A. 2011. Ecology: Diversity favours productivity. Nature, 472: 45-46
Heimann M, Reichstein M. 2008. Terrestrial ecosystem carbon dynamics and climate feedbacks. Nature, 451: 289-292
Hempel G, Thulin J, Hermes R, et al. 2016. Large marine ecosystems training and capacity development. Environmental Development, 17(S1): 322-329
Henriques S, Pais MP, Batista MI. 2014. Can different biological indicators detect similar trends of marineecosystem degradation? Ecological Indicators, 27: 105-118
Hernandez-Miranda E, Cisterna J, Diaz-Cabrera E, et al. 2014. Epibenthic macrofaunal community response after a mega-earthquake and tsunami in a shallow bay off central-south Chile. Marine Biology, 161(3): 681-696
Hertwich E. 2012. Biodiversity: Remote responsibility. Nature, 486, 36-37
Hinckley AD. 1976. Applied Ecology. New York: Prentice Hall
Holland EA, Braswell BH, Sulzman J, et al. 2005. Nitrogen deposition onto the United States and Western Europe: synthesis of observations and models. Ecological Applications, 15(1): 38-57
Hoogwijk M, Faaij A, Van BR, et al. 2003. Exploration of the ranges of the global potential of biomass for energy. Biomass and Bioenergy, 25(2): 119-133
Horiguchi H, Teranishi H, Niiya K, et al. 1994. Hypoproduction of erythropoietin contributes to anemia in chronic cadmium intoxication: clinical study on Itai-itai disease in Japan. Archives of Toxicology, 68(10), 632-636
Hu XG, Mu L, Zhou QX, et al. 2011. ssDNA aptamer-based column for simultaneous removal of nanogram per liter level of illicit and analgesic pharmaceuticals in drinking water. Environmental Science and Technology, 45(11): 4890-4896

Hu XG, Zhou M, Zhou QX. 2015. Ambient water and visible-light irradiation drive changes in graphene morphology, structure, surface chemistry, aggregation and toxicity. Environmental Science & Technology, 49(6): 3410-3418

Hu XG, Zhou QX. 2013. Health and ecosystem risks of graphene. Chemical Reviews, 113(5): 3815-3835

Hudson A. 2016. United Nations Development Program (UNDP) perspectives on global large marine ecosystems movement. Environmental Development, 17(S1): 330-331

Hulin M, Simoni M, Viegi G, et al. 2012. Respiratory health and indoor air pollutants based on quantitative exposure assessments. European Respiratory Journal, 40: 1033-1045

Idris R, Trifonova R, Puschenreiter M, et al. 2004. Bacterial communities associated with flowering plants of the Ni hyperaccumulator *Thlaspi goesingense*. Applied and Environmental Microbiology, 70: 2667-2677

Inoue S, Yorifuji T, Tsuda T, et al. 2012. Short-term effect of severe exposure to methylmercury on atherosclerotic heart disease and hypertension mortality in Minamata. Science of the Total Environment, 417-418: 291-293

IPCC. 2007. Climate change: The physical science basis. Cambridge, UK and New York, USA: Cambridge University Press

Isbell F. 2011. High plant diversity is needed to maintain ecosystem services. Nature, 477: 199-202

Ise T, Dunn AL, Wofsy SC, et al. 2008. High sensitivity of peat decomposition to climate change through water-table feedback. Nature Geoscience, 1: 763-766

Ito A, Saitoh TM, Sasai T. 2015. Synergies between observational and modeling studies at the Takayama site: toward a better understanding of processes in terrestrial ecosystems. Ecological Research, 30: 201-210

Ives AR, Carpenter SR. 2008. Stability and diversity of ecosystems. Science, 317: 58-62

Iwata O, Oki T, Ishiki A, et al. 2013. Kanno from the Great East Japan earthquake of 2011. Bulletin of the World Health Organization, 91(10): 784-789

Jacobson JL, Muckle G, Ayotte P, et al. 2015. Relation of prenatal methylmercury exposure from environmental sources to childhood IQ. Environmental Health Perspectives, 123(8): 827-833

Janssen AHN, Hoek G, Simic-Lawson M, et al. 2011. Black carbon as an additional indicator of the adverse health effects of airborne particles compared with PM_{10} and $PM_{2.5}$. Environmental Health Perspective, 119(12): 1691-1698

Ji X, Long X. 2016. A review of the ecological and socioeconomic effects of biofuel and energy policy recommendations. Renewable and Sustainable Energy Reviews, 61: 41-52

Jiang C, Sun H, Sun T, et al. 2009. Immobilization of cadmium in soils by UV-mutated Bacillus subtilis 38 bioaugmentation and NovoGro amendment. Journal of Hazardous Materials, 167(1-3): 1170-1177

Jing X, Sanders NJ, Shi Y, et al. 2015. The links between ecosystem multifunctionality and above- and belowground biodiversity are mediated by climate. Nature Communications, 6, doi: 10. 1038/ncomms9159

Johnson DB, Hallberg KB. 2005. Acid mine drainage remediation options: a review. The Science of the Total Environment, 338: 3-14

Johnson PTJ, Preston DL, Hoverman JT, et al. 2013. Biodiversity decreases disease through predictable changes in host community competence. Nature, 494, 230-233

Kagawa J. 1994. Atmospheric pollution due to mobile sources and effects on human health in Japan. Environmental Health Perspectives, 102(Suppl 4): 93

Kaiser MJ. 2005. Marine Ecology: Processes, Systems and Impacts. Oxford : Oxford University Press, Incorporated

Kan HD, Heiss G, Rose MK, et al. 2008. Prospective analysis of traffic exposure as a risk factor for incident coronary heart disease: The Atherosclerosis Risk in Communities (ARIC) Study. Environmental Health Perspective, 116(11): 1463-1468

Karagas M, Choi AL, Oken E, et al. 2012. Evidence on the human health effects of low-level methylmercury exposure. Environmental Health Perspectives, 120(6): 799-806

Kasischke ES. 2013. Impacts of disturbance on the terrestrial carbon budget of North America. J Geophys Res Biogeosci, 118, 303-316

Keddy P. 2000. Wetland Ecology: Principles and Conservation. Cambridge, United Kingdom: Cambridge University Press

Keesing F. 2010. Impacts of biodiversity on the emergence and transmission of infectious diseases. Nature, 468: 647-652

Khandare HW. 2012. Medical Geology: An emerging field of interdisciplinary research on geology and human health. International Journal of Chemtech Research, 4(4):1792-1796

Kikuchi R. 2001. Environmental management of sulfue trioxide emission: impact of SO_3 on human health. Environmental Management, 27(6), 837-844

Kim DI, Park JH, Kim SD, et al. 2011. Comparison of removal ability of indoor formaldehyde over different materials functionalized with various amine groups. Journal of Industrial and Engineering Chemistry, 17: 1-5

Kirwan ML, Megonigal JP. 2013. Tidal wetland stability in the face of human impacts and sea-level rise. Nature, 504: 53-60

Kleypas JA, Buddemeier RW, Archer D, et al. 1999. Geochemical consequences of increased atmospheric carbon dioxide on coral reefs. Science, 284: 118-120

Knittel K, Boetius A, Lemke A, et al. 2003. Activity, distribution, and diversity of sulfate reducers and other bacteria in sediments above gas hydrate (Cascadia Margin, Oregon). Geomicrobiology Journal, 20(4): 269-294

Kobayashi E, Suwazono Y, Dochi M, et al. 2009. Influence of drinking and/or cooking with Jinzu river water on the development of itai-itai disease. Biological Trace Element Research, 129: 46-57

Kohli RK. 2008. Invasive plants and forest ecosystems. Boca Raton, Florida: CRC Press

Koning E, Gehlen M, Flank AM, et al. 2007. Rapid post-mortem incorporation of aluminum in diatom frustules: evidence from chemical and structural analyses. Marine Chemistry, 106(1): 208-222

Kordzadze A. 2007. Mathematical modelling of dynamical and ecological processes in the system sea-land-atmosphere. Air, Water and Soil Quality Modelling for Risk and Impact Assessment, 181-193

Kosaka K, Asami M, Kobashigawa N, et al. 2012. Removal of radioactive iodine and cesium in water purification processes after an explosion at a nuclear power plant due to the Great East Japan Earthquake, Water Research, 46(14): 4397-4404

Krebs CJ. 1972. Ecology: The Experimental Analysis of Distribution and Abundance. New York: Harper and Row

Kundzewicz ZW. 2008. Hydrosphere. Encyclopedia of Ecology. Jørgensen SE, Fath BD. Oxford: Academic Press

Kurmi PO, Semple S, Simkhada P, et al. 2010. COPD and chronic bronchitis risk of indoor air pollution from solid fuel: a systematic review and meta-analysis. Thorax, 65: 221-228

Kurz WA, Stinson G, Rampley GJ, et al. 2008. Risk of natural disturbances makes future contribution of Canada's forests to the global carbon cycle highly uncertain. Proc Natl Acad Sci USA, 105: 1551-1555

Kuzyakov Y. 2010. Priming effects: Interactions between living and dead organic matter. Soil Biology & Biochemistry, 42: 1363-1371

Lafferty KD, DeLeo G, Briggs CJ, et al. 2015. A general consumer-resource population model. Science, 349: 854-857

Lag J. 1990. Geomedicine. Florida: CRC Press

Lambers H. 1987. Growth, respiration, exudation and symbiotic associations: the fate of carbon translocated to the roots. In: Gregory P J, et al. Root Development and Function. Cambridge UK: Cambridge University Press:

125-146

Lange M, Eisenhauer N, Sierra CA, et al. 2015. Plant diversity increases soil microbial activity and soil carbon storage. Nature Communications, 6: 6707

Lee SH, Ha K, Hamm SY, et al. 2013. Groundwater responses to the 2011 Tohoku earthquake on Jeju Island, Korea. Hydrological Processes, 27(8): 1147-1157

Lefcheck JS, Byrnes JEK, Isbell F, et al. 2015. Biodiversity enhances ecosystem multifunctionality across trophic levels and habitats. Nature Communications, 6, doi: 10. 1038/ncomms7936

Lei H, Peng Z, Yigang H, et al. 2016. Vegetation and soil restoration in refuse dumps from open pit coal mines. Ecological Engineering, 94: 638-646

Lenzen D, Moran D, Kanemoto K, et al. 2012. International trade drives biodiversity threats in developing nations. Nature, 486: 109-112

Lewis SL, Edwards DP, Galbraith D. 2015. Increasing human dominance of tropical forests. Science, 349: 827-832

Li N, Buglak N. 2015. Convergence of air pollutant-induced redox-sensitive signals in the dendritic cells contributes to asthma pathogenesis. Toxicology Letters, 237, 55-60

Li WJ, Ali SH, Zhang Q. 2007. Property rights and grassland degradation: A study of the Xilingol Pasture, Inner Mongolia, China. Journal of Environmental Management, 85(2): 461-470

Liao DP, Shaffer LM, Rodriguez-Colon S, et al. 2010. Acute Adverse effects of fine particulate air pollution on ventricular repolarization. Environmental Health Perspective, 118(7): 1010-1015

Lindberg AL, Kumar R, Goessler W, et al. 2007. Metabolism of low-dose inorganic arsenic in a central European population: influence of sex and genetic polymorphisms. Environmental Health Perspectives, 115(7):1081-1086

Lindeman RL. 1942. The tropic dynamic aspect of ecology. Ecology, 23: 399-418

Liu JG, Diamond J. 2005. China's environment in a globalizing world. Nature, 435: 1179-1186

Liu M, Tian H, Chen G, et al. 2008. Effects of land-use and land-cover change on evapotranspiration and water yield in China during 20th century. Journal of the American Water Resources Association, 44(5): 1193-1207

Liu R, Jadeja RN, Zhou QX, et al. 2012. Treatment and remediation of petroleum-contaminated soils using selective ornamental plants. Environmental Engineering. Science, 29(6): 494-501

Liu WT, Zhou QX, Zhang ZN, et al. 2011. Evaluation of cadmium phytoremediation potential in Chinese Cabbage Cultivars. Journal of Agricultural and Food Chemistry, 59(15): 8324-8330

Liu YX, Alessi DS, Owttrim GW, et al. 2015. Cell surface reactivity of *Synechococcus* sp. PCC 7002: Implications for metal sorption from seawater. Geochimica et Cosmochimica Acta, 169(1): 30-44

Luo Y, Weng E. 2011. Dynamic disequilibrium of the terrestrial carbon cycle under global change. Trends in Ecology and Evolution, 26(2): 96-104

Luttinger D, Wilson L. 2003. A study of air pollutants and acute asthma exacerbations in urban areas: status report. Environmental Pollution, 123: 399-402

Luxmoore RJ. 1981. CO_2 and phytomass. BioScience, 31: 626

MA (Millennium Ecosystem Assessment). 2005. Ecosystem and Human Well-Being. Washington DC: Island Press

Ma JF, Ryan PR, Delhaize E. 2001. Aluminium tolerance in plants and the complexing role of organic acids. Trends in Plant Science, 6: 273-278

Ma JY, Yan XD, Dong WJ, et al. 2015. Gross primary production of global forest ecosystems has been overestimated. Scientific Reports, 5: 1-9

Ma YJ, Chen RJ, Pan GW, et al. 2011. Fine particulate air pollution and daily mortality in Shenyang, China. Science of the Total Environment, 409: 2473-2477

Maestre FT, Quero JL, Gotelli NJ, et al. 2012. Plant species richness and ecosystem multifunctionality in global drylands. Science, 335(6065): 214-218

Malakootian M, Nouri J. 2010. Chemical variations of ground water affected by the earthquake in bam region. International Journal of Environmental Research, 4(3): 443-454

Margono BA, Potapov PV, Turubanova S, et al. 2014. Primary forest cover loss in Indonesia over 2000-2012. Nature Climate Change, 4: 730-735

Marti A. 2011. Wetlands: A Review, With Three Case Studies: The People's Republic of China, The United States of America, and Ethiopia. Nature Resources 323: International Resource Management

Mayowa F, Mark T, Babatunde A. 2013. Some implications of terrestrial ecosystems response to climate change for adaptation in Nigeria's wooded savannah. Environmental Development, 5: 73-95

McClafferty H. 2014. An overview of integrative therapies in asthma treatment. Current Allergy and Asthma Reports, 14(10): 1-8

Meagher RB. 2000. Phytoremediation of toxic elemental and organic pollutants. Current, Opinion on Plant Biology, 3(2): 153-162

Medlyn BE, Zaehle S, De Kauwe MG, et al. 2015. Using ecosystem experiments to improve vegetation models. Nature Climate Change, 5: 528-534

Melillo JM, Borchere J, Chaney J. 1995. Vegetation/ecosystem modeling and analysis project : Comparing biogeography and biogeochemistry models in a continental-scale study of terrestrial ecosystem responses to climate change and CO_2 doubling. Global Biogeochemical Cycle, 9 (4): 407-437

Melillo J, Steudler P, Aber J, et al. 2002. Soil warming and carbon-cycle feedbacks to the climate system. Science, 298: 2173-2176

Melnikov NB, O'neill BC. 2006. Learning about the carbon cycle from global budget data. Geophysical Research Letters, 33(2): 111-155

Midgley GF, Bond WJ. 2015. Future of African terrestrial biodiversity and ecosystems under anthropogenic climate change. Nature Climate Change, 5: 823-829

Millennium Ecosystem Assessment. 2005. Ecosystems and human wellbeing: synthesis. Washington DC: Island Press

Mintz Y, Walker GK. 1993. Global fields of soil moisture and surface evapotranspiration derived from observed precipitation and surface air temperature. Journal of Applied Meteorology, 32(8): 1305-1334

Mondal KN, Roy A, Mukherjee B, et al. 2010. Indoor air pollution from biomass burning activates akt in Airway cells and peripheral blood. Toxicological Pathology, 38: 1085-1098

Moorcroft PR. 2003. Recent advances in ecosystem-atmosphere interactions: an ecological perspective. Proceedings of the Royal Society London B, 270: 1215-1227

Morgan-Richards M, Trewick SA, Wallis GP. 2000. Characterization of a hybrid zone between two chromosomal races of the weta *Hemideina thoracica* following a geologically recent volcanic eruption. Heredity, 85(6): 586-592

Morkoc E, Tarzan L, Okay O, et al. 2007. Changes of oceanographic characteristics and the state of pollution in the Izmit bay following the earthquake of 1999. Environmental Geology, 53(1): 103-112

Mukai Y, Suzuki T, Makino W, et al. 2014. Ecological impacts of the 2011 Tohoku earthquake Tsunami on aquatic animals in rice paddies. Limnology, 15(3): 201-211

Naeem S, Thompson LJ, Lawler SP, et al. 1994. Declining biodiversity can alter the performance of ecosystems. Nature, 368: 734-737

Naidu R, Espana VAA, Liu Y, et al. 2016. Emerging contaminants in the environment: Risk-based analysis for better management. Chemosphere, 154: 350-357

Naylor R. 2005. Agriculture: losing the links between. Science, 310: 1621-1622
Newbold T, Hudson LN, Hill SLL, et al. 2015. Global effects of land use on local terrestrial biodiversity. Nature, 520: 45-50
Nogawa K, Kido T. 1993. Biological monitoring of cadmium exposure in itai-itai disease epidemiology. International Archives of Occupational and Environmental Health, 65: S43-S46
Noguera-Oviedo K, Aga DS. 2016. Lessons learned from more than two decades of research on emerging contaminants in the environment. Journal of Hazardous Materials, 316: 242-251
Nonhebel S. 2005. Renewable energy and food supply: will there be enough land? Renewable and Sustainable Energy Reviews, 9: 191-201
O'Connell MJ. 2003. Detecting, measuring and reversing changes to wetlands. Wetlands Ecology and Management, 11: 397-401
O'Reilly CM, Alian SR, Plisnier P, et al. 2003. Climate change decreases aquatic ecosystem productivity of Lake Tanganyika, Africa. Nature, 424: 766-768
Odum EP, Odum HT. 1953. Fundamentals of Ecology. Philadelphia, Saunders
Odum EP. 1997. Ecology: A Bridge between Science and Society. Sunderland, Mass, USA: Sinauer Associates Publishers
Odum HT. 1982. Systems Ecology: an Introduction. New York: John Wiley & Sons
Odum, EP. 1983. Basic Ecology. London: Saunders College
Ogden J, Fordham RA, Horrocks M, et al. 2005. Long-term dynamics of the long-lived conifer *Libocedrus bidwillii* after a volcanic eruption 2000 years ago. Journal of Vegetation Science, 16(3): 321-330
Okay OS, Tolunb L, Telli-Karakoç F, et al. 2003. The changes of T-PAH levels and health status of mussels in Izmit bay (Turkey) after Marmara earthquake and subsequent refinery fire. Environment International, 28: 671-675
Oki TK. 2006. Global hydrological cycles and world water resources. Science, 313: 1068-1072
Olive A. 2014. Urban awareness and attitudes toward conservation: A first look at Canada's cities. Applied Geography, 54: 160-168
Omernik JM. 2003. The misuse of hydrologic unit maps for extrapolation, reporting, and ecosystem management. Journal of the American Water Resources Association, 39(3): 563-573
Omernik JM. 2004. Perspectives on the nature and definition of ecological regions. Environmental Management, 34(Suppl 1): S27-S38
Orihara Y, Kamogawa. 2014. Preseismic changes of the level and temperature of confined groundwater related to the 2011 Tohoku earthquake. Scientific Reports, 4: 1-6
Ortega KJ, Saez CA, Macaya EC. 2014. Changes in invertebrate assemblages inhabiting *Lessonia spicata* (Phaeophyceae) holdfasts after the 2010 earthquake-mediated coastal uplift in Chile. Revista De Biologia Marina Y Oceanografia, 49(1): 129-134
Pan Y, Birdsey RA, Fang J, et al. 2011. A large and persistent carbon sink in the world's forests. Science, 333: 988-993
Park Williams A, Allen CD, Macalady AK, et al. 2013. Temperature as a potent driver of regional forest drought stress and tree mortality. Nature Climate Change, 3: 292-297
Parks JM, Johs A, Podar M, et al. 2013. The genetic basis for bacterial mercury methylation. Science, 339(6125): 1332-1335
Paytan A, McLaughlin K. 2007. Hands-on oceanography: Phosphorus in our waters. Oceanography, 20(2): 200-206
Peñuelas J, Poulter B, Sardans J, et al. 2013. Human-induced nitrogen-phosphorus imbalances alter natural and

managed ecosystems across the globe. Nature Communications, 4: 2934

Phelps J, Webb EL, Adams WM. 2012. Biodiversity co-benefits of policies to reduce forest-carbon emissions. Nature Climate Change, 2: 497-503

Philippot L, Raaijmakers JM, Lemanceau P, et al. 2013. Going back to the roots: the microbial ecology of the rhizosphere. Nature Reviews Microbiology, 11: 789-799

Pimm SL, Russell GJ, Gittleman JL, et al. 1995. The future of biodiversity. Science, 269: 347-350

Pimm SL. 2014. The biodiversity of species and their rates of extinction, distribution, and protection. Science. 344: 1-10

Pongrac P, Sonjak S, Vogel-Mikuš K, et al. 2009. Roots of metal hyperaccumulating population of *Thlaspi praecox* (Brassicaceae) harbour arbuscular mycorrhizal and other fungi under experimental conditions. International Journal of Phytoremediation, 11: 347-359

Porwal MC, Padalia H, Roy PS. 2012. Impact of tsunami on the forest and biodiversity richness in Nicobar Islands (Andaman and Nicobar Islands), India. Biodiversity and Conservation, 21(5): 1267-1287

Prentice K, Fung IY. 1990. The sensitivity of terrestrial carbon storage to climate change. Nature, 346: 48-51

Preston TM, Kim K. 2016. Land cover changes associated with recent energy development in the Williston Basin; Northern Great Plains, USA. Science of The Total Environment, 566: 1511-1518

Pütz S, Groeneveld J, Henle K, et al. 2014. Long-term carbon loss in fragmented Neotropical forests. Nature Communications, doi: 10. 1038/ncomms6037

Quéré CL, Raupach MR, Canadell JG, et al. 2009. Trends in the sources and sinks of carbon dioxide. Nature Geoscience, 2: 831-836

Quinn PK, Bates TS. 2011. The case against climate regulation via oceanic phytoplankton sulphur emissions. Nature, 480: 51-56

Raiswell R, Canfield DE. 2012. The iron biogeochemical cycle past and present. Geochemical Perspectives, 1(1): 1-220

Ramade F. 1984. Ecology of Natural Resources. Chichester: John Wiley

Rao G, Lin A. 2011. Distribution of inundation by the great tsunami of the 2011 M-w 9. 0 earthquake off the Pacific coast of Tohoku (Japan), as revealed by ALOS imagery data. International Journal of Remote Sensing, 32(22): 7073-7086

Rastetter EB, Ryan MG, Shaver GR, et al. 1991. A general biogeochemical model describing the responses of the C and N cycles in terrestrial ecosystems to changes in CO_2, climate, and N deposition. Tree Physiology, 9: 101-126

Regnier P, Friedlingstein P, Ciais P, et al. 2013. Anthropogenic perturbation of the carbon fluxes from land to ocean. Nature Geoscience, 6: 597-607

Reichstein M, Bahn M, Ciais P, et al. 2013. Climate extremes and the carbon cycle. Nature, 500: 287-295

Reid CB, Ghazarian AA, DeMarini MD, et al. 2012. Research opportunities for cancer associated with indoor air pollution from solid-Fuel combustion. Environmental Health Perspective, 120(11): 1495-1498

Ren CX, Hu XG, Li XY, et al. 2016. Ultra-trace graphene oxide in a water environment triggers Parkinson's disease-like symptoms and metabolic disturbance in zebrafish larvae. Biomaterials, 93(1): 83-94

Renella G, Ogunseitan O, Giagnoni L, et al. 2014. Environmental proteomics: A long march in the pedosphere. Soil Biology & Biochemistry, 69: 34-37

Reyers. 2013. Conserving biodiversity outside protected areas. Encyclopedia of Biodiversity. 2nd ed. A E Amsterdam: Academic Press: 289-305

Reynolds J F. 2013. Desertification Encyclopedia of Biodiversity. 2nd ed. A E Amsterdam: Academic Press:

479-494
Riba I, DelValls TA, Reynoldson TB, et al. 2006. Sediment quality in Rio Guadiamar (SW, Spain) after a tailing dam collapse: Contamination, toxicity and bioavailability. Environment International, 32: 891-900
Riggs CE, Hobbie SE. 2016. Mechanisms driving the soil organic matter decomposition response to nitrogen enrichment in grassland soils. Soil Biology & Biochemistry, 99: 54-65
Rivero S, Villasante S. 2016. What are the research priorities for marine ecosystem services? Marine Policy, 66: 104-113
Robinson DA, Hockley N, Cooper DM. 2013. Natural capital and ecosystem services, developing an appropriate soils framework as a basis for valuation. Soil Biology & Biochemistry, 57: 1023-1033
Rood SB. 2006. Unusual disturbance: forest change following a catastrophic debris flow in the Canadian Rocky Mountains. Canadian Journal of Forest Research-revue Canadienne de Recherche Forestiere, 36(9): 2204-2215
Sac Muslim Murat, Harmansah C, Camgoz B, et al. 2011. Radon monitoring as the earthquake precursor in fault line in western Turkey. Ekoloji, 20(79): 93-98
Sakamoto M, Murata K, Tsuruta K, et al. 2010. Retrospective study on temporal and regional variations of methylmercury concentrations in preserved umbilical cords collected from inhabitants of the Minamata area, Japan. Ecotoxicology and Environmental Safety, 73(6): 1144-1149
Salt DE, Blaylock M, Kumar PBAN, et al. 1995. Phytoremediation: A novel strategy for the removal of toxic metals from the environment using plants. Bio Technology, 13: 468-474
Santo RSD. 1978. Concepts of Applied Ecology. New York: Springer-Verlag
Sá-Oliveira JC, Hawes JE, Isaac-Nahum VJ, et al. 2015. Upstream and downstream responses of fish assemblages to an Eastern Amazonian hydroelectric dam. Freshwater Biology, 60(10): 2037-2050
Sarnat AJ, Marmur A, Klein M, et al. 2008. Fine particle sources and cardiorespiratory morbidity: An Application of Chemical Mass Balance and Factor Analytical Source-Apportionment Methods. Environmental Health Perspective, 116(4): 459-466
Schimel D, Melillo J, Tian H, et al. 2000. Contribution of increasing CO_2 and climate to carbon storage by ecosystems in the United States. Science, 287, 2004-2006
Schlesinger WH. 1977. Carbon balance in terrestrial detritus. Annual Review of Ecology and Systematics, 8: 51-81
Selinus O, Alloway B, Centeno JA, et al. 2005. Essentials of medical geology—impacts of the natural environment on public health. London: Elsevier Academic Press
Serrano O, Martínez-Cortizas A, Mateo MA, et al. 2013. Millennial scale impact on the marine biogeochemical cycle of mercury from early mining on the Iberian Peninsula. Global Biogeochemical Cycles, 27(1): 21-30
Sexton JO, Noojipady P, Song X, et al. 2016. Conservation policy and the measurement of forests. Nature Climate Change, 6: 192-196
Shelford VE. 1931. Some concepts of bioecology. Ecology, 12(3): 455-467
Sherr EB, Sherr BF. 1988. Role of microbes in pelagic food web: A revised concept. Limnology and Oceanography, 33: 1225-1227
Shi D, Wang W, Jiang G, et al. 2016. Effects of disturbed landforms on the soil water retention function during urbanization process in the Three Gorges Reservoir Region, China. CATENA, 144: 84-93
Shibata T, Solo-Gabriele H, Hata T. 2012. Disaster waste characteristics and radiation distribution as a result of the Great East Japan earthquake. Environmental Science & Technology, 46(7): 3618-3624
Siegenthaler U. Sarmiento JL. 1993. Atmospheric carbon dioxide and the ocean. Nature, 365(6442): 119-125
Sims RH, Hastings A, Schlamadinger B, et al. 2006. Energy crops: current status and future prospects. Global Change Biology, 12(11): 2054-2076

Singh S, Bakshi B R. 2014. Accounting for emissions and sinks from the biogeochemical cycle of carbon in the U. S. economic input-output model. Journal of Industrial Ecology, 18(6): 818-828

Steele J. 1974. The Structure of Marine Ecosystems. London: Blackwell Scientific Publication

Steffen W, Noble I, Canadell J. 1998. The terrestrial carbon cycle : implications for the Kyoto Protocol. Science, 280: 13939-1394

Steffen W, Sanderson A, Tyson P. 2004. Global change and the earth system: A planet under pressure//IGBP Global Change Series. Berlin: Springer

Steinnes E. 2009. Soils and geomedicine. Environmental Geochemistry and Health, 31: 523-535

Stuart Chapin F, Zavaleta ES, Eviner VT, et al. 2000. Consequences of changing biodiversity. Nature, 405, 234-242

Sulman BN, Phillips RP, Christopher Oishi A, et al. 2014. Microbe-driven turnover offsets mineral-mediated storage of soil carbon under elevated CO_2. Nature Climate Change, 4: 1099-1102

Sun C, Wang S, Zou W. 2016. Chinese marine ecosystem services value: Regional and structural equilibrium analysis. Ocean & Coast Management, 125: 70-83

Takacs D. 2013. Historical Awareness of Biodiversity. Encyclopedia of Biodiversity. 2nd ed. A E Amsterdam: Academic Press: 121-126

Takaoka S, Kawakami Y, Fujino T, et al. 2008. Somatosensory disturbance by methylmercury exposure. Environmental Research, 107(1): 6-19

Takebayashi S, Jimi S, Segawa M, et al. 2003. Mitochondrial DNA deletion of proximal tubules is the result of itai-itai disease. Clinical and Experimental Nephrology, 7: 18-26

Tarazona JV, Vega MM. 2002. Hazard and risk assessment of chemicals for terrestrial ecosystems. Toxicology, 181-182: 187-191

Tarnocai C, Canadell JG, Schuur EAG, et al. 2009. Soil organic carbon pools in the northern circumpolar permafrost region. Global Biogeochemical Cycles, 23, GB2023

Tedersoo L, Bahram M, Cajthaml T, et al. 2016. Tree diversity and species identity effects on soil fungi, protists and animals are context dependent. The ISME Journal, 10: 346-362

Terry N, Carlson C, Raab TK, et al. 1992. Rates of selenium volatilization among crop species. Journal of Environmental Quality, 21: 341-344

Thomas H. 2004. Response to Comment on “Enhanced Open Ocean Storage of CO_2 from Shelf Sea Pumping” . Science, 306: 1477d

Thuiller W. 2007. Biodiversity: Climate change and the ecologist. Nature, 448, 550-552

Tian HQ, Charles AS, Ye Q. 1998. Modeling primary productivity of the terrestrial biosphere in changing environments : toward a dynamic biosphere mode. Critical Reviews in Plant Sciences, 15(5): 541-557

Tilman D, Wedin D, Knops J. 1996. Productivity and sustainability influenced by biodiversity in grassland ecosystems. Nature, 379: 718-720

Todd-Brown KEO, Randerson JT, Post WM, et al. 2013. Causes of variation in soil carbon simulations from CMIP5 Earth system models and comparison with observations. Biogeosciences, 10: 1717-1736

Tong L, Li K, Zhou QX. 2014. Promoted Relationship of cardiovascular morbidity with air pollutants in a typical Chinese urban area. PLoS ONE, 9(6): 1-7

Tong L, Li K, Zhou QX. 2015. The association between air pollutants and morbidity for diabetes and liver diseases modified by sex, age and season in Tianjin, China. Environmental Science and Pollution Research, 22(2): 1215-1219

Tong L, Li K, Zhou QX. 2016. Season, sex and age as modifiers in the association of psychosis morbidity with air pollutants: A rising problem in a Chinese metropolis. Science of the Total Environment, 541: 928-933

Townsend-Small A, Pataki DE, Czimczik CI, et al. 2011. Nitrous oxide emissions and isotopic composition in urban and agricultural systems in southern California. Journal of Geophysical Research: Biogeosciences (2005-2012), 116(G1): 347-369

Trivedi P, Anderson IC, Singh BK. 2013. Microbial modulators of soil carbon storage: integrating genomic and metabolic knowledge for global prediction. Trends in Microbiology, 21(12): 641-651

Trofimov VT, Ziling DD. 1994. Ecological geology in the program of "Universities of Russia" (in Russian). Geoecologiya, (3): 117-120

Trofimov VT. 2001. Ecological geology-a novel branch of geological sciences. Earth Science Frontiers, 8(1): 27-35

Troupin D, Carmel Y. 2016. Landscape patterns of development under two alternative scenarios: Implications for conservation. Land Use Policy, 54: 221-234

Tryba B, Morawski AW, Inagaki M. 2003. Application of TiO_2-mounted activated carbon to the removal of phenol from water. Applied Catalysis B: Environmental, 41: 427-433

Urabe J, Suzuki T, Nishita T, et al. 2013. Immediate ecological impacts of the 2011 Tohoku earthquake Tsunami on intertidal flat communities. PLoS ONE, 5(8): 110-134

USEPA. 2010. Phytoremediation at the open bum and open detonating area. Ensign-Bickford Company. Simsbury. Connecticut[EB/OL]. [2010-09-25]. http: //costperformance. org/searchresult. cfm. 2000

Van der Valk. 1999. Succession theory and wetland restoration. Proceedings of INTECOL's V Perth, Australia: International Wetlands Conference

Van Durme J, Dewulf J, Sysmans W, et al. 2007. Efficient toluene abatement in indoor air by a plasma catalytic hybrid system. Applied Catalysis B: Environmental, 74: 161-169

Velázquez E, Gómez-Sal A. 2009. Different growth strategies in the tropical pioneer tree Trema micrantha during succession on a large landslide on Casita Volcano, Nicaragua. Journal of Tropical Ecology, 25(3): 249-260

Venter O, Sanderson EW, Magrach A, et al. 2016. Watson JEM. Sixteen years of change in the global terrestrial human footprint and implications for biodiversity conservation. Nature Communications, 7: 1-11

Vizzini F, Brai M. 2012. In-soil radon anomalies as precursors of earthquakes: a case study in the SE slope of Mt. Etna in a period of quite stable weather conditions. Journal of Environmental Radioactivity, 13: 131-141

Von Lützow M, Kögel-Knabner I, Ekschmitt K, et al. 2006. Stabilization of organic matter in temperate soils: Mechanisms and their relevance under different soil conditions-a review. European Journal of Soil Science, 57: 426-445

Vrijheid M, Martinez D, Aguilera I, et al. 2012. Indoor air pollution from gas cooking and infant neurodevelopment. Epidemiology, 23: 23-32

Walter BP, Heimann M, Matthews E. 2001. Modeling modern methane emissions from natural wetlands: 1. Model description and results. Journal of Geophysical Research, 106: 34189-34206

Wan Y, Bao YY, Zhou QX. 2010. Simultaneous adsorption and desorption of cadmium and tetracycline on cinnamon soil. Chemosphere, 80: 807-812

Wang F, Pan XB, Wang DF, et al. 2013. Combating desertification in China: Past, present and future. Land Use Policy, 31: 311-313

Wang IJ, Karmaus WJJ, Chen SL, et al. 2015. Effects of phthalate exposure on asthma may be mediated through alterations in DNA methylation. Clinical Epigenetics, 7: 27

Wang J, Sun G, Shi F, et al. 2014. Runoff and soil loss in a typical subtropical evergreen forest stricken by the Wenchuan earthquake: Their relationships with rainfall, slope inclination, and vegetation cover. Journal of Soil and Water Conservation , 69(1): 65-74

Wang X, Cai Z, Zhou QX, et al. 2012. Bioelectrochemical stimulation of petroleum hydrocarbon degradation in saline soil using U-tube microbial fuel cells. Biotechnology and Bioengineering, 109(2): 426-433

Wang YK, Stevenson RJ, Sweets PR, et al. 2006. Developing and testing diatom indicators for wetlands in the Casco Bay watershed, Maine, USA. Hydrobiologia, 561(1): 191-206

Wang YZ, Xu ZH, Zheng JQ, et al. 2015. δ^{15}N of soil nitrogen pools and their dynamics under decomposing leaf litters in a suburban native forest subject to repeated prescribed burning in southeast Queensland, Australia. Journal of Soils and Sediments, 15(5): 1063-1074

Wantzen KM, Mol JH. 2013. Soil erosion from agriculture and mining: A threat to tropical stream ecosystems. Agriculture, 3(4), 660-683

Wardle DA, Bardgett RD, Callaway RM, et al. 2011. Terrestrial ecosystem responses to species gains and losses. Science, 332: 1273-1277

Wartman J, Dunham L, Tiwari B, et al. 2013. Landslides in eastern Honshu induced by the 2011 off the Pacific Coast of Tohoku earthquake. Bulletin of the Seismological Society of America, 103(2B): 1503-1521

Watanabe K, Yaegashi S, Tomozawa H, et al. 2014. Effects on river macroinvertebrate communities of tsunami propagation after the 2011 Great East Japan Earthquake. Freshwater Biology , 59(7): 1474-1483

Watson RT, Verardo DJ. 2000. Land-use Change and Forestry. Cambridge: Cambridge University Press

Wei SH, Zhu JG, Zhou QX, et al. 2011. Fertilizer amendment for improving the phytoextraction of cadmium by a hyperaccumulator *Rorippa globosa* (Turcz.) Thell. Journal of Soils and Sediments, 11(6): 915-922

Wei XR, Shao MG, Gale W, et al. 2014. Global pattern of soil carbon losses due to the conversion of forests to agricultural land. Scientific Reports, 4, doi: 10. 1038/srep04062

Wells NS, Clough TJ, Condron LM, et al. 2013. Biogeochemistry and community ecology in a spring-fed urban river following a major earthquake. Environmental Pollution, 182: 190-200

Wieder W. 2014. Soil carbon: Microbes, roots and global carbon. Nature Climate Change, 4: 1052-1053

Williams D, Peck J, Karabanov E, et al. 1997. Lake Baikal record of continental climate response to orbital insolation during the past 5 million years. Science, 278(5340): 1114-1117

Woese CR, Fox GE. 1977. Phytogenetic structure of the prokaryotic domain: the primary kingdoms. Proc National Acad Sci USA, 74

Wolski P, Murray-Hudson M. 2008. 'Alternative futures' of the Okavango Delta simulated by a suite of global climate and hydro-ecological models. Water SA, 34(5): 605-610

Woodwell GM. 1978. The carbon dioxide question. Scientific American, 238(1): 34-43

Worm B, et al. 2006. Impacts of biodiversity loss on ocean ecosystem services. Science, 314: 787-790

Xia JY, Chen JQ, Piao SL, et al. 2014. Terrestrial carbon cycle affected by non-uniform climate warming. Nature Geoscience, 7: 173-180

Xia P, Meng X, Yin P, et al. 2011. Eighty-year sedimentary record of heavy metal inputs in the intertidal sediments from the Nanliu River Estuary, Beibu Gulf of South China Sea. Environmental Pollution, 159(1): 92-99

Xie B, Cui Y X, Yuan Q, et al. 2009. Pollutants removal and distribution of microorganisms in a reed wetland of Shanghai Mengqing Park. Environmental Progress & Sustainable Energy, 28

Yakir D, Wang XF. 1996. Fluxes of CO_2 and water between terrestrial vegetation and the atmosphere estimated from isotope measurements, Nature, 380: 515-517

Yan R, Woith H, Wang RJ. 2014. Groundwater level changes induced by the 2011 Tohoku earthquake in China mainland. Geophysical Journal International, 199(1): 533-548

Yang CJ, Zhou QX, Wei SH, et al. 2011. Chemical-assisted phytoremediation of Cd-PAHs contaminated soils using Solanum Nigrum L. Journal of Soils and Sediments, 11(6): 915-922

Yang ZP, Qu YH, Xu XL, et al. 2010. Effects of permafrost degradation on ecosystems. Acta Ecologica Sinica,

30(1): 33-39

Yao YM, Sun HW, Gan ZW, et al. 2016. A nationwide distribution of per- and poly-fluoroalkyl substances (PFASs) in outdoor dust in mainland China from eastern to western areas. Environmental Science & Technology, 50(7): 3676-3685

Yeatts BK, El-Sadig M, Leith D, et al. 2012. Indoor air pollutants and health in the United Arab Emirates. Environmental Health Perspectives, 120(5): 687-694

Yi XS, Li GS, Yin YY. 2012. The impacts of grassland vegetation degradation on soil hydrological and ecological effects in the source region of the Yellow River—A case study in Junmuchang region of Maqin country. Procedia Environmental Sciences, 13: 967-981

Yu KP, Lee GWM, Hsieh CP, et al. 2011. Evaluation of ozone generation and indoor organic compounds removal by air cleaners based on chamber tests. Atmospheric Environment, (45): 35-42

Yu WT, Bi ML, Xu YG, et al. 2013. Microbial biomass and community composition in a Luvisol soil as influenced by long-term land use and fertilization. Catena, 107, 89-95

Yuan J, Zhang N, Huang QW, et al. 2015. Organic acids from root exudates of banana help root colonization of PGPR strainBacillus amyloliquefaciens NJN-6. Scientific Reports, 5, doi: 10. 1038/srep13438

Yuan XL, Xiao SH, Taylor TN. 2005. Lichen-like symbiosis 600 million years ago. Science, 308: 1017-1020

Yue TX, Fan ZM, Chen CF, et al. 2011. Surface modelling of global terrestrial ecosystems under three climate change scenarios. Ecological Modelling, 222(14): 2342-2361

Zakri AH. 2008. Lost diversity. Nature, 456: 31

Zavaleta ES, Pasari JR, Hulvey KB, et al. 2010. Sustaining multiple ecosystem functions in grassland communities requires higher biodiversity. Proceedings of the National Academy of Sciences of the United States of America, 107(4): 1443-1446

Zeger LS, Dominici F, McDermott A, et al. 2008. Mortality in the medicare population and chronic exposure to fine particulate air pollution in urban centers (2000-2005). Environmental Health Perspectives, 116(12): 1614-1618

Zhang M, Huang XJ, Chuai XW, et al. 2015. Impact of land use type conversion on carbon storage in terrestrial ecosystems of China: A spatial-temporal perspective. Scientific Reports, 5, doi: 10. 1038/srep10233

Zhang F. 2012. Attributing carbon changes in conterminous U. S. forests to disturbance and non-disturbance factors from 1901 to 2010. J Geophys Res, 117, DOI: 10. 1029/2011JG001930

Zhao FZ, Jiao S, Ren CG, et al. 2015. Land use change influences soil C, N, and P stoichiometry under 'Grain-to-Green Program' in China. Scientific Reports, 5, doi: 10. 1038/srep10195

Zheng W, Xu Y, Liao L, et al. 2012. Effect of the Wenchuan earthquake on habitat use patterns of the giant panda in the Minshan Mountains, southwestern China. Biological Conservation, 145(1): 241-245

Zhou QX, Cai Z, Zhang ZN, et al. 2011. Ecological remediation of hydrocarbon contaminated soils with weed plant. Journal of Resources and Ecology, 2(2): 97-105

Zhou QX, Cheng Y, Zhang QR, et al. 2004. Quantitative analyses of relationships between ecotoxicological effects and combined pollution. Science in China Series C: Life Sciences, 47(4): 332-339

Zhou QX, Diao CY, Sun YB, et al. 2012. Tolerance, uptake and removal of nitrobenzene by a newly-found remediation species *Mirabilis jalapa* L. Chemosphere, 86(10): 994-1000

Zhou QX, Sun FH, Liu R. 2005. Joint chemical flushing of soils contaminated with petroleum hydrocarbons. Environment International, 31(6): 835-839

Zhou QX, Wang ME. 2010. Adsorption-desorption characteristics and pollution behavior of reactive X-3B red dye in four Chinese typical soils. Journal of Soils and Sediments, 10(7): 1324-1334

Zhu Z, Xiong Z, Xing G. 2005. Impacts of population growth and economic development on the nitrogen cycle in

Asia. Science in China Series C: Life Sciences, 48(2): 729-737

Zhuang QN, Lu YY, Chen M. 2012. An inventory of global N_2O emissions from the soils of natural terrestrial ecosystems. Atmospheric Environment, 47: 66-75

Zobrist J, Sima M, Dogaru D, et al. 2009. Environmental and socioeconomic assessment of impacts by mining activities-a case study in the Certej River catchment, Western Carpathians, Romania. Environmental Science and Pollution Research, 16(1): 14-26

